ESG 投资

周　君　荆中博　高　婷　主编

中国财经出版传媒集团

中国财政经济出版社

图书在版编目（CIP）数据

ESG 投资／周君，荆中博，高婷主编 . —— 北京：中国财政经济出版社，2023.1

ISBN 978 - 7 - 5223 - 1433 - 4

Ⅰ. ①E…　Ⅱ. ①周…　②荆…　③高…　Ⅲ. ①企业环境管理－环保投资－研究　Ⅳ. ①X196

中国版本图书馆 CIP 数据核字（2022）第 079555 号

责任编辑：彭　波　　　　　责任印制：史大鹏
封面设计：卜建辰　　　　　责任校对：胡永立

中国财政经济出版社 出版

URL：http：//www. cfeph. cn

E - mail：cfeph@ cfeph. cn

（版权所有　翻印必究）

社址：北京市海淀区阜成路甲 28 号　邮政编码：100142

营销中心电话：010 - 88191522

天猫网店：中国财政经济出版社旗舰店

网址：https：//zgczjjcbs. tmall. com

北京密兴印刷有限公司印刷　各地新华书店经销

成品尺寸：185mm×260mm　16 开　37.25 印张　826 000 字

2023 年 1 月第 1 版　2023 年 1 月北京第 1 次印刷

定价：138.00 元

ISBN 978 - 7 - 5223 - 1433 - 4

（图书出现印装问题，本社负责调换，电话：010 - 88190548）

本社质量投诉电话：010 - 88190744

打击盗版举报热线：010 - 88191661　QQ：2242791300

前　　言

　　二十一世纪以来，严峻的气候、环境和资源挑战成为全球关注的重要议题，也深刻影响着全球金融市场和投资者的行为。随着可持续力量崛起，联合国等公共机构的倡导和全球投资理念的更新，"ESG 投资"受到各国政府、监管部门、上市公司、投资机构以及个体投资者的共同认可和推动，对 ESG 的态度都发生了很大的转变，市场积极反应，开始形成包括投资理念、监管政策、信息披露、评价体系和投资实践在内的完整的 ESG 投资生态。

　　未来的投资，如能源生产和传输、供水和排水设施、交通网络及社会基础设施，决定社会能否成功地应对巨大的社会和环境挑战，诸如消除贫困、保持健康和减轻危险的气候变化等。作为更注重创造社会价值的 ESG 投资，不同于传统投资单纯地聚焦于投资财务收益和风险，将极大地拓宽传统风险分析与管理的视野，明确认可环境、社会和治理（ESG）等因素并将其整合进整体投资分析与决策过程之中，旨在降低风险并抓住机会，给社会带来正面的、可持续性的影响，实现以人为本的最高可持续发展目标。

　　巴菲特曾经说："一个优秀的投资家应该像企业家那样思考。"

　　我们将迎来未来 20 年真正的纵向提升时代，这个纵向提升是一次真正的物种爆炸、真正的创新爆炸，能够在这样纷繁复杂、层出不穷、眼花缭乱的时代中生活，唯一的办法就是深度思考。无论是以股东利益还是企业利益相关方利益的企业社会责任为着眼点，核心使命都超越了单纯的赚钱这一目标。这些核心价值观与现在所倡导的 SRI、ESG 等理念高度吻合，而这些公司又都在给股东带来长期财务回报这一点上远超大多数竞争对手。

　　如此看来，或许无论在过去、现在甚至是未来，股东利益、企业利益相关方利益、企业社会责任三者可能自始至终都不是泾渭分明的彼此，而更像是互有重叠、互相影响、你中有我、我中有你的一个有机整体。我们有理由相信，最后所有企业不断进化后都会有与社会发展的宏观背景相称的企业目标和使命。抱元守一、不惧短期利益波动、兼顾所有企业利益相关方之利益，最终也给股东带来更可靠的长期回报，真正走向基业长青之路。

为什么要进行 ESG 投资？ESG 投资旨在促进社会的进步。实践证明 ESG 投资除了推动社会可持续发展外，更有明显的超额收益回报。同时，当前资本市场"黑天鹅"事件不断，企业道德、环境等非财务领域的风险已成为投资中不可忽视的重要风险，ESG 投资理念的避雷效果也非常明显。

传统的投资策略对于企业的投资评估主要集中在企业的基本面层面，尤其是企业的盈利能力及财务状况等相关指标，而 ESG 投资可以触及更多传统策略无法触及的层面。从环境（E）因素来看，投资者需要评估被投资公司在企业活动对气候的影响、对自然资源的保护、能源的利用效率以及对废物的处理方式等相关内容；从社会责任（S）因素来看，投资者需要评估企业对于公司在自身员工管理、员工的福利与薪酬、产业链上下游的关系以及公司产品的安全性乃至公司税收贡献等方面对社会造成的各种外部性影响；从公司治理（G）因素来看，投资者需要评估包括董事会结构、股权结构、管理层薪酬及商业道德等问题。采用 ESG 投资策略的投资者一方面是期望在长期投资中可以获得更高收益率，另一方面投资者还希望能通过自己的投资活动，对未来社会更和谐、更持续的发展给予积极的正面影响。

尽管"ESG 投资"是一个新物种，也存在一些模糊地带，譬如在定义 ESG 投资目标和方法方面存在挑战，在衡量和报告公司 ESG 因素方面存在困难，对 ESG 绩效的评估方面也存在令人难以信服之处……，但 ESG 投资在现实中势如长虹般地持续增长，一定程度上正在成为主流。所以，尽早将 ESG 因素整合进个人和机构投资者的决策流程中，把 ESG 因素导致的负面影响最少化，可能会在满足可持续发展目标的同时，改善资产的风险收益特征，提供额外的社会福利。在中国，近几年也出现一大批企业、金融机构、公募基金、资管公司对 ESG 的关注度都显著提升，甚至成为一些投资者的核心投资策略。这一转变反映了经济由高速增长切换为高质量增长的逻辑变化，也是社会进步的必然结果：

第一，人们越来越认识到，个人不仅仅是追求收入最大化的股东或追求企业利润最大化的管理者，而且是重视良好生态环境与治理原则的公民。在疫情影响下，全社会的主体人群，特别是年轻一代，更加关注自身以及人类的可持续发展，更加关注生态环境、生物多样性对人类的影响，社会责任感加强，也期待变革，期待通过自己的努力创造一个新的、和平的、更加美好的世界。

第二，人们期待通过绿色发展来寻找新的经济增长点。在传统产业面临巨大冲击的时候，怎么样促进经济的复苏？这是各国面临的挑战。人们发现，发展绿色经济可以增加的活动规模与传统的发展模式相比有可能更大，而风险却相对较小。特别是新冠疫情以来，各国在制定经济复苏计划时，都强调将可持续等议题作为经济刺激政策的重要考量。

第三，相关政策和产品快速出台，使得 ESG 投资能够赋能绿色经济，助力碳中和、共同富裕目标实现。目前，反映企业可持续发展的 ESG 主题正引领着中国资本市场的投资潮流，国内 ESG 产品和服务规模增长迅速，截至 2022 年 3 月末，中国境内绿色债券余额约 1.3 万亿元，在全球位居前列。中国的金融机构能够更多地把资源用到支持实体经济企业的 ESG 实践之中，使得金融资源配置与高质量发展形成良性互动，从而在实体经济的可持续发展方面聚集越来越多的资本。

第四，出于共同发展、恢复和重建国际秩序的考量。最近几年，国际贸易体系特别是相对稳定的国际秩序受到了严重冲击，但全球任然需要公平合理的国际规则、秩序来规范各国行为。因此，在这样的大背景下，包容性的绿色发展最有可能形成共识，ESG 投资有助于帮助各国在经济复苏过程中减少摩擦，形成一致行动。

第五，中国金融市场上 ESG 投资的市场空间还非常大。随着对可持续发展的关注不断提升，投资者越来越多地通过优化的股票指数来实现可持续投资。金融领域推出了一系列的 ESG 指数，且正在从股票市场拓展至债券市场。

第六，我国已经全面建成小康社会，开启了全面建设社会主义现代化国家新征程，"碳达峰、碳中和"、"共同富裕"等成为新目标，经济社会正不断转型升级。在新的发展阶段，ESG 投资的理论、方法和工具将全面得到广泛应用和创新，必须立足国情，突出高质量发展、乡村振兴、共同富裕等国家战略的落地情况，充分体现出国际化和本土化的融合。

本书对 ESG 投资进行了全方位的梳理和分析，兼顾理论与实践，注重底层逻辑和知识的规范性。重点是对 ESG 投资相关基础知识进行科普性质的描述，厘清各类相关的定义和概念，追溯 ESG 投资的发展历程和内涵演变过程，阐释 ESG 投资思想及其理论支撑，并剖析其中的价值创造原理和机制；通过介绍 ESG 风险管理、ESG 投资的主要角色、ESG 投资策略、绩效评价、ESG 信息披露标准、ESG 指数与评级方法，总结了全球的相关政策与经验证据，提出了一个支持 ESG 投资的理念、方法和策略框架，试图建立基于思想领导和学术文献领域的术语标准、理念与方法。同时，本书也总结和介绍了当前世界范围内投资领域一些常见的 ESG 投资政策、投资工具、投资模式和案例，以及正在采用的操作策略、法律法规等，进一步分析中国高质量发展与 ESG 投资的关系，并提出建议。

本书作为 ESG 投资领域的行业手册和学术教科书，主要为入门性学习和进一步研究奠定基础。本书的内容通俗易懂，将有助于初学者（高年级本科生和研究生）和学术研究者对 ESG 投资领域的基础知识、理论和实践的全面了解，也对政府、企业、金融机构、评估机构和投资者在实践中更好地应用 ESG 投资策略提供有益的参考。

参与本书编写的主要人员：荆中博、高婷、鲁施雨、张威、阿迪拉·甫拉提、王银、刘颖华、刘紫琦等老师和研究生，在此表示衷心感谢，没有全体编写人员的辛勤劳动，这本书是不可能这么快完成的；同时，我们要感谢为 ESG 投资领域铺平道路的学者和投资专业人士，特别是书中引用的一些书籍和文章的作者，他们杰出的前期研究与实践给了我们巨大的帮助和启发，并确保我们清楚准确地传达信息。

本书获得教育部人文社会科学研究项目（21YJA630124）以及国家自然科学基金（71902208）资助出版。

目　　录

第1章　绪论 ··· *1*

　1.1　ESG 概述 ··· *2*

　1.2　ESG 投资的内涵与范围 ··· *9*

　1.3　ESG 投资价值分析 ·· *25*

　1.4　中外 ESG 投资的结构化差异 ··· *39*

　1.5　假设、术语、章节安排 ·· *41*

第2章　ESG 投资发展史 ·· *51*

　2.1　投资理论进展：新古典经济学遭遇人性 ································ *51*

　2.2　历史起点：宗教和企业发展（19 世纪至 20 世纪 50 年代）············ *53*

　2.3　发展时代：SRI 投资发展的关键里程碑（20 世纪 50 ~ 90 年代）······· *56*

　2.4　现代：20 世纪 90 年代至今 ·· *57*

　2.5　关于 ESG 研究综述 ··· *61*

　2.6　足迹和手印 ··· *77*

第3章　理论基础 ·· *81*

　3.1　企业社会责任 ··· *81*

　3.2　可持续发展理论 ··· *94*

　3.3　经济外部性理论 ··· *99*

　3.4　公司治理理论 ·· *102*

　3.5　股东理论与利益相关者理论 ·· *107*

　3.6　信托责任与积极主义 ·· *110*

　3.7　重要信息理论 ·· *117*

　3.8　资源基础观与五力模型 ·· *118*

　3.9　"熵减"原理 ·· *120*

3.10 碳中和原理 ··· *122*

第 4 章　ESG 风险分析 ··· *133*

4.1 ESG 风险简介 ·· *133*

4.2 ESG 风险类别 ·· *134*

4.3 ESG 风险溢价 ·· *142*

4.4 ESG 风险衡量 ·· *145*

4.5 ESG 风险管理 ·· *153*

第 5 章　ESG 投资的力量与角色 ································· *161*

5.1 注重环境的投资 ·· *161*

5.2 注重社会的投资 ·· *171*

5.3 注重治理的投资 ·· *176*

第 6 章　金融市场与 ESG ··· *186*

6.1 金融机构概述 ·· *186*

6.2 金融市场 ·· *196*

6.3 ESG 投资角色 ·· *215*

第 7 章　ESG 投资策略与方法 ···································· *229*

7.1 基于排除的 ESG 投资 ·· *229*

7.2 基于整合的 ESG 投资 ·· *235*

7.3 基于影响的 ESG 投资 ·· *242*

7.4 基于参与的 ESG 投资 ·· *248*

第 8 章　ESG 评级体系 ··· *263*

8.1 ESG 评级机构发展 ·· *263*

8.2 国际主要评级指数 ·· *267*

8.3 国内主要评级指数 ·· *292*

8.4 ESG 评级体系现存问题 ·· *296*

第 9 章　ESG 报告 ·· *314*

9.1 ESG 国际报告标准 ·· *314*

9.2 证券交易所 ESG 信息披露体系 ······························ *322*

9.3 ESG 报告的编制 ·· *326*

9.4　报告的内容及产出 ································· 329

9.5　A 股上市公司 ESG 报告现状 ······················ 338

第 10 章　ESG 绩效衡量 ···································· 347

10.1　传统绩效衡量方法在 ESG 绩效衡量中的应用 ············· 347

10.2　ESG 实践绩效 ·································· 361

10.3　ESG 投资绩效 ·································· 367

第 11 章　机构投资者 ESG 投资管理 ·························· 379

11.1　机构投资者为何加入 ESG 投资行列 ·················· 379

11.2　基金业的 ESG 投资实践 ·························· 380

11.3　保险业 ESG 投资实践 ··························· 400

11.4　信托业的 ESG 投资实践 ·························· 406

11.5　其他机构投资者的 ESG 投资实践案例 ················· 407

第 12 章　基金及其他组织的 ESG 投资管理 ····················· 413

12.1　主权财富基金 ································· 413

12.2　信仰投资基金 ································· 423

12.3　大学捐赠基金 ································· 434

12.4　家族基金 ···································· 441

12.5　其他组织 ···································· 448

第 13 章　全球 ESG 政策与法规 ··························· 456

13.1　欧盟 ······································ 456

13.2　美国 ······································ 464

13.3　中国 ······································ 474

13.4　其他国家 ···································· 488

第 14 章　中国 ESG 投资发展报告 ·························· 516

14.1　ESG 投资与高质量增长理念 ······················ 516

14.2　国内发展状况与存在问题分析 ····················· 523

14.3　碳中和背景下中国 ESG 投资展望 ···················· 537

14.4　公民个体的 ESG 观念 ··························· 543

14.5　中国 ESG 投资生态建设 ························· 548

第 15 章　未来展望 ·· *552*

15.1　ESG 投资趋势与民间社会组织 ···························· *552*

15.2　主权信用的 ESG 影响 ·································· *559*

15.3　ESG 投资的新动向 ······································ *566*

15.4　面临的主要困难与挑战 ·································· *577*

15.5　关于未来的讨论 ·· *580*

参考文献 ·· *583*

第1章 绪 论

ESG 投资起源于社会责任投资（SRI），核心是希望可以探索出一条可持续发展的道路，将传统投资与 ESG 的相关理念结合起来，寻求商业价值与社会责任之间的平衡。现代投资组合理论在评估投资组合时给了我们风险和收益的双重概念，ESG 的出现成为第三个投资理念。有效的投资组合可以被概念化为一个三维界面，即优化风险、收益和 ESG 影响。环境、社会和治理因素是强大力量的工具，对这三个因素的衡量为政府、企业、投资者和消费者提供了定量管理的依据。

近年来，ESG 理念与实践在我国国内也蓬勃发展起来，企业、投资者、金融机构和第三方机构都满怀热情地纷纷参与其中，取得了较大的成果。实际上，从参与主体、参与 ESG 维度、参与动机、参与成效及挑战等角度，ESG 实践（ESG practice）和 ESG 投资（ESG investing）存在一些不同之处。虽然 ESG 实践和 ESG 投资都涉及 ESG，但它们参与的主体不同，ESG 实践的参与主体是实体企业和组织，来自社会的各行各业，属于被投资方或投资对象。而 ESG 投资的参与主体则主要是资产所有人（Asset Owner）与资产管理人（Asset Manager），还涉及评级机构、金融机构等。

ESG 投资是一个富有争议的话题，至少可以说在投资的每一步都存在。在投资和管理单个公司时，ESG 因素应获得何种适当权重，存在着许多其他的观点。在定义 ESG 目标和方法方面存在挑战，在定义、衡量和报告公司 ESG 绩效方面存在困难，对可持续投资相对绩效的研究往往存在相互冲突。每一方都坚持自己的观点，每一方都认为自己是正确的，认为持有反对意见的不仅是错误的，而且是邪恶的。

毫无疑问，ESG 投资的支持者和反对者都有其自己的道理。但 ESG 投资将继续存在，并持续增长，尤其是随着"千禧一代"成为一支更强大的投资力量。人们越来越多地认识到，个人不仅仅是追求收入最大化的股东或追求企业利润最大化的管理者，更是重视清洁空气、清洁水，负有社会责任感和良好治理原则的公民。

学习目标：

- 理解 ESG 的基本概念。
- 了解 ESG 投资的内涵。
- 区分 ESG 投资术语的差异。

1.1　ESG 概述

1.1.1　ESG 的概念

长期以来，虽然投资者越来越关注企业在绿色环保、履行社会责任方面的绩效，但并无明确的 ESG 理念。随着联合国全球契约组织 2004 年发布报告《在乎者即赢家》（*Who Cares Wins*），环境、社会、公司治理（ESG）首次以一个完整的概念出现在公众视野，向商界提出可持续发展的核心要素，较早地将环境、社会和治理概念整合在一起，明确提出 ESG 概念。2006 年，联合国支持的负责任投资原则（Principles of Responsible Investment，PRI）提出 ESG 投资理念，全面促进商界履行社会责任、致力于可持续发展的新时代到来。此后，国际组织和投资机构将 ESG 概念不断深化，针对 ESG 的三个方面演化出了全面、系统的信息披露标准和绩效评估方法，成为一套完整的 ESG 理念体系。与此同时，国际主要投资公司也逐步推出一系列的 ESG 投资产品。ESG 内涵由环境方面（E）、社会方面（S）和治理方面（G）的具体评价指标界定。目前，虽然国际上尚未形成关于 ESG 的统一的权威定义，但不少机构、组织已提出了各自具有一定代表性的定义。这些界定的共同点均关注企业在环境、社会、治理领域的绩效，基本内涵一致；差异仅在于各领域内的分类和具体指标有所不同。

ESG 表面上是英文 Environmental（环境）、Social（社会）和 Governance（治理）首字母缩写的一个专有名词，实际上是一种关注企业环境、社会、治理绩效而非财务绩效的投资理念和企业评价标准，更是一个伟大的思想和方法。基于 ESG 评价，投资者可以通过观测企业 ESG 绩效，评估其投资行为和企业（投资对象）在促进经济可持续发展、履行社会责任等方面的贡献。目前，国际上的 ESG 评级体系和理念主要是从环境、社会和公司治理三个方面出发。环境因素着眼于一个公司对环境的管理，关注污染、资源消耗、温室气体排放、森林砍伐和气候变化。社会因素着眼于公司如何对待员工、关注员工关系和多样性、工作条件、当地社区、健康和安全以及冲突。治理因素着眼于公司政策以及公司是如何治理的，着重点在于税收战略、高管薪酬、捐赠和政治游说、腐败和贿赂，以及董事会的多样性和结构，如图 1 - 1 所示。

图 1 - 1　ESG 的内涵

实践中，不同的组织和机构有不同的评价指标和标准。例如，高盛公司在其报告中提出，ESG 包括环境标准、社会标准和治理标准。其中，环境标准包括投入（Input）和产出（Output）两个方面，前者指能源、水等资源的投入，后者指气候变化、排放物、废料等。社会标准包括领导力（Leadership）、员工（Employees）、客户（Customers）和社区（Communities）四个方面。其中，领导力方面包括可问责性（Accountability）、信息披露（Reporting）、发展绩效（Development）等；员工方面包括多样性（Diversity）、培训（Training）、劳工关系（Labor Relations）等；客户方面包括产品安全性（Product Safety）、负责任营销（Responsible Marketing）等；社区方面包括人权（Human Rights）、社会投资（Social Investments）、透明度（Transparency）等。治理标准则包括透明度（Transparency）、独立性（Independence）、薪酬（Compensation）和股东权利（Shareholder Rights）等方面。

值得指出的是，在 ESG 理念流行之前，更为人熟知的概念是"责任投资"。这个概念产生的背景是，由于经济高速增长所带来的负面影响，全球面临越来越严峻的气候、环境、资源挑战，环保运动也随之兴起。20 世纪六七十年代，欧美的公众环保运动，抵制和抗议企业因过度追求利润而破坏环境、浪费资源。随着环保运动影响力的逐步扩大，国际机构开始关注环保问题。1972 年，第一届联合国人类环境会议在瑞典斯德哥尔摩召开，会议首次发表了与环保相关的《人类环境宣言》，并确定每年 6 月 5 日为"世界环境日"。从 1992 年始，联合国开始举办环境与发展会议，率先提出《21 世纪议程》，倡导在促进发展的同时注重环境的保护，成为世界范围内注重经济可持续发展的开端，现实生活中，人们作为消费者也越来越注意环保因素，通过产品或服务选择将环保理念传导给作为生产者的企业。在市场机制的作用下，企业为获取收入和利润，更加注重生产过程中的环境保护。于是，环境因素从公众运动逐步向上下两端延伸：向上，逐步引导出诸多国际指引和国际原则等纲领性文件的陆续出台，如 2006 年联合国责任投资原则（UN PRI）；向下，则催生出绿色消费，刺激绿色生产的进步。与此同时，与环境相关的各类法律法规不断充实完善，相关概念也被引入投资领域，投资者逐渐意识到企业环境绩效可能也会影响企业财务绩效。责任投资、ESG 和绿色金融等概念就逐渐进入理论研究者、政策制定者和投资者的视线。

ESG 理念与绿色金融、责任投资等概念密切相关，但关注视角略有不同。绿色金融更多的是从金融角度强调绿色发展的理念，责任投资则将投资责任的对象扩大到社会层面，而 ESG 理念体系则更多的是从实际操作的角度提供一个全面和统一的框架，评价企业贯彻绿色发展理念的成效，明确生产和投资应关注的事项和方向。总的来说，ESG 理念体系在发展中逐步形成了独特的风格，考虑了传统投资利润最大化之外的环境、社会和治理等非财务因素，满足了资本市场对此有偏好的投资者的需求。特别是 ESG 理念提供的相关信息，具有系统性、全面性和定量可比性等特征，可以为实行 ESG 理念的投资者提供投资行为的指引。因此，国际上将 ESG 理念贯彻于实践中的资金规模正逐步扩大。

1.1.2　ESG 的价值体现与转换

ESG 理念翻开了企业可持续发展新的一页，以强大的动力不断地创造着价值。结合 ESG 的定义，ESG 的价值主要体现在三个方面，即环境价值、社会价值以及经济价值。

首先，ESG 的环境价值在于强调以及提升企业在生产经营过程中对环境所采取的保护措施以及保护程度。例如，企业是否制定相关政策减少自然资源的使用量，提高水资源、能源等自然资源的使用效率；企业是否使用可再生资源；企业是否报告或显示即将终止与环境标准不符合的合作伙伴的合作关系；企业是否为员工提供环境问题的相关培训等。

其次，ESG 的社会价值则主要体现在强化企业社会责任，即企业的生产经营活动从社会的长远利益出发，而非追求个体利益最大化，企业在追求经济效益的同时，根据政府相关法律法规，对维护其他利益相关者（如员工、消费者、厂商以及其他社会参与者等）的利益应尽的责任。

最后，ESG 的经济价值主要体现在解决经济发展过程中的外部性问题，如经济发展过程中产生的环境污染、社会问题等，通常不会直接计算入产品和交易的成本中去。ESG 将前述的环境及社会进行考量，将经济发展过程在 ESG 方面的投入转化为非财务价值考量指标，指导市场投资及企业经营，激励企业承担更多的社会责任。ESG 在维护与利益相关者的积极关系、积累积极的道德资本、提升政府与公众认可、减少投资者信息不对称从而降低代理成本等方面，对企业价值产生正向影响，有利于促使企业价值的提高。

在世界经济论坛创始人克劳斯·施瓦布看来，"没有人会否认企业的根本目标不能再是无节制地追求利润；企业不仅要服务股东，更要服务所有的利益相关者"。在后疫情时代，ESG 投资有望将迎来更好的发展，ESG 将会更加全面地融入企业的核心战略和治理，并改变投资者评估企业治理的方式，培育对员工和社区的亲善将成为提升品牌声誉的关键。

而在 ESG 理念之前的那些年里，环境问题困扰着所有的企业，更无法解决林林总总的社会问题。在《从绿到金》一书中，丹尼尔·埃斯蒂和安德鲁·温斯顿这两位耶鲁大学教授指出："在全世界范围内，人类已将大自然遏制环境极端恶化的能力降低到了一个惊人的程度。"环境经济学家威廉·卡普说："必须把资本主义视为尚未支付成本的经济。"

事后诸葛亮显然不能帮助企业恰当地处理由于环境问题和资源危机引发的经营危机、品牌危机和诚信危机。曾任可口可乐首席执行官的内维尔·艾斯戴尔对此直言不讳："如果你是世界上最有价值的品牌的守护者，环保方面的错误能使公司损失上百万甚至数十亿美元。"

不管企业是否自愿、是否乐意，绿色潮流总有一天会席卷他们、改变他们。学术界的研究与警告会带来环保组织的呼吁、社会团体的压力和国际倡议的推动，随之而来的是消费者环保意识的觉醒以及消费行为的转变。而当国际组织、各国政府、技术机构制定越来越严格和完备的公约、法规与标准，当金融界将环保视为商业准则或商业机会，从而改变其贷款、保险、投资政策，企业没有其他选择，只能走上绿色经营之道。

企业应该如何建立环保优势，丹尼尔·埃斯蒂和安德鲁·温斯顿总结的四项战略任务看起来很简单：

①在价值链上削减运营费用和降低环保开支；

②在供应链方面找出和减少环保和监管压力风险；

③改进设计和营销从而提高产品的环保性能；

④宣传公司整体的环保形象来提升无形的品牌价值。

但是，降低企业的环保成本、提高能源利用效率、取得市场竞争优势等种种帮助企业"可持续发展"的做法，是否能必然使整个社会和自然界得以"可持续发展"呢？

在可持续发展框架下，除传统的财务指标和运营指标之外，更加全面量化、指标化、价值化地量度企业在环境（E）、社会责任（S）、公司治理（G）三个维度的绩效，可以对企业在促进经济可持续发展、履行社会责任等方面所做出的综合贡献与社会价值进行评估，可以帮助投资者进行更好的风险管理和创造长期可持续价值，并有望成为引导投资向善的风向标，以负责任的商业投资推动企业和社会的可持续发展，实现经济效益和社会效益的相得益彰。ESG 投资实践也必将助推新一代企业家的成长，为社会创造更大的长期持久价值。

近年来，ESG 投资理念在全球的影响力正逐步提升，ESG 投资规模也持续快速增长。根据全球可持续投资联盟（GSIA）的数据，截至 2020 年末，全球践行可持续投资理念（广义 ESG 投资）的资产规模已达 35 万亿美元，自 2012 年来的年均复合增长率为 13%，显著高于全球资管总规模年均增长率的 6%，且 ESG 投资占全球资管总规模的比例在过去 8 年间从 21% 大幅提升至 36%。联合国责任投资原则组织（UNPRI）的签署机构成员也已超过3000 家。莫比乌斯资本的三位创始合伙人马克·墨比尔斯、卡洛斯·冯·哈登伯格和格雷格·科尼茨尼认为，ESG 投资"已日渐成为推动世界变得更加美好的一股积极的、向善的力量"——未来的企业"既能创造利润，也能创造一个健康和可持续发展的世界"。他们对ESG 投资方法的信心源于两点：ESG 投资理念符合当下思想潮流，而且 ESG 投资策略可以盈利。

《美国信托》的一项调查显示，四分之三的"千禧一代"在投资时高度重视社会目标和ESG 理念、将投资决策作为表达自己价值观的方式，逐渐获得更多话语权的"千禧一代"愿意为遵守 ESG 原则而支付额外的费用。ESG 在理想和市场之间搭起了一座桥，传递着信念、要求和意图。

值得注意的是，"治理"无疑是 ESG 的主要推动力，因为没有良好的治理和管理，企业就不可能采用并实施对环境和社会负责的政策。他们提出，治理必须是"公平的"（所有股东都得到平等的对待）、"开放的"（所有相关信息都同时披露给所有股东）、让公司管理层利益和股东利益"保持一致""以规则为基础的"，认为这些基本原则具有普适性——"因为它们源自商业场景的一般逻辑"，并且有助于促进政府的"自我改革和经济振兴""稳定、负责、公正和高效"。

总体上，中国在二级市场的 ESG 报告和 ESG 投资方面，仍落后于发达经济体和主要金融市场，企业环境保护观念、社会责任意识和公司治理水平仍有待提高。在一级市场方面也尚未广泛地引入 ESG 体系，大多数对 ESG 认知相对薄弱、对 ESG 重视程度不足，信息披露机制、ESG 评价机制、专业第三方服务、行业交流及规范认定缺失，可以说相比二级市场，ESG 投资的实践更显滞后。不过，中国完全有能力成为 ESG 投资的全球领导者和主要参与者。中国将告别依靠高资源投入、高环境代价、高投资，高能耗来换取低效率、低技术进步的经济增长的粗放型发展模式，转而贯彻创新、协调、绿色、开放、共享、可持续的新发展理念，建立和实现通过技术进步、创新驱动和制度改革促进经济增长、社会高质量发展和全面现代化的新增长范式。近几年来，越来越多的机构投资者出于信托责任的积极性，更有能力与动机参与公司治理、监督管理层，通过"用手投票"或"用脚投票"的方式，对公司治理和经营决策产生影响，部分纠正了管理者的错误决策和短视行为，增加了公司信息的透明度，提升了公司价值和投资回报。

ESG 价值转换就是将环境价值与社会价值转换为经济（财务）价值，促进利用资本来解决外部成本缺乏定价的问题。在这一过程中，资本市场可以通过推动 ESG 投资助力经济和社会的结构性转型和变革式发展，提升金融服务实体经济的能力、企业的社会价值和社会治理水平；可以加快形成节约资源和保护环境的产业结构和生产方式，可以助力实体经济和社会全面绿色转型，可以落实产业、科技、实体经济与金融结合，实现创新驱动发展战略，可以获得关注长期收益、社会责任感与价值观一致的社会要素资源和资本投资，协助产业结构升级、激发民间投资活力、形成存量资产和新增投资的良性循环。

从更加宏观的层面理解 ESG 价值转换的内涵，可以以国家多次重点强调的"建立生态产品价值实现机制"这一命题为例，其关键是要彻底摒弃以牺牲生态环境换取一时一地经济增长的做法，建立生态环境保护者受益、使用者付费、破坏者赔偿的利益导向机制，探索政府主导、企业和社会各界参与、市场化运作、可持续的生态产品价值实现路径，推进生态产业化和产业生态化。从资源利用的角度理解生态产品及其价值实现，也就是体现为如何开发并利用好与生态环境相关的资源（包括各类生态产品和服务），其中，生态资源禀赋的开发利用和良性循环是重点。在生态资源禀赋的开发利用中既实现其"经济价值"，又不违背保护的基本原则，即避免"涸泽而渔"。

因此，提高企业、全社会和相关政府部门的环境保护观念、社会责任意识和治理水平，正是为了不断降低体制成本，不断深化体制改革，不断加快体制创新；而 ESG 投资，恰恰可以在推动绿色低碳转型、实现社会和谐稳定公平、推进国家治理体系和治理能力现代化等方面，有所借鉴，有所助力，有所建树，真正成为高质量发展范式的开拓者、倡导者和践行者。从这个意义上说，ESG 投资不仅仅是度量工具和投资策略，还应当是价值观念、责任担当和行动自觉。

1.1.3 近期国内政策

现阶段，我国本土还没有统一且明确的 ESG 标准或披露制度，发展时间也比较短，资产管理规模也较小，较更发达的资本市场存在着一定差距。目前在 3000 多家 A 股上市公司中，仅不到 1000 家出具社会责任报告，且受制于企业本身的专业能力和成本问题，报告的质量也有待提升。不过在双碳目标驱动之下，国内资本市场对 ESG 投资有着相当程度的需求，与生态保护、低碳转型等相关的领域将迎来一定的融资需求与投资机会。国内 ESG 风险被视为由境外压力为主，转变成国内压力并存的局面。国内的相关政策演变如图 1 - 2 所示。

附表	中国 ESG 政策发展进程
时间	政策措施
2006	深交所《上市公司社会责任指引》，要求上市公司积极履行社会责任，定期评估社会责任履行情况，自愿披露企业社会责任报告
2008	上交所《上市公司环境信息披露指引》，要求上市公司加强社会责任工作，并对上市公司环境信息披露提出了具体的要求
2012	港交所发布《环境、社会及管制报告指引》允许上市公司自愿披露 ESG 信息
2014	人大常委会通过《环境保护法》以法律形式对公司披露污染数据，政府环境监管机构公开信息提出明确规定
2015	港交所修订《环境、社会及管制报告指引》将一般披露责任由"建议披露"提升至"不遵守就解释"
2017	联合国 PRI 原则正式进入中国，基金业协会积极推广，倡导 ESG 投资理念
2018	证监会修订《上市公司治理准则》，确立中国 ESG 信息披露基本框架 基金业协会发布《中国上市公司 ESG 评价体系研究报告》
2019	证监会设立科创板并强制上市公司披露 ESG 信息 港交所第三次修订《环境、社会及管制报告指引》
2020	中办国办发布《关于构建现代环境治理体系的指导意见》 上交所出台《上海证券交易所科创板上市公司自律监管规则适用指引第 2 号-自愿信息披露》 深交所修订《上市公司信息披露工作考核办法》
2021	港交所再次修订指引，要求《环境、社会及管制报告》必须提前至于年报同步刊发 证监会修订发布《上市公司信息披露管理办法》 生态环境部出台《企业环境信息依法披露管理办法》
2022	生态环境部办公厅印发《企业环境信息依法披露格式准则》

数据来源：国务院，生态环境部，各证券交易所，基金业协会网站，东方证券研究所

图 1 - 2 中国 ESG 投资政策发展

2002 年 1 月证监会《上市公司治理准则》对上市公司治理信息的披露范围做出了明确规定。

2003 年发布《关于企业环境信息公开的公告》。

2006 年和 2008 年发布交易所指引。

2007 年 4 月国家环境保护总局颁发《环境信息公开办法（试行）》，鼓励企业自愿通过媒体、互联网或者企业年度环境报告的方式公开相关环境信息。

2007 年 12 月国资委《关于中央企业履行社会责任的指导意见》将建立社会责任报告制度纳入中央企业履行社会责任的主要内容。

2008 年 2 月国家环境保护总局《关于加强上市公司环境保护监督管理工作的指导意见》环保总局与中国证监会建立和完善上市公司环境监管的协调与信息通报机制，促进上市公司特别是重污染行业的上市公司真实、准确、完整、及时地披露相关环境信息。

2010 年 9 月环境保护部《上市公司环境信息披露指南（征求意见稿）》规范了上市公司披露年度环境报告以及临时环境报告信息披露的时间与范围。

2015 年颁布《环境保护法》。

2016 年发布《关于构建绿色金融体系的指导意见》。

2017 年 12 月证监会《第 17 号公告》和《第 18 号公告》鼓励公司结合行业特点，主动披露积极履行社会责任的工作情况；属于环境保护部门公布的重点排污单位的公司或其重要子公司，应当根据法律、法规及部门规章的规定披露主要环境信息。

2018 年 9 月证监会《上市公司治理准则》修订，增加了利益相关者、环境保护与社会责任章节，规定了上市公司应当依照法律法规和有关部门要求披露环境信息（E）、履行扶贫等社会责任（S）以及公司治理相关信息（G）。

2019 年 3 月发布的《上海证券交易所科创板股票上市规则》加入 ESG 要求。12 月，香港联交所 ESG 新版指引《咨询总结文件》又新增了多项强制披露要求。

对于 A 股市场来讲，重视 ESG 的本质，其实还是重视信批问题。一直以来，上市公司的报告缺乏有价值的信息点，并且是"报喜不报忧"，缺乏一些量化标准，且受制于企业本身的专业能力和成本问题，报告的质量也有待提升。根据公开信息统计，2020 年发布独立社会责任报告的 A 股上市公司数量为 1143 家，占比约为 25%，且在各个行业之间披露情况差别较大，目前银行业已达到了 100% 覆盖率，而机械、汽车等行业覆盖率均不足 15%。从企业属性角度来看，国企披露情况较好，覆盖率为 43%，而外资企业和民营企业披露率较差，分别为 16% 和 14%。从企业规模角度来看，披露情况与市值大小存在较为明显的正相关关系，百亿元市值以下的公司仅有 14% 发布社会责任报告，而千亿元市值以上的公司覆盖面则达到 82%。

不过，随着政策的逐渐完善，以及双碳目标的推进，相信今后监管大概率会加大上市公司披露力度的要求。2022 年 3 月，为切实推动中央企业科技创新和社会责任工作，国务院国资委成立了社会责任局，旨在抓好中央企业社会责任体系构建工作，指导推动企业积极践行 ESG 理念；同月上交所发布《上海证券交易所"十四五"期间碳达峰碳中和行动方案》里提到将强化上市公司在环境信息方面的披露。到 2025 年很可能所有 A 股上市公司会被要求进行 ESG 信息的披露。这对于大多数还没有披露的上市公司而言，时间是紧迫的，无疑也会对上市公司的治理水平提出更高要求。

1.2 ESG 投资的内涵与范围

1.2.1 ESG 投资是什么

ESG 投资的理念最早可以追溯到 20 世纪 20 年代起源于宗教教会投资的伦理道德投资。当时人们主要关注的是宗教伦理动机与工业化带来的负面影响等议题。宗教议题是当时社会责任投资的热点，投资者被要求避开一些"有罪"的行业，如烟酒、枪支、赌博等。20 世纪六七十年代，随着西方国家公众环保运动和反种族隔离运动等的兴起，在资产管理行业催生了相应的投资理念——即应投资者和社会公众的需求，与这些运动所代表的价值观相一致，在投资选择中开始强调劳工权益、种族及性别平等、商业道德、环境保护等问题。自1971 年全球首只责任投资基金——美国的柏斯全球基金诞生以来，全球资本市场对责任投资的关注度持续升温，各国监管机构纷纷出台相关制度和法规（见图 1-3）。

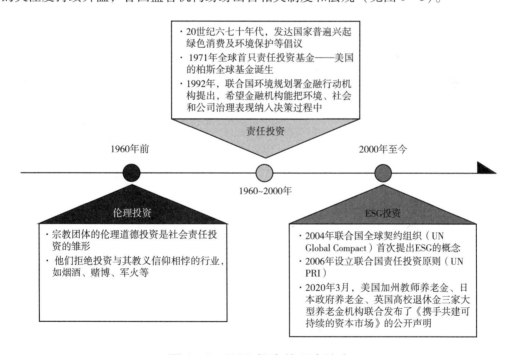

图 1-3 ESG 投资的理念演变

21 世纪以来，ESG 投资的理念逐步形成。气候变化、资源枯竭、文化冲突等问题日益成为全球共同面临的重要挑战。尤其近年来，在食品、疫苗、教育等领域爆发出的问题，不仅对公司持续经营产生了巨大的风险，给社会也造成了巨大的负面影响，这使越来越多的投资人在公司经济绩效维度之外，更加关注社会责任、环境影响和公司治理等。

在 ESG 投资的概念流行之前，SRI 投资理念更为人所熟知。ESG（Environment、Social、

Governance）投资又被称为"可持续投资"，旨在寻求对环境、社会和企业治理有长期影响并且可以获取正向收益的长期价值投资，是一个投资新维度。许多评级机构使用 ESG 的 3 个方面来给企业打 ESG 分数，投资人可以透过 ESG 分数的高低作为选股的考虑，因此，也称为 ESG 投资（ESG Investing）。社会责任投资中纳入了对资源短缺、气候变化、公司治理等议题的考量，这些问题逐渐被归类为环境、社会和治理三个方面。2004 年联合国全球契约组织（UN Global Compact）首次提出 ESG 的概念。2006 年，联合国成立责任投资原则组织（UNPRI），在 UNPRI 的推动下，ESG 投资的理念逐步形成，ESG 投资的原则正式确立。2020 年 3 月，美国加州教师养老金、日本政府养老金、英国高校退休金三家大型养老金机构联合发布了《携手共建可持续的资本市场》的公开声明，ESG 投资理念在全球范围内已经具有十足的影响力。

那么 ESG 投资到底是个什么东西呢？ESG 概念最早由联合国环境规划署在 2004 年提出。目前，越来越多的公司、投资者，甚至是监管机构都开始关注 ESG，全球范围内各大证券交易所也已在 ESG 方面布局。但是 ESG 投资的真正破圈，可能是 2020 年疫情之后从海外开始的。人们经历了疫情、各种黑天鹅乱飞，特别期待能够摆脱不确定性，因此把希望就寄托在了 ESG 上。ESG 投资是不同于传统财务的划分方式，而是更侧重于可持续发展、长期价值的一种投资理念。它最大的特点恰恰不是收益率高，而是人们认为它更安全、更加可持续。ESG 投资拓宽传统风险分析与管理的视野，明确认可环境、社会和治理（ESG）等因素并将其整合进投资过程之中，旨在降低风险并抓住机会，给社会带来正面的、可持续性的影响，实现以人为本的最高可持续发展目标。尽早将 ESG 因素整合进个人和机构投资者的决策流程中，争取将 ESG 因素导致的负面影响最少化，可能会在满足公司和机构的可持续发展目标的同时，提供额外的社会福利，并改善资产的风险收益特征。

ESG 投资理念契合全球社会、环境和经济发展新阶段要求，是一套落实绿色、可持续发展理念的工具体系，它既有助于提升金融市场和实体企业效率，又利于从微观市场引导资本、推动改善经济结构和发展模式，同时又不会牺牲投资收益。传统的投资理念和企业评价标准主要是对财务绩效的考量，而 ESG 投资则是将环境、社会和公司治理因素也纳入组合的选取和组合的管理中，是一种新兴的投资策略，将重塑人们的生活方式和投资方式。

ESG 投资的原则集中体现在 E、S、G 这三个关键词，分别是环境（E）、社会责任（S）和公司治理（G）。环境维度主要包含气候变化、自然资源、污染以及环境治理等角度。社会责任维度主要包含人力资本、产品责任、产品质量等角度。公司治理维度主要包含公司内部治理、公司行为和股东利益保护等角度，如图 1-4 所示。

E（环境）：一家公司该不该投，要先看它和环境之间是什么关系。环境如何影响它？它又如何影响环境？现在一个好公司标准，首先是它应该担负起保护环境的责任。因此，ESG 中的 E 可以理解为一种新的公司评价指标。而整个 ESG 是一套评价体系，那些环境保护意识较强、碳足迹较低的公司，就会得到 ESG 体系较高的评估结果。

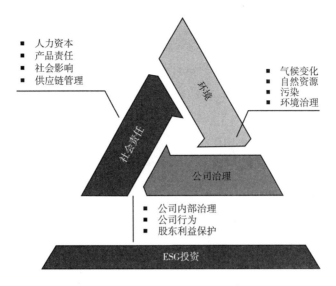

图 1 - 4 ESG 投资的评价框架

S（社会价值）：从社会（S）的角度，主要是考察企业与政府、员工、客户、债权人及社区内外部相关利益相关者的期望和诉求，关注企业的利益相关者之间能不能达到平衡与协调。目前，这类监督和评判已经比较科学化，自然而然形成了指标，这个指标就是 ESG 当中的 S（Social）。

G（公司治理）：从公司治理（G）的角度，其主要包括董事会结构、股权结构、管理层薪酬及商业道德等问题，如股东和管理层的利益与职责、避免腐败与财务欺诈、提高透明度、董事会构成的独立性及专业度等方面。投资者如果能够参与治理企业，即使是内部腐败的企业，也能帮助它们回到正轨上来，并且获得收益，而投资者的这种行为就是 ESG 当中的 G（Governance）。

ESG 这种综合性方法的概念起源于 20 世纪六七十年代的民权运动和环境保护运动，表现为追求更好的环境保护和人身健康。ESG 因素既对塑造企业声誉也对决定资产的长期财务可行性，越来越相关。ESG 投资就是在投资分析、决策与管理中考虑那些可能影响投资回报率的与 ESG 风险及机会相关的全部因素，并将其纳入总体投资决策，是一种期望在长期带来更高投资回报率的新兴投资策略。经过多年的积累，ESG 投资理念在全球已经得到养老金、共同基金、捐赠基金等机构投资者的广泛认可，同时在提升资产组合的风险控制和长期收益方面也发挥了一定的作用，已经成为当前责任投资领域最重要的发展方向之一。

全球范围内，ESG 投资呈现如下的变化。

（1）ESG 投资发展稳健，持续增长。

①规模和增速持续增长。

根据全球可持续投资联盟（Global Sustainable Investment Alliance，GSIA）针对全球主要地区（欧洲、美国、加拿大、日本、大洋洲）的统计（见图 1 - 5），ESG 投资的资产管理规模从 2012 年初的 13.20 万亿美元增加至 2020 年初的 35.30 万亿美元，年复合增速为 13.02%，远超过全球资产管理行业的整体增速（6.01%）。

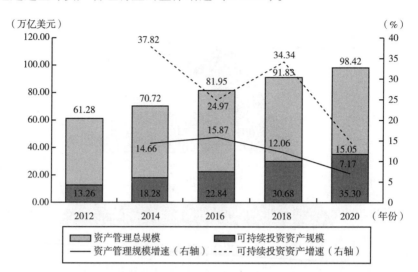

图 1-5　全球主要市场 ESG 投资规模 vs 资产管理总规模

②地区分布：欧洲退居第二，美国发展迅猛，日本快速增加。

作为 ESG 投资的发源地，欧洲一直是 ESG 投资的引领者和推动者，2012 年初欧洲市场 ESG 投资管理规模占比高达 66%。但随着其他地区，特别是美国市场 ESG 投资的蓬勃发展，欧洲 ESG 投资规模占比逐步下降至 2020 年初的 34%，排五个主要区域的第二名。当前 ESG 投资管理规模占比最高的区域是美国，2020 年初占比达到 48%。另外，值得关注的是日本市场，其 ESG 投资规模在 2014 年后快速增加，2020 年初已超越加拿大和大洋洲，排第三名（见图 1-6 和图 1-7）。

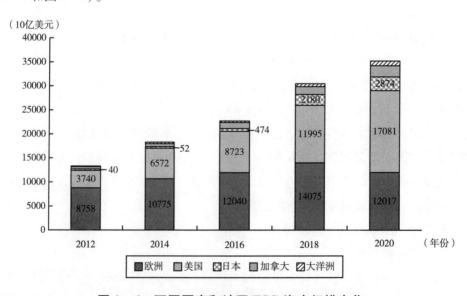

图 1-6　不同国家和地区 ESG 资产规模变化

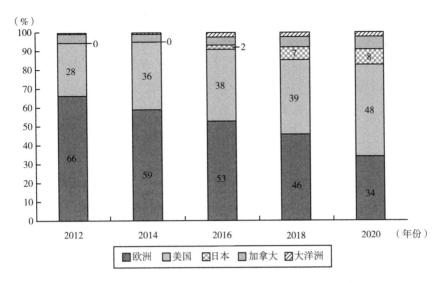

图1-7 不同国家和地区ESG资产规模占比变化

③投资者结构：机构主导，近年个人投资者占比持续提高。

ESG投资兴起之初，主要是机构出于价值观考量进行的投资，因此机构投资者是ESG投资产品的主要持有者，2012年初占比高达89%。但随着国际社会对人类可持续发展问题关注度的不断提升，ESG投资理念的推广，社会公众对于ESG投资的接受程度显著提升，2020年初个人投资者占比达到25%（见图1-8）。

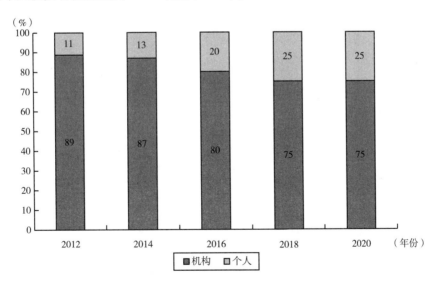

图1-8 ESG投资产品持有人结构变化

（2）ESG投资的信息环境逐渐改善。

ESG投资的难点在于ESG评价所需的信息难以持续、准确获取。鉴于ESG投资的快速发展以及对ESG投资原则的认同，全球多个国家交易所陆续对ESG信息披露提出强制性或自愿性要求，许多国际组织也致力于公司 ESG 绩效的度量和评价。为推动全球交易所加强 ESG 等信息披露，引导金融市场的可持续发展，2014 年全球证券交易所联合会（WFE）与可持续证券交易所（SSE）合作发布了 ESG 报告指南，这为 ESG 信息披露提供了重要基准。

近年来，中国已经成为全球 ESG 投资的重要践行者，极大地推动了可持续发展。从《生态文明体制改革总体方案》《"十三五"规划纲要》提出建立绿色金融体系，到《关于构建绿色金融体系的指导意见》实施；从《上市公司治理准则》（征求意见稿）要求环境信息的披露，到《绿色投资指引（试行）征求意见稿》推出。国内市场初步形成的绿色金融发展体系，逐步完善的上市公司 ESG 信息披露，将对促进 ESG 投资在国内发展产生切实且深远的影响。

（3）机构投资者是 ESG 投资的主力。

ESG 投资者结构中主要为养老金、保险资金等专业机构客户，尤其在大型和特大型退休金计划中，采用 ESG 投资已经变得越来越普遍。2016 年，Plansponsor 在固定缴款计划调查中发现，全部退休金计划中 11.8% 提供责任投资基金。对于小型退休金计划，这一比例仅为 9.0%，而在大型和特大型退休金计划中该比例则高达 15.1%。

值得高兴的是，近年来随着 ESG 的快速发展，零售客户占比正逐步提升。在加拿大、欧洲和美国地区的零售客户合计占比从 2014 年的 13.1% 提升至 25.7%（见图 1-9）。

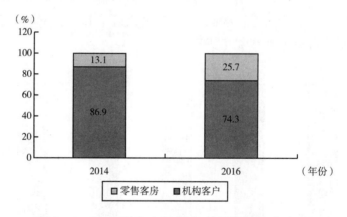

图 1-9　责任投资中机构客户和零售客户占比

数据来源：GSIA。

国际经验显示，在机构投资者采用 ESG 投资过程中，政府部门的推动发挥了至关重要的作用。例如，2015 年 10 月，美国劳工部取消了抑制养老金 ESG 投资的条款，将 ESG 因素纳入受托人进行投资决策的合理考察因素。此后，许多养老金计划开始将 ESG 因素纳入投资决策，还有部分直接进行 ESG 产品投资。

此外，2017 年全球最大的养老基金——日本政府养老投资基金（GPIF）直接选取了三只 ESG 指数作为被动投资的标的，近 89 亿美元进行 ESG 被动投资，占 GPIF 总资产规模的 3%。未来 GPIF 计划将 ESG 的投资配比从 3% 提升至 10%，资金规模预计可达 290 亿美元。

同时，GPIF 将 ESG 作为与市值、Smart Beta 并列的第三大被动投资方式，投资范围也将从日本国内市场扩展至全球市场。在养老金的带动下，责任投资在日本获得了飞速发展，规模从 2014 年的 70 亿美元，增长至 2016 年的 4740 亿美元。

（4）个人投资者对可持续投资认同度提升。

摩根士丹利可持续投资研究所（2017）报告显示，75% 的个人投资者和 86% 的"千禧一代"投资者对可持续投资感兴趣，这一数据延续了 2015 年以来的高比例。其中，非常感兴趣的"千禧一代"的数量从 28% 上升至 38%。个人投资者选择 ESG 的主要原因如下。

①经济增长不确定性提升带来的避险需求。受访者中，71% 的人认为优异的社会、环境和治理措施会带来更高的盈利能力，是更好的长期投资，因此避险需求成为选择 ESG 的一个因素（见图 1-10）。

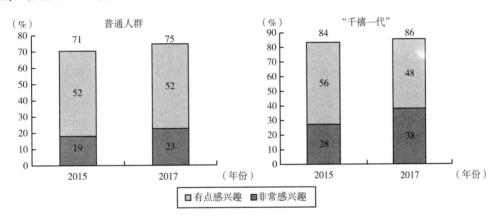

图 1-10　个人投资者与"千禧一代"对责任投资的兴趣调查

数据来源：Morgan Stanley。

②可持续消费行为延伸至可持续投资行为。可持续发展理念不仅影响消费行为，还会作用于投资行为。从未来发展来看，2025 年"千禧一代"将占美国劳动力人口的 75%，而目前只有 31% 的人有 401（k）计划。在加入 401（k）计划比例不断提升，"千禧一代"又对可持续投资保持强烈兴趣的情况下，投资者会自然将投资理念与价值观进行结合（见图 1-11）。

③可持续投资价值观能带来积极影响。"千禧一代"中 86% 的人对可持续投资感兴趣，这一比例比普通个人投资者高 11%，他们坚信采用可持续投资能够带来积极影响。因此，"千禧一代"投资者选择 ESG 投资是践行可持续发展理念，希望通过投资行为对社会和人类做出积极影响（见图 1-12 和图 1-13）。

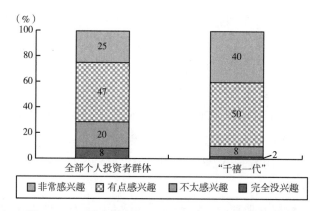

图 1 - 11　责任投资作为 401（k）选择的调查

数据来源：Morgan Stanley。

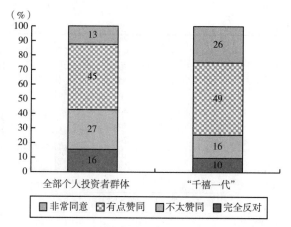

图 1 - 12　责任投资能够影响人类活动造成的气候变化

数据来源：Morgan Stanley。

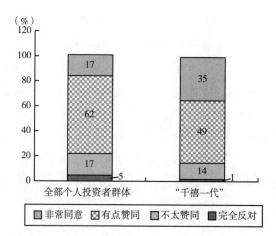

图 1 - 13　个人的责任投资决策可能带来经济增长

数据来源：Morgan Stanley。

　　ESG 投资可追溯至 20 世纪 70 年代开始发达国家普遍兴起的绿色消费及环境保护等倡议在投资领域中的应用。这与当时发达国家经历经济高速发展后遗留下的环境问题密不可分，但同时，也伴随着社会发展由投资者个人信仰及个人偏好的不同所带来的投资风格的分化与多样性的演绎。例如，美国早期的 DOMINO FUNDS 创始人曾表示进入这个领域是出于对于保护鸟类栖息地的个人偏好，以及一些教会基金严禁投资于枪支生产等军火生意及赌场博彩业等领域，以免违反教义信仰。

　　进入 21 世纪之后，ESG 投资在全世界范围内得到进一步的深入与强化，主要得益于 2006 年创立的联合国责任投资原则（UN PRI），由当时的联合国前秘书长科菲·安南发起，并由联合国责任投资原则机构（UN PRI）、联合国环境规划署金融行动机构（UNEP FI）和联合国全球合约机构（UN GC）共同设立并提供支持。联合国责任投资原则（PRI）将 ESG 三要素纳入政策和实践中，以期降低风险、提高投资收益并创造长期价值，最终实现高效并具有可持续性的全球金融体系。

　　目前全球已经有 80 多个国家近 5000 多家投资机构（包括资产所有者、投资者和中介服务机构）签署了 PRI 合作伙伴关系，管理资产规模接近 120 万亿美元，其中包括许多全球知名金融机构及养老基金等，包括资产管理公司贝莱德、欧洲安联保险公司、对冲基金英仕曼、美国公共养老金加州公共雇员退休基金等。国内 UN PRI 签约机构快速增长、泛 ESG 公募基金绝对规模仍小，但发展处于提速阶段，头部资管机构已开始积极投身 ESG 投资实践。2017 年以来国内 ESG 签约机构快速增长。截至 2021 年 9 月，中国有 71 家机构签约 UN PRI。另外，产品规模自 2020 年也快速增长。截至 2021 年 6 月，中国共有 48 家基金公司发行了 111 只泛 ESG 公募基金，规模约 2800 亿元。

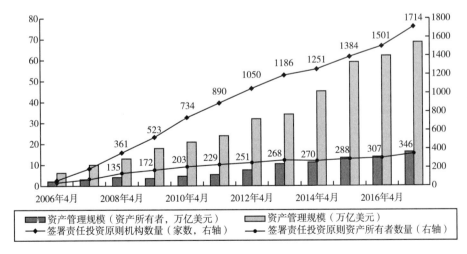

图 1-14　全球签署 UN PRI 的机构数量及资产规模增长情况

　　当前，全球范围内众多金融机构都已将 ESG 因素纳入自身的研究及投资决策体系中，而许多国家的证券交易所及监管机构也相继制定政策规定，要求上市公司自愿自主或者强制性披露 ESG 相关信息。当前海外与 ESG 相关的指数基金众多，且近年收益率情况表现均较好，其中以汤森路透全球各主要地区 ESG 指数（包括美国、欧洲市场、发达国家、新兴市场等地区 ESG 最佳实践指数）为例，近年来均相对基准指数跑出较明显超额收益。国内部分与 ESG 相关的基金自成立以来也具有较好收益率表现。

2020 年以来，受新冠肺炎疫情影响，全球市场动荡，给经济发展带来了偌大挑战。在此形势下，根据晨星（Morningstar）的数据显示，在所有资产类别中，有超过 70% 的 ESG 基金跑赢了对手。一方面，由于 ESG 在过去几年积极推行去石油化能源，即不持有石油类股份，因此在疫情导致油价下跌的情况下，ESG 较好地避开了这个雷区；另一方面，从更长的时间维度来看，ESG 具有较强的抗风险特性。从疫情影响来看，ESG 治理比较好的公司往往和利益相关方有更紧密的关系，这种关系增强了企业面对极端外部冲击时的应对能力，因此受疫情冲击比同行业其他公司相对较小。这都充分说明了 ESG 基金具有更强的韧性和抗风险能力，疫情下 ESG 投资优势凸显将进一步推动其发展。

1.2.2 ESG 投资生态系统

一个国家要发展 ESG 投资，或者要把它发展成为一个大的潮流的话，需要建立一个完善的生态体系。中国的 ESG 投资生态建设进入加速期，未来关键政策落地或将加速完善境内 ESG 投资生态。包括投资者、企业、标准制定者、评价与评级机构、政府等参与主体在内，都需要提前布局，迎接 ESG 投资新机遇（见图 1-15）。

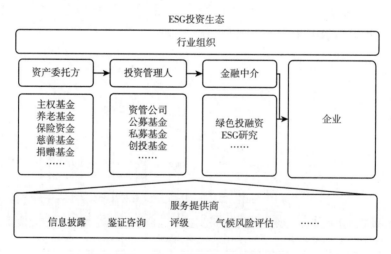

图 1-15 ESG 投资生态系统示意图

ESG 投资生态可以概括为以下五个部分。

（1）投资理念：ESG 投资理念逐渐在国际组织中得到确认，在全球社会尤其是欧美地区兴起。国内 ESG 投资理念正在快速地深入人心，并在整个社会传播。

（2）监管政策：监管部门根据 ESG 理念推动监管措施。国内的 ESG 信息披露监管框架，主要由政府及监管层面颁布的政策以及交易所层面颁布的一系列指引为主。目前，我国尚未设立针对 ESG 议题进行统一监管的机构，ESG 披露的法律法规也还未颁布，相关政策以 E/S/G 单一方向的指引性文件为主，而整合 ESG 信息披露的框架性文件占比较少。未来监管政策或通过强制立法与资金引导两种方式推动 ESG 投资发展。一方面，我国可以借鉴欧盟等地区的领先经验，通过自上而下强制立法推动 ESG 整合信息披露；另一方面，可以借鉴英国与日本的发展经验，自下而上引导险资等长线资金的 ESG 投资实践共同推动 ESG 投资生态建设。

（3）信息披露。上市公司根据监管政策合规披露 ESG 信息。A 股上市公司 ESG 信息披露情况逐步提升，但数据质量仍待改善。A 股 ESG 信息披露以发布社会责任报告的形式为主，企业发布数量从 2011 年的 565 份增长至 2021 年 9 月的 1106 份。其中，沪市披露情况好于深市，大公司披露情况好于小公司，金融与环保重点行业披露情况好于其他行业。但是，由于缺乏权威且完整的 ESG 信息披露框架，上市公司 ESG 报告披露质量相对较低。

（4）评级体系：评级机构根据上市公司信息披露或其他非结构化数据，在投资理念的指引下进行 ESG 评级，同时大多数评级机构会依据评级信息编制 ESG 指数。国内 ESG 评级需要依靠媒体报道和政府监管信息来补充信息来源；指标选择需要体现中国国情，评价指标的本土特征主要表现在环境指标和社会指标方面，如化石能源利用、绿色金融、共同富裕、精准扶贫等指标与西方 ESG 评级体系差异较大。

（5）投资实践：投资机构根据上市公司披露信息、评级机构评级信息、ESG 指数等作为参考进行 ESG 投资。

ESG 投资生态体系里面需要多种不同类型的参与者，主要有六大类：

①资产的委托方。

②资产管理者。

③广义来讲就是第三方的信息，服务商或者是提供商。

④金融中介。

⑤政府或监管部门。

⑥企业或者是上市公司，就是我们常讲的 ESG 投资的实践者也是 ESG 投资标的，是 ESG 的实践者。

这六大类的参与者一起形成了 ESG 投资的生态体系。

第一类是资产的拥有方或者资产的委托方。像很多欧美大的机构投资者、退休基金、股权财富基金包括社保基金等，它们在委托资产时就提出对 ESG 的要求。第二类是资产管理机构。它们具体在接受资产的委托，然后进行实际的投资、选择 ESG 的标的进行投资。第三类是第三方信息服务商。ESG 投资需要很多的服务包括最基础数据的提供，ESG 数据的提供，这些除了上市公司自己提供之外，还有大量第三方的信息。第四类是金融中介。这是那些介于投资者和投资标的之间的服务商，投行、金融机构、商业银行都可以做中介机构。第五类是政府或者监管机构。第六类是 ESG 投资的实践者。他们应用 ESG 理念来经营管理企业。ESG 投资会倒逼企业转型，"用脚投票"，逼迫上市公司去做可持续的价值创造。

因此，从资产的拥有者、管理人到第三方信息提供商、金融中介、政府或者监管部门，还有企业本身，这六大类的参与者在生态体系里面缺一不可，我们中国 ESG 投资要进一步上一个台阶的话，就需要各个部门各方参与者共同努力。

近几年，在"建制度、零容忍、不干预"九字方针下，我国资本市场以注册制改革为突破口，推动基础制度系统性改革，在规范可持续发展方面取得了长足发展。但是从服务推动建立绿色低碳循环发展的经济体系要求看还有差距。落实新发展理念，构建完善的资本市场 ESG 生态体系，至少有五大任务和目标：

一是贯彻 ESG 理念，需要在构建制度方面继续下功夫。ESG 投资把非财务因素的环境、社会责任、公司治理纳入投资决策体系，本质上是一种可持续发展的价值观。成熟资本市场与 ESG 之间具有密不可分的联系，在欧洲、北美等海外成熟市场中，ESG 应用十分常见，ESG 投资理念在国内生根发芽的土壤也日渐成熟，是资本市场践行新发展理念的重要体现。要以 ESG 理念为指导，继续改革完善我国资本市场基础制度体系，资本市场应以服务经济绿色低碳转型、追求可持续、健康稳定发展为己任，这是构建资本市场 ESG 生态体系的重要任务，也是推动资本市场高质量发展的内生动力。

二是贯彻 ESG 理念，需要在培育高质量上市公司方面下功夫。上市公司是资本市场的支柱和基石。强大的资本市场需要拥有足够多优质的、可持续发展的上市公司，否则财富管理、ESG 投资如同"无本之木"。近几年，大家意识到我国其实不缺资金缺资本，开始重视资本市场发展。但资本市场不仅是融资市场，更是一个投资市场，两种功能是一个硬币的两面，不能脱离发展。现在各个地方对发展资本市场都非常积极，不少地方提出上市公司"倍增计划"，这对资本市场扩容发展是好事，但是存在过度追求上市公司数量快速增长的问题，存在过于重视资本市场融资功能的问题，存在上市公司质量不高的问题，因此要树立正确的发展观。长期来看，大干快上，将来可能形成的是一堆没有真正投资配置价值的上市公司，与可持续发展的要求是不相符的。当前，资本市场正在推进提高上市公司质量三年行动计划，引导上市公司注重社会责任，完善公司治理，提高信息披露质量，这些都是推进 ESG 投资大生态发展的重要基础。

三是贯彻 ESG 理念，需要在长期投资上下功夫。生态体系建设需要吸引长期资金和长期机构投资者，要坚持长期主义。ESG 投资本质是要基于长期可持续发展视角筛选资产。一方面，要通过大力发展财富管理，加快推进居民储蓄向投资转化，为资本市场提供中长期资本；另一方面，要加快培育中长期机构投资者，借助散户机构化以及机构投资者长期化推动短期资金向长期资本转化。从美国证券市场发展进程看，股票市场的中长期资金主要来自第二、第三支柱的养老保险资金。20 世纪 70 年代末，美国税收法 401（k）条款成为推动美国养老保险体系发展的重要动力，也拉开美国资本市场中长期机构投资者大发展的序幕，值得我国借鉴。

四是贯彻 ESG 理念，需要在发展丰富的 ESG 投资产品方面下功夫。产品是 ESG 投资策略的载体，丰富的基础金融产品供给是构建资本市场投资大生态的基础。根据《中国责任投资报告》，2020 年 ESG 公募基金达到 127 只，资产规模超 1200 亿元，增速高达 109%；商业银行泛 ESG 理财产品兴起，资产规模超 230 亿元。多种类 ESG 投资产品的兴起与快速发展说明了国内投资者对 ESG 理念的认可，但是横向比较来看，我国 ESG 投资产品在全球可持续基金资产管理规模中占比还很小。截至 2021 年一季度，全球可持续基金资产管理规模突破 2 万亿美元，欧美地区占到了 95% 以上，且资本市场当前在绿色投资产品的供给上还相对不足，还需要进一步加大基础金融产品供给。因此，可适时推出 ESG 投资指数、ESG 专项债券、ESG 专项资产证券化产品、ESG 主题基金及指数基金、ESG 产业基金及股权投资基金等。

五是贯彻 ESG 理念，需要在提升证券公司等中介机构职业能力方面下功夫。证券公司作为资本市场最重要的中介机构之一，要更好地履行好"看门人"职责，引导上市公司提升治理水平和社会责任，主动加大 ESG 方面的信息披露；发挥好证券公司的专业定价、产品创设、风险对冲功能，丰富资本市场绿色投资产品的供给，为各类投资者提供丰富的配置产品体系；要做好投资者教育和引导工作，以 ESG 投资理念为切入点，让投资者逐步形成中长期的投资理念。

总之，贯彻 ESG 理念，构建健康的 ESG 生态体系是一个全方位的系统性工程。目前在我国还存在 ESG 基础制度建设还不完善，ESG 投资实践不够深入，第三方评价市场竞争力不足，企业 ESG 实践仍留于表面等诸多问题，需要在五个方面优化 ESG 投资生态体系：一是要有效扩大 ESG 投资产品的供给和投资规模；二是健全信息披露和评价体系等基础设施；三是推进 ESG 投资的规则、监管及自律等制度建设；四是形成政府、企业、投资机构、中介体系、媒体等相关主体促进 ESG 投资发展的合力；五是完善社会资金进入 ESG 投资的引导机制和生态体系。

1.2.3　ESG 投资的重要性、必要性

ESG 投资是一种以人为中心的理性追求，核心就是希望可以探索出一条可持续发展的道路，将传统投资与 ESG 的相关理念结合起来，寻求商业价值与社会责任之间的平衡。人们越来越相信，可持续性和盈利能力就像一个硬币的两个方面。但是，要想在投资时既能盈利又能负责任，或者说"既做得好，又做好事"，还面临着一些困难和挑战。环境的恶化和病毒的肆虐使投资者对可持续发展的投资机会更加关注。坚持可持续发展是一种新的商业文明，企业、社会在发展的过程中应该更重视追求经济效益和社会价值的一致性。尽管目前国内 ESG 发展仍处于初级阶段，国际国内的诸多因素导致经济放缓，会影响市场投资情绪更多地以避险为主；从市场动荡对企业形成的特殊考验情况来看，与利益相关方更好、更密切的关系更有利于公司发展；从更大的视角来看，更多人会去反思人和自然的关系、发展经济的目的以及企业应该对可持续发展做出什么贡献，而 ESG 在解答以上三个方面都更有优势。

个人和机构投资者对所投资公司的环境、社会和治理（ESG）实践的关注与日俱增，年度调查显示，当机构投资者对他们最看重的公司的特征进行评分时，"道德商业行为"已升至首位，超过了"强有力的管理"等其他类别。在过去的十年中，投资于社会责任投资产品的资产数量急剧增加。资产管理规模（AUM）在 ESG 投资方面持续保持增长，并且在未

来几年将会更加显著。大约四分之一的全球资产管理（AUM）的投资考虑了 ESG 因素（GSIA，2017）。据估计，考虑 ESG 因素的全球资产管理规模总额超过 23 万亿美元。在美国，2018 年初，以 ESG 为重点的资产管理规模估计为 12 万亿美元，这约占专业管理资产总额的 26%。这些数据令人印象深刻，而且整个社会对 ESG 的兴趣似乎越来越普遍。所有大型投资管理公司都已经开发了面向关注 ESG 问题的投资者的基金。毫无疑问，其中一些产品主要与营销理念有关，而不是追求严格意义上的 ESG 目标，但它们的存在进一步表明，投资者的兴趣确实正在日益增强。

与此同时，尽管 ESG 投资的重要性日益提高，目前大多数的投资几乎没有考虑 ESG 因素或者 ESG 问题很少被提及，这也很明显。如果 25% 的全球资产管理基金在投资时至少在某种程度上参考了一些 ESG 因素，那么意味着占大多数的 75% 仍然没有考虑这些因素。许多学术群体对 ESG 问题的研究拥有强烈而热情的支持态度。然而，大学捐赠基金的 ESG 投资估计不到资产管理规模的 20%，剩下 80% 的捐赠基金采用更传统的标准进行投资。如果由此判定所有这些投资者都不了解 ESG 的情况，或者对 ESG 的问题漠不关心，那将是幼稚的和适得其反的。

英国央行行长马克·卡尼（Mark Carney，2018）的演讲中提道："在应对气候变化带来的金融风险方面存在两个悖论。第一，未来将成为过去。气候变化是一种'位于地平线'的悲剧，它将给子孙后代带来重大损失，可是当代人却没有直接的动力去解决这个问题。气候变化的灾难性影响处于大多数行动者的视野之外。一旦气候变化成为影响金融稳定的一个明确而现实的威胁时，再想要稳定气候可能为时已晚。第二，成功反倒会失败。如果向低碳经济过渡太快，可能会严重破坏金融稳定。对未来的全面重新评估可能会破坏市场稳定性，引发连续性的结构损失，并导致金融状况持续紧缩：一个气候事件导致的明斯基时刻。审慎监管局（PRA）认识到这些悖论可能会对金融体系产生影响。前者意味着需要调整长期的时间范围，并根据未来气候变化可能带来的金融风险来考虑当前的行动。后者意味着需要找到正确的平衡，可以预见的金融风险将以某种形式出现，挑战是将其影响最小化，而企业和社会将机会最大化。"

尽管人们在目标和手段上总是会有不同意见，但至少在其中一些因素上的共识越来越多，不完美不应该成为不能尽力而为的借口。现在，投资者和投资经理能够找到更平衡的投资，拥有更好的（尽管仍不完美）数据，可以构建越来越好的模型和策略。虽然一些积极分子可能相对财务收益更看重 ESG 因素，但更广泛的投资者希望拥有一切：投资于那些赚取可观收益同时对环境和社会有积极贡献的公司。要实现这种双重成功目标，一个可靠的途径就是着眼于长期，而不是只盯着下一个季度。

目前，企业正从许多不同的方面着手承担社会责任。他们在尽量减少碳足迹；创造一个所有员工都能感受到有价值和体现能力的工作场所；与客户、供应商和所有利益相关者合作，确保 ESG 目标得到理解和实施，同时认识到观点的多样性和发展的阶段性会不断存在。所有这些活动在当今世界以及我们将留给孩子们的世界中都是很重要的。

自 A 股首次被纳入 MSCI 后，MSCI 将持续搜集 A 股上市公司的公开资料，并对所有纳入 MSCI 指数的 A 股公司进行 ESG 研究和评级。2018 年 6 月 1 日，A 股首批 234 只公司已被正式纳入 MSCI 新兴市场指数，此次纳入比例为 2.5%。所有被纳入 MSCI 新兴市场指数的 234 家 A 股公司都将接受 MSCI 进行的 ESG 研究和评级，为有责任投资要求的投资者提供参考，且 MSCI 可能在此基础上另外构建 ESG 指数。2018 年 5 月 30 日，MSCI 指数中国业务负责人表示，目前已完成对 A 股 234 只股票的 ESG 评测，后续将根据结果编制 ESG 指数，并发布中国 ESG 指数。

目前 ESG 在国内仍处于发展初期，国内投资者对 ESG 评级方法及相关投资策略并不熟悉，而未来随着 A 股公司纳入 MSCI 指数比例的逐步提升，预计将对国内上市公司提出较为严格的 ESG 相关要求，并对 A 股产生更重要的影响。因此，建议由监管机构引导、行业协会推动，共同完善 ESG 信息披露指引；搭建符合中国国情的 ESG（环境、社会和公司治理）评价体系，敦促机构投资者尤其是社保基金、主权财富基金等长期资产管理机构将责任投资纳入投资评价体系。

1.2.4　ESG 投资的驱动因素

现代投资组合理论为我们提供了评估投资组合的风险和收益这两个孪生概念。ESG 投资的出现又增加了"第三条腿"。一个有效的投资组合前沿现在可以被概念化为一个三维的界面，即优化风险、收益和社会影响。无论在欧美、中国、日本，还是一些新兴国家或地区，多数大型资产管理公司都已经制定了实施 ESG 投资战略的政策，其中许多 ESG 投资决策分析原则的基础是联合国责任投资原则（PRI）和可持续发展目标（SDGs）。全球范围内，主要存在以下驱动 ESG 投资发展的关键因素。

（1）责任投资的原则（PRI）。

联合国责任投资原则 UN PRI（UN Principles for Responsible Investment）是将环境、社会和公司治理问题纳入投资过程。责任投资原则（PRI）是一个独立的非营利组织，由联合国支持，但不是联合国的一部分。它制定了一套六项自愿和有抱负的投资原则，在全球吸引了一大批投资专业人士。六项具体原则如下：

原则 1：将 ESG 议题纳入投资分析和决策过程。

原则 2：成为积极的所有者，将 ESG 议题整合至所有权政策与实践。

原则 3：寻求投资对象对 ESG 问题的适当披露。

原则 4：促进投资行业接受和实施 PRI 原则。

原则 5：建立合作机制，提升 PRI 原则实施的效能。

原则 6：报告 PRI 原则实施的活动与进程。

（2）可持续发展目标（SDGs）。

2015 年 9 月，联合国大会通过了《2030 年可持续发展议程》，其中包括 17 项可持续发展目标。对许多组织和投资者来说，可持续发展目标（SDGs）是一份雄心勃勃的行动蓝图。

可持续发展目标阐释了全球面临的挑战，包括贫困、不平等、气候、环境退化、繁荣、和平与正义等。17 项目标如下：

目标 1：没有贫困

目标 2：零饥饿

目标 3：身体健康和幸福

目标 4：素质教育

目标 5：性别平等

目标 6：洁净水和卫生设施

目标 7：负担得起的清洁能源

目标 8：体面的工作和经济增长

目标 9：产业、创新和基础设施

目标 10：减少不平等

目标 11：可持续城市和社区

目标 12：负责任的消费和生产

目标 13：气候行动

目标 14：水下生命

目标 15：陆上生命

目标 16：和平与公正的强有力机构

目标 17：实现目标的伙伴关系

（3）其他因素。

良好的治理在系统层面具有重要性。

全球金融危机使人们重新认识到改善公司治理的重要性。

公私合作伙伴关系（PPP）正在扩大。

公私合作模式已经逐渐发展为解决更广泛的社会和环境问题的方法和手段。

人们日益认识到气候变化是一个现实问题。

现在气候变化（几乎）得到了普遍承认，公共和私人的倡议中基本都包括可持续投资组合以及更多披露与气候相关的金融风险。

能源来源正在转变。

天然气的使用正在增加，可再生能源正变得更加便宜和容易获取。

科技正在改变我们的需求和消费方式。

技术正在推动广泛的变革，大多数经济部门正在见证商业运作方式的转变。不愿或无法改变的公司正在落后，并可能会让投资者面临风险。

社交媒体正在影响社会规范。

凭借其无国界的特质，以及 Y 世代和 X 世代的主导地位，社交媒体有效传播了负责任消费以及投资的新价值观和规范。

人们的寿命更长。

到 2050 年，全球 65 岁以上的人口将达到 23 亿。可持续性问题将直接影响到这些退休人员的财务安全。

人口结构正在发生变化。

Y 世代已经成为最大的人口群体，并且正在不断改变商业、金融和政治格局。例如，年轻一代正在推动"绿色债券"市场和可持续金融领域的快速发展。

监管起到了推动的作用。

考虑 ESG 因素促使越来越多的国家出台了新的法规。例如，德国关闭核电站，欧洲监管次级金融债务的监督审查和评估程序（SREP），以及法国强制报告气候风险的做法，提高了金融机构的门槛。而在美国，监管并没有那么积极，但可能正在快速增长。

全球性的价值链。

由于大型公司的价值链日益全球化，全球投资者可以迅速惩罚那些有童工行为、人权问题以及影响环境和治理不善的公司。

1.3 ESG 投资价值分析

ESG 是在投资决策过程中充分考虑环境、社会和公司治理因素的一种可持续投资理念。近年来，ESG 投资的规模和增速均呈持续稳定增长态势，目前欧洲和美国市场占据全球 90% 份额。随着各国交易所 ESG 信息披露环境改善，养老金等机构投资者采用 ESG 投资比例不断增加，个人投资者尤其是"千禧一代"对 ESG 理念认同度持续提升，ESG 投资将迎来重要的发展机遇。

1.3.1 ESG 投资逻辑与企业价值

为什么要进行 ESG 投资，目前国际上还未形成统一的结论。基于风险理论的投资者认为，投资主要来自交易和基本面数据，ESG 与投资目标无关，甚至会有负面影响，损失公司经营绩效。在有效市场下，ESG 所揭示的风险和投资机会均已在股票价格中体现出来，所以在投资中没有必要整合 ESG 因素。而基于定价偏差（Mispricing）理论的投资者则认为，由于定价的无效性，在投资过程中整合 ESG 因素可以提高分析效力，在一定程度上对企业财务估值和投资组合收益带来影响。

随着 ESG 投入的增加，企业利润的变化趋势可能呈现先减后增再减的倒"S"形曲线（见图 1-16）。企业投入 ESG 建设初期，新增的 ESG 投入会给企业带来短期的支出增加，利润减少。随着 ESG 投入的增加和时间的推进，ESG 评分的上升给企业带来的正向效用开始显现并逐渐抵消 ESG 的投入成本。但当企业的 ESG 评分提高到一定水平之后，继续增加

ESG 投入的边际效应递减，ESG 评分的提高对企业的正向效应不足以抵消 ESG 投入带来的成本上升，收益曲线再次下降。

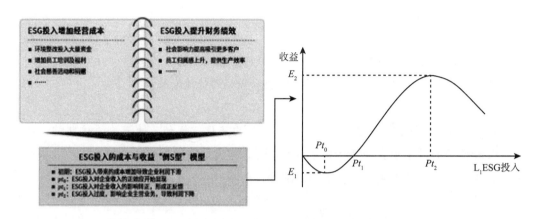

图 1 – 16   ESG 投入的成本与收益倒"S"形模型

ESG 投入可减少尾部风险。ESG 优异的公司在面临极端环境（事件）时，具有更强的抗风险能力，降低尾部风险发生的概率：①及时披露 ESG 有利于相关监管机构提前识别风险并及时介入；②高 ESG 的企业风险管理能力更强。利用 Wind 提供的 FTSE Russell ESG 评分，研究发现 A 股上市企业在新冠肺炎疫情期间的表现具有类似的特征：风险爆发当天跌幅越大的公司组，整体 ESG 评级越低。可见，高 ESG 公司相对于低 ESG 公司在面对系统性风险时韧性更强。

ESG 投入能降低融资成本。ESG 方面的优异表现可以帮助公司有效降低融资成本：①积极披露 ESG 相关报告，能降低信息不对称，提升评级；②ESG 提升公司品牌，有利于降低融资成本，绿色债券拓宽融资渠道，发行成本普遍低于传统债券 15 ~ 20bp。

合理利用优惠政策降低 ESG 投入初期的成本压力。政府的针对性优惠政策可以减轻企业 ESG 投入产生的成本，在实现 ESG 投入与企业绩效相互促进的正反馈形成之前，缓解企业的运营成本压力，相当于提高了图 1 – 16 中"S"曲线的第一个拐点。不同地区的优惠政策可能存在不同的表现形式，如中国主要是针对绿色产业（节能环保、新能源等）有一些税收优惠政策，欧盟则通过碳配额拍卖获得的收入成立基金，重点支持零碳技术的研发突破及相关产业的培养发展。

ESG 对企业价值的影响有两个维度：短期股价和长期市值。从实证结果来看，无论是短期股价的波动，还是长期市值的趋势，ESG 对于企业价值均有显著的影响。

▶ 基于 CSR 报告构建的 ESG 重视程度指标和 ESG 评级机构的评分调整对上市公司股价的短期波动均有显著影响。

利用 NLP 技术，我们分析了 A 股上市公司的 CSR 报告，并据此构建了上市公司 ESG 重视程度指标，同时我们还采用了第三方评级机构提供的上市公司 ESG 评分。实证结果表明，ESG 重视程度较高或 ESG 评分上调的公司，其短期回报也较高。

► 致力于 ESG 实践的上市公司具备更高的长期成长性，但存在一定的时滞。

我们认为，CSR 报告中 ESG 得分越高的上市公司，越重视 ESG 实践，这样的上市公司也具有更好的长期成长性。通过分析了 CSR 报告的 ESG 得分对上市公司市值的长期影响，回测结果表明，上市公司的 ESG 重视程度对公司的市值成长性有长期（一年至三年）的正向影响，但短期（一年内）的影响力较小。

自 20 世纪 70 年代以来，大量研究集中在验证 ESG 与公司财务绩效是否有相关性方面。Friede，Busch 和 Bassen（2015）统计了 1970～2014 年近 2000 篇 ESG 相关研究，分别对结论中与财务绩效显著正相关、显著负相关以及不显著等进行简单归类，主要结论如下。

（1）各资产类别 ESG 与财务绩效显著正相关。

从资产类别来看，52.2% 的股票类研究显示 ESG 和公司财务绩效具有显著正相关关系，4.4% 的研究显示两者具有负相关关系。而对债券、房地产等资产，具有正相关关系的研究占比较高，这与上述两个领域整体研究数量较少有一定关系，同时也与投资者在这类资产中更加关注 ESG，并将其作为识别风险和投资机会的方法有直接关系（见图 1-17）。

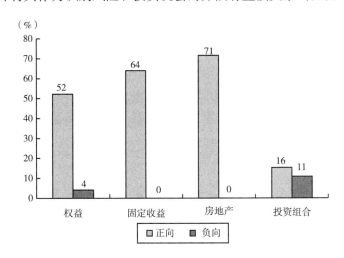

图 1-17 主要资产类别中 ESG 与公司财务绩效关系

数据来源：Deutsche AWM。

（2）投资组合 ESG 与财务绩效正相关不显著。

基于投资组合的研究结果有些不同，只有 15.5% 的研究表明了 ESG 和公司财务绩效具有显著的正相关关系，而 11% 的研究显示两者具有显著负相关关系。这从侧面反映了 ESG 投资组合，或者将 ESG 作为负向剔除要素，或者作为正向筛选标准，但组合最后融合了价值、成长等驱动组合表现的因素，导致淡化了 ESG 与公司财务绩效的相关关系。

（3）E、S、G 分项显著，但 ESG 整体不明显。

与公司财务绩效具有显著正相关的研究占比中，E、S 和 G 的比例分别为 58.7%、55.1% 和 62.3%。但是如果将三者组合在一起形成 ESG，则与公司绩效的正相关比例会降为 35.3%。不同维度的方法混合会在一定程度上削弱 ESG 和公司绩效的正向相关性（见图 1-18）。

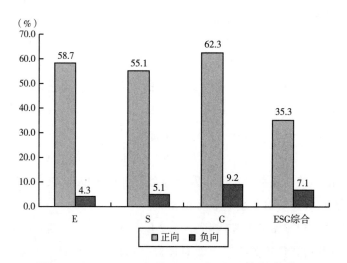

图 1-18 E、S、G 和 ESG 与公司绩效的关系

数据来源：Deutsche AWM。

（4）ESG 在北美和新兴市场相对更加有效。

在不同区域，ESG 对绩效影响存在差异。在北美和新兴市场，ESG 相对更加有效。ESG 与财务绩效显著正相关的研究中，在这两个市场比例分别为 42.7% 和 65.4%。总的来看，ESG 与公司财务绩效有相关性的解释主要为：①ESG 表现优异的公司能够显著降低公司特定风险；②ESG 表现优异的公司对声誉具有积极影响；③ESG 表现优异能够增强客户黏性，改善公司运营，提升公司财务绩效；④ESG 表现优异的公司在面临极端下跌环境中，具有更强的抗风险能力（见图 1-19）。

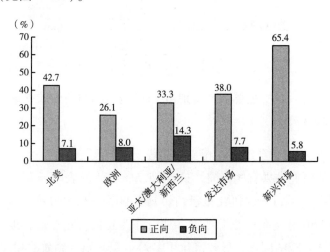

图 1-19 ESG 与公司绩效的区域分布研究

数据来源：Deutsche AWM。

1.3.2 投资管理中如何进行 ESG 投资

（1）公司的 ESG 管理。

公司的 ESG 管理分为两个层次：ESG 治理改善、ESG 领先管理（见图 1 - 20 和图 1 - 21）。

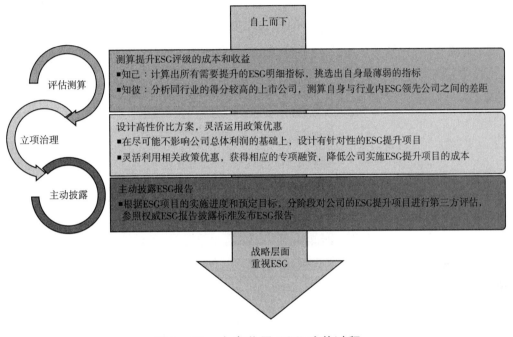

图 1 - 20 上市公司 ESG 改善过程

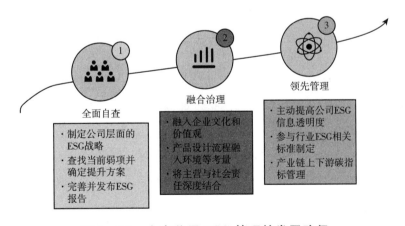

图 1 - 21 上市公司 ESG 管理的发展路径

ESG 治理改善：对于 ESG 治理处于相对初级阶段的企业，采用"评估测算—立项治理—主动披露"的改善流程能够在有限资源的投入下，获得较显著的 ESG 评级提升，实现公司 ESG 治理的改善。

ESG 领先管理：对于优秀企业，则应该总结公司在 ESG 管理方面的经验教训，带领行业及上下游产业链不断提高环境治理与社会责任意识，在整个行业倡导和践行 ESG 理念，从而进一步提高企业在行业及产业链的影响力和话语权。

（2）风险和收益是选取 ESG 的主要考量。

学术研究显示 ESG 与公司财务绩效具有一定联系。在实践中，也逐渐形成了两种逻辑：基于风险和基于收益。基于风险视角，ESG 因素反映了意外、代价高昂的风险，ESG 较差的公司可能会损害长期回报，而 ESG 优异的公司能提供下行保护。

基于收益视角，ESG 优异的公司通过积极的企业声誉、较低的运营成本、新的市场机会或道德管理实践来实现投资收益（见图 1-22）。

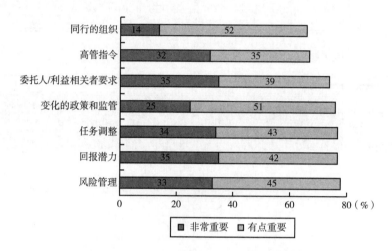

图 1-22　投资者选取 ESG 的考量因素

数据来源：Morgan Stanley。

在使用方式上，投资者主要用 ESG 数据进行负面筛选。由于担心负面表现影响股价，投资者会规避 ESG 评分低的公司。在公司层面，受访者认为具有良好的环境、社会和治理的公司能具有相对低的系统性风险，获取正的风险溢价；在投资组合中，受访者通过负面筛选来定义投资域。而对于正向筛选，无论是跨行业还是在行业内仍较为少见。

但受访者不认为 ESG 信息反映了公司的竞争定位。投资者将 ESG 信息视为风险信息，而不是竞争定位。因此，使用的目的也是通过提高透明度，降低信息不对称，从而减轻对不同利益相关者施加的负面外部性影响，使利益相关者能够更好地让企业对其影响负责。

（3）ESG 投资策略的分布。

整体来看，ESG 投资策略主要以负面剔除、ESG 整合、股东参与策略、标准规则筛选等策略为主。其中，负面筛选是跟踪规模最大的策略应用，这与前面调研结果相符合。负面筛选主要是基于风险逻辑，剔除高风险的公司。ESG 整合是基于收益逻辑，将 ESG 作为溢价因子，纳入投资过程。

从增速来看，影响力投资和可持续发展主题投资增速较快，复合增长率分别为 56.8%

和 55.1%，显示出了强劲的发展势头，但整体基数较低。而将 ESG 用于优质筛选的资产规模和发展增速都较为平稳（见表 1 – 1 和图 1 – 23）。

表 1 – 1 　　　　　　　　　ESG 投资策略的资产规模分布

策略	2014（bnS）	2016（bnS）	增长率	复合增长率
负面剔除	12046	15023	25%	11.70%
ESG 整合	7527	10369	38%	17.40%
股东参与策略	5919	8365	41%	18.90%
标准规则筛选	4385	6210	42%	19.00%
优质筛选	890	1030	16%	7.60%
可持续发展主题投资	137	331	140%	55.10%
影响力投资	101	248	146%	56.80%

数据来源：GSIA。

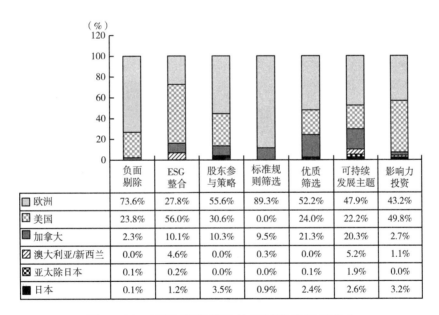

图 1 – 23　ESG 投资策略的区域资产规模分布

数据来源：GSIA。

从区域来看，欧洲市场在负面剔除、股东参与策略、优质筛选策略、可持续发展主题策略都居全球首位，其中负面剔除策略占比超过 73.6%，显示了欧洲市场在 ESG 等责任投资方面策略的多样性。美国市场在 ESG 整合和影响力投资方面占比居首位，显示了美国市场责任投资的差异化发展。尤其是 ESG 整合策略，与美国市场 Smart Beta 策略较为发达有比较直接的关系。

1.3.3 中国 A 股市场 ESG 投资价值分析

（1）高 ESG 评级公司基本面表现优异。

根据 ESG 评分由高到低，将沪深 300 样本股分成 E+、E 和 E-组。从整体来看，E+组在扣非后净利润、净资产、总市值的中位值分别为 15.34 亿元、192 亿元和 414 亿元，高于其他两组，这从侧面反映基本面良好的公司会较为重视 ESG 方面的改善。但从剩下两组对比来看，E-组这三个指标的中位值分别为 11.14 亿元、120 亿元和 396 亿元，远高于 E 组的 8.23 亿元、107 亿元和 297 亿元，这反映了我国当前的经济结构中，传统高污染和高耗能行业仍在经济中占据重要比重，虽然 ESG 评分较低，但财务数据表现并不弱。现金分红反映了投资者的红利收益，也是 ESG 投资者关注的长期回报水平。从年度现金分红总额来看，E+、E 和 E-中位值分别为 5.05 亿元、2.15 亿元和 2.68 亿元。因此，ESG 评分较高的公司有助于提高组合的中长期风险收益。

从成长性来看，E+、E 和 E-组的 ROE 中位值分别为 10、9.1 和 8.8，整体较为接近。从估值来看，E+、E 和 E-组 PE 中位值分别为 18.92、30.84 和 31.66。评分最高的 E+组显示出低估值的特征，但 E 和 E-组差异不明显（见图 1-24）。

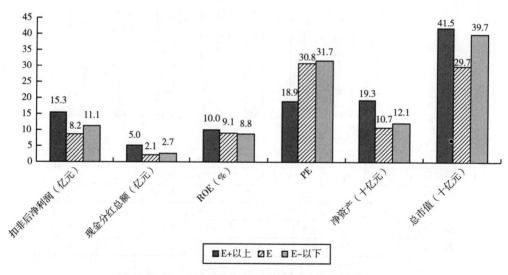

图 1-24　ESG 分组的基本面数据比较

数据来源：中证指数有限公司。

为了剔除行业影响，在每个行业内按照 ESG 评分由高到低，将公司分为 E+、E 和 E-三组。整体来看，在各行业内部，分组呈现的数据对比存在一定的差异。

从扣非后净利润中位值来看，工业、公用事业、金融地产、可选消费、医药卫生等行业 E+组显著高于其他两组，而能源和主要消费则呈现出显著的二元结构，即 E+组和 E-组都较高，电信业务、原材料则呈现一定的倒挂，即 E-的扣非净利润中位值最高（见图 1-25）。

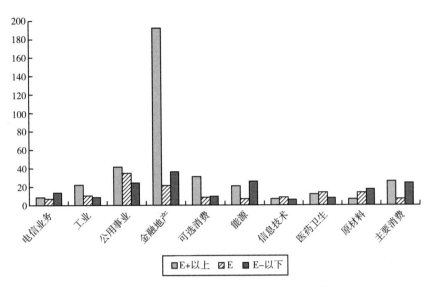

图 1-25　ESG 分组的扣非净利润比较

数据来源：中证指数有限公司。

从 ROE 中位值来看，工业、公用事业、金融地产、能源、医药卫生延续了 E+组高于其他两组的趋势，而可选消费、主要消费则呈现了二元结构，E+组和 E-组都较高，信息技术、原材料的 E-组 ROE 水平显著高于 E+组和 E 组，呈现倒挂（见图 1-26）。

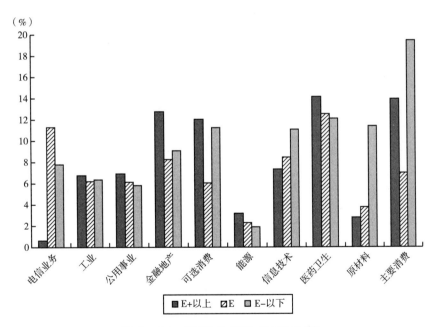

图 1-26　ESG 分组的 ROE 比较

数据来源：中证指数有限公司。

从 PE 中位值来看，绝大部分行业评分 E+组估值低于其他两组，但对于电信业务、主要消费则有些差异，E-估值低于其他两组（见图 1-27）。

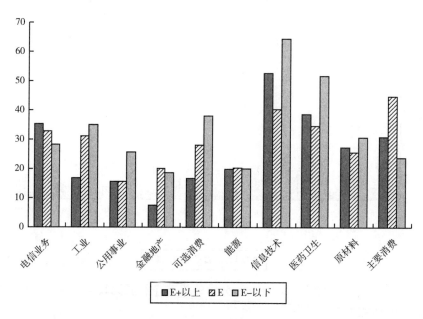

图 1 – 27   ESG 分组的 PE 比较

数据来源：中证指数有限公司。

（2）高 ESG 评级公司风险事件相对较少。

在违规事件统计采用给出 ESG 评分后，未来一年发生的违规事件和次数，同时为了结果可比性，只统计省级及以上部门给出的处罚。数据显示，2016 年以来，E + 、E 和 E – 分别发生违规的公司有 6 家、10 家和 13 家，违规次数分别为 7 次、11 次和 20 次（见表 1 – 2）。

表 1 – 2   被省级以上部门给予的处罚

行标签	公司（家）	次数	公开处罚	公开批评	公开谴责	出具警示函
E + 以上	6	7	6	0	0	1
E	10	11	4	0	1	6
E – 以下	13	20	10	2	1	7

数据来源：中证指数有限公司。

从股权质押比例中位值来看，E – 组的股权质押比例逐年提升，从 2015 年的 9.75 上升到 2017 年的 30.55。而 E + 组股权质押比例则逐年下降，从 2015 年的 7.53 下降到 2017 年的 4.52（见图 1 – 28）。

高 ESG 评分公司负面事件抵御能力更强，在更严格的风险控制和合规控制下，公司遭受欺诈、贪污、腐败或诉讼、违规、股权质押等事件的频率较低，会显著降低影响公司经营的事件发生。

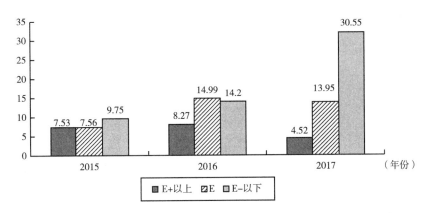

图 1 - 28　ESG 分组的股权质押比例

数据来源：中证指数有限公司。

（3）高 ESG 评级公司下行波动率显著降低。

从年化波动率来看，E + 组中位值为 40.06，低于 E 组的 43.1 和 E - 组的 43.14。年化波动率较低显示了高 ESG 评级公司具有更低的系统性风险（见图 1 - 29）。

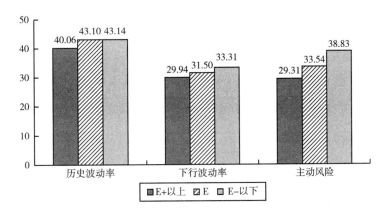

图 1 - 29　ESG 分组的波动率

数据来源：中证指数有限公司。

从下行波动率来看，E + 组中位值为 29.94，显著低于 E 组的 31.5 和 E - 组的 33.31，呈现一定的单调性。高 ESG 评级公司较低的下行波动率，反映了公司负面事件发生频率较低，股价下行风险和尾部风险都较低，良好的风险管理能力最终会呈现为股票特质风险的降低（见图 1 - 30）。

各行业内部数据与整体比较类似。在绝大部分行业内，高 ESG 评级公司，历史波动率和下行波动率都小于低 ESG 评级公司。

（4）高 ESG 评级组合具有更高投资收益。

根据 ESG 评分由高到低，将公司分为 E + 、E 和 E - 三组，采用等权和自由流通市值加权构建组合。从年化收益来看，呈现了显著的单调性。而且无论是等权还是自由流通市值加权组合，E＋组的收益远高于 E 组和 E－组。

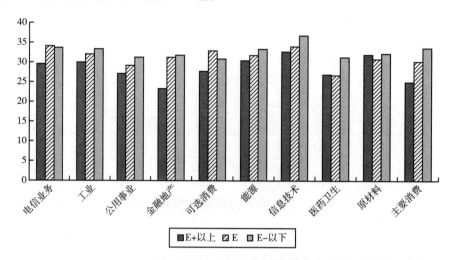

图 1 － 30　分行业的下行波动率比较

数据来源：中证指数有限公司。

在等权组合中，E＋组（等权）年化收益为 1.15％，比 E－组（等权）高 5.72％，相对沪深 300 等权指数超额收益为 1.95％。在自由流通市值加权组合中，E＋组年化收益为 3.04％，比 E－组高 5.23％，相对沪深 300 指数的超额收益为 1.04％。从风险调整收益来看，在加入波动率的影响后，E＋组与 E 组、E－组的差距在扩大，显示出高 ESG 评级组合具有良好的投资属性（见图 1 － 31 和表 1 － 3）。

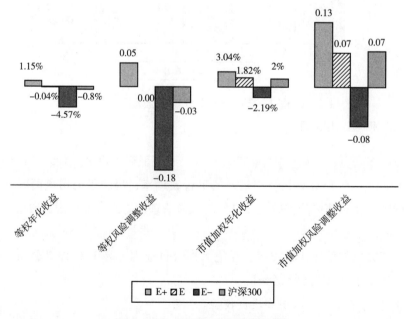

图 1 － 31　ESG 分组收益对比

数据来源：中证指数有限公司。

表 1 - 3 ESG 分组收益对比（2011 年 7 月～2018 年 7 月）

加权方式	收益	E +	E	E -	沪深 300 等权指数	沪深 300 指数
等权	年化收益	1.15%	- 0.04%	- 4.57%	- 0.8%	
	风险调整收益	0.05	0.00	- 0.18	- 0.03	
自由流通市值加权	加权年化收益	3.04%	1.82%	- 2.19%		2%
	加权风险调整收益	0.13	0.07	- 0.08		0.07

数据来源：中证指数公司。

从分行业的收益比较来看，除主要消费外，其他行业都呈现了相同的特征，即 ESG 评分最高的 E + 组收益高于 E - 组（见图 1 - 32 和图 1 - 33）。

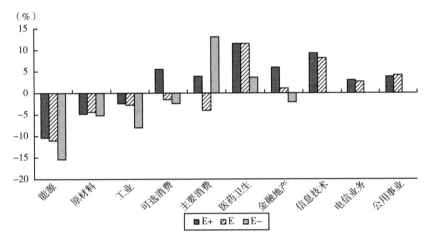

图 1 - 32 ESG 分组（等权）在各行业收益对比

数据来源：中证指数有限公司。

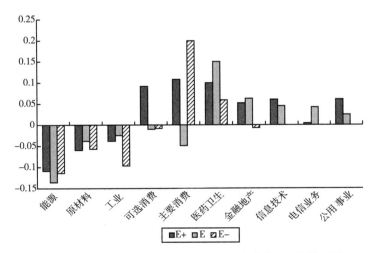

图 1 - 33 ESG 分组（市值加权）在各行业收益对比

数据来源：中证指数有限公司。

（5）高 ESG 评级组合收益驱动分析。

①ESG 组合的绩效归因分析。

研究显示，E + 组合在市值因子和价值因子上具有较大的正向暴露，这表明组合样本偏向大市值、低估值的公司；在 Beta 因子、波动率因子、流动性因子方面则具有较大的反向暴露，这表明组合样本呈现低市场风险、低波动水平、低换手率的特征。

归因分析结果与前面分析较为一致，基本面良好、估值低的大公司更加注重 ESG 评价，同时也呈现更低的市场风险、更低尾部风险和负面信息冲击（见图 1 - 34 和表 1 - 4）。

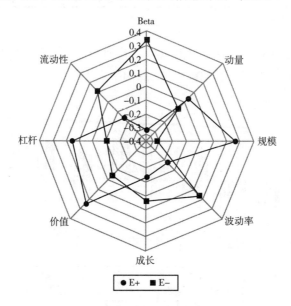

图 1 - 34 ESG 组合的绩效归因

数据来源：中证指数有限公司。

表 1 - 4　　　　　　　　ESG 分组的归因分析（2016 ~ 2018 年）

组合	Beta	动量	规模	波动率	成长	价值	杠杆	流动性
E +	- 0. 32	0. 04	0. 26	- 0. 18	- 0. 14	0. 24	0. 16	- 0. 16
E -	0. 34	- 0. 07	- 0. 32	0. 16	0. 04	- 0. 04	- 0. 10	0. 12

②ESG 纯因子的溢价分析。

为了进一步验证 ESG 因子溢价，构建了 ESG 纯因子，即相对于沪深 300 指数，ESG 纯因子在行业、风格因子方面的风险暴露均为 0。如果 ESG 纯因子收益为正，则表明 ESG 因子具有正的风险溢价，而且完全来自 ESG 评级本身带来的组合收益提升（见图 1 - 35）。

测试结果显示，2016 年以来，ESG 纯因子年化收益为 1.8%，年化波动率为 2%，信息比率为 1.16。这表明 ESG 评级能够在财务数据和交易数据之外，揭示更多维的信息，ESG 因子具有正的风险溢价。

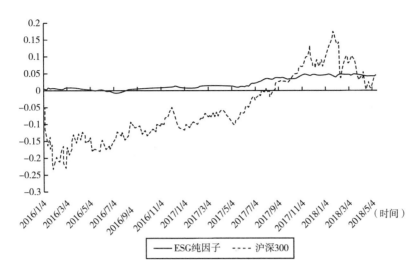

图 1 – 35　ESG 纯因子收益与沪深 300 收益走势对比

数据来源：中证指数有限公司。

1.4　中外 ESG 投资的结构化差异

在发达国家，特别是在欧洲，投资者对 ESG 的投资关注度发生了非常大的改变。如果说过去责任投资只是作为一个财务的选项，作为一个风险防控的考量内容的话，现在对于 ESG 的投资已经开始成为一些机构投资者的核心投资策略。在中国，过去的几年中，投资机构、政府部门、金融监管部门对 ESG 的态度都发生了很大的转变。中国的机构投资者比欧洲国家认识 ESG 晚一点，但最近几年一批公募基金、资管公司对 ESG 的关注度都显著提升，并拥有自己的 ESG 团队。应该说，中国的机构投资者越来越关注如何通过 ESG 来给投资者带来更好的回报，以及有效地防范投资可能带来的风险。这种基本态度的转变，在很大程度上具有必然性：

第一，未来的投资，如能源生产和传输、供水和排水设施、交通网络及社会基础设施，决定社会能否成功地应对巨大的社会和环境挑战，如消除贫困、保持健康和减轻危险的气候变化等。在疫情影响下，特别是年轻一代，更加关注自身以及人类的可持续发展，更加关注生态环境、生物多样性对人类的影响，也期待变革，期待通过自己的努力创造一个新的、更加公平的世界。所以一个新的概念，"净零循环经济"正在得到认可。这不仅是可持续的，而且是净零碳排放。疫情期间很多国家采取了封锁措施，使人们习惯的行为模式发生了改变。过去是上班族，现在可以在家办公；过去是线下开会，现在是线上开会。

第二，人们期待通过绿色发展来寻找新的经济增长点。在绿色发展方面，世界货币基金组织（IMF）建议各国实施绿色经济复苏。而各国已经逐渐达成了高度共识，并采取行动。

例如，英国最近公布了 2020 年《尽责管理准则》，将尽责管理定义为"负责任地配置、管理和监管资本，为客户和受益人创造长期价值，为经济、环境和社会带来可持续利益"，并要求投资者解释他们如何在各个资产类别中履行尽责管理职责。目前，在一些国家，主要投资者正在与环境保护机构合作，探讨特别是对于非洲国家"债务换环境保护"的机制安排，帮助减轻不良债务和发展中国家存在风险的债务。在传统产业面临巨大冲击时，怎么样促进经济的复苏？这是各国面临的挑战。人们发现，发展绿色经济可以增加的活动规模与传统的发展模式相比有可能更大，而风险却相对较小。这也是牛津大学的研究发现：清洁能源基础设施每支出 100 万美元可以创造 7.49 个工作岗位，而以化学能源为基础的投资仅能创造 2.65 个岗位。

第三，出于重建国际秩序的考量。最近几年，美国带领下的国际贸易体系特别是第二次世界大战以来一个相对稳定的国际秩序受到了严重冲击。在中美关系急转，美国力求要与中国经济脱钩，甚至希望全球经济与中国经济脱钩的情况下，我们看到多边体系受到了极大的损害。美国到目前为止已退出十余个国际组织，并且对有些仍未退出的组织也发出了威吓。但全球不能没有公认的国际规则、秩序来规范各国行为。因此，这样的大背景下绿色发展最有可能达成共识，而且绿色投资有助于帮助各国在经济复苏过程中减少摩擦，形成一致行动。

最近几年，中国 ESG 投资理念得到飞速发展：证监会在新修订的《上市公司治理准则》中确立了 ESG 信息披露的基本框架；多个 ESG 主题的金融产品包括公募产品、理财产品、指数产品等推出市场；多家资管公司宣布加入责任投资原则（PRI）。境外机构投资者对中国 ESG 投资也表现出浓厚的兴趣，关于 ESG 投资的中外交流与合作也越来越多。人们也因此经常会谈及的一个问题：中国的 ESG 投资与欧美的 ESG 投资有哪些不同？

不同的地方肯定有很多，如起点不同、市场规模不同等。但这些都是表象的差异，更本质的差异在于一些结构化的因素。所谓结构化因素，是与市场体制、投资文化和经济发展阶段相关的因素。这些因素对 ESG 发展的影响是系统性的，决定了中国的 ESG 路径选择，意义重大。

总的来说，中外 ESG 投资至少存在三个结构化差异：驱动力差异、市场结构差异和实质性因素差异。分述如下。

第一，中外 ESG 发展的驱动力差异。

在欧美市场，ESG 投资理念最早可以追溯到早期的伦理投资及后期的社会责任投资，伦理投资特别是宗教类的基金在投资时会要求不能投资烟草、军工等行业，社会责任投资则希望避免投资存在劳工、环境问题的上市公司，两者的共性是投资人有特定的偏好或要求。ESG 理念是伦理投资、社会责任投资理念主流化之后的提法，热衷 ESG 理念的主要是大型的具有长期资金属性的主权基金、养老金及保险资金。说到底这也是投资人的偏好，因为这些投资人希望配置长期稳健的资产，与 ESG 理念一拍即合。所以总体上看，欧美 ESG 理念是市场驱动的，或更准确地说，是投资人驱动的。在中国市场，ESG 投资理念的快速发展得益于绿色金融的快速发展，绿色金融的快速发展很大一部分原因是自上而下的政策推动。例如，2016 年七部委联合印发《关于构建绿色金融体系的指导意见》、2018 年基金业协会印发《绿色投资指引》都极大提升了市场对绿色金融、ESG 的认识。

第二，中外金融市场的结构差异。

金融市场结构差异主要表现在两个方面：一是股票市场上机构投资者和个人投资者所占比重不同，欧美市场机构投资者是市场主力，占比高；中国市场的个人投资者即散户的比例很高，约占半壁江山。二是金融市场直接融资和间接融资所占比重不同。欧美市场是直接融资比例高，资本市场发达，银行占比相对低；中国市场是间接融资比例高，银行体系发达，在市场上的影响力大。这些结构差异对 ESG 发展有什么影响呢？一方面，跟机构投资者解释 ESG 和跟散户解释 ESG 的逻辑、方法、话术很不一样，要"因材施教"。在中国，跟散户解释 ESG 可能会是一个很重要的问题，但这个问题在欧美市场就不是那么重要。另一方面，银行角色在中外 ESG 发展中会有很大差异。在欧洲，公募基金是 ESG 的先行者，商业银行是 ESG 的后来者；在中国，银行体系影响力大，特别是银行纷纷成立理财子公司之后，会对市场产生很大的影响。华夏银行已经试水 ESG 理财并取得成功，如果有更多银行理财产品加入 ESG 投资的竞争，中国 ESG 的市场格局可能会与欧美大不相同。

第三，中外市场实质性因素的差异。

实质性（Materiality）至关重要，因为它解决了 ESG 到底能不能赚钱的问题。在对上市公司做 ESG 评级时，如果我们抓住的都是具有实质性的核心问题，ESG 评级结果就能反映出上市公司真实的业绩前景。如果我们抓住的不是实质性问题，而是边边角角的问题，ESG 评级结果就与上市公司的业绩前景不怎么相关。所以紧扣实质性，ESG 评级和由此构建的 ESG 指数才能带来超额收益。以往，人们评估实质性议题主要是看行业差异，所以同一个指标可能对 A 行业具有实质性，但对 B 行业则不一定。但这样还不够，从中外比较的角度来看，还要考虑一个本土化差异的问题，即同一个行业的同一个指标，可能在欧美具有实质性，在中国则不一定。因此，对上市公司的 ESG 评级方法，是有必要根据中国的国情、社情做一些调整的，主要是涉及一些特定指标（如工会设置、动物福利等）的打分方法、权重设置等。生搬硬套国际通用的 ESG 评级方法，可能会导致结果的失真。

上述三个结构化差异因素会对中国 ESG 发展产生很大影响。我们在吸收国际经验时，也要牢记这些结构化差异，采取适应中国市场的做法。

1.5 假设、术语、章节安排

1.5.1 假设

在 ESG 投资中，投资策略包括一套规则、信念或假设，这些规则、信念或假设支配着投资者的投资决策。这些规则、信念或假设基于对潜在投资的技术分析。在传统投资中，读者可能熟悉价值投资、增长投资和动量交易等。在 ESG 投资中，包括影响力投资、正负面筛选、ESG 整合、ESG 动量、股东参与、绿色投资等，它们有各种各样的风格，都是投资者为完成基本战略而采取的技术和决策方法。在传统投资中，这些方法可能包括基于市值、流动性或股票贝塔系数。在 ESG 投资中，并不需要一定使用特定的方法来实现，本书将所有可持续投资的方法论统称为"ESG 投资策略"。

1.5.2 术语

学术界和投资者对 ESG 投资的一个主要批评是它缺乏术语的标准化和术语的定义。Russell Sparkes 在一篇题为《道德投资：谁的道德，哪个投资?》中这样描述了这个问题："当然，这一领域的特点充其量是术语松散，充其量是概念混乱，这将得益于严谨的学术分析"。Sparkes 的批评是关于围绕社会责任投资的模糊定义的术语的集合，随着投资策略的发展，随着这一概念在投资者中的普及，这一概念变得更加广泛。

投资行业可以选择使用自己的术语进行投资决策。机构投资者、资产管理公司、服务提供商和顾问通常使用其董事会或应其服务的客户要求来选择 ESG 投资术语和定义。在实践中，这种与 ESG 相关的术语在实现和意图上常常是可互换的。然而，ESG 投资跨越了一个广泛的领域，代表了一个广泛的范畴，包括许多潜在的研究、风险和财务分析子范畴。

近年来，许多学者通过规范不同相关概念的定义，取得了一些进展。以下是一些被广泛接受为某些 ESG 相关实践和想法的准确标识的定义，同时也承认这些用法可能具有任意性和模糊性。

（1）ESG 投资（ESG Investing）。

"环境、社会和治理（ESG）投资"一词源于 2004 年的一份报告（《全球契约》，2004）（The Global Compact，2004）。该报告称，世界上 20 多家最大的金融机构坚信，积极解决 ESG 问题对公司管理的整体质量至关重要。他们进一步指出："在这些问题上表现较好的公司可以通过适当管理风险、预测监管行动或进入新市场等方式增加股东价值，同时为社会的可持续发展做出贡献。此外，这些问题会对声誉和品牌产生重大影响，而声誉和品牌是公司价值中日益重要的组成部分。"

ESG 有时被用作一个包罗万象的标签，用来描述任何带有社会、环境等综合目的的投资方式。虽然我们需要一个简明扼要的总括标签，但我们更倾向于将这个名词专指一种更复杂的组合投资方法，即投资者或基金经理通过共同基金或交易所交易基金（ETF）投资公债或股票，投资组合的目标通常是获得市场回报率，同时在 ESG 因素上得分较高的资产。

随着 ESG 投资在学术界的迅速发展和深入研究，这些定义将继续发展。尽管很多相关术语通常是模糊和未定义的，但一个被广泛接受的定义是：ESG 投资是一个研究和投资战略框架，它将环境、社会和治理因素作为价值、绩效和风险状况的非财务维度进行评估。

（2）社会责任投资（简称"SRI 投资"）。

社会责任投资（SRI）：可持续、负责任和有影响的投资（SRI）是一种考虑环境、社会和公司治理（ESG）标准以产生长期竞争性财务回报和积极社会影响的投资准则（可持续和负责任投资论坛，USSIF 定义）。

社会责任投资（SRI）关注的是企业在特定领域的影响。最常见的投资方式是使用负面筛选法，排除那些从事不受投资者欢迎的活动的公司。撤资决策通常是根据一个或多个供应商或顾问提供的指数进行的。这种 SRI 投资方式并不总是专注于排除不良公司；相反，它可能会主动投资于那些致力于社会正义或环境解决方案的公司，也可能包括对为当地社区提供服务的组织的投资。最常见的区别是：社会责任投资（SRI）因素会筛选出某些公司，而 ESG 投资则指出了在整体投资组合方法中包括哪些公司。一个最大的隐忧是，简单地将公司排除在外的策略可能会导致投资组合的回报率低于市场基准。

（3）撤资策略（南非撤资）。

撤资作为一种影响社会变革的工具，与南非反种族隔离运动的抗议条件密切相关。1962年，联合国通过了一项谴责种族隔离的决议，但大部分西方企业仍照常经营。从 20 世纪 60年代开始，学生和其他人就试图引起人们对在南非经营的西方公司的关注，并开始了一场推动这些公司离开南非的运动。1977 年，费城的一名牧师，列昂·沙利文博士（Leon Sulli-van）起草了在南非的道德行为准则。这些指导方针后来被扩展成为众所周知的"沙利文原则"（Sullivan Principles），具体规定了现在公认的基本人权。

在所有的饮食、休闲和工作设施中不实行种族隔离；

平等且公平的雇用惯例；

所有从事同等或可比工作的雇员享有同等报酬；

发起和开展面向所有人的培训计划；

增加管理和监督职位上黑人与其他族裔的人数；

改善黑人与其他非白人族裔在住房、交通、学校、娱乐和卫生设施等工作环境之外的生活质量；

努力消除妨碍社会、经济和政治正义的法律和习俗。

（4）"罪恶股票"撤资。

所谓的"罪恶股票"，是指在酒精、烟草、赌博和其他类似行业的公司股票，这些股票被一些人认为代表人类的罪恶。然而，在大多数西方国家，这些行业及其产品和服务是受当地法律合法允许的，并由各种政府机构管理。尽管这些行业是合法的，但一些投资者认为，由于潜在的监管、诉讼和供应链不确定性，这些行业不仅会带来道德和伦理风险，还会带来财务风险。撤资可能会给投资者带来负面的财务后果。在不同的时期，烟草公司、枪支制造商和石油天然气公司的股票表现都优于市场指数。投资者可能希望建立一个更可持续的、减少碳排放的社会目标，但几乎没有证据表明，撤资将实现这些目标。撤资策略面临着以下六个挑战：

识别公司的困难。可能想要剥离枪支经销商的股份，但如何识别是合适的？沃尔玛销售大量枪支，但枪支和弹药只占沃尔玛销售额的很小一部分。

有效性。在大多数情况下，撤资只是导致一群股东取代另一群股东，而这群新股东往往更加富有热情。

附带损害。尽管剥离能源公司股票可能没有什么影响，但如果有呢？如果石油和天然气价格急剧上涨，社会底层人民将遭受更大的损失。

成本。无论是在设计、制定和跟踪绩效方面的费用，还是在低于市场投资绩效的潜在成本方面，撤资计划可能成本高昂。对于有资金需求的组织，如养老基金，这可能是一个很大的风险。

就业风险。对于具有报告透明要求和融资义务的基金来说，低于市场财务回报可能是投资组合经理、高管和董事会成员就业风险的一个来源，特别是在撤资计划的社会目标存在争议且没有体现受益人的广泛共识的情况下。

受托责任。在许多情况下，投资经理对受益人具有防止财务收益减少的义务。如果一个简单的撤资政策导致收益低于市场回报，这些基金经理的投资策略就会面临挑战。

因此，公共养老基金将需要谨慎地平衡道德考量和履行财务义务的责任。尽管如此，道德要求高的投资者继续支持撤资"罪恶股票"。其中一个"罪恶"产业就是烟草。如何看待那些经营着不受欢迎的产品或服务但仍然遵守所有法律法规的"罪恶"行业或公司，这是一些冲突产生的共同根源。

也有人试图利用监管机构，限制从事"罪恶"行业的公司获得银行服务。2018 年，联邦存款保险公司（FDIC）主席叶莲娜·麦克威廉姆斯（Yelena McWilliams）表示："旨在限制合法企业获得金融服务的监管威胁、不当压力、胁迫和恐吓在联邦存款保险公司没有立足之处……在我的领导下，联邦存款保险公司的监督责任将根据我们的法律和规定，而不是个人或政治信仰来行使。"

（5）影响力投资（Impact Investing）。

影响力投资是对公司、组织和基金的投资，目的是在产生经济回报的同时产生社会和环境影响。"影响力投资"一词是洛克菲勒基金会在 2007 年创造的，该基金会在慈善投资方面拥有超过 100 年的经验。最近，大型投资管理公司的专用基金和产品加入了大大小小的传统影响力投资者的行列。因此，全球影响力投资市场在 2017 年膨胀到了约 2280 亿美元。

与其他投资方式相比，影响力投资通常更直接注重于对社会或环境问题产生具体影响。影响力投资可能涉及普惠金融、教育、医疗、住房、水、清洁能源和可再生能源、农业和其他领域。投资的地域范围广泛，包括拉丁美洲和加勒比地区、东欧和中亚、东亚和太平洋地区、南亚等地。后面的章节将集中讨论主要投资于公共债务和股票市场的 ESG 基金。影响力投资的一个特点是，大多数资产属于其他资产类别。私人债务（34%）、不动产（22%）和私募股权（19%）占影响力投资者投资资产的 75%。

根据资产的配置和市场估值，其中任何一家基金会的资产价值都可能超过彭博慈善基金会（Bloomberg Philanthropies），如图 1-36、图 1-37 和图 1-38 所示。

盖茨基金会	520 亿美元
霍华德·休斯医学研究所	200 亿美元
福特基金会	140 亿美元
礼来基金会	117 亿美元
罗伯特伍德约翰逊基金会	114 亿美元
威廉和弗洛拉·惠德基金会	99 亿美元
保罗盖蒂信托基金	104 亿美元
陈·扎克伯格基金	超过 100 亿美元
威廉和弗洛拉·休利特基金会	99 亿美元
彭博家庭基金会	70 亿美元

图 1-36　美国最大的基金会

资料来源：作者根据各种公开报告中的数据汇编。

硅谷社区基金会	136 亿美元
塔尔萨社区基金会	41 亿美元
大堪萨斯城社区基金会	32 亿美元
纽约社区信托基金	28 亿美元
芝加哥社区信托基金	28 亿美元
克利夫兰基金会	25 亿美元
卡罗莱纳州基金会	25 亿美元
哥伦布基金会及其附属组织	23 亿美元
俄勒冈州社区基金会	23 亿美元
马林社区基金会	22 亿美元

图 1-37　美国最大的社区基金会

资料来源：作者根据各种公开报告中数据汇编。

哈佛大学	392 亿美元
得克萨斯大学	326 亿美元
耶鲁大学	294 亿美元
斯坦福大学	265 亿美元
普林斯顿大学	259 亿美元
麻省理工学院	164 亿美元
宾夕法尼亚大学	138 亿美元
密歇根大学	119 亿美元
哥伦比亚大学	109 亿美元

图 1-38　美国最大的大学捐赠基金

资料来源：作者从各种公开报告中的数据汇编。

（6）使命投资。

使命投资与影响力投资含义相近，通常指具有相对特定的社会、环境或精神目的的慈善基金会或宗教基金的投资活动。宗教价值投资是另一个相关的术语，我们认为它是使命投资的一个子集，其中的投资标准是基于组织的宗教价值。

使命投资旨在对特定的慈善目标产生影响。一些例子是为儿童提供更好的医疗保健或更好的教育机会。这些投资有望产生积极的社会影响，同时获得财务回报，为投资机构的财务稳定做出贡献。与这些项目相关的投资主要关注投资的社会价值，并可能获得次级市场回报。如前所述，影响力投资具有许多类似的特征，但可以由个人或其他机构进行，而不是由慈善或宗教基金会发起的使命投资。

阿诺德公司（Arnold Ventures）是一个相对较新的慈善机构。该组织在四个领域开展工作：卫生、刑事司法、公共财政和教育。他们的方法是识别问题，严谨地研究问题，并寻找解决方案。一旦一个想法被测试、验证并被证明是有效的，他们就会为政策发展和技术援助提供资金，目标是在各个领域创造更长久的变革。他们重点关注的领域：

- 刑事司法：
  - 治安；
  - 审前司法；
  - 社区监督；
  - 监狱；
  - 重返社会。
- 健康：
  - 阿片类药物的流行；
  - 避孕药具的选择和获得药品的价格；
  - 商业部门价格；
  - 廉价护理；
  - 综合护理。
- 教育：
  - 基础教育 K12；
  - 高等教育。
- 公共财政：
  - 退休政策；
  - 政策研究实验室。

（7）责任投资。

根据 UNPRI 的定义，责任投资（RI）是一种投资方法，旨在将环境、社会和治理（ESG）因素纳入投资决策，以更好地管理风险并产生可持续的长期回报。联合国责任投资原则（PRI）的倡议计划始于 2005 年，为关注可持续发展问题的银行、公司和研究人员提供协调。最初这个组织后来加入了一个关键的参与者群体：机构投资者。迄今已有3000 多个签署方，管理着 90 万亿美元的资产。PRI 计划的目标是让投资者在投资决策中考虑 ESG 因素并实施负责任的投资，包括股票、固定收益、私募股权、对冲基金和不动产。

签署方承诺如下："作为机构投资者，我们有责任为我们的受益人的最佳长期利益采取行动。作为受托人，我们认为环境、社会和公司治理（ESG）问题会影响投资组合的表现（在不同的公司、行业、地区、资产类别和时间上有不同程度的影响）。"

机构投资者和其他人对联合国倡议组织的责任投资的支持主要由以下因素驱动：

- 金融界认识到 ESG 因素在决定风险和回报方面正在发挥着重要作用；
- 纳入 ESG 因素是投资者对其客户和受益人信托责任的一部分；
- 注意到短期主义对公司业绩、投资回报和市场行为产生的影响；
- 保护受益人长期利益和广义金融体系的法律要求；
- 来自竞争对手的压力，他们试图通过提供负责任的投资服务作为竞争优势来使自身脱颖而出；
- 受益人变得越来越积极，要求了解他们资金的投资目标和投资方式；
- 在全球化和社交媒体的世界中，气候变化、污染、工作条件、员工多样性、腐败和激进的税收策略等问题带来的毁损价值的声誉风险。

因此，责任投资与其他强调道德或伦理回报的投资策略是不同的。相比之下，责任投资针对的是更广泛的投资者群体，他们的主要目的是获得财务回报。有报告认为，ESG 因素会对客户和受益人的回报产生实质性影响，在做出投资决策时不能忽视这些因素。许多社会和道德投资方法包含特定的乃至狭窄的主题，而责任投资则包括对与投资业绩相关的任何信息的分析。

各种投资风格的财务回报与社会环境回报的对比，如图 1-39 所示。

图 1-39 展示并比较了各种 ESG 投资类型的分布情况，纵轴表示财务回报，横轴表示社会和环境回报。传统的投资组合不考虑 ESG 因素，其财务回报分布将围绕市场收益率的中位数。这些传统投资组合的社会和环境回报将微乎其微。这反映 ESG 因素的投资组合可以构建成与传统投资组合相似的财务回报，并拥有优于传统投资组合的一系列社会和环境回报。撤资组合（Divestment Portfolios）的历史表现一直相对较差，只有少数例外。图 1-39显示这种投资方式的财务表现欠佳，而且社会和环境影响也不明显。

使命投资和影响力投资的策略存在重叠现象。两者都比 ESG 投资更有针对性。一些使命投资组合已被证明在设计时能够获得市场回报率。一般而言，许多使命投资策略都要求回报率至少足以支持组织机构的持续运作。然而，影响力投资至少包括一些愿意接受低于市场和微不足道的财务回报的组织，但人们认为，影响力投资关注的重点领域将使他们从中获得更大的社会和环境效益。

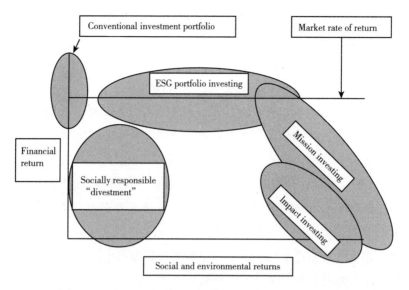

图 1 - 39   不同投资类型的财务回报与社会和环境回报的对比

1.5.3　内容安排

本书包括一些对学生和老师有用的特点，以帮助提出新的想法和培养对主题的有益讨论。

学习目标和讨论问题：在每章开头提出的学习目标，有助于以一种使读者准备好主要概念的方式提出一章的主要思想。在每章末尾提出的讨论问题将符合各种学习目标，并使读者回顾到正文的主要概念。

案例研究：案例研究是每一章中提出的概念的现实例子。这些案例研究是由投资经理、政策制定者、非营利组织、数据服务提供商、独立顾问、联合国会员国和其他每天处理 ESG 问题的团体起草的。这些案例研究为学生提供了一些实际例子，说明书中提供的主题和定义如何适用于不同的学者和实践者。他们提供了广泛的意见和选择供学生考虑。

这本书有两个目的：首先，提供一个关于 ESG 投资背后的竞争理论和经验证据概述；其次，总结一些最实用的 ESG 投资工具和模式。重点集中在投资决策中如何进行 ESG 因素分析和投资决策方法的选择。

第 1 章：绪论

基本的 ESG 投资相关概念的发展概况介绍。

第 2 章：ESG 投资发展史

描述了一个简短的历史背景，并对 ESG 投资的研究领域进行了综述。

第 3 章：理论基础

介绍了 10 个支撑 ESG 投资的主要理论和原理。

第 4 章：ESG 风险分析

介绍了 ESG 风险的产生原因、分类、衡量和管理。

第 5 章：ESG 投资的力量与角色

ESG 投资领域范围广泛，涵盖了大量主题，本章将介绍投资者对 ESG 投资的看法，以及投资者在投资组合中采取定量和定性 ESG 投资决策背后的驱动因素和实施方法。

第 6 章：金融市场与 ESG

ESG 投资逐步成为金融市场焦点，可持续投资资产规模逐渐扩大，要理解这些投资和潜在的未来创新，我们需要对金融体系有一个基本的了解。重要的是要了解有哪些参与者：投资者、发行人和金融中介，它们存在的根本原因，几类不同的机构以及它们目前提供的服务和产品的范围，从而理解它们在 ESG 中扮演的角色。

第 7 章：ESG 投资策略与方法

本章研究了投资者将 ESG 投资纳入投资组合构建和管理的四种最常见的策略，让读者对 ESG 投资理论有一个基本的了解，包括关注 ESG 投资的原因、当前 ESG 的整合水平以及将 ESG 投资纳入传统投资理论产生的影响。

第 8 章：ESG 评级体系

学术机构、咨询公司、基金公司、评价机构和国际组织等各类主体提出了多达几十种 ESG 评级体系。这些评级体系着力于构建能够反映企业 ESG 表现的标准化指标，从而为 ESG 评价提供一个有序可行的组织化框架。不同的评级体系在诸多方面存在差异。国际和国内比较成熟的 ESG 评级体系和机构能够搭建海外投资者了解中国企业在 ESG 方面的水平和进展的平台。本章将着重介绍中国和国际著名的 ESG 评级，深入分析在议题选择和方法论上的不同，以便更好地学习思考其 ESG 战略。

第 9 章：ESG 报告

随着 ESG（环境、社会、治理）信息受到政府、监管机构、投资者等利益相关方的重视，越来越多的企业注重自身 ESG 信息的主动沟通，形成良好的互动，积极回应利益相关方的诉求和期望。除了常态化沟通机制以外，编制并发布 ESG 报告，规范的报告编制流程是确保公司 ESG 信息披露与沟通质量的重要方式。本章介绍国内外重要的 ESG 报告编制体系、企业 ESG 报告编制的流程及其过程中的工作重点，帮助学生了解 ESG 报告编制工作的方法，具备编写公司 ESG 报告的基本素养。

第 10 章：ESG 绩效衡量

本章将从三个方面分析 ESG 的绩效衡量体系，注重 ESG 定量方法的介绍以及 ESG 绩效的实证研究。阐述了主要分析投资者使用 ESG 绩效衡量方法，包括纳入 ESG 因素的资本资产定价模型，评估这些模型在 ESG 投资绩效衡量中的具体应用方法，从定量和定性两个方面评估这些模型的优缺点，之后分别从 ESG 实践和 ESG 投资两个角度汇总 ESG 绩效衡量的前沿研究，进行相关的模型和结论的归类阐述。

第 11 章：机构投资者 ESG 投资管理

本书第 6 章介绍了金融机构的基本情况，本章将继续分别介绍基金业、保险业和信托业的 ESG 投资发展状况，并给出一些典型企业 ESG 投资实践的案例。

第 12 章：基金及其他组织的 ESG 投资管理

近年来，ESG 投资受到越来越多的国家重视，投资规模快速增加、投资产品和工具更加丰富、参与的组织不断扩大，已经成为全球金融投资的重要趋势。主权财富基金、信仰投资基金、大学捐赠基金、家族基金会以及其他组织都将 ESG 作为其投资策略的一部分，来降低风险、提高回报并造福社会。本章介绍主权财富基金、信仰投资基金、大学捐赠基金、家族基金会以及其他组织在 ESG 投资实践等方面的推动。

第 13 章：全球 ESG 政策与法规

全球负责任投资政策持续快速增长，各国监管部门越发认识到，在经济复苏期间，ESG 投资将扮演至关重要的角色。近十几年来，ESG 投资逐渐在欧美国家成为一种新兴的投资方式，但在中国还处于起步阶段。本章从政策法规角度对各国推进 ESG 投资发展的演变过程进行系统介绍，以便了解 ESG 投资中的法律路径。

第 14 章：中国 ESG 投资报告

说明了 ESG 投资在中国的发展状况以及建议。

第 15 章：未来展望

说明了对"ESG 投资"未来发展的一些思考。

第2章　ESG 投资发展史

学习目标：

- 讨论有助于 ESG 投资增长相关的历史、政治、社会和文化事件。
- 分析影响 ESG 投资发展的主要因素。
- 了解 ESG 投资的各个研究领域以及发展方向。

2.1　投资理论进展：新古典经济学遭遇人性

经济学中谈投资是指创造新资本，关注的是生产资料的投入和经济的增长，购买股票债券并不会使实际投入生产的资本增加，只是资产在不同个体间发生了转移（重新配置资产）而已。核算 GDP 时，投资指用来满足未来需要的、花费在新商品上的私人支出，这类商品称为资本品，用于未来生产其他产品和劳务。历史上，经济学家和投资者都认为投资行为只需要受两个因素的影响：财务回报和风险。这一概念源于新古典主义经济学学派，该学派有三个主要观点：

①个人对目的有理性的偏好；

②个人效用最大化，企业利润最大化；

③个人根据完整的相关信息独立行动（Roy Weintraub，2002；Marinescu，2016）。

理解"经济人"是开启新古典经济学的关键。"经济人"是指具有理性、自利、功利等特征的"经济人"。自 1776 年亚当·斯密发表《国富论》以来，人们对人类普遍存在的利己主义的看法没有改变。在《经济人与行为经济学》一书中，Justyna Brzezicka 和 Radoslaw Wisniewski 将"古典经济人"描述为"像一个计算成本和利润的半机器人：缺乏激情，不屈服于诱惑，不贪婪也不利他。"

米兰·扎菲罗夫斯基将"经济人"描述为：个体没有复杂的相互依赖，追求纯粹的自我利益（被理解为幸福），远见的理性和准确的成本效益计算，市场均衡和/或（帕累托）最优，参数化的个体偏好/价值观，技术，社会制度和文化，持续的利润最大化（生产者）和效用最大化（消费者），自由和完美的竞争，一个自由放任的政府，充分的知识和完整的信息。

理性选择是指在同样的情况下，每个人都会做出同样的决定，以最大限度地实现自身利益（Marinescu，2016）。然而，"经济人"模型并不完美，整个古典经济学甚至存在很多漏洞：

①生产者生产函数中没有制度变量，产出只是劳动和资本的函数。这个漏洞的填补催生了新的制度经济学。

②在消费者效用函数中，效用只是他自己绝对消费的函数，但也是相对消费变量与他人比较的函数。这个漏洞的填补产生了相对效用理论。

③消费者的偏好被假设为外生变量，但实际上，消费者的偏好可以是内生变量。

④消费者和生产者分离、分工和专业化等关键变量已经从理论演绎中消失，只剩下价格调整来配置资源。

⑤经济网络结构的网络价值假设为线性结构、线性价值、明确的产业边界，消费过程只有消费价值而没有生产价值，生产过程只有生产价值而没有消费价值。基于这些假设，分析推演结果导致企业的定价空间和利润空间完全受限于目标客户的意愿价格、生产者的平均成本和目标客户的消费者剩余。得出的结论是，如果目标客户的产品价格低于生产者的平均成本，他们就会赔钱，垄断企业必须限制生产和高价。

⑥追求市场价值会破坏使用价值，市场驱使人们追求市场交换价值而忽视使用价值。人活在市场价值而非使用价值中，沉迷于高消费低使用价值的虚幻幸福，是自欺欺人。一个社会真正的财富是什么？幸福不是 GDP。什么决定幸福？最重要的往往不是 GDP。GDP 表达的是市场价值，但决定幸福水平的最重要因素往往没有多少市场价值，但却有很高的使用价值，如洁净的空气、水、环境、安全感、归属感、尊严感、自由发挥的空间、机会均等、参与政治和社会生活、环境可持续性、安全和权利保护、公平和社会正义。

⑦资源缺乏没有考虑资源的边际非稀缺性。边际非稀缺资源比边际稀缺资源更重要。什么是边际非稀缺经济？知识、信息、文化和科技都有一个共同的特点，那就是它们是无形的，可以重复使用，没有额外的成本，也就是边际成本总是零。边际成本为零的资源是边际非稀缺资源，边际成本为零的产出是边际非稀缺产品，边际非稀缺资源生产边际非稀缺产品。例如，软件是一种典型的边际非稀缺产品，可以无休止地复制，而不需要额外的成本。通俗地说，边际非稀缺产品是只分享固定成本而没有可变成本的产品。产出规模越大，产品成本越接近零。经济质量主要取决于边际非稀缺经济相对于边际稀缺经济的比重。边际非稀缺经济比重越大，经济质量越好。由于边际非稀缺经济在不消耗资源的情况下增加产出，在不排放的情况下创造价值，是一种纯粹的绿色经济，是衡量绿色经济、替代三次产业分工的最佳指标体系。非边际稀缺经济，又称零边际成本经济，具有重要的经济理论意义。一个企业、一个行业甚至一个经济体的质量，在很大程度上取决于边际非稀缺产出占总产出的比重。边际非稀缺产出占比越大，节省的投资就越多，单位产值的排放量就会减少。低碳生活越环保，利润就越丰厚。

20 世纪初到中期，行为经济学理论开始站稳脚跟，并得到了那些无法将冷酷和计算性的"经济人"与他们自身经验的行为和倾向相调和的人的支持。2017 年的诺贝尔经济学奖揭晓，由芝加哥大学教授理查德·泰勒（Richard Thaler）一个人独得，获奖理由是他对行为经济学的贡献。泰勒认为，在现实世界中，许多经济现象已经无法用主流经济学理论解释了。泰勒的观点更符合我们的认知：经济学的"理性人假设"，也就是说，所有参与经济活动的人都是"超级计算机"，会做出最优化的决定。然而现实中，不要说普通人没有这种"最优解"的能力，就是那些人类顶尖的围棋高手，在面对真正的"计算机"的时候，不还是败下阵来吗？

总体上看，行为经济学大量吸纳了社会学尤其是心理学一些研究成果，通过研究心理和社会环境对经济决策的影响，行为经济学已经建立起一个新框架，能够有效解释一些传统主流经济学无法解释的问题。行为经济学试图通过实验检验理性选择与决策竞争中人类心理的不可预测性之间的关系，将人类行为的心理分析还原到经济思维和实践中。通过这些测试，行为经济学的倡导者实证了人性在经济领域中的作用，进一步质疑一个人仅仅基于自身利益做出理性决策的假设，或者一个人的自身利益固定在他或她的个人身上的假设。换言之，行为经济学的实验和测试已经证明了两件事之一：要么基本上不是理性的利己主义，要么认为利己主义包含比他或她的个人更广泛的领域。在这两种情况下，20 世纪中期的学者在学术上将经济学引入人性，从而使人们认识到人的行为对市场运动质量的影响。

传统投资学有两个最基本的假设：

第一，人们会做出理性的决策；

第二，人们对未来的预测不存在偏差。

一些大名鼎鼎、耳熟能详的投资学模型，如资本资产定价模型、套利定价理论以及期权定价理论都基于这样的假设。其认为投资者的行为自始至终都会保持着同样的风险规避策略。新古典经济理论中，金融市场中的参与人被假设成完全理性的，市场参与者能够利用和处理各类信息，并据此做出理性选择。但是，在现如今越来越复杂的投资世界中，"信息可得并不意味着充分知识，对信息的理解和预期并不意味着行为理性，其中的细微差别都会导致选择偏离最优状态"（Michaels et al.，2008）。当金融市场中的信息不对称和有限理性普遍存在时，金融市场参与者只能依赖对未来的预期而进行决策，而这种预期常常是主观的且具有很强的自我实现性和传导性的特点，即行为金融理论所描述的"心理偏差"。我们做决策不仅仅是通过数学模型的贝叶斯理性，而是更多地应用人性原则。换言之，决策需要理性，更需要洞悉人性。

2.2　历史起点：宗教和企业发展
（19 世纪至 20 世纪 50 年代）

除了这些经济理论外，一个更原始的投资框架早已建立（Schueth，2003；Epstein，1987；Renneboog，Horst and Zhang，2008）。几千年来，有信仰的人一直以定性标准影响着投资。从圣经早期到今天，马赛克法律中的犹太指示明确规定了道德投资的方法。在基督教时代，卫理公会教徒、教友会教徒和其他各种宗教信仰的投资者有意识地避免投资他们称为"罪恶股票"的股票，这些股票包括一系列行业，如酒精、赌博、烟草和与战争有关的行业（Schueth，2003；Brimble，2013；Waring and Lewer，2004；Renneboog，Ter Horst and Zhang，2008）。根据新古典经济学派的观点，这些决定并非源于追求经济利润或效用最大化的愿望，而是基于一种超越个人经济利益的价值观。该框架为探索价值投资以及 ESG 投资目标的方法提供了经验基础。

2.2.1　基督教投资

约翰·韦斯理1760 年的《金钱的使用》概述了被称为社会责任投资的基本理念。约翰·韦斯理指示他的教区只以不妨碍或损害他人机会的方式使用和投资资金。他说：

我们是在不伤害邻居的情况下尽我们所能。但如果我们像爱自己一样爱我们的邻居，我们就不能这样做。如果我们像爱自己一样爱每个人，我们就不能伤害任何人。我们不能通过赌博、过度的账单（无论是物理、法律或其他原因）或要求或收取甚至是我国法律所禁止的利息来吞噬他土地的增长，也许还有土地和房屋本身。因此，典当的一切行为都被排除在外。看哪，无论我们怎样行善，凡没有受过审判的人，都忧心忡忡地看见邪恶的力量大大超过了他们。如果不是这样，我们就不能"作恶行善"。我们不能按照兄弟般的爱，以低于市价的价格出售我们的货物；我们不能为了发展我们自己而研究破坏我们邻居的贸易；更不能引诱或收受他所需要的任何仆人或工人。没有人能通过吞下邻居的东西而获得利益，却得不到地狱的诅咒！

这篇讲道逐渐成为卫理公会的社会责任投资实践的基础。教友会根据这些原则采取行动，抵制支持奴隶贸易的投资，采用针对具体问题的筛选策略。不过这直接违背了当时的主流思想，当时的人们普遍认为奴隶制构成了美国南方文化和盈利的必要基石。

2.2.2　伊斯兰投资

对《古兰经》的解释同样影响了投资实践，发展成为现在所称的伊斯兰投资。这种投资方式避免了涉及从猪肉到赌博等不良行业的公司。伊斯兰投资，也被称为符合伊斯兰教法的投资，遵循一些基本规则，包括筛选对涉及酒精、烟草、猪肉相关产品、传统金融、国防、武器、赌博、赌场、音乐、酒店、电影院和成人娱乐的公司的投资。更广泛地说，符合伊斯兰教法的投资筛选标准如下：

①被投资公司的业务应为清真（根据伊斯兰法律允许）；
②有息债务应低于总资产的 40%；
③不符合伊斯兰教法的投资应小于总资产的 33%；

④违规收入应低于被投资公司总收入的 5%；

⑤非流动资产与总资产之商应大于 20%；

⑥每股市场价格应高于每股净流动资产（Lobe，Róble and Walkshäusl，2012）。

这些由基督教和伊斯兰投资策略开发的初步投资筛选过程在整个 19 世纪和 20 世纪初都在不断完善。

2.2.3 企业社会责任的觉醒

随着这些宗教团体继续开发针对具体问题的筛选，以排除不良投资，企业社会责任的概念和私营企业在公共领域的作用也开始发展。这个时代（1890～1900 年）让许多投资者认识到，企业对积极社会变革的作用可能与投资组合建设和资本配置有关（Schueth，2003；Epstein，1987；Waring and Lewer，2004；Gilbert，2010；Renneboog，Ter Horst and Zhang，2008）。20 世纪，人们越来越关注商业道德和企业社会责任对财务业绩的影响。在这一时期，这些话题也开始进入学术领域。阿尔比恩·W. 斯莫尔在《社会学杂志》（1895）上发表了他的研究报告《私营企业是一种公共信任》，他与行为经济学领域的同事一起，主张经济学、心理学和社会学之间不可分割的关系。斯莫尔名言：

因此，在所有正式的合同、法规或制度的背后，是每一个公民都应成为公务员的不成文的文明法则。社会发展、停滞、衰败的循环，总是反过来说明遵守、忽视和违反这项法律。男人和机构已经开始以有社会意义的方式为他们的一天和一代服务。他们有时会以一种对社会有害的方式来结束他们的每一天和每一代人。然后是社会谴责、拒绝、替代。每一个阶级、职业和制度，无论过去还是现在，都是对这一人类相互作用的不成文法律的具体应用或歪曲。我们的政治、工业、公民、教育和教会秩序背后的假定是，目前切实可行的最佳安排是，从社会的每一个成员那里获得每一个成员最适合提供的工作的质量和数量，作为对整个社会服务的回报。

在这项开创性的研究中，斯莫尔断言，所有私营企业都有责任为更大的社会服务。这一声明深刻地改变了人们对公共企业的期望。Berle 和 Means 在 1932 年出版的《现代公司与私有财产》一书中进一步支持了斯莫尔的观点，宣称公司不仅仅是"法律手段"，而是"公司制度"——就像从前的封建制度一样。这种承认使公司有权获得类似程度的突出地位，使它们被视为一个主要的社会机构。他们清楚地详述了在涉及"直接公共利益"的事业中公营公司最早的基础是如何建立的。例如，"修建收费公路、桥梁和运河、经营银行和保险公司以及建立消防队"，兴趣作为首要关注点，对慈善事业和认真负责的日常商业活动都负有责任。安德鲁·卡内基在他的许多出版物和演讲中都以这种行为为例，并为伯尔和梅恩斯的结论提供了证据。在 1899 年出版的《财富福音》一书中，卡内基认为，富有的个人和企业都对自己的社区负有像管家一样的义务，关心给予他们的特权，包括财产、影响力和机会。卡内基的影响遍及 20 世纪初，并结合伯尔和梅恩斯的工作，开始影响企业在社会中的作用方向。J. D. 洛克菲勒受卡耐基的影响，捐助了 18300 万美元，于 1913 年启动洛克菲勒基金会。洛克菲勒支持学术著作《企业的社会责任》出版，这是 1968 年为研究现代企业的多重目标而进行的一项调查（Paul and Hall，1995）。这份出版物促使许多著名的商界领袖开始公开谈论将社会责任纳入企业决策的重要性。

福特汽车（Ford Motors）的创始人亨利·福特（Henry Ford）也同样认识到，他的角色不仅仅是为了赚取利润。福特有句名言："只是赚钱的生意是一种糟糕的生意"（伍尔弗森，2001 年），他以在他那个时代的任何公司之外为员工提供丰富的服务而闻名。社会责任的分量应该从公司扩展到股东，这也许是很自然的。通过学术出版物和对慈善家以及洛克菲勒、卡内基和福特等社会知名人士的认识，投资者和消费者受到了越来越多的教育，直到企业为社会做出积极贡献。特别是在经济"大萧条"时期，人们普遍关注大型商业组织迅速增长的经济、政治和社会力量，这在很大程度上鼓舞了投资者。这种关注的结果，加上对公司影响的深入了解，以及建立在教友会和卫理公会教徒的投资筛选过程的基础上，引入了通过非财务筛选进行投资决策的广泛实施，坚持将社会责任要素纳入主流投资组合理论（Hill，2006 年；爱泼斯坦，1987）。

1953 年，霍华德·鲍恩的《商人的社会责任》开创了社会责任投资的第二个时代：发展时代。

2.3　发展时代：SRI 投资发展的关键里程碑（20 世纪 50～90 年代）

SRI 起源于欧美发达国家，18 世纪，美国卫理公会教徒拒绝投资与烟草、赌博或武器相关的业务，形成了 SRI 概念。在 20 世纪六七十年代，随着社会的发展和环境的变化，有少数群体的人权平等、反战意识和环保意识开始觉醒，一些投资者希望将其认为正确的社会责任价值取向反映到投资活动中，于是 SRI 演变为 ESG 投资。进入 21 世纪后，得益于联合国责任投资原则组织（UN PRI）的设立，ESG 投资在全世界范围内得到了进一步的深入与强化（见图 2－1）。

20 世纪 50～90 年代的文化发展加剧了国家对个人社会责任的重视（Schueth，2003）。SRI 发展时代建立在改变经济理论、宗教实践和商业道德的基础上，并日益关注社会责任。20 世纪 50～80 年代的一些重大历史事件和趋势促成了伊斯兰投资蓬勃发展的有利环境。Schueth（2003）在他的文章《对社会负责的美国投资》中，用反越战抗议、民权和女权活动以及对"冷战"的担忧等主题运动，将 20 世纪 60 年代的激昂政治气氛描述为这个时代的开始。Schueth（2003）认为，这些政治主题提升了个人对社会责任的敏感性。

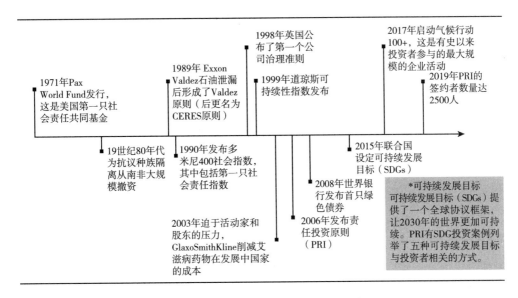

图 2-1　责任投资发展的里程碑示意图

在 20 世纪 50 年代和 60 年代的动荡时期，抗议活动和社会变革举措引起了公众的注意，重新引起了人们对商业实践和投资的社会影响的兴趣（Hill，2006；Schueth，2003）。受第二次世界大战、"冷战"和民权运动影响的文化进一步强调了社会责任对投资者和商人的重要性（Renneboog，Ter Horst and Zhang，2008；Gilbert，2010；Schueth，2003）。

在第二次世界大战之后的几十年里，关于社会责任投资的讨论从关于社会责任投资机会的必要性的问题转向关于将非金融信息纳入投资理论的方法的问题（Schueth，2003）。20 世纪 70 年代，投资者和商人开始重新考虑传统的社会责任观，将其从边缘关注点扩大到主要关注点（Epstein，1987；Schueth，2003；Berry and Junkus，2012；Hill，2006），并将 SRI 从利基市场战略转变为共同的投资理念（Reveli，2016；Epstein，1987；舒思，2003）。

2.4　现代：20 世纪 90 年代至今

多米尼 400 社会指数（现称为摩根士丹利资本国际 KLD 400 社会指数）的创立，再加上 ECCR 的创立，预示着现代社会责任投资时代的到来。

在 1990 年创建多米尼 400 社会指数后，Kinder、Lydenberg 和 Domini 成立了 KLD，State Street Corp.，开始提供 SRI 共同基金（Gilbert，2010），Jantzi Research Associate，Inc. 于 1992 年由 Michael Jantzi 建立（Gilbert，2010）。Michael Jantzi 接着开发了企业社会绩效（通常称为 CSP/CSR），这是一个由七个支柱构成的衡量标准，如表 2-1 所示。

表 2－1　　　　　　企业社会绩效和责任的七大支柱（CSP/CSR）

序号	企业社会绩效指标	其他（包括报酬、代理投票、在其他公司的所有权等）
1	社区问题	
2	多样化的工作场所	
3	员工关系	
4	环境性能	
5	国际	
6	产品和商业实践	

　　上述七个衡量标准是对企业内可持续性实践进行定性衡量的基础，也是制定有助于投资组合构建的量化指标的基础。在 Michael Jantzi 的模型中，在七个标准的范围内，对公司进行了 −2 ~ +2 的评估（其中，−2 表示严重关切，+2 表示重大成功）（Fauzi，2009）。该系统是 ESG 评级系统的开端，同时为预测不同资产类别的资产收益率分布提供了截面数据。他的模型还允许公司衡量他们的行为在多大程度上被各种第三方代理人视为负有责任，他们对大量公司问题进行了深入、定量和公正的分析。ESG 评级系统为公司和私人投资者提供了一个机会，将环境、社会和治理偏好纳入其投资政策，从而进一步洞察这些投资中先前未确认的风险。

　　大约在 1992 年 Jantzi Research Associates 开发的同时，Eugene Fama 和 Kenneth French 发表了他们的开创性研究预期股票回报的横截面，该公司开发了第一个资产定价模型，用以衡量一系列具体识别的风险，试图预测资产的回报率分布。Fama 和 French 的结论很大一部分是关于他们认为对回报至关重要的风险的横截面数据，确实让投资者能够更准确地预测资产回报。在 Fama 和 French 首次发布其资产定价模型时，这一横截面数据正在 ESG 领域快速发展。在此之前，基金会只是谨慎地接受 ESG 整合可能为投资者提供更多机会以及在饱和市场中寻求回报的可能性。

　　联合国责任投资原则（PRI）这一跨部门全球数据的发展在很大程度上得到了欧洲立法的支持，该立法要求企业披露环境和社会实践。2002 年公司法专家高级别小组的报告最能体现这一立法，该报告是最早实施政府政策改革的报告之一，因为人们对负责任投资的兴趣日益高涨。本报告特别关注改善公司披露要求、股东权利和代理投票、董事会条例以及机构投资者更广泛的责任。这为 2003 年公司治理行动计划定下了基调，该计划支持 2002 年公司法专家高级别小组的报告，并进一步确立了对公司披露和股东权利的监管，特别是在董事会透明度方面。也许迄今为止，在责任投资领域内最重要的报告是联合国发表的 2004 年环境规划署财务倡议报告，该报告首次提出了"环境、社会、公司治理分析"以描述社会责任投资的分析类别（吉尔伯特，2010）。这句话后来被缩写为 ESG

投资（吉尔伯特，2010）。联合国进一步制定了《责任投资原则（PRI)》，该原则于 2006 年发布（吉尔伯特，2010；希米克，2011；联合国，2006）。这些原则有助于公司制定政策标准。责任投资原则（PRI）宣布了六项基本原则，目前在全球和全行业拥有 3000 多个签署机构。

德意志资产管理公司（Deutsche Asset Management）成立了第一个主题共同基金，专注于气候变化（Gilbert，2010）。专题投资组合建设迅速发展成为一种共同的投资战略，称为"影响力投资"（吉尔伯特，2010；多曼斯卡·萨鲁加和怀索金斯卡·森库斯，2013；康姆斯，2014）。绿色投资成为一种常见的影响力投资模式，其中的投资组合旨在降低环境风险（Domanska Szaruga and Wysokinska Senkus，2013；Lesser，Lobe and Walkshausl，2014）。这一点在 2015 年联合国气候变化大会（也称为 COP21）的缔约方大会上尤为明显。多个国家公开承诺通过温室气体减排目标减少温室气体排放。

政府倡议支持 ESG 投资。自 20 世纪 90 年代以来，许多研究试图通过衡量回报率、波动性、整体投资组合绩效和其他量化投资指标来量化基于研究的 ESG 整合的价值，以及衡量基于 ESG 的投资策略在多大程度上被纳入机构投资组合（Dorfletner、Halbitter and Nguye，2015；Banerjee and Orzano，2010；Chelawat and Trivedi，2013；Duuren et al.，2015；Himick，2011；Meziani，2014；Odell and Ali，2016）。联合国和美国劳工部以及许多独立的国家监管机构鼓励投资者将基于 ESG 的战略纳入投资组合（联合国，2006；劳工部，2015；欧盟委员会，2014；Ioannou and Serafeim，2011）。美国劳工部在 2015 年发布了关于退休计划内经济目标投资的新指导意见。美国劳工部（Department of Labor）将 ETI 定义为"不仅向员工福利计划投资者提供投资回报，还为其创造额外福利的投资"。

该部的长期观点是，受托人可能不会接受较低的预期回报或承担更大的风险来获得抵押品收益，但投资在经济和财务特征方面是平等的情况下，可以将这些收益作为"打破僵局"加以考虑。《指导意见》还承认，环境、社会和治理因素可能与投资的经济和财务价值有直接关系。当他们这样做时，这些因素不仅仅是打破僵局的因素，而是受托人分析竞争性投资因素的经济和财务优势的适当组成部分（劳工部，2015）。

这一裁决极大地改变了大型养老基金对投资组合建设中基于 ETI 和 ESG 研究的战略的普遍态度。由于这些监管机构的影响，不仅在美国和西欧等发达国家，而且在亚洲和拉丁美洲部分地区等新兴市场国家，基于 ESG 的投资策略变得越来越普遍（Odell and Ali，2016；Passant et al.，2016）。

表 2-2 详细说明了 SRI 资产相对于每个区域内总管理资产的比例，显示了在每个区域负责任投资战略中加权的重要性。

表 2 – 2 社会责任投资占管理资产总额的比例

地区	SRI 资产占管理资产总额的比例
欧洲	52.60%
美国	21.60%
加拿大	37.80%
澳大利亚/新西兰	50.60%
亚洲	0.80%
日本	3.40%
全球的	26.30%

必须指出的是，尽管美国约占全球 SRI 资产的 38.1%，但 SRI 资产仅占其管理资产总额的 21.6%。有趣的是，尽管加拿大仅占全球 SRI 资产的 4.7%，但其社会责任投资占加拿大管理资产总额的 37.8%。这一点极为重要，因为它支持这样一种观点，即 SRI 资产是在区域内进行套利的机会。这一结论的依据是，美国等地区迄今未能像加拿大和部分欧洲国家那样，将社会责任投资资产纳入其投资战略，表明未来几年将发生一个有趣的发展，以证明纳入 ESG 战略，如筛选（正反两方面）、ESG 整合和 ESG 参与，将证明自己提供比未纳入此类信息的投资更高的回报。

几个世纪以来，ESG 投资的发展从根本上建立在财务回报与社会、环境和基于治理的信念之间的关系上。宗教投资者最初提出，他们的信仰应该影响他们的投资行为。从那时起，其他投资者越来越相信，他们的投资决定可能影响文化活动，并开始形成这样一种想法，即负责任的投资因素可能是公司长期财务业绩的有用指标。这种基本商业意识和投资者情绪的结合导致了 ESG 综合基金、ESG 同类最佳投资、ESG 筛选基金和主题基金的推出。特别是在过去几年里，这些基金越来越受欢迎，并且在长期的时间框架内表现出优于基准。根据《全球可持续投资评论》（2016）的数据，ESG 公司在所有地区的机构和零售投资领域的投资都在增长。随着这一增长，投资者和学术界有了新的机会来调查股票价格在多大程度上证明了 ESG 因素被纳入投资策略。由于这仍然是一个有待衡量和研究的相对较新的领域，因此，在未来几年内，学术界可以研究分析在全球范围内，ESG 公司投资带来更高财务业绩的机会是什么。

> **案例研究：**　　　　　　　　　　**非洲投资影响晴雨表（2016）**
>
> 　　《非洲投资影响晴雨表》（African Investment for Impact Barometer）是根据基金经理披露的公开信息编制的，旨在深入了解非洲的影响投资市场，特别是东部、西部和南部非洲的影响投资市场。它特别关注东非、西非和南部非洲三大经济体：尼日利亚、肯尼亚和南非。截至 2016 年，索特恩非洲公司报告称，已投资 3259 亿美元，用于至少一种可持续投资战略，如 ESG 筛选、ESG 整合、ESG 参与、可持续性主题投资或影响投资。东非报告至少有一项战略投资了 154 亿美元，西非报告至少有一项战略投资了 126 亿美元。尽管据报道，南欧领先的 ESG 战略是 ESG 整合（总共吸引了 3077 亿美元），但以可持续性为主题的投资引领了东非和西非的 ESG 战略，分别吸引了 117 亿美元和 98 亿美元的管理资产。
>
> 　　国际金融机构的战略在非洲基金经理中获得了巨大的动力，这是以可持续性为主题的投资，尤其是在东非和西非。获得资产分配的突出可持续性主题包括农业、中小企业、能源、卫生、包容性金融服务和基础设施投资的大量分配。这对实现联合国可持续发展目标（可持续发展目标）是令人鼓舞的，这将需要私人资本来实现。然而，对可持续发展目标其他关键可持续性主题的投资，如教育或水和卫生设施的投资（在基金经理投资组合中）并不突出。在南部非洲，教育处于第九位，而在东非和西非，教育处于第六位。在南部非洲，水和卫生是第 12 个最突出的可持续发展主题。水和卫生可持续性主题在东非和西非分别处于第七和第九位。

　　如今，许多投资者已经接受了基于 ESG 研究的投资组合配置整合的优势（Roselle，2016）。由于研究的增加，散户投资者和财富管理公司在一定程度上将基于 ESG 研究的投资整合纳入其投资组合（Roselle，2016）。

2.5　关于 ESG 研究综述

　　ESG 投资是一种将利润最大化与社会责任相结合的投资理念，通过在投资中整合环境、社会和治理因素，追求经济和社会价值最大化。投资者通过确保适当筹集和分配资本，在实现可持续发展目标的全球努力中发挥着至关重要的作用（《责任投资原则》，2017 年）。在投资分析中整合可持续性标准（环境、社会和治理）的做法被称为 ESG 投资或社会责任投资（SRI）。近年来，ESG 越来越受到关注和欢迎，ESG 投资组合的价值也显著增长。然而，很多方面都还需要研究：明确的定义、企业 ESG 评级数据的质量、指标的透明度和可靠性等。

　　本节从文献分析视角，根据 ESG 投资的含义和相关术语，从权威的数据库中检索关键词：

"责任投资""社会责任投资""ESG* ESG 投资*""可持续投资""绿色投资""social* responsible mutual fund*""social* responsible fund*""ethic* mutual fund*""ethic* trust""ESG""social* responsible invest*""sustainab* invest*""sustainab* financ*""ethic* invest*""Responsibility invest*"。通配符（*）用于获得包含搜索关键字变体。例如，sustainab* 将同时匹配"sustainable"和"sustainability"。OR 术语用于扩展搜索。经过文献收集、整理和分析，最具影响力的文章发表于 1991～2011 年；已发表的 ESG 研究在 2014～2016 年达到顶峰。尽管对 ESG 绩效的研究仍然占主导地位，但在每个研究主题中，也有一些重要的新兴趋势。下面将现代 ESG 投资的研究领域分述为如下类别或主题：

①投资者行为；

②ESG 发展；

③ESG 投资绩效；

④ESG 的影响因素；

⑤ESG 指标。

2.5.1 投资者行为研究

投资者行为研究评估动机、投资模式和决策。这一主题建立在 ESG 投资者不同于传统投资者的假设基础上。对这一主题的初步研究侧重于了解个人投资者。Rosen、Sandler 和 Shani（1991）的一项早期研究认为，了解 ESG 投资者的特征，特别是人口统计学和动机，对于理解他们的行为至关重要。英国（Lewis and Mackenzie, 2000）、澳大利亚（McLachlan and Gardner, 2004）和瑞典（Nilsson, 2009）的类似研究发现，ESG 投资者在性别、教育和收入方面具有特定的特征。

然而，Williams（2007）指出，ESG 投资者的人口统计特征不能完全解释他们的决策；相反，投资者的信念系统激励 ESG 投资决策。

关于动机的研究表明，财务和非财务动机都会影响 ESG 投资决策（Anand and Cowton, 1993；Beal, Goyen and Phillips, 2005；Mackenzie and Lewis, 1999）。然而，这两种动机之间的平衡在投资者之间存在差异（Cullis, Lewis and Winnett, 1992），这影响了投资者对 ESG 较低财务回报风险的容忍度（Webley, Lewis and Mackenzie, 2001）。

然而，很少有研究深入研究支持 ESG 投资者行为的信念体系。了解投资者的信仰体系（宗教、社会价值观或文化规范）如何影响投资 ESG 的动机，将更有效和更有针对性地促进 ESG 投资。

个人 ESG 投资者可能也是机构投资者（如养老基金），但目前尚不清楚机构行为与个人对 ESG 的行为有何关系。对机构性房地产投资商的研究试图就此提供证据。Cox、Brammer 和 Millington（2004）发现机构投资者与个人投资者有相似的投资模式，特别是在使用负面筛选或排除策略来平衡财务和 ESG 目标方面。然而，Cowton（1999）指出，道德投资基金董事会的价值观和利益对道德界限和标准的选择有着重大影响。

现有研究表明，在机构投资中，客户与管理层在执行 ESG 方面存在潜在的紧张关系，但需要更多的研究。了解机构投资者的战略制定和决策过程受个人投资者 ESG 偏好影响的程度，对于理解客户—代理关系至关重要。

近期学术界对投资者行为的研究继续侧重于个人和机构投资者。值得注意的趋势包括对个人价值观和信仰作为 ESG 投资者行为驱动力的关注（Bauer and Smeets，2015；Diouf，Hebb and Touré，2016；Dumas and Louche，2016；Durand，Koh and Tan，2013；Glac，2012；Sandbu，2012）。对 ESG 投资者回报敏感性的研究表明，即使他们期望一定程度的财务回报（Paetzold and Busch，2014；Pérez Gladish，Benson and Faff，2012），他们也不太关心负面表现（Martí Ballester，2015；Peifer，2014），不同的投资者群体期望不同的回报（Berry and Junkus，2013）。

研究人员开始更多地关注机构投资者的动机。外部驱动因素，如监管环境（Sieven，Rita and Scholtens，2013），以及内部驱动因素，如产品开发和风险管理（Crifo，Forget and Teyssier，2015），一直是调查的对象。然而，研究者还没有充分深入地探讨对个人和机构 ESG 投资者行为的交叉分析。

2.5.2　ESG 发展研究

ESG 的发展研究主要包括 ESG 的定义、ESG 的投资理论、ESG 的指标构建以及与 ESG 相关的政策建议等研究方向。

ESG 广义上可以代指任何包含社会目的的投资方式，而狭义上特指一种考虑可持续发展的投资组合方法。为了明确 ESG 投资名称的来源和含义，N. S. Eccles 和 S. Viviers（2011）对 1975 ~ 2009 年的 190 篇学术论文进行了分析，研究区分了责任投资和道德投资，发现表明表达道德立场的论文更经常地与"道德投资"这个名称联系在一起，而三种投资策略（正向筛选、同类最佳、目的投资）与名称"责任投资"显著相关，他们建议将 ESG 投资定义为"将对环境、社会和公司治理问题的考虑与提供高风险调整财务收益为主要目的相结合的投资实践"。Pratima Bansal 和 Hee – Chan Song（2015）综合了之前的研究，对企业责任和可持续性两个相似概念进行了分析，认为两者有不同的起源——分别来源于福利经济学和伦理学中的责任和系统科学中的可持续性。然而企业责任和可持续性研究已经趋同，他们认为研究界需要突出两者之间的差异，以深化这两个研究各自独有的研究领域，有助于产生更具创造性和互补性的见解。

ESG 发展研究倾向于关注特定领域（如国家）的 ESG、支持和反对 ESG 的理论论据以及 ESG 投资市场中的参与者角色。

21 世纪初，世界主要经济体的社会责任保险实践迅速发展，促使人们对社会责任保险的发展和演变进行研究。基于非财务标准将某些股票排除在投资组合之外的做法始于 20 世纪90年代之前的美国和英国。一些研究（Knoll，2002；Schueth，2003）表明，这两个国家的ESG实践已经成熟到投资模型发展成熟的阶段。尽管如此，对于ESG是否被接受为金融市场的主流做法，学术界仍没有达成共识。Sparkes和Cowton（2004）认为，有影响力和强大的主流投资者采用ESG肯定了其主流地位；然而，市场参与者对于ESG的构成仍缺乏统一的观点。

虽然在定义上存在一些共同点，但ESG的机制是非常不同的。一个市场参与者认为的ESG可能没有得到另一个参与者的充分认可（Sandberg，Juravle，Hedesström and Hamilton，2008）。Juravle和Lewis（2008）确定了个人和机构层面的障碍，但Renneboog，Ter Horst和Zhang（2008b）认为，随着投资者越来越意识到ESG因素以及更有利的监管框架的出现，ESG投资可能会增长。在本地（Schueth，2003）或国际（Haigh and Hazelton，2004；Sandberg et al.，2008；Sparkes and Cowton，2004）背景下，对ESG机制的异质性的研究普遍认为，主要有三种机制：筛选、股东积极主义和社区投资。

筛选策略包括负面筛选（根据ESG标准排除某些投资）和积极筛选（依靠"同类最佳"方法选择投资）。一般来说，投资者不参与被投资公司的经营。相比之下，股东积极主义或股东维权依赖于股东影响公司，以采取更可持续的做法。社区投资需要大量参与，但使用这种机制的投资者通常对资助可持续发展项目或可持续发展相关公司感兴趣。虽然学术界对ESG机制的分类有着广泛的共识，但对于这些机制如何或是否会影响企业实践，还没有达成共识。

同时，关于ESG的可持续性影响，有两个主要论点。Rivoli（2003）运用金融市场理论，得出结论，如果放宽关于ESG财务模型的不现实假设（如完美市场假设），采用筛选策略的ESG投资组合更有可能实现影响。Rivoli的论点源于这样一个信念：金融市场会影响公司的政策和行为（欧文，1987）。相比之下，Sparkes和Cowton（2004）认为股东积极主义可能是影响公司政策最有力的方法。尽管缺乏经验证据（Renneboog et al.，2008b），人们普遍认为（至少理论上）ESG能够影响企业行为。同样重要的是，ESG基金经理对其产品透明，以便投资者了解其投资的预期影响（Michelson，Wailes，Van Der Laan and Frost，2004）。

因此，从概念上讲，可持续投资促进了可持续发展，即使在如何实现重大影响方面存在分歧。然而，需要实证研究提供证据解决目前关于这个问题的争论。

每一个ESG投资市场参与者都扮演着重要的角色。Sethi（2005）认为，养老基金的机构投资者不仅作为投资者，而且作为社会责任倡议人，发挥着潜在的关键作用，因为他们的行为可以鼓励其他投资者，包括信贷投资者（如银行、私募股权和项目融资提供商；Scholtens，2006）。非政府组织也扮演着重要的投资者和倡导者的角色，他们参与股东活动、创建社会责任基金、为社会责任投资活动或咨询社会责任基金（Guay，Doh and Sinclair，2004）。这些研究表明了社会责任保险市场的独特性，每个参与者都可以扮演不止一个角色。考虑到市场参与者之间的相互关联性，该领域可能会受益于对不同ESG市场中不同参与者之间关系动态的进一步研究。这将有助于确定协调与合作的最佳机制。

由于 ESG 含义较为广泛，与 ESG 相关的政策建议研究往往是多学科交叉，包含经济、政治、环境、道德等多个领域。钱龙海（2020）对中国目前的 ESG 发展状况进行了简要的分析。首先，对于 ESG 在推动经济高质量发展的作用上进行了简单的阐述，明确了 ESG 对于企业长期发展、资本市场开放层面的作用；其次，他对中国目前的 ESG 系统进行了简要分析，比较了我国和发达经济体之间的差距，提出我国的 ESG 发展在 ESG 披露框架、标准和制度等方面都落后于发达经济体；最后，对我国未来的 ESG 发展提出了一些建议，他建议从上而下的，从国家政策层面到资本市场层面，到单个的基金层面对 ESG 投资状况进行改善。孙明春（2020）基于当前的人工智能时代，建议企业将 ESG 理念融入人工智能的各个方面，包括研究、开发和应用的各环节，对人工智能进行优化和规范；并从 E、S、G 三个反面分别思考了可以采取的措施。从环境（E）的方面，可以探索人工智能技术的绿色应用，用以改善模型帮助人类应对气候变化和环境污染；从社会（S）方面，人工智能的出现带来了失业等许多问题，所以在以后的应用中需要更加注重安全可控性；在治理（G）方面，企业应该将人工智能带来的问题纳入公司的治理框架，本着"以人为本"的态度使用人工智能。William Nordhaus（2018）讨论了气候变化的外部性及潜在影响，以及阻止这种外部性的政策工具。他们利用综合评估模型（IAMs）将多个领域的知识集成到一个框架，计算了碳的社会成本（SCC），即额外排放一吨二氧化碳所造成的经济成本。他们认为世界各国应尽快出台减缓排放的政策，同时碳价格应该在各个部门和各个国家之间实现均衡，尽量减少碳排放的"搭便车"现象，最后随着时间的推移而逐渐加大对碳排放的限制。

最近的研究对 ESG 发展的两个问题提出了重要的见解：ESG 主流化和 ESG 机制的异质性。Viviers 和 Eccles（2012）认为，ESG 实践越来越集中于筛选（积极和消极）和股东积极性。ESG 机构投资者对股东行动主义越来越感兴趣，尽管这种方法没有确凿的经验支持。Kolstad（2016）认为，这可能是由于政治和官僚动机引发的股东积极主义，以安抚利益相关者的压力，而不是效率和效率动机。

最近的研究提出了两个概念上的差异，即 ESG 机制的异质性对 ESG 主流化努力的影响，即它促进或阻碍这一过程。支持派的观点认为，异质性使 ESG 更能吸引具有不同兴趣和关注点的广大投资者（Child，2015；Crifo and Mottis，2016）。障碍论一派认为，社会责任感的特质会破坏集体信仰，导致困惑和不愿意实施社会责任（Dumas Louche，2016）。尽管存在这些意见分歧，但人们一致认为，要让 ESG 走上主流金融市场的前沿，还需要付出更多的努力。

最近的研究提供了更多的证据，证明了社会责任的重要性，并深入探讨了社会责任对财务绩效影响的悬而未决的争论。不同的 ESG 设置，如筛选机制和筛选强度，会对 ESG 投资组合的财务绩效产生不同的影响。例如，Capelle Blancard 和 Monjon（2014）发现，负面筛选导致业绩不佳，而积极筛选对 ESG 基金的财务业绩没有影响。相比之下，Auer（2016）认为，负面筛选没有影响，而积极筛选则对欧洲股票投资组合的财务表现产生负面影响。

2.5.3 ESG 绩效研究

ESG 绩效是最主要的研究主题，并且多数研究都是由主流金融期刊发表的，这代表着人们越来越接受社会责任感作为金融研究的一个重要课题。

对于 ESG 研究的现存文献中，有关 ESG 绩效的研究是较为主流的一种，其主要阐述 ESG 绩效对于公司财务绩效等的影响，对现有的此类文献进行分类，可以大致将其归为存在正相关的关系、存在负相关关系、不存在相关关系、相关关系不明确这四大类。

其中，最主流的一种观点认为两者存在正向的或者非负向的相关关系，即好的 ESG 绩效会通过降低企业的融资成本、提升企业形象等方面增强企业的财务绩效。Gunnar Friede，Timo Busch 和 Alexander Bassen（2015）研究提取所有以前的学术评论研究提供的主要和次要数据，研究结合了大约 2200 项个体研究的结果。大约 90% 的研究发现，非负面的 ESG - CFP 关系，更重要的是大多数研究报告了积极的发现，他们认为随着时间的推移 ESG 对 CFP 的积极影响趋于稳定。Amal Aouadi1 和 Sylvain Marsat（2016）调查环境、社会和治理（ESG）争议与公司市场价值之间的关系，使用 2002 ~ 2011 年 58 个国家的 4000 多家公司的数据集。他们分析表明，高的 CSP 分数对高关注度公司的市场价值产生影响，这些公司可以借此改善企业社会声誉，也就是公司可以通过 CSP 获取利润。

Teresa Czerwinska（2015）研究涵盖了在分析期内华沙证券交易所上市的全部公司，在 ESG 风险评级的基础上评估上市公司的透明度，通过统计显著性检验和经典的波动度量来验证收益率波动。他们研究验证了上市公司披露非金融（ESG）数据的透明度越高，其发行证券收益率的波动性就越低，从而降低投资组合风险，即收益率波动性。他们认为这是由于信息不对称程度较低，非金融数据披露即 ESG 数据允许对公司的风险及其估值进行完善的整体评估。Hemlata Chelawat 和 ndra Vardhan Trivedi（2016）为了评估 ESG 绩效对财务绩效的影响，分别使用基于会计和市场的财务绩效衡量标准，对两种不同的回归模型进行了估计，第一个模型使用基于会计的衡量标准——已动用资本回报率（ROCE），而第二个模型使用托宾 Q——主要是基于市场的衡量标准来模拟这种关系。研究的数据集由印度 93 家公司的数据组成，使用了面板数据回归，研究结果表明，良好的 ESG 绩效可以提高财务绩效。

Sebastian Utza 等（2015）研究美国共同基金的横截面数据，分析 ESG 指标在投资组合中的应用，采用 QCLP 方法在包括风险、预期回报和可持续性的三准则模型中计算，通过将有效投资组合与真实投资组合进行比较，发现可持续基金可以显著提高投资组合的可持续性，而不会危及财务绩效。Pilar Rivera 等（2017）分析组织背景下经济和社会绩效之间的关系，通过元分析来进行测试，并检查测量标准和组织特征（如活动、社会、技术和文化环境）的影响，在 83 篇论文中找到了 678 种效果，研究结果揭示了经济和社会绩效之间存在积极关系。Yasser Eliwaa 等（2019）研究了合法性和制度理论，调查贷款机构是否对履行和披露环境、社会和治理（ESG）的公司有奖励措施，降低其债务资金的成本。他们研究区分了 ESG 绩效以及 ESG 披露，发现 ESG 绩效更优的公司债务成本较低，ESG 披露对债务成本的影响相同。虽然贷款机构奖励 ESG 实践，但它未能区分 ESG 表现和披露。Claudia Champagne，Frank Coggins 和 Amos Sodjhin（2021）研究了超额财务绩效（EFP）是否与不良的 ESG 事件发生的概率相关，主要研究结果表明，一个公司的超额财务绩效与其处理不良 ESG 相关事件的可能性呈现出负相关的关系，也就是其处理的相关不良 ESG 事件越少，其超额财务绩效越好。

David C. Broadstock 等（2021）以 COVID‐19 为研究背景，分析了在投资者避险情绪高涨的时期，ESG 表现是否是未来股票表现缓和的信号，其采用了 CSI300 指数作为数据集，研究得出高 ESG 投资组合的表现通常优于低 ESG 投资组合；并且，在金融危机期间，ESG 业绩减轻了金融风险；在对比研究中，相较于危机发生前，疫情期间 ESG 投资的欢迎程度明显提高，证实了其在危机期间的重要性。Wan Masliza，Wan Mohammad 和 Shaista Wasi-uzzaman（2021）基于 2012～2017 年马来西亚证交所的 661 家公司 3966 家公司年度数据，采用了回归分析的方法研究 ESG 信息披露对企业绩效的影响，结论表明，在控制了竞争优势的情况下，ESG 信息的披露仍然能够改善企业的绩效；在近一步的定量分析中得出，在马来西亚，一个部门的 ESG 披露增加，将致使公司业绩增加约 4%。

认为这两者存在负相关关系的学者，普遍都认为由于执行 ESG 目标的相关成本没有被完全地反映在财务报表中，所以实证时会出现两者正相关的情况，但要考虑执行成本，两者的关系则变为负相关。Eduardo Duque Grisales 和 Javier Aguilera Caracuel（2019）研究了在拉丁美洲跨国公司的新兴市场中，公司的财务绩效与 ESG 分数的关系，通过应用线性回归来分析 2011～2015 年来自巴西、智利、哥伦比亚、墨西哥和秘鲁的 104 家跨国公司的数据，结果表明 ESG 评分与财务绩效之间的关系在统计学上呈显著负相关。

还有一些学者的研究表明，其没有明显的相关关系，Benjamin R. Auer 和 Frank Schuh-macher（2015）基于国际 ESG 评分的数据集，构建了多个投资组合，通过夏普比率来衡量股票组合经风险调整后的表现，并根据不同区域（亚太、美国、欧洲）分类研究。他们主要有两个研究结果：第一，不管 ESG 标准如何，经 ESG 筛选的投资组合业绩与被动组合无明显差异；第二，亚太和美国的投资者可以通过 ESG 投资在满足道德要求的同时获得市场收益率，相对的欧洲投资者倾向于为社会责任投资额外支付。Stuart I. Gillan，Andrew Koch 和 Laura T. Starks（2021）对企业融资的 ESG 和 CSR 相关文献进行了研究，将重点落在企业的财务研究上，对已有的相关文献的梳理，研究了目前最具有争议和研究价值的问题上，如 ESG 活动与公司结构、公司风险的关系，在目前的研究中，两者之间的关系存在许多相互矛盾的假设和结果，也即不存在单一、确定的相关关系。

也有大部分学者分情况进行了研究，得出在不同的情况下，对公司的财务状况的影响是不一样的。Gunther Capelle‐Blancard 和 Aure lien Petit（2017）调查了股票市场对有关 ESG 问题的新闻的反应程度和决定因素，实证分析基于大约 33000 条 ESG 新闻（正面或负面），针对 2002～2010 年的 100 家上市公司。平均而言，面临负面事件的公司市值下跌 0.1%，而正面消息对公司几乎没有影响。同时发现，市场参与者对媒体有反应，但对公司报告或非政府组织的披露没有反应。Manapon 和 Limkriangkrai 等（2016）研究了环境（E）、社会（S）、公司治理（G）和综合 ESG 评级对企业股票收益和公司融资决策的影响，选取了澳大利亚市值排名前 200 位的公司数据。研究发现，综合 ESG 评级高的公司往往会增加杠杆，对于单个评级有不同的结论：低 E 和高 G 评级的公司往往债务较少，高 G 评级公司持有的现金较少，而低 G 评级公司的股息支付较低。Wajahat Azmi 等（2021）基于 2011 ~ 2017 年，44 个新兴经济体的 251 家银行之间的关系，研究 ESG 活动与银行的价值之间的相关性，采用广义矩估计的方法来控制其内生性，研究结果表明，ESG 活动与银行价值之间存在着非线性关系，且低水平的 ESG 活动正向影响着银行的价值，并呈现规模收益递减的态势，这其中，环境友好型的活动对银行价值的影响最大；基于此结论，进一步研究了其传导渠道，发现了 ESG 活动和现金流及效率之间存在正相关关系，对股本成本有负向影响，对债务成本无影响。这一结论解释了为什么利益相关者理论和权衡理论支持者都找到了证据制成其对两者关系的预测。Patrick Velte（2019）以 2011 ~ 2017 年 548 家公司年度观察结果为实证研究对象，通过相关回归分析，分析了 ESG 绩效对应计盈余管理（AEM）和实际盈余管理（REM）的影响；研究结果表明，ESG 总体绩效以及环境、社会和治理绩效得分这三个组成部分分别对 AEM 有负面影响，且对 REM 无影响；在进一步的分析中，本书得出与环境（E）和社会（G）方面相比，治理绩效对应计利润的影响最大，且盈余管理与 ESG 绩效之间表现出一种双向关系；此研究结果为研究、监管和实践等各方面都提供了有价值的参考。

由于上述研究介绍了公司 ESG 实践与其财务绩效之间的关系，与之相似，ESG 投资与投资组合收益率也是一个研究的重点问题。可纳入投资组合的资产池受到限制，假定回报与责任之间的权衡是 ESG 的一个主要问题。然而，从理论上讲，投资者可以创建符合其要求回报标准的 ESG 投资组合。一种方法是带有预定限制的多属性投资组合方法（Hallerbach，Ning，Soppe and Spronk，2004）。ESG 绩效的实证研究调查了这类投资组合的回报率，结果喜忧参半。一些研究表明，整合可持续性标准对投资组合回报率没有显著影响，这意味着 ESG 投资组合的回报率与传统投资组合的回报率在统计学上没有差异。这一结果对于信托基金（Cummings，2000）、共同基金（Bauer，Derwall and Otten，2007；Bauer，Koedijk and Otten，2005；Cortez，Silva and Areal，2009；Derwall and Koedijk，2009）、股票指数（Schröder，2007；Statman，2006）和假设投资组合（Sauer，1997）是一致的。一个可能的解释是，ESG 投资组合，尤其是共同基金，通常与传统基金管理类似（Benson，Brailsford and Humphrey，2006）。

另外，一些研究表明，通过比较 ESG 分数高和低的股票投资组合，ESG 确实对收益产生了积极影响。这些研究表明，积极筛选策略通常对投资者有利（Statman Glushkov，2009），因为它即使考虑了 ESG 投资组合的额外交易成本，也能提供正的异常回报（Kempf and Osthoff，2007）。根据特定 ESG 标准（如生态效率（Derwall，Guenster，Bauer and Koedijk，2005）和员工满意度（Edmans，2011））对根据特定 ESG 标准创建的投资组合收益进行调查的研究也显示了类似的积极结果。这些研究表明，那些保持忠诚并长期持有 ESG 投资组合的投资者可能会获得增量回报。此外，ESG 投资组合（包括共同基金）的波动性一般较小（Bollen，2007）。

相比之下，很多实证研究发现，基于 ESG 标准的投资组合对财务回报有负面影响。研究结果表明，ESG 得分高的公司的回报率低于市场回报率（Brammer，Brooks and Pavelin，2006），基于 ESG 的选股降低了股票的账面市盈率（Galema，Plantinga and Scholtens，2008）。在 18 个国家对 ESG 共同基金的研究也得出了类似的结论（Gregory，Matatko and Luther，1997；Renneboog，Ter Horst and Zhang，2008a）。负面影响会因筛查强度而加剧（Lee，Humphrey，Benson and Ahn，2010）。尽管关于这一负面影响的经验证据支持社会责任和财务回报之间的权衡理论，但这并不意味着投资者应避免 ESG 投资；但是，他们必须意识到这种权衡和潜在的较低回报。

共同基金经理还需要考虑资金流，因为它代表了投资者的情绪和基金未来的现金流。在这方面，研究发现，与传统基金相比，ESG 基金对过去的回报不那么敏感（Benson and Humphrey，2008；Renneboog，Ter Horst and Zhang，2011）。换句话说，由于过去的负回报，投资者不太可能从 ESG 中撤出投资。

同时，一些研究发现了 ESG 的混合效应。ESG 的多维性和情境性意味着 ESG 投资组合在不同的情境下表现不同。Derwall，Koedijk 和 Ter Horst（2011）以及 Barnett 和 Salomon（2006）提出了不同的筛选机制可能会影响财务绩效的证据。由于缺乏 ESG 筛查，可能会导致 ESG 被低估。正面筛选可能意味着 ESG 的实际价值尚未被高分公司认可，从而导致其股票被低估；当股票向其真实价值移动时，回报可能会获得。因此，这两个论点都是合理的，取决于 ESG 投资的背景。

近期，关于 ESG 绩效研究方法论的新叙述已经出现，包括 Rathner（2013）对 25 个 ESG 绩效研究的系统性元分析。Rathner（2013）揭示了研究结果受到生存偏差、关注美国市场和研究期等特征的影响。因此，应谨慎解释 ESG 绩效研究。

2.5.4　ESG 的影响因素

投资者的观念与偏好、公司董事会的结构以及制度环境等多个因素都会对 ESG 产生影响。许多研究者致力于将 ESG 因素纳入投资组合，在传统的投资组合理论基础上进行创新。Tim Verheyden 等（2015）将未筛选的投资组合与应用了两种不同 ESG 筛选方法的投资组合的表现进行比较，得到了 ESG 筛选对回报率、下行风险和投资组合多样化的影响。调查结果发现，几乎没有证据表明 ESG 筛选减少了回报，但有相当多的证据表明风险的降低。Williem Schramade（2016）对传统的 ESG 估值方法进行了批判，认为其缺乏实际的应用，基于传统的估值方法进行改进，通过分析商业模式和竞争地位，将 ESG 问题与价值驱动因素联系起来，应用模型得出结论：ESG 因素对目标价格变化的平均影响总体为 5%，非零调整条件下的平均影响为 10%。Lasse Heje Pedersen 等（2020）利用 ESG 因素构建有效边界，提出理论，每只股票的 ESG 得分有两个方面的作用，其一是提供公司基本面相关的信息，其二是通过该得分影响投资者的偏好；且对每一个投资者而言，可以利用 ESG 有效边界构建投资组合，也就是在每一个给定的 ESG 水平上追求最高的夏普比率，之后进行实证研究，发现对于 E、S、G 和 ESG 综合评级而言，G 具有最强的预测能力，而 E、S 和 ESG 综合评级对于未来的利润预测能力较弱。

投资者参与 ESG 的动机主要可分为两类，即财务动机与非财务动机，非财务动机与投资者的信仰、宗教、文化和价值观相关。Laura Starks 等（2020）假设投资者对 ESG 有不同的偏好或信念，研究投资者观念是否是 ESG 分组的基础，发现长期投资者倾向于投资具有高 ESG 特征的公司。他们通过对 ESG 声誉冲击的差异测试，提供了因果关系的证据。此外，受投资者观念的影响，长期投资者对其投资组合中高 ESG 评级的公司表现得更耐心，在股票收益不佳甚至出现负收益时也较少卖出。周方召等（2020）选取了 2011～2018 年 A 股市场的上市公司机构投资者的持股数据进行了实证检验，将机构按照其独立性划分为独立性机构投资者和非独立性机构投资者，按照其投资的动机划分为长期稳定型机构投资者和短期交易型机构投资者，对于长期稳定型和短期交易型机构投资者的持股偏好采取了 Tobit 模型进行检验，其余模型采取 OLS 回归，实证结果显示，机构投资者对于 ESG 责任有明显的偏好，而不同的机构投资者表现出一定的异质性，其中独立型和长期稳定型机构投资者更加注重 ESG 责任；在长期中，ESG 表现更好的公司，表现出更高的超额回报，且在新冠肺炎疫情的冲击中，其抗风险能力更强。Kate J. Neville 等（2018）分析了 2010～2016 年美国股东决议，认为这些决议为新参与者改善公司治理提供了空间——但他们的权力受到了限制。约束来自政治经济因素：个人投资者和财务决策之间的差异，管理层的结构，投资工具和投票权的复杂性。他们的研究揭示了管理委员会的权力如何金融化的挑战相交叉，从而对公司能源治理产生影响。

企业的规模、性质以及董事会结构都对公司的 ESG 产生影响。大量的国际文献对董事会的性别比例进行了研究，认为这是影响公司 ESG 的一个重要因素。Patrick Velte（2016）研究了两个欧洲国家的董事会中的女性对 ESG 绩效的影响。实证定量研究涵盖了 2010～2014 年 1019 个德国和奥地利公司的样本，结果表明董事会中的女性成员确实对 ESG 绩效有积极影响，同时发现企业社会责任专业知识对 ESG 绩效没有显著影响，但企业社会责任委员会的建立与 ESG 绩效有积极和显著的联系。Giuliana Birindelli1 和 Stefano Dell'Atti（2018）研究了银行业公司董事会的组成与 ESG 表现的关系，选取 2011～2016 年欧洲和美国的 108 个上市银行的样本使用固定效果面板回归模型进行分析。实证研究表明，董事会中的女性与银行的 ESG 绩效之间存在倒"U"形关系，这证实了只有性别平衡的董事会才会对银行的可持续发展业绩产生积极影响。此外，企业 ESG 绩效与董事会规模之间的联系是正向的，而与独立董事的比例之间的联系是负向的。Samuel Drempetic1 等（2019）研究企业规模如何影响企业的 ESG 评级，研究结果表明，目前的 ESG 分数没有衡量公司的可持续性表现，而与公司的规模存在显著的正相关，部分原因是大公司可以提供更多的 ESG 数据和资源，因此 ESG 评级可能需要进一步改进。Ellen Pei - yi Yu（2021）以 49 个国家 1963 家大型的股份公司的 ESG 披露量为研究对象，经过实证研究得出结论，交叉上市公司倾向于披露更多的 ESG 数据，以减少资本市场的外资负债，并且董事会规模越大，内部持股人员越少，独立董事和机构投资者占比越大的公司披露的 ESG 数据越多；在国家层面上，腐败程度较低的国家对 ESG 披露的越多。

从更宏观的层次看，不同国家的制度和法律体系也是影响 ESG 的一个重要因素，而且 ESG 与宏观经济发展有着紧密的联系。Mohammed Benlemlih 和 Isabelle Girerd - Potin（2015）研究制度环境对企业社会责任的影响，区分了以股东为导向的国家和以利益相关者为导向的国家，英美法系国家和大陆法系国家，使用 2001～2011 年 25 个国家的 1169 家公司进行了大样本观察。结果显示，公司社会责任（CSR）在大陆法系国家显著降低了公司的特质风险，而在英美法系国家则没有；企业社会责任分别只在股东导向较少和利益相关者导向较多的国家对企业的特质风险和系统风险产生负面影响。Hock 等（2020）研究亚洲金融发展与 ESG 绩效之间的联系，使用了 2013～2017 年的国家层面数据。基于汇集普通最小二乘法、固定效应回归模型、两阶最小二乘法和系统广义矩估计方法的分析，显示金融发展与 ESG 正相关。

2.5.5　ESG 指标讨论

进一步的分析表明，ESG 指标的作用与研究类型高度相关。由于 ESG 指标作为衡量单位的本质，定量实证研究主要应用 ESG 指标作为可持续性绩效的代表。同时，定性实证研究和概念研究表明，ESG 指标作为 ESG 市场的一个有利因素发挥着更为基础的作用。

ESG 指标分析也有助于识别 ESG 指标提供者。KLD 可以说是最古老的 ESG 评级机构，也是最受欢迎的 ESG 指标来源；KLD 评分用于 16 个 ESG 绩效研究。最近，研究还应用了其他美国和欧洲评级机构的数据，如 ASSET4（Stellner et al.，2015）、Bloomberg（Nollet、Filis and Mitrokostas，2016）、Sustainalytics（Auer，2016）、EIRIS（Brammer et al.，2006；Wu and Shen，2013）、SAM（Bird、Momenté and Reggiani，2012；Xiao、Faff、Gharghori and Lee，2013）、Vigeo（Girred Potin et al.，2014）和 Innovest（Brzeszzynski and McIntosh，2014；Derwall et al.，2005）。关于地方或地区机构提供的 ESG 指标的讨论很少。

（1）ESG 指标反映可持续发展绩效。

由于可持续性定义的广泛性和复杂背景，可持续性绩效评价的可操作性具有挑战性，随着 ESG 实践的发展变得便利起来。20 世纪 90 年代早期的 ESG 通常通过排除非道德或非社会责任公司来应用负面筛选（Haigh and Hazelton，2004；Schueth，2003；Sparkes and Cowton，2004）。在这种情况下，ESG 指标主要用于筛选不道德的公司。因此，大多数第一代 ESG 指标，如最初的 KLD 评级，由二进制代码组成，以表明是否符合选定的可持续性标准

（Hart Sharfman，2015；Sharfman，1996）。然而，由于在社会责任的定义上没有达成一致意见，因此该标准值得商榷（Michelson et al.，2004 年）。这种类型的 ESG 度量具有很强的主观性和不一致性，尤其是在缺乏关于方法的披露时。

ESG 指标的下一个发展阶段与积极筛查或"最佳"实践的日益普及有关。作为一种排除性策略，负面筛选通常被视为对不道德公司的惩罚（Heinkel、Kraus and Zechner，2001）。然而，对于一些投资者来说，负面筛选不再反映他们希望实现的可持续性价值（de Colle and York，2009）。此外，ESG 实践最近已经转向惩罚不良公司和奖励表现最好的公司之间的平衡（Haigh and Hazelton，2004；Heinkel et al.，2001）。

在评估和选择表现最佳的公司时，使用基于二进制的 ESG 指标并不太合适。因此，ESG 指标已经演变为更准确地反映可持续性绩效，以促进 ESG 实践的改变（Renneboog et al.，2008b）。在第二代 ESG 度量中，提供了一个聚合分数，为每个维度制定了更具体的标准，重新评估了每个维度的权重，并扩展了二进制代码，从而产生了区分绩效范围的评分模型。ESG 绩效研究直接和间接地应用了第一代和第二代 ESG 指标作为可持续性绩效的代表。直接应用涉及使用"原始"ESG 指标，即每个 ESG 维度的合计 ESG 分数。间接应用涉及使用 ESG 指标，这些指标已被进一步处理以形成用于投资分析的 ESG 指数，从而产生 ESG 共同基金。

ESG 指标的直接应用减少了一些偏差，因为它通过创建独特的（假设的）投资组合消除了交易成本和管理问题（即投资经理技能或偏好）的影响。然而，直接应用意味着与 ESG 指标相关的测量问题可能直接影响研究结果。然而，在最近发表的 ESG 绩效研究中，这种方法越来越受欢迎，这表明研究人员认识到并重视它的好处。一些具有影响力的研究（例如，Brammer et al.，2006；Kempf and Osthoff，2007；Sauer，1997；Auer，2016；Girerd Potin et al.，2014；Xiao et al.，2013）直接应用 ESG 指标作为可持续性绩效的代表。

研究人员还广泛应用间接 ESG 指标，对 ESG 共同基金的数据进行了大量分析。在 ESG 绩效研究中，只有部分研究（例如，Borgers et al.，2015；Capelle Blancard and Monjon，2014；Henke，2016）提供了用于创建基金的原始 ESG 指标的信息。这可能仅仅反映了确定原始 ESG 指标所需的努力，尤其是在研究调查了大量共同基金的情况下。此外，并不是所有的共同基金都提供这种信息。这种缺乏透明度以及交易成本和管理影响的问题是共同基金数据不足。不管怎样，研究呈现了一种现实的 ESG 观点，因为识别 ESG 共同基金相对容易，所以共同基金可以说是 ESG 投资者最欢迎的投资工具之一。

作为可持续性衡量指标的 ESG 指标类型与这些研究所采用的范围和模型有关。这些研究通常采用比较模型，即将 ESG 投资组合的绩效与传统投资组合或市场基准进行比较（Kappou and Oikonomou，2016；Schröder，2007；Statman，2006）。最常用的 ESG 指数是 Domini400（基于 KLD 数据）、FTSE4Good（来自 EIRIS 的数据）和道琼斯可持续发展指数（来自 SAM 的数据），这些指数在美国或英国发布。其他国内股票指数往往用于专门研究特定国家的 ESG（Chipeta and Gladysek，2012；Ortas et al.，2012；Ortas，Moneva，Burritt and

Tingey Holyoak，2014）。

尽管 ESG 指标在不断发展，并且作为可持续性绩效的代表，其仍然存在缺陷。缺乏透明度仍然是一个关键问题（Busch，Bauer and Orlitzky，2016；Delmas and Blass，2010）。尽管几家 ESG 评级机构已公布了更多有关其方法的信息，但对于有意义的解释和准确的比较而言，许多至关重要的信息尚未完全披露。随着一些新机构的成立和成熟的数据提供商进入市场，ESG 信息市场的变化加剧了透明度问题，并造成了额外的混乱（Delmas，Etzion and Nairn Birch，2013）。此外，ESG 指标仍然没有标准，这意味着由于数据收集的差异、不兼容的数据格式和不同的质量控制水平，数据是碎片化和不一致的（Sethi，2005；Juravle and Lewis，2008）。尽管不同的指标包含一些共同的维度，但总体衡量并不一致（Semenova and Hassel，2015）。最近的研究还发现了其他衡量问题，包括对大公司的偏见和缺乏预测能力（Chatterji，Levine and Toffel，2009）。如果 ESG 指标要可靠有效，则目前 ESG 测量的实践需要显著改进（Busch et al.，2016）。

已经提出了一些替代框架来帮助解决与 ESG 指标相关的问题（例如，Cabello，Ruiz，Pérez Gladish and Méndez Rodríguez，2014；Kocmanova and Simberova，2012；Kocmanová and Himberová，2014）。然而，这些替代品的影响仍有待观察。ESG 指标的缺点意味着信息可能无法准确代表公司的 ESG 绩效，进而可能误导投资者（Cheng et al.，2015）。因此，投资分析师和学者在使用 ESG 指标时应谨慎行事。

（2）ESG 指标推动 ESG 投资市场的发展。

研究表明，ESG 指标提供了合法性，加快了 ESG 投资增长，并建立了对 ESG 投资市场的认识。ESG 指标成为建立 ESG 投资市场的基本要素。

ESG 指标是一种工具，用于调整 ESG 利益相关者的认知框架，并使其与金融行业的专业标准保持一致。ESG 指标使 ESG 能够被更广泛的金融界理解和扩展，并有助于确保 ESG 作为新兴金融市场的合法性（Déjean，Gond and Leca，2004）。随着 ESG 市场的发展，ESG 评级机构与金融市场中的其他宏观参与者合作并在政治上参与，维持了合法性（Giampocaro and Gond，2016）。因此，ESG 指标在建立 ESG 市场以促进新市场，特别是在新兴经济体中的作用非常重要。

ESG 指标的引入对于加快新兴的社会责任保险市场的增长也是至关重要的。对不同国家 ESG 市场发展的回顾表明，在引入 ESG 指标或建立 ESG 评级机构后，ESG 投资组合显著增长。例如，在 ESG 评级机构（Arese，后称 Vigeo）1997 年成立后，法国 ESG 市场大幅增长（Arjaliès，2014；Gond and Boxenbaum，2013）。当建立的同时，有影响力的市场参与者对指标进行监管和采用（Kreander，McPhail and Beattie，2015；Vasudeva，2013）时，这种加速作用会被放大。然而，ESG 分析师在使用 ESG 指标时缺乏透明度和标准化（Juravle and Lewis，2008），可能会抑制这种加速效应。

ESG 指标也是教育和建立 ESG 意识的有用工具。研究表明，对可用 ESG 指标认识和理解有限的投资者对投资 ESG 犹豫不决（Escrig Olmedo，Muñoz Torres and Fernández Izquierdo，

2013；Giampocaro and Pretorius，2012）。对于 ESG 投资者来说，人们担心他们的道德信仰能否融入投资分析。ESG 指标通过显示 ESG 维度和度量方面的各种选项，帮助投资者了解整合过程，他们可以选择这些选项，以便将其信念转化为投资标准（Heinkel et al.，2001）。因此，缺乏对 ESG 指标的认识可能会阻碍 ESG 市场的增长。

ESG 指标随着社会责任投资（SRI）的发展而逐渐完善，由于 ESG 定义的广泛性以及相关信息的披露不充分，ESG 指标的构建也具有挑战性。ESG 指标的作用与研究类型高度相关，由于 ESG 指标本质上作为衡量单位，定量实证研究主要应用 ESG 指标作为可持续性绩效的代表，同时定性实证研究和理论研究表明，ESG 指标作为一个市场因素发挥着更为基础的作用。Gregor Dorfleitner 等（2015）使用三个重要的可持续性评级提供商的 ESG 分数，比较了企业社会绩效（CSP）的不同评级方法，数据集包括全球超过 8500 家公司的 ESG 数据，他们表明不同的 ESG 评级在概念上有较大差异，而且风险与分布也不一致。Víctor Amor Esteban 等（2018）构建了一个国家企业社会责任实践指数（NCSRPI），它确定了 29 个不同国家的企业社会责任水平，通过对 22 项企业社会责任实践的统计汇总过程构建指数，这些实践分为社会和环境两个层面。NCSRPI 的结果表明，世界各地的公司在企业社会责任实践方面采取了类似的行为模式，但发展水平不同。欧洲国家在社会责任问题上表现为领导者，美洲国家优先考虑道德问题，而东南亚国家在这方面表现得最落后。

Emiel van Duuren1 等（2015）也研究了不同国家对待 ESG 的差异，研究基于对基金经理的一项国际调查，调查传统的资产管理公司如何在其投资过程中考虑 ESG 因素。研究发现，美国和欧洲的资产管理公司对企业社会责任（CSR）的看法有很大差异，欧洲投资者认为 CSR 投资与基本面投资相似，而美国投资者认为 CSR 对投资影响较小，研究同时指出个体投资者最重视环境因素，而机构投资者认为治理因素更重要。Jeremy Galbreath（2012）以澳大利亚证券交易所（ASX）的 300 家公司为研究对象，研究其如何应对 ESG 问题，结果显示，2000～2009 年，ASX300 公司都在改善 ESG 绩效，并且在这段时间内，治理方面的绩效要比环境和社会方面的绩效改善的速度更快。Ester Clementino1 和 Richard Perkins（2020）研究了公司对 ESG 评级的反应以及影响其反应的因素。他们认为企业是否遵守或抵制 ESG 评级的要求，在很大程度上取决于商业而非道德考虑。更具体地说，企业的回应取决于管理者对积极响应 ESG 评级商业价值的看法，以及与企业目标和战略的一致性。

2.5.6 结论与讨论

（1）研究主题的总结。

ESG 是实现可持续发展目标的重要资本配置工具（PRI，2017）。投资者认识到 ESG 的实践至关重要（Avetisyan and Hockerts，2017；Friede，2019），然而，对 ESG 指标的重要性缺乏了解。目前 ESG 研究主要包括伦理和金融范式，分别从企业、投资者或金融市场的角度来看待 ESG 及其作用。ESG 在两个主要范式中的概念不同：它是一种金融创新，源于对企业行为的伦理关注。换句话说，ESG 如硬币有两个方面：伦理和金融。

伦理范式将 ESG 视为一种向公司施压的工具，迫使它们改变其政策，并以更合乎道德和可持续的方式运营。ESG 的倡导者通常认为这是 ESG 的最终目标。这一范式的一个重要特征是 ESG 的复杂和多学科背景，它源于伦理和可持续性的本质。在这一范式中，关键的讨论涉及实现预期结果的最佳和最有效的方法，考虑到社会责任倡议机制的巨大异质性和社会责任市场参与者之间的独特关系。

金融范式将 ESG 视为向特定投资者群体提供的新金融服务，因此假定 ESG 保留了传统金融产品的特征。这种假设在强调 ESG 财务特征的研究中是固有的，比如收益、风险和定量财务模型。这一范式通过对 ESG 绩效的广泛实证研究得以说明。这些研究尚未达成共识，进一步的分析表明，它们往往是在相似的，甚至是不一样的背景下进行的。例如，研究通常使用相似类型和数据来源（例如，来自美国 SIF 或 Eurosif 的共同基金数据）、类似的方法（例如，多因素模型），并侧重于某些国家或地区（如美国、英国和欧洲）。然而，对于将 ESG 作为定量金融模型应用的最有效方法以及这种应用如何影响市场均衡，鲜有实证知识。

ESG 绩效研究占主导地位的一个可能原因是数据的可用性（Capelle Blancard and Monjon，2012）。然而，ESG 实践的异质性还没有被充分地发掘出来。例如，关于股东积极主义对财务影响的研究很少。ESG 绩效研究占主导地位的另一个可能原因是，学术界正面临来自金融市场越来越大的压力，要求他们提供有关 ESG 实践的财务影响的证据。也就是说，金融市场的相对短期要求与 ESG 的长期观点之间并不匹配。ESG 确实被视为一个长期问题，因为公司行为的变化比其股票表现的变化要长。

不同研究主题之间缺乏整合，加剧了 ESG 研究的主导地位。ESG 研究倾向于参考同一研究主题内的其他研究。这一趋势显示了不同研究主题之间很少有联系。其中一个可能的原因是，这两种不同的范式来源于不同的领域，因而具有不同的对话圈，包括不同的出版渠道。一个领域的研究人员可能不知道在另一个领域进行的研究。因此，需要更多的渠道让不同领域的研究者能够见面讨论他们的研究，从而建立对 ESG 的整体意识和理解。

未来对 ESG 的研究也应该尝试将不同范式联系起来。这样的研究应该探索更多与 ESG 最终目标相关的概念、理论和行为问题。未来研究的可能主题包括 ESG 投资组合的财务绩效与投资组合中公司 ESG 实践变化之间的关系，从公司角度评估 ESG 财务绩效，以及股东行动主义举措的财务效果，等等。

关于 ESG 度量，有一个强有力的论据认为 ESG 度量的质量和可靠性需要改进。在 ESG 绩效主题的实证研究中，ESG 指标作为可持续绩效指标的作用非常突出。然而，ESG 度量存在两个主要的度量问题：缺乏透明度和缺乏一致性或收敛性。缺乏透明度是因为 ESG 数据提供商和评级机构没有披露足够的关于他们用来生成指标的过程和方法的信息，也没有披露过程中使用的数据质量。今后对这一问题的研究可以审查评级机构的披露情况，评估不同机构的透明度水平，并随后调查缺乏透明度对公司和投资者的影响。

关于缺乏一致性或一致性的问题，研究表明，由于数据收集和方法的不同，不同的评级机构对同一家公司的评分可能不同。然而，缺乏透明度意味着没有足够的信息来彻底比较来自不同评级机构的 ESG 指标的实质内容和计算过程。关于这种缺乏一致性的研究通常分析聚合的 ESG 指标，表明由几个主要评级机构（KLD、Trucost、Asset4 和 GES）发布的综合 ESG 得分和特定环境得分并不一致。还需要进行更多的研究，以调查在其他情况下是否存在这种缺乏一致性的情况。未来的研究还可以调查 ESG 在社会和治理方面是否缺乏一致性。对不同或更大样本集的研究也将提高对收敛问题的理解。未来的研究还可以通过纳入相对较小的评级机构（如 EIRIS、Vigeo、SAM、Innovest 和 Sustainalytics）的指标，捕捉到 ESG 指标的巨大多样性。此外，在保护评级机构的知识产权的同时，还需要对提高透明度和趋同性进行更多的研究。

对 ESG 指标的重要性提出了新的见解，因为它们扮演着两个关键角色，即作为可持续性绩效的反映和 ESG 投资市场的推动者。然而，ESG 缺乏透明度和缺乏一致性是两个主要问题。

（2）现有特定研究问题和未来研究方向。

近期在加强对 ESG 研究的理论和实证理解过程中，集中在一些特定的 ESG 问题上。

第一，人们更多地关注 ESG 的一个特定维度的影响。例如，Borgers、Derwall、Koedijk 和 Horst（2013）提供了证据，证明利益相关者的参与与长期的、风险调整后的回报呈正相关。Girerd Potin、Jimenez Garcès 和 Louvet（2014）将这一结果扩展到所有类型的利益相关者。Ballestero、Bravo、Pérez Gladish、Arenas Parra 和 Pl Santamaria（2012）表明，具有"绿色"声誉的投资组合比传统投资组合的回报更低。

第二，ESG 在新兴经济体的表现越来越受到关注。Ortas、Moneva 和 Salvador（2012）指出，ESG 在巴西牛市时期的表现与市场一样好。Cunha 和 Samanez（2013）发现，由于限制因素导致更高的风险，该公司在危机期间遭受损失。ESG 对南非财务绩效没有显著影响（Chipeta and Gladysek，2012；Demetriades and Auret，2014）。

第三，最近的研究关注特定市场情况下的 ESG 表现。这些研究包括对竞争加剧引起的市场干扰的研究（Kim，Park，Kim and Kim，2014）以及全球金融危机期间与 ESG 相关的研究（Nofsinger and Varma，2014）。

最近的一些研究采用独特的方法来分析罪恶投资组合的绩效，作为 ESG 投资组合的对立面。将罪恶股票排除在投资组合之外，预计不会对收益产生影响。

在 ESG 问题上，还有许多值得未来深入研究的方向，可关注以下几个方面：

第一，ESG 的一些概念问题与指标选取。例如，"ESG 涵盖哪些内容""ESG 与社会责任的联系与区别"等问题。选取合适的指标衡量 ESG 也十分关键，可以从多个维度考察 ESG 对公司业绩的影响，从而得出 ESG 与财务绩效之间更精确的关联。

第二，不同类型企业 ESG 的问题。不同类别的企业对环境的影响程度以及组织结构差别很大，因此应该根据不同企业类型进行具体研究。可以重点研究能源型企业的 ESG 问题，从经济角度探索推动企业履行 ESG 的方式方法，可能有助于实现可持续发展。

第三，社会环境对 ESG 的影响。不同社会环境的 ESG 理念有较大差别，进而造成了相关政策及企业行为的差异，可以研究发达国家与发展中国家对 ESG 的不同理解与认识。尤其目前中国对 ESG 的研究处于发展阶段，可以结合中国的具体情况进行研究，如比较 ESG 对中国企业和欧美企业的财务绩效影响的差异、如何构建适合于中国企业的 ESG 评价体系等问题。

2.6　足迹和手印

ESG 投资者可以通过"足迹"（footprinter）和"手印"（handprinter）来构建投资组合结构，并衡量投资绩效。"足迹"是我们的行为和存在发生的无形成本或负面影响。如果认为足迹是一个人的投资对环境或社会的负面影响的组合，"手印"则是一个人为影响足迹所做的一切积极的事情。"手印"是投资者的投资和投资决策所产生的贡献或积极影响。实践中，手印可以通过防止或避免本应发生的负面影响（足迹）或创造本不应发生的正面效益来创建。

2.6.1　手印起源与积极影响

格雷戈里·A. 诺里斯（Norris）博士，除了在哈佛公共卫生学院教授生命周期评估外，还是 SHINE（积极企业的可持续性和健康倡议）的共同指导者。SHINE 是哈佛大学公共卫生学院健康与全球环境中心的一项倡议。它通过将商业领导力与开拓性研究联系起来，在全球范围内推进企业责任、可持续性、健康和福利实践。

诺里斯还创立了一个非营利机构，使全世界人民能够自下而上推动可持续发展。它的项目包括：Earthster，一个用于产品级可持续性评估的开源平台；手印（Handprinter），帮助人们在家和工作中采取行动来补偿他们的环境和社会足迹；Social Hot Spots 数据库，一个关于供应链影响和改善人类机会的透明数据源、工作条件和社区。1996 年，诺里斯创立了 Sylvatica，这是一家国际生命周期评估机构，曾为联合国、各国政府、财富 500 强企业以及小公司、行业协会和非营利部门提供过咨询。

诺里斯从 20 世纪 90 年代中期开始从事生命周期评估（LCA）的实践和教学，LCA 可以被认为是足迹评估的艺术和科学。

近年来，"手印"的概念在可持续性评估和报告中的知名度不断提高，相对于通常的业务，"手印"带来了变革，理想情况下是积极的变革。这是鼓励各级行动者以更大的意愿和更大的规模追求创造积极影响增加的一部分。部分证据是：关于核算"避免排放量"专题的出版物和会议的增加；在"净积极"可持续性的主题下开展的活动有所增加，包括在国家和国际两级就这一主题提出的若干多方利益有关者倡议；一些公司增加了公共承诺，不仅不断减少其足迹，而且增加了其积极影响的产生。其中，一些承诺更进一步宣布追求净积极性，在某些或所有物质足迹影响类别上创造大于公司足迹的积极影响（如手印）。

关于积极可持续性影响的行动值得注意的是，积极影响是指与减少足迹的相同影响类别相关的影响。正是这种影响促使手印方法被有意建立在与足迹方法相同的基础之上：生命周期评价（LCA）。

最近批准的 ISO 14044《生命周期评价标准》附件将足迹定义为"用于报告涉及某一领域的生命周期评估结果的度量"。因此，"手印"的定义可以明确地与基于生命周期评价的足迹定义相联系。

2.6.2　手印能带来什么价值？

一个公平而重要的问题是，当我们已经很好地处理足迹的概念时，世界是否需要一个新的概念或术语"手印"。如果手印只是"足迹的变化"，那我们为什么不直说"足迹的变化"，并把它留在那里，避免不必要的新行话呢？

（1）第一个关键点是，手印和足迹测量的是真正不同的东西，即使它们是以相同的单位测量的，即使它们都是基于生命周期评价的。

首先，根据不同基线评估手印和足迹。足迹是根据"消失而不被替换"来评估的，也就是说，评估的是一个组织的足迹相对于一个假设的场景，在这个场景中，组织及其活动全部消失而没有被替换。足迹的这个基线是隐式的，事实上，它甚至常常不被识别。手印都是根据该参与者的"一切照旧"（BAU）进行评估的，使用的是简单明了的 BAU 定义。对一家公司来说，一切照旧，都是用上年的产品和工艺来应对本年的需求。对一个人来说，BAU 更简单：重复上年的足迹。

其次，手印和足迹涉及不同的影响范围。产品的足迹跨越产品的整个生命周期。组织的足迹由现有的足迹评估标准给出，通常包括组织直接拥有和运营的活动的影响，加上组织供应链的影响，再加上组织产品的相关下游影响。给定参与者的手印包括参与者在关注领域（影响类别）内外带来的任何变化。外部手印包括对其他角色的足迹所做的更改，这些更改超出了所讨论的手印角色的足迹范围。外部手印还可以包括对任何参与者来说不是足迹变化的变化，但是可以使用与足迹相同的度量标准生成可报告的变化，并且与相同的关注领域相关。

（2）第二个关键点是，提供手印评估，作为补充，并与足迹评估结合使用。不打算用手印评估取代足迹评估。

事实上，有一个明确的意图，即在关注手印的同时，保持对足迹的关注。手印应根据足迹进行评估。因此，增加手印并不是试图"改变话题"，而是扩大讨论范围。

由于手印具有更广泛的潜在影响，并为行动开辟了许多新途径，它使参与者摆脱了"收益递减"的动态，因为参与者自己的足迹越来越少。当焦点严格地放在减少自己的足迹上时，接下来几年可能带来的变化范围会随着参与者的足迹而缩小。但手印潜力的范围实际上仍然是无穷无尽的，至少只要人类本身对关切领域产生有害影响。

当重点严格地放在减少自己的足迹上时，我们不可避免地会沮丧地意识到零足迹的目标是不可能实现的，这意味着我们必须保持"净负"。然而，当焦点扩大到包括手印时，如果我们能够在充分缩小足迹的同时充分扩大手印，就有可能成为"净收益"，对平衡产生净的积极影响。事实证明，这种认识改变了有关人员的自我概念，也改变了他们对有关组织的宗旨或性质的概念。人们认为，这种自我概念的转变释放出更高水平的能量，并致力于追求可持续发展相关目标。"净积极"的目标不仅鼓舞人心，而且雄心勃勃，这被视为提高了创新水平。

当重点扩展到严格减少自己的足迹之外时，这将促进协作、共享创新和设计行动，以表达最大化积极的"涟漪效应"或间接的、二级/三级影响的意图。涟漪效应带来的伸缩潜力反过来又有助于增加考虑采取行动的动机，这些行动在个人层面上可以减少非常小的总影响，但当伸缩时，可以带来从宏观角度来看意义重大的利益。

2.6.3　追求友好手印活动的方法

概括地说：一个行为体的足迹，无论是一个人、一个组织或一组这样的行为体，都应该在一年内提供使用商品和服务有关的负面影响的报告。

手印是与"一切照旧"相关的变化（与足迹相关的影响）。如果某一特定影响类别的手印大于某一特定年份的足迹，则该参与者对于该特定影响类别就是净正的。"手印大于足迹"是指参与者的出场带来的好处超过了出场带来的负担。

公司现有产品相对于那些被最有可能替代的增值分析所取代的产品的贡献，突出了创造手印是商业的积极方式。如果一家公司生产的产品对消失的贡献超过了创造产品的足迹，那么该公司可以通过增加对此类产品的需求，实现净增长。如果一家公司生产的产品相对于其最有可能的替代品的贡献超过了生产该产品的足迹，那么该公司可以通过增加这些产品的市场份额，朝着净利润的方向发展。另一种向净积极发展的方式是通过建设性的供应链参与，即缩小其足迹和扩大其手印。例如，一家向供应商转让技术以减少其碳足迹的公司将缩小其自身的足迹（通过减少参与者从其供应商购买的产品的足迹），并通过减少供应商其他客户的足迹进一步扩大其手印。

如前所述，手印是足迹单位中可测量的变化，它们是影响的度量。GRI 等框架中的许多可持续性相关报告都与影响措施相关。手印是以足迹为基础的，而足迹又是以环境和社会生命周期评估（LCA）方法为基础的，LCA 反过来评估产品和服务在其整个生命周期中的环境和社会影响。

除了影响措施外，许多组织的可持续性排名和评估也与过程指标有关。这些特征包括公司的特点：例如，领导职位的性别差异程度、是否存在通过 ISO 14000 认证的环境管理体系等。

许多针对公司的可持续性报告、排名和评分系统（DJSI、RobecoSAM、FTSE4Good、GRI 等）结合了过程指标和影响度量。一些过程指标对利益相关者来说是如此的突出，以至于这种指标的变化可以被认为是一个积极的结果。

由于过程指标对利益相关者的重要性，以及它们与实质影响的相关性，友好的手印活动衡量的是公司流程指标的积极变化，也可能是公司价值链部分流程指标的变化。

企业可以在不改变企业战略和愿景的情况下改变流程指标。公司同样可以减少足迹，并创造一些手印，而无须进行根本性的改变。流程指标、足迹和手印的这些变化代表了积极的、创造价值的运动，公司可以在中短期内追求这些运动。在某些情况下，这种积极的转变代表着"低垂的果实"，可以带来可持续性排名和评估的快速上升。

第3章 理论基础

学习目标：

- 阐述 ESG 投资的理论基础。
- 区分各个理论对 ESG 投资发展的作用。

近年来，ESG 日益成为热门话题，且有可能改变未来经济社会的发展方式，作为一种可持续发展的方法论需要获得理论支持。随着投资者、债权人以及其他利益相关者对 ESG 的信息需求与日俱增，企业提供的 ESG 报告呈快速增长态势。ESG 投资作为一种相对新颖和非传统的市场选择，其投资理论还有较多可以完善之处。而且在国际舞台上，各国的制度和法律框架导致 ESG 产生差异，区域背景和文化习俗对 ESG 也有很大影响。因此，对 ESG 投资的理论支撑进行更多的微观和宏观研究，具有重要意义，而且还可以培养和树立社会责任的理念，有利于 ESG 投资策略的顺利实施。

ESG 投资无论以何种策略来实施，都受几种常见投资理论的重要影响。关键在于如何对这些理论进行整合，以便于决定 ESG 方法如何对现有的投资组合进行补充。因此，尽管 ESG 直至 2005 年才由联合国发起的研究项目正式提出（黄世忠，2021），但支撑 ESG 的基础理论可谓源远流长，相关著述更是浩如烟海。本书从企业伦理、金融创新以及个人行为等范式，对支撑 ESG 投资各方面的理论、观点和原理进行综述，分析其核心思想及其对 ESG 的启示意义。它们涵盖各种关于 ESG 投资的论点，基于 ESG 在发达市场和发展中市场、资产类别（主要包括固定收益和股票）和不同行业的投资现状。本章重点讨论企业社会责任、可持续发展理论、经济外部性、股东与利益相关者理论、重要信息理论、普遍所有者观点、资源基础观与波特五力模型、信托责任、熵减原理、碳中和。这些理论基础对于将 ESG 纳入投资组合产生综合作用，有助于投资者对 ESG 投资有一个全面的了解，排除常见异议，并对 ESG 投资在投资组合建设和管理中整合水平背后的原因有一个更清晰的理解。

3.1 企业社会责任

近十几年来，由于全球化和社会政治趋势，在经济市场中社会责任的需求稳步上升。在

2008 年世界金融危机之后，人们觉得有必要在金融世界内重新考虑社会责任，这预示着"责任时代"的到来。ESG 投资架起了金融世界与社会之间的桥梁，在这种资产配置方式中，具有社会责任感的投资者选择证券不仅考虑其预期收益和波动性，而且最重要的是考虑社会、环境和治理方面的因素。然而，到了企业社会责任这一层面，企业积极承担社会责任对于公司长期发展到底是否有积极作用（如国内某企业花费巨资捐赠口罩，是否对企业长远发展有积极影响），这其中的关系似乎就没有那么简单明白，但随着时间的推移，答案正逐渐明晰起来。

全球最大的资产管理公司贝莱德（Black Rock）首席执行官 Larry Fink 在其 2019 年的《致首席执行官们的信》中呼吁全球企业领导人重视企业的社会责任，并强调企业宗旨与企业长期发展密不可分。2019 年 8 月，代表苹果、百事可乐、摩根大通与沃尔玛等上市大企业的美国工商团体"企业圆桌会议"（Business Round Table）发表了名为《公司的目的》（*Principles of Corporate Governance*）的宣言，强调企业将更重视履行对社会的责任，不再仅仅关注股东利益。这项宣言已获得美国 180 多位顶尖企业 CEO 的联合签署，旨在引导更多的企业不要单纯拘泥于短期的企业股东利益，而应更着眼于企业利益相关方利益甚至更高的社会责任，以实现企业和社会的可持续发展。

3.1.1　企业社会责任理论的流派和核心思想

从企业应当对谁负责以及应承担什么社会责任的角度看，企业社会责任理论可大致分为股东至上主义（Shareholder Supremacy）和利益相关者主义（Stakeholder Doctrine）两大流派。梳理过去几十年的学术文献，可以发现股东至上主义经历了盛极而衰的发展过程，20 世纪 80 年代之后，股东至上主义不断式微，利益相关者主义强势崛起。

股东至上主义主张企业应当只对股东负责，企业唯一的社会责任就是努力实现利润最大化或股东价值最大化。股东至上主义的基本逻辑是，只有为企业提供股权资本的股东才享有企业的剩余控制权和剩余收益权，才有权以企业"主人"的身份参与企业的重大经营决策和分配决策。因此，企业无须对股东之外的其他利益相关者承担责任。伯尔（Adolf A. Berle）、哈特（Olive Hart）和弗里德曼（Milton Friedman）是股东至上主义的代表性人物。伯尔认为，企业存在的唯一目的在于为股东赚取利润，作为股东的受托人，企业管理层必须也只能对股东负责，要求企业的管理层为股东之外的其他利益群体负责，从根本上违背公司法的法则基础，并有可能导致企业失焦，有损股东利益，从长远看也不利于社会整体利益的提升。哈特主要从财产剩余索取权和决策剩余控制权的角度，论证股东至上主义契合权利与义务相匹配的产权制度安排。弗里德曼是股东至上主义的最大拥趸之一，1970 年，他在《纽约时报》发表了题为《企业的社会责任是增加利润》的文章，被视为拥戴股东至上主义的檄文。弗里德曼指出，在私有产权和自由市场体制中，企业只有一种社会责任，那就是在社会规则（包括法律法规和道德规范）框架下运用其资源，尽可能多地为股东赚取利润。在弗里德曼的眼里，那些鼓吹企业社会责任的人士其实是在赤裸裸地支持社会主义，损害了自由市场的基石（施东辉，2018）。

契约学派的代表性人物詹森（Michael C. Jensen）和麦克林（William H. Meckling）的加持，使股东至上主义更具学术色彩。与科斯一样，詹森和麦克林也认为契约关系才是企业的本质。他们在《企业的理论：管理行为、代理成本和所有权结构》一文中，将企业定义为一种法律虚构（Legal Fictions）的组织，这种组织的职能是为个体之间的一组契约关系充当联结（Jensen and Meckling，1976）。这里的个体既包括企业的各种生产要素所有者，也包括产出品的消费者。他们在论文中指出，如果将企业视为契约关系的联结，就不应过多关注企业是否应当承担社会责任，否则将产生严重误导。因为企业仅仅是一种法律虚构，通过复杂的程序，促使目标相互冲突的个体在契约关系框架里实现均衡。因此，詹森和麦克林认为，在所有权和经营权相分离的情况下，作为企业收益和财产的剩余索取者，股东作为委托人聘请经理人代理企业的经营管理，扮演代理人角色的企业管理层其职责是实现股东价值最大化。可见，詹森和麦克林从委托代理关系的视角，赋予股东至上主义新的理论依据。

股东至上主义加剧了20世纪80年代西方发达国家紧张的劳资关系，以股东价值最大化为名授予企业管理层巨额的股票期权进一步扩大了贫富差距，片面追求企业利益而罔顾生态环境保护招致社会公众的严厉批评，导致人们对股东至上主义进行深刻反思，最终促使利益相关者主义崛起。也可以说，利益相关者主义是在与股东至上主义的论战中产生的。利益相关者主义认为股东至上主义的价值观过于狭隘，过分强调资本雇佣劳动，从根本上否认了股东之外的其他利益相关者特别是人力资本对企业价值创造的重要贡献。利益相关者主义坚称，不论是从伦理道德上看，还是从可持续发展上看，企业的管理层除了对股东负有创造价值的受托责任，还应当对其他相关者负责。

利益相关者（Stakeholder）一词最早在1960年由斯坦福研究所提出，但对利益相关者理论进行系统论述的当属弗里曼（R. Edward Freeman）。1984年，弗里曼出版了具有重大影响的专著《战略管理：利益相关者法》，将利益相关者定义为任何能够对一个组织的目标实现及其过程施加影响或受其影响的群体或个人（Freeman，1984），具体包括三类：所有者利益相关者（如股东以及持有股票的董事和经理）、经济依赖性利益相关者（如员工、债权人、供应商、消费者、竞争者、社区等）和社会利益相关者（如政府、媒体、特殊利益集团等）。2010年，弗里曼等在《利益相关者理论：最新动态》专著中，将利益相关者简化为主要利益相关者和次要利益相关者两类（Freeman et al.，2010），如图3-1所示。

弗里曼等利益相关者主义学派认为，企业是不同相关者的利益集合体，企业的管理层应当同时兼顾股东和其他利益相关者的利益诉求，不仅应当对资本的主要提供者股东负责，而且应当对其他要素提供者和产品消费者等利益相关者负责。对股东之外的其他利益相关者承担的责任，理应纳入企业管理层的总体受托责任，构成广义上的企业社会责任。履行社会责任，既是企业的道义责任，也是企业吸引和维护战略资源的内在需要，只有股东的资本投

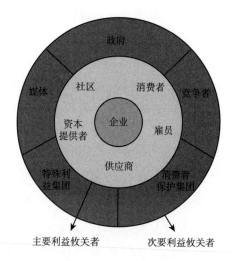

图 3 - 1　利益相关者示意图

入，没有其他利益相关者的要素投入和消费者的倾力支持，企业是不可能以持续经营的方式为股东创造价值的。

随着政府对环境的监管加强以及公众对股东至上主义的态度发生变化，利益相关者主义日益成为主流，企业界也被迫改变立场，宣称对企业社会责任予以支持。这可以从"商业圆桌会议"1997 年对股东至上主义的拥抱到 2019 年转向对利益相关者主义的接纳看出端倪。1997 年"商业圆桌会议"在声明中指出，企业管理层和董事会的首要职责是为股东服务，其他利益相关者的利益只是衍生责任。而在 2019 年 8 月"商业圆桌会议"上，200 多家大公司的首席执行官在五项承诺（为客户创造价值；投资于我们的员工；以公平和合乎道德的方式与供应商打交道；支持我们工作的社区；为股东创造长期价值）中却将对股东的责任放在最后，态度转变之大耐人寻味。

利益相关者主义虽然主张企业也应当对股东之外的其他利益相关者承担社会责任，但并没有触及企业社会责任的边界问题，即企业具体应当承担哪些责任。庆幸的是，其他学者的研究填补了这些空白。在企业社会责任边界问题上，比较有代表性的观点包括卡罗尔（Archie B. Carroll）1991 年提出的企业社会责任金字塔（Pyramid of Corporate Social Responsibility）理论和埃尔金顿（John Elkington）2004 年提出的三重底线（Triple Bottom Line）理论。企业社会责任金字塔理论认为，企业的社会责任包括四个方面：赚取利润的经济责任；守法经营的法律责任；合乎伦理的伦理责任；乐善好施的慈善责任（Carroll，1991），如图 3 - 2 所示。

三重底线分别代表 Profit（利润，即财务业绩）、People（人类，即人力资本）和 Planet（星球，即生态环境）。传统上，企业的管理层只关心经营利润这条底线，对人类福祉和星球保护这两条底线关心不够，这种做法既不合乎伦理规范，也不利于企业的可持续发展。因此，三重底线理论认为财务业绩、人力资本和生态环境都应成为企业的社会责任。只有同时关注这三重底线，才能确保企业可持续发展（Elkington，2004）。

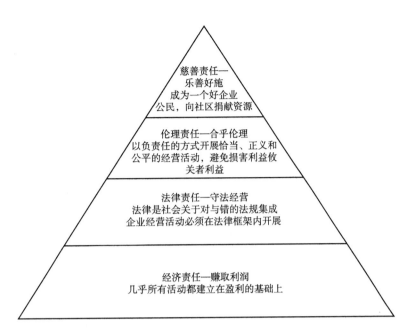

图 3 - 2 企业社会责任金字塔

其实，企业社会责任早在 21 世纪初便已成为美国公司运营的重要组成部分，而与其相对应的社会责任投资（Social Responsibility Investment，SRI）也从最初的特定宗教群体行为，逐渐转变为一种广为人知的投资理念。自 2004 年开始，倡导在投资决策过程中充分考虑环境、社会和企业治理因素的 ESG 投资理念，因其更为明确的考量因素和实现方法，逐步取代了 SRI、可持续投资（Sustainable Investing）、责任投资（Responsible Investing）等较为模糊和宽泛的理念，发展成为西方投资市场主流投资策略之一。

尽管强调关注企业社会责任的 ESG 等可持续发展投资理念已成为备受关注的投资策略，相关研究显示，该等策略的贯彻实施仍缺少法规层面的足够支持，而主要还是只能通过企业内部治理的方式实现，即企业通过自主选择相关标准、制定内部制度文件、设置内部机构职责的方式来形成自己的企业社会责任宗旨等可持续发展策略。在该等投资理念的具体实践中，能否获取透明、准确且标准化的企业相关信息成为一个关键问题，因为这些信息可以让私募投资机构以及其他社会人士了解到企业对 ESG 等可持续发展策略的态度和实践，并能更好地体现该等策略与企业财务表现的短期和长期关系。

就我国的情况而言，因受市场经济发展阶段所限，强调关注企业社会责任的 ESG 等可持续发展投资理念相关理论和实践尚处于初级阶段，但从以下规定和文件的出台轨迹中我们可以看到其正在国内市场迅速生根发芽：

（1）2006 年 9 月，深圳证券交易所发布了《深圳证券交易所上市公司社会责任指引》，明确规定了上市公司社会责任的内容，其中包括对资源环境、国家和社会应承担的责任，但该指引目前已失效。

（2）2008 年 5 月，上海证券交易所发布了《关于加强上市公司社会责任承担工作暨发布〈上海证券交易所上市公司环境信息披露指引〉的通知》，要求上市公司在关注自身及股东经济利益的同时，积极履行企业社会责任，促进社会经济的可持续发展。

（3）2012 年，在党的十八大上，生态文明建设上升为国家战略，同年写入《宪法》。

（4）在党的十九大的开幕式上，习近平主席使用了"绿水青山就是金山银山"的表述，强调了环境保护和生态建设的重要性。基于该发展理念，中国人民银行等七部委于 2016 年联合发布了《关于构建绿色金融体系的指导意见》，规定了大力发展绿色信贷、推动证券市场支持绿色投资、设立绿色发展基金，通过政府和社会资本合作（PPP）模式动员社会资本、发展绿色保险、完善环境权益交易市场并丰富融资工具、支持地方发展绿色金融以及推动开展绿色金融国际合作等内容，为落实生态文明建设的整体战略奠定了重要基础。

（5）2018 年 6 月，中国 A 股被纳入 MSCI 新兴市场指数和 MSCIACWI 全球指数，MSCI 会对所有纳入 MSCI 指数的上市公司进行 ESG 评估，促进上市公司的股东和投资者以及上市公司自身（也包括未纳入 MSCI 指数的上市公司）对 ESG 信息披露提出更高的要求，同时也将促使更多的企业关注 ESG 因素。

（6）中国证券投资基金业协会自 2016 年以来全力推动 ESG 责任投资，多次举办国际研讨会、主题论坛，开展基础调查，倡导 ESG 理念与实践，并于 2018 年 11 月发布了《中国上市公司 ESG 评价体系研究报告》和《绿色投资者指引（试行）》，持续推动了与 ESG 投资相关的制度环境建设。

普华永道（Pricewaterhouse Coopers）最近与世界经济论坛（World Economic Forum）联合进行的一项全球调查发现，在接受调查的 1100 名 CEO 中，超过 2/3 的被调查者认为，恰当地履行企业社会责任，对企业盈利能力至关重要，可以防止客户、股东甚至员工流失。因此，对于像中国这样的发展中国家来说，强调企业社会责任无疑具有成为促进社会和经济发展的真正源动力的潜力。也正因为如此，SRI、ESG 等理念值得企业大力推广和实践。

从 ESG 投资的角度，发挥资本效能、践行社会责任是资产管理机构的应有之义。ESG 投资将企业个体置于相互联系、相互依赖的社会网络中，将社会公共利益引入公司价值体系，将服务于股东利益最大化的目标扩大到实现所有利益相关者甚至整个环境社会的共同发展与提升，是推动投资与实体良性循环、社会经济可持续发展的有力工具。相对于 ESG 而言，企业社会责任报告（CSR）的历史更为久远。尽管 ESG 与 CSR 在理念和侧重点上不尽相同，但两者的内容也存在交叉和重叠，且 ESG 报告深受企业社会责任理论的影响。因此，企业社会责任理论被视为支撑 ESG 最重要的理论支柱。

3.1.2 企业的社会责任增加其利润

环境、社会和治理（ESG）投资的核心是为追求 ESG 目标的公司增加资产，或者影响公司这样去追求此目标。但有些人质疑公司应该在多大程度上追求非财务目标。米尔顿·弗里德曼（Milton Friedman）的《企业的社会责任是增加利润》是关于企业目标最重要的著作之一。大多数公司高管、董事会和投资经理仍然同意弗里德曼的观点，但 50 年后，股东价值最大化是公司的目标，并且应该如此，许多人认为这并不是全部答案。实际上，股东是一群多元化的群体，他们的愿望和需求早已超出了财务收益。此外，企业的行为可能会产生不利的 ESG 后果，而这些后果由企业自己解决最有效。从长期来看，负 ESG 因素的风险变得更加需要重视。

弗里德曼对"企业的社会责任"的讨论提出了异议。他指出，这种说法太过模糊，认为像公司这样无生命的结构没有责任。负有责任的是个人、业主或公司高管，他们的基本责任是按照业主或者雇主的意愿进行经营活动。这意味着他们将承担"在遵守社会基本规则的同时，尽可能多地赚钱，这些基本规则既体现在法律中，也体现在道德习俗中"（Fried-man，1970）。他指出，一些公司如医院，可能还有一个额外的目标，即提供某种程度的服务。他在这里的观点是，公司的经理对公司的所有者负责，这些员工可以利用自己的时间，用自己的收入和财富自由地用于支持慈善或社会活动，但没有任何理由把公司的资源用于这些目的，这样的行为是在用别人的钱做好事，这将减少股东回报；或者如果这些资金是通过提高销售价格的方式得来的，它将侵害客户的利益；股东和客户当然可以自由地把自己的钱花在他们认为合适的任何事业上，在这种观点下，这些钱是为慈善和社会事业提供资金的合适来源。

一个与之相关的问题是，企业慈善行为会在多大程度上"挤出"私人捐款。一种对员工在社会活动中投资方式的理解是，企业向股东和客户"征税"，而员工将自行决定这些"税款"的用途；但是，弗里德曼指出，已经有详细的政府程序来决定税收和支出，这些程序包括民主选举、精细的制衡、行政、立法和司法机构、联邦、州和地方权力、重要的宪法保护，以及庞大的监管程序。尽管可能不完美，但所有这些机构都会被一个企业经理推翻或绕过，这些经理通过毛遂自荐或由董事会任命的方式当选，他们认为自己同时是立法者、政策执行者和追求特定社会目标的法学家。弗里德曼进一步认为，雇佣公司高管是为了促进公司所有者的利益，在某种程度上，行政人员为了进一步实现社会目标而偏离了追求公司所有者利益这一目标，那么他们就成了（未经选举、未经提名和未经确认的）事实上的公职人员。进一步的问题是，员工如何知道该花多少钱以及如何花这笔钱？他们如何知道要采取什么行动来达到特定的社会目标？分配给员工、股东和客户的合适的成本份额是多少？许多支持企业社会行动主义的人，只是在他们自己的偏好与这些具体活动相一致的情况下才这么做的。然而，他们不支持甚至批判与他们主张相左的企业行为，因此，他们支持的不是企业社会责任本身，而是对特定事业的支持，这对他们来说很重要。

弗里德曼接着指出，人们抱怨政治和立法程序往往过于缓慢，无法解决紧迫的社会问题。他认为这一论点原则上是有异议的，因为那些提出这一主张的人未能说服大多数公民相信他们的立场，尽管如此，他们仍在寻求用一种不民主的方法来证明他们论点的有效性；这一论点也适用于激进的股东提案，即少数人试图将他们对有利事业的愿望强加于公司，而这些事业始终未能吸引大多数股东的支持。这并不是 20 世纪 70 年代的一场毫无结果的辩论。例如，大型机构投资者目前正在与枪支制造商就枪支制造、销售和安全问题进行接触。就在 2018 年 3 月，枪支制造商美国户外品牌公司（前身为 Smith and Wesson）在其公司网站上回复了这些投资者（Monheit and Debney，2018）。

"我们不相信我们的股东会把非法使用枪支与制造枪支的公司联系起来。然而，我们相信，如果我们生产和销售的产品含有消费者不喜欢的特性，或者如果我们采取消费者不同意的政治立场，我们公司会遭受更大的名誉损失和金融风险。""即使该公司尊重目前全国关于枪支管制的辩论"，解决的办法不是采取一个以政治为动机的行动，它对我们的公司、我们的员工、我们的行业、我们的股东、我们支持的经济会有负面的影响，并且值得注意的是，对我们守法客户的权利会造成不利影响，但却不会提高公共安全。不过，该公司支持加大对现行法律的执行力度，并努力改善背景调查。

继弗里德曼之后，第二篇有影响力的文章是《企业理论：管理行为、代理成本和所有权结构》（Jensen and Meckling，1976）。在这个模型中，委托人（股东）将决策权转让给代理人（董事会和公司经理），从"代理—委托人"的角度对许多企业活动提供了合理的解释。代理人会在许多不同的方面引起一般性的问题，具体问题指委托人很难保证代理人严格按照委托人能实现的最佳结果行事。Jensen 和 Meckling 的分析为后续讨论如何通过为代理人建立适当的激励机制以及付出一定代价开发适当的监控解决方案等策略来缓解代理问题奠定了基础。将这些概念应用于企业的社会责任行为、代理活动以及那些不是为提高股东价值而进行的支出，将导致委托人的福利损失。

利润最大化的优点是相对简单，容易理解，易于衡量。公司只注重利润或股东价值最大化而将其他社会目的作为目标会导致非预期的不利结果。一家公司可能披着宏大愿景的外衣，同时从事不受社会欢迎的活动，与此同时也无法盈利。

仅仅为了实现社会目标而采取的行动不应该与类似的行动相混淆，这些行动表面上似乎是利他主义的，但实际上是为了提高公司的盈利能力而设计的。例如，雇主可以为一个社区提供便利设施，如支付清洁地铁或清除高速公路上垃圾的费用，这些"善意"活动可以提高公司的声誉，更容易吸引员工或提升品牌形象，但它们与企业更普遍的社会责任问题并无关联，这种宣传公司对环境或社会负有责任，但并没有什么承诺的活动，有时被称为"漂绿"。

弗里德曼的理论基于理想主义的信仰，这些信仰关于个人的选择自由和民主政府原则的内在价值。他反对人为的、定义不清的"社会责任"的强加，或者说胁迫，认为这是对这些制度的颠覆。即使在对社会问题日益敏感的今天，这仍然是许多人的立场。例如，菲尔克和迈克梭伦在 2018 年 7 月 19 日的《华尔街日报》中写道："将政治和社会目标强加给企业的理由，往往只不过是迫使企业遵守被国会和法院拒绝的价值观的合理化。美国创造了世界上最成功的经济体，它允许私人财富服务于私人经济目标而不是政治问题，商业决策政治化有可能把政府的大量低效行为带到私营部门，在这个过程中欺骗投资者、工人和消费者。"

虽然弗里德曼的观点被广泛接受，但不同的观点也越来越多。

3.1.3 最大化股东福利，而非市场价值

一些学者认为，现代企业既是一种经济或技术结构，也是一种政治适应体。20 世纪 70 年代，公司被视为契约的纽带，特别是在股东和董事会成员之间，在此之前，人们对公司的解释是对更广泛的组成部分负有公司责任，利益相关者不仅是所有者，而且是员工、客户和广大公众；另一个重要的研究流派是从产权的角度来研究公司。还有一些人对弗里德曼的理论提出异议，认为该理论过于狭隘地定义了企业所有者希望从投资中所得到的。Hart 和 Zingales（2017）认为，投资者不是只关心金钱回报的一维机器人，财务资源也很重要，但个人也有社会和道德方面的担忧，这些担忧在评估公司业绩时也会起作用。弗里德曼的观点是，个人应该将赚钱活动与慈善活动分开，因为慈善活动可以由这些活动提供资金，但这种分离的观点假设个人可以获得与集中的公司行动相同的规模和影响，但情况并非总是如此，从历史上看，一些企业活动造成了重大负面的社会或环境影响，但个人凭自己的行动并不一定拥有信息、技术或其他资源来消除损害；在这些情况下，让企业参与解决负面影响可能是唯一可信的解决方案；政府单独干预或企业参与干预是另一种选择，尽管许多人同意弗里德曼的利润最大化观点，但他们也认为企业行为将比政府干预更有效。

个人受到一些公司活动可能产生的"外部性"的负面影响，通过企业的直接行动来减轻这些外部性，他们的福利将得到提高。在弗里德曼的理想世界里，公司只是简单地赚钱，个人和政府可以利用公司的收入和税收来解决外部效应。但 Hart 和 Zingales 认为，在许多情况下，赚钱和道德活动是密不可分的，他们认为弗里德曼的理论要求消费者拥有可扩张的项目，这些项目是企业负面活动的镜像。此外，消费者还需要得到足够的资金来抵消损失，同时还需要得到技术、信息、通信和其他资源来实现这一目标；显然，这种要求很难达到，政府的行动可以作为补救措施，但并不明显的是，政府的解决方案在每个情况下都能有效提供；不可分离的反社会企业活动更不利于弗里德曼的理论。公司的盈利活动与这些活动带来的破坏性结果交织在一起，而且，个人没有技术、信息、通信和其他资源，无法以成本效益高的方式扭转破坏性结果。从这个角度来看，公司更适合解决这些问题。

弗里德曼关于政府是影响社会行为的唯一代理人的主张也受到了挑战；法律法规并不一定涵盖所有可取行为的实例，即使在有意愿通过一项法律的地方，也可能花费过长的时间进行颁布和执行；而且，让企业采取行动可能比动员政府机构更为有效，公司行动相比政府更有效率这一观点也得到了弗里德曼理论的当代追随者的支持。

Hart 和 Zingales 用了一些社会问题的例子，这些社会问题是有争议的，还没有得到公众的广泛支持，这在一定程度上给这些反驳论点蒙上了阴影，如果对所需的支持程度没有明确的标准，经理人和董事会就有可能做出自私自利的行为。企业的社会责任行为可能是合理的，但谁来决定什么样的行为和什么样的资源水平仍然是无解的。

3.1.4　社会福利最大化

Stout（2013）认为，只要这些行为本身是合法的，且不构成对公司资源的盗窃，董事会和管理者就可以自由地最大化各种可能的目标。他反驳了代理—委托人的类比，指出股东控制只是间接的，而且在实践中很难进行。股东可以替换董事会，但很少这样做；相反的观点是，董事会很少以过分的方式行事，因为替换的威胁以及董事会承认其对股东的责任，可以起到足够的威慑作用，没必要进行替换。他指出，近几十年来，人们一直在追求股东利润最大化的几种策略。其中一些策略如下：

- 增加董事会中独立董事的数量；
- 将高管薪酬与股东利润（特别是股价升值）更紧密地联系在一起；
- 取消董事任期，以便更容易地更换董事，从而鼓励问责制。

这些策略能否成功地增加股东利润？实证研究表明结果是不明确的，但 Stout 发现，有时，这些增加股东价值的策略并不能成功地增加投资者回报。对股东利润最大化的目标进行进一步的复杂管理后，会认识到股东是一个多元化的群体，有许多不同的目标。一些人可能想要短期的最大利润，但另一些人可能是长期持有股票，有一个久远的退休目标。后一组股东可能会同意放弃当前利润，以扩大投资项目，获得更长期的回报，其他投资者可能对社会目标有更高的追求。例如，工会养老基金可能会反对为了改善短期季度业绩而大举裁员。因此，股东价值是一个人造的概念，实际上是不可定义的。用短期股价作为衡量成功的唯一标准，会让一些股东获得特权，这些股东是最短视的、机会主义的、对道德和他人的福利漠不关心的人。识别单一企业目标并对其进行优化的愿望，可能因其简单性和应用了数学的实用性而吸引人，但她认为这是不现实的，并指出许多人类活动追求多重目标。

在一封引人注目的致企业负责人的信（Fink，2018）中，世界最大资产管理公司的首席执行官表示，在管理他们的公司时，企业领导人需要有更广阔的视角。

社会正越来越多地求助于私营部门，并要求公司应对更广泛的社会挑战。事实上，公众对于公司的期望从来没有这么高过。社会要求公司，无论是公共的还是私人的，都为社会服务。随着时间的推移这一趋势愈发明显，每个公司必须不仅提供财务业绩，还需要展示其如何对社会做出积极贡献。公司必须让所有利益相关者受益，包括股东、员工、客户和所在社区。

如果没有使命感，无论是公共的还是私人的公司都不能充分发挥其潜力。它最终将失去关键利益相关者的经营许可，并且将屈从于分配收益的短期压力，在此过程中牺牲对员工发展、创新和长期增长所需的资本支出的投资，而是继续进行着目标明确的激进运动，即使这个行动只服务于最短期和最狭隘的目标。最终，这家公司将为那些为退休、购房或高等教育融资的投资者提供低于标准的回报。

尽管芬克的信受到了许多投资者和企业首席执行官的欢迎，但它未能说服持更传统观点的人，这或许并不令人意外。这些传统投资者指出，在确定被普遍认同的社会目的和衡量结果方面仍存在困难，他们还回到了弗里德曼式的论点，即公司的目的是使股东价值最大化，纳税，并允许政府解决社会问题。一位投资者指出，贝莱德的许多基金都是"被动的"，遵循市场指数（Lovelace，2018）。这位投资者认为，让这些基金代表他们追随市场是不恰当的，甚至是虚伪的，但基金管理公司随后表示，它将积极寻求影响这些公司的决策。这位投资者（他本人也是一位积极的慈善家）或许意识到了寻找合适的社会原因很困难。

在 stout 看来，企业可以追求一种处理多个目标的过程，并在每个目标上都做好可信的工作。这是一种"满足"而不是"最大化"的策略。通过不寻求"最大化"任何一个群体的结果而损害其他群体的利益，管理者在解决股东、客户和员工之间的冲突方面的压力会更小。一个合理的，甚至是令人满意的管理策略是为投资者创造可观的利润，但也要考虑到其他利益相关者支持的额外预期结果。平衡长短期的股东的利益；顾客得到良好的服务；让求职者想要工作的良好工作条件；遵守规例；公司以一种对社会负责任的方式经营。公司利润虽然很重要，但不是管理的唯一焦点，在一些美国表现最好的公司，满足多个目标似乎是一个很好的对于管理行为的描述。

3.1.5　股东权利

前面的讨论涉及一个公司的经理和董事会的适当行为。虽然股东拥有多项重要权利，但严格来说，他们并不"拥有"一家公司，而是公司拥有自己。股东有什么权利？一般而言，他们享有下列权利：

- 获得股息的权利，由董事会宣布，且受优先股股东优先权的约束。
- 有权检查某些公司文件，如账簿和记录。
- 破产时对资产的要求权。
- 评估和获取某些信息的权利。
- 选举、罢免或更换董事会成员的投票权，以及对某些公司行为和其他建议的投票权。

其中，投票权可能是最重要的，通过行使投票权，投资者或者所有者可以影响公司的监督、管理和行动。大约85%的美国公司已经发行了一股一票的股票结构。然而，如果公司发行了双层股票，每一层股票都有不同的投票权，投票权就会被稀释；就投票权而言，并非所有股份都是平等的，通常情况下，创始人和其他公司内部人士将保留拥有"超级"投票权的股票，这允许创始人保持对公司的投票控制权。向公众发行的股票将稀释投票权。最常见的投票比例是，向创始人及其家族成员和其他内部人士发行的股票拥有 10 票，而次级股只有 1 票。一些公司的双重股票投票结构甚至比这更糟糕，双重股权结构可能会产生负面影响，因为当公司业绩不佳时，它会让糟糕的管理层不愿改变自己的经营方式。但对于一家管理良好的公司来说，它还可以让具有前瞻性思维的管理层专注于长期增长，而不是仅仅实现本季度利润的最大化。伯克希尔哈撒韦（Berkshire Hathaway）、福特（Ford）、Facebook 和

Alphabet 等公司拥有投票权扭曲的双重股权结构；Snap 在 2017 年上市时发行的股票根本没有投票权。纽约证券交易所（New York Stock Exchange）在其存在的大部分时间里，不会让拥有双重投票权的公司上市。为了与政策更为宽松的其他交易所竞争，它改变了规则，现在允许公司最初以双重股权结构上市，但一旦上市，公司就不能减少现有股东的投票权，也不能在发行的新股票中拥有超级投票权。2015 年，在美国交易所上市的公司中，超过 15% 的公司拥有双重股权结构，而在 2005 年，这一比例仅为 1% 。

对双重股票类别公司表现是否逊于同类公司的研究结果并不明确。虽然有一些证据表明，少数人持股的公司历来负债过多，而且内部投票权的增加与公司价值的降低有关，但最近科技公司的上市以及公开和私人资本市场结构的变化，却把这一局面搅浑了。这些科技公司的经理拥有更大的自由，可以成功地从事长期项目，而不是更依赖季度业绩指标；但由于对双层股票的潜在价值存在分歧，一些机构投资者将"一股一票"作为一种积极的治理因素。此外，作为最大的股指提供商之一，富时罗素（FTSE Russell）在 2017 年通知公司，它将只把那些公众拥有至少 5% 投票权的公司纳入其指数。这似乎是一个较低的门槛，但它将排除 Snap、Virtu、凯悦和其他 45 家公司。如果这一门槛被设定为公众持有 25% 的投票权，将有 230 家公司被排除在外。标准普尔道琼斯公司（S&P Dow Jones）则禁止在标准普尔 500 指数（S&P 500）和其他指数中加入双股公司，尽管已有的公司是不受该规定约束的。

一项研究（CFA，2018）从美国双股上市的历史和回顾几个案例研究中发现：

• 目前在美国和亚洲两地上市的热潮，与美国 20 世纪 20 年代和 80 年代的经历类似，包括流动性增加和过度乐观。

• 20 世纪 20 年代和 80 年代的繁荣之后，都是一段漫长的市场动荡。双股上市的涨跌（以及再次涨跌）既不是必然的，也不是独一无二的，除了大规模采用双股结构外，还有更多的选择。

• 证券交易所正感受到允许双股上市的竞争压力。

• 对于双重股权结构的家族企业来说，大股东更容易滥用自己的地位，利用公众股东的利益，无论是通过巨额高管薪酬，还是存在问题的咨询安排。

• 大股东（通常是创始人）没有动力去最大化公司的潜力。他们可能拥有投票控制权，但他们拥有的股权较少，收益也很少。

因此，在创始人想要保持控制权的愿望和投资者想要用有代表的愿望之间，就出现了矛盾；一个可能的解决方案是，认识到创始人在公司成立和发展的早期保持投票控制权可能有一定的价值，但要对这种结构设定一个时间限制，当公司变得更加成熟时，就没有理由再主张超级投票控制权应该掌握在创始人手中了。证券交易委员会（SEC）研究了双重股票类别公司的相对估值。一组公司让内部人士永远控制公司，另一组公司有"日落"条款，规定超级投票控制权在固定年限或创始人去世后到期。图 3 – 3 显示，在首次公开发行（IPO）7 年或更长时间后，拥有永久双重股权结构的公司的交易价格明显低于那些拥有日落条款的公司。

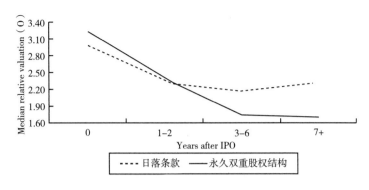

图 3 - 3　双层企业估值

资料来源：美国证券交易委员会。

3.1.6　企业社会责任理论对 ESG 的启示意义

企业社会责任理论对 ESG 极具启示意义。首先，企业社会责任思潮从股东至上主义转向利益相关者主义，为 ESG 理念的普及和发展奠定了坚实的理论基础，促使企业更加重视环境、社会和治理议题，为 ESG 报告的发展提供了良好的社会氛围，有助于企业统筹兼顾企业效益和社会效益，力争成为好企业公民。其次，利益相关者主义日益盛行，促使企业治理层和管理层以前所未有的态度统筹兼顾股东和其他利益相关者的诉求，有可能催生企业治理结构的变革，将来企业董事会将会有更多的成员来自非股东的利益相关者，如员工代表、环保人士和消费者保护主义者等。最后，利益相关者主义的崛起，迫使企业除提供财务报告外，还必须编制和提供以利益相关者为中心的 ESG 报告，以满足利益相关者评价企业是否有效履行社会责任的信息需求。

必须指出的是，企业社会责任理论所强调的社会责任是一个广义的概念，既包括企业对社会应承担的责任，也包括企业对社会所做出的贡献。因此，ESG 报告既应披露企业的社会责任，也应反映企业的社会贡献，但评价企业的社会贡献必须超越财务报告中狭隘的收益确定模式。

传统上评价企业经营业绩采用的是"收入 - 成本 - 工资 - 利息 - 税收 = 利润"的微观利润表公式，这种带有浓厚股东至上主义色彩的收益确定模式，旨在最大化归属于股东的利润，有可能会牺牲其他要素提供者的利益。以利益相关者为导向的企业社会责任理论，要求企业以更加宏观的视角，重新审视企业对社会的价值创造及其分配。黄世忠在《解码华为的"知本主义"——基于财务分析的视角》一文中指出，利润表有微观和宏观之分，前者反映企业为股东创造的价值，后者反映企业为社会创造的价值。将微观利润表公式移项，便可推导出能够反映价值创造和价值分配的宏观利润表公式：收入 - 成本 = 工资费用 + 利息费用 + 税收费用 + 税后利润。该公式的左边，即收入减去除工资费用、利息费用和税收费用外的所有成本和费用，代表企业在一定会计期间为社会创造的价值总量，该公式的右边代表企业为社会创造的价值总量如何在人力资本提供者、债权资本提供者、公共服务提供者、股权资本提供者之间进行分配（黄世忠，2020）。这一看法与 WEF 的四大支柱报告框架异曲同工。WEF 在"创造繁荣"支柱中，要求在 ESG 报告中反映企业的净经济贡献，净经济贡献被界定为直接和间接创造的价值及其分配，如营业收入、营业成本、雇员工资福利、支付给资本提供者的利息和分红、上缴政府的税收减去政府补助。

总之，ESG 作为一种新理念、新方法，要确保其可持续性发展，既需要技术层面上的应用研究，也需要学术层面上的理论建构。企业社会责任理论与倡导商业向善、资本向善的 ESG 理念相契合，是 ESG 可以从中汲取丰富思想养分的理论基础。从长远看，则需要从博大精深的经济学、社会学、伦理学、环境学等学科中吸纳新思想、新思维，努力构建一套适合 ESG 的理论体系。

3.2　可持续发展理论

ESG 报告之所以经常被冠以可持续发展报告的名称，除了因为 ESG 报告旨在提供可用于评价企业可持续发展的相关信息，还因为 ESG 报告的诸多理念源自可持续发展理论。可持续发展理论萌芽于 20 世纪 60 ~ 70 年代，正式成型于 1987 年，经过 30 多年的发展日臻成熟，现已获得广泛的认可并为世人所接受。

3.2.1　可持续发展理论的缘起和核心思想

可持续发展理论是人们在观念上对人类中心主义（Anthropocentrism）的思维模式带来的环境和社会问题不断反思，在行动上对过度工业化的警醒而逐渐形成的。在对待自然界的态度上，人类中心主义认为人类高于自然，具有改造自然、征服自然的神圣权利。因此，人类中心主义又被称为主宰论（Domination Theory）。人类中心主义最早可追溯至基督教义，该教义要求人类将其意志力施加于自然界并降伏之。这种人类高于自然的宗教思想后来与世俗的科学理性主义（Scientific Rationalism）相互交织在一起，进一步助长了人类中心主义。以培根、牛顿和笛卡尔为代表的科学理性主义者认为，地球这个星球就是为了人类的福祉和开发而存在的（Baker et al.，1997）。蒸汽机和电力的发明，极大提高了人类的生产力，西方国家步入了工业社会。在工业社会里，民众普遍认为，随着科学技术的发展，自然资源将取之不尽、用之不竭，物质主义和享乐主义大行其道。在工业化国家中，不断提高物质生活水平，成为消费者和政治家的主要追求，非工业化国家则将努力赶上工业化国家取得的成就作为经济和政治诉求。按 GDP 规模或人均 GDP 衡量的经济增长，成为成功与否的"试金石"。

人类中心主义的思维模式和日新月异的科技进步，导致工业革命以来人类为了提高物质生活水平而过度开发和利用自然资源，造成空气污染、气候变化、淡水缺乏和物种灭绝等严重环境问题。1962 年，美国海洋生物学家瑞秋·卡尔森（Rachel Carson）出版了《寂静的春天》一书，这部环境科普著作讲述 DDT 这种杀虫剂对鸟类和生态环境的极大危害，引起了社会公众对环境资源问题的关注，促使立法机构和监管部门对企业经营活动所产生的环境外部性进行干预，并催生了生态中心主义（Ecocentrism）的思维模式。与人类中心主义不同，生态中心主义认为人类并不高于自然，人类与其他生物一样，都是自然界的一个组成部分，一起组成生命共同体。既然人类只是自然界的一部分，部分就不可能也不应该主宰整体。恰恰相反，人类的生存和发展离不开良好的生态环境，试图将人类的主宰地位施加于自然界并降伏之，不仅不自量力，而且是一种自我毁灭的有害行为。生态中心主义还认为，自然资源并非取之不尽、用之不竭，对自然资源的掠夺性开采和利用，将导致生态环境失衡、生物多样性减少，从而危及人类自身的生存。过度的工业化、过快的人口增长、过分追求物质生活水平和经济增长，将耗竭地球环境的承载力。对地球环境负荷极限的关注，促使一批知识分子组成了"罗马俱乐部"，并于 1972 年发表了题为《增长的极限》的研究报告。该报告基于数学模型，预测未来一个世纪，伴随着人口的快速增长和经济需求的急剧膨胀，资源耗竭、环境污染、生态破坏、生物多样性锐减将不可避免，唯一的出路是抑制人类的贪婪，保持经济的适度增长甚至零增长。

《增长的极限》具有浓厚的生态主义色彩，其将生态环境与经济发展视为水火不相容的学术观点以及将环境保护置于比经济增长更优先地位的政策主张，导致广泛的批评和质疑。事实上，环境保护与经济增长不一定是非此即彼的冲突关系，辅以市场机制和管制措施，两者可以转化为相互兼容的共存关系。这种观点孕育了可持续发展的理念。可持续发展（Sustainable Development）这一术语最早出现在国际自然及自然资源保护联盟（International Union for Conservation of Nature and Natural Resources，IUCN）1980 年发布的《世界保护策略》（*World Conservation Strategy*）中。IUCN 提出的保护策略旨在通过对生物资源（Living Resources）的保护实现可持续发展这一总体目标。美中不足的是，《世界保护策略》将主要关注点放在生态环境的可持续性上，并没有将可持续性与社会和经济问题有机联系在一起。

真正意义上的可持续发展理论是由联合国正式提出的。为了应对日益严重的环境和经济问题，探寻破解之道，联合国于 1983 年 12 月成立了世界环境与发展委员会（World Commission on Environment and Development，WCED），委员会主席由挪威首相布兰特夫人（Gro Harlem Brundtland）担任。经过三年多的不懈努力和世界各国的鼎力相助，WCED 于 1987 年 3 月向联合国提交了《我们的共同未来》（*Our Common Future*），经第 42 届联合国大会辩论通过，1987 年 4 月正式出版。《我们的共同未来》（亦称"布兰特报告"）一经发布，便在世界上产生热烈反响，标志着可持续发展理论正式诞生。该报告由"共同关注""共同挑战"和"共同努力"等三部分组成，将可持续发展理念贯穿其中。

作为一种政治妥协，WCED 的报告虽然在总体上秉承了人类中心主义的思维模式，提出了需要的概念（Concept of Needs），主张将满足人类基本需要特别是世界上穷人的需要作为优先的政策目标；但也继承了生态中心主义的合理成分，提出了极限的概念（Concept of Limits），承认受限于技术发展水平和社会组织效率，环境难以满足当下和未来的需要，人类必须改变消费习惯以降低不堪重负的生态环境承载力。

WCED 在报告的第 2 章中将可持续发展定义为"满足当代人的需要而又不对后代人满足其需要的能力构成危害的发展"（WCED，1987）。可以看出，WCED 是从代际公平（Intergenerational Equity）的角度对可持续发展进行定义的。虽然 WCED 的定义获得广泛认可并被经常引用，但这不代表世界各国已经对可持续发展的定义达成高度共识。事实上，可持续发展还可以从代内公平（Intragenerational Equity）的角度，或者从社会、经济和环境协调发展的角度进行定义。后面这两个角度的定义，在 WCED 对可持续发展观念的论述中也得到了一定程度的体现。WCED 对可持续发展观念的具体阐述主要包括以下十个方面：

（1）满足人类需要和对美好生活的向往是发展的主要目标，可持续发展要求满足人类的基本需要，并为人类向往更美好的生活提供机会；

（2）可持续发展倡导将消费水平控制在生态环境可承受范围之内的价值观；

（3）经济增长必须符合可持续发展的基本原则且不对他人进行剥削，可持续发展要求提高生产潜能和确保公平机会以满足人类需要；

（4）可持续发展要求人口发展与日益变化的生态环境产出潜能保持和谐；

（5）可持续发展要求遏制对资源过度开采从而危及后代人满足其基本需要的行为；

（6）可持续发展要求人类不可危害支持地球生命的自然系统，包括大气、水、土壤和生物；

（7）可持续发展要求世界各国确保公平获取有限的资源并通过技术手段缓解资源压力；

（8）可持续发展要求合理使用可再生资源，防止过度开发和利用，要控制不可再生资源的开发率，以免危及后代人的发展；

（9）可持续发展要求对植物和动物加以保护，避免物种多样性的减少影响后代人的选择余地；

（10）可持续发展要求将人类活动对空气、水和自然要素的负面影响最小化，以保持生态系统的完整性。

WCED 的政策主张，得到联合国、世界银行、欧盟等国际组织和大多数联合国成员的广泛认可，成为可持续发展理论的重要基石。

从以上分析可以看出，联合国及其下属机构提出的可持续发展理论已经成为主流，其核心思想体现了包容性发展（Inclusive Development）的理念，要求统筹兼顾社会、经济和环境的可持续发展问题。包容性发展理念要求在社会可持续发展方面，秉承人类中心主义观，主张公平性既是促进经济增长和环境保护目标得以实现的重要前提，更是社会发展的政策目标，即致力于构建旨在消除贫困和饥饿、创造教育和工作机会、抵制种族和性别歧视、提供清洁饮水和卫生设施、构建和谐社会的公平社会环境。包容性发展理念要求在经济可持续发展方面，既要倡导人类中心主义观，也要吸纳生态中心主义观，强调不得以环境保护为由无视经济增长，也不得以牺牲生态环境为代价片面追求经济增长，这样才能永葆经济发展的活力。此外，高质量的经济增长应当是一种低碳、绿色的发展模式，评价经济发展质量的方法应当适当改变，把耗能、排放和污染等环境成本考虑在内。包容性发展理念要求在环境可持续发展方面，采纳改良的生态主义观，呼吁社会发展和经济增长应当充分考虑环境资源的承载力，必须抵制罔顾环境资源承载力的过度经济社会发展和对自然资源的掠夺性开采，鼓励在经济社会发展的同时反哺生态环境，加大对生态环境修复和保护的投入。

3.2.2 可持续发展目标（SDGs）——金融转型的路标

同时实现经济增长、社会包容和环境可持续性是 21 世纪的当务之急。这种必要性可以用"可持续发展"概括。得益于 WCED 和其他国际组织的研究成果，联合国 2015 年 9 月在纽约总部召开了可持续发展峰会，193 个成员方在峰会上通过了《联合国 2030 年可持续发展议程》，提出了旨在指导各成员解决 2015 ~ 2030 年环境、社会和经济问题的 17 个可持续发展目标，如图 3-4 所示。

图 3-4 可持续发展目标示意图

可持续发展目标（SDGs）为金融业重新调整其支持可持续发展的努力提供了机会。鉴于全球金融业的规模和重要性，这是 SDGs 的一项重要责任。最近的估计表明，SDGs 每年将需要向全球低碳基础设施、能源、农业、卫生、教育和其他可持续性部门追加 2.4 万亿美元的公共和私人投资。金融部门的任务是将生产性投资的资本供给和需求联系起来，它将是全球努力走上可持续发展道路的核心。

鉴于全球可投资资产的规模不断扩大，以及人们对可持续投资和 ESG 问题的兴趣日益浓厚，资产管理行业将在金融领域发挥特别重要的作用。从 2001 年到现在，非银行机构投资者的资本总额已经增加了两倍多，目前已经超过了 100 万亿美元，截至 2016 年，超过 23 万亿美元的管理资产进行了某种程度的 ESG 整合。

SDGs 可以在促进投资业参与可持续投资方面发挥强大作用。然而为了实现这一目标，在将目标转化为金融部门的行动时，重要的是不要丧失可持续发展的精神。SDGs 的精神是将全球经济转变为一个同时追求经济增长、包容性和环境安全的体系。因此，SDGs 不是简单地将发行者当前的做法和收入来源与 17 个目标对应起来，然后被命名为与可持续发展目标一致的产品，这只是对 SDGs 所需要和追求的向更深层次转变的肤浅处理。根据这一概念，SDGs 可以从四个方面为金融业提供有益的指导。

第一，SDGs 应在资产所有者和资产管理公司内部启动一个结构化的对话和治理过程，以了解他们对可持续性的全球努力起到的是正面作用还是负面作用。这只是资本保管人和管理人员更清楚地了解其作为一个组织的国际职能以及其投资的外部影响是如何促进可持续发展势头的第一步。关于资产所有者和资产管理公司的董事会应该如何进行这种内部评估，目前没有（也不应该有）固定的标准，尽管如此，这些讨论是一个重要的开始。

第二，SDGs 应支持创造额外的和有目的的投资产品，旨在解决可持续发展的挑战。我认为，附加性和意向性是 SDGs 产品和投资计划的两个核心方面。要使一种投资产品与 SDGs 保持一致，就必须清楚地表明，无论该基金投资哪个行业，该产品都能带来非常态化的结果。这种额外性可以从很多方面来理解，无论是股东积极主义参与，否则可能不会发生。它还可能意味着将资本配置到其他情况下可能无法获得私人资本的地区和企业。同样，为了符合 SDGs 的精神，投资产品必须有明确的意图来应对可持续发展的挑战。

第三，SDGs 应该支持在投资公司、发行人、学术界、非营利部门和其他行动者之间建立多方利益相关者伙伴关系。实现 SDGs 的最大挑战之一是全球经济中不同行动者之间缺乏合作和协调。可持续发展目标之一，SDGs17，明确指出这是一个必须解决的问题。SDGs 应该推动创建平台，有意识地将这些不同的参与者聚集在一起。鉴于资本在全球经济中的重要影响，投资公司应该成为这些平台的中心节点。

第四，SDGs 应该成为企业和政府用来创建一个标准的、统一的、全球公认的可持续发展会计框架的中心框架，该框架要求发行人向投资者披露重要的非财务信息。缺乏统一的可持续发展会计标准仍然是全球围绕可持续发展努力的最重要挑战和"瓶颈"之一。SDGs 之所以在这方面有所帮助，是因为它们已经得到了联合国所有国家的同意，这使它们具有初步的合法性，从而可以继续发展。

SDGs 成为全球金融部门转型的有力工具，进而在将资本与投资机会联系起来，以实现更可持续的未来方面发挥更有效的作用。为了实现这一目标，不能也不应该丧失 SDGs 的精神，而应该在此基础上继续发扬光大。

3.2.3　可持续发展理论对 ESG 的启示意义

综观不同国际组织提出的 ESG 倡议和主张，可以发现，绝大部分的 ESG 报告框架均将提供有助于利益相关者评估企业可持续发展的风险和机遇的信息作为 ESG 报告的主要目标，可持续发展理论对 ESG 的深远影响可见一斑。此外，很多 ESG 报告框架在指标体系设计思路上汲取了可持续发展理论的思想精髓，在社会和环境的可持续发展方面尤其如此。全球报告倡议组织（GRI）的四模块准则体系中，经济议题、环境议题和社会议题等三大模块，在设计理念上与社会、经济与环境三位一体的可持续发展思想一脉相承。可持续发展会计准则委员会（SASB）的五维度报告框架中，环境保护、社会资本和人力资本三个维度的 17 个指标中，11 个指标均蕴含着社会和环境可持续发展的理念。世界经济论坛（WEF）的四支柱报告框架中，保护星球、造福人民和创造繁荣等三大支柱均与联合国 17 个可持续发展目标相契合。气候相关财务信息披露工作组（TCFD）的四要素气候信息披露框架和气候披露准则理事会（CDSB）的环境与气候变化披露框架，因聚焦于环境的可持续发展，没有涉及经济和社会的可持续发展，但它们在环境方面的主张和披露事项上，也与可持续发展理论保持高度契合。

值得说明的是，可持续发展理论中的经济议题在大多数 ESG 报告框架中都没有得到体现，只有 GRI 的四模块准则体系和 WEF 的四大支柱报告框架属于例外。究其原因，最有可能是设计者认为 ESG 报告是对财务报告的补充，而财务报告是评价经济议题的最佳载体。笔者认为，这种看法虽可理解，但不一定合理，因为 ESG 报告和财务报告对企业经营业绩及其可持续性的评价角度有所不同，前者侧重于从宏观（利益相关者）的角度评价企业的经营业绩及其可持续性，后者主要从微观（股东）的角度评价企业的经营业绩及其可持续性。

另一点必须说明的是，ESG 报告框架中的 G（治理），并非通常意义上的公司治理，而是要求将环境议题和社会议题纳入治理体系、治理机制和治理决策之中，避免治理层过度专注于经济议题而忽略环境议题和社会议题。可持续发展理论一般不直接涉及具体的公司治理议题，但其政策建议通常都会要求政府或其他机构重视制度安排方面的变革和创新，确保治理层通过适当的程序和方法处理社会、经济和环境的可持续发展问题。从这个意义上说，ESG 报告中的 G 可视为贯彻实施可持续发展理论政策建议的一种机制。

3.3　经济外部性理论

外部性（Externality）又称外部效应（External Effect）和溢出效应（Spillover Effect），是经济学的一个重要研究对象，为政府在市场机制之外对企业经营活动和信息披露（包括财务报告和 ESG 报告的信息披露）进行管制提供理论依据。与可持续发展理论相比，经济外部性理论历史悠久，且在 ESG 中的 E（环境）方面广泛运用，排污费的收取、碳排放权的交易、新能源汽车的补贴等领域都在不同程度上蕴含着经济外部性理论的思想。

3.3.1 经济外部性理论的渊源和核心思想

亚当·斯密认为，自由经济制度鼓励和允许个体追求自身利益，每个个体关心和追求自身利益最大化，最终会形成对社会整体最好的结果（黄世忠，2019）。换言之，市场机制这只"看不见之手"能够高效协调经济活动、自动调节各方利益，促使社会整体利益最大化。然而，市场机制并非完美无缺的，经济外部性导致市场价格不能反映生产的边际社会成本和边际社会效益从而引发市场"失灵"（Market Failure），就是最好的例证。经济外部性说明，单纯依靠市场机制难以实现资源的最优配置和社会利益的最大化。

学术文献通常将经济外部性理论的发展历程分为三大里程碑，并与三个最大的贡献者马歇尔（Alfred Marshal）、庇古（Arthur Cecil Pigou）和科斯（Ronald H. Coase）联系在一起。这三位经济学家在不同时期的著述，为经济外部性理论的丰富和发展奠定了坚实基础。

1890 年，马歇尔在《经济学原理》中率先提出了外部经济概念。马歇尔指出，我们可以将源自任何一种产品生产规模的经济划分为两种：取决于行业一般发展状况的经济；取决于组织资源和管理效率的规模经济。我们可以将前者称为外部经济，后者称为内部经济（Adam，2005）。虽然马歇尔只是提出外部经济的概念，并没有明确提出外部性的概念，但经济学界普遍将外部经济视为外部性的雏形和源头。

1920 年，马歇尔的嫡传弟子庇古出版了《福利经济学》（*The Economics of Welfare*）一书，在马歇尔的外部经济基础上提出了经济外部性，将外部性问题的研究从外部因素对企业的影响效果转向企业或居民对其他企业或居民的影响效果（沈满洪、何灵巧，2002），标志着经济外部性理论正式诞生。庇古认为，只要边际私人净产值与边际社会净产值相互背离，就会产生经济外部性。套用边际成本和边际收益的术语，边际私人（包括个人和企业）成本小于边际社会成本时，就会存在负外部性（Negative Externality），即其他社会主体承担了本应由私人自己承担的成本，如化工厂环保标准不达标对周边企业和个人造成空气污染，而后者却不能从化工厂获得补偿；边际私人收益小于边际社会收益时，就会存在正外部性（Positive Externality），即其他社会主体无偿享受了本应由私人独享的收益，如企业的技术创新成果外溢，使其他企业技术水平得以整体提升。为此，庇古主张对边际私人成本小于边际社会成本的企业征税，对边际私人收益小于边际社会收益的企业给予补贴。通过这种形式的征税和补贴，就可以实现外部效应的内部化（徐桂华、杨定华，2004），尽可能使资源配置实现帕累托最优。庇古的这种政策主张后来被称为庇古税（Pigouvian Tax）。排污费的征收、环保税的开征、零排放汽车的补贴，均可视为庇古税，都可以从庇古的经济外部性著作找到理论依据。

庇古关于经济外部性的观点也不乏质疑，最大挑战来自科斯。1960 年，科斯针对经济外部性问题发表了《社会成本问题》（*The Problem of Social Cost*）一文，直指庇古税的弊端。该文以两个农场主为例，说明在产权明晰的情况下，两个农场主通过自愿协商，就可解决养牛农场主对粮食种植农场主的外部性问题（Coase，1960）。在此基础上，经济学家将科斯的论述提炼为科斯定理（Coase Theorem）。科斯定理指出，经济外部性并非市场机制的必然结果，而是由于产权没有界定清晰。只要产权明晰，经济外部性问题就可以通过当事人之间签订契约或自愿协商予以解决。科斯认为，庇古税不见得是解决经济外部性的最优政策方案。在交易成本为零且产权可以明确界定的情况下，交易双方通过自愿协商便可实现最优化的资源配置，庇古税就没有存在的必要。在交易成本不为零的情况下，解决外部性问题必须诉诸以成本与效益分析为基础的行政干预，此时，庇古税可能是高效的制度安排，也有可能是低效的制度安排。如果采用的行政干预其成本小于效益，则庇古税不失为解决经济外部性的一种高效的制度安排；反之，庇古税就是一种低效甚至无效的制度安排。当然，科斯的经济外部性理论也存在两个显而易见的不足之处：（1）交易成本为零是理想化的假设，在现实世界中往往不成立。高昂的交易成本可能导致当事人之间的签约行为或自愿协商不可行或不经济。（2）产权能够清晰界定是科斯定理的一个重要前提，但生态环境方面的产权往往不清晰，在这种情况下，试图通过契约签订或自愿协商来解决生态环境的经济外部性问题不切实际。

3.3.2 经济外部性理论对 ESG 的启示意义

经济外部性理论对 ESG 最直接的启示意义是，生态环境资源作为一种产权不明晰的公共物品（Public Goods），与此相关的问题不能完全依靠市场机制解决，而是需要借助政府进行干预和管制。干预和管制既可以是纯行政化的方式，如开征资源税、征收排污费或排放费、发放排污或排放配额，也可以是准市场化的方式，如设立碳排放权交易市场。不论是纯行政化的干预和管制，还是准市场化的干预和管制，都离不开市场主体充分披露环境信息，而 ESG 报告无疑是促使企业充分披露环境信息的重要政策选项。ESG 报告提供的信息，不仅可以为行政干预和管制提供决策依据，而且可以大幅降低行政干预和管制的交易成本。

经济外部性理论对 ESG 的第二个启示意义是，ESG 报告不仅应披露企业经营活动派生的负外部性，而且应当披露企业经营活动产生的正外部性。两者不可偏废，否则，资源优化配置将成为空谈。从经济学的角度看，对企业负外部性实施惩罚性政策，固然可以矫正企业在环境方面的外部性行为，但监督成本往往十分高昂，而对企业正外部性采取激励性政策，则可以更有效引导企业低碳发展、绿色转型，监督成本通常微不足道。

经济外部性理论对 ESG 的第三个启示意义是，必须明确界定环境方面的外部性空间范围，ESG 报告才能全面、准确地披露温室气体排放量信息。也就是说，ESG 报告准则应当明确是仅仅披露企业自身经营活动产生的直接温室气体排放，还是将披露范围扩大至整个供应链，涵盖企业经营活动直接和间接产生的温室气体排放。将温室气体排放限定在企业范围内，较易操作、披露成本较低且易于核查，但可能低估企业经营活动的温室气体排放量。反之，将温室气体排放扩大至整个供应链，虽可更加准确地反映与企业活动相关的温室气体排放，但操作性较低、披露成本高昂且难以核查。

3.4 公司治理理论

3.4.1 核心思想

企业制度的演进基本可以划分为两大阶段：以业主制企业和合伙制企业为代表的古典企业制度时期和以公司制企业为代表的现代企业制度时期。随着生产经营规模的扩大和资本筹措与供应途径的变化，企业的形式经历了"业主制—合伙制—公司制"的发展。

与传统的企业或古典企业相比，公司制企业具有以下三个重要特点：有限责任制、股东财产所有权与企业控制权分离、规模增长和永续生命。现代公司制度中企业以独立法人的形态存在，克服了传统合伙制退伙、散伙致使公司消亡的潜在风险。公司制企业初期即实现了产权与经营权的分离，使企业实现永续运行，理论上可以多达几千万的股东数量极大地提高了公司筹措资金的能力，公司规模可以迅速增长，在很多领域可以实现规模经济，迅速提升运营效率和降低成本，在市场竞争中取得优势。

随着公司制企业的不断发展，现代公司呈现出股权结构分散化、所有权与经营权分离等典型特征，由此产生了治理问题。现代公司具有股权结构的分散化、所有权和控制权分离两个特征，在现代生活中，大多数的股份制企业是所谓的公众公司，它们在社会范围内募集资本，向全社会发行股票。股票所有者或者不再参与公司的经营管理，或者作为经营者参与公司的经营事务，但只拥有小部分公司的股权，在这种情况下，股东利益目标就有可能与经营管理者的利益目标发生偏离，甚至冲突，在实践中也确实出现了经营者损害股东利益的倾向。

狭义的公司治理是指所有者（主要是股东）对经营者的一种监督与制衡机制，即通过一种制度安排，合理地配置所有者和经营者之间的权利和责任关系。它是借助股东大会、董事会、监事会、经理层所构成的公司治理结构来实现内部治理。其目标是保证股东利益的最大化，防止经营者对所有者利益的背离。

广义的公司治理不限于股东对经营者的制衡，还涉及广泛的利益相关者，包括股东、雇员、债权人、供应商和政府等与公司有利害关系的集体或个人。公司治理是通过一套包括正式或非正式的、内部或外部的制度或机制来协调公司与所有利益相关者之间的利益关系，以保证公司决策的科学性与公正性，从而最终维护各方面的利益。公司的治理机制也不仅限于以治理结构为基础的内部治理，而是利益相关者通过一系列的内部、外部机制来实施的共同治理，治理的目标不仅是股东利益的最大化，而是保证所有利益相关者的利益最大化。

1932 年，伯勒和明斯合作出版了《现代公司与私有财产》一书，正式拉开了公司治理理论研究的序幕。经历了多年的理论发展，时至今日，公司治理理论已取得了极其丰硕的成果。其主要有以下三种治理理论。

（1）委托—代理理论。

委托—代理理论是制度经济学契约理论的主要内容之一，主要研究的委托—代理关系是指一个或多个行为主体（股东等）根据一种明示或隐含的契约，指定、雇用另一些行为主体（经理等）为其服务，同时授予后者一定的决策权利，并根据后者提供的服务数量和质量对其支付相应的报酬。授权者就是委托人，被授权者就是代理人。

委托—代理理论的主要观点认为：委托—代理关系是随着生产力大发展和规模化大生产的出现而产生的。其原因一方面是生产力发展使分工进一步细化，权利的所有者由于知识、能力和精力的原因不能行使所有的权利；另一方面是专业化分工产生了一大批具有专业知识的代理人，他们有精力、有能力代理行使好被委托的权利。

（2）资源依赖理论。

资源依赖理论认为组织需要通过获取环境中的资源来维持生存，没有组织可以完全实现资源自给，企业经营所需的资源大多需要在环境中进行交换获得。组织对环境及其中资源的依赖，也是资源依赖学派解释组织内权力分配问题的起点。资源依赖理论强调组织权力，把组织视为一个政治行动者，认为组织的策略无不与组织试图获取资源、控制其他组织的权力行为相关。

资源依赖理论也考虑了组织内部的因素，认为组织对某些资源的需要程度、该资源的稀缺程度、该资源能在多大程度上被利用并产生绩效以及组织获取该项资源的能力，都会影响组织内部的权力分配格局。因此，那些能帮助组织获得稀缺性资源的利益相关者往往能在组织中获得更多的话语权，即资源的依赖状况决定组织内部的权力分配状况。

（3）利益相关者理论。

1984 年，弗里曼出版了《战略管理：利益相关者管理的分析方法》一书，明确提出了利益相关者管理理论。利益相关者管理理论是指企业的经营管理者为综合平衡各个利益相关者的利益要求而进行的管理活动。与传统的股东至上主义相比较，该理论认为任何一个公司的发展都离不开各利益相关者的投入或参与，企业追求的是利益相关者的整体利益，而不仅仅是某些主体的利益。

企业的利益相关者是指那些与企业决策行为相关的现实及潜在的、有直接和间接影响的人和群体，包括企业的管理者、投资人、雇员、消费者、供应商、债权人、社区、政府等，这既包括股东在内，又涵盖了股东之外与企业发展相关的群体。

公司治理的主要问题包括代理型公司治理问题和剥夺型公司治理问题。代理型公司治理问题面对的是股东与经理之间的关系，即传统意义上的委托—代理关系；而剥夺型公司治理问题则涉及股东与股东之间的利益关系。就本质而言，这两类治理问题都属于委托—代理问题，只不过第一类公司治理问题是所有者与经营者的代理问题，而第二类公司治理问题是大股东与中小股东之间的代理问题。可以将第一类公司治理问题形象地称作"经理人对于股东的内部人控制"问题，将第二类公司治理问题称为"终极股东对于中小股东的隧道挖掘"问题。除此之外，在更多利益相关者涉及公司经营方方面面事务的今天，企业与其他利益相关者之间的关系问题成了公司治理的第三类问题。

要解决内部人控制问题可以从以下几个方面着手：

①完善公司治理体系，加大监督力度；

②强化监事会的监督职能，形成企业内部权力制衡体系；

③完善和加强公司的外部监督体系。

"隧道挖掘"行为的产生，在于控市股东"隧道挖掘"的收益大于"隧道挖掘"的成本，成因是控制股东对于公司统治权比例大于其对于公司的现金流权，权利和收益、责任不匹配。

如何保护中小股东利益？

①累积投票制；

②建立有效的股东民事赔偿制度；

③建立表决权排除制度；

④完善小股东的代理投票权；

⑤建立股东退出机制。

影响公司治理效率的因素不仅包括公司内部治理结构和公司外部治理机制，还包括公司治理的基础设施。公司治理基础设施主要包括公司信息披露制度、评价公司财务信息和治理水平的信用中介机构、保护投资者利益的法律法规、政府监管以及媒体和专业人士的舆论监督等。

经济合作与发展组织（OECD）早在1999年就出台了公司治理原则，旨在帮助OECD成员及非成员政府评估和改善本国公司治理的法律、制度和监管体制，为股票交易所、投资者、公司和其他在推进良好公司治理过程中发挥作用的机构提供指引和建议。《OECD公司治理原则》是一个灵活的工具，提供了适用于各个国家和地区特殊情况的非约束标准、良好实践和实施指南。《OECD公司治理原则》主要包括以下内容：

①确保有效的公司治理框架；

②股东权利和关键所有权功能；

③平等对待全体股东；

④利益相关者在公司治理中的作用；

⑤信息披露和透明度；

⑥董事会的义务。

公司治理结构应确保董事会对公司的战略指导和对管理层的有限监督，确保董事会对公司和股东的责任和忠诚。

①董事会成员应在全面了解情况的基础上，诚实、尽职、谨慎地开展工作，最大限度地维护公司和股东的利益；

②当董事会的决策可能对不同股东团体造成不同的影响时，董事会应做到公平对待所有股东；

③董事会应具备高度的道德标准，并考虑利益相关者的利益；

④董事会应能够在公司实务中做出客观独立的判断；

⑤为更好地履行其职责，董事会成员应能够及时、准确地获取有关的信息。

利益相关者、审计委员会（董事会）、管理层、外部审计人员和内部审计人员等一些相关主体参与到公司治理中，这些相关主体是需要治理的组织单位直接或间接的受益人，相关主体之间也相互发生关系。

3.4.2　数字经济时代的局限与新依据

半个世纪以来，公司治理的理论依据是所有权与控制权分离背景下的委托—代理理论，但在数字经济时代委托—代理理论表现出来一定的局限性。

如何理解公司资金、技术、管理等各个生产要素投入者之间的关系？回答该问题是解决各种公司治理及管理问题的基础。如何理解公司各个投入者之间的关系就是如何理解公司。经济学界最早的文章是科斯发表于 1937 年的《企业的性质》，这也是新制度经济学的开篇之作，在与另一位中国经济学家张五常的私人信件中，科斯指出《企业的性质》的观点形成于 1931～1932 年，那时候他才 21～22 岁。遗憾的是这一划时代的文章在很长时间并未引起学术界重视。相反，在 1932 年出版的《现代公司与私有财产》一书提出的所有权与控制权的分离对公司治理产生了深远影响。1983 年，张五常发表《公司的合约本质》，法律经济学创始人亚伦·戴雷科特（Aaron Director）读后评价道"大家吵了那么多年关于公司究竟是什么。终于给史提芬画上句号"。他说公司的本质是关于各种生产要素使用权委托的合同。各种生产要素使用权委托给谁呢？张五常的回答是委托给企业家或代理人。文中提到委托—代理关系大概受到 20 世纪 70 年代经济学界兴起的委托—代理理论的影响。使用权的委托意味着员工把自己聪明才智的使用权交给上级，由上级决定如何使用？在数字经济时代这一假设会遇到越来越大的挑战。

委托—代理理论在经济学界受到产权经济学家巴泽尔（Yoram Barzel）的批评。

①委托—代理理论忽略了公司各参与者之间的互惠性质，掩盖了公司合作关系的对称性，以及随着条件变化而转移责任的优势，各参与方都对合作做出贡献，都被对方"利用"，都会产生"道德风险"。

②法律经济学学者亨利·汉斯曼指出委托管理的代理成本在决定公司组织形式方面充其量是次要的，对管理层实施严格的监督是一把"双刃剑"，会严重地增加公司与非所有者之

间交易成本。

③公司各参与方无论提供的是物质资本还是人力资本，首先是人，在市场经济下这些人之间的合作关系是平等互利的。不认识到这一点，先进的公司治理制度就无从建立。

经济学对人的基本假设是个人利益的最大化，全心全意为人民服务是利益，拔一毛利天下而不为也是利益，追求哪种利益是个人选择。公司的发起者，运营者，被影响者都指向人，从这个意义上讲，公司利益或者公司目标是没有道德意义的，但公司的参与方仍然要追求公司利益最大化，因为没有公司利益最大化，参与的某一方或者几方必然损失更大，这家公司就会被受损失的成员甚至市场抛弃。公司治理的任务是定义公司利益（公司文化），并实现公司利益最大化，从而实现个人利益最大化。

数字经济时代的公司治理制度应该是什么样的呢？基于生产力决定生产关系，我们先简述一下数字经济的特征，一般的理解是机器越智能，人的创造力越宝贵。未来外卖、驾驶等大量的依靠体力、有规范程序、所处环境稳定的工作都会被机器取代。先进的公司治理制度要能够激发人的自主性与创造力。为此，产权理论可能是建设公司治理制度和运营公司的新依据。

巴泽尔把产权定义为法律权利和经济权利，从产权角度看公司，就是从《公司法》等法律法规角度和经济人（个人利益最大化）的角度去看公司。公司的本质是一系列参与方所缔结的或明或隐的合同，明合同如有公司章程、供应商合同、劳动合同等；企业文化可以看作隐合同。各个生产要素的参与方该选择什么样的合同形式或公司治理制度呢？根据巴泽尔的理论，对公司利益最大化影响更大的一方，得到的剩余份额应该更大，否则公司无法实现最大化，会被竞争所淘汰。也就是说，控制权和剩余财产索取权的错配是公司治理最大的问题。

巴泽尔提出了资金在公司合约中对人力资本的担保作用，这一洞察恰恰说明人力资本在公司运作中的主导性，数字经济时代更是如此。笔者运用产权理论推导出数字经济时代的所有权模式将是共同控制、共同分享剩余财产的共同所有制。

正确的理论能够让人做到知其然并知其所以然，做出明智的选择，否则即使之前的行为行之有效，没有正确的理论指导就不知道它为何有效，当局限条件发生变化，就可能故步自封，茫然失措。公司治理的理论研究意义正在于此。

如何建设数字经济时代的组织？一般认为存在几个关键驱动因素：文化、技术、战略、治理。

数字经济：数字经济是继农业经济、工业经济之后的主要经济形态，是以数据资源为关键因素，以现代信息网络为主要载体，以信息通信技术融合应用、全要素数字化转型为重要推动力，促进公平与效率更加统一的新经济形态。数字经济发展速度之快、辐射范围之广、影响程度之深前所未有，正推动生产方式、生活方式和治理方式深刻变革，成为重组全球要素资源、重塑全球经济结构、改变全球竞争格局的关键力量（《国发〔2021〕29 号》）。

3.5 股东理论与利益相关者理论

利益相关者理论和股东理论在社会责任、公司治理中已有涉及，当与 ESG 相遇时还需要进一步研究。在许多方面，利益相关者理论和股东理论这两个理论形成了有关商业道德和企业与其商业环境之间关系的辩论。本节试图为以下观点奠定基础：利益相关者理论及其对应理论——股东理论，对在投资组合构建中整合 ESG 战略起到了作用。关注企业利益相关方利益最终将有助于公司长期发展这一观点或许不难理解和接受，因为关注管理层和员工利益可以使他们更好地服务于公司、良好的债权人关系可以给公司带来优质低成本的资金、好的消费者口碑有利于品牌形象树立和产品的再销售等这些好处其实不难发现。

3.5.1 股东利益最大化 vs 企业利益相关方利益最大化

企业股东利益最大化的概念比较明确，也比较好理解。而在上升到企业社会责任这一层面之前，企业在追求股东（shareholders）利益最大化之外，是否应该追求企业利益相关方（stakeholders）利益最大化这一问题也备受关注并引起了广泛讨论。

企业利益相关方的讨论通常被放在企业治理框架下进行。企业治理框架下规定了不同群体的权利、角色和责任，其核心是一种制衡与激励安排，以最大限度地减少管理企业的内部人士（insiders）与外部股东（external shareholders）之间的利益冲突和摩擦。公司治理主要有两大主流理论，即"股东理论"和"利益相关方"理论。股东理论认为，企业经营的最重要职责是最大限度地实现股东回报；而利益相关方理论将企业经营的关注点从股东的利益扩大到所有企业相关方（通常认为，"企业利益相关方"包括股东、债权人、经理和员工、董事、消费者、供应商、政府监管部门以及其他与公司有利益关系的主体）的利益，这些相关方不一定有相同的目标或需求，甚至可能存在利益冲突。

国际上普遍采用的企业治理制度均在不同程度上反映了前述两种理论的影响。一家企业的治理制度通常更加强调这两种理论中的一种，但也可能呈现两者一定程度的结合。从本质上来说，股东其实仅属于企业利益相关方中的一方，纯粹关注股东利益最大化，对于企业战略而言较为明确且具有较强的可执行性，因此也为传统（或者说是商业社会发展的初始阶段）的企业经营者所普遍采用。但相关研究表明，公司治理系统的全球趋同运动正在进行，其中一项重要趋势，就是国际机构就重要的公司治理原则建立共识的倡议，而这些原则越来越强调关注企业利益相关方的利益（最早的如 OECD 发布的《公司治理准则》，扩大了公司治理的范围，将其他利益相关方，尤其是员工、债权人和供应商的利益纳入考虑范围）。

此外，越来越多的研究和实践也表明，几乎所有企业的长期成功，都有赖于各企业利益相关方的贡献，关注企业利益相关方利益最大化（而非仅仅关注股东利益最大化）的可持续发展（sustainability）策略似乎是企业基业长青的核心关键之一。例如，有基于美国大量企业并购样本数据分析而发表的学术论文就指出，企业在经营过程中综合考虑了各利益相关方的利益，从事了有助于提高企业长期盈利能力和效率的活动，最终增加了企业价值和股东财富。牛津大学和资产管理机构 Arabesque Partners 相关工作人员于 2015 年发布的《从股东到利益相关方：可持续发展策略如何驱动财务业绩》报告中也明确指出，相关研究显示，规模适中且机制透明的董事会将对企业估值产生积极影响，而高管薪酬体系设计会直接影响企业业绩，表明了企业利益相关方对公司业绩、估值和股价的影响。该报告还总结指出，80% 的相关研究显示良好的可持续发展策略能够对企业的股价（即股东利益）产生正面影响。

3.5.2　股东理论

自从公司拥有股权的概念存在以来，股东理论一直是公司普遍的运营指导方针。米尔顿·弗里德曼在 1970 年《企业的社会责任是增加利润》这篇文章中，指出：

在我的《资本主义与自由》一书中，我称（企业社会责任）为自由社会中的"根本性颠覆主义"，并表示在这样一个社会中，"企业有且只有一个社会责任——使用其资源从事旨在增加其利润的活动，只要它遵守游戏规则，也就是说，在没有欺骗或欺诈的情况下参与公开和自由的竞争。"

以这种方式，米尔顿·弗里德曼强烈反对公司应该有任何超出其股东财务利益的目标的观点。"股东"一词是指任何公开或私下拥有公司股份的个人或机构，这一理念被称为"股东理论"。

弗里德曼的观点是建立在委托代理关系的基础上的。他指出，公司的决策层是一种代理人，只对公司的所有者负责，为此"公司"（以公司高管为代表）的主要责任是实现股东的目标。弗里德曼还指出，除了增加所持股票的货币价值这一主要目标外，委托人还有其他目标。他辩称，在那种情况下，公司仍然是委托人的代理人。然而，弗里德曼反对公司扮演委托人的角色，即在股东明确表达的责任和目标之外，用自己的责任和目标来经营。

关于 ESG 投资，股东理论认为，任何超越股票价值最大化的目标都与公司的目的背道而驰。为此，如果事实证明 ESG 整合能够增加股票价值，即减轻风险并增加投资回报分配的风险敞口，股东理论将支持这一做法。然而，股东理论并不支持以下观点，即公司有义务在其业务的环境、社会和治理方面采取超出股东要求或超出财务盈利水平的行动。对于投资者而言，股东理论的支持者将拒绝影响力投资和道德筛选，而支持 ESG 整合和参与，只要两者能为股东带来更多的财务利润。

3.5.3 利益相关者理论

"利益相关者"一词是指受公司行为影响或影响的实体。狭义地说，这将包括公司的员工、股东和公司所在的社区。更广泛地说，这可能包括受公司活动、竞争对手和供应链以及政治领域影响的物理环境。例如，一家私人造纸公司通常将其利益相关者视为其雇员、公司所有者和生产总部周围的社区。

梅里克·多德教授在 1932 年的《哈佛评论》上发表了一篇题为"公司经理是谁的受托人？"用利益相关者理论来阐释：

企业是社会的经济组织，只有在一定程度上才是私有财产，社会可以合理地要求企业以这样一种方式经营，即保护那些作为雇员或消费者与之打交道的人的利益，即使所有者的所有权因此受到限制。

多德的理论深受约翰·梅纳德·凯恩斯的影响，他是一位极具影响力的经济学家，也是多德的同时代人。20 世纪 30 年代，凯恩斯提议增加美国政府的开支以增加就业。这一想法激发了多德的理论，即企业有责任让员工和其他利益相关者受益，即使是以牺牲企业盈利能力为代价。凯恩斯在 1928 年的文章《自由放任主义的终结》（*The End of Laissez Faire*）中指出，公司正日益成为"社会结构的一部分"，而不仅仅是投资者的代理人（Elson and Goossen，2017）。通过代理理论的视角，凯恩斯认为公司是代理人，但主张委托人不应该仅仅包括投资者，还应包括公司的雇员和各种其他利益相关者（凯恩斯，1928）。凯恩斯和多德都深受大萧条和美国社会结构中对传统企业的信任缺失的影响，他们呼吁在对私人公司负责的责任上进行重大改革。

与多德和凯恩斯同时代的阿道夫·伯利、巴兰蒂安和加德纳·米恩斯在《现代公司和私有财产》（1932）中详细阐述了公司的扩大责任。他们著名的声明如下：

公司已经不再仅仅是个人进行私人商业交易的合法工具……事实上，公司已经成为一种财产所有权的方法和组织经济生活的手段……只有当这种私人的或"封闭的"公司让位于另一种本质上不同的形式，即准上市公司时，公司制度才会出现。在这种公司中，通过所有者的增加，所有权和控制权在很大程度上分离了……掌握在几个控制大公司的人手中的经济力量是一种巨大的力量，它可以损害或受益于许多个人，影响整个地区，改变贸易潮流，给一个社区带来毁灭，给另一个社区带来繁荣。他们所控制的组织已经远远超出了私人企业的范围 – 它们已经更接近于社会机构。

三人进而认为，随着公司实体的变化和增长，公司对其社区和"利益相关者"的责任应该同步增加。简单地说，利益相关者理论的本质是：

公司不再仅仅是创造股东回报的经济工具，而是成为与员工、消费者和公众等多个群体共享利益的重要社会实体。多德呼吁对公司法理论进行一次大幅度的修改，不仅承认投资者是企业的中心，而且建议其他每一个团体都应该平等地分享现代公司的利益和运营责任。

在大萧条期间和之后的几年里，公司不仅仅对传统股东负有社会责任的概念获得了支持。当时，企业因将经济、政治和社会权力从个人手中夺走而受到广泛批评，同时贫困和失业率也创下历史新高。第二次世界大战继续普及了将企业社会责任纳入企业政策的做法。标准石油公司（Standard Oil）创始人约翰·D. 洛克菲勒（John D. Rockefeller）、美国钢铁公司（US Steel）创始人安德鲁·卡内基（Andrew Carnegie）和福特汽车公司（Ford Motor Company）创始人亨利·福特（Henry Ford）都是公开支持利益相关者对公司政策施加影响的人。值得注意的是，约翰·洛克菲勒的儿子和继承人小约翰·洛克菲勒在1941年7月8日代表美国奥委会和国家战争基金的广播呼吁中发表了一篇演讲，其中包括这句名言，"我相信每一项权利都意味着责任；每一个机会，一种义务；每一份财产，一份责任。"这一陈述体现了利益相关者理论的本质，即大公司对在其影响范围内的人负有一定责任。

就 ESG 投资而言，利益相关者理论将支持任何考虑到受商业决策影响的利益相关者意见的商业决策，无论这是否影响到股票价值。为此，利益相关者理论的拥护者可能会支持影响力投资、负面筛选和 ESG 股东参与。

3.6　信托责任与积极主义

越来越多的企业将环境、社会和治理（ESG）责任纳入其战略规划、报告和日常运营中。与此同时，这也得到了机构投资者更多的支持。正如我们所看到的，个人投资者在他们的投资组合中逐渐倾向于考虑 ESG 因素。但是代表其他人进行财务决策的受托人，还要经过更周到的考虑，才能在他们的投资过程中加入 ESG 因素。受托人可以被定义为有义务在对待他人时诚实守信的人，尤其是在金融事务上。有很多承担受托人角色的职位：会计师、银行家、财务顾问、董事会成员和公司管理人员等。他们传统的唯一目标是向受益人提供财务回报，但如今受托人在纯粹的短期金钱收益以外还要考虑得更多。许多投资者关注的是投资的社会价值与其 ESG 目标一致，越来越多的人支持这样的观点，即具有负面 ESG 因素的投资可能会长期增加负面财务绩效的风险。例如，英格兰银行的审慎监管机构（PRA）已将气候变化确定为与银行目标相关的金融风险（PRA，2018）。PRA 的思维已经发生转变，从把气候变化单纯视为企业的社会责任，转变为把它视为核心的金融和战略风险。虽然 PRA 分析的重点是对银行和保险公司的影响，但他们发现的潜在风险与所有投资组合的财务业绩有关。

那么，受托人的决策涉及哪些问题呢？如果受托人考虑传统财务目标以外的事情，是否违反了他们的职责？或者反过来说，如果负面的 ESG 行为会导致长期财务业绩表现不佳，受托人是否忽视了这些因素？

3.6.1　解决代理问题

代理问题可以定义为个人（代理人）代表资产所有者（委托人）采取行动的情况。如果代理人和委托人的目标不完全一致，代理人就有动机以对委托人无益甚至有害的方式行事。当公司董事会和高管不以股东利益为重时，就会出现这个问题，事实上，这种潜在的冲突存在于各种互动中。在日渐复杂的金融市场中，这个问题可能更为明显，因为在这些市场中，存在着信息不对称，而且不良行为的潜在回报可能相当大。在公司背景下，代理问题指公司经理采取对股东不利的行动。按短期利润发放奖金的经理可能会采取提高季度收益但威胁公司的长期发展能力及持续盈利能力的行动。

当加入 ESG 因素时，代理问题可能会变得复杂。如果投资股东与管理人员对于 ESG 的价值观不同，那么在 ESG 问题上花费时间和公司资产的经理可能会被股东视为浪费公司资产。另外，一些投资者希望企业经理采取积极的企业社会责任行为，但实际上经理的行为违背了股东价值观。

代理问题可能存在于公司治理结构中，而在投资管理中，代理问题出现的可能性被几个因素放大了。进行投资之前需要对投资工具及市场有相当多的了解，其中一些可能是不透明的，容易受到突发的事件的影响。因此，委托人很难确定顾问或受托人的行为是否符合他们的最佳利益。此外，一些投资经理扮演着相互冲突的角色，即使披露也很难区分。例如，经纪人选择一种由经纪人母公司赞助的投资产品可能获得更高的佣金，但这种商品与类似的外部产品相比收费更高或回报更低。在实践中，投资者几乎不可能知道这种情况何时会发生。因此，薪酬和其他激励措施可能并不总是能最优地协调代理人和委托人的动机。最后，投资可能涉及大量资金：采取不符合委托人最大利益的行为可能会带来巨额潜在回报，这可能会诱使一些代理人越界，采取让自己获益但损害其投资客户利益的行动。

正如我们提到的，在金融资产管理中以代理身份行事的人被称为"fiduciary"，这个词来源于一个拉丁语词根，意思是"信托"，因为委托人相信代理人在管理资产时会"做正确的事"。受托人需要承担法律和道德责任，这对 ESG 投资有重要影响。从历史上看，投资经理认为除了管理投资以实现财务回报最大化之外，做任何其他事情都将违反其受托责任，从而为忽视 ESG 因素提供了理由。但最近，这一观点受到了挑战。在本章的其余部分，我们将看到这些论点。

3.6.2　信托责任

经济学家从不同的角度对受托责任进行了分析，他们之间经常缺乏共识不足为奇，因为这仅次于律师之间的分歧。

许多投资经理仍然坚持传统观点，即他们不被允许关注财务回报以外的任何事情。越来越多的学者不同意这种观点。例如，理查森（2007）总结道："与人们对这个问题的普遍看法相反，社会责任投资（SRI）并不总是与养老基金的信托责任相冲突。此外，履行信托义务实际上可能需要仔细关注企业的社会和环境绩效。"

当经理唯一的考虑是受益人的经济利益时，责任是直截了当的。难怪许多经理喜欢这种简单的方法，使用方便、无争议的指标。但当投资目标更广泛时，情况就变得复杂了。支持纳入 ESG 因素的人指出，传统的财务分析可能无法恰当地考虑这些风险因素，他们认为考虑资本长期保值时应该明确地考虑这些因素。因此他们认为对这些因素的考虑不是次要的，而是必要的，是关注受益者经济利益的核心组成部分。但受托人的义务是什么？关于管理投资基金的法规是否允许考虑 ESG 问题？

美国的私人养老基金遵循 1974 年《员工退休收入保障法案》（ERISA）的要求。ERISA将受托人的责任定义为：

- 只为养老金计划参与者及其受益人的利益而行动，唯一的目的是为他们带来收益；
- 谨慎履行职责；
- 遵循计划文件；
- 只支付合理的计划费用（ERISA，2017）。

国家养老基金、共同基金和捐赠基金倾向于遵循这些规则以及相关的国家法律。管理慈善机构的规则有几个不同的来源。在美国，大多数上市公司遵守特拉华州的公司法。特拉华州法律规定了三种主要的信托义务：忠诚义务、公正义务和谨慎义务（Shier，2017）。

第一项义务要求受托人以且仅以受益人的最大利益行事。自我交易或利益冲突将违反这一义务。当财务利润是唯一考虑因素时，这些关注点是非常明确的，但当考虑 ESG 问题时，情况就会变得更加复杂。在建立信托关系的原始合同中，可能有一些说明了如何对待 ESG因素，但大多数并没有。如果合同中没有相关的内容时，可以考虑受益人的想法，但在多个受益人的情况下，问题再次变得复杂，因为对待 ESG 因素可能存在意见分歧。在这种情况下，经理的退路就是简单地考虑财务回报最大化。忠诚义务似乎会使代理人很难在没有原始文件或受益人的指示下，仅根据她自己对 ESG 问题的理念做出财务决策。

第二个义务是要求受托人不偏袒任何一个受益人。在 ESG 投资的背景下，这不是问题，因为受益人目标基本相同的。例如，一个慈善基金会或养老基金应该不会偏向某些人。然而，当共同基金中存在明显的利益差异时，公正性问题可能很重要。

第三项义务是谨慎义务。必须仔细考虑决定，资金的投资必须是谨慎的投资。这并不意味着回报必须最大化，受托人可以考虑风险和多样化的问题。虽然不同类型的受托人（公共养老基金、慈善机构、个人或公司管理的信托）在这一义务上有一些差异，但它们非常相似。

3.6.3 "谨慎人"规则

"谨慎人"规则要求受托人像谨慎的投资者一样，运用合理、谨慎的技巧来管理信托资产。受托人有责任使投资组合多样化，使之与现代投资组合理论的收益保持一致。受托人还应当谨慎雇用必要的技术顾问、会计师、律师等，同时尽量减少成本。随着时间的推移，股票、房地产、风险投资和其他以前被认为风险过高的投资都被认为属于审慎投资的资产类别。指南已经发展到不禁止任何投资的地步，谨慎人规则已经变得足够普遍和灵活以适应于任何适当的投资。

谨慎人规则最初是在19世纪早期的马萨诸塞州发展起来的，后来被其他州采用。根据《信托重述（第二版）：谨慎人规则》（*The Restatement（Second）of Trusts：Prudent Man Rule*），在进行投资时，受托人应遵守以下规定：

- 在缺乏信托条款或法规规定的情况下，应当只进行与谨慎人相同的投资，此类投资考虑到了资产的保护以及收入的总量和规律性；
- 在信托条款中没有规定的情况下，遵守管理受托人投资的法规；
- 符合信托条款（联邦存款保险公司，2007）。

除非信托条款另有规定，受托人对受益人有义务以合理的谨慎和技能保护信托财产并使其带来收益。受托人进行投资时，有以下几项要求：

- 谨慎要求。受托人在做出投资时应保持谨慎，考虑预期回报及风险。她可能会考虑律师、银行家、经纪人和其他人的建议和信息，但必须自己做出判断。
- 技能要求。受托人造成损失是因为未能使用普通人的技能，如果受托人的技能水平高于普通人，则受托人应对因未能使用此类技能而造成的损失负责。
- 更高标准的公司受托人。如果受托人是银行或信托公司，它必须使用它已经拥有或应该拥有的设施，并且应表明它进行了比单个受托人更彻底和完整的调查。
- 谨慎的要求。在进行投资时，受托人不仅有责任使用应有的技能，而且必须达到谨慎人规则的要求。受托人必须考虑本金的安全性以及预期收入。

受托人在考虑投资的范围时，应该考虑很多情况，如：

- 信托财产的数额。
- 受益人的情况。
- 生活成本和物价的趋势。
- 通胀和通缩的预期。

值得注意的是，在某些情况下，收入可能比资本保全更重要，而在其他情况下可能正好相反。最初，该规则规定了一个非常有限的可接受低风险投资列表，但随着时间的推移，已经发现许多其他资产类别符合审慎投资。信托条款可能规定了允许的投资类别，但受托人在选择这些投资时仍必须遵循"细心、技巧和谨慎"。受托人的投资选择可以是"允许的"或

"强制性"。受托人可能被"授权或允许"进行某些投资,因此有权利但没有义务这样做。另外,受托人可能被"指示"进行这些投资,并且必须这样做。如果信托条款规定受托人有权"自行决定"进行投资,则允许投资的范围可以扩大,但他不能向自己出借信托资金或从自己手中购买证券。在任何情况下,投资都必须"与谨慎处理自己财产的人的行为保持一致,主要考虑信托财产的保护以及所得收入的数额和规律性。"在非正式信托的情况下,一个人给另一个人钱让她投资,合适的投资可以由口头指示来决定。无论信托是以口头形式还是通过契约等正式文件设立的,受托人在投资时都有相同的责任。在 1959 年制定的信托规则中,责任委托也是不允许的。如果受托人有能力做出投资决策,这一功能就不能外包给其他人。我们将看到,这一委托禁令以后被解除。

案例研究: 　　　　　　　　　　　**标准谨慎投资人法案**

认识到 20 世纪下半叶投资理论和实践的重大变化,信托投资法由 1994 年《统一审慎投资者法》(UPIA)更新。该法案借鉴了《信托重述(第三版)》(1992),并在很大程度上借鉴了源于现代投资组合理论的理论和实证工作。这项工作的一个基本结果是,资产的多样化带来了卓越的投资组合绩效,可以通过给定收益水平下的较低风险或给定风险水平下的较高预期收益来衡量。不应单独考虑特定的投资,而是将其作为整体投资组合的一部分,认识到风险收益权衡,以及不相关或负相关资产可以降低整体投资组合风险。大宗商品或房地产等资产本身可能被认为存在风险,但现在却是被视为重要、谨慎的多元化来源。该法案规定了谨慎人规则的五个方面的变化:

在应用审慎标准时,要考虑信托账户的整个投资组合。

受托人的核心考虑是风险和收益的权衡。

没有明确禁止的投资类别:受托人可以投资有利于实现信托的风险收益目标,并且满足审慎投资其他要求的任何东西。

谨慎投资的定义明确认识到投资的多样化。

早先禁止投资和管理职能下放的禁令被撤销,认识到资本市场的日益复杂和专家的价值。

虽然没有明确考虑 ESG 投资因素,但该法案取消对投资的限制、承认替代品的投资组合价值、将风险因素纳入投资组合管理。更重要的是,它反映了谨慎投资的概念需要不断更新和发展的必要性。评论者进一步提出了受托人是否有能力将 ESG 问题纳入投资决策的问题。这种担忧类似于公司董事会和经理的担忧。受托人是否必须专注于在考虑风险承受能力和必要收益的情况下保存资本,或者他们是否能够适当地考虑道德、伦理和公共福利问题?如果受托人合理地从更长远的角度看待风险,很明显,负面的 ESG 行为严重损害了一些原本受到投资者青睐的公司。从历史的角度来看,即使只关注风险调整后的财务回报,这些 ESG 因素难道不也很重要吗?随着时间的推移,许多评论者得出结论，受托人可能会考虑 ESG 因素，部分原因是认识到这些问题可能对单个投资和整体投资组合的长期风险产生影响。一个相关的问题是：一个投资组合能否被构造成具有正的 ESG 特征，而收益没有减少？

多年来，美国劳工部（DOL）已经发布了一些关于 ERISA 规则的澄清和指导。与ESG 相关的是，劳工部在 2018 年 4 月发布的《现场援助公告》（Field Assistance Bulletin）中指出：

2015 年，该部门重申了其长期以来的观点，即由于每一项投资都必然导致放弃其他投资机会，不允许受托人为了实现社会政策目标，牺牲投资收益或承担额外的投资风险，……但当竞争性的投资有利于经济利益时，受托人可以将此类投资纳入考虑因素……如果一个受托人谨慎地确定了一项完全基于经济因素的投资，但其中包括可能促进环境，社会和治理（ESG）的因素，受托人也可以在不考虑投资可能促进的任何附带利益的情况下而进行投资。

在做出决策时，受托人不得轻易将 ESG 因素视为与特定投资选择相关的经济因素。不可避免的是，一项谨慎投资有可能促进 ESG 因素，或者可以说它有利于总体市场趋势或促进行业增长。相反，ERISA 受托人在提供退休金时必须始终将经济利益放在首位。受托人对投资经济性的评估应侧重于对投资收益和风险有实质性影响的财务因素，这些因素包含在与计划的融资和投资目标一致的投资领域内。

有些人认为这一指导方针为考虑 ESG 因素设定了更高的门槛，因此使许多固定养老金计划发起人不愿提供 ESG 投资基金。然而，另一些人则认为，只要发起者明确投资计划以经济利益优先，同时 ESG 考虑经过充分研究，不是用来"促进附带的社会政策目标"，则该指导方针与提供 ESG 基金并不冲突。

案例研究： **机构基金标准审慎管理法案**

对非营利组织和慈善组织的指导是由州法律和机构基金标准审慎管理法案（UPMIFA）提供的，该法案对之前的法案进行了更新，原法案限制了非营利组织在资本低于原始捐款价值时使用资金的能力。代表慈善组织的受托人也有忠诚、公正和谨慎投资的义务，主要考虑的是捐赠人在确立捐赠的文件中表达的意图。本文件明确规定考虑 ESG 因素，受托人必须以慈善机构的最大利益行事，但也可以将慈善机构的使命视为做出投资决策的一个因素。对于受托人来说，进行与慈善机构本身背道而驰的投资几乎是没有意义的。UPMIFA 的关键条款规定，机构可以根据捐赠文书中捐助者的指示，按照其认为审慎的数额支出。UPMIFA 要求管理慈善基金的人必须做到以下几点：

优先考虑捐赠文件中表达的捐赠人意愿，并须考虑该机构的慈善目的及该机构基金的用途；

怀着善意，同时像一个正常谨慎的人那样行事；

在投资和管理慈善基金时的成本要合理；

尽力核实相关事实；

作为总体投资战略的一部分，在投资组合的背景下对每项资产做出决策；

分散投资，除非在特殊情况下基金的目的能在没有分散投资的情况下更好实现；

处置不合适的资产；

总体来说，制定一个适合基金和慈善机构的投资策略（UPMIFA，2006）。

总的来说，慈善基金经理的职责与上文关于 UPIA 一节中讨论的职责一致。尽管 UPIA 的条款适用于信托公司，而不适用于慈善公司，但可以预期 UPIA 的标准将体现慈善公司董事和高管的投资责任。UPMIFA 的一个重要部分是支出，但这超出了我们的讨论范围，也不会影响我们对与 ESG 相关的投资决策的兴趣。

2016 年，美国劳工部提出了一项"信托规则"，该规则将扩大"投资建议受托人"的定义。正如最初起草的那样，新规则将加强旨在保护投资者免受冲突影响的措施，这些冲突可能导致顾问选择费用过高的投资产品。该规定的反对者反驳说，它过于复杂、不能防止所有的滥用、成本高昂并可能导致更高的开支。在该规则生效前不久，即 2018 年 3 月，美国第五巡回上诉法院撤销了该规则。虽然这一拟订的规则会对受托人的潜在利益冲突产生影响，但对受托人在做出投资选择时考虑 ESG 因素并未产生明显影响。

案例研究：   国际相关原则

联合国责任投资原则（UN PRI）于 2006 年公布，这是由世界上最大的机构投资者以及政府间组织和社会专家共同制定的。这些原则是自愿的，有理想的投资指南，原则背后的团队认为 ESG 因素对信托责任至关重要：

信托责任要求投资者以受益者的最佳利益行事，并在此过程中考虑环境、社会和治理（ESG）因素，因为这些因素在短期和长期可能具有重要的财务意义。全球商定的 SDGS［社会发展目标］阐明了世界上最紧迫的环境，社会和经济问题，以及投资者的信托责任中应考虑的重要 ESG 因素。

而且联合国责任投资原则（UN PRI）明确表示：未能考虑到所有长期投资价值驱动因素，包括 ESG 问题，就是未能履行受托责任。

另一个影响世界的经济合作与发展组织（OECD）在研究 ESG 因素和投资治理时也得出以下非常有意义的结论：

监管框架为机构投资者将 ESG 因素纳入其投资治理提供了空间。然而，投资者在将他们对受益人的义务与 ESG 整合协调的过程中，仍然存在困难。缺乏监管透明度、实践的复杂性和行为问题可能会阻碍 ESG 的整合。

ESG 因素通过对企业财务业绩的影响以及对更广泛的经济增长和金融市场稳定的风险来影响投资收益。

在衡量和理解与 ESG 相关的投资组合风险方面存在技术和操作上的困难；然而，越来越多的工具可以使机构投资者或多或少地整合 ESG 因素（OCED，2017）。

综上所述，受托人的职责显然是为了受益人的利益最大化而行动。随着时间的推移，这些职责已经扩展到主要基于现代投资组合理论的投资组合多样化的风险问题。越来越多的人认为，在投资分析中可以也应该考虑 ESG 因素带来的风险。

3.7　重要信息理论

数字经济时代，一个已成为公司和投资者认可和批评采用 ESG 因素的不可或缺的概念是重要信息理论。美国证券交易委员会（SEC）对"重要信息"的定义包括由两部分组成的重要性检验：

①显著影响证券的市场价格或者价值；

②理性预期会对证券的市场价格或价值产生重大影响。

美国证券交易委员会进一步规定，除非是在必要的业务过程中，所有重要信息必须在向任何人披露之前向一般市场披露。

从历史上看，重要信息包括通常整合到定量或技术分析中的信息，如财务报表中的信息。只有在过去几年中，人们才认为与环境、社会和治理因素相关的信息对证券的市场定价或价值有潜在的重大影响。值得注意的是，2010 年，美国证券交易委员会通过了一项规定，要求上市公司披露某些与气候相关的信息。关于为什么与气候相关的信息现在被认为是 SEC 要求披露的重要信息，美国证券交易委员会和联邦法规发布了关于气候变化相关披露的指南。

对一些公司来说，前面提到的监管、立法和其他发展可能会对经营和财务决策产生重大影响，包括那些涉及减少排放的资本支出，而对受"限额与交易"法律约束的公司来说，如果未能达到削减目标则需要购买配额。而对于不直接受这种发展影响的公司来说，它们可能会受到直接受影响的公司所提供的商品或服务价格变化的间接影响，这些公司试图在其收费中反映其部分或全部商品成本的变化。例如，如果供应商的成本增加，如果这些成本被转嫁给客户，可能会对客户产生重大影响，导致客户价格更高。与"限额和交易"计划相关的新的排放信用交易市场可能会根据新的法规建立起来，如果获得通过，可能会为投资提供新的机会。这些市场还可以允许拥有超过所需额度的企业，或通过业务赚取抵消信贷的企业，通过向这些市场出售这些工具来增加收入。如果国会通过这些或类似的法案，一些公司可能会蒙受经济损失，而另一些公司则可能通过利用新的商业机会而受益。

除了与气候变化相关的立法、监管、商业和市场影响之外，气候变化可能会对注册人的业务和运营产生重大的物理影响。这些影响会影响注册人的人员、实物资产、供应链和分销链。它们可能包括天气模式变化的影响，如风暴强度增加、海平面上升、永久冻土融化和极端温度对设施或业务的影响。注册人业务所依赖的水或其他自然资源的可用性或质量的变化，设施的损坏或设备效率的降低都会对公司产生重大影响。与气候变化相关的物理变化会降低消费者对产品或服务的需求，例如，更高的温度可能会减少对住宅和商业供暖燃料、服务和设备的需求。

欧盟在 2013 年和 2014 年通过了类似的法律，规范大公司披露非金融和多元化信息。自 2013 年最初的法律形成以来，欧盟进一步引入了强制可持续报告的指令。

欧盟的公司被要求披露非财务信息，如环境问题、社会问题、人权、反腐败和贿赂、领导多样性和一般商业活动。值得注意的是，欧洲和北美的立法都公开承认，与环境、社会和治理问题相关的信息对当今市场的财务业绩有重大影响。这可能会产生三种影响：

第一，它将为投资者提供他们迫切需要的对公司财务外业绩的深入了解，这将使投资者能够对他们选择支持的公司做出明智的选择。

第二，它将导致环境、社会和治理信息的传播，进一步导致数据的跨部门划分，这已被证明可以更好地了解投资的回报分布，进一步加大 ESG 因素对股票表现的影响。

第三，它可能会鼓励企业审查环境、社会和治理政策，因为数据将比以前分布得更广泛。

3.8　资源基础观与五力模型

影响企业内部环境、社会和治理因素的另一个关键理论是资源基础观和企业内在观之间的争论。

3.8.1　资源基础观

资源基础观在 20 世纪 80 年代和 90 年代开始流行，主要通过三大学术著作：《企业的资源基础观》（*The resource-based view of The Firm*）（B. Wernerfelt，1984）、《企业的核心竞争力》（*The Core Competence of The Corporation*）（Prahalad and Hamel，1997）和《企业资源与可持续竞争优势》（*The Firm Resources and Sustainable Competitive Advantage*）（J. Barney，1991）。然而，它的根源可以追溯到伊迪丝·彭罗斯 1959 年出版的《企业增长理论》。在这本书中，彭罗斯提出：

某一公司习惯使用的资源将决定其管理部门能够提供的生产服务。管理经验将影响其所有其他资源能够提供的生产性服务。当管理部门试图最好地利用现有资源时，就会发生一种"动态的"相互作用过程，这种过程鼓励增长，但限制了增长率。

简而言之，资源基础观认为，组织应该发现价值和竞争优势作为其资源的总和。在这一理论中，资源的价值基于三个因素：有形性、异质性和不可移动性。

有形性：资源基础观认为，有形的资源很容易在市场上被购买或出售，因此其价值低于无形资源，如品牌声誉、知识产权、人员等。因此，资源基础观认为拥有无形资源的公司比拥有大部分有形资源的公司更有价值。

异质性：资源基础观就技能和资源从一个公司转移到另一个公司的可转移性（异质性）来对公司进行价值评估。如果一个公司使用的资源可以很容易地被同一行业的竞争对手利用，那么这些资源就不如那些不容易转移给其他公司的资源。

不可移动性：资源基础观认为，对公司有价值的资源之所以有价值，部分原因在于它们不能轻易或快速地转移到另一个公司。

资源基础观认为，可持续竞争优势通常以股价或其他量化绩效指标的形式来衡量，是通过衡量内部资源而不是与外部因素进行衡量而发现的。该理论在 20 世纪 90 年代经斯图尔特·L. 哈特（Stuart L. Hart）的学术研究扩展为自然资源基础观。他在 1995 年的《管理学院评论》中发表了题为"基于自然资源的企业观点"的文章，哈特认为企业的成功与企业和自然环境的关系密切相关，并提出企业与自然环境的关系应该被视为一种内部资源。

资源基础观在巴尼（Barney）的研究中进一步普及，他在 20 世纪 90 年代创建了现在被普遍称为"VRIO（价值，稀缺性，可模仿性，组织）框架"，用于分析和评估企业的内部资源和能力。巴尼介绍了对分析公司资源有用的四个属性。这些因素是：

①价值：当一种资源为公司或企业提供了采用提高效率或效力的策略的能力时，巴尼将其描述为"有价值的"。价值通常表现在利用机会或消除对公司威胁的资源上。

②稀有：稀有资源被有限数量的竞争实体所使用。这些资源可以是物质资本、人力资本、组织资源等形式。

③可模仿性：如果企业的资源不容易被模仿，那么它们就是有价值的。企业资源可以实现不可模仿性，有 1~3 个原因：第一，企业获取资源的能力取决于独特的历史条件（企业或公司的历史可以直接与其历史相关）；第二，企业所拥有的资源与其持续竞争优势之间的联系是不明确的（当企业资源与其持续竞争优势之间的联系不甚了解时）；第三，产生企业优势的资源是社会复杂的（企业存在于企业自身无法控制的复杂社会现象中）（Dierickx and Cool，1989）。

④组织：资源的组织方式是为了获取和利用价值。更常见的说法是，由巴尼在 1991 年首次提出的，公司与自然环境的关系提供了一种有价值的、罕见的、昂贵的模仿和不可替代的关系，如果谨慎处理，可以呈现潜在的竞争优势。在资源基础观中，企业的价值可以通过对企业固有资源的考察来衡量和量化，而不需要考察外部因素（除非那些因素涉及各种资源的价值）。

ESG 因素与资源基础观的关系：资源基础观中考虑的因素，价值、稀缺性、可模仿性和组织性，很好地补充了 ESG 因素。如果将环境、社会和治理因素视为资源，那么前面提出的 VRIO 框架是考虑企业利用这些资源能力的一个重要框架。将 ESG 因素视为这一框架内的资源，是投资者和企业开始充分利用环境、社会和治理因素的第一步。

3.8.2　波特五力模型

迈克尔·波特开发了一个商业战略模型，其中涉及五种竞争力量。这些竞争力的核心思想是，外部威胁和环境是检查公司或企业健康状况时最重要的分析因素。这些力量是：（ⅰ）买方的议价能力；（ⅱ）供应商的议价能力；（ⅲ）新进入者的威胁；（ⅳ）替代产品的威胁；以及（ⅴ）现有竞争对手之间的竞争。波特支持这样一种观点，即能够控制这些外部力量的公司建立和保持可持续的竞争优势。资源基础观主要关注评估可持续优势的内部贡献者，而波特的五种力量主要关注于与企业环境相关的外部力量。ESG 因素和波特五力模型存在如下的一些联系。

（1）买方的议价能力：购买者有能力通过正面和负面的 ESG 参与等行为，要求企业采取某种行动。ESG 参与可以鼓励人们降低价格，增加对环境、社会和治理结构的关注。这些外部因素已被证明会对企业政策产生积极的影响。

（2）供应商的议价能力：与强大的买家类似，强大的供应商可以要求他们的企业买家做出某些行为。这可能发生在服务行业中，服务的供应商可能会拒绝业务，直到购买者符合某些环境、社会或治理结构。在这种情况下，工会工人可能会拒绝在不公平或不明智的环境、社会或治理环境下工作。

（3）新进入者的威胁：就像听起来的那样，新进入者的威胁会迫使公司为了争夺消费者而降低价格。新进入者也提供了潜在的威胁，即消费者的需求由竞争对手而不是由自己的公司来满足。监管的变化使这种情况更有可能发生，因为新进入者比具有标准做法的老牌公司能够更快地适应环境和社会规章制度。

（4）替代产品的威胁：与前面关于稀缺性和可模仿性重要性的讨论类似，替代产品的威胁代表了产品可信竞争的潜力。当一个产品满足与另一个产品相同的需求时，这就会表现出来（无论这是否用类似的方法实现）。

（5）现有竞争者之间的竞争：与买方的议价能力有关，广泛的竞争通过增加竞争成本有助于压低价格，这可能会减少公司的利润。

总之，波特五力强调的是综合的环境因素对企业盈利能力的影响。简单地说，ESG 因素越来越被视为综合性的环境因素，有可能影响供应商和买家的行为。

3.9　"熵减"原理

熵定律是科学定律之最，这是爱因斯坦的观点。我们知道能源与材料、信息一样，是物质世界的三个基本要素之一，而在物理定律中，能量守恒定律是最重要的定律，它表明了各种形式的能量在相互转换时，总是不生不灭保持平衡的。熵即为衡量混乱程度的度量，熵定律也被称为热力学定律。热力学第二定律，又称"熵增定律"，表明了在自然过程中，一个孤立系统的总混乱度、总稳定度（即"熵"）不会减小。

熵不是温度，是混乱度。

在物理学中，熵代表一个能量的混乱程度，熵在增加，所以混乱程度越大。

在整个金融市场中，鲶鱼效应也有着广泛的应用。例如，中国加入世贸组织（WTO）之后，随着外资的加入以及刺激，加快了我们国内金融机构理念的转变，从而推动了中国金融体制的改革，加快了中国金融业的现代化进程。

ESG 投资是指在投资决策过程中除了考虑财务回报以外，充分投资于环境（Environment）、社会（Social）与治理（Governance）因素的一种投资理念，侧重企业的未来发展潜力，以相对定性的因素把握未来企业前景，因此具有投资前瞻性。ESG 投资在海外投资理念和体系较为成熟，海外 ESG 投资理念被融入众多的国家主权基金、养老金的投资中。根据全球可持续投资联盟（GSIA）2018 年度趋势报告，全球共有 30.68 万亿美元资产按照可持续发展 ESG 投资策略进行管理，占全球资产管理总量的四分之一以上。在国内，ESG 投资处于起步阶段，具有巨大的发展潜力。

ESG 投资从投资理念、投资过程等方面都与"熵减"原理有着类似之处。"熵"是热力学第二定律的概念，衡量无序的混乱程度，又称熵增定律：一切自发过程总是朝熵增的方向发展，熵增最终会熵死，即死亡。熵减则与熵增相反，通过吸收能带来熵减的负熵因子，如能量、物质、信息等，使系统更加有序、功能更强，从而延缓系统的衰老和死亡。

将"熵"应用于研究企业的发展和管理之道，认为熵增是企业发展的必然趋势，而熵减是企业的活力之源。只有不断开放，引入能给企业带来活力的负熵因子，如新的人才、技术和管理体系等，才能让企业实现熵减，延缓企业因为自发性熵增而造成的衰老和死亡。从这个角度来看 ESG 投资，许多企业在发展过程中都表现出熵增的特点：公司内部组织结构混乱、股权结构单一、缺乏激励机制、不重视产品质量、环境和污染治理的忽视、承担社会责任不足等。长此以往，这些公司最终将走向衰败和死亡。相反地，一些企业能够在 ESG 层面实现熵减，从而延长企业寿命。

因此，ESG 投资根据公司披露和大数据技术获取的 ESG 指标来对公司 ESG 三个层面全方位进行量化分析和评估，筛选出综合表现为熵减的、能够可持续发展的公司作为投资标的，投资这些公司能够长期可持续地获得较好的投资回报。同时，将传统的基本面分析方法和量化投资模型融入 ESG 评价体系中，实现对 ESG 投资决策的优化。

ESG 投资除了能够筛选出表现为熵减的公司之外，ESG 投资本身也是一种熵减的投资策略。ESG 投资是一个动态有序的过程，它能够不断地吸收负熵因子，这些负熵因子包括利用大数据技术获取的不断更新的 ESG 指标数据和投资标的的实时舆情信息等。通过不断吸收这些负熵因子，对 ESG 投资优选的投资标的池进行更新，及时剔除有着巨大潜在风险的标的并且寻找新的优质标的，通过量化方式评判公司 ESG 层面的熵减程度，将 ESG 投资与传统投资和风控框架相结合，构建 ESG 动态股票池辅助投资决策。

当然，熵减的过程是痛苦的，但前途是光明的。相信 ESG 在未来能够为投资人带来稳定长期的投资回报率。

3.10　碳中和原理

3.10.1　全球气候变化问题

碳排放导致全球气候变化，自然环境面临威胁，人类生存发展面临危机。世界气象组织发布的《2020 年全球气候状况》报告显示，2020 年是有气象记录以来三个最暖年份之一。2020 年 6 月，北极圈内的一个西伯利亚小镇居然达到了 38℃ 的高温！这也是北极圈内有气象记录以来的最高温度。其实，不只是北极，2020 年全球平均气温比工业化前上升了大约 1.2℃，气温的上升速度远远超出预期。

有研究认为，如果全球平均气温上升 5℃，地球的整体环境将被完全破坏，甚至有可能引发生物大灭绝。所以平均气温每上升 1℃，都将对地球造成不堪设想的后果（见图 3－5）。

导致全球变暖的"罪魁祸首"是人类活动不断排放的二氧化碳等温室气体。温室气体主要包括水蒸气、二氧化碳、氧化亚氮、氟利昂、甲烷等，这些气体使大气的保温作用增强，从而使全球温度升高。其原理是：太阳发出的短波辐射透过大气层到达地面，而地面增暖后反射出的长波辐射却被这些温室气体吸收。大气中的温室气体不断增多，就好像给地球裹上了一层厚厚的被子，使地表温度逐渐升高。

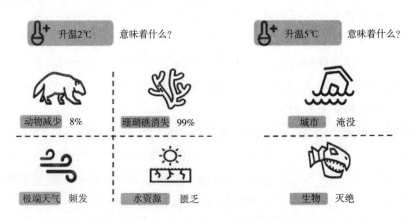

图 3－5　地球升温对自然的影响

资料来源：联合国政府间气候变化专门委员会（IPCC）和网络公开资料。

社会发展离不开能源的使用，随着全球人口数量的增加和经济社会的发展，生活和生产用能需求的上升是必然趋势。在这一过程中化石燃料的大规模使用，如用煤炭发电和供暖，以燃油为动力的汽车，都是温室气体的重要来源，碳排放不可避免。因此，解决发展与排放之间的矛盾、平衡两者的关系就成了关键。

为了共同应对气候变化挑战，减缓全球变暖趋势，2015 年 12 月，近 200 个缔约方共同通过了《巴黎协定》（The Paris Agreement），对 2020 年后全球如何应对气候变化做出了行动安排。这一协议的主要目标是将 21 世纪全球气温升幅控制在比工业化前水平高 2℃ 之内，并寻求将气温升幅进一步控制在 1.5℃ 之内（见图 3 - 6）。

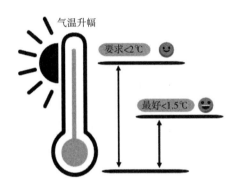

图 3 - 6　《巴黎协定》的控温目标示意图

为什么要努力控制在 1.5℃ 以内呢？联合国政府间气候变化专门委员会发布的《IPCC 全球升温 1.5℃ 特别报告》指出，若将全球气温上升幅度控制在 1.5℃ 以内，将能避免大量气候变化带来的损失与风险，例如，能够避免几百万人陷入气候风险导致的贫困，将全球受水资源紧张影响的人口比例减少一半，降低强降雨、干旱等极端天气发生的频率，减少对捕鱼业、畜牧业的负面影响。

3.10.2　碳中和的经济分析与 ESG 投资展望

碳中和（carbon neutral），是指中立的（即零）总碳量释放，透过排放多少碳就作多少抵消措施，来达到平衡。目前，全球已经有欧盟、中国、美国、日本、韩国、新加坡等 50 多个国家和地区相继宣布在 21 世纪中叶实现碳中和的目标，与此同时，还有近 100 个国家正在研究制定各自的碳中和目标。可以说，碳中和已经在全球范围掀起一场涉及人类共同命运的大规模运动。

碳中和的经济理论基础以外部性治理为核心，庇古在马歇尔的理论基础上对外部经济、外部性概念进行正、负外部性的划分，并由此提出"对外部性进行征税和补贴"的理念，被后人称为"庇古税"，成为碳税的理论基础；科斯则通过提出交易成本理论，在一个产权界定明晰、交易成本近乎为零的市场中负外部性会得到行为体的自动治理，对污染的治理应当建立一个尽可能降低交易成本的市场，对污染指标进行买卖、转让，进而成为碳排放权交易的理论基础；诺德豪斯提出了碳约束经济分析的理论模型，使经济学的理论和实证研究得以真正纳入碳约束因素，他率先提出了气候变化综合评估模型（IAM）且不断推陈出新，先后提出 DICE 模型和 RICE 模型等，使碳中和、碳达峰等碳约束的成本—收益式经济分析具有可操作性。

首先，在碳中和的经济范式下，相比于传统经济学里围绕着人的衣食住行等自然需求，碳中和下的经济理论将是基于国家代表人民的集体利益而人为创造的需求，且这一需求与之前自发的商品及服务需求是相反的。在之前的模式里，企业通过消耗能源，排放 CO_2，对物品进行加工形成产品，卖给客户。而在碳中和模式下，企业不能再依靠上大项目赚钱，而是要重视对现有的项目进行低碳化改造，做的主要是减法。这是一个全新的经济范式。

其次，以边际成本定价（即满足最后一个需求的边际生产成本，一般较高）的传统市场经济理论，如何适应零边际成本时代？不仅是数字信息技术的发展使信息的复制和传输是零边际成本，现有太阳能与风力项目发电的边际成本也是零。传统市场经济理论的零边际成本定价机制对应的是流水线生产和规模经济，然而在进入小规模定制时代（能源系统也将如此）的当下，传统市场经济如何适应，政府的监管和治理方式又该如何调整，值得深入研究。

再次，是如何处理好个人利益和集体利益的关系。这里涉及帕累托最优（Pareto optimality）在碳中和时代的应用。帕累托最优的核心思想是，个体利益的最大化会促使整个社会利益的最大化，当社会发展到一定程度时，在不损害任何其他人利益的情况下已经无法改善某些人的境况，那么整个社会就达到了最优的境界。个体利益最大化会促使社会整体利益最大化，这一思想可以说是 200 多年来市场经济驱动经济发展的总则，但前提是资源可以充分获得，个人和社会的发展都没有外部约束。在碳中和背景下，社会整体有了一个非常强大的约束，如何将这一约束传递到个人，值得深入研究。

最后，如何让人人都参与到碳中和这场人类自救的伟大运动中来。在传统市场经济里，满足人的个体需求是最终的。而在碳中和市场经济里，个体不是需求主体，但仍然需要找到能够让个体都参与的方式。减少一个经济体的碳排放需要通过能源系统的低碳转型来降低单位能量的碳排放、降低单位 GDP 部门活动量（如塑料消费总量、飞机出行总量）、降低单位活动量能耗，同时要调整经济结构，特别是消费结构。而部门活动量取决于人均活动量，消费结构调整也涉及人的消费倾向，因此，减碳工作要"以人为本"，鼓励全民参与，倡导节能减碳的文化氛围。这与"要把节约能源资源放在首位，实行全面节约战略，倡导简约适度、绿色低碳生活方式"完全契合。

在这场运动中，各国方案不同，路径也各有特色。作为全球第二大经济体和最大的二氧化碳排放国，我国宣布碳中和目标，积极响应《巴黎协定》应对气候变化，主动做出减排承诺，主要目的如下：

（1）摆脱能源对外依赖。当前，我国化石能源的对外依赖程度仍然较高。以石油产业为例，我国石油的进口量居全球首位，2020 年对外的依赖程度攀升至 73%。在我国工业化进程持续推进的前提下，未来对于能源的需求还将有增无减。但事实上，我国可再生能源非常丰富，资源禀赋远远超过化石能源。

（2）促进全球产业链重构。在碳中和目标下，产业链内企业间的经济交换，不再仅限于传统的产品与服务，也包括每一个环节的碳排放量。

（3）推动资产重新配置。伴随着绿色经济的发展浪潮，资本市场的投资风口正在发生"结构性转变"。

（4）以气候外交提升国际话语权。碳中和是一场深刻的能源替代行动，将重新定义 21 世纪的大国竞争格局。

（5）推动产业技术升级。技术研发与技术突破是实现净零排放的关键。

（6）创造新型就业机会。就业是最重要的民生工程、民心工程、根基工程。碳中和带动了新型业务、新型企业、新型行业的蓬勃发展，随之而来的是新职业、新岗位、新的就业机会。

（7）推动循环经济转型。构建绿色低碳循环发展体系需要生产体系、流动体系、消费体系的协同转型。

碳中和背景下中国 ESG 投资展望：碳中和会加速中国 ESG 投资的发展，投资规模 2025 年有望达到 20 万亿~30 万亿元。所谓"碳中和"，就是要把某个实体（企业、城市、国家、全人类）在某一时期内（日、月、年）CO_2 的排放量减到最低限度，并通过碳汇等各种对冲手段来中和，使人类活动往大气中排放的 CO_2 总量为零。碳中和希望解决的根本问题是消除包括二氧化碳在内的温室气体所导致的地表气候失衡，确保人类社会可持续发展，但前提是要满足人类不断增长的能量和碳素需求，并且保持经济的竞争力。任何碳中和技术路径的设计都要尊重这一前提。

经济、金融发展与环境之间存在双向因果关系，ESG 投资在其中起到工具性的作用。碳中和会加速中国 ESG 投资的发展：一方面，遵循碳中和和可持续发展的原则，不一定会降低投资者的潜在回报；另一方面，碳中和将对行业、产业机构和区域经济产生较大的中长期影响。在碳中和的时代背景下，叠加因居民资产配置转移带来的资本市场快速发展，将从多方面快速推动 ESG 投资在中国的发展。

3.10.3　实现碳中和的建议

3.10.3.1　宏观层面的建议

实现碳达峰、碳中和是一场广泛而深刻的经济社会系统性变革，这就需要在社会学与系统论两个层面下功夫，研究变革的社会动力与系统性问题。

碳中和的社会学主要涉及两个方面：一是有效组织社会各方参与到碳中和中来；二是保障公平性，让即使被淘汰出局的行业（如煤炭）也有积极性参与碳中和工作。两者之间，保障公平性无疑最为关键。公平性涉及不同地区、不同城市、不同行业之间的公平参与，需要特别关注煤炭行业的市场退出问题。

碳中和的系统性工作也需要整个社会的运营方式从"工程项目意识"转变为"全社会的系统意识",避免以传统的思路上一大堆工程项目来实现碳中和的模式,以及由此可能造成的"顾此失彼"。

碳中和的核心是减少 CO_2 排放,但是当排放量规模巨大时,就无法通过将 CO_2 当作一个正常生产消费过程的外部影响来实现减排,应为碳排放的减量化设计一个全新的商业模式。这就涉及供需关系及定价问题。由于碳排放源来自社会的方方面面,国家可以在全国层面设定一个减排的目标值,形成全国总需求,推动企业实体去落实,在核实减排量的情况下,或按照国家规定的价格给予回报,或给予企业减排量认证,让企业到相关市场上通过交易产生价格,获取回报。这就是全国碳市场的基本逻辑。国家也可以通过行政手段,将减排总量分解下达给省区市等行政主体和企业等商业主体,这些主体有了硬性减排量指标后,就有了对解决方案的需求。基于这些需求就可以形成供应,通过解决方案之间的竞争,促进低碳技术创新,并引导资本投向创新型技术解决方案。

经济学决定商业模式,而商业模式是保证一个事业能否以市场化方式推进的决定性要素。在传统经济学里,环境污染问题包括碳排放问题,都是作为生产与消费过程所产生的外部影响来考虑的。将上述外部影响内部化的主要途径包括:第一,通过政府法规,对这些外部影响进行收费,提高生产与消费过程的成本;第二,认可生产与消费过程中外部影响不可避免,给予生产企业一定量的排放权,并允许他们之间进行排放权交易。我国实现碳中和的关键因素如下。

(1)技术可行。

大力发展可复制、可推广的低碳技术是实现碳中和目标的根本路径。技术对于实现碳中和之所以如此重要,一方面,我国是世界第一大碳排放国,实现碳中和所需的碳排放减量远远多于其他经济体;另一方面,我国目前的能源结构仍以煤炭、石油等传统化石燃料为主,可再生能源在能源供给中贡献较小,当前经济发展与碳排放尚未完全脱钩,因此,在考虑减少碳排放的同时,还要兼顾经济的持续发展。高耗能、高排放行业对于我国的经济发展尤为重要,这就要求企业在保持经济发展贡献的前提下,以先进技术为重要依托,最终实现碳中和愿景。

可以预见,在未来几十年,以 CCUS 技术、可再生能源技术、电气化技术、信息技术等为中心的一系列低碳技术发展路线将在能源转型中发挥不可替代的作用。CCUS 技术能够帮助高耗能行业提升能源利用效率;可再生能源技术、电气化技术的发展将加快传统化石能源的淘汰,推动清洁能源产业结构的进一步升级换代;此外,大数据、物联网、人工智能等信息技术也将助力我国碳减排进程,对减少碳排放具有重要意义。

(2)成本可控。

碳中和目标的实现需要考虑低碳与市场发展的平衡,在技术可行的前提下做到成本可控,这样才能实现可持续发展。零碳经济将彻底重构产业链,这也意味着价值链的全面转型。从几大高耗能、高排放的控排行业来看,绿色低碳转型将大幅提高能源供给与节能减排的成本。

从短期来看，脱碳行动带来的"绿色成本"必然会给企业发展带来竞争劣势。对于某些难脱碳的行业领域，如钢铁行业，脱碳会使每吨钢的成本上升20%，这对钢铁企业来说影响巨大，但是对于使用零碳钢铁的汽车制造企业来说，成本增量不会超过现在的1%，对于消费者来说，1%的增量不会造成什么影响。因此，碳价和相关制度的保障对于全面推动脱碳进程至关重要。逐步建立我国的碳定价体系以及各国碳价的互联机制，可以避免相关企业在国际竞争中处于劣势。

（3）政策支持、全局优化。

政府需要完善行业排放标准、建立碳税征收机制、建立健全碳排放权交易市场以及构建绿色金融体系等，实施一系列碳减排政策，为企业发展碳减排新技术提供政策上的支持与引导，助力企业尽早开展低碳转型的尝试，帮助企业降低转型成本和融资难度，降低企业应用碳减排技术的风险，从而让企业以最低的成本和风险实现低碳转型。能源系统一直有两个重要的职能：一是为人类活动提供所需要的能源服务，这些服务包括电力、热力和交通移动力；二是通过能源化工，提供人类生活与生产活动所必需的原材料，如塑料、化肥和各种化纤材料。在讨论能源转型时，人们往往只关注能源服务部分，而忽略后者的存在。碳中和战略需要从全局考虑，不能只考虑局部优化。碳中和在需求侧应强化节能工作，充分开发身边的可利用资源，在供应侧还应整合各类低碳要素资源，跨领域、跨行业、跨地区进行协同、有序、稳步推进。碳中和在路径上也应多元化，而不是过分依赖某一技术路径。此外，能源基础设施是城市基础设施的组成部分，可以通过城市规划及智慧城市建设，将水、电、通信、交通、生活垃圾处理等城市基础设施进行集成优化，产生融合效应。碳中和要在保障能源与原材料供应安全的基础上，注重系统优化，稳步有序推进。

（4）合作共赢。

要实现碳中和目标，一方面需要国家之间的合作与交流，另一方面还需要产业链上下游利益共同体的协同努力，从而实现互惠互利、合作共赢。

我们从能源供给侧和需求侧两个角度出发，根据行业特点和发展现状，畅想电力、钢铁、水泥、化工、交通、建筑和服务行业的"零碳"未来，提出各行业具体的脱碳路径（见图3-7）。我们认为各行业在节能减排的过程中，离不开碳的"负排放"技术的发展、碳排放交易体系的建设以及绿色金融体系的保障，因此在行业着手减排的同时要大力发展这些支撑要素。

（5）重视数字技术的推广应用。

当前，数字技术正在以"互联网＋"为主要手段的第一阶段向以物联网、大数据、人工智能和区块链等为主要手段的第二阶段进军，更多的行业将被新的数字化浪潮重塑。数字技术作为新的生产力，可推动不同种类能源在更大范围内优化配置，构建电力、天然气、热力与互联网运营商之间互惠共赢的能源互联网生态圈，这对提高能源系统整体能效，降低CO_2排放起着关键作用。建议国家在电力系统现有"能源互联网"的整体架构基础上，筹划能源化工领域数字化发展的整体架构，明确重点应用领域与试点项目。

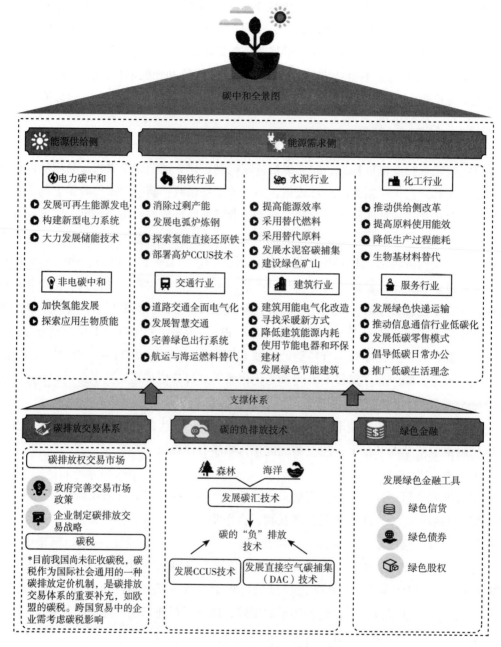

图 3 – 7 各行业转变路径导图

3.10.3.2 对企业的建议

（1）摸清自己的"碳家底"，明确碳排放范围。

企业实现碳中和的重要依据是明确其生产和运营范围内的碳排放量，做好碳排放核算工作是企业开展碳中和工作的基础。

世界资源研究所（WRI）和世界可持续发展工商理事会（WBCSD）制定的《温室气体核算体系》（The Greenhouse Gas Protocol），它将企业碳排放范围分为范围 1、范围 2 和范围 3。

范围 1 是指企业自有设施的排放，如制造业的原材料生产加工、能源行业的燃料燃烧等；范围 2 是企业消耗外购能源导致的供能机构的排放，如企业外购电力和蒸汽产生的排放、以互联网科技行业为代表——数据中心的外购电力；范围 3 是指其他所有排放，包括外购商品和服务、上下游产业链以及售出产品的使用过程等的碳排放量，如员工出差、上下游运输及分配和租赁资产等。

（2）在明确排放范围的基础上，企业需要明确排放总量，即开展碳核算。

企业的碳核算与评价分析有两种国际标准核算方法。

第一种方法基于 ISO 14064 标准，如企业碳核查，就是核算企业年度碳排放总量，只包含范围 1 和范围 2 的排放，在企业的碳排放权交易、碳减排量核查工作中常用到这一方法。根据 ISO 14064 标准，企业的温室气体排放二氧化碳当量总额计算具体如图 3 - 8 所示。

温室气体（GHG）排放计算：

1. GHG 排放量

$$GHG = 活动数据 \times GHG 排放因子$$

2. 利用全球变暖潜能值（GWP）将 GHG 转化为二氧化碳当量（CO_2e）

$$CO_2e = GHG \times GWP$$

图 3 - 8　企业温室气体排放二氧化碳当量总额的计算

注：GWP 即与二氧化碳相比，某温室气体对气体变化的贡献量。

资料来源：CDP 全球环境信息研究中心。

第二种方法是基于 ISO 14067 标准，该方法除了统计范围 1 和范围 2 的排放外，还统计了范围 3 的排放，可以测算技术方案的碳排放，用于低碳技术的研发和对比评价，同时也可以测算企业的碳足迹，用于企业碳达峰和碳中和的核算。第一种方法容易核算和核查，而第二种方法涉及供应链全过程的排放，较难准确核算。但是，如果按照第一种方法核算，绝大多数企业都没有进行大量的直接碳排放，无法达到碳排放权交易市场的门槛，企业很难改进，限制减排潜力的发挥。因此，对于大多数并不是直接高碳排放的企业，建议采用第二种方法核算，测算全价值链的碳排放水平。同时企业还可以考虑结合新兴技术和数字化方案，如大数据、人工智能、机器学习等，提升碳排放统计数据的准确性和可靠性，并应定期对碳足迹的进展进行信息披露。

（3）结合企业特征，制订科学的碳减排目标。

当算清当前企业的碳排放总量后，企业要围绕自身业务特征，结合我国"30·60"双碳目标，制订自身的碳减排目标和规划，并配合出台自身碳达峰、碳中和时间表。

企业在制订碳减排目标时，可参考"科学碳目标倡议"（Science Based Target Initiative，SBTI）发布的指南，制订符合《巴黎协定》的科学碳目标。科学碳目标已成为全球公认的企业设定碳减排目标的标准，旨在为企业提供基于气候科学减排目标的清晰指导框架，从而确保企业设定的碳减排目标和速度与《巴黎协定》中控制全球平均气温上升幅度小于2℃的目标相一致。

（4）制订具体的行动路线图。

明确具体的减排实施路径是确保实现各关键时间节点目标的前提。

企业应如何将具体的减排行动融入生产运营中？通过分析欧洲领先企业的减排行动，我们总结出几点落地建议。首先，成立企业级减排项目小组，由公司高层作为小组领导，以更有力地推动减排行动，并定期审查各部门的减排成果。其次，将公司的减排目标和路线图细化为各部门的减排目标和路线图，并将减排目标纳入部门负责人考核体系，设置环境关键绩效指标（Environment KPI，E－KPI），提高内部各运营环节的减排积极性。最后，设立公司"碳税"，在公司内部交易中，通过建立模拟市场的方式将碳税成本计入模拟利润计算，让各部门主动承担起减少碳排放的责任。例如，某大型集团在2012年开始实施碳税责任制，各部门使用内部高碳产品或服务时需要缴纳一定的碳税（每吨15美元）。这些碳税不仅将影响部门利润，并且各部门需要将这些碳税"真金白银"实际缴纳至集团总部，形成碳减排专项资金（carbon sink），用于低碳技术的研发。

（5）"核心减排"是重点，发展培育低碳技术。

实现碳中和意味着企业要在能源结构和产业结构上做深度调整，而不只是过度依赖植树造林等碳抵消方式。由于森林种植面积和土地面积有限，因此我国可开发利用的碳补偿"额度"有限，也就是说，NbS虽然能在一定程度上固碳，有助于实现碳中和，但它并不是"万金油"，提高可再生能源利用的比例，摆脱对化石能源的依赖才是企业碳减排的重点。这就需要企业围绕核心业务，在工艺和技术方面加大研发和投资力度，拓展低碳转型的解决方案，确保技术的持续创新与升级。企业可选择与研究机构、专家等开展合作，共同研究"核心减排"技术。在降低内部核心业务碳排放量的同时，还应加大碳捕集等"负排放"技术的研究，以降低企业的绿色溢价。技术是企业实现碳中和赛道上重要的一环，率先掌握先进技术的企业将引领行业实现低碳与效益双赢。针对不同行业，前面也提到应重点发展何种技术来实现节能减排，例如，电力行业发展以可再生能源为主的发电技术，构建新型电力系统等；钢铁、水泥等工业行业通过原料、燃料替代，深度拓展工业电气化，利用工业余热回收，大力发展CCUS技术等。企业需要直面碳减排的挑战，真正致力于碳中和。

（6）建立全供应链碳中和管理体系。

目前一些先进的企业已经开展全供应链的碳减排工作，并且要求供应链管理部门的负责人加入碳减排项目小组，将低碳环保作为供应商筛选指标之一。例如，某科技公司在过去十多年对每一款产品都做供应链碳排放的调查，并发布产品碳足迹结果。还有一些制造企业将供应链上游材料碳排放指标纳入对供应商的考核评价中，为企业供应商选择提供决策依据。另一些企业每年与每一家关键供应商共同制订减排目标，并且在年末审查其是否达成年初目标，将审查结果纳入下一年度供应商遴选指标。而且随着全供应链、全生命周期碳中和理念的推广，企业对供应链合作伙伴的碳减排的要求也在不断加强，尤其将合作伙伴的低碳减排纳入评价体系后，获得多级供应链的碳排放数据已不再是难题。企业应树立建立碳中和全供应链碳排放管理体系的理念，从低碳技术研发、产品设计、运营管理、供应链管理等方面开展工作，争取尽快实现供应链碳中和。

（7）运用数字化转型赋能。

当前，智慧城市、智慧能源、智慧交通、智慧工厂、智慧建筑等的建设是全面展开碳减排运动、实现碳中和的有力抓手，而智慧的"抓手"离不开数字技术赋能。对于企业来说，数字技术创新是催生企业发展新动能的核心驱动力，能为企业带来新链接、新流程、新业务和新业态，企业的低碳发展路径离不开数字化转型。因此，企业要想实现碳中和，就要根据自身所处行业积极参与智慧能源、智慧交通、智慧城市、智慧建筑等的布局，主动把握甚至引领大数据、人工智能、区块链等新一代信息技术，转变现有的生产管理理念，进行全方位的数字化转型，助力碳中和目标的实现。

（8）注重碳风险管理与信息披露。

在面临同类商品的选择时，消费者更倾向于选择业务透明度高、主动披露对人类和地球有何影响的企业的产品。这在一定程度上会刺激企业进行透明和可持续的信息披露，从而增强产品竞争力。在碳中和目标下，企业作为碳排放的主体，更有责任进行高水平的碳风险管理和高质量的信息披露。企业应建立自己的碳风险管理体系，系统评估碳风险，采取主动防范、控制、补偿、承担和机遇转化相结合的方式进行碳风险管理，并定期更新碳风险管理体系，将碳风险管理和碳合规纳入其中。在信息披露方面，企业应建立合理的信息披露制度，要符合政府或市场规定的报告披露要求，并参考相关国际标准。企业还可以通过利用多种披露形式，回应市场关注点，并参考综合报告理念，全面展示企业财务和非财务数据。

（9）评估碳减排成本，应对碳关税对经济的影响。

碳关税将加大出口企业的成本，剥夺某些碳排放量高的企业原有的成本优势，改变行业竞争格局。例如，欧盟2021年3月通过的"碳边境调节机制"议案，焦炭、石油精炼产品、采矿和采石等行业将直接受到影响。由于我国钢铁企业碳排放量大，出口欧盟需要缴纳高额的碳税，而碳效率高的外国钢铁企业支付的税费将比我国钢铁企业少50%，因此，相较于其他国家碳排放较少的钢铁企业，我国钢铁企业将丧失成本优势。为减少碳关税的影响，企业一方面要积极执行绿色低碳发展的方针；另一方面要及时了解各国政策的最新动向，评估碳成本，将碳成本纳入企业经营决策中，及时衡量碳价格对产品和其他相关成本的影响，并将之纳入提供给管理层的成本会计报告中。

3.10.3.3 对个人的建议

我们每个人都可以在低碳环保、科研或就业选择等方面为碳中和贡献自己的一份力量。

（1）低碳环保方面。个人可通过绿色出行、环保办公、降低能耗、减少肉类摄入、植树造林等手段助力碳中和的实现。

绿色出行。个人要将绿色出行的理念深植于心。绿色出行不仅在一定程度上缓解了交通拥堵，还减轻了环境压力。个人可以通过自行车、电动公交车、地铁、电动汽车等多种交通工具，以及合乘、共享等出行方式，减少碳排放。

环保办公。环保办公指减少办公过程中的打印、复印次数，养成节约纸张的好习惯，选择可循环利用的办公文具，加快适应无纸化办公。同时，减少商务出行，尽量利用远程视频会议等方式进行沟通。

降低能耗。在电器选择上，尽可能选择使用节能电器。安装光伏分布式能源是一个不错的选择，既可以满足家庭用能需求，也符合低能耗的用电方式。同时，节约用电的习惯自然也必不可少，可以通过使用智能家居控制中心统筹屋内耗能，及时关闭不使用的电器。在装修材料的选择上，采用环保且生产过程耗能低的材料，如选用再生钢材，通过保温混凝土模板、屋顶防辐射屏障、基础隔热板等提高住宅能效。

减少肉类摄入。倡导少吃肉。其原因是水果、蔬菜和谷物对环境影响较小，而饲养牛、羊等的过程中会产生大量的温室气体。我们可以提高素食餐饮的频率，减少肉类的摄入，或者选择购买植物基人造肉这样的产品，减少自身的二氧化碳排放。

植树造林。森林可以吸收和储存二氧化碳，因此主动参与植树造林有助于实现碳中和。可以通过类似"蚂蚁森林"这样的线上碳减排活动参与植树造林。个人的绵薄之力可以积少成多，从而迸发出巨大的能量。全民一致的碳减排行动，可以增加我国的森林面积，助力碳中和目标的实现。

（2）科研或就业选择方面。在专业选择上，可以考虑选择有利于推动碳中和发展的相关技术和专业，如新一代信息技术、节能减排技术等；在科研方向上，可以研究碳中和与自身所学专业或所处行业的相互影响，从专业性角度出发，研究可以为碳中和做什么，为碳中和实现路径建言献策；在就业选择上，新一轮低碳环保技术的发展将催生一大批绿色环保领域的新就业机会，传统的化石能源行业发展空间可能受限，尽早切换赛道或选择在低碳技术领域自主创业，有利于抓住新一轮"风口"，实现个人发展的"弯道超车"。同时，传统行业人员也可选择到已声明碳中和目标或有此规划的公司就业，并积极推动公司履行节能减排责任。

第4章 ESG 风险分析

学习目标:

- 了解 ESG 风险的概念以及三种主要的 ESG 风险类别。
- 理解 ESG 风险溢价的概念,并将 ESG 风险与其他公认的风险溢价(如价值、动量、流动性、规模等)进行区分。
- ESG 投资策略评估风险溢价,了解 ESG 风险的衡量方法。
- 了解不同投资者的 ESG 风险管理方法。

ESG 风险涵盖了广泛的环境、社会与治理风险,这些风险与投资者的目标密切相关。投资者逐步意识到了 ESG 风险,在构建投资组合的过程中开始考虑 ESG 因素。ESG 风险因子也开始被投资者纳入传统的风险收益模型,成为 ESG 整合战略的关键部分。在这一章之后,读者应该对 ESG 风险的产生原因、分类、衡量和管理有基本的了解。本章是第 7 章和第 10 章的基础。

4.1 ESG 风险简介

ESG 风险一词概括了一系列与环境、社会和治理相关的风险,也可称为可持续性或非财务风险。ESG 风险与投资者的目标、受托责任和投资策略相关,并且会影响投资的绩效。因此,投资者可能出于对投资绩效的考虑而开始采用 ESG 投资方法,而不是单纯基于道德原因。

近些年来,与 ESG 相关的风险的扩散速度迅速加快,需要考虑环境和社会问题的数量明显增加,因此投资者需要对与 ESG 风险相关的内部监督与管理给予更多关注。全球风险格局不断变化。世界经济论坛每年发布的《全球风险报告》都会公布对企业、政府和社会的调查结果。报告显示全球风险已经发生了重大变化。2010 年,前五大风险中仅包含一项环境或社会风险。而在 2020 年,前五大风险中有四项是环境或社会风险,即极端天气事件、水危机、自然灾害以及失败的气候行动。报告同时还强调了 ESG 风险与其他风险间日益增长的关联性,尤其是环境风险或水危机与非自愿移民等社会问题间的复杂关系。在商业世界中,这种不断演变的风险格局意味着曾被视为"黑天鹅"的 ESG 相关风险,如今已变得更为普遍,并将更快显现。美国公司治理协会的一份报告显示,以下问题经常发生:一是源自核心业务或产品固有的风险或影响；二是可能严重损害公司无形价值或经营能力的风险；三是伴随着媒体和利益相关者关注度的增加，可能放大公司现有立场或做法的影响，并增加公司改变政策或做法的可能性。

以 JBS 公司为例，它是全球最大的肉类公司之一，在 2015～2017 年曾面临一系列指控，包括肉类污染、腐败、砍伐森林、奴役劳工和欺诈，最终产生了重大的财务影响，包括 31% 的股权价值损失。尽管最直接的影响来自不良治理，但与 ESG 相关的一系列复杂事项加剧了这些影响，使优先考虑 ESG 问题的投资者和消费者对该公司的兴趣大幅下降。JBS 公司的经历并非特例，其他组织也存在 ESG 问题增长势头，有可能对组织声誉、客户忠诚度和财务绩效产生影响。

1929 年的股市崩盘（导致了 20 世纪 30 年代的大萧条），使市场对标准化的财务报告提出了更高的要求。2008～2009 年次级抵押贷款市场崩溃以及随后的经济危机使大型资产所有者明确表示，他们需要更好的框架来评估市场风险，尤其是围绕复杂的衍生工具和影子银行系统的风险。公司治理和道德上的失败是导致 2008 年次级抵押贷款危机的一个重要因素，因此对公司治理的错误理念的反思成为 ESG 风险分析的主要推动力。尽管在次级贷款危机或 ESG 风险分析出现之前，良好的公司治理本来应该是基础投资的核心，但可以肯定的是，不良的道德行为一直隐匿着，直到发现时已为时已晚。而且当不良行为使市场受到冲击时，资本市场的复杂性以及全球各地资本流动加剧了投资者利益受损的程度。

从投资者的角度来看，首席执行官与董事会主席职能分离、董事会独立性、有关可持续性问题的监督委员会、透明度、政治捐赠以及其他许多问题，对于股票的长期表现至关重要。投资者需要一个新的评价标准，通过它可以评估环境、社会及治理即 ESG 风险。本章在 4.2 节会介绍三种主要的 ESG 风险：政策风险、声誉风险和绩效风险。

4.2 ESG 风险类别

4.2.1 政策风险

ESG 的政策风险，表示投资可能违背投资政策的风险，这种风险直接与投资经理和机构投资者相关。本节会简要介绍一些与机构投资者 ESG 投资有关的知识，详细内容会在第 11 章进一步补充。

2005 年，美国环境署委托法学家弗里斯菲尔德·布鲁克豪斯·德林格提交了具有里程碑意义的报告，回答了一个具体问题：是否将环境、社会和治理问题纳入自愿允许、法律要求或受法律法规限制的投资政策（包括资产分配、投资组合构建以及股票或债券的选择）。该报告研究了七个主要世界发达市场（包括美国、英国、德国和法国）有关信托义务的法律。该报告着重考量了美国审慎投资者的规则。该规则是统一的联邦法律（例如，ERISA

1974 年的《员工退休收入保障法》）的基础，对于自愿建立的养老金和医疗计划，该法律设定了为这些计划中的个人及机构提供保护的最低标准。

编写该报告的动机如下：

关于受托责任的有趣问题开始浮现：储蓄者的最佳利益仅仅被定义为他们的财务利益吗？如果是，从哪个角度来看？难道不需要考虑储户的社会和环境利益吗？事实上，许多人想知道，如果他们未来享受退休生活的社会以及他们的后代未来生活的社会环境恶化了，那么额外的百分之二或百分之三的遗产有什么价值。生活质量和环境质量是有价值的。虽然我们没有试图回答什么理论上是正确的，什么是好的，但我们一直在寻求获得专家的意见，即法律是否限制我们作为资产管理者在关注储户金融利益的同时也考虑其他非金融利益。

该报告被委托解决以下具体问题：

将环境、社会和治理问题纳入投资政策（包括资产配置、投资组合构建和选股或债券选择）是否是自愿允许的、法律要求的或受到法律法规的限制；主要是公共和私人养老基金，其次是保险公司准备金和共同基金。

报告作者研究了几个司法管辖区的信托义务，并指出：

尽管越来越多的证据表明，ESG 问题会对证券的财务表现产生实质性影响，而且人们逐渐认识到评估 ESG 相关风险的重要性，但那些希望在投资决策中更加重视 ESG 问题的人往往会遇到阻力，因为他们认为机构负责人及其代理人在法律上被禁止考虑此类问题。

他们分析了几个不同的司法管辖区，但具体到美国，他们发现：

没有理由排除具有积极的 ESG 特征的投资。重要的限制条件是忠诚义务所规定的：所有投资决定必须以基金受益人的利益和/或基金的目的为动机。任何投资都不应纯粹为了实现决策者的个人观点而进行。相反，所有的考虑因素都必须在其对投资组合的预期影响的背景下进行权衡和评估。此外，与所有其他的考虑因素一样，必须考虑 ESG 因素，无论它与投资策略的任何方面相关（包括一般经济或政治背景、预期税务后果、每个投资在整体组合中扮演的角色、预期的风险和回报以及流动性和/或资本增值的必要性）。此外，如果投资者在基金文件中表达了投资偏好或其他偏好，也应该考虑。简而言之，只要重点始终是基金投资者个人的目的而不是无关目标，将 ESG 因素纳入基金管理的日常流程中似乎没有障碍。

他们的结论是：

人们逐渐认识到 ESG 因素与财务绩效之间的联系。在此基础上，显然可以将 ESG 因素纳入投资分析以便更可靠地预测财务绩效，并且可以说适用于所有司法管辖区。

该报告得出的结论表明，需要将 ESG 纳入与信托义务相符的地方，并且投资经理忽略这些长期风险实际上可能违反了信托义务。

投资经理通常以投资政策为导向，制定这些政策是为了满足客户、管理机构或交易对象的需求或目标。由于这些政策是根据特定投资者群体制定的，因此可能存在很大的差异。投资经理可以代表一个组织管理投资，如养老基金、大学捐赠基金或基金会，但也可以代表多个共同投资者，如财务顾问或私人理财经理。投资经理通常将资本投向如对冲基金或共同基金等外部产品。理财经理和财务顾问可以为个人或家族客户管理资金，因此将 ESG 政策风险视为客户原则、个人标准和客户指示的一个因素。出于机构章程、投资者的目标和利益、董事会的理念等因素，投资经理可能会受到 ESG 政策风险的影响。资产管理公司同样可能面临 ESG 政策风险，因为他们会遵循投资者的指导方针、董事会或执行团队的命令以及交易对象的要求。

养老基金是代表他人管理资金的机构投资者，或为个人投资制订退休计划的机构投资者。养老基金可以为公共雇员服务，通常由雇员的管理机构负责，也可以是私人的，如公司或非营利组织。这些基金对其参与者承担信托责任。信托责任是一种法律规定，要求养老基金客观地代表其参与者的最佳利益行事，进而使养老基金面临 ESG 政策风险，因为基金有代表一个团体的法律义务，这些团体通常受共同利益的约束。养老基金执行投资政策，以确保它们履行对参与者的信托责任。

代表教师的公共退休基金应当反映学区委员会在投资组合方面的政策。如果教师工会对学区委员会有政策要求，养老金计划可能会谨慎地在投资公司董事会上进行性别多样性、教师组成平等和工作场所性别平等的代理投票。因此，如果投资决策过程和参与者的目标不一致，公共退休基金也可能会面临 ESG 政策风险。同样，国家公园和野生动物保护退休基金也应该避免投资于那些从损害环境的商业活动中获利的公司。退休基金将遵照 ESG 政策，基于参与者的利益进行投资。通过以下案例，可以了解丹麦退休基金如何整合 ESG 因素以降低政策风险。

ATP 是丹麦工人的一项强制性养老金计划，是对丹麦税收资助的国家养老金的补充。ATP 目前拥有 490 万会员，其中 95 万是退休人员。对于 50% 的丹麦养老金领取者来说，ATP 养老金是他们除了国家养老金之外的唯一养老金收入来源。ATP 是丹麦最大的退休基金之一，拥有 940 亿美元的净资产。过去十年的平均年收益率为 10.5%。ATP 的投资策略从根本上建立在产生稳定的未来养老金现金流的目标之上。ATP 将其投资组合划分为对冲投资组合（由长期固定收益资产和实物资产组成）和寻求收益的投资组合（由高度分散风险的投资组合组成）。85% 的资产由内部管理（主要是固定收益、上市股票和房地产），外部授权主要在私募股权、专业信贷基金和基础设施领域。

ATP 的 ESG 投资基于董事会制定的指导方针进行，该指导方针的目标是保护 ATP 投资的价值，并有助于通过关注和尊重社会责任，从而为公司获得尽可能低的资本成本。此外，公司应尊重其经营所在国家的法治，也应尊重丹麦批准的公约和其他国际协议所制定的规则、规范和标准——无论公司经营所在的国家是否批准了这些协议。ATP 在 ESG 投资方面的活动由一个特殊的内部社会责任委员会协调，该委员会由 ATP 首席执行官担任主席。委员会每年召开四次会议，并辅以临时会议。投资组合经理负责日常事务，ESG 团队充当组织其他部门的资源中心。

私人退休基金也面临着 ESG 政策风险，这些退休基金公司代表了一家公司的员工。例如，一些与美国教会福利协会（Church Benefits Association，USA）有联系的退休基金采用 ESG 政策，该政策根据会员需求而变化。退休基金的管理者通过投资政策，使团体的价值观与投资原则的价值观相一致。宗教组织可执行一项政策，将色情内容排除在其投资范围之外，从而使退休基金不会投资于违反宗教机构信仰体系的商业活动。此外，如果排除色情内容是基于信仰的退休投资政策的一部分，那么如果退休基金投资于一家收入来源于色情内容的公司的股票，将面临 ESG 政策风险。退休基金在组织结构层面也可能面临政策风险，无论是公共的还是私人的，退休基金都有多种结构，最常见的两种退休基金结构是固定缴款和固定福利。

固定缴款（Defined contribution plans）是一种旨在让企业每年为员工预留资金的退休计划。固定缴款允许员工从各种投资类别中进行选择。这些投资选择受到雇主多种方式的限制，包括投资期权交易的频率、贷款和无惩罚的提款。如果投资选择缺乏满足个人或团体为投资偏好或道德要求的产品，则退休计划可能会面临 ESG 政策风险。例如，如果作为受托人的固定缴款计划没有提供任何不包含化石燃料的投资选择，持有环境保护主义和关心气候变化的公司雇员可能会对固定缴款计划提起诉讼。固定福利（Defined contribution plans）与固定缴款不同，它在未来特定日期提供固定利率的福利。如果资产投资组合与董事会或投资委员会代表的员工集体利益不一致，固定福利计划将面临 ESG 政策风险。

代表教育机构的捐赠基金也面临着 ESG 政策风险。大学捐赠基金管理大学的资产池，有利于学校的长期稳定和发展。如果捐赠基金的投资经理没有通过与捐赠者、机构文化或学生团体一致的 ESG 目标来投资，捐赠基金可能会面临政策风险。这种风险可能不仅仅是校友未来捐赠的损失，还可能是国家或地方政府拨款的损失，甚至是未来招生的损失。一所大学可以考虑起草符合其教授和学生利益的 ESG 投资政策，以保护自己免受 ESG 政策风险的影响。2016 年 4 月，斯坦福大学的学生们提出了一项名为"无化石斯坦福"的提案。作为回应，董事会发布了一份投资责任声明。该投资责任声明概述了一组特定的标准，受托人可以根据这些标准评估是否从一些造成社会损害的公司中撤资。为了协助董事会解决这些问题，该大学设立了投资责任和许可咨询小组（APIRL）。APIRL 是一个由学生、教职员工和校友组成的社区小组，向董事会的投资责任特别委员会（SCIR）提供建议，而后者又向受托人提供考虑此类 ESG 问题的建议。通过制定投资责任声明、专家组和特别委员会，斯坦福为 ESG 投资政策制定了明确的流程。

基金会是另一种机构投资者，投资经理管理基金并进一步推进基金会的使命或目标。如果投资政策与捐助基金的 ESG 投资标准不一致，基金会可能面临 ESG 政策风险，这可能危及组织的可持续性以及基金会的资金和使命。如果基金会的投资经理做出违背资产的使命和目标的投资，这可能会对基金会的员工和受益人产生负面影响。此类事件表明投资政策不符合组织的 ESG 相关原则，也可以从声誉风险的角度来理解。参见以下案例，了解机构投资者如何看待政策风险和声誉风险。

真相倡议（Truth Initiative）是一个位于美国华盛顿的非营利性烟草控制基金会，其使命是教育社会和发展一种支持年轻人拒绝烟草的文化。真理倡议的基础资产支持非营利组织的经营和组织活动，包括青年吸烟预防运动、烟草控制研究和政策研究，以及其他无烟倡议。该组织拥有约 10 亿美元的资产和 130 多名员工。烟草是导致疾病和死亡的头号原因之一，真相倡议有意识地决定不投资烟草，因为这违背了投资的使命：实现一种所有青年和年轻人都拒绝烟草的文化。通过这一视角，可以观察到，通过公司资本结构的任何部分对公司进行投资，无论公司的证券发行类型（如股权或信贷）如何，从投资烟草中获得收入都将违反投资政策和组织的使命。真相倡议的 ESG 风险可理解为投资于生产香烟、雪茄烟草和无烟烟草的公司的任何证券，或参与烟草相关产品的生产、销售和营销的公司。由于这违背了真相倡议的投资政策，因此可能被视为政策风险，然而这种 ESG 风险也可能被视为声誉风险。

投资于制造卷烟、雪茄和无烟烟草的公司的证券，或为烟草相关产品的生产、销售和营销提供关键部件可能都被视为声誉风险，因为不符合基金会的投资原则，而且这样的事件可能会被媒体负面解读，并对真相倡议施加压力。真相倡议的首席财务官表示："如果您对 ESG 投资感兴趣，那么烟草是一个糟糕的选择，我们欢迎个人和机构投资者，他们不需要投资于生产每年导致 54 万人死亡的产品的公司，而且能获得丰厚的收益。我们已经证明，你不需要投资烟草就能获得财务上的成功，并且在没有烟草的情况下实现了收益最大化，甚至超过了我们的基准。"如果发生违背投资政策情况，真相倡议可能会失去捐助者、员工和志愿者的支持，以及客观地教育社会了解烟草风险的使命。

4.2.2 声誉风险

声誉风险指影响公司的声誉，进而影响公司可持续性和盈利能力的风险，这种风险是 ESG 风险的主要组成部分，也被称为新闻风险或头条风险。投资者可能会考虑基于 ESG 进行投资，以缓解负面新闻报道产生的影响。上述内容说明了如果机构投资者的政策与其实际投资行为相冲突，就可能面临政策风险。声誉风险建立在政策风险的基础上，因为它首先表现为与违反政策相关的负面新闻报道，其次是面临潜在的负面 ESG 影响。机构投资者将 ESG 因素视为预测和避免声誉风险的一种越来越可行的方法，资产管理公司也可能将其资金管理理念与 ESG 投资相结合。

商业性经济不考虑外部性，但 ESG 投资者则反其道行之，因为他们知道不受监管的负外部性会给企业带来潜在的商誉风险。创造负外部性的企业，更容易受到政府新法规的影响，声誉降低也有可能会造成客户流失。与此同时，正外部性则会带来积极的影响。例如，当某公司减少了碳足迹，ESG 投资者会认为该公司变得更有价值，这是因为该公司的碳信用（碳权）价值上升，以及在这一过程中所获得的声誉资产将会使该公司更加容易吸引客户和员工。

在 ESG 的三个维度中，"社会"问题的声誉风险是最显著的。可以说，与"环境"有关的问题呈现速度较缓，而与"治理"有关的问题通常隐藏在幕后，不为公众所知，但与"社会"有关的问题可能是骇人听闻的。这些问题可能引发客户的抗议，而且具有成为头条新闻的"新闻价值"。公司的品牌声誉对意外事件和负面新闻非常敏感，大多数人包括公司现有和潜在的客户和员工，坚持认为公司不仅要为自己的行为负责，也要为供应链上的企业负责。

负面新闻事件导致的声誉风险通常会导致股价暴跌，而更高的风险控制能力能有效帮助公司避免受到欺诈、贪污、腐败或诉讼案件等负面事件的影响，进而避免因这些负面事件严重影响公司的价值和股价。MSCI 团队在 2018 年对 ESG 与公司估值和投资风险的关系进行研究，此项研究基于 MSCI ESG 评级数据，以 1600 多只股票作为样本进行分析。研究发现，ESG 表现优秀的企业可通过风险传导机制来降低自身管理风险，进而降低其投资人的投资风险。MSCI 团队通过研究个股股价崩盘频率，来评估公司的声誉风险管理能力，研究结果显示，ESG 表现排名靠前的公司在 2009~2015 年发生股价暴跌的频率均显著低于 ESG 排名靠后的公司。ESG 评分更高的公司发生风险事件的频率较低，这足以说明这些公司更善于降低声誉风险。以下案例通过对比咖啡行业的两家企业：瑞幸和星巴克，展现了忽视 ESG 因素可能带来的声誉风险。

2020 年 4 月，瑞幸咖啡无疑是媒体曝光率最高的企业，被冠上财报浮报造假、大股东套现减持、高管前科累累等罪名。年初国际卖空机构浑水对瑞幸发布了负面报告，其后独立审查委员会组成，证券监管机构入驻调查，这让瑞幸形象重挫，声誉跌至谷底。不过，瑞幸曾塑造了正面而风光的中国形象。事实上，打从一开始，它就高调崛起，从无人零售、人人喝得起，到连锁咖啡独角兽，瑞幸的发展势如破竹。瑞幸咖啡于 2018 年 1 月试营，通过线上引流加外卖、互联网式补贴、大数据精准选址等作法，从两轮融资到 2019 年 5 月在美国上市，前后仅十八个月。从一开始，瑞幸就对标星巴克，誓言超越：以 4500 家的门店来对比星巴克的 3300 家，以外送服务来对比星巴克的实体门店，以升级的西达摩豆来对比星巴克的阿拉比卡豆。瑞幸擅长营销，为自己塑造行业第一的形象。星巴克于 1999 年进入中国，21 年后开了 3300 家门店，但瑞幸平均每 17 天攻城一座，2021 年向 10000 家门店挺进，从数量上看显然是超越了。

但是，除了开店速度快、商业模式新、勇于补贴、擅长营销外，无论是从它官网呈现的内容，或是从媒体对它高管的采访，人们对瑞幸所知相当有限，更难以理解它超越星巴克的本质何在。特别是，星巴克官网上披露了很多与咖啡相关的环境及社会关切，以及它与合作伙伴共同寻求的解决之道。这些关切都涉及星巴克的核心业务，包括提高门店的能源效率、开发可重复使用的包装材料、加强咖啡种植的水资源保护、优化咖啡小农的技术培训、改善咖啡种植户的居住条件等。反之，上了瑞幸官网，将其官网信息全部浏览一遍，即可发现，除了因应挂牌交易所要求而披露的三份公司治理委员会章程及伦理行为守则外，没有任何超越小商品的宏大关切。换言之，针对门店广设、咖啡生产、农民需求、客户资料保护、环境可持续性、社会影响力等和公司业务相关的重大议题，瑞幸官网对相应的组织策略和管理方式一字不提。除非瑞幸对此私下另有披露渠道，否则从过去两年多的媒体发言内容及具体行为看，它显然欠缺高瞻远瞩的宏大关切，更不曾想要在这些领域超越星巴克。

瑞幸 2019 年自定的战略目标是：新建门店 2500 家，总门店数 4500 家，而未来向 10000 家门店挺进。在门店数方面，星巴克也提出 2025 年前全球 10000 家门店的规划，只不过它兴建的是更"绿色"的门店，而瑞幸则未曾关注过门店"颜色"。零售门店会产生环境后果，除了建筑物本身材料的碳排放以外，门店运营使用的水电及所产生的材料、餐盘等废弃物，都对环境造成负担，故广设门店通常被视为违反了环境可持续原则。因此，星巴克于2018 年启动了"更绿化的零售倡议"，与世界自然基金会及 SCS Global Services（科学认证系统全球服务组织）共同规划其门店成长项目，其中包括改善能源使用效率、提高可再生能源占比、保护水资源、降低废弃物等。

当然，绿化门店涉及绿色投资，故星巴克为此于 2019 年依据全球资本市场协会的绿色债券原则及可持续债券指引，发行了一只可持续债券，所募资金的一部分就用来投资门店。绿色建筑物与门店都须由外部的独立第三方认证，而星巴克每年会在官网披露获得认证的门店数，以及具体的绿色指标，包括同比节水量、同比节能量、同比废弃物减少量等。有关咖啡来源，瑞幸讲得最多的是优选上等阿拉比亚豆、使用升级的西达摩豆，以及其咖啡豆荣获国际品鉴大赛金奖。至于咖啡相关的供应链风险及管理措施，瑞幸从未言及咖啡供应链包括咖啡种植、烘焙、销售及终端消费等环节，其中有种植户、合作社、各层大小经销商等，涉及多种风险。咖啡种植有地理位置和气候要求，知名产地大多在新兴国家，如埃塞俄比亚、墨西哥、坦桑尼亚、越南等，而相关的环境风险有过度使用除虫剂、污染土壤、破坏水资源等，社会面风险有雇用童工、强制性劳役、工作环境不安全、工资低于法定标准等。另外，咖啡中间商有议价优势，其涉入会对小农形成剥削，让他们的付出与所得不成比例，在贫穷边缘挣扎。

针对相关的供应链问题，全球咖啡行业设计了一些推动方案和认证系体，包括 Sustainable Coffee Challenge（可持续咖啡挑战）、SCS Global Services 及 C. A. F. E.（咖啡和种植者公平规范），以提高咖啡供应链的透明度，采购符合伦理标准的咖啡。星巴克一直是这些方案的重要推手：它是 Sustainable Coffee Challenge 的创始组织之一，是 C. A. F. E. 的开发组织之一，也是 SCS Global Services 的合作组织之一。C. A. F. E. 于 2004 年即由星巴克和保护国际组织及第三方认证组织 SCS Global Services 共同推出，这是一种公平贸易的标志，针对咖啡生产的经济、环境与社会维度，依所界定的实践标准以计分卡评估，所涉项目有种植方式、除虫剂使用、减少耗水、工人健康及安全、工人培训等，而合格的咖啡可以获得认证。星巴克为自己设定的目标，是 99% 的咖啡来源都符合 C. A. F. E. 的伦理标准，而其供应链标准之审计框架及方法的监督，则由 SCS Global Services 来负责。除了不关心咖啡的供应链管理外，瑞幸也未曾提过如何对阿拉比亚豆、西达摩豆的农民施与培训，以更环保的方式来种植，以强化农作业的稳定性及农地的可持续性。C. A. F. E. 实践里，环境是其中一个维度，倘要降低咖啡生产对环境带来的负面影响，则必须先对农民施以训练，教会他们如何以符合标准的方式耕种。因此，星巴克在全球咖啡产区建立了九个咖啡种植者支持中心，让农民学习最新的农艺技术，以增加单位产量及提高产品质量。具体培训项目包括土壤侵蚀控制、除臭处理、遮荫管理，以及如何缓和气候变化对咖啡种植的冲击。

另外，星巴克在哥斯达黎加成立了一个全球农艺研发中心，进行咖啡品种的开发与种植技术的改善，而研究成果则以公开来源方式，与各地的种植者支持中心分享。农艺技术研发及全球九个咖啡种植者支持中心所需的资金，星巴克以发行可持续债券来募集。除了不关心咖啡小农的技术升级外，瑞幸也未曾关心种植所需的资金来源，其中涉及购买苗、工具、除虫剂等物资的必要支出。全球有 2000 万咖啡小农，他们贫穷、教育水平低，欠缺银行贷款所需的抵押品，也是最欠缺金融渠道的人口。针对咖啡小农无法获得商业贷款的问题，有些组织已提出普惠金融解决方案，如以供应链订单作为抵押品或是以担保增强信用，其中包括瑞士的公募基金公司 ResponsAbility、美国的影响力投资基金 Root Capital、公平贸易渠道基金等。因此，星巴克成立了全球农民基金（Global Farmer Fund），金额 5000 万美元，与以上几家组织合作，由其落实小额贷款的审核、发放及管理等具体细节。星巴克历年所发行的可持续债券，所募资金中的一部分都配置给全球农民基金作微额贷款，而受益农民迄今有 4 万多名。

综上所述，星巴克的 ESG 参与可放在联合国可持续发展目标（Sustainable Development Goals，SDGs）的框架下来看，归纳为推动经济发展、赋能小农、强化服务渠道与绿色建筑物等，而相关的可持续发展目标分别有 SDG#12（负责任的消费与生产）、SDG#1（消除贫穷）、SDG#2（体面工作与经济成长）、SDG#9（产业、创新与基础建设），以及 SDG#11（可持续都市与社区）。例如，星巴克拟于 2025 年前在全球运营一万家绿色门店，所针对的就是可持续都市与社区的目标。星巴克对各项 SDG 的涉及程度及贡献不一，理由与业务攸关性及成本效应等因素有关。但不容否认地，在可持续发展的宏观视野下，星巴克创造的不应是单纯的"第三空间"，更应是能源与环境设计先锋组织认证的绿色门店；星巴克贩卖的不是单纯的咖啡豆，更应是负责任方式生产的咖啡豆；星巴克的咖啡豆不应只是源于一般的小农，更应是源于获得赋能而盈利增加、生活改善的小农。固然，星巴克与瑞幸的发展阶段不同，故眼前关心的议题可能有差异。但值得注意的是，企业的诚信是奠定组织方向的基石，唯有在稳定基石上建立的企业，才能长久运营，为股东创造价值，而忽视 ESG 问题则会让企业面临严重的声誉风险，不利于长久发展，也容易失去消费者的信任。

4.2.3　绩效风险

绩效风险是指公司绩效达不到基准、同业公司或投资者要求的风险。投资者如果认为 ESG 投资方法将有利于业绩表现，则可以采用 ESG 投资政策。正如在第 2 章关于 ESG 的历史中所讨论的那样，在投资组合中整合环境、社会和治理因素，长期以来被视为不利于投资业绩。对于传统的社会责任投资（SRI）而言，投资组合中的负面筛选涉及武器、酒精、烟草等行业，而排除这些行业往往不利于投资业绩。如今，个人和机构投资者开始将 ESG 投资政策视为提升业绩的方法，根据量化数据显示，整合了 ESG 因素的投资组合的长期业绩优于传统投资组合。越来越多的投资者认为 ESG 因素是一种基本面因素，可以影响证券的表现，因此 ESG 投资在 21 世纪发展迅速。当投资者选择不考虑或忽略 ESG 因素时，可能会产生 ESG 绩效风险。

一些投资者希望企业经理采取积极的企业社会责任行为，但如果经理的行为违背了股东价值观，则有可能导致财务风险出现。这里有一个公司高管的负面行为对股东产生巨大影响的例子：媒体和度假公司的 ESG 负面影响通常很小。但 2018 年的调查发现，几位身居首席执行官职位的知名男性对女性有歧视行为。因为一些股东投资于这些公司的部分原因在于这些公司的 ESG 得分较高，所以当他们发现这些公司的经理有如此负面的行为时感到非常失望。造成的损失不仅在于社会和治理方面，还影响了财务。例如，永利度假村的股价下跌约40%，韦恩斯坦公司于 2018 年 3 月 19 日申请破产。显然，忽视 ESG 因素会产生巨大的财务风险。关于 ESG 与公司绩效风险的详细内容将在第 10 章介绍。

4.3　ESG 风险溢价

许多人已着手查明投资回报补偿背后的可衡量因素。主流观点认为，可以通过对现金流、财务比率和市场事件等可观察的外部基本面进行分析来预测超额收益（Kurz and Motolese，2010）。然而，Fama 和 French（1992、1993）引入了风险溢价的概念：即投资者得到的补偿不是他们的资产配置本身，而是他们在每次投资中承担的风险。Fama 和 French（1992、1993）、Carhart（1997）和其他人的假设是，即使是最有经验的投资者也可能会对投资风险进行错误的计算，根据经验记录，这些因素被称为"风险溢价"，包括价值、规模、动量和流动性。这些风险溢价被认为在不同的地理位置和时间范围内提供了一致的超额收益，并且在直观上和测算上彼此独立。

这个概念回到了一个基本思想，即投资者因承担的风险而得到补偿。为了激励投资者，投资风险越大，业绩潜力就必须越大。投资越安全，表面上的收益就越低。"风险溢价"是激励投资者承担投资风险的业绩溢价。学者和投资者致力于完善风险溢价分析，分解对资产收益率分布具有独立和定量影响的不同风险因素。Fama 和 French、Carhart 等的实证研究为风险溢价和因子分析的研究奠定了基础，并为将 ESG 风险溢价作为替代风险溢价的研究提供了角度（Sherwood et al.，2018）。

4.3.1　风险溢价因素

对于投资者和研究人员来说，关键在于如何识别风险溢价因素以及这些因素如何相互作用。为了更好地理解风险溢价，以下讨论了市场、规模、价值、盈利能力、投资和 ESG 的风险溢价因素。

（1）市场风险溢价。风险溢价也可以根据资产类别 β 或资产类别风险特征计算。市场风险溢价是市场收益率和无风险利率之间的差额，通常被指与低风险资产类别（如政府债券）相比，投资者为获得与投资股票相关的较高风险而承担的溢价。

（2）规模风险溢价。通常指随着时间的推移，通过投资于特定规模的市值而获得的溢价。当所选择的特定市值在一段时间内超过相对市场时，规模风险溢价是有利的。例如，小盘股相对于大盘股的投资收益增长即为规模风险溢价。

（3）价值风险溢价。指投资于表现出价值财务特征的公司的证券获得的溢价，最常见的是通过股票的账面价格衡量。对于股票市场，账面市值最低的三分之一股票被视为价值股，而账面市值最高的三分之一股票被视为成长股。换言之，价值风险溢价是指投资价值股所获得的溢价高于成长股，反之亦然。

（4）盈利风险溢价。是指投资于经营更稳健、产生持续利润的公司所获得的溢价。那些对盈利风险溢价感兴趣的人可能会寻求投资于那些专注于为股东创造当前利润的公司，而不是那些将收入再投资于业务增长计划和未来新发展的成长型公司。

（5）投资风险溢价。这是投资于保守与激进投资组合所获得的溢价。计算方法是保守投资组合的平均收益减去激进投资组合的平均收益。随着风险溢价研究的日益普及，新的风险溢价因素也被纳入学术界和实践界的考虑范围内。

（6）历史风险溢价。2014 年，Eugene Fama 和 Kenneth French 在进行研究 20 多年后，提出了"五因素资产定价模型"，衡量了投资风险溢价、市场风险溢价、规模风险溢价、盈利风险溢价的程度、价值风险溢价五种因素，解释了股票平均收益率的概率分布。Fama 和 French 的结论是，这个五因素模型通过量化横截面数据，有效地解释了收益分布。Pástor 和 Stambaugh（2003）在题为"流动性风险和预期股票收益"的定量研究中，使用与总流动性波动的收益敏感性相关的横截面数据，分析了资产定价与市场流动性之间的关系，将流动性确定为风险溢价因素。Lai 的实证研究支持 Fama 和 French 五因素分析模型有效性，确认了横截面数据在促进风险溢价信息洞察方面的实际意义（Lai，2017），证实了股票收益率与风险溢价之间存在相关性。Jennifer Bender、Hammond 和 William Mok（2013）在定量研究中分析了投资组合构建过程中的风险溢价对投资组合绩效的影响程度，这项研究的结果表明，股票投资组合产生的 80% 的 alpha 直接归因于风险溢价因素。这些发现说明了风险溢价对股权投资产生 alpha 的影响，并强调了一个事实，即没有一个单一的风险溢价可以随着时间的推移而恒定存在。此外，这项研究的结果表明，在现有的风险溢价之外，还可能存在额外的风险溢价。值得注意的是，在整个市场周期中，风险溢价可能产生波动。

4.3.2　ESG 风险溢价

投资者使用风险溢价来分析风险因素，以确定投资组合的总体风险状况和预期的后续收益分布。风险溢价分析可以使投资者更好地了解一项投资的量化风险状况，并允许投资者对其投资组合进行结构调整，以平衡其风险敞口，并使风险调整收益最大化。

依据超额回报假说，当投资人持有如绿色固定收益基金、富时善指数基金、公司治理指数基金等 ESG 金融产品时，会获得超额回报 alpha。这是一个相当流行的看法，更被基金公司当作营销术语，以超额回报来吸引投资人认购。在检验超额回报假说时，比较合适的模型应该是 Fama – French 的三因子模型，甚至 Carhart 教授在 1997 年推出的四因子模型，用来计算某资产回报值高于市场、规模、价值及动量等因子的部分。这样算出来的才是真正的超额回报 alpha。

除了 Fama 和 French 讨论的公认风险溢价外，还有其他风险溢价正在使用类似的方法建立。投资者越来越多地将 ESG 投资视为一个超越基准、同业群体和投资要求的机会。使用 ESG 因子分析可以让投资者识别和利用 ESG 风险溢价。在建立风险溢价的存在性时，Fama 和 French 提供了一个现代的基础模型，该模型可以通过分析测试因子与长期平均预期收益分布之间相关性来进行调整，以用于评估 ESG 风险溢价和其他替代风险溢价的有效性。

学者对超额回报假说的检验，大概在 21 世纪后才开始，利用美国、英国、北欧、加拿大等国家和地区的 ESG 投资数据，通过三因子或四因子模型进行实证解析。在 Pollard、Sherwood 和 Klobus（2018）的"建立 ESG 风险溢价"研究中，ESG 风险溢价最为显著。他们认为，通过 ESG 研究可以预测长期风险调整后的股票收益率的概率分布，进而将 ESG 确立为独立的风险溢价因素。Fama 和 French 的方法为 ESG 作为风险溢价的有效性提供了理论框架。

在一个著名的定量研究中，Benjamin Auer（2016）将在欧洲股票市场上市的 ESG 公司评级与这些公司的财务业绩进行了比较，以衡量多元化股权投资组合中财务业绩波动与股票 ESG 评级随时间变化的相关性，进而能够检验 ESG 评级预测股票收益分布和风险的有效性。Auer 的研究结果表明，由高 ESG 评级的股票组成的多元化股票投资组合的表现优于由类似多元化股票组成的相关基准投资组合，而由负 ESG 评级的多元化股票投资组合的表现低于同一基准。这些结果表明，ESG 提供了风险溢价，ESG 公司评级可以为 ESG 风险溢价提供有效的横截面数据。需要注意的是，随着数据的增长，横截面信息呈指数级扩展，因此数据填充可以提高横截面数据的效率。在考虑风险溢价时，横截面数据的增长可能有助于风险溢价的识别、分析和有效性（Fama and French，2014）。

ESG 风险溢价是整合环境、社会和治理因素的策略与忽略这些因素的策略之间的收益差异。对于全球股票市场，ESG 整合投资组合比从同一股票池中选择的非 ESG 整合投资组合提供更高的风险调整收益（Pollard、Sherwood and Klobus，2018）。Pollard、Sherwood 和 Klobus（2018）分析了基于 ESG 评级的变化的季度股票投资组合。这项研究显示，在统计上有显著的证据表明 ESG 风险溢价持续存在。只有加强对 ESG 风险溢价的研究，才能揭示与其他已知风险溢价的潜在相关性。在上述研究的基础上，ESG 风险溢价领域的许多研究将继续发展。

分析师和第三方管理人员正在根据他们的研究不断更新公司 ESG 评级。这会导致来自 ESG 风险溢价的数据存在延迟效应，意味着数据反映的是之前某个时期的事件和研究。另外，公司的盈利能力和收益分配也需要一段时间来反映非传统指标的影响，如由 ESG 因素衡量的指标。因此，尽管数据具有延迟效应，但 ESG 评级仍可能提供前瞻性的概率分布。随着数据的不断积累，风险溢价的两个方面将对 ESG 数据对公司未来收益分布的预测产生重大影响。首先，ESG 分析师、第三方评级机构和用于 ESG 数据的资金将持续增长，因为投资者、公司和政府都开始接受有关 ESG 评级的定性和定量影响的理念。其次，公司将在其资产负债表中增加报告 ESG 因素，这将进一步鼓励人们关注公司的 ESG 要素。上述各方面形成了一个循环，在这个循环中，更多的数据鼓励企业更多地关注 ESG 问题，而这反过来又产生了更多需要分析的数据。

4.4　ESG 风险衡量

4.4.1　ESG 风险衡量的发展历史

在 20 世纪，社会责任投资（SRI）仍然是投资领域的基础部分。SRI 投资者希望将他们的投资与其价值观保持一致，或确保他们的投资不会损害环境或社会。为了满足 SRI 客户的需求，基金经理开始在公司的可持续性方面超越财务业绩。随着 SRI 投资方法的发展，投资者做出真正知情决策所需的数据也在不断变化。ESG 投资者，要求公司在可持续性问题及其对社会的影响方面提高透明度。随着 ESG 和公司治理数据在投资过程中的整合迅速进入主流，对这些数据的报告、收集和评估对于公司及其股东来说将变得更加系统和根深蒂固。

20 年前，很少有公司提出可持续性和企业社会责任报告。ESG 因素的治理和衡量通常被认为是"额外的财务"因素，而不是公司前景。大多数投资经理也不认为公司的可持续性对股票的财务业绩有重大影响，因此也不要求公司披露这类信息。公司年度报告的重点是财务业绩，可持续性/ESG 信息不易获得。为了制定对企业可持续发展绩效的评估，投资者和研究公司依赖公司年度报告、政府数据库和其他公开文件的印刷副本、公司访谈和参与、新闻和非政府组织报告来跟踪重大争议。

SRI 投资者在早期普遍采用负面筛选的方法。使用 ESG 数据作为基础，根据商业活动（即生产酒精、赌博或烟草）或其他 ESG 标准从投资组合中剔除相应的股票。到 21 世纪初，SRI 投资者开始更深入地研究公司的可持续发展状况。一些人采取了更细致的投资方法，希望了解 ESG 问题的财务重要性。尽管消极筛选策略仍然很常见，但许多策略旨在识别和整合 E、S 和 G 问题可能对公司造成的风险。

在主流投资界，这一势头也在慢慢转向在投资过程中更多地考虑 ESG 因素。2005 年

Fresh fields 信托责任报告（Freshfields、Brukhaus and Deringer，2005）指出，整合 ESG 考虑因素是允许的，而且可以说是必需的。2006 年，联合国支持的负责任投资原则（PRI）启动，目标是"了解 ESG 因素的投资影响"，并支持投资者将这些因素纳入其投资和所有权决策。

随着人们越来越认识到 ESG 问题的重要性，各类投资者都要求获得更多有关企业 ESG 活动的详细、定量信息。他们还在寻找更容易确定企业可持续发展绩效的方法。投资者目前在如何使用这些评估方面有了更大的灵活性。例如，公司可以在一个行业内排名，从而使领导者和落后者易于识别；或者投资者可以在为其投资组合选择股票时轻松设置筛选阈值。公司得分和更多量化指标的加入，也使 ESG 数据能够更好地整合到传统的财务分析中。

随着投资者寻求提高企业 ESG 信息的透明度和更多的披露，全球报告倡议和 CDP（以前称为碳披露项目）等组织在 20 世纪 90 年代末和 21 世纪初，以及可持续性会计准则委员会和国际综合报告委员会最近提供了支持公司可持续性报告的框架。随着这些框架的广泛采用，上市公司发布的企业可持续发展报告数量不断增加，质量不断提高。ESG 指标报告标准化的进展使新的工具和方法被开发，以更可靠地评估行业内和跨行业的公司。跟踪的信息范围也扩大了，能够对公司 ESG 绩效提供更全面的评估，并计算出更有意义的公司评级和排名。

投资公司继续开发新的投资产品和战略，以利用不断增长的客户需求，如影响力投资和 ESG 主题的智能测试版产品。资产管理领域的变化，如从主动管理向被动管理的不断转变，从基础战略向数据驱动战略的转变，以及越来越多地使用机器学习和人工智能，可能会从根本上改变 ESG 信息在投资决策和企业参与中的使用方式。这些变化可能会对 ESG 研究和数据提出新的要求，并提高对产品创新和成熟度的期望。

参考上述的 ESG 风险衡量的发展简史，各界主要有三种解决方案。

第一种解决方案针对传统财务报表未纳入企业 ESG 信息的问题，主张在财务报表之外，单独以另一份报告披露。推动方案从 20 世纪 90 年代开始，倡议企业发布可持续报告，以标准框架披露其 ESG 实践。具体努力落在披露准则的建立上，其中包括披露原则、分类标准等，而推动组织中最重要的是 1997 年成立的全球可持续报告倡议组织（Global Reporting Initiative，GRI）及 2011 年成立的可持续会计准则委员会（Sustainability Accounting Standard Board，SASB）。

第二种解决方案关乎 ESG 数据库的建立。可持续报告由企业发布，但数据库的信息来源不能仅限于此，还须纳入其他来源的信息，如政府对企业的奖惩信息、法庭对企业争讼的判决、媒体对企业的报道、行业分析师对企业的看法等。这类数据库可以是比较单纯的材料收集，也可以是相对复杂的 ESG 评级。"相对复杂"是因为评级本身超越了材料收集，而蕴含对 ESG 相关概念的诠释及价值判断。特别是，评级包含如何建立评级框架，如何挑选各维度下的议题，如何赋予各议题权重等，其中必然涉及理念、解释、选择、排序等具有主观因素在内的流程，而评级机构本身的背景、特质、组织目的及客户对象等，都会对此造成影响。

第三种解决方案更具突破性，致力于把企业 ESG 实践的影响力和财务报表相结合，并进行货币化的呈现。企业的影响力属于外部效应，有些为正（如创造的工作岗位），有些为负（如碳排放），而且有不同的度量单位。如何建立一个全面的会计框架，将它们货币化后和财务报表结合，以形成相同的度量单位（把企业创造的工作岗位及产生的碳排放量都转化为货币单位），这应该是比较理想的 ESG 数据。事实上，这种努力已经进行了一段时间，其中包括 2011 年推出的综合报告（integrated reporting），尝试跳脱出传统财务报表之以股东为中心的视角，更全面地呈现企业运营和 ESG 活动所产生的价值。当然，更重要的突破是由哈佛大学会计学教授领衔开发的影响力加权会计（Impact Weighted Accounting, IWA）框架，将企业产品对消费者、社区、自然环境等利益相关者所产生的正负面影响货币化，最后并入企业的利润表。

总的来说，为了衡量 ESG 风险，涉及会计框架对利益相关者的处理、ESG 评级框架的建立、ESG 的度量方法等。因其带有相当的价值判断，会受到组织特质、运营目标等内部因素的影响，也会受到时代背景、法律规章、文化思维模式等机构因素的影响。

4.4.2　ESG 评级机构简介

ESG 评估只是全球越来越多投资者在投资决策过程中使用的几种投入之一。ESG 数据的整合已成为主流，在报告的有意义指标数量方面取得了巨大进展。然而，对于许多投资者来说，可获得的信息类型和数量仍然远远不够完美。在整个供应链中跟踪重大 ESG 问题的指标，以便对公司的 ESG 影响和风险进行真正的评估，这是一个系统性的挑战，不容易解决。但是，投资者可能会继续要求更多更好的 ESG 披露，市场将采取行动，确保他们拥有正确的数据，做出真正知情的决定。

第三方服务机构是国际 ESG 生态的重要组成部分，包括 ESG 评级结构、ESG 信息检测结构、ESG 尽职调查机构等。其中操作性强的评价体系及评级机制，是 ESG 风险衡量的重要工具，ESG 评级机构是核心的 ESG 服务商。国际 ESG 评级机构大致分为两大类：一类是营利性企业，另一类是非营利性的 ESG 组织。国际上的 ESG 评价体系内容主要包括三方面：各国际组织和交易所制定关于 ESG 信息的披露和报告的原则及指引、评级机构对企业 ESG 的评级以及国际主要投资机构发布的 ESG 投资指南。投资指南侧重于原则上的引导，评级机构编制的 ESG 评价体系则关注指标的实操性。

ESG 评级提供商包括（但不限于）汤森路透（Thomson Reuters）、富时（FTSE）、明晟（MSCI）和晨星（Morning Star）。这些数据提供者对证券的分类和识别行业标准的方式可能有所不同。例如，对于一个机构投资者来说，仅仅确定博彩业内的公司可能并不合适，因为该机构投资者的政策授权是将从任何博彩活动中产生收入的公司排除在外。传统上，科技公司、酒店和金融公司并不被认为是博彩业的一员，但它们可能通过赌博相关活动产生收入。评级机构之间的差异提供了横截面数据，使投资者能够从多个不同方面了解公司的 ESG 因素。随着 ESG 分析师和评级机构的不断增加，数据将变得更加全面，并将为公司未来的收益分布提供更多信息。为此，投资者普遍采用多家服务商对证券进行识别和分类，以确保信息的有效性和完整性。

ESG 研究可能会变得非常精细，因为投资者在与投资原则或授权相关的 ESG 问题类型上存在很大差异。非营利组织 Greenfith 是一个将 ESG 评级数据应用于特定投资者子集的组织的例子。绿色信仰研究宗教相关投资者，如教会捐赠基金或基于部委的退休基金，应该如何考虑他们的投资对环境的影响。参见案例研究 8A 了解更多关于绿色信仰的信息。2017，超过 650 家机构进行了与 ESG 相关的研究，其中约 150 家机构进行了 ESG 评级（Mercer，2017）。尽管有多家咨询机构和资产管理公司提供评级，但独立的 ESG 评级服务提供商却得到了投资者最为显著的关注。

（1）MSCI（摩根士丹利资本国际）ESG 评级。

MSCI 使用一个明确定义的流程来创建其 ESG 评级。MSCI 分析师根据基于四个主要价值支柱的研究过程对公司进行评分。第一个支柱被称为 MSCI ESG 无形价值评估（ESG 评级），分析师首先确定与被评级的特定公司相关的主要行业特定因素，这些因素可能会影响投资者情绪或财务业绩。这是使用全球行业分类标准完成的，该标准由 MSCI Inc. 和标准普尔开发，以便对行业进行分类以供进一步分析。分析师接下来评估单个公司面临这些行业相关风险（ESG 风险）的程度，并根据任何未管理的 ESG 风险对公司进行进一步评级。第二个支柱在 MSCI 影响监测中被提及，并建立在第一个支柱的基础上，根据未管理的 ESG 风险导致的相关 ESG 相关争议分配公司特定评级。第三个支柱是 MSCI ESG 业务参与筛选研究，它量化了单个公司在多大程度上纳入了 ESG 投资组合筛选并支持与 ESG 相关的公司行动。第四个支柱被称为 MSCI ESG 政府评级。最后一个支柱评估了单个公司之外的与政府相关的整体 ESG 风险敞口和风险管理实践。

ESG 研究的这四大支柱被合成为三个单独的评级值：一是所有环境问题的总价值，二是所有社会问题的总价值，三是所有治理问题的总价值。这些总价值以 1 到 10 的比例表示，10 是可用的最高评级。为了以一致的方式为每个评级公司呈现这三个价值观，环境、社会和治理评级按行业进行加权，主要基于 ESG 的第一支柱研究：MSCI ESG 无形价值评估（ESG 评级）和已确定的关键行业问题。MSCI 分析师根据 ESG 研究的第二支柱每月更新这些分数，该支柱衡量 ESG 相关争议对个别公司的影响。MSCI ESG 数据库经常被用来检查 ESG 整合对投资收益的影响，如 Dorfletner、Gerhard 和 Nguyen（2015），Singal（2014），Sherwood 和 Pollard（2017）。

（2）Sustainalytics。

作为企业环境、社会和治理（ESG）研究、评级和分析领域的全球领导者，Sustainalytics 为数百家全球领先的机构投资者提供支持。然而，当 Sustainalytics 在 20 世纪 90 年代初成立时，社会责任投资（SRI）仍然是投资领域的一个小众部分。SRI 投资者希望将他们的投资与他们的价值观保持一致，或确保他们的投资不会损害环境或社会。为响应 SRI 客户的需求，基金经理开始将目光从财务业绩看到公司的可持续发展概况。随着 SRI 投资方法的发展，投资者做出真正明智决策所需的数据也在不断发展。Sustainalytics 和其他评级机构，以及其他 SRI 投资者，要求公司在可持续发展问题及其对社会的影响方面提高透明度。随着将 ESG 和公司治理数据整合到投资流程中迅速成为主流，这些数据的报告、收集和评估对于公司及其股东来说将变得更加系统和根深蒂固。

　　25 年前，很少有公司制作可持续发展和企业社会责任报告，ESG 因素的治理和衡量通常被认为是与财务无关的因素。大多数投资经理也没有考虑到企业可持续性对股票财务业绩的影响，因此不要求公司披露此类信息。公司年度报告侧重于财务业绩，可持续性/ESG 信息不易获得。为了制定对企业可持续发展绩效的评估，投资者和研究公司依靠公司年度报告的印刷副本、政府数据库和其他公开文件、公司采访和参与以及新闻和非政府组织报告来追踪重大争议。当时，Sustainalytics 对企业可持续性的评估缺乏 ESG 数据和指标，但重点强调了每家公司的可持续发展优势或关注的特定领域。

　　Sustainalytics 的早期评估支持负面筛选策略，这是 SRI 投资者中流行的方法。使用 ESG 数据作为叠加，股票根据其业务活动（即酒精、赌博或烟草的生产）或未能满足其他一些 ESG 标准而从投资范围中剔除。虽然 Sustainalytics 的企业可持续性评估足以满足当时投资者的迫切需求，但它意识到这些报告必须不断发展以支持更复杂的投资方法。到 2000 年初，SRI 投资者开始更深入地研究公司的可持续发展概况。一些人采用了更细致入微的投资方法，希望了解 ESG 问题的财务重要性。虽然负面筛选策略仍然很普遍，但许多策略旨在识别和整合社会问题可能对公司构成的风险。

　　主流投资界也逐渐转向在投资过程中更多地考虑 ESG 因素。2005 年 Freshfields 关于受托责任的报告（Freshfields，Brukhaus and Deringer，2005）指出，整合 ESG 考虑因素是允许的，并且可以说在所有司法管辖区都是必要的。2006 年，联合国支持的负责任投资原则（PRI）推出，旨在"了解 ESG 因素的投资影响"，并支持投资者将这些因素纳入其投资和所有权决策。

　　随着对 ESG 问题重要性的日益认识，各行各业的投资者都要求获得更多关于企业 ESG 活动的详细、量化信息。他们还在寻找更容易确定企业可持续发展绩效的方法。Sustainalytics 从二元评估向加权记分研究方法的转变以及公司可持续发展评分提供了这一细节。投资者现在可以更灵活地使用这些评估。例如，公司可以在一个行业中排名，使领导者和落后者易于识别；或者投资者在为其投资组合选择股票时可以轻松设置筛选门槛。公司得分和更多量化指标的纳入还有助于将 ESG 数据更好地整合到传统财务分析中。

　　随着投资者寻求更高的透明度和更多的企业 ESG 信息披露，全球报告倡议组织和 CDP（前身为碳披露项目）等组织在 20 世纪 90 年代后期及之后，以及最近的可持续发展会计准则委员会和国际综合报告委员会，提供框架来支持公司的可持续发展报告。随着这些框架的广泛采用，上市公司发布的企业可持续发展报告的数量有所增加，质量也有所提高。ESG 指标报告标准化的进展使 Sustainalytics 能够开发工具和方法来更可靠地评估行业内和跨行业的公司。跟踪的信息范围也扩大了，允许 Sustainalytics 提供对公司 ESG 表现的更全面评估，并计算更有意义的公司评级和排名。

投资者继续开发新的投资产品和策略，以利用不断增长的客户需求，如影响力投资和以 ESG 为主题的智能测试版产品。资产管理领域的变化，如从主动管理向被动管理的持续转变、从基础战略向数据驱动战略的转变，以及机器学习和人工智能的日益普及，可能会从根本上改变 ESG 信息在投资中的使用方式决策和企业参与。这些变化可能会对 ESG 研究和数据提出新的要求，并提高对产品创新和复杂性的期望。ESG 评估只是全球越来越多的投资者在投资决策过程中使用的几种工具之一。ESG 数据的考虑和整合已成为主流，在报告的有意义指标的数量方面取得了巨大进展。然而，对于许多投资者而言，可用信息的类型和数量仍远非完美。在整个供应链中跟踪重大 ESG 问题的指标——以真正评估公司的 ESG 影响和风险——是一项不容易解决的系统性挑战。但是，正如 25 年前所做的那样，投资者可能会继续要求更多更好的 ESG 披露，市场将采取行动以确保他们拥有正确的数据来做出真正明智的决策。

4.4.3　金融科技与 ESG 数据

与传统投资相比，ESG 投资面临数据挑战：它需要的非财务类数据，不仅特性差异大，而且披露不充分，也未标准化。而金融科技可以赋能 ESG 数据，帮助投资者更好地识别和衡量 ESG 风险。

据联合国负责任投资原则的最新统计，其签署机构已超过 3000 家，总资产管理规模近 100 万亿美元，其中主要涉及 ESG 投资。传统投资以投资风险和收益为主要关切，ESG 投资则除此之外，还在投资分析和决策流程中，纳入了环境（E）、社会（S）和公司治理（G）三个因素。然而，把投资从二维空间扩展到三维空间，只加了一个维度，复杂性却增添很多。

投资分析和决策需要数据，传统投资主要依赖财务类数据及其他基本数据，如股价、交易量、财务报表、新闻公告等。这些数据常通过定性和定量的形式，提供给投资者。与传统投资相比，ESG 投资面临数据挑战：它需要的非财务类数据，不仅特性差异大，而且披露不充分，也未标准化。各项调查结果也反映了这个事实，如毕马威联合会计师事务所针对全球近 5000 家大企业所做的调查，就发现非财务类数据的报道标准很不一致，造成数据比较上的困难。新兴国家方面，非财务类数据的披露就更成问题了，不仅披露频率低，覆盖面少，标准不一致，另加上公关导向严重，内容五花八门，其中真正 ESG 数据的含金量并不高，而难以满足 ESG 投资者的数据需求。2021 年 6 月平安数据经济研究院针对国内 ESG 信息披露的报告就指出这种情况，表示信息不足导致 ESG 投资的执行困难。

金融科技的英文 FinTech，由金融（Finance）与科技（Technology）两字组成，显然融合两者而形成的产物。依照金融稳定理事会的定义，金融科技是指在金融服务领域的技术创新，由此形成新的商业模式、应用、流程或产品，而对金融服务供给产生重大影响。金融科技是一个不断演进的概念，放在 20 世纪，金融科技能够实现的无非金融机构内部业务流程的电子化，而后随着互联网的发展，金融科技在信息共享、渠道拓展上发挥优势。放在今天，人工智能、区块链、云计算、大数据等技术的出现，使金融领域在数据获取、投资决策和风险评估方面，得以更上一层楼。在 ESG 投资方面，各界对金融科技如何可以赋能这类投资，目前虽然看法不一，但相关数据的获取与信息的提取，显然被认为是最可能的方向。

ESG 投资需要的非财务类数据，关乎一家企业及其利益相关方的可持续发展，却并不反映于公司的财务报表。在 ESG 三个维度下，各有细化议题和指标。例如，MSCI 的 ESG 研究及评级框架就包含三大维度、十大主题和 37 个关键议题，而每个关键议题还分风险暴露指标与风险管理指标。MSCI 的研究方法以定量为主，各指标的计算都有赖海量的基础数据。

以社会维度为例，重要议题包括产品安全与质量、员工健康安全、供应链劳工标准等，各议题下又有一些细化指标，最终须以定量或定性指标来体现。例如，"产品安全与质量"这个议题的细化指标就包括产品召回率、产品安全事件、客户投诉次数等。

ESG 数据具备大数据的三个重要特征，而可以三个以英文字母 v 开头的单词来代表：数据量大（volume）、数据多样性（variety）、数据实时性（velocity）。

ESG 数据来自多种渠道，除了企业的 CSR（企业社会责任）报告和财报外，还有政府部门、监管部门、新闻媒体、社交网络等来源。一些数据不直接来自企业本身，而是分散于供应商、客户、股东等利益相关方等来源。例如，证监会对证券公司的处罚和劳动纠纷的仲裁结果，信息就来自不同渠道。此外，一些与公司管理层相关的事件，最开始可能出现于社交网络，随后又出现于新闻报道。特别是，另有一些数据来自非营利组织。例如，笔者曾在《从苹果的另一面，谈谈手机行业的 ESG》中提及，中国公众环境研究中心和联合自然之友等民间环保组织，先后发布了两份报告，以揭露苹果在华供应链中存在的诸多问题。

数据有结构化与非结构化之分，前者包括可用二维表结构来表示的数据，如医药公司的股价和成交量数据、微软公司近五年的财报数据等，我们可以利用这类数据进行搜索、计算、统计和分析；后者包括文本、图片、音频、视频等，形式繁多。ESG 数据里有大量的非结构化数据，需要借助金融科技的力量来进行提取。例如，当企业公开发行债券时，会编制募集说明书，其中有发行条款、募集资金用途、发行人的基本概况、财务状况及资信状况等，这些信息大多以文本或表格形式提供。

企业 CSR 报告的更新频率是每年一次，数据有严重的滞后性，但 ESG 投资所关注的问题常需要在相关事件发生后，第一时间就进行处理。例如，突发的环境污染事件、监管处罚的通告等，都具有实时性，会对企业产生实质性影响。ESG 投资必须决定是否要将某个标的公司，依据所界定的 ESG 标准纳入投资组合。ESG 数据围绕着标的公司而展开，投资人要从海量的数据中寻找与标的公司相关信息，以此作为决策的基础。

在数据获取环节，ESG 数据量大且来源分散。除了可通过接口途径获得的数据外，网络爬虫等技术可从多方渠道获得 ESG 相关的重要数据，如政府部门、监管部门、新闻媒体的网站。此外，流处理（streaming）技术亦可满足 ESG 数据的实时性要求。在信息提取环节，ESG 数据格式多样，而其中如公司招股说明书和 CSR 报告等非结构化数据，通常以 PDF 形式出现。在此，我们可借助 PDF 处理技术，识别文件内容，提取其中的文本、图片及表格，而文本里的信息更可通过自然语言处理（natural language processing，NLP）技术，来提取关键信息。到了这一步，ESG 数据的问题似乎还没有完全解决。就一家企业而言，它有多种利益相关方，涉及多层关系及信息，业务方面有供应商和客户，融资方面有股东和债权人，内部有管理层和员工，下面可能还有分支机构，此外还会受到行业政策、监管法规等外部因素的影响。

这些关系及影响的挖掘，可以利用"知识图谱"（knowledge graph）技术来实现。知识图谱能够帮助梳理企业及其利益相关方间的关系及影响路径。知识图谱的概念由谷歌于 2012 年推出，企图描述真实世界中不同实体或概念之间的相互关系。知识图谱以网络形式展现，其中的节点（node）是实体、概念或属性值，而边（edge）则描述了节点之间的关系或属性。这类图谱早在 20 世纪就已发展，由罗斯·奎林于 1968 年提出语义网络（semantic network）的概念。语义网络用相互连接的节点和边来表示知识，本质上是一种存储知识的数据结构。

为了通过知识图谱体现一家企业 ESG 相关的数据和信息，需要经过知识抽取、知识融合、知识表示等一系列步骤。以一家能源公司为例，从年报、企业社会责任报告等非结构化数据中，需要进行知识抽取，获得实体、属性、关系等。但是，文本中提及的能源公司及其关联公司，可能是简称也可能是全称，因此我们还需要进行知识融合。

通过知识图谱就能清楚地看到能源公司的客户、供应商、子公司等情况，也能知道子公司的供应商、供应商的供应商等关系。如此一来，当能源公司子公司的供应商因为排放废气废水而遭受处罚、限产停产时，我们就能迅速评估该处罚对能源公司的影响。因此，知识图谱可以协助 ESG 投资在海量数据中挖掘信息，去繁从简。

事实上，ESG 数据公司、机构投资者和大型资产管理公司，都已经对金融科技做了相当多的应用，而其中的 ESG 评级和指数公司 MSCI、新涌现的 fintech 公司、老牌资管公司路博迈等，都是知名案例。MSCI 在 ESG 领域提供 ESG 研究、评级和指数，这些产品和服务均基于庞大的数据信息。除了常规数据外，MSCI 会密切跟踪上千家主流媒体的新闻报道，提取与公司相关的负面事件和争议事件，如商业道德问题、环境污染、消费者集体诉讼等。2019年 MSCI 收购了 Carbon Delta，获得了丰富的气候相关数据和模型，更扩充了它在气候变化方面的风险估值能力。国内方面，专注于 ESG 数据的金融科技公司也已出现，联合国负责任投资原则的签署方妙盈科技即为其一。妙盈利用人工智能技术，覆盖了 80 万家中国企业，在投资、风险、量化等方面提供 ESG 数据。

除了 ESG 数据和产品提供商外，一些资源比较丰富的 ESG 投资机构更会自建内部研究体系。以总部在纽约曼哈顿的路博迈为例，它有 80 年历史，员工 2300 人，投资经理 650名，所管理的资产规模高达 3500 亿美元，而 ESG 策略已融入投资流程中的各阶段。在进行

ESG 分析时，路博迈在内部储备了金融科技力量。从数据来源看，除了传统的公司披露信息、第三方数据库外，路博迈还有自己的大数据团队，可以获取另类数据，为投资决策提供额外信息。

4.5　ESG 风险管理

在投资方法和实践中，ESG 投资在接受和采用方面继续增长。当这种情况发生时，整个 ESG 风险将继续以基本面或宏观经济风险的测量和计算方式进行测量和整合，并根据投资者的授权或目标进行变化。公司研究并确定 ESG 因素，以改进其业务模式、运营生产力和工作流程以及增长潜力。同样，投资者（包括机构投资者和私人投资者）在投资组合管理中使用 ESG 研究来预防未来不可预见的风险，管理和减轻当前风险，并培养实现更高风险调整收益的能力。

4.5.1　机构投资者

机构投资者是最强大的投资者类型，由于他们是管理最大资本池的资产所有者，可以对资产定价产生重大影响。因此，机构投资者对 ESG 风险的感知可以对资产的市场定价产生重大影响。从本质上讲，由于一个机构的结构性根深蒂固，机构投资者对于其投资回报目标有着长期的视野。与其他投资者相比，这一延长的时间范围允许机构投资者以相对较低的频率对投资组合的换手率做出有衡量的决定。鉴于这个时间范围和低周转率的能力，机构投资者通常会为投资组合的内部管理、投资团队成员管理和外部管理制定框架、授权和指导方针。

机构投资者识别 ESG 风险，并为投资组合管理政策构建框架、授权和指导方针。这种 ESG 框架、授权和指导方针对投资组合管理有直接和间接的影响。这些框架、授权和指导方针可以直接影响资产负债预测的方式、投资组合的资产配置、使用的绩效基准以及波动风险的计算。间接地，包含在这些框架、授权和指导方针中的 ESG 风险会影响外部资金管理人管理从机构投资者分配的资本组合的方式。环境、社会和治理风险已被证明对公司的财务业绩具有重大的长期影响。与基础和技术分析类似的方式将 ESG 因素纳入投资组合管理，是分析与投资相关的政策、声誉和绩效风险的最佳方法。随着 ESG 评级数据的不断激增，投资者和公司将继续在其投资组合管理和公司政策中实施环境、社会和治理因素。

（1）主动管理。

资产管理公司和对冲基金等基金经理受到 ESG 风险的各种影响。其中一种方法是通过他们的投资组合管理策略。随着 ESG 研究和评级的增长，活跃的基金经理可以更容易地获得第三方研究，以帮助他们评估证券。此外，资产经理在内部纳入 ESG 研究和风险评估，以避免与 ESG 因素相关的经证实的绩效风险。检查不易在公司财务中看到的信息，如 ESG

研究和 ESG 因素，对于综合 ESG 风险为投资组合管理和主动理财的风险管理增加价值非常重要。这些基金经理还可能将这些 ESG 风险视为对其投资组合中潜在特殊风险的信息洞察。例如，如果一个资产管理人管理一个股票投资组合，并通过发现 ESG research 了解到他们投资的公司的负面环境行为或程序，他们可以考虑从投资组合中退出头寸，以避免因潜在的环境灾难或监管行动而对股价造成未来风险。

随着机构投资者改变其框架、授权和指导方针，以考虑 ESG 风险，从而增加对 ESG 资产管理公司的外部配置，资产管理公司将继续发展其投资组合管理流程，以满足机构需求。投资界中 ESG 的增长不仅是资产管理公司收集额外资产的机会，而且对那些不在其投资组合管理中评估 ESG 风险的资产管理公司也是一种威胁，因为它们可能会将投资资本输给竞争对手。ESG 风险溢价的概念对任何积极管理资金的人的投资组合管理都产生了巨大的影响。避免政策违规、总体风险以及与 ESG 因素相关的已证实的绩效风险，都是主动资产管理人将 ESG 因素纳入投资组合构建的激励因素。

（2）被动管理。

被动管理的投资组合，如指数基金、交易所交易基金和部门互换，也受到 ESG 风险的影响。机构和零售对 ESG 相关产品的需求继续增加。构建一个被动管理的产品是资产管理和投资银行界将 ESG 产品推向市场的一种快速有效的方法。投资者和政府鼓励被动产品的金融工程和结构，如系统或定量衍生指数基金、交易所交易基金或部门互换，在此类基金成立之初，或通过基金或单独账户正在跟踪的指数，考虑对 ESG 风险进行会计核算。这些被动指数基金的结构可能出于投资者的最佳利益，以跟踪与 ESG 相关的指数。市场上存在着一系列与 ESG 相关的指数供应商。仅摩根士丹利资本国际就有 600 多个 ESG 指数（摩根士丹利资本国际，2016 年）。由于被动管理产品在周转和再平衡方面通常是静态的或固定的，发行人对被动产品的管理一旦建立起来就相对无缝。此外，此类被动管理产品的发行人更容易整合 ESG 因素。

（3）财富管理（财务顾问）。

财富管理行业也已转向 ESG 意识。财务顾问有一项信托责任，以确保其客户的投资准则得到满足。他们还对与负面新闻公司投资相关的主要风险敏感，并对业绩不佳负责。每一项授权都展示了财务顾问可以利用 ESG 因素了解和降低风险的领域。零售金融咨询办公室和机器人咨询平台等财富管理公司被迫开发一系列基于 ESG 的可用投资产品，以满足当前客户和潜在客户的需求。开发各种基于 ESG 的投资产品会影响财富经理管理投资组合的方式，因为必须在对此类产品的尽职调查和教育中投入额外的时间和精力。此外，这些产品的教育不仅仅是为财富管理人提供的，因为财富管理人必须有足够广泛的了解来教育他们的客户群和任何潜在客户。随着散户投资者继续了解更多关于 ESG 投资的信息，他们继续需要更多关于 ESG 因素和与每项投资相关的风险的信息。客户希望他们的财富经理负责采用和实施 ESG 做法，以预防和降低 ESG 风险。这种问责要求财富管理者整合新的流程，如使用全球信用评级、ESG 评级和 ESG 投资组合影响监控。

4.5.2　散户投资者

个人理财的对象包括专业投资者与散户，两者都属于个人投资者，但有资产规模及投资经验的差别。随着 ESG 的理念的兴起，散户投资者也开始关注与 ESG 相关的风险，但这一过程面临着一些挑战和障碍。

ESG 投资于 20 世纪 70 年代在欧美崛起，据最新统计，全球 ESG 资产规模大约 40 万亿美元，在投资组合中的平均占比为 33%，而它在欧盟占比接近 50%，表示欧洲投资者组合的一半是 ESG 金融产品，其中，包括 ESG 类 ETF、ESG 公募基金等。但不能只看这些表面的数字，从而过度高估散户对 ESG 投资的参与。事实上，在 ESG 投资 50 年的历史中，前面 30 年只能算是一种特质投资，吸引的社群相当局限，以有明确信仰和价值观的人士为主，如宗教团体、环境保育联盟等。这种情况一直到 20 世纪末才有所改善，其中最明显的突破是政府养老基金开始进场，成为 ESG 投资市场里的主角。

就实际状况而言，除政府养老基金外，民营企业养老基金、宗教团体、高校捐赠基金、保险基金、公募基金等机构投资者，一直是 ESG 投资生态里的主角，其市场占比远高于个人投资者。依据全球可持续投资协会的最新统计，ESG 资产由机构持有的占比为 75%，而个人只占 25%。然而，机构投资者占比虽高，个人投资者的占比却在攀升中。依据欧洲社会投资论坛（Eurosif）的统计，2005 年机构与个人的占比分别为 94% 和 6%，2018 年则为 69% 和 31%。进一步看，这十多年的前半段，ESG 投资主要由机构主导，个人投资者的占比一向很低，直到全球金融危机后才有所改变，其中以 2013 年、2014 年最突出（其统计数字有时间落差，呈现于图 4 - 1 的 2015 年）。投资人在全球金融危机中亏损严重，休养生息后资金再度进场时，则对准以稳健著称的 ESG 投资，造成这类投资大幅跃升，而个人投资者更是其中主力。

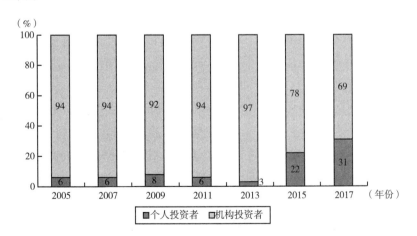

图 4 - 1　2013 年、2014 年个人投资者明显进入 ESG 投资市场

资料来源：European SRI Study 2005 - 2017。

欧盟的 ESG 投资领先全球，其法律法规、社会常规及文化认知模式等机构背景因素也特别契合 ESG 投资，导致了其投资人对这类投资的高度认同感。但与欧盟相比，其他地区情况存在着极大落差，特别是对不少亚洲新兴国家来说，ESG 投资还是市场上的新名词。就个人投资 ESG 而言，虽然欧盟的散户资金已经进场，但依据学者专家的看法，未来很长一段时间里，欧盟乃至于全球的 ESG 投资仍将以机构资金为主，背后理由至少有以下几点。

第一，ESG 投资围绕着企业的 ESG 议题进行，其中包括环境面的节能减碳、污染防治、社会面的供应链管理、客户隐私保护、公司治理面的董事会组成、会计合规性等。当企业要对这些 ESG 议题进行改善时，通常需要长期才能看出成效，故当投资人持有这类资产时，也需要较长持有期才能看到 ESG 绩效的改变。因此，ESG 资产特别适合能长期持有的养老基金及保险基金，但同时也比较不适合习惯短进短出、获利了结的散户。

第二，ESG 金融产品会因为所使用的资产管理策略而有最低认购额要求，而这对资金有限的散户形成一种障碍。例如，ESG 投资有四种策略，其中的影响力投资针对一级市场，故在单笔投资金额、投资年限等都有要求，以致难以被散户触及。当然，某些基金经理人也针对这些问题寻求解决方案，专门为散户定制了零售型的影响力投资金融产品，但毕竟是少数案例。

第三，ESG 投资理念比较难被散户掌握，其中不仅包含一些宏观理念，更涉及某些抽象概念的具象化，以及复杂的绩效度量。具体言之，可持续发展是 ESG 投资背后最重要的宏观理念，其中包括环境的可持续发展与社会的可持续发展两方面，涵盖多种议题，更涉及多方团体。在这背景下，企业如何建立相应的 ESG 制度、如何推动，基金经理人如何建立 ESG 投资标准、如何通过具体指标来披露 ESG 绩效，实在超乎一般散户投资者的理解范围。

第四，传统投资存在于风险与收益的二维投资模式下，投资者在风险与收益之间做出权衡，以达夏普比例的最优化。相较之下，ESG 投资存在于风险、收益与 ESG 绩效的三维投资模式下，投资人在风险、收益与 ESG 绩效之间做出权衡，而这有时会涉及夏普比率与 ESG 绩效的互抵，包括必须放弃一部分投资回报才能让投资组合的 ESG 绩效更好。特别是，当两个组合的夏普比率相同，但其中一个的 ESG 绩效比另一个好，此时投资人的选择比较明确。但是当两个组合的夏普比率不同，ESG 绩效也不同，此时投资人如何选择就比较不明确，而传统金融学理论也欠缺这方面的指引。

对于夏普比例与 ESG 绩效之间的互抵，有学者分别利用晨星（Morningstar）的基金 ESG 评级、荷宝（Robeco）的 ESG 公募基金与美国影响力投资（Preqin）等数据进行实证研究，结果发现，ESG 投资存在着投资回报与 ESG 绩效的互抵，且 ESG 投资者是在事前知情情况下做出权衡决定，而非在事后不得已情况下被迫接受折让。不过，这些研究主要以机构投资者为对象，其中包括使命导向的开发金融机构，而散户是否能理解并接纳"折价"，是否会为了获得更好的 ESG 绩效（如组合的碳排量更低）而愿意放弃一部分投资回报，迄今证据不明。

与传统投资相比，虽然 ESG 投资只多出一个维度，复杂性却增加很多，特别是其中涉及的价值取向和知识门槛。在知识门槛方面，无论是 ESG 相关的宏观理念、投资标准，还是投资策略与绩效度量，都建立在一定的知识基础上，形成一道必须跨越的知识门槛，否则就无法掌握投资精髓。例如，在全球碳中和目标下，为投资组合"脱碳"是目前 ESG 投资趋势之一，而基金在每月情况说明书上通过标准的绩效指标披露碳排放量也形成一种正规实践。但是，理解碳中和、组合脱碳，乃至相关绩效度量指标（每单位产值的二氧化碳排放），都需要相当知识。这些知识或许不难被机构投资者掌握，但对散户却形成障碍。在价值取向方向，个人的价值观和文化背景、社会规范、宗教信仰及学养熏陶等因素有关，而这会主导个人日常所关注的主题，更对其 ESG 投资目标及主旨形成影响。

事实上，将散户引入 ESG 投资市场是个艰巨工作，而它应该建立在 ESG 投资的核心理念上，而绝非凭借回报率的吹捧来达成。更具体地，这项工作应该始于概念的宣导，围绕着 ESG 投资背后的一些宏观理念展开。有鉴于此，欧美及日本都已启动一段时间，针对特定群体展开教育。例如，日本 ESG 基金从五年前开始，采用动之以情的方式，对学龄儿童的母亲培育可持续发展的理念，促其理解前瞻式投资的重要性。除了对散户培育 ESG 理念外，了解其 ESG 倾向也很重要，而这背后通常有原已存在的价值观，只是散户不能清楚明确地表达而已。这项工作难度比较高，而且应以周延的方式展开，最终与银行理财部门的 ESG 投资产品相连，才能帮客户做出符合其 ESG 倾向的资产配置。

一般而言，银行理财部门在替客户推荐投资产品前，都须先了解客户的投资偏好，才能推荐合适产品。银行了解客户的方式很多，但 KYC（Know Your Customers）问卷无疑是经常采用的标准流程。传统的 KYC 基于两维投资模式，针对客户的风险及回报提问，如可容忍的最高亏损、所追求的回报率区间、对风险与回报的权衡等。然而，通过传统 KYC 来了解客户的 ESG 倾向有如缘木求鱼，因其中并未包括能发掘投资人相关偏好的问题，所以 KYC 必须重新设计，以符合新的三维投资模式。由于欠缺先例，这类 KYC 的设计仍在摸索阶段，但一些擅长财富管理的银行已率先试水，其中以摩根士丹利的 ESG 影响力倾向量度（Impact Quotient，IQ）最知名。

这种 IQ 表明投资人以资金驱动社会发展的意图（intentions），而个人意图则由其 ESG 理念主导。这些理念具有多元面向，可以是个人有意推动的环境或社会目标（如碳中和），可以是特别顾虑的议题（如争议性武器），可以是比较宏大的联合国可持续发展目标（如清洁水资源），甚至是基于信仰的价值观（如天主教或伊斯兰教的投资观）等。通过 KYC 来了解客户的投资倾向是第一步，接下来要判断其现有组合是否能反映倾向，并推荐相符产品，以完善资产配置。大摩的 IQ 亦如此，在了解客户的 ESG 倾向后，理财经理会通过建立合适的组合来助其完善资产配置，其中包括对最优组合倾斜度的选择、理想 ESG 投资策略的考虑，以及 ESG 产品的具体比配等。

散户投资者要进行 ESG 投资，至少有三个前提条件。第一，市场上要有 ESG 投资氛围，还要有足够的 ESG 投资产品。发展中国家的 ESG 投资生态普遍尚未成形，各方仍在摸索学习中，基本上并未掌握这类投资与传统投资的区别，以致常以偏差方式来推进 ESG 投资，如对回报率的强调吹捧等。第二，除了整体市场要成熟以外，散户进行 ESG 投资的先决条件之一，是财富管理部门及理财人员必须准备好，不仅要懂得如何引发客户的 ESG 兴趣，还要设计能发掘客户 ESG 倾向的 KYC，更要就 KYC 问卷结果进行分析，并以合适的 ESG 产品匹配之。有鉴于此，财富管理部门必须先就 ESG 理念培育理财经理，其后这些直接面对客户的职业经理人才能给予客户正确认识，从而提供合宜的资产配置建议。第三，散户必须准备好，正确理解 ESG 投资的特性，包括背后的宏观理念、三维投资模式的意义、具体投资流程及绩效度量等。投资人要能理解具体 ESG 金融产品背后的设计理念，如水资源基金所针对的是全球缺水问题、低碳基金所针对的是气候变化问题，而当投资这些产品时，除了财务回报之外，主要还得考虑对世界有哪些贡献。

ESG 投资在中国起步不久，相关条件与生态尚未成熟。虽然从宏观视角看，ESG 投资与中国经济的高质量发展及绿色低碳转型有着密切关联，具有不容忽视的巨大潜力与发展空间，但这个市场需要各界的共同关注及长年的持续努力，最后才能发挥助益实体经济的功能。

4.5.3 ESG 风险管理案例

布鲁内尔养老金（brunel Pension Partnership）作为负责任的投资者，经常代表他人做出的投资决策，就数以万计的养老基金而言，可能会受到一系列外部因素的影响传统的财务分析。负责任的投资者明白，投资的每家公司或资产都与经济、社会和自然环境相互依存。考虑这些相互依存关系是否会为投资带来财务上的重大风险或机会是负责任投资（RI）的核心部分。但它比关注个人投资更广泛。这是关于投资者自己的信念和原则，并以此来指导他们的战略思维并将其嵌入他们所做的一切。再次强调，这样做的目的是更好地管理风险并产生可持续的长期回报，这一点至关重要。所有行动均以履行对最终受益人的核心法律财务义务（也称为"信托义务"）为前提。

布鲁内尔养老金成立于 2017 年 7 月，负责监督英国十项（雅芳、白金汉郡、科沃尔、德康、多塞特郡、环境署、格洛斯特郡、牛津郡、萨默塞特郡和威尔特郡基金）养老金资产（约 400 亿美元）的投资。布鲁内尔认为，真正履行受托责任的唯一途径是自上而下和自下而上地做一个负责任的投资者。本案例研究介绍了它开发这种方法的方式，并在实践中成为负责任的投资者。

布鲁内尔的组织价值观为：

- 我们相信在稳健和透明的流程支持下进行长期可持续投资。
- 我们在这里保护客户及其成员的利益。
- 与我们所有的利益相关者合作，我们正在通过投资创造更美好的未来值得居住。

这些价值观以一系列投资原则为基础，这些原则在整个合作伙伴关系中共同商定。尽管负责任的投资和负责任的管理（您在投资后对资产采取的政策和行动）是分开单独列出的，但所有原则都是相互交织的。例如,"长期""全面风险评估"和"创新"都很容易成为负责任的投资者,反之亦然。

Brunel Pension Partnership 投资原则:

- 长期投资者。
- 负责任的投资者。
- 最佳实践治理。
- 通过专家和知识渊博的官员和委员会做出的决策。
- 投资核心的证据和研究。
- 领导力和创新。
- 正确的风险以获得正确的回报。
- 完全风险评估。
- 负责任的管理。
- 具有成本效益的解决方案。
- 透明和负责。
- 协作。

布鲁内尔深入探讨了实际情况,概述了其负责任投资战略的方法,并在其公开发布的负责任投资政策中进行了总结。该战略的目标是"在长期内提供更强劲的投资回报,保护我们客户的利益,并为建立一个更具可持续性和弹性的金融体系做出贡献,从而支持可持续的经济增长和繁荣的社会。"该方法具有三个支柱:整合、协作和透明。

布鲁内尔使用整合一词来涵盖各种行动,将环境、社会和治理因素整合到投资组合构建中的过程(参见第 8 章)。每个员工都有与负责任投资相关的目标,根据他们的工作领域量身定制,并反映员工的预期行为——从企业文化、多元化政策和包容性到个人的旅行选择。整合承诺包括提供的一系列投资机会,以确保那些需要更明确的可持续性标准的基金,如低碳或影响力投资,有这些选择。

然而,作为一个组织,布鲁内尔最重要的是将负责任的投资纳入核心目标,即选择和监督管理人员。这不仅关乎管理人员如何看待 ESG 的潜在投资以及他们使用的 ESG 数据源,还涉及管理人员自身的理念和政策。当投资者选择基金经理时,就是在购买个人或团队的技能——公司如何管理员工、更广泛的文化和激励措施的一致性都是投资过程本身之外的关键 RI 或 ESG 因素,但做得不好会直接损害财务业绩。

需要强调的是,布鲁内尔将 RI 整合到所有资产类别中。这如何体现其自身的变化和方法是量身定制的,因此它适合目的,并确保公司始终关注重大金融风险。虽然公司确实对同一组因素进行了广泛的研究,但相对重要性会因更详细的尽职调查中的特定任务而异。资产类别、地域和风险目标将影响在预约时最需要关注的 RI 和 ESG 风险。因此将 RI 整合到任务设计和风险评估过程中,对于确保公司专注于正确的事情至关重要。

公司的目标是在选拔活动之后以及持续的基础上向所有管理人员提供有用的反馈,这些反馈对于看到行业对 ESG 风险管理和 RI 方法的改进非常有成效。除了资产管理公司外，还与其他养老基金、政策制定者和监管机构以及行业机构和 NGO（非政府组织）合作。目的是扩大行动的影响和成果，并相互支持并分享最佳实践。与公司的协作参与和代理投票已被证明非常有效，投资者群体可以用这两种方式，使所参与的公司清楚地了解其股东关注的领域。

为了保持透明，布鲁内尔要求与其合作的公司和组织具有高标准的透明度，因此同样高度重视自身的透明以及提供高标准的报告和沟通。沟通建立信任，这在金融行业的各个方面都至关重要。布鲁内尔特别关注的领域包括成本、税收和气候变化的透明度。布鲁内尔还致力于报告投资产生的积极影响。联合国全球目标提供了一个有用的框架来转化投资的积极成果及其对现实世界问题的影响。投资组合经理非常了解他们所投资的公司，他们还会与公司管理团队会面，对公司设施进行实地考察（不仅仅是总部），并监控相关的专业行业出版物。这使他们能够专注于真正重要的 ESG 问题。

第5章　ESG 投资的力量与角色

本章研究了投资者在投资过程中采取 ESG 因素的原因，进一步汇总了投资者的实际考虑因素，他们不是通过整体的角度，而是通过环境、社会和治理的特定方面来进行 ESG 投资。ESG 投资领域范围广泛，涵盖了大量主题，本章将介绍投资者对特定领域 ESG 投资的看法，以及投资者在投资组合中采取 ESG 投资决策背后的驱动因素和实施方法。在学习本章之后，读者应该对投资者做出 ESG 投资决策的不同优先级和视角有基本的了解。

学习目标：

- 了解三种特定类型的 ESG 投资。
- 研究在不同的市场、资产类别和投资领域中进行特定 ESG 投资的益处 。

5.1　注重环境的投资

5.1.1　投资目的

注重环境的投资是一种整合了环境因素的投资实践，它为投资组合分析、风险管理和投资目标开创了一个新的视角。以环境为重点的投资可以采用诸如排除、整合、影响或参与方法等投资策略，是一个涵盖了一系列意识形态和实际因素的广义术语。注重环境的投资通常被称为绿色投资。

一般来说，以环境为重点的投资者专注于保护自然资源、发现并采用替代能源、实施清洁空气和水项目以及其他具有环保意识的商业做法的公司或项目。重要的是，以环境为重点的投资还包含一种新的投资理念，即对公司和政府的活动进行环境风险分析，以获取和评估投资风险和潜在收益的信息。投资者可以根据不同的目标、原则和指导方针，采用以环境为重点的投资。例如，机构投资者可能会因为董事会或慈善捐助者的授权而转向以环境为重点的投资。资产经理可能会因为他们对投资组合风险和可持续投资过程的看法而倾向于绿色投资，散户投资者可能会因为他们热爱自然和保护地球的愿望而选择注重环境的投资。

5.1.2　投资方法

以环境为重点的投资通常使用一种被称为主题投资的新兴投资方法来进行，投资组合管理团队将特定主题确定为投资组合的重点。历史上，投资者曾经选择了颠覆性技术和新兴市场等主题。如今，以环境为重点的投资已普遍采用了清洁能源、气候变化和搁浅资产等主题。以环境为重点的投资倡导者还强调了投资于对风险和收益以及环境都有利的公司和项目的益处。

注重环境的投资者寻求通过使用环境研究获得更高的风险调整收益。例如，作为其以环境为重点的投资策略的一部分，投资者可以购买收益率有利于其投资组合的绿色债券。绿色债券是指银行或资产管理公司代表市政当局、公园或自然资源部门承销的某些债券。绿色债券通常侧重于自然保护的可持续发展，或以生物友好和环境健康的方式进行生物开发。绿色债券可能由基金会、政府或慈善家担保。注重环境的投资者可以将绿色债券纳入其投资组合，以实现传统公司债券和政府债券的多样化，并获得固定收益资产可以提供的有吸引力的收益。投资者还可以通过私募股权和风险资本进行以环境为重点的投资，这些投资旨在通过其积极的环保商业活动、产品和服务颠覆传统行业和企业。投资者的目标是通过可持续的商业模式来实现高收益目标，这些商业模式旨在吸引具有环保意识的消费者。注重环保的投资者也可以采用排除策略，从对环境有害的商业活动中获得收入的公司中撤资。

出于政策要求、个人信仰或风险观点等原因，注重环境的投资者会倾向于与某些主题保持一致。一些共同的主题包括以下内容。

原材料使用和自然资源使用：一些注重环境的投资者对企业使用原材料和自然资源的情况保持着细致的观察。此类投资者将根据公司用于制造、消耗和浪费的原材料和自然资源的数量来评估投资。该评价体系被整合到用于选择投资的定量模型中，专有或服务提供商可以帮助这些投资者测量企业消耗的材料和资源。除了监控投资组合的环境足迹之外，这些投资者还可以通过原材料使用或自然资源使用的情况，来深入了解公司的盈利能力、商业活动和市场行为情况。

废物管理和水资源压力：水资源供应链管理是环境投资的另一个常见主题。注重环境的投资者看重水资源管理，因为它对卫生、饮用水、农业、制造业和休闲至关重要。这些投资者的目标可能是优化用水并减少用水对自然环境的影响。注重环境的投资者可能会分析一家公司在其商业活动中相对于同一行业或部门的竞争对手使用了多少水。这可能涉及计算水资源压力，它衡量在一定时期内超过可用水量的水需求量。通过专有测量或第三方服务提供商计算的水资源压力，被用作评估公司用水量和可持续性的工具，并给出投资对淡水资源恶化的量化影响（如水库水位、含水层过度开采、河流干涸等）。

水作为一种资产类别：尽管一些投资者将水纳入投资组合，但对于大多数投资者而言，将实物水资源作为投资组合的一部分是不切实际的。寻求水资源投资的投资者可以投资基于水资源的股票、信贷或结构性产品工具，如共同基金和交易所交易基金（ETF），以实现对水资源的投资。这些投资者可能会将全球对水的长期需求视为一项可持续增长的投资。

水作为风险因素：其他投资者将水的使用和影响作为风险因素。这些投资者可能会根据公司的水资源压力以及管理水资源的方式，来考虑公司商业模式、产品或服务的可持续性。这些投资者将水的使用和管理视为一种风险，因为如果消费者和股东对公司的水资源管理实践有负面看法，公司进一步的增长和发展可能会受到威胁。投资者还可以将水作为衡量公司财务效率的指标，如衡量成本效率和生产商品的持续成本要求。

能源效率：许多注重环保的投资者将能源效率作为投资分析和投资组合考虑的主题。由于节能公司、财务可持续性以及可再生技术的长期优化，部分投资者可能会从能源效率的角度进行投资（Ritchie and Dowlatabadi，2015），其他投资者则因为对环境的积极影响而这样做。

风能是使用风车或涡轮机将自然风转化为可用能源的环保能源。风能通常在风电场中产生，风电场是许多单独的风力涡轮机的组合，连接到电力传输网络（也称为电网），以提供电力。风能投资者可以投资于拥有、建设或经营风电场的公司。

太阳能是使用光伏（如太阳能电池板或太阳能胶带）、聚光太阳能或两者相结合将阳光转化为能量的方法。光伏（PV）电池将光能转化为电能以供使用，而聚光太阳能发电系统使用透镜和跟踪系统，将大量阳光聚焦成小光束。投资者可以考虑通过生产用于住宅用途的太阳能光伏板的公司进行太阳能投资，或投资于为电网供电的聚光太阳能发电的大型太阳能农场（solar farm）。太阳能系统投资对许多项目来说都是有利可图的，并且可以为大量人口提供能源（Liu et al.，2017）。

优先考虑能源效率的投资者往往会因为对环境的积极影响、充足的电力供应来源和财政激励而采取可再生能源投资，尤其是当此类可再生能源的成本与传统的化石能源相当时。对投资者和企业的政府补贴和税收减免进一步强化了财政激励（Richardson，2009）。当注重环境的投资者优先考虑能源效率时，通常会将清洁技术研究作为其投资过程的一部分。

清洁技术通常指在商业活动（如产品的生产过程）中提高影响的技术。值得注意的是，清洁技术可能包括各种应用，不仅限于能源生产或开发自然资源。有节能意识的投资者可以接触的一种清洁技术是绿色建筑。绿色建筑是"在设计、建造或运营中减少或消除对我们的气候和自然环境产生负面影响，并能产生积极影响的建筑。绿色建筑保护宝贵的自然资源，提高我们的生活质量"（世界绿色建筑委员会，2016）。清洁技术和绿色建筑与关注污染主题、具有环保意识的投资者息息相关。

污染是指将污染物引入自然环境，可能导致潜在不良后果的行为。污染与注重环境的投资者关注的其他问题密切相关，如温室气体、碳排放和水污染。这些注重环保的投资者可能会对排放工业污染的公司持批评态度，由于监管压力和消费者审查风险，该行为有害于社会的可持续性，而不是长期可持续的商业行为（Sueyoshi and Goto，2014）。因此，投资者可能会将对空气、水或土地的污染纳入其公司分析中。实证研究表明，即使在控制其他变量的情况下，污染与股票收益呈负相关关系（Levy and Yagil，2011）。在这种情况下，分析污染的投资者可以更深入地了解一家公司证券的长期发展路径。这些投资者可能会选择分析污染的具体方面，如生物多样性的土地利用、有毒废物、公司的有毒排放，以衡量其投资组合基于环保意识和绩效潜力的适宜性。

关于环境恶化的担忧和对 ESG 风险的实际考虑，以及各种国际性法规和协定的出现，为企业带来了新的商业机遇，如风力发电机、太阳能电池板和电动车。注重环境的投资者会被这些公司的正外部性所吸引。以埃隆·马斯克（Elon Musk）的电动汽车制造商特斯拉（Tesla Inc.）为例，该公司 2017 年亏损近 20 亿美元，债务超过 100 亿美元。2017 年秋季，其市值达到 600 亿美元，随后因生产问题而下跌；然而，2018 年 4 月初，该公司的市值仍为 450 亿美元。利润更高且营收是特斯拉（Tesla）的十倍的通用汽车（General Motors）的市值却只有为 520 亿美元。

化石燃料撤资是排除所有符合特定商业活动和实践标准的证券行为，这些商业活动和实践从化石燃料中获得收入。这可能不包括大宗商品投资，如原油期货或天然气期货，或不包括对石油勘探和生产或石油精炼的股票投资。实施化石燃料撤资的投资者将通过使用 GICS 和其他分析工具从其投资组合中筛选出此类证券。在某些地区，化石燃料撤资运动源于大学生的倡导，他们认为大学捐赠基金应该更好地与学生和校友对未来气候的理想看法保持一致（Cleveland and Reibstein，2015）。主要由环保组织和机构投资者的受益者（如拥有捐赠基金的大学的学生）领导的非政府力量向机构投资者施加压力，要求他们从与化石燃料和碳排放相关的投资中撤资。撤资运动由环保倡导组织领导，他们使用一系列策略来施压、促进和鼓励投资者，特别是大型机构投资者，放弃他们持有的化石燃料证券（Ayling and Gunning-ham，2017）。甚至政府的政策和法规也在化石燃料撤资问题中发挥了作用，迫使能源行业的业务运营进行结构调整（Ritchie and Dowlatabadi，2015）。例如，化石燃料撤资运动获得了政治决策和强烈的民间支持，这增加了气候变化问题在德国电力巨头的战略管理中的重要性，即德国四大能源巨头——E. On、RWE、Vattenfall 和 EnBW（Kiyar and Wittneben，2015）。

并非所有认为化石燃料可能对环境有害的环保型投资者都将撤资视为其环保型投资战略的一部分。与化石燃料撤资不同，低碳投资是许多机构投资者采用的一种做法（Cowburn，2015）。低碳投资（LCI）是一种以环境为重点的投资，投资者不排除碳排放证券，例如，生产化石燃料储备的石油公司的债券或碳排放标准较低的汽车公司的股票，而是使用基于分析的碳排放测量（Haigh and Shapiro，2011）。数据分析提供商如 MSCI 和 Sustainalytics 可以提供投资组合的碳分析服务。衡量碳投资或投资组合的碳足迹，使投资者能够制订低碳目标战略或实施投资政策指导方针。投资者，特别是机构投资者和资产管理公司也可以使用他们自己的专有方法来评估投资组合的碳投资或碳足迹。

近些年来，可交易的温室气体排放指标被设立为一种内化外部性的方法，也被称为"碳信用"。碳信用是一种可交易的证书或牌照，允许持有者排放一吨二氧化碳。国内或国际协议创造了这些信用，温室气体排放量名义上被这些协议封顶，同时市场在被监管的排放企业中分配排放权的过程中发挥了作用。活跃的碳信用市场有大量的碳排放权交易发生，并为碳给予了较高的定价，它的存在不仅使公司管理层专注于减少碳排放，而且使其他公司专注于研究新的减排技术。通过将资源转移到更清洁的技术和可再生能源，碳定价（通过征税和交易体系达成）可以帮助新兴经济体顺利跨越由化石能源为动力的经济发展阶段，同时也可以创造更多的绿色产业机会。

综上所述，以环境为重点的投资者通常受以下两个动机之一的驱动：优先考虑这些因素可能对环境产生的积极影响，或增加收益和风险管理。无论注重环境的投资者选择此类主题是出于对环境的关注、政策、委托方针考虑，还是考虑下行风险管理、提升收益或其他动机，环境主题投资都是资产管理公司、机构和散户投资者采用的主流做法。这种做法特别关注环境，尽管属于 ESG 投资总体范畴，但由于对环境问题的特殊和细化关注，因此与更广泛的 ESG 投资整体实践有所不同。

5.1.3　投资实践

由于投资者对环境问题的观点不同，并且投资者的具体目标通常也有限制，因此注重环境的投资者可能会以不同的方式进行实践。例如，以环境为重点的资产管理公司在考虑化石燃料对环境的影响时采用了不同的投资方法。考虑一下两个关注环境的投资者，他们都认为全球能源消耗释放的碳是有害的：其中一个投资者可能完全排除与化石燃料和碳排放相关的证券，而另一个投资者可能会利用通过构建低碳投资组合的非排他性方法，以便他们可以继续接触该行业。化石燃料撤资运动值得注意，因为该运动是一种影响投资行业的活动，并且是注重环境投资者的主要问题。

5.1.3.1　KBI Global Investors

KBI Global Investors 于 1980 年在爱尔兰都柏林成立。其最初的爱尔兰客户群需要基于信仰的投资方法，因此该公司早在 20 世纪 80 年代初就在流程中实施了负面筛选，以便为其纳入各种"道德"标准，如人道主义和动物福利问题。如今，其投资流程已从最初的基于信仰的客户使用的简单负面筛选发展为对负责任投资的全面整合、果断承诺，为全球捐赠基金、基金会和机构投资者提供服务。负责任投资主管 Fahy 自 1988 年以来一直在公司工作，在此期间发生了很大变化。"在 20 世纪 80 年代和 90 年代，我们几乎所有的客户都是爱尔兰人，只是没有使用'ESG'这个词。一些客户当然希望避免投资于他们认为'不道德'的公司，如涉及烟草、成人娱乐或武器制造的公司，将这些限制因素纳入其投资组合管理也并不困难。"

然而，到世纪之交，该公司将全球清洁、安全的水和能源短缺视为"全球大趋势"。它启动了两项投资战略，一项是投资于为全球安全和清洁水短缺提供解决方案的公司的水资源战略，以及一项采用相同方法处理清洁能源的能源解决方案战略（2008 年推出了针对安全食品的类似策略）。Fahy 说，"可以说，ESG 根本没有真正纳入投资过程。公司参与提供清洁能源或安全水或食品的事实是唯一考虑的 ESG 因素。这当然至关重要，但随着时间的推移，我们在投资过程中使用 ESG 绩效指标的方式变得更加成熟。"

在详细了解如何将 ESG 因素纳入公司自然资源战略的投资流程之前，了解公司为何使用这些因素非常重要。它之所以这么做，是因为拥有强大治理且其产品和服务能够促进社会或环境目标的公司，应该会随着时间的推移而表现更好。这样的公司更有可能拥有长期、持久、可持续的商业模式。"我们不认为在更好的财务业绩和实现社会、环境或社会治理目标之间存在取舍。对我们来说，在更普遍的意义上，关注管理环境、社会或治理问题的公司也可能是管理良好的公司，"Fahy 说。因此，对于公司的自然资源战略而言，将 ESG 因素纳入投资流程旨在实现更好的财务业绩，并为社会的环境或社会目标做出贡献。

在投资过程中，ESG 投资团队使用专有模型来计算股价达到其上行或乐观价格目标的可能性，同时计算股价达到下行或悲观价格目标的可能性。该模型包含四个因素，其中两个是 ESG 因素：

（1）环境和社会：公司的产品是否增强了社会的环境和/或社会/可持续发展目标？

（2）治理：公司董事会是否充分代表股东特别是中小股东的利益？如果不是，是否可以更改？

在这两个因素中，每只证券都有一个特定的分数——这个分数是基于投资组合经理自己的判断，同时考虑到外部 ESG 研究——并直接输入计算股票价格达到上行或乐观的价格目标概率的专有模型中。Fahy 解释说，"这种方法的优势在于，每家公司的 ESG 绩效由最了解公司的投资组合经理直接评估。"这种方法加强了 ESG 战略认证。第一个 ESG 要素是，每项战略都完全基于对为全球问题（食品短缺、清洁能源、安全用水等）提供解决方案的公司的投资。第二个 ESG 要素——对一些投资者来说同样重要——是每家公司也都根据其 ESG 表现进行评估——换句话说，一家处于"正确"行业，但在其他方面的 ESG 表现不佳的公司，与处于同一业务线但具有卓越 ESG 绩效的公司相比，不太可能出现在投资组合中。

该公司有四个自然资源战略，但水在一定程度上是最大的。该战略成立于 2000 年 12 月，为投资者提供了实现强劲长期回报和潜在投资组合多样化的机会，通过投资于提供解决方案的公司，可以说是最大的资源挑战——缺乏安全、清洁的水。

水，有时因其重要性而被称为蓝金（blue gold），是一种关键资源，需要大量投资以确保其为不断增长的全球人口提供充足的供应，而投资于水库存提供了一系列长期增长主题：

● 供应不足和获取：世界上只有不到 1% 的水可供使用（其余为咸水、受污染的、在极地冰盖中或其他无法获得的水），这正日益受到污染和含水层枯竭的威胁。

● 需求增加：由于人口增长和工业化，清洁水需求正在迅速增长。水需求的增长速度已经是人口增长速度的两倍。

● 增加基础设施投资：到 2030 年，估计需要 7.5 万亿美元的基础设施来满足全球对水和水服务的紧迫需求。

● 增加监管和政府支持：在世界范围内，政府都在坚持更高的水和水标准，美国的《安全饮用水法》、欧洲的《水框架指令》和中国的水标准就是证明。经济和环境监管一直是支持水资源投资的支柱。

KBI 认为，投资者可以帮助为解决水资源短缺问题日益增长的需求提供融资解决方案，同时还可以推进上述长期增长主题。这可以通过投资于在一系列业务领域提供这些解决方案的公司来实现：在工业、农业和家庭部门增加供水和获取、改善水质或减少水资源浪费的公司。

该公司还为其投资的公司有广泛的合作关系。Fahy 解释说："我们原则上不反对投资者直接从 ESG 表现低得令人无法接受的公司撤资——如果有必要，我们会这么做。但我们确实认为，在大多数情况下，寻求改变这种不良行为，而不是因此抛售股票是值得的。"这种参与通常会从相关投资组合经理与公司的接触开始，概述他们的担忧，并要求公司对该问题作出回应。然后，团队会考虑公司的回应，如果已获得令人满意的回应，则结束参与或进一步追究，通常酌情通过上报给公司主席或指定的独立/首席董事。参与有可能没有获得令人满意的结果，在这种情况下，如果公司认为这符合其客户的最佳利益，它将考虑撤资。

自然资源战略的投资者都知道他们的投资正在解决重要的全球问题。但 KBI 如何衡量投资的影响？"的确有困难。"Fahy 说。在理想情况下，公司会以标准化、可量化的方式报告他们对社会和环境的贡献，但事实并非如此。"我们可以以合理的准确度衡量投资组合的碳足迹，因为大多数公司现在意识到他们的碳排放对投资者很重要，并且必须以可用的格式向投资者报告。"Fahy 说。他指出，虽然现在越来越多的公司发布了可持续发展报告，但每家公司都会选择一组不同的指标来报告。

因此，作为一名投资经理，要从投资组合中的所有甚至大多数公司收集可比数据是非常困难的。该公司与机构投资者气候变化组织、负责任投资原则、CERES 气候风险投资者网络等投资者组织合作，推动影响数据的标准化报告。它还开始实施一个项目，将其自然资源战略的投资"映射"到联合国可持续发展目标，因为许多投资者，尤其是欧洲的投资者，非常有兴趣了解他们的投资如何有助于实现这些目标。

5.1.3.2 Varma 养老金计划

Varma 为在芬兰的员工提供养老保险，处理约 860000 人的与收入相关的养老金保险。Varma 拥有 450 亿欧元的投资资产，是芬兰最大的私人投资者。Varma 的使命是积累作为养老金缴款收到的资产，以支付当前和未来的养老金。Varma 的责任目标之一是减缓气候变化，这对当代和后代产生重大的财务、社会和环境影响。

Varma 是 2016 年第一家发布气候政策以指导其投资的芬兰养老金公司。该政策涵盖了公司的所有资产类别，并概述了 Varma 如何通过减少投资的碳足迹等方式，在其投资运营中缓解气候变化。气候变化是投资者必须长期做好准备的最重要因素之一。人类活动产生的温室气体已经改变了气候。化石燃料燃烧、土地利用变化以及农业和工业过程产生的排放导致大气中温室气体浓度增加和全球变暖。从长远来看，一些行业和公司的经营状况将发生变化。在某些领域，如能源生产，已经可以看到这种变化。减缓气候变化需要对排放进行实质性和长期的限制，因为未来的发展将在很大程度上取决于温室气体排放总量。巴黎气候协议的目标是将全球平均气温的上升幅度限制在比前工业化水平高出 2℃ 以下。这一目标需要转向低碳经济，并大幅减少化石燃料的使用。

Varma 认识到气候变化对其投资活动和经济长期发展的重要性。Varma 还支持缓解气候变化和适应即将发生的变化的行动，并致力于发展其投资业务，以使投资和投资流程符合两度目标。这意味着将长期投资重点放在气候战略以低碳社会为目标的被投资方。在短期内，Varma 的目标是减少投资的碳足迹。目标是到 2020 年，上市股权投资的碳足迹降低 25%，上市公司债券投资降低 15%，房地产投资的碳足迹降低 15%。

Varma 投资的碳足迹逐渐下降，在两年内实现了其为 2020 年在所有资产类别中设定的二氧化碳减排目标。最大的变化发生在上市股票，其碳足迹减少了 27%。这一结果是由于关注低排放行业，并减少对能源密集型公司的投资。Varma 已经在直接股权投资中将超过 30% 的电力来自煤炭的电力公司排除在外。此外，Varma 不投资煤炭开采业务，几乎不持有石油股票。越来越多的行业正受到监管和消费者行为变化的影响。这意味着投资者不能只关注能源部门或煤炭。上市公司债券的碳足迹在两年内下降了 22%，与基准相比，公司债券的二氧化碳排放量减少了 57%。Varma 也开始投资绿色债券，通过发行绿色债券筹集的债务资本专门用于环保投资。房地产投资的碳足迹下降了 18%。这一积极发展部分归因于 Varma 房地产基础的变化，但也归功于为提高物业能源效率而采取的措施。减少建筑物的碳足迹需要提高能源效率，这是 Varma 长期以来一直在做的事情，提前实现了其在商业场所能效计划中的节能目标。此外，Varma 已在其房产内建造太阳能发电厂，出租公寓已部分转为绿色地产电力。既然 Varma 已经实现了短期目标，Varma 将专注于开发投资组合，以实现巴黎气候会议商定的长期两度目标。

作为主要投资者，Varma 有机会影响公司并鼓励他们减少碳足迹。Varma 已签署 CDP（前身为碳披露项目），并加入了由负责任投资原则（PRI）和联合国环境规划署金融倡议（UNEP FI）支持的蒙特利尔碳承诺倡议，投资者承诺每年衡量并公开披露其上市股权投资的碳足迹。从 2018 年开始，Varma 也支持 TCFD 倡议。FSB 气候相关财务披露工作组（TCFD）将制定自愿、一致的气候相关财务风险披露，供公司用于向投资者、贷款人、保险公司和其他利益相关者提供信息。工作组将考虑与气候变化相关的责任风险和转型风险，以及跨行业有效财务披露的构成要素。Varma 在其所有权政策中还表示，它希望公司就气候变化对公司运营和增长潜力的当前和未来影响进行清晰的评估和报告。报告应涵盖气候变化如何纳入公司治理、战略和风险管理，尤其是在排放密集型行业。通过报告公司设定的目标和指标，可以监控公司的进度。

5.1.3.3 碳中和目标的投资

中国于 2016 年签署《巴黎协定》，成为缔约国之一，随之而来的任务，就是拟订翔实的气候政策，及早推动具体工作。国务院 2020 年 12 月发表了《新时代的中国能源发展》白皮书，揭示了中国长期气候目标：争取在 2030 年前实现碳达峰，2060 年前实现碳中和。若是欠缺大力度的改革举措，实体经济不会自动进行低碳转型，重点行业不会自动实现净零排放。因此，倘要在 2030 年、2060 年达标，必须制订路线图，加速推动电力、交通、建筑和工业的大规模去碳化，实现自身的近零排放，而难以消除的碳排放则由碳汇来吸收。

实现碳中和需要庞大的绿色投资，除了政府会提供一部分绿色引导资金外，其余部分需要民间社会资本的支持，但实现碳中和目标需要完善绿色基础建设，其投资金额极为庞大，背后的低碳技术也有待开发。因此，需要正确认识实现碳中和所需要的投资量、投资机会的盈利性，以及回报率的预期。

实现气候目标所需要的累计投资金额依目标高低而定，要实现《巴黎协定》的目标把全球温升控制在工业革命前的 1.5℃ 内。以实现 1.5℃ 目标而言，依据经济学家测算，光是从 2020 年到 2030 年这十年期间，需要的累计新增投资就高达 10 万亿美元。如果把时间延长到《巴黎协定》所预设实现气候目标的 2050 年，需要的累计新增投资可能是 10 万亿美元的几倍，甚至几十倍。对于中国实现碳中和所需的绿色低碳投资，许多专家和机构也做了测算，但因预设情境不同，测算数字也不尽相同。例如，依据《中国长期低碳发展战略与转型路径研究》的估测，至 2050 年为止，实现 1.5℃ 目标导向转型路径需要的累计新增投资额大概是 138 万亿元人民币。依据中国投资协会和落基山研究所《零碳中国绿色投资》的测算，在碳中和的愿景下，中国 2020～2050 年在绿色基础建设方面的投资大概需要 70 万亿元人民币。因此，从各方测算看，未来 30 年内，中国实现碳中和所需的绿色低碳投资规模，应该在 100 万亿元人民币到数百万亿元人民币之间。换言之，为了实现既定的气候目标，涉及庞大的成本。实体经济低碳转型所需的绿色投资，是用来驱动各种减排项目：从家庭式节能电器、小型提能效方案，到低成本风电、小型水电，乃至于高成本风电、捕碳封存技术等。

部分投资者把投资绿色项目视为善行，宣称"做好事有好报"（doing well by doing good）。为了研究绿色投资能否义利并举，需要先了解绿色经济转型背后涉及的碳成本线，在此由极具启发性的荷兰案例来做解析。荷兰能源研究中心所测算的碳成本线，意指该国以最具成本效益的技术来降低碳排放量时，所需要的成本。该国气候政策以 1990 年为基准年，拟在 2050 年达成减排 95% 的目标。为实现目标，荷兰能源研究中心把可行的低碳技术分成六类（见图 5-1）：生物质能 & 碳捕集/封存、节能、降低 CO_2 以外的温室气体排放、核能、可再生暖气及电力和其他。各区块代表一种低碳投资，其面积代表该投资所能降低的温室气体量（以每年 10 亿吨为单位计），其高度代表减排成本（以每吨计）。

值得注意的是，图中有一条粗黑的零成本线（zero-cost line），在这条线左下方区块所表明的，是无须改变现有政策就可盈利的投资项目，其中包括小型提能效项目、家庭式节能电器项目、低成本风电项目等。另外，这条线上方区块所表明的，是净成本大于零的投资项目，亦即其投资成本大于投资收益。对这些项目而言，只有当其所降低的碳排量被奖励时，它们才具有竞争性，而相关的奖励政策包括政府直接补贴及碳排放交易市场的碳定价。特别是，这条线上方最右边灰色区块里的项目，其盈利性需要高碳价奖励的保证和支持，而所涉碳价从每吨 220 欧元到 380 欧元不等。

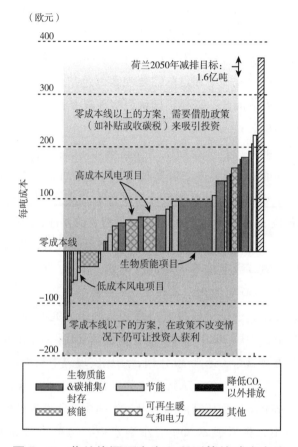

图 5 - 1 荷兰能源研究中心所测算的碳成本线

资料来源：荷兰能源研究中心。

　　这条线最左侧下方显示的，是已经盈利的减排案例，如前所述的小型提能效项目，它们能带给投资人市场回报率。但是，如果荷兰拟在 2050 年以前实现减排目标，则必须推动零成本线以上的能源项目，如使用捕碳封存技术、开发高成本风电项目等，而它们可能盈利不佳，甚至完全无法盈利。当然，使项目获利的一个方法是把图中的零成本线往上拉，通过补贴、碳定价或法令法规等措施，让项目都能盈利，以吸引投资人参与。毋庸置疑，这涉及庞大的补贴，以及对碳排放收取高价。

　　企业碳排放是经济学里典型的外部效应，而且是负面外部效应。此时，市场上的价格机制失调、企业的运营成本未能充分反映它对世界产生的负面影响。补贴和征税是解决外部效应的办法，也形成碳中和目标下的补贴激励和碳定价机制。但是，因为涉及实体经济的承受力，不能预期补贴会持续、碳定价能彻底，而在减排成本及效应之间寻求平衡，其本身就是一个动态优化过程。现实世界里存在着多种因素，会阻碍零成本线的上移或持续上移，其中包括经济理由、市场摩擦及诱因分歧等。因此，纵使所有在零成本线以上的项目都能减排、让整体社会受益，但民间投资人却无法从它们盈利。在此背景下，绿色经济转型的投资项目可以依其回报率分成三种：第一种是自动盈利项目，投资人可以从中获得市场回报率；第二种是原本不能盈利、但经由部分补贴可以勉强盈利的项目，投资人可以从中获得低于市场的让步回报率；第三种是不能盈利、也不被补贴的项目，此时投资人不仅无法从中盈利，可能还会亏损。

以上分析表明，绿色经济转型下的投资项目，除了需要市场导向的投资人外，还需要让步投资人及使命导向的投资人。后两种投资人都愿意在财务回报率和绿色绩效之间做出抵让，但抵让额度有所不同。特别是，使命导向的投资人有推动绿色目标的强烈动机，故愿意抵让的回报率最多，甚至不惜以牺牲部分本金的方式来推动世界前行。由财政部、生态环境部及上海市人民政府所形成的国家绿色发展基金，可被视为使命导向资金，由政府引导，推动市场化运作。该基金首期规模 885 亿元，投资重点落在低碳经济转型上，涉及国土绿化、生态修复、清洁能源等。但国家引导资金与实现碳中和目标所需的百万亿元级资金相比，依旧是杯水车薪。此时，社会的公益慈善基金应该承担更多责任，加入政府引导资金的行列，以投资的方式来推动世界前行。至于社会的责任导向资金，如影响力投资资金，致力于以折抵部分回报率的方式来驱动低碳项目，产生社会效益。

5.2　注重社会的投资

5.2.1　投资目的

注重社会的投资，也称为社会责任投资，是一种将社会责任、社会行动和社会影响的要素用于投资决策、风险管理和投资组合分析的投资实践。这种投资可以利用排除、整合、影响或参与方法，是一个涵盖一系列意识形态和实际因素的广义术语，通常被称为以社会为中心的问题、因素或主题（Matloff and Chaillou，2013）。

本书第 2 章讨论了 ESG 的历史，ESG 在很大程度上是由基于信仰的投资所体现的注重社会的投资特征驱动的。基于信仰的投资指一种由对宗教信仰和价值观的坚持所驱动的投资实践。基于信仰的投资者可能包含是机构投资者（天主教捐赠基金）、资产经理（管理牧师退休金的资金经理）或受个人信仰指导的个人投资者。基于信仰的投资者经常使用排除法从投资组合中筛选出违背其信仰的投资。"罪恶股"一词通常是指基于资产所有者的信仰原则而受到限制的投资（Czerwonka，2015）。这些基于信仰的投资者优先考虑他们的投资政策和潜在的投资范围限制，因此，不受其投资组合中任何被排除在外的证券的财务业绩的影响（Trinks and Scholtens，2017）。

5.2.2 投资方法

5.2.2.1 社会责任投资的起源与发展

社会责任投资（Socially responsible investing，SRI）是一种更广泛的投资方法，它基于投资者对社会问题的观点或立场，而不仅仅是基于宗教原则（Junkus and Berry，2015）。与基于信仰的投资者相比，社会责任投资者关注的问题通常涵盖更广泛。这些潜在的争议问题可能包括堕胎、性交易、动物试验、避孕药具、有争议的武器、毛皮、赌博、基因工程、肉类、核能、猪肉（胚胎）干细胞和烟草。

SRI 的首次提出可以追溯到 200 年前，在 18 世纪的美国，卫理公会信徒（Methodists）拒绝参与如酒精、烟草或赌博相关的业务，在宗教教义基础上形成的投资是 SRI 的雏形。19世纪末，贵格派（Quakers）设立了名为 Quakers Friends Fiduciary 的资产管理机构，排除对武器相关的投资，该机构目前仍在管理上亿美元的基金。20 世纪 70 年代，由于种族隔离政策，许多注重社会的投资者将南非投资排除在外。SRI 投资利用伦理和社会标准来选择公司股份构成的投资组合，目标在于考虑长期利益，推动社会的可持续性进步，从而使投资者、企业、社会实现共赢。SRI 投资能够引导企业不断完善组织结构、改进治理方式，通过组织的完善推动企业履行社会责任。

企业社会责任（CSR）是 SRI 的衍生产品，衡量公司的活动和政策在多大程度上使其社区（包括股东和利益相关者）受益。SRI 投资者可能会使用 CSR 测量来将不被认可的公司排除在投资领域之外，或进行整合、参与或影响，以便将社会表现良好的公司纳入投资领域。具有社会责任感的投资者可以将企业社会责任数据视为一种资源，以识别管理风险或提高财务收益的机会，因为已发现企业社会绩效与财务绩效之间存在相关性（Hill et al.，2007）。

SRI 实践的实施范围可能因信仰体系、社会事业和遵守政策而产生差异，文化和地区接受度也直接影响注重社会的投资。一项对丹麦、芬兰、挪威和瑞典等北欧国家的分析导致了这四个国家在社会责任投资实践方面的差异。研究发现，经济开放、养老金行业的规模、男性和女性的文化价值观以及对不确定性的回避与这四个国家的 SRI 差异直接相关（Scholtens and Sievänen，2013）。SRI 已成为机构投资者的一种普遍做法，因为许多机构投资者代表了由共同价值体系或文化聚集在一起的受益人。此类机构投资者激励资产管理公司、顾问和咨询公司采用和实施 SRI（LaMore，Link and Blackmond，2006）。许多机构投资者都有遵守社会责任投资准则的受托责任（Sanders，2015）。

5.2.2.2 社会责任投资的绩效

一些注重社会的投资者可能只是专注于将社会问题或因素作为指标，以增加收益并降低风险。这些投资者可能会利用社会趋势来预测各个行业或部门的收益分布。无论投资者的个人信仰体系如何，这些社会指标都可以作为参考数据来帮助引导投资者。这种注重社会的投资实践为长期价值创造和预防风险提供了卓越的洞察力。

一些注重社会的投资者会根据其对社会的积极影响来审查潜在的投资（LaMore，Link and Blackmond，2006）。这些投资者希望获得两种结果：通过投资获得良好的风险调整收益，并在改善社区和社会群体方面发挥积极作用（Trinks and Scholtens，2017）。也就是说，还有其他注重社会的投资者，通常是慈善基金会和个人，他们优先考虑通过其投资产生积极的社会影响，而不是投资的收益。部分注重于投资社会企业（social enterprise），通过企业的产品和服务来解决社会或环境问题从而获得影响力。此外，社会企业的营运也会带来其他正面收益。如促进当地就业、提高员工成就感等。因此，投资者除了能获得直接的社会效益外，还有社会企业运营产生的间接收益。

学者和投资者经常争论 SRI 投资组合是降低还是提高财务绩效（Filbeck，Krause and Reis，2016）。关于注重社会的投资和传统投资之间的绩效差异，实证研究结果基本是不确定的。然而，大量的长期研究发现，尽管一些整合了 SRI 的投资表现出了出色的趋势，但 SRI 投资与传统投资的绩效之间在统计上没有显著的差异（Rahul，2016）。该数据与社会投资提供较低长期回报的结论相矛盾（Schueth，2003）。例如，实证研究表明，SRI 对冲基金每年的平均绩效都显著优于类似的非 SRI 对冲基金（Filbeck，Krause and Reis，2016）。随着时间的推移，人们观察到，注重社会的股票投资组合与传统股票投资组合的绩效相当，并且通常表现优于传统股票投资组合（Kempf and Osthoff，2007）。原因在于社会影响可能对某些行业及公司的财务业绩产生的积极和消极影响。从历史上看，注重社会的投资者以及社会投资运动，都强调企业责任、问责制、透明度和可持续性（Waddock，2008）。注重社会的投资可以是一种独立的投资实践，也可以与注重环境的投资和注重治理的投资一起实施。

5.2.3　投资实践

5.2.3.1　南非撤资

撤资作为一种影响社会变革的工具，与抗议南非种族隔离运动密切相关。1962 年，联合国通过了一项谴责种族隔离的决议，但大部分西方企业仍照常经营。从 20 世纪 60 年代开始，学生和其他人就试图引起人们对在南非经营的西方公司的关注，并开始了一场推动这些公司离开南非的运动。1977 年，费城的一名牧师，列昂·沙利文（Leon Sullivan）起草了在南非的道德行为准则。这些指导方针后来被扩展成为众所周知的"沙利文原则"（Sullivan Principles），具体规定了现在公认的基本人权：

- 在所有的饮食、休闲和工作设施中不实行种族隔离；
- 平等且公平的雇用惯例；

- 所有从事同等或可比工作的雇员享有同等报酬；
- 发起和开展面向所有人的培训计划；
- 增加管理和监督职位上黑人与其他族裔的人数；
- 改善黑人与其他非白人族裔在住房、交通、学校、娱乐和卫生设施等工作环境之外的生活质量；
- 努力消除妨碍社会、经济和政治正义的法律和习俗。

今天，这看起来像是任何现代公司的基本人力资源政策，但在当时，这些原则与南非政府的政策和法律直接冲突，使公司无法在南非经营。但这些原则为什么重要呢？它们可能只是一个美国社会活动家发表的毫无实权的声明。然而，真正让他们感到压力的是，沙利文实际上是通用汽车公司的董事会成员，而通用汽车公司在南非是最大的雇主（通用汽车于1986年出售其南非业务，1997年，在民主选举之后，它又返回了这个国家）。"沙利文原则"以及来自联合国和其他方面的支持，促使许多股东会议都呼吁退出南非，并向机构投资者施加压力，要求他们减持在南非经营的公司的股份。

到20世纪80年代末，155所美国大学已从捐赠基金的投资组合中减持了活跃在南非的公司。美国各地的州、县、市也剥离了养老基金中南非公司的股份。一些人认为，撤资对其支持者企图帮助的人伤害最大。在南非经营的公司提供了工作岗位，并认为自己在削弱种族隔离制度方面具有一定的影响力。他们辩称，如果他们要离开这个国家，他们的员工将直接受到伤害，公司将失去与现有政府谈判的任何权力，他们赞成"建设性接触"（constructive engagement）的政策。虽然这种说法有一定的道理，但在结束南非种族隔离方面取得的进展微不足道，撤资以及制裁、抵制和内部抗议在很大程度上促成了这一政策的结束。

5.2.3.2 Mercy Health

Mercy Health 组织的使命始于190年前，当时慈悲姐妹会在爱尔兰都柏林的巴戈特街建造了一座房子，以满足穷人的需求。圣路易斯慈悲健康中心由慈悲修女会于1986年成立。如今，Mercy Health 拥有44家医院和数百家门诊设施，每年为中西部四个州的数千人提供护理，并在另外三个州提供外展服务。随着 Mercy Health 的发展和对投资组合更多的关注，该组织投入了更多资源，目标是负责地管理其27亿美元的投资组合，并确保投资组合符合组织的价值观。

2016年，Mercy Health 建立了新的投资组合治理结构；设立专门的投资委员会并重新编写投资政策声明，以反映卫生系统不断变化的风险承受能力和目标。在此过程之后，Mercy Health 确定下一个优先事项是新的、更全面的社会责任投资政策，因为该政策已经10年来没有重新评估过。重新编写前的 SRI 政策非常有限，仅对拥有烟草收入10%或以上的公司发行的证券有限制。投资团队会见了参与卫生系统的两个成员，以确定最符合 Mercy Health 使命和价值观的问题。Mercy Health 当前的 SRI 政策侧重于对 Mercy Health 有重要影响的四个关键问题：

- 人类尊严（人口贩运、人类生命尊严、妇女和儿童权利）；
- 非暴力；
- 管理地球资源（气候、水）；
- 推进优质医疗保健和医疗保健创新。

这些关键问题于 2016 年 12 月获得 Mercy 投资委员会的正式批准。与此同时，投资委员会成立了一个社会责任投资工作组，以监督和管理 Mercy 的责任投资工作。这个任务组由两名投资委员会成员、一名来自卫生系统的医生、一名 Mercy 的成员、一名来自使命和道德部的成员以及 Mercy 的首席财务官组成。该工作组每季度召开一次会议，该社会责任投资委员会批准的建议必须提交给投资委员会进行最终表决才能实施。

投资团队可以灵活地确定最有效的方式来解决 Mercy 的 SRI 政策的四个关键问题中的每一个，同时也优先考虑财务管理的重要性，以使该部门的使命得以永久延续。Mercy 的政策规定，投资团队有权决定如何在所有资产类别中应用该政策。根据资产类型，政策的实施可能会有所不同。鼓励实施的方面包括：负面筛选、ESG 因素整合和影响力投资。这使团队能够选择性地确保一项投资具有有效的社会责任影响，同时还要考虑将对总收益产生的影响。

如今，Mercy 使用 ISS 根据天主教标准（基于美国天主教主教会议的指导）代理投票，并使用 MSCI 筛选对传统股票和固定收益独立账户进行社会责任投资。负面筛选适用于近 30% 的投资组合，使用基于四个关键问题的详细负面筛选标准。这个负面筛选涉及烟草、堕胎和避孕药具、胚胎干细胞研究、成人娱乐以及国防和武器。该筛选使用收入阈值来确定投资组合不能持有的证券。根据 Mercy 的分析，这对业绩的影响微乎其微——大多数经理报告说，这对他们管理的投资组合的影响不到 5%。Mercy 的副总裁表示，随着 Mercy 在许多对社会负责的投资项目中寻求卓越表现，预计投资组合将随着时间的推移继续发展。

5.2.3.3　社会债券

社会债券的概念比较新，这类债券需要一个发行框架，针对资金用途、项目评估、资金管理和披露四类事宜做出明确要求。社会债券与绿色债券有相似之处，但发展速度远落后于后者，第一只绿色债券于 2007 年由欧洲投资银行发行，第二只次年由世界银行发行，但社会债券比它大概晚了 10 年，国际金融公司（International finance corporation，IFC）于 2016 年才开始拟订社会债券框架。这里的落差也凸显了社会问题的复杂性，不仅样貌繁多，项目评估标准也难以量化，才造成其发展比较落后。

2020 年初新冠肺炎疫情暴发，IFC 针对疫情发行了 10 亿美元的社会债券，非洲开发银行发行了 30 亿美元，而这是有史以来面额最大的社会债券。欧洲投资银行以联合国可持续发展目标（SDGs）为影响力目标，针对可负担医疗渠道，用瑞典克朗发行"可持续意识债券"（Sustainability Awareness Bond）。这只社会债券受到欧洲机构投资者的高度青睐，在市场上供不应求。欧洲开发银行协会也针对疫情发行了另一种类型的社会债券——"社会报融债券"（Social Inclusion Bond）。

有关社会债券的资金用途，可以通过 IFC 新发行的 COVID – 19 Social Bond 来说明。这只社会债券发行规模为 10 亿美元，发行期限 3 年，由美国银行、巴克莱银行等多家机构联合承销。参与这次债券认购的投资机构高达 59 家，认购倍数超过 2.5 倍，但最终的发行利率仅比同期限美国国债收益率高出 4.4bp，凸显了市场的认可度。债券的目的是维持就业的稳定性和降低疫情的经济影响，IFC 对此提供了案例解析，指出资金用途。更具体地，这只债券以 SDG3（健康和福祉）及 SDG8（体面工作与经济增长）为框架，将所募资金配置给药物化学、金融中介机构与制造三个行业，以对抗冠状病毒对人类的健康威胁、防护性医疗资源的短缺、维持企业资金平稳与减轻停工后果等问题。特别是，所募资金可投入制造医疗设备的公司，生产口罩、防护衣及呼吸器等设备，也可以投入新兴国家的银行，加强流动性，对小微企业放款。

由国际资本市场协会在 2021 年拟订的《社会债券原则》（Social Bond Principles，SBPs）是一个国际公认的框架（ICBA，2021b）。SBPs 包含四大核心要素：资金用途、项目评估、资金管理和披露，只有满足上述要素，才能被贴上社会债券的标签。SBPs 还建议引入独立外部评审机构，通过验证、认证、评分评级的方式，来完成社会债券的评估，提升社会债券的可信度，在披露方面，ICMA 建议报告披露社会效益项目的类型、相关的联合国可持续发展目标、目标人群、资金使用情况、社会影响力指标等信息。投资者也可以将募集前后披露的信息纳入决策流程，以做出更有效的投资决策。

国内债券市场在疫情发生后，也迅速回应。中国银行间市场交易商协会在 2 月 3 日发布通知，积极支持两类企业的债券注册发行。一类是疫情影响较重地区的行业下的企业，另一类是参与疫情防控的企业，其募集资金主要用于卫生防疫、医药产品制造与采购、科研等相关行业。为提高疫情下资本市场的回应度，相关规定放松了限制：债券所募资金中有 10% 符合以上要求的，就可冠名为"疫情防控债"。例如，九州通医药是湖北省内直接参与疫情防控的企业，已连续发行三期疫情防控债，融资规模达 20 亿元，募集资金中的一部分将用于满足营运资金需求，承担武汉市医疗物资采购、配送等工作。

从资金用途角度看，国内的疫情防控债相当接近 SBPs 定义下的社会债券，但发行人无须针对后续的资金管理、使用及效果做信息披露。主流投资者也并未从投资标准和价值理念层面，将疫情防控债与其他普通债券做差别对待。疫情防控以短期应急为主，在注册发行的便利性方面具有优势，虽然不是完全意义上的社会债券，但确实是一个良好的发展方向。

5.3　注重治理的投资

5.3.1　投资目的

治理是一个广泛的范畴，涵盖整个组织的层次结构和企业的道德监督结构。以治理为重点的投资侧重于公司领导力、薪酬和劳工权利、审计和内部控制以及股东权利等主题。通过评估公司治理，投资者可以深入了解公司的运营情况，而这是通过传统的公司基本面研究和分析无法实现的。注重治理的投资者还会研究治理因素，以深入了解企业公共责任（Aysan et al.，2007）。

以治理为中心的投资者根据治理结构的质量评估公司或政府的证券。这些投资者亲睐表现出良好治理的组织，并认为与治理不善相关的证券风险较高。在安然和世通等公司出现治理丑闻之后，许多投资者更加意识到公司治理对股价的影响（Duffy，2004）。对于投资者和研究人员来说，识别风险溢价因素以及这些因素如何相互作用是一个不断发展的领域。

投资者重点关注的公司治理问题即为代理成本。代理成本——雇用他人来经营你的业务的成本——包括：无能、疏忽、鲁莽；利益冲突以及利益和义务冲突；缺乏透明度；对股东的不公平和不平等待遇；执行委员会与董事会的权力分立不够；董事会的多样性不足，所谓的"群体思维"是一种永远存在的危险。在成熟的西方经济体 2007～2008 年金融危机中吸取了教训之后，每个人都知道或可以发现"好的"公司治理是什么样子的。一些上市公司不遵守公司治理守则的原因各不相同，包括创始人希望保留控制权或者雄心勃勃的 CEO 不愿受制于董事会。

良好的治理特别关注多样性问题，特别是女性在所有机构中的代表性。与人类努力的许多其他领域一样，道德问题确实指向对人类最有益的结果。充分吸纳女性就业意味着为各种企业带来大量聪明的、富有创造性和高效率的员工。承认性别平等的重要性并不新鲜：1979 年的《联合国消除对妇女一切形式歧视公约》（CEDAW）已得到 187 个国家批准。2010 年，联合国大会设立了联合国妇女署，以加快性别平等和赋予妇女权利的进程。但直到最近几年，这个领域才终于得到了应有的更广泛的关注。然而，两性平等仍有很长的路要走。根据世界经济论坛的《2018 年全球性别差距报告》，在全球范围内，性别差距工资水平平均为 32%。在美国财富 500 强公司中，女性占 CEO 总数的 4.8%，中国上市公司该比例为 5.6%，在拉丁美洲 500 强公司中占 1.8%，在欧盟上市公司中占 2.8%，在墨西哥 300 强中占 3%，在印度孟买证券交易所 100 强公司占 4%。性别平等和少数群体的权利不仅是道德要求，而且具有经济意义。重要的是要考虑社会中的所有人才。很明显，如果只关注培养男性的才能而忽视女性的才能，会失去至少一半的可用脑力、创造力和能力。因此，这将是一个严重的疏忽，对社会和企业来说都是一种损失。

5.3.2　投资方法

投资者经常使用公司治理指标来识别公司内部潜在的增长促进因素和阻碍因素。了解公司的治理结构有助于评估公司债务和股权的所有权风险。如果不以牺牲公司的长期可持续性为代价，股东价值最大化可以成为注重治理的投资的主题（Lazonick and O'sullivan，2001）。一个对投资者透明、在流程和政策上清晰、保持相对于公司行业和更广泛市场的最高标准的公司治理结构可降低投资风险。与公司治理相关的风险会对公司的可操作性、消费者认知、盈利能力和可持续性产生负面影响。类似与环境和社会问题相关的公司新闻和事件，与治理问题相关的头条新闻可能对公司的资产价值造成极大的损害。然而，更好的公司治理可以通过更多的融资渠道、更低的资本成本、更好的绩效以及对所有利益相关者的更有利的待遇使公司受益（Claessens，Stijn and Yurtoglu，2015）。

作为研究和分析的一部分，投资者可能会优先考虑许多与治理相关的主题。这些治理主题既可以作为一个整体分析，也可以针对特定问题进行细化分析（Lazonick and O'sullivan，2001）。下面简要讨论其中的一些治理问题。

（1）商业道德。这可能是投资者分析和学术界研究最常见的治理主题。基于治理的投资者可能会评估公司关于潜在争议问题的商业政策和做法，如内幕交易、贿赂和歧视。商业道德本质上是主观的，投资者对道德行为的观点可能存在分歧。商业道德也可能因公司文化和行业而有很大差异。注重治理的投资者检查公司的商业道德，以帮助确定公司在多大程度上表现出积极的治理结构。由于公司的道德和信托性质，商业道德通常也与注重社会的投资相关联。

（2）所有权和利益相关者的反对。注重治理的投资者也可以分析组织的所有权，以确定整体组织架构的特征。这让投资者能够确定当前员工拥有多少公司股份，从而深入了解基于员工的股东增长以及公司的可持续发展。关注治理的投资者可以通过观察一个组织的所有权，理解代理投票和股东决议。评估公司的所有权还可以识别公司的利益相关者，最大的利益相关者群体是拥有最多投票权的股东。因此，注重治理的投资者对股东与公司董事会和管理层的关系很感兴趣。一些利益相关者的反对可能是有利于公司的股权增长（参见股东行动主义），但在大多数情况下，利益相关者的反对会导致组织内部的冲突和动荡，并且可能使公司的消费者产生负面看法。

（3）董事会多元化和管理层多元化。机构投资者可以检查管理团队和董事会，以确定组织的层次结构和公司领导者的组成。投资者可能想确定公司是否与购买其产品和服务的企业和群体保持一致。机构投资者可能会起草政策，通常是以 ESG 整合的形式，要求其在其管理层和董事会中有少数族裔和女性代表的公司中拥有一定比例的资产。此外，一些机构投资者的政策要求他们将一定比例的资产投资于少数族裔拥有的企业（MBE），其中多数股权属于少数族裔，以及女性拥有的企业（WBE），即多数股权属于女性的公司。

（4）劳动管理和劳动实践。注重治理的投资者可能会分析公司如何管理和对待他们的员工。除了采用一个行业或地区内的劳工标准外，投资者可以考虑联合国制定的劳工标准。投资者可以使用政府法规和国家劳动法来衡量公司治理。以治理为重点的投资者可能会检查公司关于特定劳动实践的政策，如工作时间、工作场所安全、医疗保险覆盖范围、退休福利、产假和陪产假、工人条件以及与公司劳动力资源相关的其他问题。

（5）供应链劳工标准。许多投资者不仅仅关注公司的劳工实践，还考虑与公司开展业务的组织的劳工实践标准。这些标准可能以薪酬、安全和工人待遇的形式出现。例如，投资者可能会考察一家总部位于加拿大的技术公司，该公司将电话中心业务外包给一家马来西亚公司，投资者可能会调查这家马来西亚公司的员工如何获得工资和福利。另一个例子可能是一家在秘鲁生产衬衫的德国服装公司。投资者可以评估德国公司整个供应链的劳工管理，并调查秘鲁公司的既定标准，如童工、工作时间和医疗保健。

（6）人力资本开发和薪酬。以注重治理的投资者检查公司的劳动管理、实践和标准时，他们也可能评估公司如何开发其人力资本。这可能涉及分析公司的教育发展和培训计划。它还可能需要对薪酬进行分析，如衡量最低级别员工的工资是否随着通货膨胀或管理层薪酬的增长而增加。投资者可能会发现，拥有公司发展计划的公司比没有此类计划或政策的公司更有利于公司增长（Lazonick and O'sullivan，2001）。以治理为重点的投资者可能会基于人力资本发展和薪酬因素来洞察公司的可持续性和增长。

（7）健康和化学品安全。对许多投资者来说，安全是治理的一个重要方面。员工的整体健康状况对生产力至关重要。投资者可以审查公司关于使用危险设备、危险材料和化学品的工作政策和程序。以治理为重点的投资者可能会调查安全标准如何影响公司的员工、环境和公司运营所在的社区。

（8）产品安全和产品质量。对于许多注重治理的投资者来说，衡量公司产品的安全性也很重要。以治理为重点的投资者可能会从微观角度来了解公司的产品质量与同类竞争产品相比的情况。了解产品质量可以让投资者了解管理团队在消费者市场上定价和营销产品的能力，以及由于产品质量低劣或失效而可能产生的任何风险。

（9）网络安全和数据管理。随着信息成为越来越强大的商业工具，并且此类数据的安全性不断受到恶意威胁，网络安全和数据管理对于注重治理的投资者来说变得越来越重要。网络安全是公司保护安全数据免受病毒等有害风险的方式。网络安全保护非公开信息，如消费者和员工的个人数据和财务信息。以治理为重点的投资者可能会分析公司网络安全和数据管理的相关因素，以便最好地了解公司可能面临的网络风险。

（10）会计准则。会计准则是注重治理的投资者分析的一个关键问题。各国和监管机构之间的会计标准和做法可能有很大差异。公司会计准则和实践可以成为以治理为重点的投资者研究的一个关键尽职调查因素，因为它可能对公司的资产产生重大影响。衡量会计准则和实践对于投资者来说可能是一项艰巨的任务。即使采用了诸如公认会计原则（GAAP）之类的既定标准，但公司仍然可以使用会计措施来操纵收入、债务、现金流和资产负债表的报告（Wahab et al.，2008）。注重治理的投资者可以调查企业的会计准则，以更好地了解公司在使用资源、税收以及应付和应收账款管理等方面的做法。

新机构的出现，加上国际机构通过联合国支持的负责任投资原则、全球指数和国际企业社会责任指南（2016 年 6 月）的形式加强，使投资者成为公司治理的主要变革推动者。公司官僚主义和一些长期问题的存在，导致公司董事会和管理层无法识别其治理结构中的问题。积极的投资者通过股东参与的方法，缩小所有权和控制权之间的差距，进而改善公司治理（Haarmeyer，2007）。

5.3.3 投资实践

基于治理的投资在很大程度上是由大股东的需求和压力驱动的。机构所有权与公司治理有关，因为机构投资者服务的人群持有拥有大量股份（Wahab et al.，2008）。机构投资者在改善公司治理方面发挥着重要作用（Lin, Song and Tan, 2017）。公司治理的变化通常是大股东参与的结果，如机构投资者或大型共同基金（Sarkar and Sarkar, 2000）。大型资产所有者，如主权财富基金，也能够对公司治理问题产生影响，因为它们有能力在公司中持有大量股份，进而影响公司董事会（Rose，2012）。通过以下案例，可以了解大型机构投资者如何进行基于治理的投资。

5.3.3.1 惠灵顿资产管理公司（Wellington Asset Management）

惠灵顿是一家总部位于美国马萨诸塞州波士顿的资产管理公司，惠灵顿通过各种资产类别和策略为散户和机构投资者提供服务。惠灵顿提供了一个很好的例子，说明了资产管理公司如何与一家公司合作，促进其上市董事会的性别多样性。

最近的一些研究已经开始揭示了忽视性别平等会造成多大的经济损失。2015 年，麦肯锡全球研究所（Mchinsey Global Institute，MGI）估计，如果女性实现与男性完全性别平等的情况，全球产出可能会增加四分之一以上。同样，根据普华永道（PwC）于 2016 年进行的研究，经济合作与发展组织（OECD）如果能向瑞典（OECD 国家中女性就业率最高的国家之一）看齐，缩小性别薪酬差距并提高女性就业率，可以增加约 6 万亿美元的 GDP。从国家角度来说，提升女性在劳动力市场的参与程度、创业积极性并推动女性进入薪酬和技术含量更高的工作岗位，将产生可观的收益。

在微观层面，彼得森全球经济研究所（Peterson Institute of Global Economics）对来自 91 个国家的 21980 家公司进行的一项全球调查分析表明，女性担任企业领导职位可能会提高公司业绩。这种相关性可能反映了不受歧视的就业可以带来可观的回报，也反映出女性领导者为企业带来了多元化技能的事实。无论哪种方式，如果女性作为一个整体能更多地参与劳动力市场，企业和社会都会从中受益。为企业引入更多来自少数族裔和不同文化群体的领导者，也可以看到类似的效果。有趣的是，根据《2018 年全球性别差距报告》，该报告对比了女性的政治赋权、经济参与、健康和教育程度，发现一些新兴经济体中的女性加入企业高级管理层的速度与发达国家相同。全球性别差距指数排名前十的国家是尼加拉瓜、卢旺达、菲律宾和纳米比亚。英国排名第 15 位，美国排名第 51 位。然而，惠灵顿公司在新兴市场中小企业的研究中经常发现，被投资企业对性别问题的认识，以及对妇女平等参与的积极影响仍然缺乏理解。这为具有 ESG 意识的投资者创造价值和产生积极影响提供了另一个重要机会。

惠灵顿公司在越南投资了最大的奶制品生产商。该公司曾是一家国有企业，并于 2000 年初被私有化。由一位在 20 世纪 70 年代作为工程师加入公司的女性担任公司领导。与此同时，福布斯将她列为亚洲 50 位最具影响力的女企业家之一。总体来看，女性比男性更关心投资的社会影响。与男性相比，所有年龄段的女性都对社会责任和影响力投资表现出极大的兴趣（根据研究结果，70% ~ 79% 的女性表现出兴趣，而男性则为 28% ~ 62%）。几乎可以推测，女性在劳动力市场中更积极和更平等参与的趋势，将与持续推动资产朝着可持续投资方向发展的趋势并驾齐驱。

惠灵顿认为，董事会通过任命具有广泛观点的合格董事来创造股东价值，这些董事可以就重大战略决策向管理团队提供建议。惠灵顿的立场是，随着公司处理越来越复杂的问题（例如，地缘政治变化、错综复杂的监管、颠覆性技术、激进主义等），多元化的董事会至关重要。作为混合基金的基金发起人，惠灵顿在 2017 年 9 月给当时没有任何女性董事的中型或大型公司发了一封信。这封信要求各公司与惠灵顿合作，这样惠灵顿就能理解公司对董事会多元化的总体做法。惠灵顿承认，性别只是多样性的诸多方面之一，但在信件分发时，他们还没有找到好的数据集，让他们列出缺乏其他形式多样性（如种族、国籍）的公司名单。在这个参与的例子中，惠灵顿使用性别作为与公司就这个问题进行对话的起点，而不仅仅是他们感兴趣的多样性的唯一方面。

以下是惠灵顿在 2017 年 9 月发给各公司的信的内容。惠灵顿首席执行官兼管理合伙人 Brendan Swords 在上面签名。

惠灵顿管理公司是一家投资顾问公司，代表全球客户管理大约 1 万亿美元的资产。我们对持有［公司名称］普通股［数量］股份的客户拥有投资决定权。在我们拥有投资自由裁量权的［数量］股份中，我们对大约［数量］的此类股份拥有投票权。我们写信是为了鼓励解决公司董事会的多元化问题。虽然性别只是多元化的一个方面，但你的公司引起了我们的注意，因为你的董事会中没有一名女性董事。在我们看来，企业通过任命能够深思熟虑地讨论公司战略和方向的董事会来创造股东价值。当董事会选举出高素质、多元化的董事，从不同角度提出见解时，这种辩论就会加强。我们鼓励您考虑尽可能多有技能的候选人。我们不知道每位董事目前给你的董事会带来的各种观点，但从股东的角度来看，董事会中女性的缺席是显而易见的。任何董事会都不应由单一行业的董事组成。因此，虽然一些行业中担任高级职务的女性人数相对较少，但我们通常不会因为董事会找不到合格的女性董事这一说法而动摇。我们希望您能仔细检查董事会的多样性，如果您认为没有必要进行更改，请与我们联系，以便我们能够更好地理解您的考虑。

如果收到这封信的公司没有在这个问题上与惠灵顿联系，也没有在董事会中增加不同的成员，惠灵顿表示，它们将保留在下次年度会议上投票反对这些公司的权利。

5.3.3.2　波士顿共同资产管理公司（Boston Common Asset Management）

性别平等是 ESG 投资所关注的重点，公司董事会和管理层中的性别平等与公司治理密切相关。波士顿共同资产管理公司（Boston Common Asset Management）是 30% 联盟的董事会成员，该联盟倡导将女性纳入公司董事会和管理团队。截至 2017 年，在美国最大的上市公司中，女性占据21%的董事会席位（Catalyst，2018），尽管欧洲的董事会级别统计数据有所改善（部分原因是要求任命女性董事），但女性在全球高管中的代表性仍然严重不足。在更广泛的经济体中，尽管女性的劳动力参与在20世纪下半叶迅速增加，男女之间在就业率、工资、工作和总体经济安全方面仍存在巨大差距（Brurke，2017）。这些事实不仅对那些可能难以取得职业成功的女性个人，而且对经济的健康和福祉都是有影响的。波士顿共同资产管理公司是一家可持续的投资公司，致力于创造有竞争力的财务回报和有意义的企业绩效改善，该公司认为消除女性全面参与经济生活的障碍在财务上是有收益的，可以以更高的生产力的形式带来红利，扩大市场，改善所有员工的工作和生活平衡。作为一家由女性领导的公司，该公司所有行业的投资组合公司中的平等机会和性别平等视为优先事项，并根据一套关于环境、社会和公司治理（ESG）问题的可靠可持续性标准，仔细监控投资组合公司，包括董事会中的性别多样性以及员工和供应商的平等机会政策。

波士顿共同资产管理公司性别平等和包容性的投资方法遵循两个核心原则：

（1）公司需要吸引、发展、留住和激励更丰富、更专业的人才——不仅仅是其中的一半——才能取得成功。

（2）女性和男性在工作场所和家庭生活中不断变化的角色，为每个人在21世纪以不同的方式生活和工作创造了新的期望。最近的许多研究支持这种的观点，例如，在性别或种族和民族多样性方面排名前四分之一的公司更有可能获得高于其国家行业中位数的财务收益（Hunt，Layton and Prince，2015）。

自20世纪90年代中期以来，董事会多样性和女性参与管理一直是ESG研究和参与工作的关键主题。作为综合ESG投资方法的一部分，波士顿共同资产管理公司检查了女性在公司董事会和高级管理层中的代表性。试图了解一家公司是否有鼓励工作场所机会平等和多样性的政策和指导方针，并了解这些政策是如何实施的，然后与公司合作，解决政策中的任何漏洞。作为妇女赋权原则的签署者，将性别平等纳入对公司的整体可持续性评估中。联合国推动了七项承诺，以支持企业、政府和社会的性别平等。

尽管研究表明，有女性担任领导职务的公司往往在一系列可持续性问题表现更好，但很少有公司推动解决女性在领导层中代表性不足的问题。作为积极的投资者，波士顿共同资产管理公司利用其掌握的所有工具来影响公司行为，包括：

（1）在年度股东大会（AGM）上投票并提交股东决议；

（2）与投资组合公司直接就性别平等问题进行对话；

（3）启动公司实践研究并发布基准报告；

（4）与国际上的其他投资者合作，向全世界的公司提出这一关键问题；

（5）通过向监管机构和政府提交证词和公开建议，参与公共政策宣传。

与许多可持续发展问题一样，性别平等无法逐个公司解决。持久的变化需要对整个部门的实践进行改进。为了说明我们的流程，波士顿共同资产管理公司描述了用来鼓励公司提高性别平等绩效的具体方法，包括直接对话、与其他投资者合作以及提交公共政策。投资者可以通过他们的代理投票来传达他们对社会问题的立场，波士顿共同资产管理公司在所有市场的董事会中都对性别多样性持强硬立场。近年来它们提交了一系列股东提案，要求多个公司将多元化纳入每一位董事会范围。所有股东在公司年度股东大会上投票通过决议，是向其他投资者宣传多样性理念以及向管理层施加公众压力的好方法。在许多情况下，公司同意通过扩大其用于确定董事会候选人的资格标准来改进其董事会性别比例，在此基础上，波士顿共同资产管理公司就会撤回该提议并进行谈判。

在无法提交股东提案的国际市场上，近十年来，波士顿共同资产管理公司积极参与日本在性别平等方面的研究，探讨他们如何创建基础设施以支持女性的职业道路。缺乏足够灵活的工作时间表和护理设施被认为是增加日本和亚洲其他地区职业女性的主要障碍。看到越来越多的日本公司加入女性赋权原则（WEP），以学习全球同行的做法。2017 年，波士顿共同资产管理公司启动了一次关于性别平等的对话，重点讨论了八家美国公司：巴克斯特制药公司、皇冠城堡国际公司、CME 集团、莫霍克工业公司、默克公司、甲骨文公司、北方信托公司和 Zimmer Biomet 公司，使用 WEPs 作为框架，要求公司披露他们是如何确保一个健全的制度来维护所有员工的平等机会的，包括：

（1）董事会层面的监督：是否有董事会成员或董事会委员会负责监督公司在性别平等方面的表现？

（2）薪酬差距：是否考虑、监督和衡量性别差距——这些是否反映在总薪酬中？

（3）目标和指标：是否有全公司范围的举措来确保所有员工的健康、安全和福祉（他们是否会随着时间的推移跟踪这些举措的绩效量化指标）？

（4）教育、培训和指导：公司内女性和其他少数群体有哪些教育、培训和职业发展机会？

（5）WEP：他们是否会考虑支持女性赋权原则的声明？

波士顿共同资产管理公司追求各种支持性别平等的战略，下一阶段的工作重点将是鼓励公司系统地收集和发布有关其成功实现既定目标的数据。

波士顿共同资产管理公司是 30% 联盟的董事会成员，该联盟是一家全国性非营利组织，致力于提高上市公司董事会的性别和种族多样性。该联盟负责一项针对美国最大的上市公司的多年提议活动，这些公司的董事会中没有女性代表。自该联盟于 2012 年 1 月发起运动以来，已有 150 多家美国公司任命了至少一名女性担任董事会成员。2016 年，政府责任办公室估计，即使未来任命同等数量的女性和男性，也需要 40 多年才能实现董事会的性别平等。

波士顿共同资产管理公司认为政策是一个重要工具，可以帮助提高上市公司注重社会问题的紧迫性，以解决缺乏多元化董事会和高级管理团队的问题。公司更多地披露其招聘流程可以帮助投资者衡量绩效并区分领先者和落后者。为了帮助解决这个问题，波士顿共同资产管理公司以独立和合作的方式向 EEOC（平等就业机会委员会）和 SEC（证券交易委员会）提交了信件，鼓励改进多元化指标的披露。在日本等地，波士顿共同资产管理公司使用了 2015 年实施的监管指导来制订目标，以增加各级管理层（管理层、高级管理人员和董事会）

中的女性人数。波士顿共同资产管理公司寻求更好地披露其提名董事的性别构成；他们在领导团体中实现更广泛的多样性的计划；以及按性别和工作类别划分的员工收入和工作时间数据。

随着公司对工作场所的平等做出更有力的承诺，波士顿共同资产管理公司对性别平等的态度也在不断演变，以包括新出现的问题。在北美和其他市场继续专注于增加企业最高层的女性领导者数量，同时创造有利环境，支持女性在经济各个层面的更多参与。这些任务因被投资公司的文化和社会政治背景而异，在亚洲的参与致力于解决对女性的性骚扰问题，从孟加拉国服装厂的工人到印度的金融服务业雇员，再到在日本工作的化学家。作为促进《联合国商业和人权指导原则》工作的一部分，波士顿共同资产管理公司询问被投资公司如何解决性骚扰、歧视以及与供应商的薪酬差距问题。

通过与30%联盟的合作，波士顿共同资产管理公司继续关注女性领导者中的"需求方"——鼓励公司扩大候选人库，并在寻找具有不同背景的潜在董事会成员时更加慎重。波士顿共同资产管理公司在2018年开展了一项调查，跟踪利用代理人投票反对所有男性董事会的投资者人数，以此支持联盟的工作。该调查还将追踪除了性别多样性之外，有多少投资者明确承诺在董事会层面支持种族多样性。波士顿共同资产管理公司认为推进性别平等是每个人——男人和女人——都应该解决的问题。世界银行的研究表明，消除对女性工人的歧视可以在全球范围内提高40%的生产率（Cuberes，David and Mark Teignier Baque，2011），这一结果对工人、公司和投资者都有好处。

作为一个投资跨越多个国家、文化和语言的全球投资者，波士顿共同资产管理公司致力于营造一个多元化和包容性的工作环境，该公司认为促进多样性符合的可持续投资方法，符合成为负责任企业的目标，对于在被投资公司实现积极的环境、社会和治理改善至关重要。通过与公司进行对话、使用代理投票、提交股东决议，以及与其他投资者合作，波士顿共同资产管理公司继续鼓励被投资公司提高性别平等的透明度，并积极发现和解决阻碍女性参与的结构性障碍。

5.3.3.3 政府与注重治理的投资

政府也可以通过法规或倡议，在鼓励或执行公司治理方面发挥作用。新兴市场投资的一个特性是成熟市场投资所不具备的，由于该国治理标准的改善，股票可能会全面上涨，也就是说一个国家的风险溢价有下降的机会。在所有其他条件相同的情况下，一国风险溢价的降低往往会推高其所有公司的股价。投资者对这些可能性进行分析并计算概率，正如寻找企业投资时那样，投资者不会投资一家经营不善的公司，除非股东的压力很有可能会导致实际的改革，而不仅仅是改革的承诺。大型机构投资者对董事会和其他投资者有一定的影响力，可以利用这些影响力推动被投资公司的治理改革，但投资者对政客、政党或派别没有太大的直接影响。然而，投资者可以试图了解该国的政治动态以及改革压力的强度，以便能够评估该国在投资时间范围内进行重大改革的机会。

治理改革有两个维度——国家层面的"宏观"维度和企业层面的"微观"维度。两者都是创造价值的。宏观改革通过改善营商环境创造价值。它可能涉及几个要素：腐败减少；加强产权和法治；更好地遵守国家税法；薪酬更高、能力更强的公职人员；增加基础设施预算；更公平、更严格的监管；更稳定的价格。公司层面的微观改革通过使公司对现有和潜在客户、员工和投资者更具吸引力，从而为公司股东创造价值。通过这样做，它创造了就业机会，为当地社区带来了更多的资金，并扩大了经济规模。

每个新兴市场都是不同的。各自遵循自己的发展和改革模式。但投资者发现，在遭受腐败、贪污和不称职政府统治的国家中，改革的压力始终存在。改革实施的速度显然会影响市场重新评级的时机，总的来说，投资者在改革方案公布后最好耐心等待。然而有时当普通民众对改革的渴望强烈时，它会以惊人的速度发生。

第 6 章　金融市场与 ESG

学习目标：

- 认识当前不同金融机构、金融市场、产品的 ESG 投资趋势。
- 总结 ESG 投资在发达市场和新兴市场投资中的作用。
- 对 ESG 投资的潜在未来进行理论分析：发达市场、新兴市场、资产类别。
- 分析投资者将 ESG 投资纳入主要资产类别的方法。

ESG 投资逐步成为金融市场焦点，可持续投资资产规模逐渐扩大，要理解这些投资和潜在的未来创新，我们需要对金融体系有一个基本的了解。重要的是，要了解有哪些参与者：投资者、发行人和金融中介；它们存在的根本原因；几类不同的机构；以及它们目前提供的服务和产品的范围，从而理解它们在 ESG 中扮演的角色。通过这一章，读者应该对当前 ESG 投资策略的整合水平有一个全面的了解。

6.1　金融机构概述

6.1.1　商业银行

我们的出发点是了解基本的银行职能，这些服务已经从古老的支付转移和财富管理形式演变了几千年。随着工业革命的到来，社会开始将越来越多的可以用于生产的过剩产品收集起来；随着这些盈余的增加，银行也在为了找到将这些盈余和额外的资金相匹配的最有效的方式而不断发展。随着时间的推移，银行的形式发生了巨大的变化，因此，银行产品的范围不断扩大。银行不断调整其经济角色来适应时代的发展；从本质上讲，银行体系提供了一种重要的经济功能，向拥有过剩资金的人支付回报，并为需要的人提供资金。在一个简单的社会中，理论上，贷方可以直接向借款人提供资金，而不需要第三方的"中介"；但是，对于借款者来说，寻找有资金的人来借款是有成本的，与此同时，那些有贷款或投资资金的人需要花时间寻找那些有投资想法的人也存在成本。其次是信用质量问题：如何区分风险的高低？一旦贷款人和借款人找到对方，就必须商定并拟订合同条款，付款方式是什么，付款频率是多少？所有这些步骤都需要时间和专业知识。为了解决这些问题，银行和其他机构提供的金融中介，它们在几个世纪以来蓬勃发展。

商业银行是最主要的存款性金融机构。早期的商业银行是指接受活期存款，并主要为工商企业提供短期贷款的金融机构。但现代意义上的商业银行已经成为金融领域中业务最广泛、资金规模最雄厚的存款性金融机构。商业银行既是资金的需求者，又是资金的供应者，几乎参与了金融市场的全部活动。作为资金的需求者，商业银行利用其可开支票转账的特殊性，大量吸收居民、企业和政府部门暂时闲置不用的资金，还可以发行金融债券、参与同业拆借等。作为资金的供应者，商业银行主要通过贷款和投资来提供资金。此外，商业银行还能通过派生存款的方式创造和收缩货币，对整个金融市场的资金供应和需求产生巨大的影响。银行作为金融中介机构具有以下重要的关键因素：

- 金融中介——拥有过剩资金的个人和企业寻求从这些资金中获得回报，而借款人需要为各种目的筹集资金；银行在满足这些需求方面发挥了作用。这些中介也在时间维度提供了解决问题的办法：存款人出于各种原因可能希望随时提取资金，而贷款通常有固定的期限；银行提供了满足这两类客户需求的功能。

- 分散投资——如果没有金融中介，投资者，尤其是那些资金较少的投资者，将很难通过分散投资于不同资产来降低风险，现代银行在它们的"金融超市"里提供种类繁多的产品。

- 信息和合同效率——银行可以雇用和培训专家进行必要的尽职调查，以评估投资并签订有效的合同，个人不太可能靠自己发展这些技能。

- 支付——据估计，95% 的现金以电子输入的形式存在于金融机构，这证明了银行作为支付转移和记录保存中心的作用是有用的。

- 安全性——比起把现金塞在床垫里或把黄金埋在后院，大多数人认为把资金放在金融机构是更安全的。

- 成本节约：规模经济和范围经济——随着银行为交付金融产品建立了基础设施，处理给定交易的边际成本已经大大降低。由于银行规模带来的监管负担不断增加，可能存在规模不经济的争议，但总体而言，对大多数金融业务来说，规模经济似乎是积极的；值得注意的是，银行贷款是企业融资的主要来源，在美国比股票和债券重要，在其他国家甚至更为重要。"范围经济"指的是追求并行业务的效率，通过在不相同的活动中使用专门知识或共同管理费用节省开支。例如，为一项资产起草合同条款的经验可能会对为另一项资产起草合同条款产生好处。在一个市场发展起来的关系可能有助于开拓第二个市场。

在银行持续发展的业务中，面临着多种多样的风险：

- 信用风险——如果有很大比例的借款人拖欠贷款，银行就会蒙受损失。

- 利率风险——银行的负债（存款）通常是短期的，而它的资产（贷款）是长期的。如果利率上升，银行将不得不为存款支付更多的利息，但可能无法提高所有贷款的利率。

- 交易风险——银行拥有自营柜台，为自己的账户承担交易风险。它们还经常获得出售给银行客户的金融产品清单。因此，这些交易头寸在不同市场的不利变动中面临风险。

- 操作风险——商业银行面临的操作风险与其他风险相比具有多样性和内生性的特点，其产生的根源主要是内部员工、操作程序、科技信息系统等在银行可控范围内的内生风险，其次是由自然灾害、恐怖袭击等外部事件引起的损失。在我国，商业银行操作风险主要表现在：员工不遵守规章制度失职；内部操作流程不完善、内外勾结作案；内部科技系统存在漏洞、信息泄露；产品合同存在缺陷导致问题纠纷等；自然灾害、交通事故、外包商不履责等引发的外部事件。例如，著名的某银行案例：股东大会被大股东操纵，完全没有发挥科学决策和民主决策的作用，监事会中的 4 名职工监事均为某银行中高层管理者，也完全不能发挥检查监督的作用。某银行员工曾数次违规放贷。2015 年，某银行北京分行向某县某民用煤储售煤场发放 2 亿元的贷款，然而在发放贷款前，当时的业务经理既没有认真审核用款企业的信用等级以及提交的虚假资料，也没有进行尽职调查及身份和权限核实便发放了这笔贷款。贷款发放后，该煤场仅归还了该银行部分利息，至今没有偿还 2 亿元的本金。此类层出不穷的操作风险事件是使某银行走向破产的导火索。

中国市场是间接融资比例高，银行体系发达，在市场上的影响力大。商业银行是 ESG 的后来者；在中国，银行体系影响力大，特别是银行纷纷成立理财子公司之后，会对市场产生很大的影响。商业银行应更为积极履行社会责任，全面、主动运用 ESG 原则，指导各项资产业务发展，通过金融资源配置引导企业关注环保、社会责任履行和公司治理完善。债券承销发行、并购财务顾问、资产证券化是商业银行投行的重点业务。在这些重点优势业务领域，商业银行投行可以尝试引入 ESG 评价原则，做好客户筛选和项目准入。

商业银行在 ESG 中起到关键的作用。例如，能遵循义利并举、寓义于利的原则，可以在实现各项业务健康发展的同时，积极向社会传达勇于承担社会责任的明朗态度。

案例研究：

ESG 在商业银行的应用案例中，工商银行、兴业银行、华夏银行走在前列。2017 年 7 月，工商银行发布了首个由金融机构建立的 ESG 绿色评级体系和指数研究。从 2007 年开始，兴业银行分别从对公和对私两个角度致力于绿色金融产品和服务的深度开发。2008 年，兴业银行成为亚洲新兴市场第一家"赤道银行"。2019 年，华夏银行开始全方位推进 ESG 理念。2019 年 3 月 19 日，华夏银行资产管理部正式成为国内首家联合国负责任投资原则（PRI）组织的商业银行资产管理机构成员。目前我国商业银行都在 ESG 领域做了各自的探索和努力，但主要工作举措主要集中在绿色金融和理财产品领域，距离将 ESG 原则运用到各项银行业务还有很长的路要走。

6.1.2　投资银行

投资银行是资本市场上从事证券的发行、买卖及相关业务的一种金融机构。最初的投资银行产生于长期证券的发行及推销要求，随着资本市场的发展，投资银行的业务范围也越来越广泛。目前，投资银行业务除了证券的承销外，还涉及证券的自营买卖，公司理财、企业购并，咨询服务、基金管理和风险资本管理等。一方面，投资银行是需要资金的单位，包括为企业和政府部门提供筹集资金的服务；另一方面，投资银行充当投资者买卖证券的经纪人和交易商。在当今世界，投资银行已成为资本市场上最重要的金融中介机构，无论是在一级市场还是二级市场上都发挥着重要作用。投资银行在不同的国家有不同的称呼，在美国称为投资银行或公司，在英国称为商人银行，在日本称为证券公司，等等。在我国，目前一些比较规范的证券公司就是我国的投资银行。

投资银行有两个基本功能：对于需要资金的公司和政府实体，投资银行提供一系列的服务来帮助筹集这些资金；对投资者而言，投资银行在营销金融服务和产品时扮演经纪人和交易商的角色。虽然它们的职能有所不同，但一些最大的金融控股公司有附属机构，即商业银行和其他附属机构，那就是投资银行。一些投资银行是只专注于一项业务（如并购）的小型投行；其他银行，特别是具有分销能力的大型投资银行，能提供各种各样的服务，例如：

- 证券公开发行。
- 交易。
- 私人配售。
- 证券化。
- 并购。

证券承销是投资银行最本源、最基础的业务活动。投资银行承销的职权范围很广，包括该国中央政府、地方政府、政府机构发行的债券、企业发行的股票和债券、外国政府和公司在该国和世界发行的证券、国际金融机构发行的证券等。投资银行在承销过程中一般要按照承销金额及风险大小来权衡是否要组成承销和选择承销方式。通常的承销方式有四种：

第一种：包销。这意味着主承销商和它的辛迪加成员同意按照商定的价格购买发行的全部证券，然后再把这些证券卖给它们的客户。这时发行人不承担风险，风险转嫁到了投资银行的身上。

第二种：投标承购。它通常是在投资银行处于被动竞争较强的情况下进行的。采用这种发行方式的证券通常都是信用较高、颇受投资者欢迎的债券。

第三种：代销。这一般是由于投资银行认为该证券的信用等级较低、承销风险大而形成的。这时投资银行只接受发行者的委托，代理其销售证券，如在规定的期限计划内发行的证券没有全部销售出去，则将剩余部分返回证券发行者，发行风险由发行者自己负担。

第四种：赞助推销。当发行公司增资扩股时，其主要对象是现有股东，但又不能确保现有股东均认购其证券，为防止难以及时筹集到所需资金，甚至引起该公司股票价格下跌，发行公司一般都要委托投资银行办理对现有股东发行新股的工作，从而将风险转嫁给投资银行。

近二十年来，投资银行业跻身于金融业务的国际化、多样化、专业化和集中化之中，努力开拓各种市场空间。这些变化不断改变着投资银行和投资银行业，对世界经济和金融体系产生了深远的影响，并已形成鲜明而强大的发展趋势。

多样化：20世纪六七十年代以来，西方发达国家开始逐渐放松了金融管制，允许不同的金融机构在业务上适当交叉，为投资银行业务的多样化发展创造了条件。到了80年代，随着市场竞争的日益激烈以及金融创新工具的不断发展完善，更进一步强化了这一趋势的形成。如今，投资银行已经完全跳出了传统证券承销与证券经纪狭窄的业务框架，形成了证券承销与经纪、私募发行、兼并收购、项目融资、公司理财、基金管理、投资咨询、资产证券化、风险投资等多元化的业务结构。

国际化：投资银行业务全球化有深刻的原因，其一，全球各国经济的发展速度、证券市场的发展速度快慢不一，使投资银行纷纷以此作为新的竞争领域和利润增长点，这是投资银行向外扩张的内在要求；其二，国际金融环境和金融条件的改善，客观上为投资银行实现全球经营准备了条件。早在20世纪60年代以前，投资银行就采用与国外代理行合作的方式帮助该国公司在海外推销证券或作为投资者中介进入国外市场。到了70年代，为了更加有效地参与国际市场竞争，各大投资银行纷纷在海外建立自己的分支机构。80年代后，随着世界经济、资本市场的一体化和信息通信产业的飞速发展，昔日距离的限制再也不能成为金融机构的屏障，业务全球化已经成为投资银行能否在激烈的市场竞争中占领制高点的重要问题。

专业化：专业化分工协作是社会化大生产的必然要求，在整个金融体系多样化发展过程中，投资银行业务的专业化也成为必然，各大投资银行在业务拓展多样化的同时也各有所长。例如，美林在基础设施融资和证券管理方面享有盛誉、高盛以研究能力及承销而闻名、所罗门兄弟以商业票据发行和公司购并见长、第一波士顿则在组织辛迪加和安排私募方面居于领先。

中国的投资银行业务是从满足证券发行与交易的需要不断发展起来的。从中国的实践看，投资银行业务最初是由商业银行来完成的，商业银行不仅是金融工具的主要发行者，也是掌管金融资产量最大的金融机构。20世纪80年代中后期，随着中国开放证券流通市场，原有商业银行的证券业务逐渐被分离出来，各地区先后成立了一大批证券公司，形成了以证券公司为主的证券市场中介机构体系。在随后的十余年里，券商逐渐成为中国投资银行业务的主体。故本章之后使用证券公司指代投资银行。但是，除了专业的证券公司以外，还有一大批业务范围较为宽泛的信托投资公司、金融投资公司、产权交易与经纪机构、资产管理公司、财务咨询公司等在从事投资银行的其他业务。

中国的证券公司可以分为三种类型：第一种是全国性的；第二种是地区性的；第三种是民营型的（如华兴资本、易凯资本、绿桥资本、汉能投资、贝祥投资等）。全国性的证券公司又分为两类：一是以银行系统为背景的证券公司；二是以国务院直属或国务院各部委为背景的信托投资公司。地区性的证券公司主要是省市两级的专业证券公司和信托公司。以上两种类型的证券公司依托国家在证券业务方面的特许经营权在中国证券公司业中占据了主体地位。民营型的证券公司主要是一些投资管理公司、财务顾问公司和资产管理公司等，它们绝大多数是从过去为客户提供管理咨询和投资顾问业务发展起来的，并具有一定的资本实力，在企业并购、项目融资和金融创新方面具有很强的灵活性，正逐渐成为中国证券公司领域的又一中坚力量。

中国现代证券公司的业务从发展到现在只有短短不到十五年的时间，还存在着诸如规模过小、业务范围狭窄、缺少高素质专业人才、过度竞争等这样那样的问题。但是，中国的证券公司业正面临着有史以来最大的市场需求，随着中国经济体制改革的迅速发展和不断深化，社会经济生活中对投融资的需求会日益旺盛，国有大中型企业在转换经营机制和民营企业谋求未来发展等方面也将越来越依靠资本市场的作用，这些都将为中国证券公司业的长远发展奠定坚实的基础。

ESG 投资的最终标的是符合 ESG 投资理念的企业。证券公司往往通过承销或投资绿色债券、绿色公募、绿色专户、绿色股权投资等产品或服务践行 ESG 投资理念。作为投行、券商和银行可参与证券承销的机构和交易中介，可以利用自身在投融资活动中的特殊地位发挥影响力，推动客户、投资标的乃至全社会一起践行 ESG 原则与理念。这些机构可借鉴国际领先同业的经验，在多个业务领域融入 ESG 要素，具体来讲：

● 扩大绿色债券产品供给，提升产品创新能力。提供社会责任债券、碳金融等更为多样化的绿色金融产品及投资机遇；推动发行绿色国债，推动国内绿色债券市场基准价格的建立；推动优化绿色地方政府专项债，扩大绿色债券产品的市场份额；加大对"碳中和债"的支持力度，鼓励高碳企业向低碳化转型；引入更多国际机构到我国发行绿色熊猫债。

● 在股票与债券的发行承销业务、并购及融资业务中，可加入 ESG 标准，依据发行主体或并购标的在 ESG 方面的评分实行差别化定价，由于 ESG 评分往往与发行主体的财务风险成反比，投行在推介过程中可披露甚至强调发行主体的 ESG 评分，引导市场实现差别化定价，影响发行主体的融资成本。此外，对于 ESG 表现特别差的企业，也可设立"负面清单"，拒绝为此类发行主体承销股票或债券。此类安排将迫使相关发行主体改善它们的 ESG 实践，是投行发挥其社会影响力、推动 ESG 原则与理念的重要手段。

● 在投研方面，股票分析师在做股票评级和推荐时，可加入公司的 ESG 风险评估，并在研究报告中提供公司的 ESG 评级，以帮助投资者更全面地审视该股票的投资价值和风险。强化分析师在环境气候相关领域的风险分析能力，为客户提供可靠的数据分析与投资建议。

● 在融资融券、股权质押和开展业务中，可根据融资标的的 ESG 评级确定融资成本、杠杆比率等，这不但有利于投行控制自身的业务风险，也是推动 ESG 实践的另一途径。

案例研究：

根据《中国责任投资年度报告 2021》，在中国证券监督管理委员会《证券公司名录》公布的 140 家证券公司中，有 32 家公司在此次的证券公司评估中至少获得了 1 分，占证券公司总数的 22.9%。这 32 家开展了责任投资实践的证券公司的平均得分为 2.72 分。共有 3 家证券公司被评为"领先者"，2 家公司被评为"进阶者"，3 家公司被评为"行动者"，24 家公司被评为"起步者"。

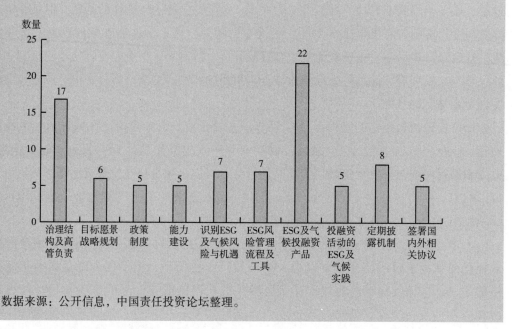

数据来源：公开信息，中国责任投资论坛整理。

目前大多数证券公司在进行责任投资实践的初步阶段，还没有能力披露 ESG 投资规模占比、ESG 资管产品运营情况、ESG 投资战略执行效果等信息。随着市场和社会对责任投资认可度的增加，证券公司进行 ESG 投资实践的比例有望进一步提升。一方面，ESG 作为尚处于新兴阶段的投资理念，虽目前在国内政策环境和市场的推动下已成为热点，但在这一领域证券公司的能力培训投入力度仍较低；另一方面，国内金融机构 ESG 相关信息披露程度和覆盖面仍有待加强，可能有部分机构已投入资源对员工进行内部培训，但尚未总结或公布披露。

6.1.3 保险公司

保险公司包括人寿保险公司及财产和灾害保险公司。人寿保险公司是为人们因意外事故或死亡而造成经济损失提供保险的金融机构。财产和灾害保险公司是为企业及居民提供财产意外损失保险的金融机构。保险公司的主要资金来源于按一定标准收取的保险费。一般地说，人寿保险具有保险金支付的可预测性，并且只有当契约规定的事件发生时或到约定的期限时才支付的特征，因此，保险费实际上是一种稳定的资金来源。这与财产和灾害保险公司不同，财产和灾害事故的发生具有偶然性和不确定性。它们之间的差别决定了其资金运用方向的不一致。人寿保险公司的资金运用以盈利性为目标，主要投资于高风险、高收益的证券，如股票等，也有一部分用作贷款。因此，人寿保险公司是金融市场上的主要资金供应者之一。财产和灾害保险公司的资金运用以流动性为目标，主要投资于货币市场上的金融工具，还有一部分投资于安全性较高的政府债券、高级别的企业债券等。

保险盈利主要体现在以下几个方面。

承保赢利：一个客户一定时期缴纳一次或数次保险费，保险公司将大量客户缴纳的保险费收集起来，一旦发生保险事故，保险公司就支付约定的赔款。如果自始至终保险公司的赔款支出小于保险费收入，差额就成为保险公司的"承保赢利"。例如，大量分散的房屋所有者购买了保险单并且向保险公司支付了保险费，如果保险事故发生，保险人根据保险条款兑现保险责任。对于一些保单的持有者来说，他们因为保险事故的发生而获取的保险金比他所缴纳的保险费高得多，而其他一些人可能因为整个保险期间都没有发生保险事故而根本没有获得赔款。合计下来，保险公司所支付的总赔款要比他们获得的保险费收入少。两者的差额形成费用和利润。

投资盈利：从保险公司收入保险费到保险公司支付赔款之间的时间，保险公司可以将保险基金进行投资赚取利润。投资回报是保险公司利润的重要来源，可以这样说，对于大多数保险公司来讲，投资回报是其利润的唯一来源。例如，保险公司必须支付的赔款超出保费收入的 10%，而保险公司通过投资获得的回报是保费收入的 20%，那么保险公司将赚取 10% 的利润。但是，由于许多保险公司认为投资无风险的政府债券或者其他低风险低回报的投资项目是谨慎的选择，那么控制赔款支出比保险费收入超出的百分比低于投资收益率是非常重要的，因为这样保险公司才不会赔本。通过承保赢利赚钱这种情况在大多数国家的保险行业是非常稀有的，在美国，财产和意外伤害保险公司的保险业务在 2003 年以前的五年中亏损了 23 亿元。但是在此期间的总利润却是 4 亿元，就是由于有投资收益。一些保险业内人士指出保险公司不可能永远靠投资收益而不靠保险业务收入支撑下去。在中国，人寿保险业获取利润的来源主要是一年期及一年期以下的人身意外伤害保险业务，人寿保险的总公司经常通过控制分支机构的赔付率来实现，虽然说投资收益是人寿保险业的利润来源之一，但是由于投资渠道并不十分广阔，而金融环境尤其是投资领域的环境并不十分规范，因此投资收益对利润的贡献不是很可观。在中国，人寿保险业的费用主要靠长期人寿保险来实现。在保险行业中，人寿保险公司每年都能有可观的盈利。

再保险：保险公司为了分散风险，把一些大的承保单位再分保给另一保险公司。接受这一保单的公司就是再保险公司，一般出现在财险中比较多。中国《保险法》规定，保险公司在被核定的保险业务范围内从事保险经营活动，经金融监督管理部门核定，保险公司可以经营分出保险。分入保险的再保险业务。保险公司对每一危险单位，即对每一次保险事故可能造成的最大损失范围所承担的责任，不得超过其实有资本金加公积金总和的 10%，超过的部分，依法应当办理再保险。除人寿保险业务外，保险公司应当将其承保的每笔保险业务的 20% 办理再保险。保险公司需要办理再保险分出业务的，应当优先向中国境内的保险公司办理。

因此，保险公司从保费和投资收益中积累了大量的现金。这些公司将把这些资金投资于一系列适合履行其义务的资产中。优惠资产是中长期的固定收益，可以免税或减税。最大的公司在内部管理资金，但也可能使用外部管理人员。外部管理人员对于规模较小的公司和可能需要特殊专业知识的复杂工具的投资变得更加重要。

我国的保险机构也利用保险资金期限长、社会属性强的特点，在其投资决策中越来越多地考虑 ESG 因素。2018 年，由中国人民银行、中国银保监会等部委共同发布的《关于规范金融机构资产管理业务指导意见》（即《资管新规》）明确资管行业应当遵循责任投资原则与可持续发展的基本理念，将重心放在信息披露、投资者关系与权益保障以及风险控制等重点领域。中国银保监会于 2018 年、2019 年先后发布《保险资金运用管理办法》《保险资产管理产品管理暂行办法》等文件，不断强化保险资金运用规范，规定保险资金投资需承担社会责任，不得直接或间接投资法律法规和国家政策禁止投资的行业和领域，并鼓励保险资管机构在依法合规、商业可持续的前提下，通过发行保险资管产品募集资金，投向符合国家战略和产业政策要求、符合国家供给侧结构性改革政策要求的领域，支持经济结构转型。保险机构不断探索绿色投资新路径，创新具有保险特色的绿色投资方式。保险机构发挥保险资金优势，面向环保、新能源、节能等领域绿色项目，为我国经济向绿色化转型提供融资支持。就具体投资方式而言，保险资金一方面通过债权投资计划、股权投资计划、资产支持计划、私募股权基金、产业基金、信托计划、PPP 项目等形式，直接参与了能源、环保、水务、防污防治等领域的绿色项目投资建设；另一方面，还通过间接投资方式特别是投资绿色债券等金融工具，积极参与绿色金融试验区等绿色金融体系建设，支持绿色金融发展。截至2021 年 5 月末，保险资金通过债权投资计划进行绿色投资的规模达 10547.56 亿元，战略性投资青海黄河水电、中广核、中电核等清洁能源重大项目。在产品创新方面，保险资管机构运用多种模式，发起设立相关产品。在碳中和目标、应对气候变化以及全球可持续发展带来大量长期资金需求的背景下，保险资产业务将迎来了新的投资机遇。银保监会 2021 年发布的《保险资产管理公司监管评级暂行办法》中提到，随着保险资产管理公司在大类资产配置、长期资金管理、固定收益投资等方面影响力逐步提升，监管部门将逐步建立并实施保险资产管理公司的监管评级制度，并根据评级结果采取差异化监管措施，以强化风险管理和合规经营。其中，对于积极服务于国家重大战略、开展 ESG 等绿色投资、对行业发展做出重大贡献的机构，将酌情予以加分。

案例研究：

我国一些领先的保险机构在投资原则、相关投资策略及全投资周期投资评估流程中纳入了环境与气候相关因素，针对不达标的公司实行不投资或撤资，同时运用保险资金积极为绿色项目提供融资支持。例如，2020 年 12 月，国寿资产践行 ESG 投资理念，设立了"中国人寿——电投 1 号股权投资计划"，12.5 亿元募集资金战略增资国家电投集团北京电力公司光伏、风电项目储备开发和并购，是首次以交易所摘牌形式参与国企混改的创新性实践。2021 年 3 月，中国太保在企业社会责任报告中提出，原"战略与投资决策委员会"调整为"战略与投资决策及 ESG 委员会"，为环保、新能源、节能等项目提供融资支持。2021 年 4 月，太平人寿委托太平资产以 22.5 亿元规模成功参与中国核能电力股份有限公司非公开发行股票项目，助力"双碳"目标实现。2021 年 5 月，国寿资产制定《中国人寿资产管理有限公司 ESG/绿色投资基本指导规则》，成为业内首个制定 ESG/绿色投资领域内部指引性规则文件的资管机构。

6.1.4　中央银行

中央银行（Central Bank）是国家中居主导地位的金融中心机构，是国家干预和调控国民经济发展的重要工具。中央银行负责制定并执行国家货币信用政策，独具货币发行权，实行金融监管。中央银行在金融市场上处于一种特殊的地位。它既是金融市场的行为主体，又是金融市场上的监管者。从中央银行参与金融市场的角度来看，首先，作为银行的银行，它充当最后贷款人的角色，从而成为金融市场资金的提供者；其次，中央银行为了执行货币政策，调节货币供应量，通常采取在金融市场上买卖证券的做法，进行公开市场操作。中央银行的公开市场操作不以盈利为目的，但会影响到金融市场上资金的供求及其他经济主体的行为。此外，一些国家的中央银行还接受政府委托，代理政府债券的还本付息；接受外国中央银行的委托，在金融市场买卖证券，参与金融市场的活动。

央行的职能也在不断演进：

由一般货币发行向国家垄断发行转化。第二次世界大战后，各国对中央银行的认识有所深化，从而强化了对它的控制。这大大加快了中央银行的国有化进程，由此实现了中央银行由一般的发行银行向国家垄断发行即真正的发行银行转化。

由代理政府国库款项收支向政府的银行转化。随着中央银行国有化进程的加快，中央银行对国家负责，许多国家的银行法规明确规定了中央银行作为政府代理的身份，从而实现了中央银行向政府银行的转化。

由集中保管准备金向银行的银行转化。进入 20 世纪中叶，中央银行不与普通商业银行争利益，行使管理一般银行的职能并成为金融体系的中心机构，这标志着它向银行的银行转化。

由货币政策的一般运用向综合配套运用转化。中央银行的货币政策离不开一个国家经济发展的总目标，在具体运用中大大加强并注重其综合功能的发挥，即由过去的一般性运用向综合配套运用转化。

各国中央银行的金融合作加强。随着各国商品经济和国际贸易的发展，为保证各国国际收支平衡和经济稳定，各国中央银行为了共同抵御风险，加强金融监管，彼此之间的合作越来越紧密。

ESG 投资理念提出以来，监管部门、各交易所、行业协会等陆续出台政策，在中国 ESG 投资市场机制构建进程中发挥了重要作用。2016 年，中国人民银行、财政部、国家发展改革委等七部门联合发布《关于构建绿色金融体系的指导意见》，在政策推动下绿色信贷加速增长。2017 年，中国人民银行牵头印发的《落实〈关于构建绿色金融体系的指导意见〉的分工方案》（银办函〔2017〕294 号）明确提出，我国要分步骤建立强制性上市公司披露环境信息的制度。根据"三步走"的方案规划，我国于 2020 年底开始实施上市公司环境信息强制披露制度，届时所有境内上市公司将被要求强制性披露环境信息。据中国人民银行统计，截至 2020 年末，全国绿色贷款余额达 11.95 万亿元，在人民币各项贷款余额中占 6.9%。2020 年绿色贷款比 2019 年增长 20.3%，全年绿色贷款新增额达 2.02 万亿元。同年，中小型银行绿色贷款增长较快，比上年分别增长 25.5% 和 22.4%。与此同时，绿色贷款资产质量总体较高。截至 2020 年末，绿色不良贷款余额为 390 亿元，不良率为 0.33%，比同期企业贷款不良率低 1.65 个百分点，比年初下降 0.24 个百分点。大型和中型银行绿色贷款不良率分别为 0.19% 和 0.39%，比年初下降 0.37 个和 0.14 个百分点。

2021 年 8 月，中国人民银行发布国内首批绿色金融标准，包括《金融机构环境信息披露指南》（JR/T 0227—2021）及《环境权益融资工具》（JR/T 0228—2021）两项行业标准。《金融机构环境信息披露指南》旨在规范金融机构环境信息披露工作，引导金融资源更加精准向绿色、低碳领域配置，助力金融机构和利益相关方识别、量化、管理环境相关金融风险。《环境权益融资工具》则明确了环境权益融资工具的分类、实施主体、融资标的、价值评估、风险控制等总体要求，以及环境权益回购、借贷、抵质押贷款等典型实施流程，为企业和金融机构规范开展环境权益融资活动提供了指引。

6.2　金融市场

许多环境、社会和治理（ESG）投资都涉及了公司股票的所有权，无论是单独持有还是以一篮子公司的形式持有。但是这些证券代表什么呢？进行多元化投资组合的理论基础是什么？股票在哪里交易，如何交易？为什么交易所交易基金（ETF）突然受到青睐，它们与共同基金有何不同？ESG 指数和多投资者基金有什么特点？在本节中，我们将寻求这些问题的答案。

6.2.1　股票市场

股票是投资者向公司提供资本的权益合同，是公司的所有权凭证。股东的权益在利润和资产分配上表现为索取公司对债务还本付息后的剩余收益，即剩余索取权（residual claims）。在公司破产的情况下股东通常将一无所获，但只负有限责任，即公司资产不足以清偿全部债务时，股东个人财产也不受追究。同时，股东有权投票决定公司的重大经营决策，如经理的选择，重大投资项目的确定、兼并与反兼并等，对于日常的经营活动则由经理做出决策。换言之，股东对公司的控制表现为合同所规定的经理职责范围之外的决策权，称为剩余控制权（residual rights of control）。但同样地，如果公司破产，股东将丧失其控制权。概括而言，在公司正常经营状态下，股东拥有剩余索取权和剩余控制权，这两者构成了公司的所有权。

股票只是消失掉的或现实资本的纸制复本，它本身没有价值，但它作为股本所有权的证书，代表着取得一定收入的权利，具有价值，可以作为商品转让。但股票的转让并不直接影响真实资本的运动。股票一经认购，持有者就不能要求退股，但可到二级市场上交易。

股票发行的方式一般可分成公募（public placement）和私募（private placement）两类。公募是指面向市场上大量的非特定的投资者公开发行股票。其优点是可以扩大股票的发行量，筹资潜力大；无须提供特殊优厚的条件，发行者具有较大的经营管理独立性，股票可在二级市场上流通，从而提高发行者的知名度和股票的流动性。其缺点则表现为工作量大，难度也大，通常需要承销者的协助，发行者必须向证券管理机关办理注册手续，必须在招股说明书中如实公布有关情况以供投资者作出正确决策。私募是指只向少数特定的投资者发行股票，其对象主要有个人投资者和机构投资者两类，前者如使用发行公司产品的用户或本公司的职工，后者如大的金融机构或与发行者有密切业务往来关系的公司。私募具有节省发行费、通常不必向证券管理机关办理注册手续、有确定的投资者从而不必担心发行失败等优点，但也有需向投资者提供高于市场平均条件的特殊优厚条件，发行者的经营管理易受干预、股票难以转让等缺点。

二级市场（secondary market）也称交易市场，是投资者之间买卖已发行股票的场所。这一市场为股票创造流动性，即使股票能够迅速脱手换取现值。在流动的过程中，投资者将自己获得的有关信息反映在交易价格中，而一旦形成公认的价格，投资者凭此价格就能了解公司的经营概况，公司则知道投资者对其股票价值即经营业绩的判断，这样一个"价格发现过程"降低了交易成本。同时，流动也意味着控制权的重新配置，当公司经营状况不佳时大股东通过卖出股票放弃其控制权，这实质上是一个"用脚投票"的机制，它使股票价格下跌以"发现"公司的有关信息并改变控制权分布状况，进而导致股东大会的直接干预或外部接管，而这两者都是"用手投票"行使控制权。由此可见，二级市场的另一个重要作用是优化控制权的配置，从而保证权益合同的有效性。中国股票有 A、B 股之分，A 股仅限于中国内地居民以人民币买卖；B 股原只限于外国投资者以外币买卖，目前则开放至境内外投资者都可以以外币买卖。

为了判断市场股价变动的总趋势及其幅度，必须借助股价平均数或指数。在计算股价指数时要注意以下四点：①样本股票必须具有典型性、普遍性，为此，选择样本股票应综合考虑其行业分布、市场影响力、规模等因素；②计算方法要科学，计算口径要统一；③基期的选择要有较好的均衡性和代表性；④指数要有连续性，要排除非价格因素对指数的影响。

2020 年底以来，中国责任投资市场在增幅迅猛的基础上再迎跨越式发展。ESG 和责任投资理念进一步融入实践，在股票市场主要以泛 ESG 股票指数体现。根据中国责任投资论坛统计，截至 2021 年 10 月底，A 股在沪深交易所发布的共有 66 只涉及使用环境（E）、社会（S）或公司治理（G）因素筛选成分股的股票指数（统称"泛 ESG 指数"）。其中主要包括 ESG 优选类 23 只，公司治理优选类 6 只，绿色低碳优选类 2 只，节能环保行业类 33 只，扶贫发展主题类 1 只，蓝色经济主题类 1 只。这 66 只泛 ESG 股票指数中，最早成立的是国证治理指数（399322.SZ），成立时间为 2005 年。2008～2020 年，泛 ESG 指数数量稳步上涨，平均每年增加 4 只左右。2021 年，泛 ESG 指数数量增长迅速，新增 11 只 ESG 指数。

- 优选类

"ESG 优选"：同时使用环境、社会和公司治理（ESG）三个因素作为筛选成分股的方法。

"公司治理优选"：使用公司治理因素作为筛选成分股的方法。

"绿色低碳优选"：使用环境因素作为筛选成分股的方法。

- 剔除类

ESG 剔除"：排除环境、社会和公司治理（ESG）表现较差的成分股的筛选方法。

- 主题类

"节能环保行业"：指数成分中全部是以节能环保相关行业为业务的上市公司。

"扶贫发展主题"：以帮扶贫困地区发展为主题筛选成分股的方法。

"蓝色经济主题"：指数成分为与海洋经济相关的上市公司。

在 66 只泛 ESG 指数中，主题类（以筛选节能环保行业或扶贫地区内公司为主要策略类型）指数近年来收益率表现优异，远超优选类指数。但从指数年化波动率来看，优选类指数还是远优于主题类指数。超出一半近三年年化波动率低于对标指数，而主题类指数则年化波动率全部高于对标指数，体现了 ESG 整体优选策略具有更好稳定性的特点。完整信息参见表 6－1。

表 6－1　A 股泛 ESG 指数情况（源自《中国责任投资年度报告 2021》）

名称	对标指数	指数年化收益率（三年）/对标指数		指数年化收益率（一年）/对标指数		年化波动率（三年）/对标指数		年化波动率（一年）/对标指数		类型
深证责任指数	深成指 R	21.93	27.61	-10.06	10.74	22.06	20.81	20.01	12.08	ESG 优选
责任指数	上证指数	6.91	11.73	1.08	10.31	16.65	14.79	15.44	10.52	ESG 优选
国证－CBN－兴业全球基金社会责任指数	沪深 300	15.33	16.96	-3.07	4.68	17.64	17.65	14.38	13.98	ESG 优选
中证财通中国可持续发展 40（ECPIESG）指数	上证 180	9.64	13.28	19.37	5.76	15.22	16.45	14.36	14.25	ESG 优选
国证 ESG 300 指数	沪深 300	18.17	16.96	7.4	4.68	17.96	17.65	16.08	13.98	ESG 优选
央视财经 50 指数	沪深 300	13.97	16.96	-3.92	4.68	17.36	17.65	15.96	13.98	ESG 优选
中小板责任指数	中小板指	22.81	26.49	-4.77	9.11	25.49	23.14	20.91	14.87	ESG 优选
中证财通中国可持续发展 100（ECPIESG）	沪深 300	15.94	16.96	14.4	4.68	15.96	17.65	13.44	13.98	ESG 优选
中证财通 ESG100	沪深 300	18.87	16.96	17.19	4.68	16.16	17.65	13.08	13.98	ESG 优选
央视财经 50 责任领先指数	沪深 300	13.45	16.96	3.7	4.68	16.6	17.65	15.53	13.98	ESG 优选
中证 180ESG 指数	上证指数	15.76	11.73	12.9	10.31	16.27	14.79	13.64	10.52	ESG 优选
中证 ECPIESG80 指数	沪深 300	9.12	16.96	10.7	4.68	14.85	17.65	15.52	13.98	ESG 优选
中证中财沪深 100ESG 领先指数	沪深 300	15.6	16.96	3.85	4.68	17	17.65	11.71	13.98	ESG 优选

续表

名称	对标指数	指数年化收益率（三年）/对标指数		指数年化收益率（一年）/对标指数		年化波动率（三年）/对标指数		年化波动率（一年）/对标指数		类型
中证可持续发展100	沪深300	12.66	4.15	16.41	14.97	16.96	4.68	17.65	13.98	ESG 优选
中证嘉实沪深300ESG领先指数	沪深300	20.92	16.96	11.08	4.68	17.98	17.65	15.32	13.98	ESG 优选
中证ESG120策略	沪深300	13.82	16.96	-6	4.68	17.88	17.65	15.37	13.98	ESG 优选
中银证券300ESG	沪深300	14.93	16.96	4.56	4.68	16.78	17.65	12.92	13.98	ESG 优选
500ESG	中证500	19.02	19.26	13.78	15.37	18.34	19.25	9.1	9.65	ESG 优选
500ESG 领先	中证500	16.35	19.26	9.03	15.37	17.62	19.25	9.53	9.65	ESG 优选
800ESG 领先	中证800	14.74	17.49	3.69	7.04	17.31	17.38	12.93	1179	ESG 优选
500ESG 价值	中证500	15.24	19.26	3.69	15.37	18	19.25	11.53	9.65	ESG 优选
800ESG 价值	中证800	14.03	17.49	1.69	7.04	16.83	17.38	13.17	11.79	ESG 优选
信银 ESG 优选	沪深300	6.26	16.96	-6.27	4.68	16.57	17.65	13.75	13.98	ESG 优选
国证治理指数	沪深300	14.74	16.96	-4.01	4.68	18.71	17.65	19.88	13.98	公司治理优选
深证治理指数 R	深成指R	21.99	27.61	-8.95	10.74	21.7	20.81	21.47	12.08	公司治理优选
上证公司治理指数	上证指数	8.25	11.73	7.85	10.31	15.67	14.79	14.84	10.52	公司治理优选
上证180公司治理	上证180	6.71	13.28	4.99	5.76	16.04	16.45	15.75	14.25	公司治理优选
中小板治理指数	中小板指	26.21	26.49	-6.32	9.11	23.58	23.14	16.5	14.87	公司治理优选
央视财经50治理领先指数	沪深300	13.46	16.96	0.75	4.68	17.2	17.65	15.37	13.98	公司治理优选

续表

名称	对标指数	指数年化收益率（三年）/对标指数		指数年化收益率（一年）/对标指数		年化波动率（三年）/对标指数		年化波动率（一年）/对标指数		类型
上证180碳效率指数	上证180	8.63	13.28	0.16	5.76	1787	16.45	13.96	14.25	绿色低碳优选
沪深300绿色领先股票指数	沪深300	14.19	16.96	4.36	4.68	16.43	17.65	14.13	13.98	绿色低碳优选
泰达环保指数	沪深300	46.39	16.96	88.29	4.68	22.01	17.65	24.06	13.98	节能环保行业
中证内地新能源主题	中证800	67.45	17.49	12529	7.04	28.7	17.38	32.02	11.79	节能环保行业
中证内地低碳经济主题指数	沪深300	55.29	16.96	100.24	4.68	23.11	17.65	25.08	13.98	节能环保行业
上证可持续发展产业主题全收益指数	上证指数	37.09	11.73	60.09	10.31	16.52	14.79	14.73	10.52	节能环保行业
深证环保指数	深成指 R	55.12	27.61	104.54	10.74	30.08	20.81	30.56	12.08	节能环保行业
上证环保产业指数	上证指数	39.2	11.73	72.19	10.31	20.15	14.79	19.37	10.52	节能环保行业
中证环保产业指数	沪深300	45.13	16.96	91.98	4.68	23.28	17.65	22.44	13.98	节能环保行业
中证绿色城镇指数	沪深300	34.95	16.96	56.13	4.68	23.24	17.65	21.54	13.98	节能环保行业
中证智能交通指数	沪深300	17.4	16.96	-1.54	4.68	24.96	17.65	7.34	13.98	节能环保行业
国证新能源指数	沪深300	53.29	16.96	89.03	4.68	25.85	17.65	27.51	13.98	节能环保行业
央视生态产业指数	沪深300	42.95	16.96	62.74	4.68	20.02	17.65	18.21	13.98	节能环保行业
中证环境治理指数	中证全指	3.43	18.79	1.12	9.81	24.1	17.44	23.51	9.28	节能环保行业

续表

名称	对标指数	指数年化收益率（三年）/对标指数		指数年化收益率（一年）/对标指数		年化波动率（三年）/对标指数		年化波动率（一年）/对标指数		类型
国证新能源汽车指数	沪深300	56.24	16.96	96.29	4.68	29.71	17.65	30.92	13.98	节能环保行业
中证新能源汽车指数	中证全指	73.41	18.79	118.33	9.81	31.44	17.44	33.37	9.28	节能环保行业
中证新能源指数	中证全指	67.03	18.79	117.84	9.81	29.23	17.44	33.45	9.28	节能环保行业
国证新能源车电池	中证全指	74.36	18.79	126.62	9.81	34.67	17.44	36.58	9.28	节能环保行业
中证环保产业50	沪深300	51.88	16.96	101.3	4.68	24.08	17.65	25.59	13.98	节能环保行业
中证阿拉善善生态主题100指数	中证全指	3.71	18.79	11.21	9.81	23.53	17.44	21.07	9.28	节能环保行业
中证新能源产业指数	沪深300	58.03	16.96	111.73	4.68	26.55	17.65	28.56	13.98	节能环保行业
中证水务环保专利50	沪深300	20.02	16.96	26.82	4.68	21.17	17.65	14.21	13.98	节能环保行业
中证海绵城市主题	沪深300	5.01	16.96	-8	4.68	23.19	17.65	20.61	13.98	节能环保行业
中证水环境治理主题	沪深300	-0.57	16.96	-6.86	4.68	24.91	17.65	25.33	13.98	节能环保行业
深证节能环保指数R（价格）	深成指	24.4	27.61	32.89	10.74	22.46	20.81	15.93	12.08	节能环保行业
中证绿色投资股票	沪深300	43.33	16.96	64.12	4.68	24.1	17.65	17.48	13.98	节能环保行业
中证新能源汽车产业	沪深300	67.55	16.96	120.36	4.68	31.38	17.65	34.75	13.98	节能环保行业
中证大气治理主题	沪深300	10.05	16.96	16.68	4.68	26.79	17.65	22.72	13.98	节能环保行业
中证环境治理质量策略指数	沪深300	19.68	16.96	66.14	4.68	23.51	17.65	17.67	13.98	节能环保行业

续表

名称	对标指数	指数年化收益率		年化波动率		类型
		（三年）/对标指数	（一年）/对标指数	（三年）/对标指数	（一年）/对标指数	
中证绿色产业质量策略指数	沪深300	41.72 / 16.96	50.74 / 4.68	21.04 / 17.65	1649 / 13.98	节能环保行业
中证光伏产业指数	中证全指	69.94 / 18.79	109.29 / 9.81	31.35 / 17.44	38.43 / 9.28	节能环保行业
绿色金融	—	-2.58 / —	-5.25 / —	17.47 / —	15.98 / —	节能环保行业
碳科技60	深成指R	50.47 / 27.61	53.28 / 10.74	22.57 / 20.81	20.73 / 12.08	节能环保行业
碳科技30	创业板	78.75 / 94.43	30.45 / 35.72	39.92 / 27.01	26.58 / 23.1	节能环保行业
低碳科技	—	44.05 / —	46.51 / —	22.07 / —	21.17 / —	节能环保行业
中证扶贫发展主题	沪深300	11.7 / 16.96	14.1 / 4.68	26.6 / 17.65	22.3 / 13.98	扶贫发展主题
国证蓝色100指数	—	21.41 / —	32.77 / —	16.51 / —	13.23 / —	海洋经济主题

案例研究：　　　　　　　热门话题：无化石燃料（FFF）投资

　　2012 年，350. org 发起了一场促进化石燃料撤资的全球运动，自此成为历史上增长最快的撤资运动。无支持投资组合脱碳联盟（PDC）成立于 2014 年底，是一个多利益相关者倡议，旨在通过动员足够数量的机构投资者，逐步使其投资组合脱碳，从而推动温室气体减排。PDC 的 27 个签署方管理着超过 3 万亿美元的资产，包括 RIA 成员 Amundi 资产管理公司和大气基金。PDC 支持蒙特利尔协定（Montré al Pledge），该协定的资产管理规模已超过 1000 亿美元，包括承诺每年测量和公开披露其投资组合的碳足迹的 120 多家投资者。

　　在加拿大，化石燃料撤资不仅引起了大学校园的兴趣，也引起了个人和机构投资者的兴趣，加拿大医学协会（Canadian Medical Association）和加拿大联合教会（United Church of Canada）等机构承诺撤资。加拿大国际治理创新中心（Centre for International Governance Innovation）高级研究员杰夫·鲁宾（Jeff Rubin）等知名经济学家正向希望限制碳排放风险的投资者发出警告。在化石燃料价格下跌和全球消费下降的背景下，过去两年加拿大支持无化石燃料（FFF）投资的商业理由更加充分。脱碳的好处包括减少与气候变化有关的监管导致的价值减值风险，减少搁浅资产的风险，增加对可能成为向低碳经济转型受益者的公司的风险敞口。为满足日益增长的需求，加拿大出现了越来越多的 FFF 投资产品和服务。

　　目前的 FFF 股票基金包括美国国家环境研究所环境领袖基金、美国农业基金全球可持续增长股票基金、英国矿物燃料公司无化石燃料基金、英国皇家银行全球股票投资基金、加拿大皇家银行无化石燃料全球股票基金和通用资本管理公司的无化石燃料基金。其他投资管理公司提供定制的 FFF 解决方案，如 Fiera 的无化石燃料过滤方案。在过去的两年中，也出现了一些低碳和 FFF 指数，如 MSCI 低碳指数、MSCI 全球化石燃料排除指数和 S&P/TSX 60 无化石燃料指数。由于石油和天然气公司约占 S&P/TSX 综合指数价值的 20%，一些加拿大 RI 投资者仍倾向于 FFF 以外的替代投资，而不是剔除五分之一的合格投资对象。NEI Investments、Ocean Rock Investments 和 Addenda Capital 等投资公司奉行股东参与战略，直接与其投资组合中的化石燃料公司合作，以提高其可持续性业绩。股东参与可能是改善公司 ESG 绩效的有力工具。

案例研究：　　　　　　　对冲基金的社会责任投资

杰森·米切尔，可持续发展战略家

　　杰森是英仕曼集团的可持续发展策略师和负责任投资委员会的成员。除了管理环境和可持续发展战略外，他还广泛发表有关负责任投资的演讲和著作。他也是 Man GLG

（"GLG"）欧洲和国际股权团队的成员。他曾于 2004~2008 年和 2010 年至今在 GLG 工作，2008~2010 年休假两年，就撒哈拉以南非洲的基础设施发展向英国政府提供建议。2010~2015 年，他管理了全球、长期可持续性和环境战略，2004~2008 年，他还管理了一个专注于全球电信和媒体的短期和长期战略。在加入 GLG 公司之前，他是培高资本和安多资本的投资分析师。

杰森自 2014 年起担任联合国支持的负责任投资原则（PRI）对冲基金咨询委员会主席，是塑料披露项目指导委员会和无烟草投资组合工作组的成员。杰森毕业于伦敦经济学院国际政治经济学硕士和加州大学伯克利分校英语文学和古典文学学士。他被评为 2011 年机构投资者的对冲基金新星之一，是英国美国项目的研究员。他关于可持续投资的文章和评论发表在《机构投资者》《华尔街日报》《美国消费者新闻与商业频道时报》《邮报》《环球时报》《负责任的投资者》《道德市场》《AIMA 日报》和《投资欧洲》上。他还撰写了大量关于欧洲难民和移民危机的文章，最近的文章发表在《伦敦书评》《基督教科学箴言报》和《赫芬顿邮报》上。他是《可持续投资：理论和实践的革命》（劳特利奇：2017）和《可持续投资的演变：战略、基金和思想领导力》（威利金融：2012）的撰稿人。

杰森表达了将 ESG 因素集成到投资组合管理中的标准化实践的想法：传统上，围绕对冲基金参与负责任投资的争论往往集中在以下问题上：对冲基金是否为负责任投资做好了准备？事实上怀疑论者质疑对冲基金是否准备好了进行负责任的投资。对于一些资产所有者和投资者来说，这个问题几乎是必要的；做空怎么会被认为是一种负责任的投资行为呢？对另一些人来说，这个问题隐含着一种深深的怀疑：对冲基金参与负责任的投资和 ESG，仅仅反映了它们对推出新战略的兴趣，最终目标是筹集资产。

值得庆幸的是，对对冲基金的预期正在发生变化，对冲基金现在认识到，忽视负责任的投资规范的存在已不再是一种选择。这场辩论已演变成一场不那么意识形态化的辩论，更侧重于对冲基金如何将 ESG 纳入其投资和参与过程及报告职能。

尽管如此，重点在于区分如何在企业层面和战略层面整合 ESG。对冲基金倾向于从产品的角度反射性地思考 ESG，而许多资产所有者在公司层面上寻找强有力的国际责任政策和 ESG 整合的证据。根据他的经验，资产所有者更感兴趣的是看到管理者对负责任投资的整体承诺的证据，从负责任的投资委员会如何制定政策，到投资团队如何系统地纳入 ESG。关键在于，ESG 应根植于对冲基金经理的文化中，而不是在其他基金缺乏整合的情况下，通过一只独特的 ESG 基金来过渡代表 ESG。

一般而言，基本面股票多头/空头基金的投资决策过程与基本面只做多股票基金的投资决策过程几乎没有区别，正如多头/空头信贷基金的投资过程很可能与只做多信贷基金的投资过程相似。投资组合的构建是通过完善理解和管理宏观、微观、金融、经济和政治风险，最终确定价格的过程，从而循序渐进地发展。在许多情况下，已经非正式地增加了一个非金融 ESG 视角。而且与只做多的基金很像，对冲基金经常致力于构建一个由相关金融和非金融数据点组成的组合体，以强化投资论点。这意味着要权衡公司治理问题，以友好的或更积极的方式与公司管理层和董事接触。

对冲基金与只做多的投资者的区别在于，它关注的是与相对回报对应的绝对回报，以及对冲或"卖空"投资组合维度。由于对冲基金不像传统基金管理公司那样以指数为基准，它们的投资范围往往对影响证券价格的短期因素更加敏感。但这并不是说短期主义是对冲基金商业模式中的地方病，许多对冲基金经理持有长期的基本面投资观点。此外，由于对冲基金策略的投资范围差异更大——从基本面和激进策略到量化和高频交易策略——因此，ESG 的整合程度也不同。人们普遍认为，随着时间的推移，ESG 因素在公司分析中变得更加突出。

就制定将 ESG 因素纳入投资组合管理的标准化方法而言，对冲基金的特质意味着什么？它们为统一标准化报告和风险评估方法提供了强有力的论据。然而，它们也强调了如果不积极管理，可能会对投资组合产生影响的潜在风险。

随着资产所有者和顾问越来越多地将 ESG 因素纳入资产管理选择过程，需要一种通用的报告方法来了解和监控管理投资组合中的 ESG 风险。但报告 ESG 风险敞口给对冲基金带来了许多挑战，因为目前不存在标准或最佳实践。例如，在报告碳排放和气候风险时，对冲基金应该如何对待其投资组合的空头？他们是应该将自己的碳排放敞口中的多头和空头部分扣除，还是对投资组合的多头和空头部分的碳排放敞口进行总报告？同样，对冲基金应该如何利用第三方数据提供商的分数报告他们的 ESG 概况？他们应该对投资组合的多、空两边都进行头寸加权平均，还是应该谨慎地报告投资组合多、空两边的 ESG 平均得分？

这些对冲基金 ESG 报告问题的答案，可能会对投资组合的构建和管理产生潜在的重大影响。换句话说，重要的是要认识到，应用 ESG 评分的标准化方法可能会产生意想不到的后果，即不必要的因素风险暴露。越来越多的研究观察了 ESG 因素策略和质量因素策略在特征上的相似性。在最近的一项研究《要素投资和 ESG 整合》中，MSCI 发现，ESG 整合增加了投资组合的要素偏好，这些公司拥有更高的市值、更高的收益质量和稳定性、更低的负债率和更低的波动性。

虽然这些似乎是任何公司的理想品质，但它们确实引入了因素风险。例如，由 ESG 得分高或质量因子高的多头头寸和 ESG 得分低或质量因子低的空头头寸组成的投资组合，将受投资因素轮换和投资制度的变化的影响。具有长期投资前景的策略更能安然度过这些因素轮换，但对冲基金除了更注重业绩外，预计还会凭借其对冲工具顺利通过因素轮换。因此，人们自然会期望对冲基金采用更务实的方法来应用 ESG 评分，而不是许多只做多的 ESG 基金采用的同类最佳方法。

在另一个例子中，多经理人对冲基金策略通常在风险调整、市场和因素中性的基础上运作。如果多经理人基金内的所有投资仓都根据标准化的 ESG 整合方法进行管理，则存在相关性风险，该方法旨在为投资组合的多头产生较高的 ESG 分数，为空头产生较低的 ESG 分数。答案是什么？虽然可以辩称，资产所有者推动对冲基金经理在 ESG 监测和报告方面采用标准化格式，但将 ESG 数据应用于投资组合建设和管理是另一个问题，不应采用统一的方法。

6.2.2　基金市场

投资基金是资本市场的一个新的形态，它本质上是股票、债券及其他证券投资的机构化，允许资金有限的投资者在一次投资购买中实现资产分散化，从而极大地推动了资本市场的发展。

投资基金是通过发行基金券（基金股份或收益凭证）将投资者分散的资金集中起来，由专业管理人员分散投资于股票、债券或其他金融资产，并将投资收益分配给基金持有者的一种投资制度。投资基金在不同的国家和地区有不同的称谓，美国称"共同基金"或"互助基金"，也称"投资公司"；英国和中国香港称"单位信托基金"，日本、韩国和我国台湾称"证券投资信托基金"。虽然称谓有所不同，但特点却无本质区别，可以归纳为以下几个方面：

规模经营——低成本：投资基金将小额资金汇集起来，其经营具有规模优势，可以降低交易成本，对于筹资方来说，也可有效降低其发行费用。

分散投资——低风险：投资基金可以将资金分散投到多种证券或资产上，通过有效组合最大限度地降低非系统风险。

专家管理——更多的投资机会：投资基金是由具有专业化知识的人员进行管理，特别是有精通投资业务的投资银行的参与，从而能够更好地利用各种金融工具，抓住各个市场的投资机会，创造更好的收益。

服务专业化——方便：投资基金从发行、收益分配、交易、赎回都有专门的机构负责，特别是可以将收益自动转化为再投资，使整个投资过程轻松、简便。

以主权基金、养老金、保险资金为代表的金融机构可以称为机构投资者中的资产所有者，是全球金融市场中重要的长期资金供给方，对全球资产的配置起到重要的引导作用。而以公募基金和私募基金为代表的金融机构可称为机构投资者中的资产管理者，它们为资产所有者提供专业的资产管理服务或投资产品，是金融市场中日常交易的积极参与方和价格发现者。在碳中和目标下，这些机构投资者在自身运营以及资产组合层面纳入环境、社会和公司治理（ESG）以及可持续相关因素，以低碳、零碳作为发展目标，撬动资金，支持加速减碳进程，推进上市公司环保意识、社会责任承担和治理水平的提升。

母基金（Fund of Funds）以"基金"为投资标的，从而形成一套投资组合。母基金源起于 20 世纪 70 年代的欧美金融市场，它的出现顺应了金融市场的发展。在资本市场蓬勃发展的 90 年代，资本市场上充斥着五花八门的金融产品，有不同的基金管理人团队投资行业、投资阶段、地域等。这些金融产品对于普通投资人而言难以区分，无法从中挑选出符合他们投资偏好和回报的产品。因此，如何从众多产品中挑选出适合的基金为母基金的诞生创造了市场机会。除此以外，对于母基金的大型投资人而言，母基金是大型投资人实现多元化资产配置、分散投资组合、降低风险的有效工具。对于小型投资人而言，母基金可以帮助他们接触到优质的头部基金，降低投资金额的准入门槛。截至 2017 年，超过 3750 只母基金在欧洲成功发行，美国则拥有近 1400 只母基金。母基金的基金管理人通过充分的挖掘，获取大量的基金信息，投资于能够产生优秀业绩的子基金。母基金不仅投资于单个子基金，而且通过投资不同行业、不同阶段的子基金，构建一个完整的投资组合。子基金也不限于一级市场，可以是一级市场的私募股权基金，也可以是二级市场的对冲基金或公募基金，还可以是项目专项基金或者并购基金。

股权投资母基金（即 PE - FOF），是指主要投资股权投资基金的基金，通常通过投资子基金间接投资企业的股权，因而也被称为"基金的基金"或者"组合基金"。私募股权投资以常见的私募投资（PE）和风险投资（VC）为主。本书中涉及的母基金，皆为股权投资母基金。人民币股权投资母基金，严格意义上并不是一个法理上的概念，通常是资金募集对象为人民币的母基金。在人民币市场，政府引导基金是最主流的母基金形式。此外，参与募资人民币的母基金还包括外资投资机构、第三方财富机构和市场化母基金。

与公募募集方式不同，母基金一般以私募方式募集，且通常采取有限合伙制。有限合伙制的优势在于普通合伙人和有限合伙人分工明确、职责清晰，有利于普通合伙人高效决策和内部激励机制管理。另外，有限合伙制有效避免双重征收所得税。母基金的投资人一般包括养老金、大学基金、政府资金和高净值人士等，人民币母基金的投资人主要为社保基金、政府引导基金、金融机构等。在有限合伙制下，母基金投资人（即有限合伙人）通常不干涉基金的日常投资和运营，业务由母基金管理人（即普通合伙人）负责。母基金的投资业务主要包括一级市场基金投资、二级市场基金份额转让和直接投资等。

母基金作为一种投资工具，它可以有效地降低投资风险，同时获得可观的业绩回报。母基金管理人拥有专业的投资团队，通过精选优质的投资标和多元化的投资组合，母基金帮助投资人间接持有子基金投资企业，降低了投资人的准入门槛，同时丰富了行业布局。

母基金在全球资产配置中担任着举足轻重的作用。根据 Preqin、投中研究院的研究表明，按照认缴金额的规模大小，母基金已经成为私募股权市场的第二大投资人，仅次于养老基金。根据 PitchBook 数据，截至 2019 年 6 月底，全球母基金管理资本量约 3600 亿美元，其中在管项目合约 2 950 亿美元，可投资本量约 650 亿美元。实际上，母基金可投资本量自 2010 年约 1 600 亿美元降至 2019 年年中仅 659 亿美元，累计降幅达到 57%。母基金可投资本量下降的原因有很多，但尽管如此，母基金模式和地位依然不容小觑。根据 Preqin 的调查结果显示，私募产品各细分市场的投资者 2020 年对 FOF 模式的期待普遍有所提升。2019 年 11 月调查结果显示，对比其他基金类型，在未来 12 个月内认为 FOF 可获取最佳投资机会的各细分市场受访投资人数量占比均有所上升，尤其私募股权市场投资者数量占比由 8% 提升至 17%。

国内母基金市场目前尚处于发展初期，但受到国家政策的高度支持。根据投中研究院调查的 2016 年中国市场 LP 群体的发展前景显示，母基金是最被看好的投资机构。从实际在管规模看，根据母基金研究中心的统计，截至 2020 年 6 月底，中国母基金在管规模 25 376 亿元，其中市场化母基金 5511 亿元，政府引导基金 19865 亿元。从类别来看，国家级母基金虽然设立数量较少，但是其单只母基金规模巨大。这些国家级的巨量资金，其相关领域引导基金的设立代表着国家对于未来产业发展方向的规划，将成为带动国家战略性新兴产业快速发展不容忽视的重要资本力量。

在国内私募股权投资领域中，比较活跃的投资机构有母基金（包括政府引导基金）、养老基金、保险公司、资产管理机构等。他们资金来源不一，投资策略各有侧重点，预期目标也不同。其中，母基金是这当中投资期限最长的，通常投资期可达 3～5 年；相比而言，资产管理公司和基金公司的投资维度仅 1～3 年，短期内业绩压力更大。而对于保险公司和养老金，由于其负债压力相对较大，内部的团队投资专业性也相比较弱，很难采取投资周期更长的 ESG 投资策略。因而，母基金是更贴近 ESG 投资特征的投资方式。

将 ESG 因素纳入投资决策体系中是机构投资者实现可持续发展目标的关键一步，境外机构投资者积极探索将 ESG 因素纳入投资研究、投资决策及投后监控体系中，不断加强 ESG 投资领域的专业能力。在欧洲，法国养老金 FRR 在最新的《2019～2023 年可持续投资策略》规划中提到，将主动拓展 ESG 投资需求，在所有投资中考虑 ESG 因素，制定 ESG 标准指标及 ESG 指数，进行 ESG 主动管理；同时评估投资影响、定义影响因子，形成系统性报告。法国保险机构安盛集团（AXA）开展"影响力投资"，设立影响力基金，专注投资于气候变化韧性、可再生能源、医疗和健康领域。在资产管理方面，AXA 要求所有的基金经理在投资策略中考虑 ESG 因素，将 ESG 评级和打分应用于所有的资产类型，退出敏感行业，并加大对 ESG 主题的资产类投资、绿色基础设施和绿色建筑行业投资。在美国，帕纳萨斯资产管理公司（Parnassus）研究建立了一套潜在标的企业 ESG 评估筛选方法，为在投资流程中纳入 ESG 考量提供详细的指引。其方法包括：投前，根据营收涉及负面筛除行业占比进行排除，识别企业在所属行业重点 ESG 议题上的表现，结合基本面分析开展综合评估；投后，每年开展对被投企业的 ESG 评估，并就潜在 ESG 风险和机遇，实行股东参与并积极利用相关信息行使股东投票权的决策。美国私募机构克拉维斯—罗伯茨（KKR）积极布局影响力投资，在利用传统投资模型、对回报率进行评估的基础上，基于市场主流标准和机制，构建了内部 ESG 评估框架；同时，KKR 将 ESG 相关绩效管理纳入每一个投资的尽职调查和所有权调查流程中，根据目标企业特性按需进行 ESG 调研，并在投后追踪企业的 ESG 风险和机遇。

国内机构投资者主要包括主权基金和养老金、保险资管、公募基金、私募基金等金融机构。近年来，国内机构投资者在提升绿色投资意识、使用 ESG 分析方法和绿色投资工具等方面都取得了积极的进展。但是，对比碳中和的要求和国际最佳实践，国内机构投资者在 ESG 分析和投资实践还处于早期的发展阶段，未来有较大的提升与完善的空间。

我国在主权基金与养老金方面，近年来积极探索 ESG 投资，逐步开展相关能力建设。中国投资责任有限公司（以下简称"中投公司"）成立于 2007 年 9 月，是依照《中华人民共和国公司法》设立的中国主权财富基金（以下简称"主权基金"），组建宗旨是实现国家外汇资金多元化投资，在可接受风险范围内实现股东权益最大化。在 2020 年年报中，中投公司阐述了公司在获取财务收益的同时，兼顾环境、社会责任、公司治理等可持续发展因素。中投公司建立了可持续投资政策框架和主题投资策略，将环境、社会和治理（ESG）嵌入投资管理流程，进一步提高了总组合构建与管理水平。与此同时，中投公司积极行使股东权利，推动被投项目制定 ESG 发展战略、完善 ESG 策略并定期发布 ESG 报告。全国社会保障基金理事会（以下简称"社保基金"）成立于 2000 年 8 月，是我国当前规模较大的养老金。社保基金理事会是根据《全国社会保障基金理事会章程》和《全国社会保障基金理事会职能配置、内设机构和人员编制规定》，在借鉴国际养老金管理机构的经验基础上，设立并实行全国社保基金的投资经营策略及运营管理。在 ESG 或绿色投资领域，社保基金在 2017 年发布的《社会责任投资策略研究》报告中，概述了其对社会责任投资策略的分析和理解，认为社会责任投资理念在实践中主要通过社会筛选、股东倡议和社区投资三种投资策略来实现。2019 年底，社保基金设立了全球责任投资股票积极型产品，在较为成熟的境外市场试点 ESG 投资策略。2020 年以来，社保基金成立 ESG 投资专项课题组开展系统研究，完善顶层设计，建立符合实际情况又与国际适度接轨的信息披露机制，探索以适当方式参与可持续投资的国际合作。

2018 年，中国基金业协会就发布了《绿色投资指引（试行）》，鼓励公募、私募股权基金践行 ESG 投资，发布自评估报告。2020 年，证监会修订《证券公司分类监管规定》，鼓励证券公司参与绿色低碳转型，对支持绿色债券发行取得良好效果的证券公司给予加分。实现碳中和目标将带来巨大的绿色低碳投资需求。建立以股权投资为主体的金融服务体系有助于支持绿色低碳科技项目的研究及成果转化。早中期绿色技术企业因商业模式未完全成熟且技术路线不确定性高而具有较大的项目风险，其主要外部融资通常来源于私募股权（PE）和风险投资（VC）。然而，根据基金业协会的统计，我国目前在协会注册的、冠名为绿色的各类基金共有 700 多只，但绝大部分投资于绿色上市公司和使用成熟技术的绿色项目，涉足绿色技术创新的基金数量还不多。专业化绿色 PE/VC 基金管理机构参与度较低是现阶段中国绿色技术投资的一个"瓶颈"。随着碳中和、碳达峰一系列政策的落地，预计将会有更多资金投资于双碳相关的技术领域，如碳捕集技术（CCUS）、氢燃料电池技术等。

我国公募基金机构近年来不断发展绿色及可持续投资，其中 ESG 投资理念逐步深入我国公募基金行业。近年来，我国公募基金中以可持续及 ESG 为主题的产品数量快速增长，主要包括基金类和指数类产品。根据 Wind 数据显示，截至 2021 年 8 月，我国泛 ESG 投资概念基金共计 183 只，总规模超过 2130 亿元。其中包含股票及偏股混合型基金 106 只，规模超 1600 亿元。指数型基金 41 只，规模约 118 亿元；灵活配置型基金 31 只，规模约 327 亿元；债券型基金 5 只，规模约 79 亿元。当前多家基金公司在 ESG 主体产品数量如图 6 - 1 所示。截至 2021 年 8 月 18 日，UNPRI 在中国共计 69 家签署机构中，主要公募基金机构包括华夏基金、易方达、嘉实基金、鹏华基金、华宝基金、南方基金、博时基金、摩根士丹利华鑫基金、大成基金、招商基金、兴证基金、汇添富和银华基金。自 2018 年 11 月中国证券投资基金业协会发布《绿色投资指引（试行）》以来，公募基金管理公司在专业人员配置、绿色投资策略建立、资产组合管理优化等方面都取得了许多积极的进展，随着碳达峰、碳中和政策的不断推行，未来公募基金在 ESG 领域将具有更大的发展空间。

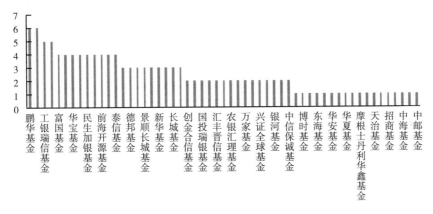

图 6 - 1　发行 ESG 投资主题基金产品数量

我国的私募基金近年来也积极开展绿色及低碳领域的投资。中国证券投资基金业协会发布的《基金管理人绿色投资自评估报告（2020）》中有 197 家私募证券投资基金管理人以及 224 家私募股权创投基金管理人提交了有效的自评信息。根据该报告的统计，样本私募证券投资基金管理机构中约有五分之一的公司建立了绿色投资战略，多数参考《绿色投资指引（试行）》初步设定了绿色投资战略和绿色投资业务目标。披露渠道则多种多样，包括公司官网、电子邮件、传真、微信平台等。此外约有一半的样本公司开展了绿色投资研究，65 家样本私募证券机构已建立针对投资标的的绿色评价方法，40 家样本私募证券机构建立了绿色信息数据库。约五分之一的样本私募证券投资机构建立了投资标的环境负面清单和投资标的的常态化环境风险监控机制，并针对投资标的的环境风险暴露建立应急处置机制。样本私募股权创投基金管理公司中约有 30% 建立了绿色投资战略，有 89 家样本私募股权机构开展绿色投资研究，48 家样本私募股权机构已建立针对项目企业的绿色评价方法。较少机构建立了投前绿色评估机制、尽职调查标准或建立投后绿色绩效管理机制。样本私募股权机构对被投项目企业环境风险暴露应急处置机制主要为申请追加担保、依法申请财产保全、项目退出等。

6.2.3　债券市场

信贷市场为企业和政府提供了巨额资金（"固定收益""债券"和"信贷"市场经常被交替使用来指有息证券）。以美元价值而言，信贷市场比股票市场大得多，而且它们正越来越多地被用于 ESG 投资。机构和个人可以投资 ESG 债券基金，即从具有积极 ESG 特征的发行人手中购买固定收益工具。或者，他们可以购买为符合投资者 ESG 目标的特定项目发行的"绿色债券"。或者他们可以购买 ESG ETF 或基于 ESG 指数的其他衍生品。在我们研究这些产品之前，我们需要了解债券背后的理论，以及固定收益市场上可用的各种工具。

债券是投资者向政府、公司或金融机构提供资金的债权债务合同，该合同载明发行者在指定日期支付利息并在到期日偿还本金的承诺，其要素包括期限，面值与利息、税前支付利息、求偿等级（seniority）、限制性条款、抵押与担保及选择权（如赎回与转换条款）。这些要素使债券具有与股票不同的特征：（1）股票一般是永久性的，因而是无须偿还的：而债券是有期限的，到期日必须偿还本金，且每半年或一年支付一次利息，因而对于公司来说若发行过多的债券就可能资不抵债而破产，而公司发行越多的股票，其破产的可能性就越小。（2）股东从公司税后利润中分享股利，而且股票本身增值或贬值的可能性较大；债券持有者则从公司税前利润中得到固定利息收入，而且债券面值本身增值或贬值的可能性不大。（3）在求偿等级上，股东的排列次序在债权人之后，当公司由于经营不善等原因破产时，债权人有优先取得公司财产的权力，其次是优先股股东，最后才是普通股股东。但通常破产意味着债权人要蒙受损失，因为剩余资产不足以清偿所有债务，这时债权人实际上成了剩余索取者。尽管如此，债权人无权追究股东个人资产。同时，债券按索取权的排列次序也区分为不同等级，高级（senior）债券是指具有优先索取权的债券，而低级或次级（subordinated）债券是指索取权排名于一般债权人之后的债券，一旦公司破产清算时，先偿还高级债券，然后才偿还次级债券。（4）限制性条款涉及控制权问题，一方面股东可以通过投票来行使剩余控制权，而债权人一般没有投票权，但他可能要求对大的投资决策有一定的发言权，这主要表现在债务合同常常包括限制经理及股东职责的条款，如在公司进行重大的资产调整时要征求大债权人的意见。另一方面在公司破产的情况下，剩余控制权将由股东转移到债权人手中，债权人有权决定是清算公司还是重组公司。（5）权益资本是一种风险资本，不涉及抵押担保问题，而债务资本可要求以某一或某些特定资产作为保证偿还的抵押，以提供超出发行人通常信用地位之外的担保，这实际上降低了债务人无法按期还本付息的风险，即违约风险（default risk）或称信用风险（credit risk）。（6）在选择权方面，股票主要表现为可转换优先股和可赎回优先股，而债券则更为普遍。一方面多数公司在公开发行债券时都附有赎回（redemption 或 call）条款；在某一预定条件下，由公司决定是否按预定价格（一般比债券面值高）提前从债券持有者手中购回债券。另一方面，许多债券附有可转换性（convertible），这些可转换债券在到期日或到期日之前的某一期限内可以按预先确定的比例

（称为转换比率）或预先确定的价格（称为转换价格）转换成股票。

由于过去几年内国际资本市场最活跃的绿色产品创新集中在固定收益类，我们也将讨论聚焦于可持续挂钩的绿色债券、绿色资产证券化产品、结构性绿债产品以及转型债券。

可持续发展挂钩债券：可持续发展挂钩债券（SLB）是可持续金融市场的新宠，旨在进一步促进、鼓励在债券市场融资的企业可持续发展做出更加积极的贡献。全球首只可持续发展挂钩债券由意大利电力公司 ENEL 在 2019 年 9 月发行。Enel 对债券投资者做出了绿色承诺，可再生能源装机容量到 2021 年占比至少达到 55%；如果无法达到关键绩效指标目标，发行人将接受息票增加 25 个基点的"惩罚"。随之，为了更好地引导市场的蓬勃发展，国际资本市场协会 ICMA 在 2020 年 6 月出台了《可持续发展挂钩债券原则（SLBP)》，在债券的结构特征、信息披露和报告等方面提供了规范性的指示。可持续发展挂钩债券与绿色债券的主要不同在于前者将发行人的 ESG 表现与发行利率挂钩起来。ICMA 出台了 SLBP 后，市场反应非常积极。截至 2021 年 11 月 10 日，已经有 334 家企业共发行了超过 1368.55 亿美元等值的可持续发展挂钩债券。SLB 发行人大部分集中在欧美国家，我国已发行可持续发展挂钩债券共 22 只，发行人包括中国华能集团有限公司等。细观这类债券，众多发行人设定的可持续发展指标以及对应的目标都直接应对气候变化，从可再生能源的扩张，GHG 范围 1、2 和 3 的碳强度降幅或者总量减排、严谨的科学碳减排目标。除了指标设定外，SLB 的核心特色是将指标的完成与否与发行成本直接挂钩。从目前的案例来看，绝大部分的发行人承诺，如果在预定的期限内达不到设定的目标，票息将提高（如 25 个基点），从而体现发行人在可持续发展方面兑现承诺及采取行动的决心。

绿色资产支持证券：当资产支持证券（ABS）支持的项目可产生环境或气候效益时，这类 ABS 可以称为绿色 ABS。绿色 ABS 一般也遵循绿色债券原则，包括四个核心要素。绿色 ABS 分离了企业的主体评级和资产的信用评级，不以公司作为承担还款责任的债务主体，因此绿色 ABS 具有降低绿色企业融资门槛和融资成本的优势。2016 年总部位于荷兰抵押贷款提供商 Obvioun 发布了全球第一个绿色住房抵押贷款支持证券（Green RMBS），其中 5 亿欧元通过气候债券标准认证。美国房利美开发了绿色奖励抵押贷款证券化产品（Green Rewards MBS）和绿色建筑认证抵押贷款证券化产品（Green Building Certification MBS），以支持绿色建筑的发展。根据气候债券倡议的预测，到 2035 年绿色 ABS 的存量将达到 2800 亿 ~ 3800 亿美元的规模。

在可持续农业和生物多样性保护领域也开始出现绿色证券化产品。联合国环境规划署（UNEP）、世界农林业中心、ADM Capital 和 BNP Paribas 共同创立了可持续的融资平台 Tropical Finance Landscape Facility（TLFF），为印度尼西亚的绿色农业项目提供资金，旨在改善农村生计、保护生物多样性以及应对气候变化。在 TLFF 平台下，规模为 9500 万美元的首笔证券化交易已于 2018 年 2 月完成，所得款项用于支持利用严重退化的土地进行可持续橡胶种植。为了让投资者对这类债券更有信心，这笔交易引进了美国国际开发署（USAID）提供的 50% 的增信。

结构性绿债产品：在支持绿色发展和碳中和方面，结构性绿色债券也是一项创新。世界银行与法国巴黎银行建立了伙伴合作关系，发行一系列与股票挂钩的绿色债券，包括"绿色增长债券"。该产品由世界银行的绿色债券和欧洲道德股票指数组成，股票部分是根据 ESG 评价机构 Vigeo Eiris 和独立的比利时咨询机构 Forum Ethibel 的分析报告选出 30 只欧洲股票组合而成。绿色增长债券成功地吸引了多元化的投资者，其中包括零售和机构投资者以及私人银行。绿色增长债券向支持应对气候变化的项目提供资金，同时投资人还可通过道德权益指数获得股权投资的额外收益潜力。近两年与气候变化相关的结构性绿债产品逐步增多。2021 年 8 月，法国巴黎银行成功发行了一系列结构性绿色债券产品，该产品已由清洁能源金融公司（CEFC）、Aware Super（前身为 First State Super）和 QBE Insurance（QBE）认购。此结构性绿色债券产品是由澳大利亚气候转型指数（Australian Climate Transition Index，ACT 指数）与法国巴黎银行发行的 8 年期绿色债券结合而成，让投资者充分获取来自绿债的固定收益以及源自股票指数的超额回报。ACT 指数是 2020 年 7 月由法国巴黎银行与 ClimateWorks、ISS ESG 和莫纳什大学量化金融与投资策略中心共同开发的股票指数，使用五种"动态"气候情景，并将继续对其进行优化以反映未来的法规、技术和社会环境变化。该指数考虑了金融市场所面临气候变化转型的风险与机遇，并结合环境、社会、政治、金融、法律等其他与气候变化相关的因素，挑选 220 家在应对气候变化中表现较好的澳大利亚企业。

我国在 2016 年启动了绿色债券市场，由兴业银行和浦发银行首批发行绿色金融债券。尽管起步较晚，我国的绿色债券市场发展却十分迅速，在 2016 年即实现从零到发行规模全球第一位。截至 2020 年底，我国累计发行贴标绿色债券 1.4 万亿元，存量规模居全球第二位。2020 年我国共有 153 个发行主体发行 218 只绿色债券，发行金额达 2221.16 亿元，在全球市场约占 15%。2021 年前 8 个月，我国绿色债券发行规模超过 3500 亿元，同比增长 152%，已经超过了 2020 年全年的发行额，其中碳中和债券累计发行 1800 多亿元。

在债券监管方面，中国人民银行和绿金委于 2015 年发布《关于在银行间债券市场发行绿色金融债券有关事宜的公告》和《绿色债券支持项目目录（2015）版》是我国绿债市场的首批规范性文件，为整个绿债市场的监管体系建设奠定了基础。此后几年，证监会、发改委、交易商协会等分别发布针对绿色公司债、绿色企业债和绿色债务融资工具的政策文件。针对绿色企业债券，发改委发布的《绿色债券发行指引》列示了合格绿色项目。为便利相关企业融资，一些绿色金融改革创新实验地区还探索制定了各具特色的绿色融资主体认定、评价标准。2021 年以来，国内陆续发行碳中和债券，3 月 18 日，交易商协会发布《关于明确碳中和债相关机制的通知》，明确了资金用途和管理、项目评估与遴选、信息披露等相关内容。

6.3　ESG 投资角色

正如在之前所讨论的，无论是出于社会影响、追求 α，还是政策要求的一部分，在投资组合构建中纳入 ESG 因素，在很大程度上受到公司的地理位置或公司的收入创造区域（此处称为区域）的影响。这些 ESG 因素的整合包括影响力投资、可持续性主题投资、正面/最佳类别筛选、企业参与和股东行动、基于规范的筛选、传统的 ESG 整合以及负面/排除性筛选。欧洲发达国家，还有加拿大，在投资组合管理中整合 ESG 因素方面处于行业领先地位。这些地区 ESG 的复合年增长率可归因于三个关键因素：（1）与负责任投资相关的政策指令的增加；（2）私营企业在更广泛的市场上的竞争压力；（3）独立评级机构吹捧的"负责任"投资的业绩据称更高。接下来将对这三个因素如何影响 ESG 投资的增长率进行更深入的思考。

6.3.1　发达市场的 ESG 投资

6.3.1.1　欧洲的责任投资

2016 年 12 月 14 日，《职业退休规定机构（IORP II）指令》被写入欧盟官方公报，要求职业养老金提供者评估 ESG 风险和机会，并向当前和未来的养老计划成员披露这些信息。所有成员超过 100 人的职业养老基金均受该指令约束，该指令包括以下条款：

（1）根据谨慎人原则进行投资。该指令明确指出，这意味着以其成员整体的最佳长期利益行事，谨慎人原则不排除基金考虑其投资对 ESG 因素的影响（第 19 条）。

（2）建立有效、透明的治理体系，包括考虑与投资决策相关的 ESG 因素。该系统应与 IORP 的性质、规模和复杂性相称（第 21 条）。

（3）建立风险管理功能和程序，以识别、监控、管理和报告风险。与投资组合及其管理相关的 ESG 风险包含在风险管理系统必须涵盖的风险列表中。该系统应与 IORP 的性质、规模和复杂性相称（第 25 条）。

（4）至少每三年进行一次风险评估，或在风险状况发生重大变化后立即进行风险评估，并记录在案。在考虑 ESG 因素的情况下，该风险评估应包括对新的或正在出现的风险的评估，包括气候变化、资源使用、社会风险和闲置资产（第 28 条）。

（5）至少每三年或在投资政策发生重大变化后立即制作并审查投资政策原则声明。这必须公开，并说明投资政策是否以及如何考虑 ESG 因素（第 30 条）。

（6）告知潜在计划成员投资方法是否以及如何考虑 ESG 因素（第 41 条）。

这些指示既反映了欧洲对 ESG 因素整合的增长趋势，也预测了欧洲 ESG 投资的未来水平。负责任的投资约占欧洲管理资产总额的 53%（GSIA，2016）。欧洲也是在环境、社会和治理披露和整合方面政策授权的领先地区。

应该注意到，欧洲发达国家对可持续固定收益产品的偏好偏高，因为这可能为政府加大对 ESG 因素的参与铺平道路。2016 年 12 月中旬，波兰使用中期票据文件发行了首只政府绿色债券。鉴于在该国历史上，煤炭一直作为其工业的主要组成部分，这一举措多少有些出人意料。尽管如此，波兰仍然获得了备受尊敬的可持续发展研究和分析公司 Sustainalytics 的支持，以验证 5 年期欧元基准债券的绿色资质（Furness，2016）。2017 年 3 月，法国政府发行了首只"绿色债券"，并规定大部分收益将用于税收抵免。对该债券的需求远远超过预期，超额认购了 230 亿欧元。法国巴黎银行（BNP Paribas）可持续资本市场主管斯蒂芬妮·斯法基亚诺斯（Stephanie Sfakianos）表示："现在基础设施领域有更多的私人融资，而这项协议支持政府提供补贴，而不是为这些项目的直接公共投资提供资金，这是一个很好的未来模板。"气候债券倡议首席执行官 Sean Kidney 表示，他预计其他主权国家将效仿法国的做法，并引用尼日利亚、摩洛哥、瑞典，可能还有加拿大等其他国家政府的绿色债券发行计划（Meager，2017）。

2014~2016 年，ESG 股票比例大幅下跌（从 2014 年的 39% 降至 2016 年的 32%），而 ESG 债券比例大幅上涨（从 49% 升至 64.4%）。这是由于近年来绿色债券的流行，以回应日益增加的环境问题，这也可能是由于同期欧洲绿色债券提供的收益率高于一般债务政府债券。ESG 战略与房地产的整合仍然很少，私募股权（PE）和风投（VC）的整合也是如此。所采用的最广泛的 ESG 策略仍然是负面和排除性筛选。基于标准的筛选紧随负面/排除性筛选，成为第二受欢迎的 ESG 实施方法，紧随其后的是企业参与和股东行动（GSIA，2017）。虽然影响力/社区投资仅占股权投资总额的 0.4%，但这是增长最快的策略（自 2014 年以来增长了 385%）。这一增长与以下提到的其他区域的影响力/社区投资战略增长一致。2014~2016 年，散户投资整合率从 3% 上升至 22%，但机构投资仍在该领域占据主导地位。

6.3.1.2　美国的责任投资

自 20 世纪 90 年代以来，美国关于 ESG 投资的立法越来越普遍。这项立法在劳工部 2015 年发布的一份关于经济目标投资（ETIs）和 ESG 因素的报告中进行了总结。在新的指导报告中，美国劳工部（DoL）首次将 ESG 战略定义为：除了投资回报之外，由于任何附带利益选择的投资（DoL，2015）。劳工部表示，只要该投资在风险水平和预期收益率方面是适当的投资，就不应阻止受托人将 ESG 投资纳入投资组合（DoL，2015）。投资者通常将这一裁定称为"一切皆平等"测试（DoL，2015）。与欧洲的立法类似，将 ESG 投资作为机构投资者受托责任的一部分，是机构将 ESG 因素纳入投资政策的巨大动力。因此，到 2016年，机构投资仍然主导着 ESG 领域（而不是散户投资）。2016 年初，ESG 投资占美国专业管理总资产的比例从 2014 年的 17.9% 上升至 22%。

在将 ESG 因素纳入投资组合管理的机构投资者中，85% 的机构投资者认为客户需求是关键因素（GSIA，2017）。与欧洲类似，美国发展最快的 ESG 方法是影响力投资（impact investment），尽管它仅占专业管理的 ESG 总资产的 1%。在欧洲，负面/排除性筛选是迄今为止最受欢迎的 ESG 策略（从其资产管理百分比反映出来），而在美国，最受欢迎的 ESG 投资方法是 ESG 整合，截至 2016 年底，ESG 整合占 56%，资产总额为 103.7 亿美元。这一点尤为重要，因为它证明了美国从企业参与和股东行动（2014 年占 ESG 资产的 50.5%，但 2016 年仅占 ESG 资产的 30.6%）向 ESG 整合的转变。这也可能反映了企业参与和股东行动的潜在有效性，因为股东参与的最终效果自然应该是企业转向投资组合策略中 ESG 因素的实际实施。因此，在美国，除了更高质量的社会或环境效益外，投资者似乎越来越愿意接受 ESG 整合作为投资组合构建中 alpha 生成的一个关键因素。机构投资者必须承认，只要大多数客户要求在投资组合管理中整合 ESG 因素，ESG 就有超越 alpha 生成的空间。

正如美国劳工部（Department of Labor）2015 年对 ESG 因素所表示的那样，受托人有责任在"所有事情都平等的情况下"整合这些因素。这种"所有东西都是平等的"有点像一种人为的测试，因为它暗示 ESG 因素是一个中性因素：既不能积极地增加投资组合的回报，也不能消极地增加投资组合的回报。然而，许多研究已经证明了 ESG 策略在产生 alpha 和降低风险方面的有效性，特别是在信息不普遍的新兴市场、行业和地区。在这些领域，以及在发达市场，很明显，当将 ESG 因素纳入投资组合构建时，一切都不平等：相反，ESG 因素增加的价值是不考虑 ESG 信息就无法实现的。在美国，机构投资者开始意识到，市场已经开始评估 ESG 指标，影响股价，因为散户投资者和机构投资者都在使用越来越透明的信息（由第三方分析师如 MSCI Inc.、Sustainalytics、Bloomberg 来衡量 ESG 风险溢价，并对其投资的回报分布有更深入的了解）。2016 年 GSIA 报告指出：

几个因素推动了基金经理持有的 ESG 资产的增长。这些包括：SRI 产品的市场渗透，开发纳入 ESG 标准的新产品，以及众多大型资产管理公司在其更广泛的持股中纳入 ESG 标准。由于《负责任投资原则》（Principles for Responsible Investment）签署人披露的信息越来越多，这些活动在很大程度上得以曝光。

这些增加的披露不仅受到联合国支持的《负责任投资原则》的鼓励，也受到股东的积极支持，以及第三方分销商提供的数据质量不断提高的支持。随着数据的质量和透明度越来越大，我们有理由假设后续投资将对资产的收益分布有更大的可见度，从而产生更高的 alpha。

值得注意的是，除了基于标准的筛选外，美国在全球范围内至少占这些战略风险敞口的五分之一。相比之下，欧洲投资占基于标准的筛选的 89.3%。截至 2016 年，美国负责任的投资约占管理总资产的 22%。

案例研究：　　　　　　　　布雷肯里奇资本顾问公司

布雷肯里奇资本顾问公司（Breckinridge Capital Advisors）是一家独立的固定收益投资管理公司，管理着超过 300 亿美元的资产。该公司管理以美元计价的投资级债券组合。

基于保护资本的使命，布雷肯里奇的投资理念是通过完全整合自下而上的信贷和 ESG 研究、机会主义交易和投资组合管理团队的经验判断，从而逐步提高风险调整后的回报。

由于注重长期投资，布雷肯里奇看重负责任的债券发行者。在过去的十年中，越来越多的研究证明了在投资过程中分析环境、社会和治理（ESG）因素的优点。布雷肯里奇已投入资源，以更充分地理解 ESG，并将 ESG 分析纳入其研究。该公司的一项成果是发展了多个系统的部门框架，用于分析所有主要的公司和市政债券部门。此外，该公司的投资团队积极与债券发行者接触，加深他们在传统信贷和 ESG 问题上的对话。通过与发行人的接触，Breckinridge 寻求对每个长期投资机会的潜在价值和风险状况有更深入的的了解。

布雷肯里奇投资于市政债券、公司债券、证券化债券、国债和政府机构债券等各类投资级固定收益产品。在这篇文章中，布雷肯里奇谈到了公司债券投资方法。

基本面企业信用分析的基础

布雷肯里奇对自下而上的基本面分析强调支持了公司的主要投资使命，即保护资本和建立可持续的收入来源，同时寻求增加总回报的机会。因此，布雷肯里奇信用分析师致力于降低信用风险。

该公司自下而上的研究过程始于对公司资本来源和经营趋势的评估。对资本来源的审查侧重于对关键杠杆和流动性指标的评估，因为它们是违约概率和信贷健康状况的最重要指标之一。对经营趋势的审查集中在利润率上，并包括深入的自由现金流分析。信用分析师还评估公司的业务概况、市场地位、品牌和声誉的实力。这项工作在分配给每个公司借款人的内部信用评级中进行了总结。

布雷肯里奇为什么整合 ESG

商业的变化

随着利益相关者参与度的持续上升，消费者和投资者的偏好越来越认可 ESG 整合，消费者越来越青睐具有强大可持续性实践的品牌。越来越多的管理团队认识到可持续性是一种战略需要。可持续性正在推动产品升级、制造改进以及人才招聘和保留。从董事会到供应链，企业逐渐认识到企业在社会中的作用，以及与这种责任相关的价值创造。

与此同时，企业可持续发展报告也在演变，它逐渐为投资者和广泛的利益相关者提供更多、更好的实质性 ESG 问题信息。2017 年，标准普尔 500 强中 85% 的企业发布了企业可持续发展报告（CSR）。

风险的变化

无形资产，如品牌、声誉和智力资本，已成为一个公司价值的关键组成部分。对于债权人而言，仅依赖公认会计准则的基础信用研究可能无法识别潜在风险或外部因素，这些潜在风险或外部因素可能对这些无形价值产生负面影响，从而在中长期内影响信用价值。

由于布雷肯里奇投资的是期限不超过 20 年的公司债券，因此，对风险（包括ESG）进行更广泛的评估，可能是对信用评级本身的一种有价值的补充。ESG 整合有助于 Breckinridge 建立对公众或纯粹基础信用评级的"检查"或"第二意见"。虽然某些ESG 问题的管理可能不会对公司的信用状况产生短期的实质性影响，但对金融外资产和风险的管理可能会影响公司长期偿还债务的能力。

作为回应，布雷肯里奇加强了着眼于长期的决心。为了对公司的信用状况进行更全面、更具前瞻性的评估，该公司在 2011 年决定将 ESG 问题的分析充分纳入基本面的信用研究流程。布雷肯里奇支持 ESG 因素的重要性，认为将 ESG 纳入投资研究有助于识别特殊风险，并对借款人的中长期偿还能力进行更严格和全面的评估。

ESG 对评级和相对价值评估的影响

为了将 ESG 问题充分融入投资过程，布雷肯里奇建立了正式和全面的框架，将ESG 因素的定量评估与 ESG 因素定性考虑的严格审查结合起来，得出综合可持续性评级。布雷肯里奇建立自己的内部信用评级，每个信用的可持续性评级为分析师的整体信用评估提供信息。重要的是，ESG 信用分析被记录下来，并完全整合到每个分析师的更广泛的相对价值、风险和信用评估中。请注意，ESG 不是公司研究团队的单独努力；ESG 已完全嵌入该公司的基本面信用研究工作中。

定量可持续性得分是通过公司的专有模型计算的，该模型依赖于原始数据的输入以及 ESG 研究公司和第三方提供商的评级。在环境、社会、治理和声誉类别中对发行人分别打分。

分析师的定性评估包括对讨论关键环境和可持续发展举措的公司报告的审查、公开资料浏览、参与电话的主要结果以及重要 ESG 因素的部门级研究和分析。

分析的结果是对每个借款人的可持续性进行评级，范围从 S1（最低 ESG 风险）到S4（最高 ESG 风险）。S1 评级将把布雷肯里奇的内部信用评级提升一个等级，如 A +至 AA −。如果评级为 S4，内部信用评级将被下调一个等级，例如从 A + 降至 A。评级行为将影响投资组合经理和交易员的估值和交易决策。

参与

通过电话会议，企业借款人的参与知识也得到了增强，布雷肯里奇认为参与是投资过程的一个关键组成部分。该公司的主要参与目标是了解发行人将 ESG 考虑纳入其战略和最重要的商业决策的方式，公司 ESG 努力的有效性水平，以及 ESG 对发行人财务业绩的影响。债券持有人在公司的资本结构中扮演着关键角色，但与股东不同的是，债券持有人没有公司提供的正式程序，例如，投票表决委托书或提交决议，以表达他们对管理层的意见。债券持有人没有正式的渠道来鼓励，例如，发行人就重大的 ESG 问题和这些风险的管理提供透明的报告——尤其是在发行人披露不符合最佳做法的情况下。布雷肯里奇的正式参与努力寻求通过与管理层进行战略性、直接的对话来应对这一挑战，从而使投资者和借款人都受益。

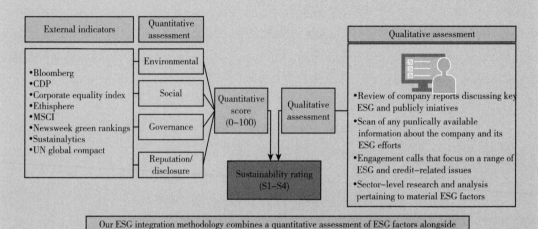

Our ESG integration methodology combines a quantitative assessment of ESG factors alongside a rigorous review of qualitative ESG considerations to derive a composite sustainability rating

ESG integration methodology

结论

布雷肯里奇的长期关注推动前瞻性研究，公司不断努力发现并优先考虑随着时间的推移最重要的风险和机会。ESG 分析通过可能更有利于长期结果而不是短期利润的政策和实践，提供了一个更全面的观点，这些政策和实践。布雷肯里奇的核心业务是将投资者及其资本与负责任的借款人联系起来，为重要的资本项目和经济增长融资。作为贷款人，该公司认为，相对于同行而言，ESG 表现更好的债券发行者可能更好地准备迎接未来的挑战，并利用新的机会。

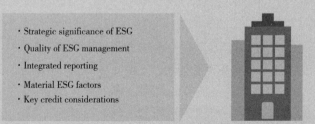

Breckinridge engagement priorities

6.3.1.3　加拿大的责任投资

尽管加拿大的市场规模小于美国或欧洲，但无论在机构还是散户领域，加拿大多是 ESG 投资实践的主要领导者。截至 2016 年底，管理的负责任投资资产达到 1.5 万亿美元。在过去的两年里，这一数字增长了 49%，负责任投资占加拿大整个投资行业的比例也从 2015 年的 31% 上升到了 38%。虽然养老基金资产仍占责任投资行业增长的 75%，但这仍表明个人责任投资有显著增长。根据《2016 年加拿大负责任投资趋势报告》，资产经理和所有者将以下因素列为他们将 ESG 因素纳入投资决策的首要动机：

（1）随着时间的推移尽量减少风险；

（2）随着时间的推移提高回报；

（3）履行受托责任。

必须指出的是，这表明加拿大资产管理公司认识到，ESG 投资不仅仅是一种社会声明或对环境产生实质影响的机会。加拿大投资者已经开始认识到，将 ESG 因素整合到投资组合管理中，既是一种降低风险的工具，也是一种生成阿尔法的工具。根据《全球可持续投资评论（2016）》和《2016 年加拿大负责任投资趋势报告》，ESG 整合已超过 ESG 参与，成为最受欢迎的 ESG 投资策略，紧随其后的是基于规范的投资筛选。

自 2016 年 1 月 1 日起，安大略省所有职业界定养老金计划的受托人都必须披露养老基金的投资政策和程序在多大程度上纳入了环境、社会和治理因素。根据 1990 年《退休福利法》，该政策规定：

40.（1）法案第 27（1）小节要求的声明应至少包含管理人记录中记载的内容……养老金计划管理人必须为该计划制定投资政策和程序的声明，其中包括……关于环境、社会和治理因素是否纳入计划的投资政策和程序的信息，如果是，如何纳入这些因素。（法律文件，2015）

这项规定自 2011 年以来一直由安大略省立法者悬而未决，并得到了大型养老基金的支持，如安大略省教师养老金计划（OTPP）和安大略省市政雇员退休系统（OMERS）。该法规被证明是养老金计划开始将 ESG 因素纳入投资组合策略的主要动力（Baert，2015）。此前，金融稳定委员会（Financial Stability Board）的气候相关财务披露工作组（Task Force on Climate，相关财务披露）提出了一些建议，该工作组是作为对 2015 年 12 月巴黎气候会议（通常称为第 21 届缔约方会议）的回应而成立的。在这次会议上，加拿大与世界各国一起承诺采取行动，将全球变暖控制在比工业化前水平高出 2 摄氏度以内。这一点尤为重要，因为化石燃料是加拿大经济的重要组成部分。在缔约方第 21 届会议之后，马克·卡尼（英国央行行长和加拿大央行前行长）成立了气候相关财务披露问题工作组，致力于制定关于规范公司披露的关于全球变暖潜在影响的公共信息的建议。该工作组与美国的可持续会计准则委员会（SASB）开展类似的工作，为投资者、贷款人和承销商提供信息，以"适当评估和定价与气候相关的风险和机会……并制定与气候相关的自愿、持续的财务披露，这将有助于投资者、贷款人和承销商了解重大风险。"这些建议的目的是：

（1）可被所有组织采用；

（2）包含在财务文件中；

（3）旨在征求关于财务影响的决策有用的前瞻性信息；

（4）重点关注与向低碳经济转型相关的风险和机遇（TCFD，2017）。

负责任投资协会和与气候相关的财务披露工作组等组织已协助加拿大投资行业在机构和散户投资层面迅速提供信息，并鼓励将负责任的投资因素纳入投资组合管理。

6.3.1.4　亚洲的责任投资

长期以来，亚洲一直面临着将 ESG 和负责任的投资策略整合到其管理的整体资产中的挑战。根据全球可持续投资协会（Global Sustainable Investments Association）的 2106 年报告，亚洲（除日本外）管理的资产中，只有 521 亿美元被视为"社会责任投资"。在这 521 亿美元中，ESG 整合是最受欢迎的战略，紧随其后的是可持续发展主题的投资。在这些可持续投资中，约 159 亿美元投资于符合伊斯兰教法的基金中。

然而，以可持续发展为主题的投资已开始在中国获得吸引力，尤其是在中国面临环境问题的情况下。人们对绿色金融和减少碳排放的兴趣日益增长，启发了中国科学发展研究院和中国科学院等机构。尽管获取环境数据仍然很困难，但亚洲气候变化投资者组织（Asia Investor Group on Climate Change）等机构正试图向大型机构投资者和小型散户投资者提供有用的数据。

上述提到的亚洲气候变化投资者集团由气候变化投资者集团赞助，发布了一份题为《连接大宗商品、投资者、气候和土地：机构投资者的工具包》的报告。在这份报告中，他们确定了其认为在亚洲投资中整合 ESG 战略时不可或缺的五个风险因素，这五个风险因素是：

（1）运营风险：气候变化和极端天气事件可能危及生产率，并导致资产搁浅；

（2）监管风险：未做好准备的投资者可能会发现自己被监管变化套牢；

（3）诉讼风险：未能管理环境影响的企业可能会面临诉讼，即使没有具体的环境法规；

（4）市场风险：社会和环境变化可能会导致价格波动和采购限制；

（5）声誉风险：透明度和关联性的提高会大大增加被视为无视环境最佳做法的投资者的风险（亚洲气候变化投资者集团，2017）。

虽然这些风险目前具体适用于负责任投资的环境方面及其内在挑战，但可以说，这些风险可以很容易地扩展并适用于全面负责任投资。随着亚洲继续发展其在 ESG 投资方面的敞口，这些风险很可能将更多地被认识到。

受全球报告倡议组织（GRI）和澳大利亚外交贸易部（DFAT）委托，亚洲企业社会责任机构（CSR Asia）2016 年开展的一项报告显示，以下亚洲国家存在既定政策和实践。

政策和监管：具体指各国制定的国家法律，或其他形式的强制性监管，如证券交易所的上市要求。

自愿性期望：指遵循非强制性准则的报告和披露期望。这些机会可能包括对行业当局或证券交易所作出反应的机会，列入可持续性指数的机会，或民间社会提供的其他指导。

政府激励：指政府补贴的机会和利益，以鼓励企业报告和披露额外的财务标准（CSR Asia，2016）。

就政策和监管标准而言，目前仅有印度尼西亚、马来西亚、菲律宾、新加坡和越南等国家建立了这类立法。马来西亚证交所目前是唯一一家强制披露企业社会责任的交易所，不过新加坡交易所正努力推动所有上市公司强制发布可持续发展报告。新加坡交易所和马来西亚证交所都是在"遵守或解释"的基础上运作的。菲律宾和泰国的证券交易所也在过去几年中整合了与 ESG 相关的立法。上市公司的公司治理指南（PSE CG 指南）已经在"采用或解释"的基础上关注治理，泰国证券交易所已经强制年度报告披露附加信息（简称为表格 56 - 1）（CSR Asia，2016）。通过可持续发展指数，如印度尼西亚证券交易所的可持续发展指数、东盟五国富时"四好"指数和亚洲新闻频道的可持续发展排名等可持续发展指数，人们越来越关注可持续发展和可持续发展信息披露的要求。根据 GSIA 和 CSR Asia 的报告，被研究的东盟公司中有 58% 报告了 ESG 标准，有 19% 的东盟公司采用了《全球报告倡议指南》进行可持续披露。

大多数可持续发展评级机构和可持续发展年度报告都将日本列为独立于亚洲其他国家的国家，因为日本在可持续管理资产（AUM）中所占比例巨大。2014～2016 年，日本已被全球可持续发展倡议机构（GSI）确立为可持续投资增长最快的地区。他们将这种快速增长归因于日本机构资产所有者的更多的报告和可持续投资活动。《GSIA 2016 年度报告》还指出，日本主要的可持续投资战略仍是企业参与和股东行动，这表明投资者可以预期可持续投资选择的持续增长，因为这一趋势主要是由消费者需求（而不是政府激励或立法）驱动的。

值得注意的是，ESG 投资策略在权重上的差异。除日本外的亚洲地区几乎完全由可持续发展主题的投资所主导，而日本的投资要多元化得多，在基于标准的筛选上的配置更多。

6.3.1.5　澳大利亚/新西兰的负责任投资

据澳大利亚负责任投资协会（Responsible Investment Association – Australia）称，澳大利亚管理的资产中有 44% 是通过某种形式的负责任投资策略进行投资的。

根据澳大利亚负责任投资协会的数据，2015～2016 年，澳大利亚和新西兰的负责任投资增长了 9%。这意味着管理的责任资产从 2015 年的 5690 亿美元增加到 2016 年的 6220 亿美元。澳大利亚与欧洲一样，正面和负面筛选仍然是最受欢迎的 ESG 策略。

澳大利亚负责任投资协会将负责任投资分为两类：广义负责任投资和核心负责任投资。广义责任投资将任何 ESG 因素整合到投资组合构建中，这已被其他组织称为"ESG 整合"，在机构投资者中很受欢迎，他们认为 ESG 因素对于披露和衡量传统上作为整个投资过程一部分的"非财务"因素很有用。核心责任投资是一种更有针对性的责任投资形式，将 ESG

因素作为投资过程中最重要的一组因素。核心责任投资可以采取影响投资、积极的、消极的和基于标准的筛选、社区参与和股东行动，以及可持续发展主题投资的形式。

这一细分有助于证明，在澳大利亚，负责任投资仍然由广义负责任投资主导，最受机构投资者欢迎，如养老基金，开始随着 ESG 一体化趋势主导行业。

与欧洲和亚洲证券交易所的趋势类似，澳大利亚证券交易所现在要求所有上市公司报告任何实质性的可持续性风险敞口，这是他们对公司治理准则的更新。新西兰交易所也开始考虑实施"遵守或解释"政策，类似于亚洲证券交易所针对上市公司的 ESG 问题的政策（GSIA，2016）。

6.3.2 新兴市场的 ESG 投资

目前，新兴市场股票的 ESG 整合机会落后于发达国家（Passant et al.，2014）。这种滞后在很大程度上是由于地区问题（Odell and Ali, 2016）。lhan Meriç，Jie Ding 和 Gü lser Meriç (2016) 的结论是，由于不可分散的高风险和与发达市场的高相关性，大多数新兴市场的投资不再容易为全球投资组合增加同样的分散收益。新兴市场有潜力成为多元化的理想地区（温岭，2013；费尔南德斯，2005；Sherwood and Pollard, 2017），图 6-2 为新兴市场的近年表现。但由于新兴市场的下行波动性和固有的信息缺乏，投资者不愿投资资产（Odell and Ali，2016）。然而，最近的研究表明，ESG 一体化可能会为在新兴市场寻求多样化机会的机构投资者增加价值。通过基于 ESG 研究的投资策略，机构投资者可能减少新兴市场的风险，这些风险是由于缺乏信息和会计披露标准，以及由不良治理和社会实践导致的不可预测的波动。尽管许多成熟的机构投资者战略性地投资于新兴市场（Fifield，Power and Sinclair，2002），但当新兴市场的股票增长时他们的投资组合配置可能会导致错过新兴市场阿尔法（Fifield，Power and Sinclair，2002；Wenling，2013）。

图 6-2　新兴市场表现

在 2016 年的一项实证研究中，Camila Yamahaki 和 Je drzej George Frynas 衡量了 ESG 投资监管与新兴市场养老基金投资实践之间的关系，总结称，通过增加可用信息和确保 ESG 整合不违反受托责任，立法鼓励资产管理公司有利于新兴市场的 ESG 整合（Yamahaki and Frynas，2016）。由于目前缺乏立法，新兴市场的许多公司没有动机去考虑 ESG 因素并披露相关信息。然而，证交会通过的 S－K 条例等法规继续发展立法，要求公司披露财务措施和其他信息，可能有助于衡量 ESG 因素（Rashty and O'Shaughnessy，2014；Yamahaki and Frynas，2016）。尽管新兴市场在会计披露标准和信息方面传统上落后于发达市场（Siddiqi，2011），但全球趋势表明，新兴市场在增加非财务信息可用性方面取得了进展（Stewart，2015）。可持续发展会计标准委员会（SASB）、碳披露项目（CDP）、全球报告倡议机构（GRI）、国际综合报告理事会（IIRC）、欧洲环境研究中心（CERES）和联合国负责任投资原则机构（UNPRI）都致力于增加与 ESG 投资相关的信息的可获得性（Stewart，2015；联合国，2006）。这些组织以及数百个更小的组织，都在继续收集材料信息和调查策略，以改善新兴市场和发达市场的公司的非财务信息流动（Stewart，2015）。

新兴市场相较于发达市场波动更大，风险自然也更大。但同时，新兴市场还是全球市场中不断增长的重要组成部分，目前占全球股票指数的 10% 以上。新兴市场国家的人口占世界总人口的份额也在不断增大，仅中国和印度的人口就占到全球三分之一以上。这些发展中国家的劳动力更加年轻，中产阶级不断壮大，消费者也越来越富裕。

截至 2019 年 8 月 30 日，摩根士丹利资本国际新兴市场 ESG 领先指数（MSCI Emerging Markets ESG Leaders Index）5 年期和 10 年期的年化收益率均超过新兴市场非 ESG 同类指数约 3%。但这是否足以吸引投资者放弃熟悉的本土市场，进入风险更高的新兴市场投资领域呢？根据 NEI 投资公司首席投资官 John Bai 的说法，任何海外投资都将面临一系列挑战。对于新兴市场的投资者来说，想要在其中获得可观的收益就像是在荒野里寻找钻石。他警告说："在发展中经济体，你能得到的信息会很少，而且信息之间的关联性也比较差。"

人们或许也会认为 ESG 方法更适合发达经济体，因为发达经济体拥有非常高的人均 GDP，同时它们在治理、监督监管和腐败问题上都有着较好的表现。然而，尽管在新兴市场进行 ESG 投资可能需要更多的努力，Bai 仍然认为这是值得的。在这些市场上，你很可能会发现一些较为便宜的符合 ESG 标准的公司。你可能会发现一些价格最优，并以 ESG 作为目标驱动和长期导向的公司。ESG Global Advisors 首席执行官 Judy Cotte 也指出："由于新兴市场的 ESG 披露、政策和实践标准更加多样，投资者有更多的机会利用 ESG 来区分公司，并选出具有潜力的公司。"她说："在一定程度上，这是因为这些地区的法律制度往往没有那么严格或规范，所以认真对待 ESG 的公司可能对其社会价值有更为深入的理解，而不是仅仅为了迎合 ESG 相关的规章制度。"

新兴市场因为有着许多因素的存在而更加具备潜力，包括未开发和廉价的能源、材料和劳动力资源，消费者比以往任何时候都更关注企业的长期责任。管理是 ESG 的重要组成部分之一，晨星高管论坛（Morningstar Executive Forum）曾探讨了 ESG 是否会是 Alpha 收益

（超越市场的收益）的来源。论坛指出，在新兴市场具有良好管理和治理能力的公司最有可能产生 Alpha 收益（超越市场的收益）。

新兴市场和信息时代最具吸引力的机遇可能源于一些科技创新的新趋势，新兴市场受到新技术的推动，一下子"跨越"了几代人的发展，这种巨变对于社会来说是一把"双刃剑"。拿中国和人工智能举例，其中蕴含着巨大的机会，但也面临着数据隐私和面部识别方面的风险。

但是，不可否认，在新兴市场推行 ESG 负责任投资的确存在着与发达市场不同的挑战和弱性点，其中最主要的是国家层面的政治风险，而这很可能会影响公司治理的质量。另外，家族企业的集权制管理也可能削弱少数股东的权利。然而，正是由于前述提到的这些挑战和不足，ESG 负责任投资在新兴市场中才显得更重要。

对于正在新兴市场中实践 ESG 负责任投资或者正要进入这片市场的潜在投资者来说，想要在新兴市场和日本除外的亚洲市场中成功地推行 ESG 整合需要严谨地从整体角度谋划，同时按个案特征来详细分析项目风险和回报潜力，并严格监控相关 ESG 因子与企业财务绩效的变化，而且最好是直接参与标的公司的治理。只有这样完整和详细的 ESG 负责任投资审查和流程才有助于加强风险控制与管理，并提高每笔 ESG 投资的整体质量。

案例研究：

"新兴市场投资教父"麦朴思（Mark Mobius），邓普顿新兴市场团队执行主席，有 40 多年的全球新兴市场投资经验，于 1987 年加入邓普顿，为邓普顿新兴市场基金公司的主席。1999 年，被世界银行和经济合作发展组织委任为全球企业管治论坛投资者责任工作组的联席主席。曾荣获《彭博市场》杂志评选的"2011 年最具影响力的 50 名人物"之一，African Investor 评选的"2010 年度非洲投资者指数系列奖项"等。拥有波士顿大学的学士和硕士学位，以及麻省理工学院的经济学及政治学博士学位。麦朴思在其著作 Invest for Good 中介绍了关于新兴市场 ESG 投资实践的见闻与思考。

案例：环境外部性内部化

在过去，在热塑性塑料变得无处不在，所有液体都装在玻璃瓶中出售之前，当你退回"空瓶子"时，你偶尔可以得到一点钱：实际上是出于经济动机的回收。由于各种原因，这种做法很久以前就被放弃了，包括便宜得多的不可生物降解的塑料瓶作为主要的手持液体容器的出现。我们打赌这种做法会再次变得普遍。

每个问题背后都潜伏着商机。中国的情况更是如此，城镇和城市的高水平空气污染催生了口罩的大规模市场，并提高了公众对许多其他环境问题的意识。

这里有一个很好的例子。我们投资了一家北京公司，我们认为这是一种创新的废物回收经济方法。该公司生产和经营聚乙烯塑料瓶的"反向自动售货机"（RVMs），这种机器在世界各地广泛用于瓶装软饮料和水。它们是中国街道和公共场所的主要垃圾。这些机器颠覆了令人沮丧的"公地悲剧"经济学。想处理空瓶的人把空瓶放进机器里，然后得到报酬。该机器将瓶子压实，为拣起和运送到回收厂做准备。

我们认为这是一个很好的商业模式，有很大的增长潜力和良好的出口前景。我们还认为，如果该公司能够吸引到发展所需的资金，可能会为解决中国的塑料垃圾污染问题做出重要贡献。

案例：员工模范工厂

作者在印度尼西亚的首都雅加达发现了一家生产摩托车的非常有趣的公司，在所有的血汗工厂和摇摇欲坠的高层工厂中，它对待员工的方式非常突出。每个工人都有健康保险，现场有一个诊所，并有员工住宿。这就是人们想在那里工作的原因。这是一个他们可以生活的空间。在西方人看来，这可能有点过时——就像英国的吉百利巧克力王朝（Cadbury chocolate dynasty），它有贵格会（Quaker）信仰和员工模范村——但在一个日益好奇、透明、对 ESG 敏感的世界里，这种品质可能会让它走得很远。

案例：腐败治理

罗马尼亚拥有丰富的水力发电资源，是欧洲石油和天然气储量最大的国家之一，也是能源自给自足程度最高的欧盟成员国。麦朴思投资的一家奥地利石油和天然气公司开始谈判收购一家罗马尼亚炼油企业。尽职调查显示情况喜忧参半。该公司似乎有很大的盈利潜力，但数据中存在一些异常现象，尤其是流体输入量和输出量之间的关系。数据的不透明带来了风险，但商业模式看起来不错，增长前景被认为足以抵消风险。这家奥地利公司决定冒险一试，收购了这家罗马尼亚炼油厂的控股权。

然而，它采取了一些预防措施。这家奥地利公司怀疑存在某种欺诈行为可能是数据异常的原因，于是雇佣了一名反腐特工。他发现数百根管道从工厂的输出管道通向炼油厂边界围栏另一侧的森林。通过这些寄生管道，精炼产品被盗，随后在黑市上出售。经发现后暂时关闭管道，把混凝土泥浆泵送到非法支线上。后来，反腐败调查员发现炼油厂的有毒废物被非法掩埋在附近的一片土地上。该公司向当地媒体宣布了这一发现，并立即投入 1 亿美元对污染区域进行修复。

外国公司收购当地企业，以及随后揭露的腐败和在空旷的乡村非法处置有毒废物，通常会引发抗议风暴和媒体对掠夺性入侵者的敌意报道。在这种情况下，外国收购者消除了腐败，发现并清理了被污染的土地。及时将局势扭转。

案例：治理与性别

《2018 年全球性别差距报告》考虑了妇女的政治赋权、经济参与、健康和教育程度，一些新兴经济体的妇女正在以与发达国家相同的速度加入企业管理的高层。全球性别差距指数排名前十的国家是尼加拉瓜（第 5）、卢旺达（第 6）、菲律宾（第 8）和纳米比亚（第 10）。英国排名第 15，美国第 51。

然而，在我们在新兴市场的中小型部门的工作中，我们经常发现，对性别问题的认识以及对女性更有力和更平等地参与劳动力的积极影响的理解仍然不足。这为注重环境、社会和治理的投资者创造价值和积极影响提供了另一个重要机会。

在越南，我们投资了最大的奶制品生产商。该公司曾是一家国有企业，在 21 世纪初被私有化。一位在 20 世纪 70 年代作为工程师加入公司的女性被任命为领导。她成功地将这个死气沉沉的官僚国有企业转变为该国最成功的企业之一。与此同时，福布斯将她列为亚洲最具影响力的 50 位商界女性之一。

总的来说，女性比男性更强烈地感受到自己投资的社会影响。与男性相比，所有年龄段的女性都对社会责任和影响力投资表现出极大的兴趣（根据研究结果，70% ～ 79% 的女性和 28% ～ 62% 的男性表现出兴趣）。人们几乎可以推测，妇女更强有力和更平等地参与劳动力市场的趋势将与资产继续朝着可持续投资方向发展的趋势齐头并进。

第7章 ESG 投资策略与方法

本章研究了投资者将 ESG 投资纳入投资组合构建和管理的四种最常见的策略。根据第 4 章和第 6 章的内容本章确定了 ESG 投资的途径，以及投资者选择 ESG 投资策略的原因。本章将 ESG 投资策略分为四个部分：基于排除的 ESG 投资、基于整合的 ESG 投资、基于影响的 ESG 投资以及基于参与的 ESG 投资。本章试图让读者对 ESG 投资理论有一个基本的了解，包括关注 ESG 投资的原因、当前 ESG 的整合水平以及将 ESG 投资纳入传统投资理论产生的影响。在学习本章内容之后，读者应该对投资者将 ESG 投资策略纳入投资组合管理时所考虑的一些实际因素有所了解。

学习目标：

- 比较四种最常见的投资者将 ESG 投资策略纳入投资组合的策略。
- 评估每种常见投资策略在不同市场、资产类别和投资领域中的优缺点。

7.1 基于排除的 ESG 投资

7.1.1 起源与发展

基于排除的 ESG 投资，也称为负面筛选，是一种用于投资组合管理的 ESG 投资方法。如第 2 章所述，ESG 投资始于撤资（Caplan et al. , 2013），特别是机构投资者会努力使投资目标与投资者的利益一致。实际上，这涉及创建投资政策声明，该声明排除了与投资者的使命和目标冲突的金融工具和证券投资。对全球许多机构投资者来说，排除法仍是 ESG 投资方法的首选策略。投资者从一个投资组合中排除了某些投资的行为就被称为撤资。

基于信仰的机构投资者最早开始采用基于排除的 ESG 投资方法。这些机构投资者创造了"罪恶股票"一词，指的是从与宗教组织的信仰相违背的行业（如武器、酒精、色情、童工或赌博）中获得一定比例收入的股票。如第 2 章所述，贵格会（Quaker）和卫理公会（Methodist Christian）被认为是首批将枪支和其他"罪恶股票"排除在投资组合之外的宗教团体。近年来，许多以信仰为基础的机构投资者将排他筛选的范围扩大到股票以外，扩展到信贷和对冲基金等其他资产类别。最近，一些天主教教区的捐赠基金和退休投资管理公司不再投资与其信仰不符的政府主权债券。

基于排除的 ESG 投资的早期案例之一是第 5 章提到的种族隔离时期对南非资产的撤资，这是主权财富基金、公共和私人养老基金、捐赠基金和各种组织的机构投资者实施排除筛选的一个重要案例。排除南非资产的范围不仅限于股票，还扩展到了信贷和政府债券。一些经济学家认为，由于南非基础设施（尤其是铁路和公路系统的发展）缺乏外国投资，因而促成了种族隔离制度的结束。

7.1.2 负面筛选的具体方法

排除筛选需要对具体公司进行研究和分析，投资者使用公开披露的信息来评估公司是否符合投资者的信念、目标或准则。根据投资者的分析结果，该投资要么被包括在内，要么被排除在外。例如，如果投资者认为该公司董事会在该公司运营的社区中存在不良社会责任行为，他可能希望排除持有该公司的证券（Lokuwaduge and Heenetigala，2017）。

投资者可以利用第三方分类系统和标准（如 GICS）来识别和区分此类证券。投资者也可以使用数据分析公司提供的筛选工具，如 MSCI 的低碳筛选。一些机构投资者可能决定创建自己的分析测量工具，以识别和区分此类证券。散户投资者可以根据个人选择或偏好决定排除标准，而资产管理公司可以根据其客户提供的投资指南或执行团队和董事会的指示制定排除标准。

机构投资者在决定其排除政策时面临更加复杂的问题，因为他们代表着更广泛的群体。机构投资者面临的挑战是，如何使他们的排除政策与他们所代表的人群相一致。排除政策是一系列指导方针，旨在将某些证券或证券类别排除在投资领域之外，它通常是机构投资政策的一部分。一些机构可能拥有或建立了与他们所代表的人群的交流通道，这些机构可以通过这种方式询问和衡量与集体要求和愿望有关的主题或问题。例如，一个代表工会的退休计划可能会考虑通过工会投票从工会成员中收集信息。其他机构可能会考虑根据董事会或管理层的排除选择来制定他们的排除政策，由于董事会、咨询委员会、投资委员会或投资团队都是机构所代表的人群的受托人，因此可以由这个管理机构来决定他们所服务的人群的排他政策。一个公司的养老金计划可能基于董事会的治理来执行排除政策，因为董事会可能是制定最有利于员工的组织原则时最合适的成员。其他机构可能会找到一种或多种外部资源，以更好地确定应该将哪些投资排除在外。通过这种方式，管理教会员工退休计划的机构投资者可能会与教会的领导层接触，以确定排除哪些类别的投资最适合该计划的参与者。其他的机构投资者也有可能采取混合的方式进行筛选。

基于排除的 ESG 投资实施通常是严格的，本质上是非黑即白的。无论投资者使用的是专有分类系统，数据分析公司提供的识别标准，还是第三方筛选资源，关键在于投资者可以报告排除的有效性，并且在整个组合中投资的一致性。报告是基于排除的 ESG 投资的一个关键元素，因为关于投资基金或投资组合的报告可以让董事会、咨询委员会、投资委员会和投资成员了解他们的利益、指导方针或者目标是否得到了准确的执行。报告指出了投资组合中包括哪些投资品，从而可以使投资者识别并应对任何关于投资者排除标准的风险。

基于 ESG 因素对投资进行负面筛选对许多投资者来说仍然至关重要，近五分之一的专业管理资产经过某种形式的排除（GSIA，2017）。当然，负面筛选只是可持续投资的一个方面，它与整合和参与等活动有着不同的目的。虽然后两项政策旨在帮助投资者获得更好的投资结果，但排除法反映了投资者的选择，以避开他们厌恶的活动。但是即使筛选决策与投资分析分开进行，了解它们对投资目标的影响也是至关重要的。人们通常基于筛选的历史表现来进行讨论，但这是一种后视观点。关于如何定义和应用排除的选择和投资方式，可能会使基金经理执行某些策略的难度大大增加。实现筛选的过程可能是机械性的，但是评估它们对投资组合的影响是一项复杂的任务，包含了筛选的作用、典型的目标活动、定义排除的不同方式以及它们对投资策略的影响。

据《全球可持续投资评论》（Global Sustainable Investment Review）统计显示，超过 20% 的全球投资资产不包括涉及有争议活动的公司（GSIA，2017）。而筛选的作用继续增长，全球采用筛选的资产价值在过去四年中以每年 16% 的速度增长，欧洲排除资产的价值自 2011 年以来增加了一倍多（Eurosif，2016）。虽然整合、参与和其他可持续投资政策正在迅速追赶，但很明显，负面筛选仍然是一个受欢迎的投资者选择。大多数筛选通常关注传统的"罪恶"行业，如烟草、赌博、酒精、色情或那些涉及制造和销售武器的行业。然而，排除通常是针对个别客户及其价值观的。人们对核能、动物试验和转基因生物的态度各不相同，有的大力支持，有的强烈抵制。这些观点在地区和国家之间都有所不同，并经常反映在不同国家应用的筛选上。

许多人将撤资视为推动企业战略、活动和实践变革的一种机制。但事实上撤资只能提供有限的影响，因为目标行业中很少有人依赖股权资本为公司增长提供资金，而且公司可以通过分红等形式将相当大一部分收益返还给投资者。因此，在二级市场上出售（或不购买）股票对公司的融资影响有限，而融资才是至关重要的（Ansar，Caldecott and Tilbury，2013）。

有许多方法可以将排除原则转化为严格执行所需的客观规则。在实行筛选的最后，对于明显相似的排除策略所使用的特定标准的差异可能会导致非常不同的排除结果。一般来说，有两种方法来执行排除：

（1）行业分类——根据公司的行业分类排除，提供了一种全面、一致和直接的方法，但缺乏灵活性，可能会遗漏具有不同业务组合的公司。

（2）公司风险敞口——关注公司对特定活动的实际风险敞口，如使用收入份额，提供了更详细的视角，但严重依赖第三方组织。关于如何对待那些仅与某项活动有轻微接触的公司，或那些通过相关行业间接接触的公司（如有害产品的零售商）的决策，会产生一长串选择和结果。例如，色情筛选可以拒绝几乎所有的电信公司，因为他们的部分收入来自视频。较高的阈值会减少意外结果，但也削弱了排除的强度。一般认为，占销售额 5% ~ 10% 的风险敞口水平是合适的，不过最终的风险敞口水平必须最终反映出投资者自己的意愿。不同的选择可以显著改变任何排除列表的内容和性质。MSCI 烟草筛选排除了任何与该行业关联的公司，结果是从 MSCI 世界指数中剔除了 111 家公司，而基于全球行业分类标准（GICS）的筛选仅剔除了 6 家公司。

7.1.3 负面筛选的绩效

尽管人们的态度有所转变，但很明显，负面筛选的主要驱动因素仍然是出于道德因素，进而反对特定的商业行为，不愿从这些活动中获得经济利益。这种撤资的压力只会越来越大，非营利的在线活动平台 Change. org 目前有 31 份关于石油、天然气和煤炭撤资的请愿书，希望获得签名。撤资词条的搜索量也持续上升，其中对化石燃料和烟草的兴趣尤其浓厚。

虽然目前排除化石燃料的资产很少，但对这一选择的浓厚兴趣意味着经过筛选的资产价值正从一个较低的基数迅速增长。由于对气候变化的担忧日益加剧，石油、天然气和煤炭行业的投资急剧减少，全球经过筛选的资产在两年内迅速翻了一番，从 2.6 万亿美元增加到 5.4 万亿美元，而且大量资产所有者与大学和地方政府一起实施了限制。烟草撤资一直保持一种较长期稳定的趋势，但近年来也出现了类似的增长，许多保险公司、一系列主权财富基金和某些基金管理公司都选择撤资。在过去四年里，总共有大约 40 亿美元的投资从烟草公司剥离（Ralph，2017）。

烟草筛选的绩效最近受到了很多关注。根据伦敦商学院和瑞士信贷（Credit Suisse）的数据，1900～2014 年，烟草公司的表现每年超过美国和英国市场 3%（Keating and Natella，2015）。然而，像这样的证据并不是评估筛选绩效的最佳方式。从更广泛的角度来看，排除对收益没有太大影响。例如，尽管烟草公司在过去十年中的表现比 MSCI 国际世界全球基准指数高出 87%，但因为该行业仅占指数的 1.7%，所以标准指数和无烟草指数之间的差异可以忽略不计。在常见的排除范围内，筛选对长期绩效只有很小的影响。

重要的是，尽管排除对长期绩效的影响通常很小，但在短期内差异可能会很大。根据市场环境的不同，不同的筛选可能表现出相对于标准基准的更强或更弱的周期。筛选对短期绩效的影响反映了它们对宏观经济因素的敏感性。移除更多可投资领域的筛选通常会表现出更大的绩效影响。例如，当能源行业收益表现强劲时，不包括化石燃料的基金会表现不佳，这些影响通常持续时间很有限，但在短期内可能是显著的。这种短期波动的可能性意味着因素分解十分重要，即将投资组合的绩效分解成可归因于证券领域缩小的因素。如果筛选结果导致可投资领域的业绩与基金基准之间存在显著差异，那么在评估业绩时要重视这种影响。

筛选可能对特定投资策略产生严重的影响，尽管大多数筛选对长期业绩影响不大，但它们仍会严重限制投资者执行其投资策略的能力。这一挑战既适用于主动策略，也适用于被动策略。跟踪误差（衡量基准业绩与被筛选整体业绩之间的差异的指标）最大时，困难也最大（跟踪误差的计算方法是被筛选整体业绩与无约束指数回报之间的差异的标准差）。当基准指数的大部分被剔除，或者被剔除的股票波动性更大时，跟踪误差通常会很大。尽管通常用这一指标来衡量指数基金对其基准指数的跟踪程度，但它也可以用来表明基金经理受到的限制。经过筛选的 MSCI 世界指数与无约束基准在过去 20 年的跟踪误差显示出巨大的差异。化石燃料、武器和核能的差异特别大，这是由于从基准中剔除的企业权重。更大的跟踪误差意味着管理者在构建投资组合和执行策略时将面临更大的挑战，这主要是因为可供选择的投资范围缩小了。例如，烟草公司和公用事业公司通常支付巨量的股息，这种行为将对经理实现特定目标的能力产生重大影响，而这些影响反过来会对管理者造成实际和潜在的限制。筛选对不同投资风格的显著不同影响。化石燃料筛选的跟踪误差对价值策略的影响是对成长策略的两倍，反映出化石燃料行业目前交易的市盈率相对较低。

筛选定义选择可以显著改变排除列表和投资结果。正如不同的筛选会以不同方式影响经理执行策略的能力一样，不同的筛选定义也是如此。例如，过去 15 年摩根士丹利资本国际世界指数（MSCI World Index）剔除化石燃料公司后的平均季度股息率下降了 3.5%，而仅限制煤炭公司时的平均季度股息率下降了 0.15%。跟踪误差的范围越广，筛选对定义的选择就越敏感。筛选严重依赖于少量的独立公司信息来源，重要的是要认识到这些公司所作评估的差异。这种差异在很大程度上可以用覆盖范围来解释，某些提供商提供的数据和分析范围比其他提供商更广。

7.1.4 负面筛选的实践案例

不同的数据提供者可以产生非常不同的排除列表筛选严重依赖于独立公司的少量信息来源，重要的是要认识到这些公司所作评估的差异。下面的图表显示了两个广泛使用的 ESG 数据提供者如何为许多相同或密切相关的标准提供非常不同的排除列表。

这种差异在很大程度上可以用覆盖范围来解释，某些提供商提供的数据和分析范围比其他提供商更广。在图 7 - 1 中，提供商 A 覆盖的范围是 3300 家公司，而提供商 B 覆盖了 8425 家公司。但是即使考虑到排除列表的很大一部分差异是由每个提供商覆盖的公司数量的差异造成的，当只考虑两个提供商共同覆盖的 2851 家公司时，被每个提供商排除的确切公司之间也存在着巨大差异。这反映在不同筛选的排除一致性上（见图 7 -2），排除一致性反映了两个提供商共同覆盖的公司被两个提供商排除的百分比。

皮草（fur）就是一个很好的例子，一家提供商排除了 120 家公司，而另一家只排除了 47 家。此外，尽管筛选有明确的定义，两家供应商的目的都是排除涉及皮毛产品制造或销售的公司，但是双方共同筛选的公司只有 28%，其中一家供应商排除了沃尔玛，另一家则排除了 eBay。尽管筛选的标准可以用具体的语言表达，但每家公司提供的"答案"总是依赖于判断。

当实施筛选时，主动管理可以比被动管理增加更多的价值。本节中提出的问题一方面适用于被动指数和因子策略，另一方面适用于主动管理的基金。对于前者，筛选会改变指数；对于后者，经理进行选择的可投资领域就被缩减了。虽然被动策略没有可用的杠杆来减轻所用筛选的影响，但主动经理能够更好地适应。被动产品不能抵消特定投资组合目标的排除的负面影响，而主动管理的经理有更大的灵活性，他们可以寻找其他财务状况相似的股票，以减轻筛选带来的偏差。主动管理者也更容易完善筛选标准，以更准确地反映投资者的目标——例如，在化石燃料和储量之间的选择。筛选表面上很简单，但实际上充满了挑战，这些挑战可能会对经理执行他们选择的特定战略的能力产生重大影响。关键在于在实施筛选之前了解更广泛的投资目标带来的复杂性和偏差，并且在实施后适当地评估业绩。接下来将详细考察不同的筛选选择。

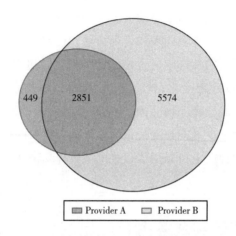

图 7 - 1   ESG 数据提供者提供的排除列表一

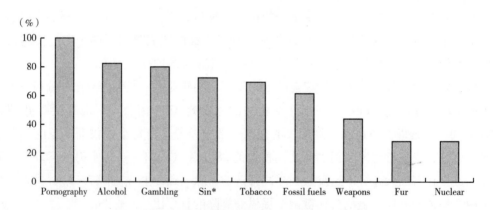

图 7 - 2   ESG 数据提供者提供的排除列表二

酒精——酒精筛选可以通过行业分类、行业参与或收入敞口来定义。行业分类通常使用酿酒商和葡萄酒商 GICS 分类。虽然这些分类筛选排除了大多数与酒精有关的公司，但它们往往无法排除更多样化的饮料制造商。筛选可以获取任何活动，或者只获取那些涉及生产或供应的公司。"任何活动"筛选将排除多样化的零售商，但可以设置收入阈值来避免这一结果。

化石燃料——因为对行业的视角不同，化石燃料筛选可以是非常多样的。在最广泛的层面上，投资者可以使用 GICS 能源分类进行筛选，也可以筛选参与任何相关业务的公司。这些都是相当全面的定义，但将排除石油和天然气服务公司以及其他间接市场参与者。其旨在只获取那些生产大量化石燃料的公司的更精细的筛选，可以使用 20% ~ 50% 的收入门槛，或者只关注储量。筛选也可以用于排除某些化石燃料，如煤或沥青砂。

皮草——在筛选皮草时，关键的选择在于是否将零售商和生产商排除在外。选择的结果不容小觑：零售参与筛选将排除大型零售商，如亚马逊和 eBay，而生产商的筛选不会。公司披露与皮草有关的信息往往有限，因此筛选提供商必须经常做出判断，即多大程度的参与是决定性的。

赌博——赌博筛选可以通过行业分类、行业参与或收入敞口来定义。行业分类通常使用博彩和赌场 GICS 分类。虽然这些指标排除了大多数公司，但可能无法排除酒店等更多样化的娱乐和休闲公司。该筛选可以获取任何活动，或者只获取那些参与运营和许可的公司，以避免排除多元化服务的提供商。可以设置收入阈值，以避免将这些多元化的提供商排除在外。

核能——核排除集中在核能上，而不是核武器。这里的主要选择在于是否使用了任何参与或收入阈值。更高的阈值将确保多元化的公用事业仍可投资。基于任何收入或简单参与关系的阈值将排除大量电力公司。

色情——色情筛选通常由收入阈值来定义。这个阈值通常设置在营业额的 5% ~ 10%。如果该定义排除了存在任何收入敞口的公司，筛选往往会获取到电信行业，因为它从这一活动中产生了边际收入。

"罪恶"行业——"罪恶"筛选获取了那些接触酒精、赌博、色情和烟草的公司。这个筛选的综合性意味着存在着多种方法，如针对单个筛选的那些方法。关键的挑战在于筛选的基础是收入，投资者必须选择是否根据总收入敞口排除公司，例如，每个活动收入为 2%，总和为 8%，或者基于每个单独的元素，如一个公司至少 5% 的收入来自任何筛选活动之一。

烟草——烟草筛选可以通过行业分类、行业参与或收入敞口来定义。被 GICS 部门排除是最常见的，大多数烟草公司只专注于烟草生产。行业参与者可以定义为任何从事烟草相关活动的公司，或者仅仅是那些参与生产或供应的公司。后一个筛选将避免排除零售商。收入阈值也可以设置在适当的水平，以避免排除零售商。

武器——因为对行业的视角不同，武器筛选可以是非常多样的。争议性武器（如集束弹药和生化武器）和核武器是最常被筛选的。更广泛的武器筛选也适用，但这可能排除汽车制造商等公司，因为他们提供军用发动机。筛选还可以区分制造武器的公司和销售武器的公司。

7.2　基于整合的 ESG 投资

7.2.1　ESG 整合策略的定义

基于整合的 ESG 投资，也称为 ESG 整合，在本质上比基于排除的 ESG 投资更为复杂。基于排除的 ESG 投资明确识别和筛选与投资目标冲突的证券，而 ESG 整合是明确纳入基于 ESG 风险和机会因素的证券（Eurosif，2014）。ESG 整合通过投资组合中整合 ESG 因素或数据，以降低风险并获得收益。基于排除的 ESG 投资的主要目标是遵循特定的政策要求或指导方针，而 ESG 整合是 ESG 投资的一种方法，其目的是为投资增加量化价值。ESG 整合的附加价值旨在降低投资组合的风险或波动性、增加回报以及增加对社会或环境的价值。

排除某些证券或资产也可能是 ESG 整合的一个组成部分，一种常见的情况是某些 ESG 因素的整合会在整合其他因素的同时排除部分证券。例如，当 ESG 整合战略寻求最大限度地提高能源股票长期可持续性时，可以考虑将煤炭开采和石油勘探股票排除在外，转而分配到天然气勘探股票。尽管基于整合的 ESG 投资可以包含排除性元素，但投资者通常选择 ESG 整合是因为其实施的灵活性。尽管排除性投资的根基是禁止证券，但 ESG 整合并不以这种"非黑即白"的方式限制投资者，无论是投资经理还是资产经理。ESG 整合是一种侧重于整合环境、社会、治理和其他相关非财务绩效因素的方法，目的是在不受政策或投资准则限制的情况下，优化投资者的风险和收益状况。

投资者通过分析可能影响他们正在考虑投资或已经拥有的公司的证券的 ESG 因素，来进行基于整合的 ESG 投资。ESG 因素涵盖了广泛的主题和问题，例如（但不限于）董事会或管理层多样性、网络安全、会计标准、财务报告、废物管理、碳排放管理、能源效率、碳足迹管理、原材料使用、水使用、水污染、气候变化风险管理、劳动管理、工作场所安全、人力资本开发、供应链劳动管理、化学品安全、隐私和金融产品安全以及公司治理。通过研究和分析这些 ESG 因素，投资者可以根据公司财务或传统估值指标中没有的关键指标来衡量公司的证券。此外，通过 ESG 因素评估公司可以让投资者发现公司可能存在的任何风险，并提供了将公司与同行群体、行业和更广泛的市场进行衡量对比的途径。

7.2.2　ESG 整合的具体方法

ESG 整合的方式有多种，投资者经常讨论 ESG 整合的最佳做法。为了更好地理解 ESG 投资的实际应用，接下来介绍一些主流的 ESG 整合方法。基于整合的 ESG 投资的两种主流方法分别是基于基础研究的 ESG 整合和系统实现的 ESG 整合。

基础的 ESG 整合可以通过基本的研究方法来实现。基础 ESG 整合类似传统的基础投资策略，事实上，资产管理者经常在他们的基本分析过程中整合 ESG 因素（van Duuren，Plantinga and Scholtens，2016）。通过这种方法，投资者将特定的 ESG 因素作为其 ESG 整合的标准。ESG 因素可以通过一般的定性研究在进行整体分析，也可以在特定的 ESG 因素层面上进行分析（详见第 5 章）。投资者可以使用 ESG 研究公司、金融机构或学术机构制作的 ESG 因素研究报告，也可以根据自己的标准和流程进行自营研究。一般来说，这种分析 ESG 因素的方法在本质上是定性的，需要仔细检查直接和间接的数据。通过基本的 ESG 整合方法，ESG 整合还可以包含对可能影响公司经营行业或影响具体公司的宏观 ESG 因素的分析。基础 ESG 整合使投资者可以从研究报告和新闻中获得信息。

投资者可以通过引入他们自己的系统方法，来加权评估通过基础 ESG 整合获得的信息。

由于投资者对 ESG 因素的价值看法和衡量方式不同，因此他们进行 ESG 基本整合的方法也有差异。例如，一个投资者可能对公司管理团队的性别多样性问题的重视程度和优先级远高于其他 ESG 因素，而对于同一家公司，另一个投资者可能对环境污染的 ESG 因素的重视程度远高于性别多样性。投资者对 ESG 因素的优先次序的区别不仅取决于投资者的个人信念，还取决于投资者认为哪些因素是有风险的或有价值的。基础的 ESG 整合可能侧重于降低风险，也可能侧重于增加收益，或者两者兼得。ESG 整合是一个持续评估 ESG 因素及其对风险和收益预测的影响的过程。

以高盛为例，高盛在其"买入并持有"（GS SUSTAIN）投资策略中，除了考虑企业所在行业定位、资本收益率等内容外，还纳入了对企业管理质量即 ESG 分析。高盛采取 ESG 整合方法，考虑公司治理结构、与利益相关者的参与行为、环境表现三方面因素。其中，治理结构主要考察董事会监督、权力制衡、激励机制等方面，利益相关者主要考察与下游客户、上游供应商及投资者关系、员工福利及监管机构等内容，环境表现则主要考察供应链、资源利用效率及产品发展等方面内容，是一种 ESG 整合策略。

系统 ESG 整合是将 ESG 因子分析整合到投资者决策过程中的定量应用，ESG 因素可以定量测量，从而为货币化和系统分析确定数值。系统化的 ESG 整合包括 ESG 特定分类、ESG 因子评级或 ESG 安全级别量化，在投资者的投资过程中采用公式化流程。在投资过程中整合预先设定的量化标准，而不是定性地得出 ESG 整合的意见。

正面筛选是 ESG 系统整合的一种方法。负面筛选在上述基于排除的 ESG 投资部分进行了讨论。投资者也可以选择通过正面筛选系统地整合 ESG 因素：一种过滤大量证券的方法，以便将 ESG 因素评级良好的证券整合到投资组合中。这通常使用研究公司或评级机构提供的 ESG 评级来实现。投资者可以在投资过程中只选择特定评级标准的证券（例如，评级为 A 或更高的证券）（MSCI, Inc. 2014）。例如，投资者可以进行积极筛选，只将 AA 或 AAA 级证券整合到投资组合中，作为其系统性 ESG 整合过程的一部分。此外，投资者可以利用正面筛选来缩小他们的投资范围。正面筛选 ESG 整合方法也被称为"倾向投资"，因为投资者实质上是将其投资组合向 ESG 评级质量标准倾斜。

投资者还可以系统地将 ESG 评级作为其他因素的组成部分，如将 ESG 评级得分作为多因素分析策略中其他因素分析指标的主要组成部分。例如，在系统的投资组合构建方法中，ESG 可以与价值和盈利能力等因素结合使用。另一个使用 ESG 评级的系统性 ESG 整合策略是 ESG 评级动量，相对于只做多的证券投资组合，投资者可能会整合那些在证券的 ESG 因素的评级或评分中显示出动量的证券。例如，股票投资者可以对 ESG 评级的时间序列进行定量测量，系统地整合在特定时间段内具有评级改善趋势的公司的股票（MSCI, Inc. 2014）。

基于整合的 ESG 投资可以还通过多种方法进行，基本面、系统性或混合型 ESG 整合等方法的选择在很大程度上取决于投资者偏好。投资者会自然地使用基于整合的 ESG 投资方法，因为他们认为这种方法能给他们的投资过程和投资目标带来最大的价值。投资者还可以考虑使用有利于其结果度量和 ESG 投资报告要求的 ESG 整合方法，而且使用基于整合的

ESG 投资方法的限制也相对较少。投资者还可能出于各种其他原因来使用 ESG 整合，如规避风险和减轻风险，或者为了生成 alpha。此外，尽管基于整合的 ESG 投资者可能对 ESG 的使用、ESG 因子分析以及 ESG 整合策略的实际含义持有不同的观点，但共同的观点是 ESG 整合会增加投资过程的价值。

7.2.3 ESG 整合的实践案例

摩根大通资产管理公司（JPMAM）是一家全球资产管理公司，拥有 1200 多名投资专业人员，为客户提供跨资产类别的投资策略，包括股票、固定收益、现金流动性、货币、房地产、对冲基金和私募股权。该公司自 2007 年以来一直是联合国支持的负责任投资原则（PRI）的签署方，因此该公司致力于遵守 PRI 的六项原则：

原则1：我们将把 ESG 问题纳入投资分析和决策过程。

原则2：我们将成为积极的投资者，并将 ESG 问题纳入我们的所有权政策和实践。

原则3：我们将寻求我们的投资对象对 ESG 问题的适当披露。

原则4：我们将促进投资行业接受和实施这些原则。

原则5：我们将共同努力，提高执行这些原则的效力。

原则6：我们将报告我们在实施这些原则方面的活动和进展。

正如该公司一位高级投资组合经理所说，他的团队考虑 ESG 有三个简单的原因："我们的责任要考虑到投资选择的更广泛结果；整合 ESG 对我们的许多客户来说很重要；这完全符合我们的长期投资策略。"

本着这一承诺，该公司在 2016 年加大了努力，开始了将 ESG 融入投资过程的实践。尽管许多投资团队已经长期致力于将 ESG 因素纳入他们的投资实践中，但该公司缺乏一个共同的定义和内部最低标准。为了填补这一空白，公司成立了可持续投资领导小组（SILT），开发和实施跨资产类别与投资产品的可持续投资的协调战略。

SILT 定义 ESG 整合为"投资决策过程中考虑 ESG 因素时的系统性与清晰度"。SILT 还建立了一个内部最低标准，这将是 ESG 整合所需要的投资战略。该标准旨在确保投资团队获取与 ESG 因素相关的风险和机遇，而不限制各自的投资领域或特定的 ESG 倾向。为了维护 ESG 整合的新定义的完整性，SILT 开发了一个名为"承诺/实施/示范"的三步框架，以保持投资团队对公司从研究到构建投资组合进行 ESG 评估时的系统性和清晰度。

摩根大通资产管理公司的可持续投资领导小组的"承诺/实施/示范"框架

● 承诺：投资主管或首席投资官承诺通过提名一名 ESG 倡导者，将资源投入 ESG 整合中。

● 实施：ESG 倡导者与 SILT 合作，学习最佳实践方法，并与投资团队中的利益相关者进行互动，帮助他们制订 ESG 整合的项目计划。鼓励 ESG 倡导者在整个投资过程中纳入 ESG 因素。这包括确定 ESG 数据和研究适当的来源，提高公司分析师和投资组合经理的专业 ESG 知识，确定 ESG 因素的重要性，并将 ESG 分析纳入研究和风险系统。

● 示范：投资团队必须向 SILT 展示在投资过程的各个阶段是如何考虑 ESG 因素的。他们被要求记录使用的指标，并包括具体的例子，以验证 ESG 因素被纳入投资决策——在可能的情况下量化其影响。这些演示给了 SILT 成员一个提出问题的机会，并最终验证团队是否根据 SILT 的既定定义整合了 ESG 因素。那些获得 SILT 批准的投资团队被认为整合了 ESG 因素。

投资团队遵循一个结构化的三步流程来实现 ESG 整合：第一步，承诺：专用资源和设定目标；第二步，实施：在投资流程的每个步骤中开发和执行；第三步，演示：向 SILT 阐明流程以获得正式批准，以获得 ESG 整合的资格。由于摩根大通的每个投资团队都有自己成熟的理念和方法，他们可以自行选择最合适的方式来整合 ESG，使其在现有的投资过程中真实而有意义。

为了衡量进展和成功，摩根大通资产管理公司记录并跟踪投资团队在 ESG 整合过程中各个阶段的策略。这种努力是自愿的并且是有抱负的。团队有机会分享最佳实践做法，并帮助彼此实现最终目标，尽管他们并不是同时这样做。大家一致认为这是一个持续的过程，每个团队都可以在某种程度上纳入 ESG，但 SILT 框架确保批准"ESG 整合"是一个被明确定义的高标准。

发达市场基本面股票

摩根大通资产管理公司的研究驱动型股票策略遵循的是专注于公司长期基本面研究的通用投资理念，它们都是 ESG 整合的。这些策略借鉴了美国、欧洲和亚洲的研究分析师、研究主管和治理专家的研究。这些团队在全球范围内开展合作，识别负面的 ESG 异常值，重点关注对现金流可持续性和重新部署的潜在影响。具体来说，团队始终考虑 6 个领域来帮助识别负面异常值（见图 7 - 3）。

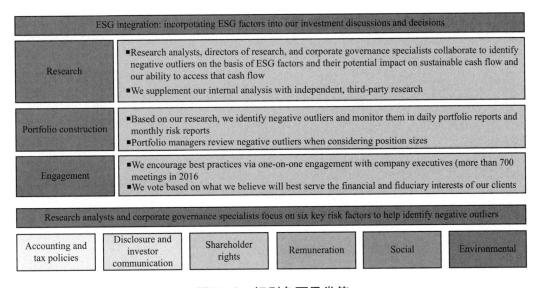

图 7 - 3　识别负面异常值

研究分析师或研究主管在专有的 ESG 异常值研究数据库将公司识别为 ESG 异常值，分析师也在该数据库中记录他们的预期收益。分析师、投资组合经理以及区域和全球研究总监每季度都会讨论 ESG 异常值。当投资组合经理考虑他们持有或可能持有的公司的头寸规模时，他们会审查被标记为负面异常值的公司。

股权治理专家与投资组合经理和研究分析师密切合作，与投资组合公司就重大的 ESG 问题进行接触。当该公司在专有数据库中被确定为 ESG 异常值时，参与者将关注其中指定的问题，这是一项持续性的工作。摩根大通资产管理公司（J. P. Morgan Asset Management）可能会要求发行人进行更多的公开披露，敦促管理层采用最佳行业做法，并将密切关注公司的进展。治理团队的参与结果会和项目组合经理共享，他们也可能参加这些会议。治理专家还将定期确定未来可能变得更重要的 ESG 问题，以及公司需要通过与多个企业就该问题进行接触来提高内部见解之处。第三方 ESG 数据会补充专有的研究和风险管理工具，以进一步提高团队的见解。ESG 异常值列表是动态的，并在事件或新出现的问题导致其他公司被标记时实时更新。

新兴市场基本面股票

全球新兴市场（EM）基本面股票团队坚信，ESG 因素特别是治理，应当成为任何支持长期投资过程的基础，与环境和社会问题相抵触的企业政策是不可持续的。整合 ESG 因素是在新兴市场成功投资的关键。虽然摩根大通全球新兴市场基本面股票团队没有基于社会、环境或道德标准明确排除个股，但 ESG 因素可能会影响团队的信心，并影响构建投资组合期间股票的头寸规模。

团队对任何公司的基本面分析都要考察其经济、可持续性和治理，从而得出团队所称的"战略分类"。环境和社会问题是这一分析的重要考虑因素；如果一个企业破坏了环境或它所在的社区，那么它就没有考虑到自己的长远未来，最终将为此付出代价。因此，团队在考虑未来现金流时需要考虑这些方面。在这方面，ESG 的担忧与其他任何可能产生相同影响的因素（无论是竞争、创新还是监管）没有区别，它们都是对企业价值可持续性的广泛考虑的一部分。

所有分析师的任务都是为他们负责的公司完成一份专有的风险概况问卷。调查问卷的大部分集中在治理和具体的 ESG 问题上。这些风险评估有助于我们对公司进行战略分类，从而帮助我们评估企业长期创造价值的潜力。该团队将公司分为高级公司、优质公司和交易公司。投资组合头寸的大小，以及团队是否持有所有权股份，由我们的战略分类框架和风险概况来决定。该团队的目标是被评为高级或优质的公司。被分类为高级和优质的企业往往有强力的治理和很少的危险信号，随着时间的推移表现会更好，而被分类为交易的企业往往有许多危险信号，随着时间的推移表现会更差。

全球投资级公司债务团队系统地将 ESG 风险视为对公司债券发行人自下而上的基础分析的一部分。信用分析师研究公司的各个方面，包括 ESG 风险和机会目前如何影响现金流，以及这些 ESG 风险如何影响未来的现金流。如果该团队的分析师认为 ESG 因素是重要的，可能会影响公司未来的现金流状况，他们将在其信用评级和自营发行人排名中反映这一点。信用分析师的专有基础研究以第三方 ESG 数据和研究报告做补充。分析师的研究交流中有一个"ESG 评论"部分，其中他们解释了 ESG 风险在特定发行人的观点中所扮演的角色（如果有的话）。

投资组合经理可以获得自营分析师发行者排名、第三方 ESG 排名以及该公司固定收益定量研究团队的数据。投资组合经理通过每月发布经行业调整的 ESG 风险报告，识别其投资组合中的负面和积极的 ESG 异常值。投资组合经理在评估市场中的基本面、定量和技术因素以作出投资决定时，会考虑这些信息。此外，在季度会议上，投资组合经理审查并讨论他们持有的 ESG 分数高低的资产，以识别与这些 ESG 因素相关的风险和机遇。

固定收益分析师可以进行股票研究，并可能与股票同行一起参加管理层会议，在与管理层的讨论中强调任何可能与发行人和/或行业重要信用考虑有关的 ESG 因素。

私募股权集团（PEG）

摩根大通资产管理私募股权集团的目标是从广泛的私募股权投资机会中为其客户识别和选择有吸引力的投资。可持续投资是 PEG 投资尽职调查流程的重要组成部分。在进行投资之前，PEG 会评估公司以及潜在第三方私募股权经理的 ESG 行为和实践。

PEG 的标准投资流程包括对可持续性的尽职调查、一份书面投资备忘录，以及与 PEG 的投资组合经理就可持续性问题进行的持续讨论。这一过程包括澄清和评估可持续性的重大风险因素，包括 ESG 因素。在投资第三方基金管理公司时，PEG 也鼓励其在自己的投资尽职调查中仔细考虑这些因素。可持续性考虑是 PEG 初期尽职调查和筛选过程及其持续投资监测的重要组成部分。

PEG 的最终目标是提供具有吸引力的经风险调整后的回报，它没有仅根据 ESG 标准就从客户投资组合中排除特定的公司或经理类型。然而，基于超过 35 年的投资经验，PEG 认为可持续性问题是可能影响业绩的重要因素。PEG 认为应该全面地审查可持续发展，以考虑可能增加或减少公司基金或投资吸引力的重要风险和潜在机会。

PEG 鼓励投资组合公司和与其投资的基金经理，在符合回报目标和受托责任的情况下，以务实的方式推进可持续投资原则。PEG 本身寻求以切实可行的方式将 ESG 因素纳入投资过程，以确保投资过程清晰且与投资组合的投资目标一致。这包括制定适用于市场条件、投资组合构建和投资机会的指导方针和方法。

基础设施投资

摩根大通资产管理基础设施集团通过投资和资产管理生命周期整合了 ESG 因素。作为一种资产类别，基础设施本质上与 ESG 的优先事项一致，因为基础设施投资是其服务的社区不可或缺的长期资产。因此，基础设施集团认为，对重大 ESG 问题的正式的系统性关注，既能发现机会，也能带来有效的风险管理。管理良好的公司以环境可持续和社会负责的方式运作，显著降低了其业务的风险，从而提供更好的业绩，实现了更高的资本效率和盈利能力。因此，ESG 评估和整合对于基础设施投资的设计和持续决策过程非常重要。这是尽职调查程序、投资决策和持续资产管理的一部分。

ESG 因素在几个阶段被整合到投资决策过程中：尽职调查、承销和过渡计划。重点领域包括（就其重要性而言）治理框架、对公司的环境影响、网络安全和数据保护、健康和安全、腐败、灾难恢复能力、利益相关方参与以及社区影响评估。ESG 问题在投资委员会备忘录中是一个独特的主题，以确保委员会成员在对任何提议的投资进行投票之前了解这些因素。

一旦一家公司被收购，集团将利用其积极的资产管理实践，与投资组合公司的董事会和执行管理团队合作，通过多种方式与这些公司接触，以解决 ESG 问题：

- 要求我们的投资组合公司在临时的、季度的、年度的报告中对 ESG 进行透明度报告。
- 与我们的投资组合公司合作，解决新出现的 ESG 问题。
- 努力在我们的投资组合公司中分享并采用最佳实践方法来实施决策。
- 对新投资组合的公司和董事会进行 ESG 培训，并鼓励持续改进 ESG 绩效。
- 调整高管团队的薪酬，包括对 ESG 事宜的考虑。

摩根大通资产管理公司已经开始了一段不断演进的 ESG 整合过程。迄今为止，该公司了解到 ESG 因素包含相关的、重要的信息，可以用来更好地管理客户投资组合中的风险和机遇，并可能增加绩效价值。它还认识到，要真正接受 ESG 整合，就必须让组织及其投资团队信服——而不是强制性的或一成不变的行为。一个自下而上的 ESG 整合运动可以从寻找那些在团队中受到尊重、愿意并准备通过分享最佳想法支持并领导同事的人开始。

7.3　基于影响的 ESG 投资

7.3.1　影响力投资的定义

作为投资过程的一部分，旨在对特定问题产生积极影响的 ESG 投资被称为影响力投资，影响力投资通常是基于原因和使命。在影响力投资中，投资者将结合社会和财务收益实践特定的投资策略（Mahn，2016）。现代影响力投资起源于慈善基金会和社会企业群体，他们致力于解决"市场失灵"问题。许多影响力投资框架是由非营利组织和非政府组织（NGOs）培育和发展的。值得注意的是，与那些倾向于"否定"的非营利组织和非政府组织相比，影响力投资是一种对积极意图和行动的肯定。

在慈善事业的背景下，非特许的社会动机投资通常被称为使命相关投资（MRIs）。影响力投资的现代模式可以追溯到 1968 年，当时福特基金会开始提供低于市场利率（即优惠）的慈善贷款给其受益人。1969 年美国的税收改革法案随后将项目相关投资纳入法典，项目相关投资被主要基金会广泛用于实现其慈善计划目标。正如对投资风险和机会进行"ESG"分析的实践早于"ESG"这个缩写，"影响力投资"（impact investment）的实践也比这个名称的出现早很多年。

"影响力投资"一词在 2007 年首次被洛克菲勒基金会及摩根大通银行等组织使用。但在这个术语被创造出来之前，一部分公开市场投资者已经有了影响力投资的观点和框架，这些投资者一直在世界各地投资具有积极影响的企业，并寻求高于市场的收益。截至 2018 年，影响力投资市场规模已高达 2350 亿美元。影响力投资涉及的领域包括教育、医疗保健、住房、水、清洁和再生能源、农业等。投资的地理范围亦非常广，包括拉丁美洲、泛太平洋地区、中东地区以及非洲。

基于影响的 ESG 投资考察公司的业务流程和活动，以衡量投资或拥有这些公司对特定问题的影响。基于影响的 ESG 投资者可以考虑如何投资于具有可持续商业政策的公司，从而有利于环境，同时带来长期的潜在收益。影响力投资往往注重于投资的因果关系，以衡量投资的真实影响（即财务和非财务）。投资者采用基于影响的 ESG 投资方法最重要的两个原因是：第一，符合资产所有者的社会或环境目标，或投资者的信念体系；第二，与其他投资选择相比，获得最佳的风险调整收益。

7.3.2　影响力投资的具体方法

影响力投资可以是主题性的，主题可以与影响相一致，也可以剔除特定原因或问题。主题可以是全球性的、区域性的、国别性的或针对特定的当地人群的，还可以影响特定的文化、社会经济或人口群体。影响力投资在投资流动性、地理位置、资产类别以及影响所针对的环境或社会主题类型方面可能有所不同，但基于影响的 ESG 投资在体现因果关系这一方面是一致的。如果一个投资者希望在投资过程中减少碳排放，他可能采取一项旨在积极影响碳排放的投资战略，可能会同时投资于那些拥有碳减排技术的公司，以及那些碳足迹更清晰的股票。这类投资者还有可能会试图构建一个包括拥有积极参与碳减排的管理团队和董事会的公司投资组合。在这个例子中，投资者可能会利用排除和整合的方法，但核心在于减少碳足迹的影响。

从历史上看，影响力投资一直与可持续性实践相关联。如今，可持续发展实践已被纳入了 ESG 投资方法的各个领域。基于影响的 ESG 投资与可持续性实践相关联，可能是因为影响力投资往往与环境影响主题和问题相关。基于影响的 ESG 投资者长期以来一直关心，一项投资如何影响企业管理团队的做法和公司在化石燃料、碳排放、水的使用和食物浪费等问题上的政策。

资产管理公司可能会提供以影响力投资为中心的产品，或者制定旨在通过其投资战略和过程来展示影响力的战略。尽管资产管理公司的使命是在特定领域（如环境或社会事业）产生积极影响，但它们将影响力投资作为一种能够产生有可观收益的方式，以获得机构或散户投资者的投资。实施影响力投资的资产经理通常会在可行集（opportunity sets）中构建投资结构并承担风险，使他们的影响目标与产生预期目标回报的能力相一致。例如，一个私人信贷公司的目标是在第三世界国家建立清洁饮用水体系，信贷收益率很高（如每年17%），既可以向投资者提供一个可观的两位数净收益，又能对该地区的环境和社会产生积极影响，而且这样做的成本低于当地团体或组织。此外，由于资产管理公司的业务依赖于投资者的资本，以便从管理的资产收取费用，因此它们可能会利用产生的影响作为营销手段，从采用基于影响的 ESG 投资的机构投资者那里获得业务。

机构投资者以多种方式进行基于影响的 ESG 投资。如果投资经理认为这种投资能提供更高的收益，同时还能在纯粹的财务收益激励之外产生影响力，那么他们可以将影响力投资作为 alpha 的一个来源。如果投资经理认为基于影响的投资具有可持续性，那么他们可能会采用进行基于影响的 ESG 投资，因为他们认为基于影响的投资相对于非基于影响的投资具有更强的抗风险能力。投资经理还有可能会将基于影响的 ESG 投资作为其现有投资组合的多元化来源，因为基于影响的投资通常在设计上具有独特的收益分配或收入来源，这通常与传统的投资策略有很大差异。

投资经理也可以利用基于影响的 ESG 投资，使机构使命与投资决策过程相一致。机构投资者可能会实施基于影响的 ESG 投资，因为这与第 4 章中的政策风险相关。这些管理人员还可以实施基于影响的 ESG 投资，以预防头条风险，并通过其投资产生影响，实现头条风险可预见性。

7.3.3 影响力投资的绩效衡量

从广义上来讲，任何负责任的投资方式都可以对社会产生积极影响，但是纯粹的影响力投资需要明确的投资策略以及评价系统，使投资产生的影响价值最大化。通过前面的碳减排例子，关键在于定量地了解影响的程度，这需要适当的分析测量。

投资者可以使用一个专有的内部模型来度量影响，或者采用一个独立的分析来源，如 Sustainalytics、MSCI 或 Trucost。此类分析服务提供商提供数据，以衡量投资组合中特定或一般主题的影响。对于寻求碳污染影响的投资者，基于独立分析的服务提供商通过碳计量来量化投资者的碳足迹。对于投资管理公司来说，重点在于要向投资者证明他们的努力，同时向客户或会员说明基于影响的投资度量。报告是证明影响力投资合理性的一个关键因素，也是解决影响目标驱动的"效果"组成部分。但合理的影响投资很难简化为一套科学的过程或衡量方法，传统的价值投资者并不仅仅关注会计账面价值、会计现金流或资产负债表；他们深入挖掘以了解这些数字的基础，以及这些参数是激进的还是保守的。

另一个类比是考虑信用评级在债券投资中的作用。对于传统的信贷投资者或贷款机构来说，标准普尔和穆迪等评级机构的框架有助于投资过程。对于信用投资者来说，了解评级机构评估的基础是非常重要的。然而，这只是信用分析过程的开始，而不是结束。信用分析师将通过更深入和定制的分析，超越任何第三方评级机构的框架，从而增加价值。同样，第三方实体在分析影响 KPIs 和 ESG 评级方面所发挥的作用也有局限性。

对于影响力投资，度量的挑战就更加艰巨了。确定影响点以及测量和监控影响的方法必然是精细的；就影响而言，没有等效于公认会计准则的财务报表。因此，教育工作者提到学生们沮丧地发现，没有关于影响力的"神奇"衡量标准，但实践者却知道，实际判断在核准和评估影响方面至关重要。然而，识别和衡量影响目标是重要的——套用彼得·德鲁克的话来说，你无法管理你无法衡量的东西。对于任何业务流程，经验丰富的经理都知道在度量原则、有效执行的策略和实现关键目标的策略之间存在紧张关系。在极端情况下，如果不考虑具体情况，使用目标管理（MBO）和关键绩效指标（KPI）可能会产生负面后果。古德哈特定律指出，"当一个度量成为一个目标时，它就不再是一个好的度量"，强调了以度量为中心的危险。关于 KPI 的意外后果和失败的一个突出例子是富国银行（Wells Fargo）的虚假开户丑闻。一个强大的替代 MBO 和 KPI 的方法被称为目标和关键结果（OKRs），由英特尔的 Andy Grove 倡导。OKRs 方法认识到过程和指标的价值和局限性。

OKRs 已被证明是在盖茨基金会、波诺的 ONE 运动、谷歌和英特尔等组织中推动影响力的高效管理工具。正如约翰·多尔所写：

目标和关键结果是目标设定的阴和阳——原则和实践，展望和执行。目标是灵感和视野的东西，关键结果是更加贴合实际和受指标驱动的……目标必须是重要的。OKRs 既不是一个包罗万象的愿望列表，也不是平凡的任务，它们是一系列精心策划的目标。

各种组织和管理人员开发了无数的影响指标，这给转换这些不同的框架、标准和度量方法的能力带来了巨大的挑战。在改善和协调影响衡量方面，确实存在着许多努力，这些努力在很多情况下是深思熟虑的、密集的和复杂的。G8 社会影响力投资工作组提出一份详细报告，即"衡量影响"。

最近，投资者影响力组织（Investor's Impact Matrix）是由 1000 多名实践者共同努力的一个重要成果，以改进影响力投资度量的定义。该倡议正在制定公约，以定义影响、影响目标和投资者贡献等多个方面。投资者影响力组织是一种拟议的约定，用于沟通影响预期，并将不同的框架、标准和衡量方法联系起来，如 ESG 和社会责任数据、影响报告和投资标准（IRIS）。

衡量标准关注的领域包括"企业影响"，它包括"产品影响"和"运营影响"。"产品影响"涉及企业生产的商品或服务的影响，如卫生、教育或能源效率。作为积极产品影响的一个例子，博格华纳生产的产品（涡轮增压器）可以提高发动机燃油效率。运营影响与商业实践相关，如劳动和社区关系。作为对经营产生积极影响的一个例子，《财富》100 强"最佳工作场所"认证了具有积极的劳资关系的雇主。其他考虑与投入、预期产出和预期结果相关，产出可能与结果没有直接联系。度量什么，度量意味着什么，以及度量是否可用和验证，这些问题都是每个投资特有的复杂性。

CSR（企业社会责任）数据可以是测量信息的影响来源。上市公司 ESG 数据的可用性在过去十年中呈爆炸式增长，GRI 年度报告增加了 10 倍（每年超过 6000 份），强制性和自发性报告工具增加了 5 倍（71 个国家和地区的 383 份），彭博终端上的有超过 900 项 KPI。SASB 和 GRI 等组织已经帮助推动问题和协调指标，但数据仍然是独特的。第三方 ESG 评分服务也激增，但在许多方面与信用评级（如前所述）具有相同的优点和缺点。非政府组织也是洞察和度量的有用来源。

总而言之，各组织所颁布的范围广泛的准则表明，没有单一的方法来衡量影响。我们认为，对于基本面影响力投资者来说，正确的方向是使用与管理和影响目标相适应的度量规程，这可能是基于定制的。话虽如此，有一组稳健且不断增长的 KPI 和工具来支持改进的度量和问责制，关键在于执行和监测事前目标与事后结果的对比。OKRs 框架可以提供自定义定制以及关注关键问题的灵活性。

影响力投资注重为特定影响进行基本面主动投资，它是一种参与式的所有权方法，承认资本配置与实体经济的影响和联系，包括传统经济学所称的"外部性"——如社会和环境。这些外部性可以是公司特有的、地理上的，也可以是系统的。不可否认的是，商业行为会对社会和实体经济产生影响——积极和消极的、直接和间接的、有意和无意的以及可测量和不可测量的影响。影响力投资者的目标是明确地识别和衡量积极和消极影响，并进一步通过参与和资本流动来驱动递增的积极影响。部分特殊的影响力投资者愿意牺牲收益来换取积极的社会影响，而非特殊的影响力投资者寻找推动积极影响的机会，同时获得市场收益甚至高于市场的收益，也就是俗话说的"两者兼得"，理论和实践都证明了这可以实现。

全球影响力投资网络（GIIN）给出了以下定义：影响力投资是对公司、组织和基金的投资，目的是获得财务收益的同时产生可衡量的社会和环境影响。影响是对 ESG 的补充，其中影响目标是明确的、直接的、有意的和可测量的。有一系列的方法来进行影响力投资，涵盖资本结构的所有方面（债券、优先股和股票），从社会目标到纯粹的财务收益。与任何形式的主动投资一样，影响力投资有许多不同的理念和过程，而管理者有纪律地经营和实施是产生 alpha 的关键。

通过识别和衡量影响，资本有可能产生比慈善和政府资助的项目更有意义的影响。长期以来，世界银行国际金融公司一直有一个投资计划，即在实现金融目标的同时，产生具体可衡量的社会成果。20 世纪 90 年代，美国的麦克阿瑟基金会（MacArthur foundation）采取了创新措施，使其项目和投资活动保持一致。美国的 Acumen Fund 和英国的 Bridges 等公司通过思想领导、资本配置等方式为影响力投资铺平了道路。2004 年 CK Prahalad 的《金字塔底部的财富》推广了"金字塔底部"的概念（BOP），这有助于普及通过利润动机产生积极社会影响的理念。

7.3.4 影响力投资的实践案例

很多基金会在设计和推广影响力收益方面发挥了领导作用，洛克菲勒、福特、奥米迪亚、麦克阿瑟、凯斯和海伦等基金会都扮演了领导角色，全球非政府组织也是如此。DBL Ventures 在福特基金会（Ford Foundation）的支持下，在风险投资阶段支持了特斯拉，这不仅带来了财务收益和影响（通过当地生产工作岗位），而且也是一个引人注目的成功案例。

在实践中，更明显的影响力投资举措是慈善的和特许的，由使命驱动的基金会执行。然而更多的资本在非特许市场收益中发挥作用，也表现为双重底线——经济加社会或环境的影响，以及三重底线——经济、社会和环境的影响和混合价值的概念。根据全球影响力投资网络（GIIN）对超过 1140 亿美元资产的调查，66% 的影响力投资市场追求经风险调整后的市场收益，18% 追求"更接近市场利率"的特殊策略，16% 追求"更接近资本保全"的特殊策略。

影响投资贯穿于资本结构，从纯债务工具到私募股权，再到公开股票。它包括一系列收益特征，从基于市场的收益到特许收益，即投资者由于预期会产生积极的社会或环境影响而愿意获得较低的财务收益。"影响力慈善"可以恰当地描述为"特许影响力投资"；这两种概念都是明确的——资本的配置目标是产生影响，且低于市场收益。

影响力投资的许多主要支持者和创新者都来自科技行业，这些行业由于一些结构性变化创造了巨大的财富。在供给方面，有一个蓬勃发展的生态系统，包含影响力投资新开发的模型和工具包，从非营利慈善事业的旧模式演变而来。基金会的支持起到了至关重要的作用。大学也开始开展影响力投资课程，学者们正在交流研究结果，并与实践者一起探索最佳实践。

市场价值和未来收益流越来越多地来自无形资产，而非有形资产。2015 年，公开市场的估值由 84% 的无形资产和 16% 的有形资产组成，与 1975 年的 17% 和 83% 完全相反。过去十年中，轻资产业务的显著增长是技术驱动型业务的结果，在许多情况下，这些业务依赖于无形资产，如广泛存在的用户群或生态系统的强大网络效应。苹果、亚马逊、谷歌和脸书等公司都符合不受高资本投资要求约束的一般增长模式。因此，投资者和公司经理需要对经营、影响和 ESG 的社会许可问题有所了解。与传统的慈善或政府资本相比，影响力投资旨在以更大的规模解决"市场失灵"问题。对联合国战略发展目标和金融稳定委员会气候相关财务披露工作组（TCFD）的积极响应，就反映了这种追求。

海伦基金会（Heron Foundation）的名誉主席克拉拉·米勒（Clara Miller）普及了"所有投资都是影响力投资"这一概念。2012 年，海伦基金会将这一信念付诸实践，承诺将其100% 的捐赠基金投入满足基金会影响目标的投资中，从而消除了投资经营中的负面影响活动。近年来，一些著名的基金会也同样宣布，为了推进其使命目标，捐赠资产将用于影响力和使命投资。

所有投资都会产生影响，关键在于这些影响是否得到了主动管理。一个公司可能有一个核心的影响使命，或者一个影响使命可能是公司文化结构的一部分。公司可能有一套明确的影响目标（例如，降低能耗、减少废物产生、提高员工健康和福利、提高客户满意度）。积极的投资者推动影响目标的行动，有助于实现公司竞争优势的可持续性。

在许多情况下，影响力投资和 ESG 的工具和框架是相同的。Impact、ESG、SRI、MBI、RI、VBI 等缩写词在语言上经常混淆。具有良好的 ESG 形象的企业正是之前产生积极影响的企业，而具有积极的 ESG 趋势的企业正在改进其业务实践，从而推动渐进式积极影响的业务。

经过有意管理的企业，往往具有高质量的商业活动，进而对社会和环境有积极影响，这使他们得到了社会支持。一般来说，高质量的商业实践可以为企业提供竞争优势的潜力——

例如，被视为一个有能力招聘顶尖人才的雇主、首选合作伙伴或有吸引力的创新者。这些例子都说明了影响力框架如何有助于产生有吸引力的投资机会。相比之下，一个管理不善或只关注内部的公司，即使在法律允许的范围内运作，也将在竞争中处于不利地位，并可能失去其经营的社会许可。有实证研究表明，负面的 ESG 趋势可以转化为负面的股票表现。无论是积极的还是消极的，都是投资影响的结果。"影响力投资运动"，包括衡量、参与和问责的系统，正在带来大量私人资本，以解决未满足的社会需求和"市场失灵"。私人资本和产业在促进积极影响方面的力量是慈善和政府资源所无法比拟的。此外，以长期管理方式管理企业是促进积极变革的可持续方式。

影响力投资的一个重要社会作用，与米尔顿·弗里德曼（Milton Friedman）关于企业社会责任的著名反驳所提供的框架完全一致。

企业的社会责任有且仅有一个，那就是在不违反游戏规则的前提下，利用自己的资源从事旨在增加利润的活动，也就是说，在没有欺骗和欺诈等情况下参与从事公开和自由的竞争。

弗里德曼的名言和他的文章都承认"游戏规则"很重要。在今天的社会中，领先的企业能够并且正被赋予更高的标准。社会可能会对那些没有意识到更广泛的社会影响的企业施加高成本。弗里德曼的文章可能没有预见到传统机构的演变，但事实是，今天的"游戏规则"包括社会规范和通过社交媒体的即时问责，这种方式可以促进积极的企业行为和影响。

影响投资的核心是投资者的资本配置与对实体经济和社会的影响之间的联系。投资生态系统的影响越来越大，在发展市场以应对"市场失灵"，并在规模和最终影响方面产生显著的积极变化方面发挥着至关重要的作用。通过这种方式，影响力投资为更可持续的金融市场生态系统铺平了道路，这将是最终的"影响"。

7.4　基于参与的 ESG 投资

7.4.1　股东参与的起源与发展

环境、社会和治理（ESG）投资的一个共同目标是使公司以符合投资者的 ESG 理念方式行事，基于参与的 ESG 投资是 ESG 投资的第四种也是最后一种方式。参与是与当前或未来投资的公司进行沟通和合作的行为，与公司接触可以让投资者在企业管理中增加投资者需求（Piani and Gond，2014）。投资者选择基于参与的 ESG 投资，以便他们可以就特定问题或主题传达自己的信念或观点，从而推动公司变革。

机构投资者可能会与公司打交道，作为其投资政策声明的一部分、对负面新闻的回应或作为客户需求的一部分。参与可以采取持续对话的形式，也可以通过行使股东权利对支持特定行动的提案进行投票。股东可以提出这些正式提案，然后将其提交给公司所有股东并进行表决。股东积极主义的支持者认为，这种参与是从内部改变公司行为最有效的方式。

7.4.2　股东参与的具体方法

在基于参与的 ESG 投资领域中，参与的基调可能有很大的不同。在某些情况下，参与过程是合作的，其他时候可能是敌对的，因为投资者最大限度地对公司施加压力，以实现变革。在任何一种情况下，参与都可以使投资者有机会对公司政策产生重大影响。

合作参与是投资者试图以支持的方式与公司合作的一种参与方式。例如，对冲基金可以通过私人信函联系被投资公司，向董事会解释治理问题、在高级管理层性别和少数族裔多元化的需要，以及创造更大股东价值的途径，承诺投入时间和精力来帮助公司实现建议的目标。董事会通过任命具有广泛观点的合格董事来创造股东价值，这些董事可以就重大战略决策向管理团队提供建议。

敌意参与是指以一种激进的方式与一家公司接触，利用投资者的地位强有力地推动公司变革。尽管协作参与的影响可以是积极的或消极的，但敌意参与更有可能在公司内部引起冲突，阻止其他投资者投资，或在公司的消费者或客户的眼中产生负面影响。也就是说，敌意参与可以成功地影响股价。以同样的中市值公司为例，对冲基金的敌意参与行为可能是利用自己作为股东的地位，通过在其他股东中争取董事会席位，并公开讨论公司治理问题，以获得对公司管理团队更大的控制权。敌意参与也可能通过他们在公司董事会的新的或潜在职位来吸引公司的其他决策者，以有力地影响变革（Piani and Gond，2014）。

作为受托人，资产管理公司通常会代表投资者参与交易。资产管理公司通过与 ESG 委托和企业参与保持一致，展示了他们对 ESG 问题的关注（Piani and Gond，2014）。在实践中，参与可以是私人的，也可以是公共的。

私人参与可能包括就建设性的 ESG 问题、知识资本和战略共享以及研究和开发进行保密交流。无论如何实施基于参与的 ESG 投资，其核心焦点是成为与 ESG 问题或风险相关的变革的催化剂或贡献者，以创造更大的股东价值。公众参与可能需要公开信件、使用媒体平台和社交媒体渠道来传达期望的参与和改变的目标。参与也可能以行动主义的形式出现，这在本质上可能是合作或敌对的。投资者购买大量上市公司的股票，然后试图获得公司董事会的席位，目标是对公司进行重大变革（Becht et al.，2010）。

大型机构投资者可以直接与被投资公司合作，下一个层面的参与可能是由志同道合的投资者组成联盟，使提案更具分量。例如，2018 年 11 月，13 名投资者联手向枪支制造商和销售商施压，要求他们让枪支更安全、更可靠、更易于追踪。这些投资者的累计资产管理规模接近 5 万亿美元。他们团结起来创建和推广负责任的枪支行业原则。机构投资者联盟的形成可能标志着投资者参与的新趋势，超越了单个机构最近出现的积极主义。尽管这些机构规模庞大、举足轻重，但他们意识到单独行动时仍然只占少数选票，但是通过联合起来，它们为希望实现的变革提供了更为强大的力量。

7.4.3 股东参与的绩效

Andreas Hoepner、Ioannis Oikonomou、Zacharias Sautner 和 Laura Starks 在 2018 年撰写了一份名为《ESG 股东参与与下行风险》的实证研究，分析了一家 2000 亿美元的养老基金对企业的参与情况。该研究定量考察了机构投资者参与对上市公司证券的影响。研究结果发现，ESG 参与的目标公司的下行风险较小（通过部分变动和风险价值分析衡量）。此外，作者还表明，在下行风险方面，参与目标比无参与的公司更理想。该研究还指出，更高的企业 ESG 实践标准可以保护企业免受有害的、诱发风险的事件，如监管、立法或消费者对企业采取的行动。

Gond 在 2018 年调查了投资者及其被投资公司从参与中获得的收益。该研究基于对 36 家大型上市公司进行的采访，以及先前对 66 家机构投资者参与活动的研究。早期的研究表明，ESG 参与确实有助于提高收益，该研究着重于 ESG 参与如何为投资者和公司创造价值。该研究采用了广泛的价值定义，包括加强信息交流（"传播价值"）、与 ESG 相关的新知识的产生和传播（"学习价值"）以及参与带来的政治利益，如通过增强对 ESG 问题的行政支持（"政治价值"）。

这项研究为公司和投资者提供了重要建议。对于公司来说，他们可以通过更紧密地协调内部 ESG 信息、ESG 参与和 ESG 报告实践来改善与投资者的沟通。还鼓励企业在 ESG 政策和管理体系上采取更积极的行动，而不仅仅是对投资者做出回应。公司可以从投资者、可持续发展人员、高管和董事会成员内部的协调改善关系中受益。对于投资者来说，该研究建议他们提高参与的透明度和沟通程度，以及如何启动、执行和评估参与流程。通过加强新的 ESG 信息获取和通过主动参与获得的信息之间的反馈循环，可以增强学习价值。最后，通过财务分析师与 ESG 员工更紧密地合作，以及让客户和受益人参与制定或完善参与政策和目标，可以获得收益。

参与的原因可能因投资者而异。实施基于参与的 ESG 投资者认为，公司的价值管理体系不仅要基于经济利润最大化，还要基于 ESG 价值最大化，如果在公司的管理体系中实施参与，ESG 价值最大化可以借此实现（Martirosyan and Vashakmadze, 2013）。与公司接触可以让投资者在公司内部倡导一个或多个问题的积极改变。

多年来，独立股东一直提出有关政策变更或披露的建议。这些提议很少获得投票，而更多的是用来发表声明，而不是真正期望通过。但在过去的几年中，其中一些提案实际上已经获得了多数票，而产生了更大的影响。公司董事会和管理层已注意到所提出的实质性问题，并且这些建议已得到主流投资者越来越多的支持。因此，这些提议对公司政策和信息披露的影响要比仅通过查看正式投票批准的数字所猜测的大得多。

代理投票是基本参与战略的一个主流例子。投资者有权对提出的股东决议进行投票表决，特别是那些与环境、社会和治理因素相关的决议。散户和机构投资者通过与代理投票相关的决策实践与公司互动。机构投资者可能直接拥有股票，也可能有一名资金经理在单独管理的账户中管理股票，他们可以根据自己的指导方针进行投票，或者要求资金经理根据他们的指导方针进行投票。对于大型机构投资者来说，ESG 参与策略随着时间的推移而演变。通常它是从发布一般性指导原则开始的，随后发展为在公开市场进行代理投票，并就最佳实践的观点发布更广泛的声明。最后，许多公司采取了更全面的参与策略，包括积极对话和投票。大多数股东对公司决议的投票是由投资经理进行的，他们依据股票受益人给他们的委托书进行投票。

提供共同基金、指数基金、交易所交易基金（ETF）、集体投资信托（CITs）和其他混合工具的资产管理公司通常会选择一个符合其信托性质、自身商业原则以及最符合股东价值的方式进行投票。机构投资者通常会在投资政策或指导方针中写下一些条例，供基金经理遵循，这可能涉及各种主题和问题。

7.4.4　股东参与的实践案例

（1）养老基金 CIEPP。

总部位于瑞士、规模 70 亿瑞士法郎的养老基金 CIEPP 通过委托投票来实施 ESG 参与。理事会由会员单位负责人、会员单位职工代表和退休人员组成。董事会负责所有行政和投资决策。投资委员会由董事会总裁和副总裁领导，由内部和外部的投资专业人士组成，为董事会提供投资决策和执行投资战略的建议。养老基金管理团队执行养老基金活动和日常资产管理，资产由负责保管、管理和执行会计核算的托管银行持有。

作为 CIEPP 投资管理过程的一部分，董事会制定了代理投票的投票政策。CIEPP 系统地对其投资组合中持有的国内股票和欧洲股票行使投票权。联委会已通过投票原则，以指导养老基金投资主管投票。根据投票原则指南系统地代理投票，使 CIEPP 能够正确地执行符合其养老基金参与者关于 ESG 问题的最大利益的决策。此外，还购买了独立的外部分析来指导投票。通过这种方式，CIEPP 利用对代理投票的适当研究和分析，让公司了解他们对特定问题的看法，如上市公司的董事会组成。这些投票被传送到公司董事会选择的独立代理人，并被股东投票接受。

（2）企业责任跨信仰中心 ICCR。

几乎每一个信仰传统都有投资指导原则，要求在资金和使命上进行更周到的调整。作为一些最早从事社会责任投资的人，信仰组织认识到，如何通过为解决方案和机会提供资金，或通过撤回或扣留资本来阻止破坏性做法和政策，将投资资本用作社会变革的催化剂。

1971 年，建立跨宗教企业责任中心的信仰机构发现了一种更微妙、潜在更强大的投资战略，旨在帮助塑造企业在核心环境、社会和文化方面的实践，以及治理问题：通过年度代理投票程序和与管理层的持续对话来倡导股东权益。ICCR 成立期间的催化剂问题是南非种族隔离的种族主义制度，通用汽车（General Motors）的圣公会（epicopal Church）提交了第一份决议，援引社会公正问题，要求该公司从南非撤回业务，直至种族隔离被废除。

ICCR 成立近 50 年来，一直吸引着全球投资者，他们渴望采用这种更直接的股东权益保护模式，并与志同道合的投资者在一些世界上最顽固的社会和环境问题上携手合作。在 ICCR 的 300 多个成员机构中，包括各种各样的信仰组织、对社会负责的资产管理公司、工会、基金会和其他负责任的投资者，这些机构的管理资产总额远远超过 4000 亿美元。ICCR 的参与战略建立在工作人员和成员的专业知识基础之上，他们利用自己作为投资者的机会，从内部支持变革，同时与广泛的非政府组织和社区团体网络合作，施加来自外部的压力。当有明确的投资者案例时，会员也会参与政策宣传。

ICCR 成员在每个代理季提交近 300 份股东决议，如果这些决议不是由于公司承诺而撤回的，大多数提案将在公司年度会议上由所有股东投票表决。此外，各成员还定期与数百家此类公司进行面对面或电话对话，经常讨论各种投资者关注的问题，如果合作陷入僵局，则 ICCR 可能会召开行业圆桌会议，邀请相关公司和利益相关者达成更广泛的共识，加快进展。

（3）代理书季度回顾：2017 年社会、环境和可持续治理股东提案。

作者：Heidi Welsh

Heidi Welsh 是可持续投资协会（Si2）的创始执行董事。自 20 世纪 80 年代末以来，Welsh 一直在分析和撰写有关企业责任问题的文章，她负责 Si2 的运营和研究。Welsh 是 Si2 的两项研究的主要作者，这两项研究分别于 2010 年和 2011 年发表，涉及标准普尔 500 指数（美国股票指数）中政治支出的公司治理。此前，Welsh 从 1987 年开始在投资者责任研究中心（IRRC）协助撰写代理投票趋势的季度和年度报告，密切关注社会和环境股东决议及其结果，本节展现了 Welsh 2017 年中期对代理投票的回顾。

概要

2017 年春季的代理书季度令人震惊地结束了，在主流投资者的支持下，投资者活动人士取得了期待已久的成功，但整个股东决议过程面临的法律风险让这一成功有所减缓。到目前为止，最重要的投票结果是在 5 月 31 日的埃克森美孚年会上，有 62% 的人投票支持气候风险提案，这发生在共同基金巨头贝莱德首次决定提供支持之后。埃克森美孚多年来一直在考虑股东决议，也一直是活动人士关注的焦点，但到目前为止，支持气候战略决议的得票最高为 38.1%。埃克森美孚的新投票并不是本季度唯一一个异常高的气候记录，据报道，其他大型基金首次改变立场支持这些提案。

但当众议院通过《金融选择法案》（Financial CHOICE Act）时，庆祝新闻稿的墨迹还未干，这将破坏股东提案程序。该法案也将推翻奥巴马时代的许多金融改革，预计不会在参议院获得通过，但却列出了那些讨厌股东决议的人长期以来的愿望。大幅削减投资者提交和重新提交提案的能力的努力，可能会进入美国证券交易委员会（SEC）的规则制定过程，但此类规则的形成仍需到 2017 年 10 月底才能看到。

在经历了 2016 年的下降后，2017 年提交的环境和社会政策股东决议的总数大幅上升，截至 8 月中旬，达到至少 488 项的创纪录水平，而 2016 年为 432 项，2015 年为 462 项。截至 10 月底，总数已达 495 项，其中 229 项已经投票，年底前还有 8 项的投票结果尚未公布。2017 年的显著增长不是来自环境决议，而是来自社会政策问题——特别是一系列关于公平薪酬的问题，总共有六次获得了多数票。2016 年提案撤回率的下降扭转了这一趋势，同时更多的公司说服证交会，他们可以省略决议——这也扭转了去年的结果。现在总票数似乎有可能达到 237 票，略低于 2016 年创纪录的 243 票（7 月 31 日以后召开年会的公司的所有提案，见图 7-4）。

High scoring 2017 resolutions			
Company	Proposal	Proponent	Vote (%)
Hudson Pacific Properties	Report on board diversity	CalSTRS	84.8
Occidental Petroleum	Report on climate change strategy	N. Cummings Foundation	67.3
Cognex	Adopt board diversity policy	Philadelphia PERS	62.8
ExxonMobil	Report on climate change	NYSCRF	62.1
PPL	Report on climate change strategy	NYSCRF	56.8
Pioneer Natural Resources	Publish sustainability report	NYSCRF	52.1
PNM Resources	Report on climate change strategy	Levinson Fndn	49.9
Dominion Energy	Report on climate change strategy	NYSCRF	47.8
Ameren	Report on climate change strategy	Mercy Inv.	47.5
	Report on coal ash risks	Midwest CRI	46.4
Duke Energy	Report on climate change strategy	NYSCRF	46.4
Occidental Petroleum	Report on methane emissions/targets	Arjuna Capital	45.8
Southern	Report on climate change strategy	Srs., St. Dominic-Caldwell	45.7
DTE Energy	Report on climate change strategy	NYSCRF	45
Middleby	Publish sustainability report	Trillium Asset	44.6
FirstEnergy	Report on climate change strategy	As You Sow	43.4
	Report on lobbying	N. Cummings Fndn	41.5
Devon Energy	Report on climate change	Gund Fndn	41.4
NextEra Energy	Review/report on political spending	NYSCRF	41.2
Marathon Petroleum	Report on climate change strategy	Mercy Inv.	40.9
Kinder Morgan	Report on methane emissions/targets	Miller/Howard Inv.	40.6
Emerson Electric	Review/report on political spending	Trillium Asset	40.3
AES	Report on climate change	Mercy Inv.	40.1
Emerson Electric	Report on lobbying	Zevin Asset Mgt	40.1

图 7-4　2017 年 7 月 31 日后召开年会的公司提案

总体平均支持率为 21.2%，从 2016 年的 21.1% 上升至 2017 年的 20%。如前所述，2016 年非常低的回撤和遗漏率似乎是一种反常现象。在公司发起质疑后，有整整 16% 的申请在委托书中剔除，这是 2011 年以来的最高比例。34% 的回撤率仍然低于 2014 年创下的 40% 十年高点。

多数投资者投票支持董事会多元化，其中房地产公司 Hudson Pacific Properties（84.8%）和科学仪器公司 Congnex（62.8%）的支持率较高。但是 2017 年气候变化似乎也有了自己的影响，反映了全球科学界对其风险的共识，许多华尔街人士似乎铭记在心：67.3% 的西方石油公司股东给出了气候风险报告建议，62.1% 的埃克森美孚公司股东给出了建议，56.8% 的 PPL 能源公司股东给出了建议。另一家石油和天然气公司先锋自然资源公司的可持续发展报告提案获得了 52.1% 的最终多数票（2016 年，管理层反对的提案也有八个占多数）。股东支持者的首要目标通常涉及更多信息披露和政策转变的公司行动。2017 年，他们已经撤回了 170 项决议，几乎都是由于谈判。从数量上看，这低于 2014 年 181 次回撤的历史最高水平，但正如所指出的，与 2016 年的 139 次相比有所上升。

在 2017 年的主要主题类别中，支持者最有可能撤销董事会多样性决议（占申请总数的 73%）。他们还撤销了半数关于工作场所多样性的决议，以及几乎相同比例（46%）的关于员工监督问题的决议。在这个政治不和谐的时代，支持者仅撤回了 17% 的要求提高企业政治支出透明度的决议；其中大部分涉及游说。得分较高的提案：除多数投票外，另有 18 项提案获 40% 至 49% 的选票（见图 7 - 5）。与 2016 年一样，比其他类别得到更多的支持提案与环境和可持续性相关；还有三个与选举支出或游说有关。

Company	Issue	Proponent	Status
Alliance One Intl	Report on OECD human rights mediation	AFL-CIO	Not presented*
Altaba	Report on human rights policy	Jing Zhao	Oct. 24 mtg
CACI International	Report on board diversity	Episcopal Church	Withdrawn
Cardinal Health	Report on lethal injection drug policy	NYSCRF	Omitted [i-7]
Cisco Systems	Disclose workforce breakdown in Israel-Palestine	Holy Land Principles	Withdrawn
	Report on lobbying	Unitarian Universalists	Pending [Dec. 11]
Coach	Report on animal welfare issues	HSUS	Pending [Nov. 9]
	Report on GHG emissions targets	Jantz Management	
ConAgra Brands	Report on supply chain deforestation impacts	Green Century	Withdrawn
Darden Restaurants	Phase out antibiotic use in animal feed	Green Century	0.128
FedEx	Report on anti-gay law impacts	NorthStar Asset Mgt	0.026
	Report on lobbying	Teamsters	0.25
	Review/report on political spending	Newground Social Inv.	Not in proxy
Hain Celestial	Publish sustainability report	As You Sow	Withdrawn
J.M. Smucker	Report on climate change	Trillium Asset Mgt	Withdrawn
	Report on pesticide monitoring	Trillium Asset Mgt	Withdrawn
	Report on renewable energy goals	Trillium Asset Mgt	0.275
Lam Research	Disclose EEO-1 data	NYC pension funds	Pending [Nov. 8]
NetApp	Disclose EEO-1 data	NYC pension funds	0.281
NIKE	Review/report on political spending	Investor Voice	0.201
Oracle	Report on female pay disparity	Pax World Funds	Pending [Nov. 15]
	Review/report on political spending	NYSCRF	

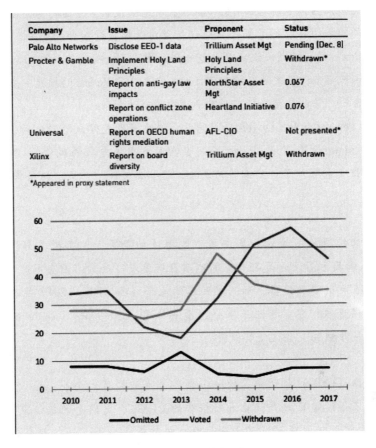

Company	Issue	Proponent	Status
Palo Alto Networks	Disclose EEO-1 data	Trillium Asset Mgt	Pending (Dec. 8)
Procter & Gamble	Implement Holy Land Principles	Holy Land Principles	Withdrawn*
	Report on anti-gay law impacts	NorthStar Asset Mgt	0.067
	Report on conflict zone operations	Heartland Initiative	0.076
Universal	Report on OECD human rights mediation	AFL-CIO	Not presented*
Xilinx	Report on board diversity	Trillium Asset Mgt	Withdrawn

*Appeared in proxy statement

图 7 – 5　后续报导

2017 年回顾

本节描述了代理季度中提出的主要话题，强调了新问题、持续的大规模活动和重大成果。在 7 月 31 日之后召开的公司会议上提交了 25 项决议；截至 10 月底，7 项提议尚未纳入表格。

①环境。

本报告从气候变化、环境管理（主要是循环利用）、有毒物质和工农业（包括杀虫剂和动物福利）等方面讨论了环境问题。另一个关于可持续治理的章节包括环境问题、社会影响和相关公司治理元素的建议，着眼于董事多样性、董事会监督、信息披露和管理。

②气候变化。

代理季度产生了几个前所未有的关于气候变化的投票，包括 7 个获多数票提案中的 3 个和超过 40% 投票的 13 个。共有 90 项决议专门关注气候变化（其他可持续性报告提案也援引了与气候相关的主题）。

27 项决议讨论了气候风险的不同方面，以及企业应对（或不应对）这些挑战的方式，包括潜在的搁浅资产。支持者访问了 9 家化石燃料生产商和 12 家公用事业公司；投资者普遍表示支持披露更多信息。22 项提案中有 15 项是重新提交的。其中，埃克森美孚（62.1%）和西方石油公司（67.3%）占据了前所未有的多数，投资者一致认为，这两家公司需要更详细地解释政府根据巴黎气候条约采取的遏制全球变暖行动对长期投资组合的影响。马拉松石油公司（Marathon Petroleum）的一项新决议甚至更进一步，询问了一项商业计划的影响，该计划将气温上升幅度降至远低于条约设定的 2 摄氏度目标；它赢得了 40.9% 的投票。公用事业方面的选票尤其高，PPL 有 56.8% 的选票支持，另有 7 项提案超过 45%。

当 Anadarko Petroleum 和 Chevron 公司同意提供更多的气候风险预测时，支持者退出了，而 NRG Energy、Southern 和 Xcel Energy 公司也在同意提供更多的风险管理信息时，支持者也退出了。美国证交会驳斥了一些公司的说法，这些公司认为，目前的报告让更多的信息披露变得没有意义。

③页岩能源。

投资者对页岩能源的关注更加集中在甲烷排放和泄漏上。高投票率提案包括 Kingder Morgan 的 40.6% 和西方石油公司 45.8% 的削减目标要求（西方石油公司的投票率 2016 年为 33%）。经过 2016 年的多数投票，加州教师退休基金（CalSTRS）2017 年与 WPX 能源公司达成协议，将提供更多信息。其他三家公用事业公司——Sempra、Southern 和 WGL 能源公司——也同意进一步披露，并促使其撤资。

④碳核算。

推动温室气体（GHG）排放核算的一个新的重大举措是，企业应该设定目标以实现净零排放，但这远不如设定目标并就此进行报告的更普遍、更熟悉的提议更有价值。后一种"传统"碳核算决议的四票在 30% 的十分位数，福陆最高为 36.7%。联合银行和 Jantz 管理层提出了净零排放决议，其中得票最高的决议为贝宝（PayPal），支持率为 23.9%。证交会认为，寻求建立这些更积极目标的两项详细决议是普通的商业问题，公司无须提交给股东考虑，但它认为可以就这些目标进行报告。

⑤可再生能源。

支持者要求大型能源生产商和用户设定使用更多可再生能源的目标。关于这些目标的报告请求得到的支持率最高——最高的是克罗格公司（Kroger）的 24.8%。不过，在 Entergy 公司，这种鼓励更多地使用分布式能源的策略几乎已被放弃，而这一策略的一次重复却能带来更多的收益——35%。

⑥其他气候问题。

将毁林行动与气候和人权问题联系起来的新决议在多米诺比萨和克罗格得到了约 23% 的支持率，支持者寻求在这些公司的商品供应链中采取行动。伯克希尔·哈撒韦公司从化石燃料相关公司撤资的新提议获得特别低的投票率，只有 1.3% 的。另外，阿尔诺那资本在雪佛龙赢得了 26% 的股份，要求雪佛龙考虑出售高碳资产。但"气候红利"的想法，即石油公司应该把钱给投资者，而不是开发他们的储备，仍然不受股东的欢迎，在这个问题上的得票率不到 4%。不过，在煤炭方面，阿莫林公司的股东希望获得更多关于煤炭燃烧残留物的信息。阿莫林公司的得票率为 46.4%。

⑦环境管理。

几乎所有关于处理直接气候领域之外的环境问题的提议都是关于回收利用的，就像过去一样。麦当劳削减聚苯乙烯泡沫杯使用的最高投票率为 32%。从一个密切相关的角度来看，亚马逊和塔吉特都同意抑制泡沫包装。食物浪费也是一个新出现的问题，全食超市（Whole Foods Market）要求详细信息的重复决议获得了 30.4% 的支持。

⑧抗生素。

在食品生产领域，宗教间企业责任中心（Interfaith Center on Corporate Response）不断敦促企业限制肉类供应链中抗生素的使用，并在桑德森农场（Sanderson Farms）获得了 31.5% 的最高支持率，该农场质疑将农业药物使用与日益严重的抗生素耐药性疾病联系起来的科学。在麦当劳，一项寻求延长该公司对鸡肉、牛肉和猪肉抗生素禁令的决议也获得了 31% 的投票支持率。但想要扩大范围更加困难，因为牛肉和猪肉生产的纵向一体化程度不如养鸡业，但考虑到对人类健康的威胁，未来对这一问题的关注可能会继续。

⑨农药。

另外，关于农药，《当你播种》在凯洛格撤回的一项决议中提出了收获前草甘膦处理的新问题，凯洛格同意调查供应商中这种情况发生的频率，作为其可持续农业重点的一部分。胡椒博士公司（Dr Pepper Snapple Group）的一份报告也得到了投资者 31.6% 的支持率，该报告涉及该公司如何减少供应商使用杀虫剂，以保护似乎受到新烟碱类药物伤害的传粉昆虫。

⑩动物福利。

在四项关于动物福利的决议中，得票率最高的是向谷物公司 Post Holding 提出的一项提案，该提案要求提供一份与笼养鸡蛋生产有关的品牌风险报告。蛋制品占公司净销售额的 28%，《邮报》表示，公司正致力于向无笼养房屋转型。泰森食品公司（Tyson Foods）的一项新提案将气候问题与动物福利结合起来，但当绿色世纪资本管理公司（Green Century Capital Management）得知该公司收购了一家无肉蛋白公司 Beyond Meat 后，该公司最终撤回了评估更多素食者对泰森食品潜在影响的要求。

投资者搁置了 2016 年动物伦理治疗协会（PETA）的一项提案，该提案涉及美国实验室公司（Laboratory Corp）旗下的德克萨斯州猴子农场如何成为寨卡病毒传播的载体，该提案的比例略高于 4%，不足以重新提交。股东们对于查尔斯河实验室关于禁止与灵长类动物经销商和实验室做生意的决议也很少支持（2.6%），该决议违反了《动物福利法》。但该提议凸显了特朗普政府 2017 年早些时候从美国农业部网站上撤回动物使用报告的举措。自那以后，这引发了一连串的信息自由法案的要求。

⑪企业政治活动。

股东支持者继续推动企业披露更多关于其游说和选举支出的信息，重点是游说。游说提案的投票 2017 年与选举支出的投票持平（平均约为 27%）（2017 年平均约为 27%，低于两年前最高时的约 33%）。总体而言，这两种类型的撤回率相对较低，只有 19% 的人，这表明活动家和公司之间的协议存在局限性。2017 年将有 68 票, 18 票撤回, 5 票弃权; 截至 10 月底, 思科系统公司和甲骨文公司仍未做出决议 (见图 7-6)。

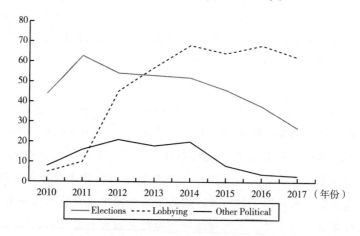

图 7-6 企业政治活动

　　一个即将到来的热点可能是特朗普总统提出的一项极具争议的提议, 即取消对慈善机构 (包括教堂) 政治捐赠的限制, 但这需要立法, 目前尚未提出。另一个悬而未决的问题是, 大型共同基金是否会像 2017 年应对气候变化那样, 将代理投票扩大到政治支出提案。企业改革联盟及其包括企业治理和良好政府倡导者在内的盟友正在寻求这一举措, 尽管这些基金尚未做出回应。

　　在 Anthem 大会上, 支持者遇到了一个新问题, 即它成功挑战了一项游说提案, SEC 认为该提案与之前的选举支出提案类似, 因为这两项提案都提到了行业团体支出, 其中既包括游说, 也包括选举活动。在未来, 仔细起草可以解决这个问题, 并允许一家公司提出这两个主题。

　　⑫游说。

　　投票在 FirstEnergy 和艾默生电气 (Emerson Electric) 中超过 40%, 而在 AT&T、霍尼韦尔国际 (Honeywell International)、Travelers 和华特迪士尼 (Walt Disney) 中超过 30%。一个引人注目的撤回发生在 Pinnacle West, 该公司已经受到抨击, 因为其试图影响亚利桑那州公共事业委员会; 这家公用事业公司同意提供更多的信息, 包括游说和对非营利慈善机构、社会福利团体和政治委员会的捐款——这是争论的焦点。

　　⑬选举支出。

　　政治问责中心 (CPA) 提案的总体平均水平有所下降, 提交的数量也有所下降, 尽管有几项高投票——艾默生电气和 NextEra 能源公司的投票均略高于 41%。考虑到 Alphabet、伯克希尔哈撒韦公司 (Berkshire Hathaway) 和 Expedia 的平均投票率只有 10% 左右, 西方石油公司 (Occidental Petroleum) 的平均投票率略低于 8%, 2017 年的平均收益较早些时候有所下降。(2018 年, 注册会计师及其盟友打算增加申报数量。) 截至目前, 7 家公司中有 3 家是之前投票最高的公司, 分别是 Fluor (去年 61.9%)、McKesson (2016 年 44.4%) 和 Ni-Source (2016 年 50.3%)。3 家公司都同意 CPA 规定的监督和披露方法。

⑭其他政治问题。

在另外 7 份涉及政治资金的文件中，有 6 份参与了投票。投资者最支持美国劳工联合会——产业工会联合会的一项主张，即公司应在雇员离职去政府工作时停止过早授予股权奖励，工会称为"政府服务金降落伞"。花旗集团（Citigroup）的投票支持率为 35.5%，但摩根大通（JPMorgan Chase）（26.8%）和摩根士丹利（Morgan Stanley）（17.7%）的投票支持率较低。

⑮体面工作。

2016 年开始的薪酬公平提案的大幅增加在 2017 年进一步增加，总共有 53 份关于这一点的申请，以及更广泛的劳动标准和工作条件。投票率不高——只有百分之十几——但在公司同意进行更多报告后，支持者撤回了一半的薪酬公平决议。旅行者公司的一份关于性别薪酬平等的报告获得了 18% 的最高票。只有四项解决薪酬平等的提案获得了投票，但几乎没有获得支持——最高的是 CVS 的 7.4%。关于工作条件的决议获得了更高的支持，杜邦公司的事故预防决议获得了 28.1% 的支持，低于 2016 年的 30%。作为对纽约州共同退休基金（NYSCRF）的回应，公司承诺对供应链劳工标准进行更多报告，并撤回了 5 项提议；然而，出于商业原因，有 1 项被忽略了。

⑯工作场所的多样性。

关于工作场所多样性和为妇女和少数群体提供更多机会的决议补充了薪酬平等建议，呼吁结束歧视行为，但也涉及 LGBT（男女同性恋、双性恋和变性者）的权利。虽然薪资公平决议在很大程度上只关注女性，但工作场所的多样性包括种族，反映了全国性的讨论。金融公司有 4 项投票超过 30%：第一共和国银行（32.9%）、特罗·普莱斯（36.8%）和旅行者（36.4%），以及家得宝的长期决议（33.6%）。鉴于已达成采纳男女同性恋、双性恋和变性者政策的协议，7 份申请中没有一份获得投票。在向 Amazon.com 提交的一份提案中，提出了一个新的角度，即在招聘中潜在的歧视性背景调查，但该提案仅获得了 7.3% 的支持率。

在卡托，SEC 做出了一个引人注目的决定。该委员会的工作人员一致认为，在假定得到联邦保护的情况下，将 LGBT 保护纳入公司政策的提议没有意义。该公司辩称，法院的裁决确保了联邦保护，但目前还没有相应的法律。该公司的政策也没有明确保护 LGBT 员工。

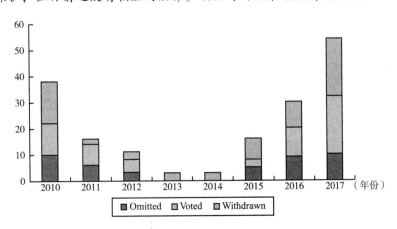

⑰人权。

一半的人权决议是关于以色列—巴勒斯坦冲突的，而其余的则涉及各种大多是长期存在的问题。

⑱冲突地区。

尽管提交了大量文件，但关于冲突地区的决议获得的票数非常少。关于公平就业的"圣地原则"运动仍然没有什么吸引力；8 票未达到重新提交的门槛，证券交易委员会拒绝了圣地原则组织提出的第二类决议（在主要提案未达到重新提交的门槛之后），该决议要求对阿拉伯和非阿拉伯雇员进行分类。更成功的是默克公司"中心地带倡议"的决议，获得 23.6%。这是一份详细的要求，要求提供该公司在"交战占领局势"下（包括但不限于中东），开展业务的方法。

⑲其他问题。

新提案涉及土著人民的权利，在马拉松石油公司上赢得了 35.3% 的最高支持率。公司似乎愿意谈判，高盛在同意报告后决定撤回决议，摩根士丹利和菲利普斯 66 也是如此。很少有其他人权提案获得投票。要求纽蒙特矿业公司提供人权风险评估的最高支持率为 29.1%。但是关于技术和隐私的提案都（再次）被普通商业排除在外，就像关于包括关于死刑药物的刑罚系统的决议一样。在公司同意政策变更后，北星资产管理公司撤回了寻求公司确认水权的所有决议。

⑳媒体。

一项新的决议要求 Alphabet 和 Facebook 就"假新闻"带来的风险进行报告，这触及了公众争论的一个关键点，但投资者似乎对此并不重视；由于投票率为 1% 或更低，该提案未能获得重新提交的足够票数。

㉑可持续治理。

支持者越来越多地在他们的要求中增加公司治理因素，即公司改革如何处理广泛的社会和环境风险，寻求改变董事会的构成，以确保适当监督可持续性，并常用报告标准。

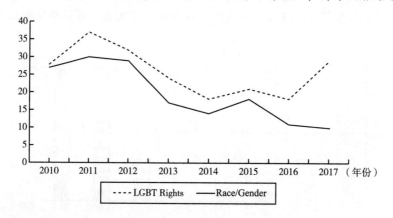

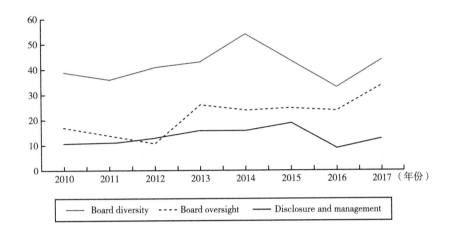

㉒董事会多元化。

寻求公司董事会更多元化的提议通常能获得投资者的大量支持，但 2017 年的投票结果非常高——Cognex 为 62.8%，Hudson Pacific Properties 为 84.8%，在公司同意改变董事会招聘政策以纳入更多女性和少数族裔后，总共有 8 票和 24 票撤回。2017 年推出的一个新特征是从国家橄榄球联盟借用的"鲁尼规则"，即至少一名候选人应该是女性或少数族裔。UAW 退休人员医疗福利信托基金也关注中西部的小公司。

㉓董事会监督。

支持者提交了相同数量的决议，寻求董事会更明确地参与 ESG 监督。向雪佛龙和道明能源公司重新提交的决议获得了百分之十几的支持率，但活动人士认为他们获得了一大胜利，即埃克森美孚公司在 1 月选举大气科学家苏珊·埃弗里博士为董事会成员。Trillium 资产管理公司还报告称，在说服 Zimmer biomet 公司就更明确的董事会责任增加披露时，它成功地将制药公司董事会的注意力集中在安全和质量上。

信息披露和管理

①报告。

可持续发展报告提案在 2014 年达到顶峰，但投票数量并没有急剧下降，因为支持者撤回提案的比例远低于过去。先锋自然资源公司（Pioneer natural Resources）的得票率仍然很高，占 52.1%，紧随其后的是米德尔比公司（Middleby），占 44.6%。虽然决议要求对许多社会和环境问题进行更多报道，但最常见的要求关注于气候变化。自 2011 年以来的年度决议吸引了越来越多的支持，在一次引人注目的撤回中，艾默生电气同意撰写一份可持续发展报告，使撤回总数增加到 12 次。

②与薪酬挂钩。

投资者对寻求在各种可持续发展问题和高管薪酬之间建立明确联系的提议给予的评分大多较低，尽管企业采取了一些措施。尽管如此，仍有三次投票获得 20% 或更多：探索通信（19%，是 2016 年的两倍）、华盛顿 Expeditor's International 的 21.8% 和沃尔格林联盟（23.1%，远高于去年的 5.7%）。）然而，一些支持者提出的 ESG 联系——善待动物组织和专注于阿以冲突的"中心地带倡议"（Heartland Initiative）的支持率都不到 5% 。

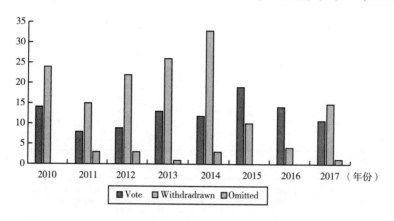

③代理投票。

共同基金巨头贝莱德（BlackRock）支持一些气候变化决议的决定，2017 年改变了游戏规则，并将在很大程度上影响未来的投票，极大地改变局面。此前，支持者要求贝莱德和其他一些资产管理公司停止与管理层步调一致的投票，就像他们到目前为止所做的那样。尽管如此，2017 年有三次投票不到 10% 。贝莱德的另一个新问题是关于支持 LGB 非歧视提案的提案；在该基金同意将该主题作为其与投资组合公司讨论人力资本管理的一部分后，Trillium 撤回了提案。

④公平财务。

2017 年仅出现了一个关于道德和贷款的决议——向富国银行提出了一份关报告，要求其报告 2016 年引发监管审查的商业行为背后的"根源"。它获得了 21.9% 的投票率。

⑤保守派。

政治上的保守派——主要是总部设在华盛顿特区的国家公共政策研究中心（NCP-PR）——一直努力促使公司采纳右翼思想。但与过去相比，NCPPR 从投资者那里得到的肯定并不多，多数提案被省略，而那些列入委托书的提案的得票率低于 3% 。2017 年有两个新观点：企业面临着在主流媒体上做广告的风险，因为主流媒体被认为存在固有的偏见；企业对 LGBT 权利的支持侵犯了宗教自由权利。SEC 表示，这两件事都属于普通业务，并阻止了任何投票。

第 8 章　ESG 评级体系

ESG 指标是衡量公司在环境、社会、治理三个方面表现的参数，是对公司相关情况进行描述和表示的载体。为了科学和准确地评估企业的环境与社会风险及其治理方面的表现，引导投资者进行可持续投资。学术机构、咨询公司、基金公司、评价机构和国际组织等各类主体提出了多达几十种 ESG 评级体系。这些评级体系着力于构建能够反映企业 ESG 表现的标准化指标，从而为 ESG 评价提供一个有序可行的组织化框架。不同的评级体系在诸多方面存在差异。国际和国内比较成熟的 ESG 评级体系和机构能够搭建海外投资者了解中国企业在 ESG 方面的水平和进展的平台。本章将着重介绍中国和国际著名的 ESG 评级，深入分析在议题选择和方法论上的不同，以便更好地学习思考其 ESG 战略。

学习目标：

- 认识当前 ESG 披露细则、评级体系的区别和联系。
- 总结 ESG 评价方法的异同。
- 认识当前 ESG 评价方法的现状、问题与发展。

ESG 指标是衡量公司在环境、社会、治理三个方面表现的参数，是对公司相关情况进行描述和表示的载体。学术机构、咨询公司、基金公司、评价机构和国际组织等各类主体提出了多达几十种 ESG 评级体系。这些评级体系着力于构建能够反映企业 ESG 表现的标准化指标，从而为 ESG 评级提供一个有序可行的组织化框架。不同的评级体系在诸多方面存在差异。除 ESG 评分之外，各家机构还会针对特定主体进行补充评价，为投资者提供综合性考量。

8.1　ESG 评级机构发展

随着最近十年 ESG 投资的主流化，投资者以及有关企业也开始关注并重视除财务指标以外的非财务指标，其中环境、社会和治理指标备受关注。这部分具有社会责任意识的投资者希望选取在环境、社会以及治理指标表现良好的企业进行投资，但现有的信息披露机制不足以有效且全面地揭示企业可持续发展信息。为迎合投资者的可持续发展及投资行为，能够提供相关指标信息并基于此评估的一系列 ESG 评级机构和评价标准应运而生。

ESG 评级机构也就是对企业进行可持续发展表现进行评价的组织。不同的 ESG 评级机构也有不同的评估策略，部分评级机构只关注非财务信息，也有评级机构结合财务信息和非财务信息综合评估企业价值以及可持续性。这些评级机构主要的信息获取途径包括企业问卷、企业公开披露的信息和有关报告。基于上述信息，ESG 评级机构的团队会对不同行业的企业进行分析并生成评级结果。

谈及 ESG 评级机构和 ESG 投资机构的关系，ESG 评级机构的产生和发展不仅仅是基于 ESG 投资逐渐主流化的背景，同时 ESG 机构投资者也依赖于 ESG 评级机构对投资标的进行评级的结果进行投资决策。无论投资机构采取的是正面筛选、负面剔除，还是 ESG 因子整合的投资策略，都需要以企业 ESG 评级结果作为投资决策的基石。

8.1.1 国外 ESG 评级机构发展历史

自 2008 年金融危机以来，不仅 ESG 投资策略逐渐被接受，ESG 评级机构也出现了明显的机构整合趋势，许多评级机构开展了兼并重组活动（见表 8 - 1），实现了较快发展。

表 8 - 1　　　　　　　国外 ESG 评级机构兼并重组大事记

时间	兼并重组事件	时间	兼并重组事件
2009 年 2 月	Risk Metrics Group 收购 Innovest	2017 年 1 月	ISS 收购 IW Financial
2009 年 9 月	Sustainalytics 和 Jantzi Research Inc. 兼并	2017 年 6 月	ISS 收购 South Pole Group's Investment Climate Data Division
2009 年 11 月	Thomson Reuters 收购 Asset 4 Risk Metrics Group 收购 KLD	2017 年 7 月	Morningstar 收购 Sustainalytics 40% 的股份
2009 年 12 月	Bloomberg 收购 New Energy Finance	2018 年 3 月	Sustainalytics 收购 Solaron Sustainability Services 的部分股权
2010 年 3 月	MSCI 收购 Risk Metrics Group	2019 年 1 月	Sustainalytics 收购 GES International
2010 年 7 月	GMI 与 The Corporate Library 合并	2019 年 4 月	Moody's 收购欧洲评级机构 Vigeo EIRIS 的大量股份
2012 年 7 月	Sustainalytics 收购 Responsible Research	2019 年 6 月	Moody's 收购气候数据机构的大量股份
2014 年 6 月	MSCI 收购 GMI Ratings	2019 年 9 月	MSCI 收购环境金融科技和数据分析公司 Carbon Delta
2015 年 9 月	ISS 收购 Ethix SRI Advisors	2019 年 10 月	汤森路透收购 Ethical Corporation 的母公司 FC Business Intelligence
2015 年 10 月	Vigeo 和 EIRIS 合并	2019 年 12 月	Robeco SAM 将 SAM ESG 评级转给 S&P Global
2016 年 10 月	Standard & Poor's 收购 Trucost	2020 年 4 月	晨星收购 Sustainalytics

截至 2018 年，全球有超过 600 个 ESG 评级和排名体系，而且这一数字还在不断增加。ESG 评级机构也不再是孤立且小众的利益相关方，而是成为目前整个投资生态体系中非常重要的角色。在 ESG 评级领域，MSCI（明晟）就是整合发展趋势最佳的代名词。

案例研究：

> MSCI（Morgan Stanley Capital International）的全名为摩根士丹利资本国际公司，中文名为明晟。MSCI 也是一家 ESG 评级机构，对全球数千家企业以及与环境、社会和治理相关的商业实践进行分析评级。在本章的第二部分会对 MSCI 的评级体系和相应方法做进一步介绍。
>
> MSCI 是兼并了多家 ESG 研究机构的结果。2010 年，MSCI 收购 Risk Metrics Group，后者是风险管理和治理产品与服务的提供商。Risk Metrics Group 曾于 2007 年收购 ISS（Institutional Shareholder Services），于 2009 年 2 月收购 Innovest Strategic Value Advisors，并于 2009 年 11 月收购 Kinder Lydenberg Domini（KLD）Research & Analytics。后两者现在称为 MSCI ESG Research。此外，2010 年 7 月，MSCI 收购了 Measure Risk，后者是为对冲基金投资者提供风险透明度和风险衡量工具的提供商。此后，在 2014 年 8 月，MSCI 收购了公司治理研究和评级提供者 Governance Holdings Co.（GMI Ratings），并在 2013 年 1 月收购为美国机构投资界提供绩效报告工具的 Investor Force。

MSCI 是一个例子，说明了 ESG 评级和信息提供机构如何通过不断地兼并发展来为全球大量的机构投资者提供 ESG 相关信息，其中包括全球最重要的证券投资基金、养老基金和对冲基金。此外，MSCI ESG 研究的数据和评级也用于构建 MSCI ESG 指数。

因为可持续商业实践所包含的内容非常广泛，这一不断发展的 ESG 评级机构整合趋势满足了不同利益相关方日益复杂并且综合的评级需求。当前的 ESG 评级机构已经将公司治理、数据管理、风险或沟通等方面专业的研究机构整合到其评级和研究系统中。此外，这种市场变化导致出现了更多专业的、多学科和多元文化的工作团队，并扩大了涉及的行业、地域和部门范围。

8.1.2　国内 ESG 评级机构发展历史

相较于国际的 ESG 评级机构的发展水平，中国目前 ESG 评级机构还处于起步和发展阶段。目前国内的 ESG 评级机构主要以社会价值投资联盟（CASVI）以及商道融绿等第三方机构为主。

以商道融绿为例，它结合全球 ESG 标准和中国市场特点，专为中国开发了有效的 ESG 评估方法，并积累了大量数据。自 2009 年成立以来，商道融绿得到了极大的发展。2018 年，商道融绿开发了 ESG 评级体系，并据此建立融绿 A 股上市公司 ESG 数据库。2018 年，该数据库涵盖了 2015~2017 年沪深 300 各期成分股（共计 417 家）的 ESG 数据。到目前，商道融绿 ESG 评级数据库所涵盖的投资标的数量进一步增加，不仅包括沪深 300 的投资标的，还包括中证 500，共 800 只标的。商道融绿得到进一步发展，呈现出与国外 ESG 评级机构整合并购的趋势。2019 年，商道融绿获得穆迪少数股权投资，并"寻求依托各自的优势与能力，为投资者和发行人的 ESG 需求提供联合研究、产品开发和技术合作等多种解决方案"。

社会价值投资联盟（简称社投盟）是中国首家专注于促进可持续发展金融的国际化新公益平台，由友成企业家扶贫基金会、中国社会治理研究会、中国投资协会、吉富投资、清华大学明德公益研究院领衔发起，近 50 家机构联合创办。经过数年的发展，社投盟的 ESG 评级体系目前也对沪深 300 中的 300 只成分股进行了评级。

8.1.3　ESG 评级机构发展趋势

ESG 评级机构的成立和发展主要是顺应 ESG 投资者对于企业 ESG 表现的日益增长的数据和评级需求。当然，ESG 评级机构所存在和实现的价值不仅仅局限于作为评级机构方对于投资标的进行非财务表现分析，同时也在帮助 ESG 投资者更好地识别投资标的，为投资决策提供一系列洞见和参考，同时帮助投资机构规避 ESG 系统性风险和尾部风险，进一步提高投资绩效。

与 ESG 投资有关的常见争论围绕这样一个想法，即将 ESG 因素纳入投资过程会损害投资绩效。但是，一些研究表明，具有良好 ESG 表现的公司在一定时期内显示出较低的资金成本、较低的波动性以及更少的贿赂、腐败和欺诈事件，其表现较为稳定。相反，研究表明，在 ESG 方面表现不佳的公司具有较高的资本成本，由于存在争议和其他事件（如劳工罢工和欺诈、会计和其他治理违规行为），其波动性更高。

同时，ESG 评级机构也可以通过 ESG 指数编制机构间接为机构投资者和个人投资者提供价值。其实现的路径是首先 ESG 评级机构对投资标的进行分析，发布评级结果。ESG 指数编制机构基于 ESG 评级开展指数编制工作，例如，MSCI（明晟）新兴市场 ESG 领导者指数就是在 MSCI ESG 评级基础上进行的，截至 2019 年 10 月，国内目前有 42 只基于 ESG 评级结果的泛 ESG 指数。

最后，机构投资者基于这些 ESG 相关指数开发相应 ESG 基金产品，并从长期来看为投资者带来稳健的投资收入。部分表现优良的 ESG 指数，如 ESG100 指数与责任指数的回报率显著优于上证 50 与沪深 300 指数（见表 8-2）。这证明基于 ESG 评级机构的结果，指数编制机构也能够为投资者实现价值。

针对当前 ESG 评级机构面对的一系列挑战，ESG 评级机构未来发展趋势也和人工智能、机器学习等前沿数据分析技术密切相关。更多类型的数据来源以及不断提高的机器计算能力使人工智能等算法的应用在 ESG 评级和投资领域成为可能。

表 8 - 2　　　　　　　　　　　主要投资指数与 ESG 指数盈利能力比较

指数简称	1 个月收益率	3 个月收益率	1 年收益率	3 年年化收益率	5 年年化收益率
沪深 300	0.5855	0.9584	27.9153	5.1756	1.7351
上证 50	0.515	0.4114	26.8861	8.3586	2.4214
180 治理	0.6282	- 0.0402	16.0321	3.5196	- 0.7749
ESG40	- 0.0917	0.0664	8.6684	0.856	- 0.359
ESG100	0.2387	0.012	19.4243	4.3225	2.5815
责任指数	0.4586	- 0.4267	20.3528	5.7171	2.4991
治理指数	0.5685	- 0.292	15.9412	1.4177	- 0.9934

数据来源：中证指数有限公司。

原有的 ESG 评级机构一般多依赖于企业自主公开披露的信息以及政府和非政府组织发布的相关负面信息作为 ESG 评级的底层数据来源。但正如前所述，目前 ESG 数据的滞后性并不能及时有效地反映企业当前的 ESG 表现。

因此，有研究者提出，将包括定位时空数据、遥感数据以及传感器数据等地理信息数据和原有的 ESG 公开信息结合，并通过自然语言处理（natural language processing）和深度学习结合，来更好地识别关联事件和关联主体，以及相关 ESG 事件的影响程度。

8.2　国际主要评级指数

8.2.1　MSCI（明晟）ESG 系列

摩根士丹利资本国际公司（MSCI）又译明晟，针对全球 7500 家公司（包括子公司在内的 13500 家发行人）和 65 万多只股票及固定收益证券进行评级。MSCI 与全球 50 家著名的资产管理公司中的 46 家开展合作，是全球领先的 ESG 评级和研究机构。MSCI 从 1969 年开始发展全球股票指数。如今，他们的产品被各种各样的机构投资者所使用。资产所有者利用他们的研究、数据、指数和多资产类别风险管理工具来确定他们聘用的经理是否带来了适当的风险调整收益。首席投资官利用他们的数据来开发和测试投资策略，他们还使用 MSCI 模型和绩效归因工具来理解投资组合收益的驱动因素。主动型经理使用他们的因素模型、数据和投资组合构建以及优化工具来构建投资组合，并使其与他们的投资目标保持一致，而被动型经理使用指数数据、股权因素模型和优化工具来构建他们的指数基金和 ETF。最后，首席风险官使用 MSCI 风险管理系统来理解、监控和控制他们投资组合中的风险。

MSCI 本身拥有一个庞大的研究团队，同时对上市公司公开资料及媒体资料来源进行日常搜集与分析处理。截至 2018 年 4 月，在 MSCI ESG 研究部门总计 325 名员工（包括全职以及从事非投资咨询类业务的派遣类职工）中有185名（或以上）的研究人员。从MSCI评级工作所参考的资料来源来看，基本涵盖了除调查问卷之外的所有官方及非官方数据来源，主要包括三个方面：政府及非政府组织（例如，Transparency International、美国环保署、世界银行等机构）、数据模型等专业数据库；K-10文件、可持续发展报告、代理报告、AGM报告等上市公司披露文件；以及超过1600个每日进行跟踪的媒体资料，包括全球及地方新闻，政府及非政府组织信息来源等，此外还有一些特定公司的股东信息来源。

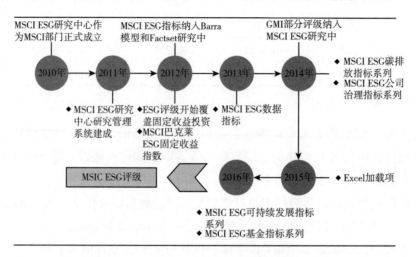

图 8 - 1　MSCI ESG 近年研究发展历程

资料来源：MSCI 官网，长江证券研究所。

MSCI 构建的 ESG 指数涵盖 1800 亿美元。可分为以下主要类别：

MSCI 全球可持续发展指数——这些基准针对的是 ESG 评级最高的公司，这些公司占相关指数各板块调整后市值的 50%。这些指数是为那些希望投资于可持续性强、对基础股票市场跟踪误差相对较低的公司的投资者设计的。在使用这些指数时，投资者希望反映标的指数的收益，但他们只投资于 ESG 得分最高的公司。

MSCI 全球社会责任指数——这些基准包括 ESG 评级最高的公司，占摩根士丹利资本国际指数每个行业调整后市值的 25%，不包括涉及酒精、烟草、赌博、民用枪支、军用武器、核能、成人娱乐和转基因生物（GMOs）的公司。

MSCI 全球争议性武器指数——这些基准是使投资者避免对集束炸弹、地雷、化学和生物武器以及贫铀武器的投资。

MSCI 全球环境指数——该指数提供低碳、非化石燃料和其他旨在支持各种低碳投资战略的指数。

巴克莱 MSCI ESG 固定收益指数——该组包括 500 多个标准和定制 ESG 固定收益指数。

定制 MSCI ESG 指数——定制指数旨在满足特定投资者的利益和要求。

MSCI ACWI 可持续影响指数——该指数完全由核心业务至少应对联合国可持续发展目标所界定的社会和环境挑战之一的公司组成。为了有资格被纳入该指数，公司必须从一个或多个可持续影响类别中产生至少 50% 的销售额，并保持最低的环境、社会和治理（ESG）标准。

MSCI ESG 由 185 名经验丰富的研究分析师组成的全球团队评估了 37 个 ESG 关键问题的数千个数据点，重点关注公司核心业务和行业问题之间的交叉点，这些问题可以为公司带来重大风险和机遇。根据行业同行的标准和业绩，将公司的评级分为 AAA – CCC 级。MSCI 的 ESG 评级体系目标在于回答两个问题：第一，在一个行业内的公司所产生的负面外部性中，哪些问题会在中长期内转化为公司无法预料的成本？（负面剔除）第二，相反，哪些影响行业的 ESG 问题可能在中长期内转化为企业的机遇？（正面筛选）MSCI 的 ESG 评级体系主要优点在于其指标体系十分全面，不仅衡量了潜在的风险，同时也注重环境、社会、治理方面的发展机会。

在实际构建指标体系过程中值得借鉴的地方是它的指标赋权不仅考虑到了行业的差异，而且还考虑时间效力。目前 MSCI 在 ESG 投资方面的研究包括三个方面：ESG 评分整合（Integration）、ESG 监控跟踪（Screening）、ESG 风险度量（Impact）。其中，以评分整合板块下的 MSCI ESG 评级为例，旨在帮助投资者在其投资组合中识别各公司环境、社会和治理（ESG）的风险和机会，即根据所在行业特定的 ESG 风险，以及相对于同行的风险管理能力。

MSCI 的 ESG 评级框架主要包含 3 个大类和 10 项主题以及 37 项关键指标。具体内容如表 8 – 3 所示。

表 8 – 3　　　　　　　　　　　　MSCI ESG 的评级框架

大类指标	主题	关键指标
环境	气候变化	碳排放量
		产品碳足迹
		融资环境的影响
		气候变化脆弱性
	自然资源	水资源
		生物多样性和土地利用
		原材料采购
	污染 & 废弃物	有毒排放物和废物
		包装材料和废物
		电子废弃物
	环境机遇	清洁技术的机遇
		绿色建筑的机遇
		可再生能源机遇

续表

大类指标	主题	关键指标
社会	人力资本	劳动管理
		健康和安全
		人力资本开发
		供应链劳工标准
	产品可靠性	产品安全和质量
		化工安全
		金融产品的安全性
		隐私和数据安全
		责任投资
		健康和人口风险
	股东反对意见	有争议的采购
	社会机遇	获得通信
		获得融资
		获得卫生保障
		营养和健康的机遇
治理	公司治理	董事会
		工资
		所有权
		会计
	公司行为	商业道德
		反竞争
		税收透明度
		腐败和不稳定
		金融系统的不稳定性

MSCI ESG 评级框架分为 4 个步骤：搜集数据、风险暴露度量与公司治理度量、关键指标的评分与权重和 ESG 评级的最终结果。具体如下：

（1）数据：超过 1000 个 ESG 政策、项目和表现的数据指标；6.5 万名独立董事的数据；13 年的股东大会结果。

（2）资料来源：100 多个专业数据集（政府、非政府组织、模型）；公司披露（年度报告、可持续性报告、代理报告）；监测 1600 多个媒体来源（全球和地方新闻来源、政府、非政府组织）。

（3）覆盖范围：MSCI 的 ESG 评级涵盖超过 14000 家股票和固定收益发行人，与超过 600000 家股票和固定收益证券相关。MSCI 的 ESG 评级主要适用于 MSCI 指数中包括的 8300 多家公司。

（4）公司治理度量：根据 39 项董事会关键指标、23 项薪酬管理关键指标、26 项所有权与控制力关键指标和 8 项会计与审计关键指标分别对企业董事会、薪酬管理、所有权与控制力、会计与审计进行分位数排名，再根据综合排名情况给出 MSCI ESG 公司治理度量的评分（范围 0 ~ 10 分），同时给出 ESG 公司治理度量的分位数排名。

（5）评分：MSCI 关键指标分为环境、社会、公司治理三类，三类下包含 10 个主题，每个主题有细分关键指标，MSCI ESG 总共 37 个关键指标。MSCI 按照 0 ~ 10 分根据企业在每个关键指标表现进行打分。最后，按照权重进行加权计算得出每一大类得分。权重的确定根据该指标对于行业的影响程度和影响时间进行确定。三类的评分在通过加权平均算出总分（0 ~ 10 分），总分经过行业调整得出公司评分（0 ~ 10 分），再根据评分表给出 ESG 的评级结果。

（6）MSCI 指数体系：包括权益指数和固定收益指数。权益指数如 ESG 领导者指数、ESG 专注指数、ESG 筛选指数等；固定收益指数包括 ESG 权重指数、可持续性指数等。

在设定了各指标所包含的关键问题后，对其设定了权重，一旦公司按照 GICS 子行业进行分类，每项关键评价指标在其整体 ESG 评分中均占据 5% ~ 30% 的权重，而这项权重的高低主要考察两个方面，一方面是该项指标对于行业的影响程度，另一方面则是可能的受影响时间。具体来看，一方面考察的是该行业的该项指标，相对于其他所有行业而言，对环境或社会所产生的外部性大小，且通常是基于相关数据进行的分析，最终得到"高等""中等""低等"三档的影响力评价，如对于平均碳排放强度这一指标的权重判定就是如此；另一方面考察的是该项指标给该行业公司带来实质性的风险或机遇，也就是可能产生实质性的负面或者积极影响的时间长短，也按照具体年份数划分为"长期""中期""短期"三档。最终具备"短期"且"高等"影响力的指标，其权重设置可能为具备"长期"且"低等"影响力指标的三倍以上。从更新频率来看，每年 11 月 MSCI ESG 研究将对各个行业的考察指标及权重进行一次重新审查。

值得注意的是，公司的最终评级得分在由以上各项评价指标分数按照权重加权计算后，还需要按照公司所处的行业进行调整。也就是说，每家公司的 ESG 评级得分并不是一项绝对的分值，同时也包含这家公司相对于同行业公司的平均表现差异。这些权重既考虑了该行业相对于其他所有行业的对社会或环境的负面或正面影响的贡献，也考虑了该指标实现可能的时间范围，依据风险或者机遇实现的时间，以及环境或社会影响的贡献程度，分为四个维度，将每一个事件划分到不同的象限，赋予不同的权重，划分的框架如图 8 - 2 所示。

在该衡量框架下，"短期"和"主要影响"的关键问题被赋予最高的权重，而"长期"和"次要影响"的问题被赋予最低的权重，整体的最高权重大致为最低权重的 3 倍。MSCI

对所有的公司展开相关的影响力和影响时间的评估，针对评估的结果，采用 0～10 分制进行打分，且打分采取的标准是扣分制，每家公司都从 10 分开始，根据关键指标的评估情况进行相应的扣分，以治理主体为例，其模式如图 8-3 所示。

风险/机遇预期实现的时间

		短期（2年内）	长期（大于5年）
对环境或社会影响的贡献程度	该行业是造成影响的主要因素	最高权重	
	该行业是造成影响的次要因素		最低权重

图 8-2　关键问题权重衡量象限

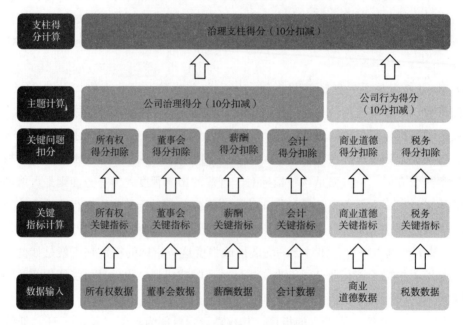

图 8-3　治理主体评分模式

MSCI ESG 评级关键指标评估：风险及机遇

MSCI 对于 ESG 风险项的评价同时考察公司的风险管理能力及风险敞口。MSCI 认为如果要充分评价一家公司是否较好地管理了一项 ESG 关键风险因素，需要同时深入了解这家公司面临的风险大小即风险敞口，以及采用何种管理策略来应对。MSCI 认为在面临更大风险时公司通常理应采取更加激进的风险管理策略，而当风险程度本身较微弱时，公司将相应采取较为温和的应对策略。在进行定量分析时，对于具有相同风险管理能力的公司，在面对不同大小的风险敞口时，其风险项评分会有所不同，即面临更高风险敞口的公司其风险项评分将更低。而对于面临相同风险敞口的公司，理应是具有更高管理能力的公司具有更高的风险项评分，如图 8-4 所示。

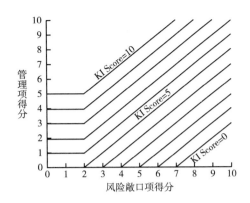

图 8 - 4　ESG 风险项评估同时考察公司管理能力及风险敞口大小

资料来源：MSCI 官网，长江证券研究所。

如何对公司的风险敞口大小进行量化评估？这项评估的难点在于，某项 ESG 关键指标在同一行业内部进行风险的定量化评价时，每一家公司的风险敞口大小通常有所不同。因此，MSC ESG 评级通过对每一家公司进行业务拆解来考察该家公司面临的风险敞口大小，具体来看，包括对公司核心产品及业务所属类别及性质的划分、经营场所所在地、生产是否外包和对于政府合同的依赖程度等内容。最终公司风险敞口大小将被定量化为 0 ~ 10 分的打分结果，0 分则代表完全无风险，10 分代表公司面临较高等级风险。

对于公司风险管理能力的评价也采用 0 ~ 10 分的打分方法。0 分代表该公司并未显现出任何的管理能力或管理政策未显示出任何效果，10 分代表公司具有非常强的管理能力。另外，过去三年内如果发生过争议项事件（Controversies occurring），将相应扣减公司该项指标的管理项得分。

最终对于公司风险项的评价将同时考核以上风险敞口及管理能力两项评分，如图 8 - 4 所示，当公司面临较大风险敞口（7 分）及具备较差风险管理能力（0 分）时，最终风险项得分为 0 分；当公司面临较小风险敞口（2 分）且具备较差风险管理能力（0 分）时，最终风险项得分为 2 分；当公司面临较小风险敞口（2 分）而具备较高风险管理能力（5 分）时，最终公司风险项评分（KI Score）为满分 10 分。

与之类似，MSCI 对于 ESG 机会项的评价也同时考察公司管理能力及机遇敞口大小。MSCI 认为，ESG 各项关键评价指标将同时给公司带来风险与机遇，而与对于 ESG 风险项的考察类似，对于一家公司机会项的考察需要同时评价该公司基于其地理位置及业务类别所面临的机遇大小以及该公司是否具备能够准确抓住并合理运用该项机遇的能力。但与 ESG 风险项的考察不同的是，当公司面临相同机会时，具备卓越的管理能力将指向更高的机会项得分，一般的管理能力则指向一般得分，较差的管理能力将导致公司获得较低的机会项得分。对于公司机会项的评价也同样采用 0 ~ 10 分的打分方法，10 分为满分，如图 8 - 5 所示。

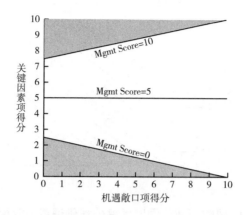

图 8-5   ESG 机会项评估同时考察公司管理能力及机遇敞口大小

资料来源：MSCI 官网，长江证券研究所。

MSCI ESG 评级关键指标评估：争议项事件

MSCI ESG 评级研究中的争议项事件评价体现一家公司风险管理能力中存在的结构性问题。MSCI 认为，如果一件争议项事件的发生预示着该家公司在未来可能产生重大经营风险，则相比起那些仅只能揭示出公司在当前具有重大风险的争议项事件，理应对该公司进行更多该项关键评价指标分数的扣减。

如何对争议项事件进行定义？争议项事件即指可能对公司 ESG 三个方面（环境、社会、治理）产生负面影响的单个案例或持续性的事件。这些事件包括单个的案例，如气体泄漏事故、泄漏机构采取的相关行动等，同时也包括一连串密切相关的案例或者指控，例如，针对同一设施的多项健康或安全性罚款，针对同一产品线的多项反竞争行为指控，多个社区对于同一家公司所在地的抗议，以及多项针对同一类歧视的个人诉讼。根据以上定义，MSCI ESG 评级中对于争议项事件的概念分类以利益相关者为核心，划分为环境、顾客、人权及社区、劳动者权益及供应链、治理等 5 个大类下的 28 个细分类别。

如何对争议项事件进行评价？MSCI 根据该项事件对于环境或者社会造成负面影响的严重程度进行评价，将同时考察该项负面影响的大小以及影响范围，并最终评价为：非常恶劣（仅针对那些性质为"重中之重"的事件）、严重、适中、轻微四个类别。

而对于公司本身的争议项事件评级会同时根据当前争议项事件的数量和严重程度进行评级：红色评级表明公司卷入了一个或多个非常恶劣的争议项事件；橙色评级代表公司当前正陷入一个或多个严重且具有持续性的争议项事件；黄色评级代表公司正处于中等—严重级别的争议项事件之中；绿色评级则代表公司当前并无任何重大争议项事件发生（见图 8-6 和图 8-7）。

MSCI ESG 评级关键指标评估：公司治理项

MSCI 认为，基于其重要性，所有公司都需要考察公司治理情况，因此 2018 年 MSCI 引入了对公司董事会、工资薪酬、所有权、会计四个方面的考察机制，并且从满分 10 分开始，根据各项关键指标的评估结果进行分数的扣除，直至最低得分为 0 分。值得注意的是，作为公司治理项评价的四个部分之一，会计风险评价主要是基于对约 60 项基础会计指标的定量化分析来衡量公司已发布财务报告的透明性及可信度（见图 8 - 8 和图 8 - 9）。

对影响程度的判断	影响的性质			
影响的范围	极为恶劣	严重	中等	轻微
极为广泛	非常恶劣	非常恶劣	严重	适中
范围广泛	非常恶劣	严重	适中	适中
范围有限	严重	适中	轻微	轻微
范围较小	适中	适中	轻微	轻微

图 8 - 6　MSCI ESG 争议项事件严重程度的评价框架

资料来源：MSCI 官网，长江证券研究所。

环境	客户	人权和社区建设	劳动者权力和供应链	公司治理
•生物多样性和土地使用	•反竞争行为	•对当地社区团体的影响	•劳资关系	•行贿与诈骗
•有毒物质排放和资源浪费	•客户关系维护	•人权关怀与保障	•劳动者安全与健康	•治理结构
•能源和气候变化	•隐私和数据安全	•公民自由及权力	•集体谈判能力与工会建设	•争议性投资
•水资源短缺	•市场调查与广告	•其他	•歧视问题与劳动力多样性	•其他
•生产线废料（无毒无害）	•产品安全与质量保证		•未成年劳动力	
•供应链管理	•其他		•供应链和劳动力标准	
•其他			•其他	

图 8 - 7　MSCI ESG 争议项事件分类范围——以利益相关者为核心

资料来源：MSCI 官网，长江证券研究所。

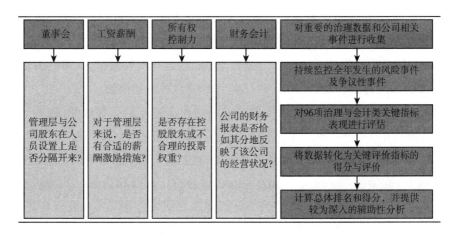

图 8 - 8　MSCI ESG 公司治理项关键评价指标及评价步骤

资料来源：MSCI 官网，长江证券研究所。

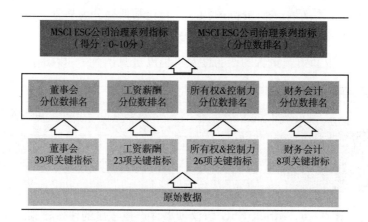

图 8 - 9   MSCI ESG 公司治理项评价方法

资料来源：MSCI 官网，长江证券研究所。

2018 年 6 月，A 股正式纳入 MSCI 新兴市场指数和 MSCI 全球指数，所有纳入 MSCI 指数的上市公司将接受 ESG 评级，A 股上市公司由此开启了接受 MSCI ESG 评级的道路。2019 年 11 月，明晟（MSCI）ESG 研究团队公开逾 2800 家上市公司的 ESG 评级结果。截至 2019 年 8 月，MSCI 已经对纳入 MSCI 指数的 487 家中国上市公司开展 ESG 研究和评级。2019 年，中国上市公司的 MSCI ESG 评级表现有所提升，但仍与全球市场有明显差距。2020 年，MSCI 也公开了 ACWI 指数中 7500 只成分股的 ESG 评级，为全球投资者进一步提升 ESG 信息透明度。

8. 2. 2   FTSE Russell ESG

富时罗素（FTSE Russell）是伦敦证券交易所集团信息服务部门的全资子公司，它为机构投资者提供大量指数，作为创建投资基金、ETF、结构化产品和指数衍生品的基准，以这些指数为基准的资产约有 16 万亿美元。目前，FTSE 已运营指数超过 50 年，覆盖全球 25 个交易所和 98% 的可投资证券市场，有 3 万亿美元的资金跟踪其指数。

富时罗素在 ESG 评级领域拥有 20 年的经验，对企业进行 ESG 评级和跟踪，其评级方法包含 ESG 三个维度的 14 个主题，每个主题下有 10 ~ 35 个指标，总计 300 个指标。对于每家受评公司，FTSE 会根据其在 FTSE 行业分类系统中的类别选择适用于该行业的主题进行评级（见表 8 - 4）。提供覆盖全球数千家公司的数据分析、评级和指数。从富时罗素 ESG 评级体系收集及参考的资料来源来看，目前该评级体系仅使用公开资料。根据其官网介绍，该评级体系自从 2013 年单独接管了对于 ESG 数据模型的研究工作之后，即停止了对于私人调查资料的使用，目前在其评级中仅使用已公开发布的公司资料。一方面，从积极面来看，私人调查结果可能可以鼓励公司透露更多关于内部操作与运营的信息；另一方面，这也需要承担可能降低数据的可信度以及降低尽职调查标准的风险。另外，对于关键绩效数据的外部验证也可以增强数据的可信度。

值得注意的是，FTSE Russell 分别通过两个数据模型来帮助资产管理者对 ESG 风险进行更好的评价，也就是说，除了 FTSE Russell ESG 评级体系之外，还通过 FTSE 罗素绿色收入低碳经济（LCE）数据模型对公司从绿色产品中产生的收入进行界定与评测。不同于其他的海外 ESG 评价体系，富时罗素对于公司绿色收入的界定和计算可以作为对公司 ESG 评级打分结果的补充性判断，或者是同时作为 ESG 评级中对 E（即环境）部分的主要打分依据之一。但考虑到富时并没有披露其 ESG 评价体系的 14 项主题下具体包括哪些评价指标，因此，我们可以通过其已公布的绿色收入分类及界定方法来对其针对公司环境外部性的评价标准略窥一二。

2019 年 12 月 24 日，FTSE Russell 宣布，将进一步扩大其在亚太地区的可持续发展投资分析。在 FTSE Russell 的 ESG 评级和数据模型中，增加对中国 A 股的覆盖范围，扩展至目前约 800 只 A 股。此举使 FTSE Russell 的 ESG 对中国上市公司证券的覆盖范围提升到 1800 只。作为 2018 年富时股票国家分类审核结果的一部分，A 股作为次级新兴市场，从 2019 年 6 月开始逐步被纳入富时全球股票指数系列（FTSE GEIS），纳入的第一阶段于 2020 年 3 月完成。FTSE Russell ESG 评级框架具体如下：

（1）数据：使用公司公开提供的文件收集信息，以确定其经营和地域风险；公司的风险敞口与基于规则的方法相互参照，以确定 ESG 指标的适用性。使用公开的文件，对照适用的指标对公司进行评估。

（2）FTSE Russell 数据模型：FTSE Russell ESG 有两个核心模型：ESG 评级数据模型和绿色营收数据模型。前者衡量 ESG 运营风险，后者衡量企业的环境解决方案水平。

（3）覆盖范围：ESG 评级数据模型覆盖包括 47 个发达市场和新兴市场的 7200 种证券。绿色营收数据模型衡量公司总收入中来自"绿色"产品的百分比，覆盖 14700 家公司（包括富时环球全市值指数和罗素 3000 指数成分）。使用独特的行业分类法对绿色产品、产品和服务进行分类，涵盖 10 个行业和 133 个子行业。

（4）FTSE 指数体系：包括 FTSE Developed ESG Index、FTSE Emerging ESG Index、Russell 1000 ESG Index、FTSE All – Share ESG Index、FTSE Developed SDG – Aligned Index 等。

表 8 – 4　　　　　　　　　　　　FTSE Russell ESG 的评级框架

3 大支柱	14 个主题	300 + 指标
环境	气候变化	包含了超过 300 个指标，每个主题包含了 10 ~ 35 个指标，每个公司平均有 125 个指标被应用于 ESG 评价
	生物多样性	
	污染与资源	
	供应链	
	水资源安全	

续表

3 大支柱	14 个主题	300 + 指标
社会	消费者责任	包含了超过 300 个指标，每个主题包含了 10 ~ 35 个指标，每个公司平均有 125 个指标被应用于 ESG 评价
	健康与安全	
	人权与社区	
	劳工标准	
治理	反腐败	
	公司治理	
	风险管理	
	税务透明	

根据每一家企业所在的行业进行细分之后，富时罗素会选择相应的行业主题进行评级。评级的结果主要依据两个维度进行加权打分：一是风险暴露，二是信息披露程度。最后得到主题得分（见表 8 – 5）。

表 8 – 5 **FTSE Russell ESG 的评分方法**

		风险暴露		
		低	中	高
主题得分	0	N/A	0	0
	1	0 ~ 5%	1% ~ 5%	1% ~ 10%
	2	6% ~ 10%	6% ~ 20%	11% ~ 30%
	3	11% ~ 30%	21% ~ 40%	31% ~ 50%
	4	31% ~ 50%	41% ~ 60%	51% ~ 70%
	5	51% ~ 100%	61% ~ 100%	71% ~ 100%

在富时罗素评分方法中，横轴为风险暴露，其主要考虑两方面因素的影响：一是与该行业相关主题的财务重要性，与 MSCI 和 DJSI 做法一致，不同的行业会受到不同 ESG 风险的影响，因此风险暴露程度也会不同；二是公司的运营所在地，ESG 相关的议题也会受到地域因素的影响，不同地区的差异性也会反映在风险暴露中。因此，在综合考虑相关因素之后，富时罗素会把企业在该议题上的风险暴露程度按照低、中、高进行划分。

最后决定一个企业在某项议题上获得成绩高低的另一个因素是信息披露的程度。在每个主题之下，企业信息披露所能够回应的具体指标的有效程度将会影响该主题的最终得分。

信息披露有效程度结合上述提到的风险暴露程度，最后能够在评分矩阵图中找到对应的分值。以社会中的供应链主题为例，假设该企业的供应链风险暴露程度为中等，同时供应链相关信息披露有效性达到 41% ~ 60%，那么该企业在供应链主题下的评分将会为 4 分。最后，富时罗素将会把所有主题评分结果加权汇总为从 0 到满分 5 分的评级区间。

FTSE ESG 评级结果一方面会直接被追随 FTSE 的投资者作为投资参考，另一方面还会用于 FTSE 可持续投资系列指数的构建。目前，FTSE 的可持续投资系列指数中较为知名的有 FTSE ESG 指数和 FTSE4 – Good 指数。2019 年 6 月，FTSE 宣布将 A 股纳入其指数体系，并逐步提高纳入比例。

8.2.3　Sustainalytics ESG

Sustainalytics 提供 70 多项指标的数据。对各项指标在 42 个产业群体中的相对重要性进行加权评估。这些指标分为 E、S 和 G 三个"支柱"。每一家被评级的公司根据其准备情况、披露情况和与该因素相关的表现在每个因素上打分。得出的分数在 1 ~ 100，然后每个公司在其行业组内被分配一个百分位排名。这个过程每年更新一次。虽然在这些排名中关注到了很多的细节，也采取了很多努力，但显然有大量的判断需要潜在的定性评估。然而，人们期望这些判断会比那些来自组织的自我报告更客观。除了这些 ESG 评级外，Sustainalytics 还监测每日新闻提要，以发现任何可能产生负面影响的事件。该服务使 Sustainalytics 能够为大众汽车与柴油排放测试造假有关的丑闻提供预警。

晨星是一家投资研究和投资管理公司，除其他服务外，还为投资基金提供有影响力的评级。2016 年，它开发了一个基于可持续性标准的基金评估工具。晨星可持续发展评级使用由 Sustainalytics 开发的公司 ESG 评级。2020 年 4 月晨星宣布，已与全球公认的环境、社会和治理（ESG）评级和研究领域的领先企业 Sustainalytics 达成收购协议。Morningstar（晨星）目前持有 Sustainalytics 约 40% 的股权，首次入股于 2017 年，本次交易完成后，晨星将收购 Sustainalytics 剩余约 60% 的股份。

从晨星了解到，自 2016 年以来，Morningstar 与 Sustainalytics 合作，为全球投资者提供新的分析数据，包括行业内首个基于 Sustainalytics 公司级 ESG 评级结果的基金可持续发展评级、全球可持续发展指数家族以及包括碳指标和争议性产品数据在内的广泛的可持续投资组合分析。通过此次收购，进一步将现有的 ESG 数据和洞察力与 Morningstar 现有的研究和解决方案整合，提供给包括个人投资者、投资顾问、私募股权公司、资产管理公司和所有者、退休计划发起机构和信贷发行商。

晨星发布年度"前景"报告，回顾基金的财务和可持续性表现。2018 年报告的一些关键要点（晨星，2018）：在美国，越来越多的基金纳入 ESG 或可持续发展主题；在晨星公司的 56 个类别中可以找到可持续发展基金；管理资产和资金流均达到历史最高水平；可持续基金在价格和表现上具有竞争力；在短期和长期都是正向业绩；可持续基金一直获得较高的晨星可持续评级。该评估将美国可持续基金定义为那些开放式基金和交易所交易投资组合，它们在招股说明书中声明将 ESG 标准纳入了投资流程，或者追求与可持续发展相关的主题，或者在追求财务收益的同时考虑可持续影响。它不包括只使用基于价值筛选的基金。

8.2.4　汤森路透 ESG

汤森路透 ESG 评级体系作为海外最全面的 ESG 评级体系之一，涵盖的数据范围包括在全球范围内超过 7000 家的上市公司，以及自 2002 年以来的时间序列公司数据。汤森路透庞大的研究体系及数据库的建立，基于其分布在全球各个主要地区及国家（包括波兰、中国、印度、毛里求斯、菲律宾等）的分支机构的设立及总计在 150 人以上的研究团队的定期维护与更新。此外，汤森路透 ESG 指数系列基于 ESG 评级研究结果设立。

汤森路透 ESG 研究体系具有以下特征：（1）具有透明度的 ESG 评级数据和在全球范围内超过 7000 家公司的打分数据；（2）定制化的分析、得分及排名，以满足 ESG 评级要求；（3）400 项以上的 ESG 标准化数据指标和 70 项以上的 ESG 分析内容；（4）能帮助有效降低投资风险并获取超额收益的筛选程序；（5）投资组合分析和风险监测工具；（6）理想的生成工具，用于进行 ESG 筛选，并深入对于公司各项指标的衡量中；（7）实时的 ESG 信号，用于投资组合的构建和实时的公司监测；（8）公司碳排放数据和测量模型，既拥有自身专利，又具有一定透明度，在公司自身报告并不披露具体碳排放数据时可提供对于 CO_2 排放量的估计值；（9）碳足迹监测并发布报告；（10）绿色债券；（11）具有多样性及包容性的 ESG 指数系列。

从评价指标体系的构建来看，汤森路透评分体系为了公平且客观地衡量全球范围内各家公司的相对 ESG 表现及承诺的有效性，根据公开资料及数据对公司进行 10 项大类指标的评测，并按照权重对各项评测结果进行加权得到最终的 ESG 评分。这十项大类指标包括：环境类的资源利用、低碳排放、创新性三项，社会类的雇佣职工、人权问题、社区关系、产品责任四项，公司治理类的管理能力、股东及 CSR 策略三项。

从汤森路透搜集的数据及资料范围来看，主要包括：上市公司年报、公司官方网站、非政府组织（NGO）网站、证券交易所文件、企业社会责任（CSR）报告以及新闻报道等来源。从数据库的更新频率来看，汤森路透每两周对 ESG 数据库进行一次更新，包括对于新公司的考核纳入、最近一期财务数据及近期争议项事件的更新、ESG 评级分数的重新计算等。此外，汤森路透发布的 ESG 报告通常每年进行一次更新，这与上市公司 ESG 数据及相关报告（如企业社会责任报告）的披露节奏保持一致。

汤森路透将上市公司的 ESG 打分标准分成 3 个大类和 10 个主题，衡量公司在这之上的绩效、承诺和有效性，并从中挑选出 178 项关键指标进行打分，然后以一定权重将其加总为该企业的 ESG 得分。随后，汤森路透还会根据 23 项 ESG 争议性话题对企业进一步评分，并对第一步中的 ESG 得分进行调整，从而计算出该企业最终的 ESG 得分。表 8-6 详细展示了上述打分标准中的 3 个大类和 10 个主题和 70 多个二级指标。其中，环境维度包含资源利用、排放、创新 3 个一级指标；社会维度包含劳动力、人权、社区、产品责任 4 个一级指标；治理维度包括管理、股东 2 个一级指标。根据公司提供的数据，汤森路透评级体系采用百分位评分法，对三个维度下的指标进行评估后，将得到的 ESG 评分和 ESG 争议评分进行加权平均，从而计算出总的 ESG 得分。ESG 争议评分，系参照公司在 23 个争议主题项下的表现，基于客观的评判标准自动计算出的公司得分。公司如果深陷丑闻，只能得到较低的争议评分，其 ESG 总分也会随之降低。

表 8 - 6　　　　　　　　　　　　汤森路透 ESG 评分体系

大类指标	主题	含　义
环境指标		环境指标衡量了一家公司对生物和非生物生态系统的影响，包括空气、土地、水，以及完整的生态系统。它反映了公司如何使用最佳的管理方法来避免环境风险，并利用环境机会来为股东创造长期的价值
	资源利用	资源利用得分衡量公司在生产过程中实现有效利用自然资源的管理承诺和有效性。它反映了公司通过改进供应链管理来减少材料、能源或水的使用，并找到更多高效的解决方案的能力
	减排	减排得分衡量公司在生产和运营过程中减少环境排放的管理承诺和有效性。它反映了公司减少废气、废物、危险废物、污水排放的能力，以及是否与环境保护组织共同减少公司对当地或更广泛区域的环境影响
	产品创新	产品创新得分衡量公司对生态保护产品或服务的研发支持的管理承诺和有效性。它反映了公司降低客户环境成本和负担能力，体现在通过新的环保技术和工艺设计产品来延长耐用性，并创造新的市场机会
社会指标		社会指标衡量了公司如何与员工、客户和社会之间建立信任和忠诚的能力。它是公司声誉和运营情况的体现，也是决定公司是否能为股东长期创造价值的关键因素
	员工	员工得分衡量公司在保持员工工作满意度、工作场所健康安全、员工队伍多样性和工作机会平等方面的管理承诺和有效性。它反映了公司通过促进有效的生活工作平衡、家庭内友好的环境和不分性别、年龄、种族、宗教或性取向的平等机会，来提高劳动力的忠诚度和生产力的能力
	人权	人权得分衡量了公司尊重基本人权公约的承诺和有效性。它反映了公司有能力维持其经营许可证，保证结社自由，且不存在使用童工或强制劳动的行为
	社会	社会得分衡量公司对维护公司在当地、国家和全球声誉的管理承诺和有效性。它反映了一个公司对成为优秀公民，保护公共健康（避免工业事故等）和尊重商业道德（避免贿赂和腐败等）的能力
	产品责任	产品责任得分反映了公司通过生产高质量的产品和服务来保持其经营许可的能力，同时也通过准确的产品信息和标签来保证客户的健康和安全

续表

大类指标	主题	含 义
公司治理指标		公司治理指标衡量了公司的制度和流程,从而确保公司的董事会成员和管理人员为股东的长期最佳利益行事。它反映了公司通过创造更好的激励机制和制衡能力,来引导和控制其权利和责任的对等,从而为股东创造长期价值
	管理	管理得分衡量公司对遵循公司治理原则的承诺和有效性。它反映了公司是否有能力建立一个有效的董事会,以分配任务和责任、确保重要的交流和独立的决策过程、制定有竞争力的薪酬机制、吸引和留住重要高管和董事会成员
	股东	股东得分衡量公司对遵循与股东政策和股东平等待遇有关的公司治理原则的管理承诺和有效性。它反映了公司确保股东享有平等的权利以及反收购的能力
	社会责任战略	企业社会责任战略得分反映了公司是否有能力将财务、社会和环境等因素纳入其日常管理和决策的过程中

在对 3 大类、10 个主题以及 178 项关键指标打分后,以每个主题下的指标数量作为权重进行加权,便可得到该上市公司的 ESG 得分,具体权重如表 8-7 所示。除此之外还需要考虑争议项:汤森路透的 ESG 争议项主要包括公司在反垄断、商业道德、知识产权、公众健康、税收欺诈、雇用童工等 23 项指标上是否有负面新闻和信息。一旦有,则作出相应的扣分,并对原始的 ESG 打分进行调整,得到最终的 ESG 得分。

表 8-7　　　　　　　　汤森路透 ESG 评分标准和权重

大类指标	主题	关键指标打分项	权重
环境指标	资源利用	20	0.11
	减排	22	0.12
	产品创新	19	0.11
社会指标	员工	29	0.16
	人权	8	0.045
	社会	14	0.08
	产品责任	12	0.07
公司治理指标	管理	34	0.19
	股东	12	0.07
	社会责任战略	8	0.045

ESG 评分及争议项评分共同构成汤森路透 ESG 综合性评分

值得注意的是，汤森路透 ESG 综合性评分体系不仅包括对公司环境保护、社会影响、内部治理传统三项 10 个类别的 ESG 评分，还囊括了对于公司争议项的评分，这两项相加最终构成了汤森路透 ESG 综合性评分。这也是汤森路透 ESG 综合评价体系与其他体系的主要区别，即将争议项评分单独纳入对公司 ESG 表现的综合考察之中。

此外，汤森路透 ESG 综合评分结果并不仅仅是 ESG 评分和争议项评分两项的简单相加。当 ESG 争议项评分大于 50 分时，ESG 综合评分将直接等于 ESG 评分；当 ESG 争议项评分小于 50 分且大于 ESG 评分时，ESG 综合评分仍等于 ESG 评分；只有当 ESG 争议项评分小于 50 分且小于 ESG 评分时，ESG 综合评分才等于两项的等加权平均值。这样可以确保 ESG 争议项评分被计算在内，且得到更为充分的考量与体现（见图 8 - 10）。

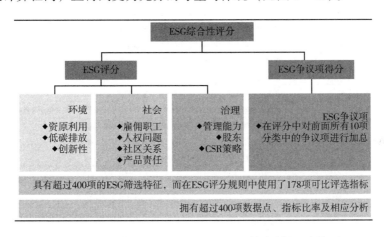

图 8 - 10　Thomson Reuters ESG 综合性评分体系

资料来源：汤森路透官网，长江证券研究所。

那么汤森路透争议项评价具体包括哪些内容？ESG 争议项包括对于企业社区关系、人权、管理、产品责任、资源利用、股东、劳动力 7 个方面合计 23 个分项的评价综合，主要根据近期媒体公开资料及报道内容中涉及的各项指标对公司争议项进行打分，且除了管理一项外，其他所有项目的指标打分都是定量化的（见图 8 - 11）。

此外，值得注意的是，如果是近期发生的争议项，即使最近一期的会计期间已经完结，也需要计入最近一期的争议项分数中。例如，如果该项争议事件发生在 2016 年或者 2017 年，公司最近的一个完整会计年度是 2015 年，则 2016 年或 2017 年已发生的争议项事件均需要体现在 2015 年的争议项评分中。这体现了公司如果近期有任何具有争议性的负面消息，无论是否已超过会计原则中的最终计算时间窗口，都需要在最近一期的评分中得到反映，这也充分体现了该评价体系的严谨性。

ESG 具体评分方法：采用分位数排名打分法

汤森路透 ESG 评级采用分位数排名打分法来对上市公司的十项 ESG 评价大类及争议项事件进行打分。分位数排名打分法主要关注以下三个问题：同行业中有多少家公司比这家公司差？有多少家公司与这家具有相同表现？同行业中总计多少家公司有所表现？

类别	分项	具体内容
社区关系	反竞争争议事项	在媒体上曝光的关于反竞争行为（如反垄断和垄断）、价格变动或收回扣有关的争议事项数量
	商业道德争议事项	在媒体上曝光的关于商业道德、政治献金、贿赂和腐败的争议事项数量
	知识产权争议事项	在媒体上曝光的关于专利和知识产权侵权的争议事项数量
	被批判国家争议事项	在媒体上曝光的关于不尊重基本人权原则、违背民主道义的争议事项数量
	公共健康争议事项	在媒体上曝光的关于公共卫生或工业事故的争议事项数量，以及与第三方（非雇员和非客户）健康安全有关的争议事项数量
	税务欺诈争议事项	在媒体上曝光的关于税务欺诈或洗钱的争议事项数量
人权	童工争议事项	在媒体上曝光的关于使用童工问题的争议事项数量
	人权争议事项	在媒体上曝光的关于人权问题的争议事项数量
管理	补偿争议事项	在媒体上曝光的关于董事会、经理补偿的争议事项数量
产品责任	客户争议事项	在媒体上曝光的关于消费者投诉与公司产品及服务相关的争议事项数量
	客户健康安全争议事项	在媒体上曝光的关于客户健康和安全的争议事项数量
	隐私争议事项	在媒体上曝光的关于员工或客户隐私和诚信问题的争议事项数量
	产品可得性争议事项	在媒体上曝光的与产品可得性有关的争议事项数量
	销售责任争议事项	在媒体上曝光的与公司营销行为有关，比如向具有某类不适用属性的消费者过度推销不健康食品的争议事项数量
	研发责任争议事项	在媒体上曝光的与研发责任有关的争议事项数量
资源利用	环境争议事项	在媒体上曝光的该公司对自然资源及对所在地环境造成的影响有关的争议事项数量
股东	审计争议事项	在媒体上曝光的与激进或不透明的会计原则有关的争议事项数量
	内部交易争议事项	在媒体上曝光的与内幕交易及其他股价操纵有关的争议事项数量
	股东权利争议事项	在媒体上曝光的与股东侵权有关的争议事项数量
劳动力	发展空间及机会争议事项	在媒体上曝光的与劳动力发展空间及机会（如涨工资、晋升、受到歧视与骚扰）有关的争议事项数量
	雇员健康安全争议事项	在媒体上曝光的与劳动力健康和安全有关的争议事项数量
	薪水和工作条件争议事项	在媒体上曝光的与公司和员工间的关系或工资纠纷有关的争议事项数量
	重要管理人员离职	重要的执行管理团队成员或关键团队成员宣布自愿离职（除退休外）或受到驱逐

资料来源：汤森路透官网，长江证券研究所。

图 8 - 11 Thomson Reuters ESG 争议项评价具体内容

具体来看，分位数排名打分（见图 8 - 12）即按照同一行业内该项指标得分比这家公司差的公司数量加上得分与之相同的公司数量的 0.5 倍之和，除以同一行业内该项指标具有有效得分的公司总数量的计算结果，来得到该家公司该项指标的分位数得分。具体的打分过程可以参考后面的具体案例分析，我们以 15 家美国供水类公用事业公司为例进行如何对环境中的低碳减排项目进行评价打分的讲解。

汤森路透通过评价指标的数量占比设置各个细分类别的得分权重。具体来看，也就是说，例如，资源利用项评价指标有 19 个，占 ESG 评价指标总数的比重约为 11.0%，则该项得分在 ESG 评价中的权重即为 11%，其他各项与之类似（见图 8 - 10）。而这种计算方法，通常会给予公司披露情况已较为成熟的指标更多的打分权重，如上市公司通常对于管理项（包括管理层结构、多样性、独立性、委员会、工资薪酬等内容）给予较多披露数据，因此，相比在企业社会责任报告中往往披露内容较少的人权项（指标数量为 8 个，占比即权重为 4.5%），管理项相应具有更高的得分权重（指标数量为 34 个，占比即权重为 19%）。

$$分数=\frac{得分差于标的公司的公司数量+得分与标的公司相同的公司数量/2}{得分有效的公司数量}$$

图 8 - 12　Thomson Reuters ESG 分位数排名打分法

资料来源：汤森路透官网，长江证券研究所。

表 8 - 8 列示了当前最新的打分规则及权重，更新后的权重仍然按照指标数量占比计算得到，环境、社会、治理三大类分数分别由下属各细分项得分加权得到。此外，值得注意的是，定性指标也需要进行量化的得分转换，即按照公司是否发生该事件进行打分，如果发生了则为 1 分，没有发生为 0.5 分，无法评判则为 0 分。最后，将根据每家公司各项指标的最终 ESG 分位数得分判定其 ESG 评级结果，如表 8 - 9 所示。

表 8 - 8　　　　　　Thomson Reuters ESG 各项得分权重设置

核心	类别	分项得分	分项权重	核心项目总权重	公式：各项权重之和
环境	资源利用	72.57	11.00%	34.00%	（11% + 12% +11%）
环境	低碳减排	86.5	12.00%		
环境	创新	73.67	11.00%		
社会	公司员工	90.93	16.00%	35.50%	（16% +4.5% +8% +7%）
社会	人权	78.1	4.50%		
社会	社区团体建设	77.65	8.00%		
社会	产品责任	35.62	7.00%		
公司治理	公司行政管理	47.25	19.00%	30.50%	（19% +7% +4.5%）
公司治理	股东及利益相关者	32.87	7.00%		
公司治理	打击避税逃税策略	90.67	4.50%		
核心	类别	新分项权量	公式：新分项权重	核心项目总得分	公式：核心项目加权得分
环境	资源利用	32.35%	（11%/34%）	77.84	72.57 × 32.35% + 86.5 × 35.29% + 73.67 ×32.35%
环境	低碳减排	35.29%	（12%/34%）		
环境	创新	32.35%	（11%/34%）		
社会	公司员工	45.07%	（16%/35.5%）	75.40	90.93 × 45.07% + 78.1 × 12.68% +77.65 ×22.54% + 35.62 ×19.72%
社会	人权	12.68%	（4.5%/35.5%）		
社会	社区团体建设	22.54%	（8%/35.5%）		
社会	产品责任	19.72%	（7%/35.5%）		
公司治理	公司行政管理	62.30%	（19%/30.5%）	50.36	47.25 × 62.30% + 32.87 × 22.95% +90.67 ×14.75%
公司治理	股东及利益相关者	22.95%	（7%/30.5%）		
公司治理	打击避税逃税策略	14.75%	（4.5%/30.5%）		

资料来源：汤森路透官网，长江证券研究所。

表 8 – 9 　　　　　　　　　Thomson Reuters ESG 得分区间及评级判定

ESG 分位数得分区间	ESG 评级判定
$0 \leqslant \text{Score} \leqslant 0.083333$	D⁻
$0.083333 < \text{score} \leqslant 0.166666$	D
$0.166666 < \text{score} \leqslant 0.250000$	D⁺
$0.250000 < \text{score} \leqslant 0.333333$	C⁻
$0.333333 < \text{score} \leqslant 0.416666$	C
$0.416666 < \text{score} \leqslant 0.500000$	C⁺
$0.500000 < \text{score} \leqslant 0.583333$	B⁻
$0.583333 < \text{score} \leqslant 0.666666$	B
$0.66666 < \text{score} \leqslant 0.750000$	B⁺
$0.750000 < \text{score} \leqslant 0.833333$	A⁻
$0.833333 < \text{score} \leqslant 0.916666$	A
$0.916666 < \text{score} \leqslant 1$	A⁺

资料来源：汤森路透官网，长江证券研究所。

ESG 评级案例分析：以美国供水类公用事业公司为例

为了更好地理解汤森路透 ESG 打分规则，我们以 2015 财年的 15 家美国供水类公用事业公司为例，讲解如何为各家公司进行环境大类中的低碳减排项目打分及评级。

首先，需要考虑有多少个既定评价指标适用于该行业。汤森路透 ESG 评价体系对于低碳减排项目设置了 22 个评价指标，但对美国供水类公用事业行业而言，易燃类气体（Flaring Gases）、固态 CO_2 及其等价物的排放（Cement CO_2 Equivalents Emissions）这两项评价指标并不适用，因此仅另外的 20 个评价指标具有适用性。

其次，判定这项指标具有的属性，即分数越高代表具有更加积极或是更加负面的效应。例如，预测 CO_2 及其等价物排放（Estimated CO_2 Equivalents Emission Total）这一指标得分越高则越具有对环境的负效应，相反得分越低则越具有对环境的积极效用。因此，在 2017 年汤森路透 ESG 数据库中该项指标得分最低的公司，在排名上反而应该最高，且在计算分位数得分时，应按照指标得分高于这家公司的数量进行计算，如表 8 – 10 所示。

最后，根据数据库中各家公司各项指标的得分在同行业中的排名，进行该家公司分位数得分的计算，取所有指标得分的均值，在同一行业内根据各家公司的分位数得分均值，再进行同行业排名，计算各家公司最终的分位数得分，按照得分区间对应等级进行该项指标的 ESG 等级评定。

表 8 - 10　　　　　各家公司排放项目中的 Estimated CO$_2$ Equivalents
Emission Totai 指标分位数得分

指标得分排名	美国 15 家供水类公用事业公司名称	指标得分	分位数得分	计算公式
1	Aqua America Inc	0. 00009438175	0. 66666667	[14 + (1/2)]/15
2	American States Water Co	0. 00015559228	0. 9	[13 + (1/2)]/15
3	United Utilities Group PLC	0. 00016684373	0. 83333333	[12 + (1/2)]/15
4	California Water Service Group	0. 00017066190	0. 766666667	[11 + (1/2)]/15
5	Aguas Andinas SA	0. 00017235781	0. 7	[10 + (1/2)]/15
6	Consolidated Water Co. Ltd.	0. 00017996645	0. 63333333	[9 + (1/2)]/15
7	Sevem Trent Plc	0. 00019745459	0. 566666667	[8 + (1/2)]/15
8	Inversiones Aguas Metropolitanas SA	0. 00020508319	0. 5	[7 + (1/2)]/15
9	Metro Pacific Investments Corp.	0. 00021980753	0. 43333333	[6 + (1/2)]/15
10	American Water Works Company Inc	0. 00022414182	0. 366666667	[5 + (1/2)]/15
11	Bejjing Enterprises Water Group Limited	0. 00027148692	0. 3	[4 + (1/2))/15
12	Manila Water Company Inc	0. 00028716906	0. 233333333	[3 + (1/2)]/15
13	Guangdong Investment Ltd	0. 00029749855	0. 166666667	[2 + (1/2)]/15
14	Companhia de Saneamento de Minas Gerais	0. 00074916995	0. 1	[1 + (1/2)]/15
15	Companhia de Saneamento Basico Sabesp	0. 00079475868	0. 03333333	[0 + (1/2)]/15

资料来源：汤森路透官网，长江证券研究所。

我们以 United Utilities Group PLC 这家公司为例，该公司 Estimated CO$_2$ Equivalents Emission Total 指标的分位数得分为 0. 833333333，这是根据该指标得分在同行业中的排名位置计算得到的，计算公式为 [12 + (1/2)]/15，而其 20 项评价指标分位数得分的平均值为 0. 669230769，这一得分在同行业的 15 家公司中排名最高，因此这家公司低碳减排项目的分位数得分为 0. 966666667，计算公式为 [14 + (1/2)]/15，对应评级为 A$^+$（见表 8 - 11 和表 8 - 12）。

表 8 - 11　　　　　以其中一家美国供水类公用事业公司为例，
计算排放项目分位数得分均值

公司名称	考察指标	指标得分	分位数得分	分位数得分计算公式
United Utilities Group PLC	Estimated CO$_2$ Equivalents Emission Total	0. 000166844	0. 83333333	[12 + (1/2)]/15
United Utilities Group PLC	Policy Emissions	1	0. 7	[6 + (9/2)]/15

续表

公司名称	考察指标	指标得分	分位数得分	分位数得分计算公式
United Utilities Group PLC	Targets Emissions	1	0.9	[12 + (3/2)]/15
United Utilities Group PLC	Biodiversity Impact Reduction	1	0.76666667	[8 + (7/2)]/15
United Utilities Group PLC	Emissions Trading	1	0.93333333	[13 + (2/2)]/15
United Utilities Group PLC	Environmental Partnerships	1	0.76666667	[8 + (7/2)]/15
United Utilities Group PLC	Environmental Restoration Initiatives	1	0.8	[9 + (6/2)]/15
United Utilities Group PLC	Climate Change Commercial Risks Opportunities	1	0.7333333	[7 + (8/2)]/15
United Utilities Group PLC	NOx and SOx Emissions Reduction	0.5	0.466666667	[0 + (14/2)]/15
United Utilities Group PLC	e – Waste Reduction	0.5	0.466666667	[0 + (14/2)]/15
United Utilities Group PLC	Staf Transportation Impact Reduction	0.5	0.5	[0 + (15/2)]/15
United Utilties Group PLC	VOC or Particulate Matter Emissions Reduction	0.5	0.46666667	[0 + (14/2)]/15
United Utilities Group PLC	Environmental Expenditures Investments	0.5	0.366666667	[0 + (11/2)]/15
		得分均值	0.669230769	—

资料来源：汤森路透官网，长江证券研究所。

表 8 – 12   以 15 家美国供水类公用事业公司为例，
计算排放项目最终得分及对应评级

公司名称	各项指标分位数得分均值	截至 2017 年 8 月 10 日按照分位数均值计算最终得分	等级评定
United Utilities Group PLC	0.669230769	0.96666667	A+
Severm Trent PIc	0.61025641	0.9	A
Companhia de Saneamento Basico – Sabesp	0.564285714	0.833333333	A
Aqua America Inc	0.564102564	0.76666667	A-
American States Water Co	0.558974359	0.7	B+
Manila Water Company Inc	0.556666667	0.633333333	B
American Water Works Company Inc	0.556410256	0.56666667	B-
Aguas Andinas SA	0.554444444	0.5	C+

续表

公司名称	各项指标分位数 得分均值	截至 2017 年 8 月 10 日按照 分位数均值计算最终得分	等级评定
Calfonia Water Service Group	0. 51025641	0. 433333333	C$^+$
Companhia de Saneamento de Minas Gerais	0. 420512821	0. 36666667	C
Inversiones Aguas Metropolitanas SA	0. 412820513	0. 3	C$^-$
Metro Pacific Investments Corp.	0. 407692308	0. 233333333	D$^+$
Consolidated Water Co. Ltd.	0. 384615385	0. 166666667	D$^+$
Bejjng Enterprises Water Group Limited	0. 358974359	0. 1	D
Guangdong Investment Ltd	0. 348717949	0. 033333333	D$^-$
得分均值	0. 5		

资料来源：汤森路透官网，长江证券研究所。

8.2.5　KLD 指数

KLD 评级体系创始于 1990 年，是历史最悠久的 ESG 评级体系之一。其名称来源于三名创始人的英文名首字母（Kinder，Lydenberg and Domini）。自推出以来，KLD 体系就广受学术界关注。其指标体系由环境、社会、治理和争议行业四个维度构成。其中，环境、社会、治理三个维度下的指标分为正面指标和负面指标。正面指标反映公司应对 ESG 风险和捕捉 ESG 机会的能力，负面指标则反映公司在 ESG 方面的不良表现，如违反相关法律法规。环境维度包含 16 个正面指标，9 个负面指标；社会维度包含 23 个正面指标，18 个负面指标；治理维度包含 2 个正面指标和 4 个负面指标。除环境、社会、治理三维度外，还设置了 6 个争议行业指标，分别是酒精、枪支、博彩、军事、核能和烟草。如企业涉足某个争议行业，在对应的争议行业指标上就会有所反映。

在环境维度下，代表性的正面指标包括清洁技术和对有毒排放物和废物的管理。"清洁技术"指标评估公司利用环境技术市场机会的能力：面对资源保护和气候变化问题，对绿色产品、服务、技术进行积极投资的公司得分将会更高。"对有毒排放物和废物的管理"指标评估公司控制污染、处理固体废弃物、减少有毒物质排放的能力和水平：制订详细的管理计划并付诸行动的公司会得到较高的分数。代表性的负面指标包括水管理压力和供应链管理。"水管理压力"指标评估公司水管理实践相关争议的严重程度。影响该指标的因素包括但不限于：是否涉及与水有关的法律案件、是否过度排放废水、对改进措施是否持抵制态度，以及非政府组织或其他第三方的批评等。"供应链管理"指标评估与公司供应链的环境影响和自然资源的采购相关争议的严重程度。影响该指标的因素包括但不限于：是否涉及与企业供应链有关的法律案件、对改进措施是否持抵制态度、非政府组织或其他第三方的批评等。

在社会维度下，代表性的正面指标包括社会参与和人权政策与倡议。"社会参与"指标关注公司是否积极开展社会参与项目。影响该指标的因素包括但不限于：社会影响力、对当地经济和社会基础设施发展的支持等。"人权政策与倡议"指标评判公司在人权领域是否有突出表现：在人权问题上有较多的信息披露、表现出较高的透明度，或在其他 MSCI 人权评级未涵盖的问题上表现突出的公司会得到较高的分数。代表性的负面指标包括支持有争议的政权和其他人权问题。"支持有争议的政权"指标旨在评估公司在人权记录不良的国家开展业务引起的争议的严重程度。影响该指标的因素包括但不限于：是否与有争议的政权存在联系、是否从事有争议性的活动、是否在开展业务的过程中对公民施暴，以及非政府组织或其他第三方的批评等。"其他人权问题"指标评估公司所涉其他人权争议的严重程度。此处的其他人权问题是指 MSCI 评级中未涵盖的问题。

在治理维度下，代表性的正面指标包括腐败与政治不稳定性和金融体系不稳定性。"腐败与政治不稳定性"指标旨在考察公司对暴力活动、财产毁损、政局动荡、贿赂腐败行为等引发的商业风险的应对能力：制订明确的计划、指导方针和政策以杜绝腐败交易，与当地社区建立强有力的伙伴关系，以及在信息披露和透明度方面表现良好的公司会得到较高的分数。"金融体系不稳定性"指标评估公司管理金融市场系统性风险的能力，建立强有力的治理结构和提高金融信息透明度的公司会得到较高的分数。代表性的负面指标包括治理结构和贿赂与欺诈。"治理结构"指标评估公司高管薪酬和治理实践相关争议的严重程度。影响该指标的因素包括但不限于：是否涉及与薪酬有关的法律案件、股东或董事会对薪酬制度和治理结构的反对程度、对改进措施是否持抵制态度、非政府组织或其他第三方的批评等。"贿赂与欺诈"指标评估公司商业道德相关争议的严重程度。影响该指标的因素包括但不限于：是否从事违背道德的行为（如贿赂、逃税、内幕交易、会计违规）、对改进措施是否持抵制态度以及非政府组织或其他第三方的批评等。

成立之初，KLD 评级体系覆盖 650 家美国大型企业，2003 年扩展至 3000 家美国市值最大的企业，2013 年扩展至 2600 家美国之外的企业。2010 年，全球占主导地位的指数编制公司 MSCI 通过收购获得了 KLD 相关产品与数据，随后推出了 MSCI KLD 400 社会指数。

8.2.6　标普道琼斯 ESG

与 MSCI 根据上市公司的 ESG 评级结果进行 ESG 指数产品的搭建一样，道琼斯可持续发展指数（Dow Jones Sustainability Indices，DJSI）也是由标普道琼斯基于 RobecoSAM 的企业可持续发展评估（Corporate Sustainability Assessment，CSA）进行指数的发布和计算。相较于其他评级体系，DJSI 具有悠久的发展历史，是全球公认的社会责任及可持续发展参考标杆。标准普尔道琼斯指数（S&P DJI）自 1999 年推出道琼斯可持续发展世界指数（Dow Jones Sustainability World Index）起，与山姆（SAM）合作，20 年来一直是 ESG 指数的先驱。

从 2019 年 4 月起，S&P DJI 已开始进一步利用 SAM 可持续发展数据，推出范围广泛的 ESG 指数。S&P DJI 全球评级 ESG 评估是对一个实体未来成功运营能力的跨部门、相对分析，其基础是 ESG 因素如何影响利益相关者，并可能对该实体产生重大的直接或间接财务影响。标普道琼斯 ESG 评级框架包括：（1）数据与资料来源：标普道琼斯 ESG 来自 SAM 可持续发展评估（CSA）；SAM 每年 3 月根据规模、地区和国家向 3400 多家公司发出 CSA 请求。CSA 使用源自 GICS 的 61 个 SAM 行业来分析公司，通过使用针对特定行业的问卷调查表来评估一系列与财务相关的可持续发展标准。（2）评分：在 CSA 流程中，将为每家公司计算涵盖多种可持续发展主题的 ESG 指标。在每个行业中，每个指标在最终 ESG 评分计算中的权重各不相同，该评分由多项指标的加权总和计算得出。权重在 SAMCSA 中确定，SAM 每年将根据每个主题对特定行业的财务重要性进行检讨。（3）S&P DJI ESG 指数体系：S&P DJI ESG 指数系列根据特定国家和地区指数的 ESG 概况，为投资者提供相应的投资头寸。该指数族基于标准普尔 DJI ESG 得分，由 SAM 计算，并基于年度 SAM 企业可持续性评估（CSA）的结果。

8.2.7　世界银行 ESG 指数

世界银行在 2019 年提出了以国家为评价对象的 ESG 评级体系（链接：https：//datatopics. worldbank. org/esg/）。该体系针对全球 192 个国家以及这些国家组成的若干实体，构建了 17 个 ESG 主题或者说一级指标（对应联合国提出的 17 个可持续发展目标）以及 67 个具体的二级指标。这些指标和公司层面的 ESG 指标有较大差别，但两者所反映的理念是相似的。世界银行给出了指标定义和指标数值，但是没有对国家进行整体打分和排序。

世界银行 ESG 评价指标体系结构和公司 ESG 评级体系类似，由环境、社会、治理三个维度构成。其中，治理维度包含排放与污染、自然资本禀赋和管理、能源使用与安全问题等 5 个主题；社会维度包含教育和基本技能、就业、人口等 6 个主题；治理维度包含人权、政府效率、稳定和法治等 6 个主题。每个主题下都设有若干具体二级指标。

在环境维度下，排放和污染主题下的具体指标包括二氧化碳排放量、甲烷排放量、一氧化二氮排放量、PM2.5 空气污染程度（以年均污染暴露量计算）。自然资本禀赋和管理主题下的具体指标包括森林覆盖率、陆地和海洋保护区面积占比、淡水年抽取量、在减少森林净耗竭量和自然资源消耗量方面的表现、濒危哺乳动物种类等。能源使用与安全主题下的具体指标包括燃煤发电量的占比、能源进口净额、能源使用量、化石燃料消耗量、可再生能源发电量、可再生能源消耗量等。环境或气候风险与恢复能力主题下的具体指标包括制冷降温度日数（即 cooling degree days）、人口密度、热指数、平均干旱指数等。食品安全主题下的具体指标是农业用地面积、粮食生产指数、农林渔业在总 GDP 中的占比等。

在社会维度下，教育和基本技能主题下的具体指标是小学入学率、政府在教育方面的支出占比、成年人识字率。就业主题下的具体指标是童工数量占比、失业率、劳动力就业率。人口主题下的具体指标是生育率、预期寿命、65 岁以上老龄人口占比。贫穷和不平等主题下的具体指标是贫穷人口比率（国家贫困线以下人口的百分比）、人均消费或收入年增长率、基尼指数等。健康和营养主题下的具体指标包括传染病、孕产妇不良状况、营养不良导致的死亡占比、5 岁以下儿童的死亡率、营养不良率、医院床位（每千人）等。服务普及度主题下的具体指标包括通电率、接受安全管理的饮用水服务的人口比例、接受安全管理的卫生服务的人口比例、使用清洁烹饪燃料和技术的人口比例。

在治理维度下，人权主题下的具体指标是法定权利指数、话语权和问责制。政府效率主题下的具体指标是政府有效性、监管质量。稳定和法治主题下的具体指标是打击腐败、净移民数、政治稳定性（无暴力和恐怖主义行为）、法治力度。经济环境主题下的具体指标是国内生产总值增长率、互联网普及率、营商环境指数。性别主题下的具体指标是国会女性议员比例、男女就业人口比率、中小学阶段性别平等指数、避孕需求未得到满足的女性人数占比。创新主题下的具体指标是科研期刊文章数目、专利申请量、科研支出。

世界银行通过联合国、国家统计年鉴等数据源评估国家在相关指标下的表现，并通过其网站发布了所有数据和数据来源。与 MSCI、Morningstar 等公司提供的国家 ESG 评价相比，世界银行的数据具有最高的透明度。但同时我们也注意到，在某些指标上，世界银行数据的缺失问题比较严重，甚至有超过一半的国家没有数据。

8.3 国内主要评级指数

8.3.1 商道融绿 ESG 评级体系

商道融绿是国内领先的绿色金融及责任投资专业服务机构，专注于为客户提供责任投资与 ESG 评估及信息服务、绿色债券评估认证、绿色金融咨询与研究等专业服务。商道融绿还是中国责任投资论坛（China SIF）的发起机构，同时还是国内首家联合国责任投资原则（UN‑PRI）签署机构。结合全球 ESG 标准和中国市场特点，商道融绿专为中国开发了有效的 ESG 评估方法，并积累了大量数据。商道融绿核心团队于 2009 年成立以来得到了极大的发展。目前商道融绿 ESG 评级数据库所涵盖的投资标的数量进一步增加，不仅包括沪深 300 的投资标的，还包括中证 500 的投资标的，共 800 只标的。

融绿 ESG 评估流程分为四个步骤：信息收集、分析评估、评估结果和报告呈现。（1）信息收集环节，信息来源主要为公司年报、责任报告、政府信息和媒体。（2）分析评估环节，融绿 ESG 评估指标分为三级：一级指标为 E、S、G 三大方面，二级指标细化为 13

个方面，三级指标继续细化为 127 个数据项（见表 8-13）。融绿 ESG 评估指标体系的特点在于重视负面事件的评价。在每个一级指标下的二级指标中，都包含负面事件二级指标。三个负面事件指标形成了融绿 ESG 负面信息监控体系，有助于投资者进行负面剔除的选股方法。（3）评估结果环节，融绿 ESG 评级分为 A+ 到 D 共 10 个等级。根据不同行业 ESG 的实质性因子进行加权计算，并最终得到每个上市公司的 ESG 综合得分。（4）报告呈现环节，评级报告将会呈现公司 ESG 的评分以及负面信息报告。

表 8-13　　　　　　　　　融绿 ESG 评估指标体系

一级指标	二级指标	三级指标
E 环境	E1 环境管理	环境管理体系、环境管理目标、员工环境意识、节能和节水政策，绿色采购政策等
	E2 环境披露	能源消耗、节能、耗水、温室气体排放等
	E3 环境负面事件	水污染、大气污染、固废污染等
S 社会	S1 员工管理	劳动政策、反强迫劳动、反歧视、女性员工、员工培训等
	S2 供应链管理	供应链责任管理、监督体系等
	S3 客户管理	客户信息保密等
	S4 社区管理	社区沟通等
	S5 产品管理	公平贸易产品等
	S6 公益及捐赠	企业基金会、捐赠及公益活动等
	S7 社会负面事件	员工、供应链、客户、社会及产品负面事件
G 公司治理	G1 商业道德	反腐败和贿赂、举报制度、纳税透明等
	G2 公司治理	信息披露、董事会独立性、高管薪酬、董事会多样性等
	G3 公司治理负面事件	商业道德、公司治理负面事件

融绿 ESG 评级体系分为信息收集、分析评估及评估结果三项流程。在信息搜集阶段，将完成搜集企业自主披露的 ESG 信息及通过融绿 ESG 负面信息监控系统搜集上市公司的 ESG 负面信息；在分析评估阶段，将对照国际和国内法规、标准及最优实践，对企业自主披露的信息进行评估，然后对负面事件根据严重程度及影响等进行评估，并将评估结果进行交叉审核；在评估结果阶段，根据不同行业的实质性因子进行加权计算，并最终得到每个上市公司的 ESG 综合得分。根据对全体评估样本上市公司的 ESG 综合得分进行排序，参考国际通用实践及中国上市公司 ESG 绩效的整体水平，参照聚类分析的方法得到融绿 ESG 评级的级别体系，共分为十级（见表 8-14）。

表 8 – 14　　　　　　　　　　　**融绿 ESG 级别介绍**

级别	含　义
A$^+$	企业具有优秀的 ESG 综合管理水平，过去三年几乎没出现 ESG 负面事件或极个别轻微负
A	面事件
A$^-$	企业 ESG 综合管理水平较高，过去三年出现过少数影响轻微的 ESG 负面事件
B$^+$	
B	企业 ESG 综合管理水平一般，过去三年出现过一些影响中等或少数较严重的负面事件
B$^-$	
C$^+$	
C	企业在 ESG 综合管理水平薄弱，过去三年出现过较多或较严重的 ESG 负面事件
C$^-$	
D	企业近期出现了重大的 ESG 负面事件，对企业有重大的负面影响

　　融绿 ESG 评估指标体系的特点在于重视负面事件的评价。在每个一级指标下的二级指标中，都包含负面事件二级指标。三类负面事件指标形成了融绿 ESG 负面信息监控体系，有助于投资者采用负面剔除的选股方法。

　　目前商道融绿对沪深 300 以及中证 500 共 800 只标的进行了 ESG 评级。从 ESG 评级的分布数量来看，大部分公司集中在 B$^-$ 的评级（即企业 ESG 综合管理水平一般，过去三年出现过一些影响中等或少数较严重的负面事件）；没有出现获得 A 及以上评级的公司，同时也没有获得 C$^-$ 及以下评级的公司。比较 2015 年至今的 ESG 评级，整体评级分布总体呈现逐年改善的迹象。从行业的角度来看，获得 B$^+$ 及以上评级的公司主要分布在金融、交运、医药、公用事业等行业；而环保重点关注的采掘、钢铁、化工等行业的高评级占比不佳。比较被评级公司的估值中位数，A$^-$ 评级的估值最高，达到 26.43x。但是，ESG 评分并不与估值成正比，获得 B$^-$ 的公司估值高于获得 B 评级公司的估值，C 评级的估值也高于 C$^+$ 评级的估值。ESG 评级的估值溢价尚未得到明显的体现，可能的原因之一是评级低的公司由于业绩相对较差而导致估值偏高。

　　与 MSCI 新兴市场的 ESG 评级分布相比较，MSCI 的评分呈左偏分布，而商道融绿则更加趋近于正态分布。商道融绿的评分更加集中，与 MSCI 相比，其没能够更加细化地区分上市公司之间的 ESG 表现。

8.3.2　社投盟 ESG 评级体系

　　社会价值投资联盟（简称"社投盟"）是中国首家专注于促进可持续发展金融的国际化新公益平台，由友成企业家扶贫基金会、中国社会治理研究会、中国投资协会、吉富投资、清华大学明德公益研究院领衔发起，近 50 家机构联合创办。

社投盟对于企业社会价值的评估逻辑在于"义利并举",将企业的社会价值分为"义"和"利"两个取向,与环境效益(E)、社会效益(S)、治理结构(G)、经济效益(E)的国际共识相结合,通过目标(驱动力)、方式(创新力)和效益(转化力)三个维度对企业的社会价值进行评估。这使社投盟的评估模型在 ESG 评价的基础上增加了经济效益,这是其评价模型的独特之处。

社投盟开发的"上市公司社会价值评估模型"由"筛选子模型"和"评分子模型"两部分构成:筛选子模型是社会价值评估的负面清单,按照 5 个方面(产业问题、财务问题、环境与事故、违法违规、特殊处理)、17 个指标,对评估对象进行"是与非"的判断。评分子模型包括 3 个一级指标(目标、方式和效益)、9 个二级指标、27 个三级指标和 55 个四级指标。是对上市公司社会价值贡献的量化评分模型。最终的评分共设 10 个基础级别、10 个增强级别。基础等级设置为 AAA、AA、A、BBB、BB、B、CCC、CC、C 和 D;增强等级即 AA 至 B 基础等级用"+"和"-"号进行微调,分别为 AA$^+$、AA$^-$、A$^+$、A$^-$、BBB$^+$、BBB$^-$、BB$^+$、BB$^-$、B$^+$ 和 B$^-$,表示在各基础等级分类中的相对强度。

目前社投盟对沪深 300 中的 300 只成分股进行了评级。从基础等级来看,评级为 BBB 的公司数量最多,绝大多数公司集中在 BB 至 A 等级之间。从评分分布的变化来看,社投盟沪深 300 成分股的评分逐渐升高。与融绿 ESG 评分分布不同的是,社投盟评分分布出现了峰值降低的趋势。这说明社投盟的评分频谱更宽,能够对上市公司的社会价值进行更加细致的区分。

从行业分布的角度来看,获得 A 及以上评分的公司主要分布在生物医药、建筑装饰、银行等行业。建筑材料行业全部获得了 A 及以上的评分,机械设备有 80% 的公司获得 A 及以上评分。在一级指标里,目标(驱动力)得分最高的行业为公用事业、银行和电子,方式(创新力)得分最高的是机械设备、电气设备和通信,效益(转化力)得分最高的是建筑材料、建筑装饰和银行。从估值的角度来看,各级评分的 PE(TTM)中位数与评级成反比,没有体现出高评分可以获得估值溢价的现象。与 MSCI 和商道融绿的评分分布做比较(AA 对应 8 分,A 对应 7 分依此类推,D 为 0 分),社投盟评分正态分布更加明显。

8.3.3 Wind ESG 评级

2021 年 6 月,万得(Wind)基于 20 年的数据处理分析经验、国内外 ESG 标准的深度研究以及对中国 ESG 投资的独特洞见,正式推出自有品牌 ESG 评级(Wind ESG Rating),覆盖中证 800 指数成分股。经过持续的深入研究与分析,Wind ESG 评级于 2022 年 2 月正式覆盖全部 A 股,为投资者提供更全面完整的 ESG 信息。

Wind ESG 指标参考了国际主流的 ESG 体系架构,结合中国资本市场发展情况、监管政策和公司 ESG 实践，形成了适合我国企业的 ESG 评级体系，其独特之处在于，该 ESG 得分将突发事件包含在 ESG 得分中，也即其组成为两部分，一部分为管理实践得分，另一部分为争议事件得分，管理实践得分反映长期的 ESG 基本面影响；争议事件得分反映短期突发事件影响。

该指标体系包含 3 大维度的 27 个议题，其中衡量的指标有 300 余个，大致的指标体系如图 8 − 13 所示。

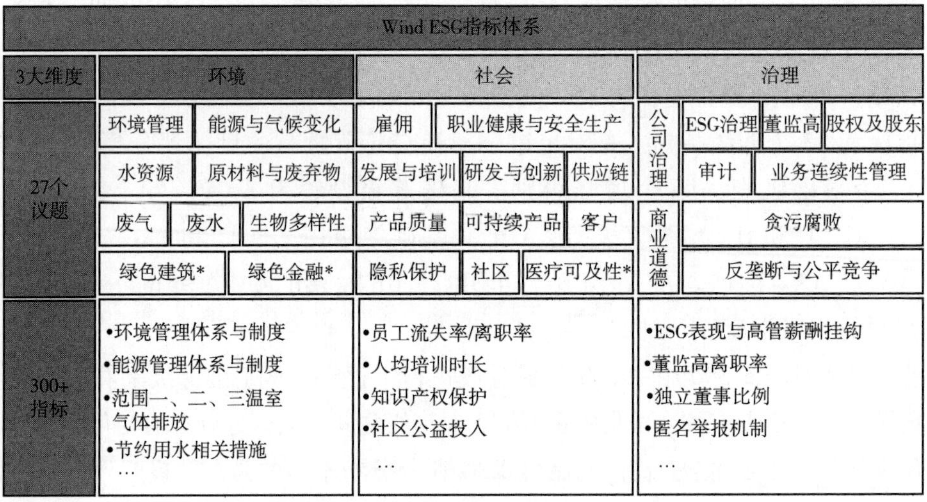

Wind ESG指标体系		
3大维度 · 环境	社会	治理

图 8 − 13 Wind ESG 指标体系

注：＊为行业特有议题。

8.4 ESG 评级体系现存问题

目前不同评级机构之间的相关性相对较低，即使同一机构在不同 ESG 评级机构都会呈现不同的结果。ESG 评级机构用于评估公司 ESG 表现的标准有很大差异，公司从这些评级机构所得到的信号也往往差异较大。在社会价值投资联盟、商道融绿、MSCI ESG 指数和富时罗素四家 ESG 评级机构中，平均相关系数仅为 0.33。相比之下，穆迪和标准普尔的信用评级相关性为 0.992；这说明不同评级提供商对公司的 ESG 表现水平的评价差别很大。

ESG 的评级机构的数量繁多，背景迥异，评级分歧巨大。其主要有以下原因：第一，不同机构在做 ESG 评级时对指标的赋权差异较大。当前，ESG 评级体系多为指标赋权法，但各家指标的选择不尽相同，且权重的设计主观性强，因而各个机构对指标的赋权差异较大。第二，不同机构使用的数据源差异较大。我们可以看到 MSCI 除了使用公司自主披露的数据外，还会使用政府和 NGO 等第三方机构的数据及媒体资料等另类数据。目前，国内机构也差不多，但鉴于国内仍缺乏统一的 ESG 信息披露框架，因而各个机构会自主选择的数据源更是各异。以国际主流的三种 ESG 评级举例，如表 8 – 15 所示。

表 8 – 15　　　　　　　　　　　国外 ESG 评级概况对比

机构	MSCI	汤森路透	富士罗素
开始时间	2010 年	2008 年	2001 年
评级体系	由各项评价指标得分加权计算后，根据公司所处行业进行调整，按照分值区间得到从 AAA 到 CCC 的七档评级结果	ESG 综合性得分 – ESG 评分 + ESG 争议项得分	衡量企业在 ESG 方面产生的效益赋予不同得分，同时衡量 ESG 对于企业的重要性赋予不同权重，最后加权计算并得出 ESG 评级结果
指标个数	37	178	300 多项
数据源	无问卷调查数据 搜集并对公开数据进行标准化处理 来自政府和 NGO 的文件公司披露信息 约 2100 家媒体资料	上市公司年报 公司官方网站 非政府（NGO）组织网站 证券交易所文件 企业社会责任报告 新闻报道	公开发布的公司资料
覆盖股市和个股数量	A 股 282 家公司全球超过 2800 只股票	全球超过 7000 家公司	800 只 A 股，1800 只中国上市公司证券 47 个发达及新兴市场的 4000 多只证券
更新频率	每年 11 月重新审查	每两周对数据库进行更新 ESG 报告每年更新一次	每年六月及十二月进行每半年的复查

8.4.1　ESG 评级体系与数据源应用现状

（1）环境保护评价现状。

参考国内和海外成体系的 ESG 评级体系，环境保护（E）项下一般常设二级指标包括环境管理、环境披露及负面事件等，超过包括节水节能政策、水污染、固废污染、大气污染、碳排放、能源消耗等几十个细分指标。

从环境维度出发，几乎所有评级机构都强调并评估企业应对气候变化的举措。科学研究展示，近十年，随着气候变化的影响不断加剧，包括暴风、洪水、干旱、森林火灾在内的自然灾害发生的频率显著上升。气候变化对商业正常运行的影响无所不在。极端灾害会导致全球供应链中断，大幅增加企业生产和运营成本。

根据 CDP 在 2019 年的报告，在未来五年，全球最大的 215 家企业受气候变化风险的影响可能会高达 10 亿美元。气候变化对于企业财务表现具有重大影响，因此也可以理解所有的 ESG 评级体系中几乎都会涉及气候变化这一议题。

不同评级机构对于气候变化议题所评估的维度略有不同（见表 8-16）。

● 以 MSCI 中的评级体系为例，其更关注企业对于气候变化所带来的影响，如企业的碳排放量、产品的碳足迹，以及是否会加剧气候变化的脆弱性。

● 以 DJSI 为例，其对气候变化议题切入的角度更为全面，不仅涵盖企业应对气候变化的相应战略和情景分析，同时也要求企业就对全球气候变化带来的影响进行信息披露，包括其温室气体的排放以及产品生命周期分析等都有相应的指标。

● 以社投盟为例，在其评级体系中主要关注气候变化对于企业的影响，以及企业应对气候变化的举措和效果。

表 8-16　　　　　　　　不同评级机构关于环境指标的对比一

环境指标对比		MSCI	DJSI	FTSE Russell	商道融绿	社投盟
环境	气候变化	碳排放量 产品的碳足迹 是否加剧气候 变化的脆弱性	目标和表现 温室气体排放 能源	气候变化	温室气体 排放	应对气候 变化的措 施和效果

当然，ESG 评级体系不仅仅关注气候变化议题。除此之外，国外 MSCI、FTSE Russell 以及 DJSI 会将企业自然资源和能源、生物多样性以及污染物等具体议题抽离出来进行单独评价（见表 8-17）。

● MSCI 将环境维度具体拆解为气候变化、自然资源、污染物和环境机会。

● FTSE Russell 会从生物多样性、气候变化、污染物和资源、供应链和水安全的角度进行拆解。

● 在 DJSI 的评级体系中，分析企业的生态运营效率，会具体分析企业产生的温室气体排放、能源、水资源使用情况，以及废弃物管理等的环保绩效。

例如，在 DJSI 的企业可持续发展评估中，在能源议题下，就需要提供企业近三个财年的可再生和非可再生能源的使用量，以及企业总能源消耗量。

DJSI 认为："用更少的材料生产更多的产品，对于受自然资源日益短缺影响的许多行业来讲至关重要。提高企业的环境绩效不仅可以降低成本，还可以在企业可持续发展方面提高竞争力，这也能帮助公司为未来的环境法规做好准备。"

表 8 – 17　　　　　　　　　　不同评级机构关于环境指标的对比二

环境指标对比		MSCI	DJSI	CDP	FISE Russell	商道融绿	社投盟
环境	自然资源与能源	土地利用影响原材料的采购		（森林资源）当前状态、流程、执行、障碍和挑战	污染物和资源		
	生物多样性	对生物多样性与土地利用的影响			生物多样性		
	污染物和废弃物	有毒的排放物和废弃物、包装材料及其废弃物电子垃圾	废弃物、有害物质		污染物和资源	水污染大气污染固废污染	"三废"（废水、废气、固废）减排
	水安全	对水资源的压力	耗水量	当前状态、商业影响、流程、目标	水安全	节能和节水政策、水污染	

相同的逻辑，同样也适用于水资源使用和污染物的管理上，提高企业的能源和自然资源的使用效率，将会保证企业在未来的可持续发展核心竞争力。因此，DJSI 也会要求企业在污染物议题下披露其年度污染物排放量，以及污染物的回收量；在水资源议题下，要求企业披露水资源的抽取量（如地表、地下水或市政用水）以及水资源排放量等相关数据。

上述三家国际 ESG 评级体系的共同点是对包括水资源在内的自然资源、能源使用以及污染物的关注。相较于国际 ESG 评级体系以具体环境议题作为切入点，中国的 ESG 评级体系更侧重环境治理层面，但这不代表中国 ESG 体系中环境部分不会涉及自然资源和能源、水资源或污染物处理的内容。中西方关于 ESG 评级体系中环境部分的区别仅在于切入问题的角度略有不同（见表 8 – 18）。

就商道融绿和社投盟的环境有关指标而言，其切入的角度非常类似，都是从企业环境管理维度出发，到企业环境信息披露以及污染物防控。虽然具体表述不同，但关注的重点都是一致的。

在指标体系中，环境管理角度侧重于企业环境治理层面的相关内容，如企业的环境管理体系建设、环境管理相关政策以及环境管理目标等。

除了从企业环境管理体系层面进行评级之外，国内 ESG 评级体系都会侧重评估企业在运营生产过程中的能源和资源消耗以及水资源等的消耗。正如 DJSI 指出的，企业对于能源使用效率的提高，也是帮助企业在自然资源日渐紧张的情况下降低成本、提高效益的战略方案。

表 8 –18   不同评级机构关于环境指标的对比三

环境指标对比		MSCI	DJSI	CDP	FISE Russell	商道融绿	社投盟
环境	环境管理	为环境保护提供资金	管理激励	治理风险与机遇商业战略	供应链	环境管理体系 环境管理目标 员工环境意识 节能和节水政策 绿色采购政策	环保支出占营业收入比率 环保违法违规事件及处罚 绿色采购政策和措施 综合能耗管理 水资源管理 物料消耗管理 绿色办公
	环境披露		内部碳定价 直接温室气体排放（范围1） 间接温室气体排放（范围2） 温室气体排放（范围3）			能源消耗 节能耗水 温室气体排放	
	环境负面事件					水污染 大气污染 固废污染	

就商道融绿和社投盟的环境有关指标而言，其切入的角度非常类似，都是从企业环境管理维度出发，到企业环境信息披露以及污染物防控。虽然具体表述不同，但关注的重点都是一致的。

在指标体系中，环境管理角度侧重于企业环境治理层面的相关内容，如企业的环境管理体系建设、环境管理相关政策以及环境管理目标等。

除了从企业环境管理体系层面进行评级之外，国内 ESG 评级体系都会侧重评估企业在运营生产过程中的能源和资源消耗以及水资源等的消耗。正如 DJSI 指出的，企业对于能源使用效率的提高，也是帮助企业在自然资源日渐紧张的情况下降低成本、提高效益的战略方案。

最后，商道融绿以及社投盟都会分析企业在废水、废气以及固体废弃物（"三废"）管理和排放方面的表现。其不同之处在于，商道融绿侧重于企业在"三废"方面是否存在争议事件，而社投盟关注企业在"三废"方面的减排效果。

在整个 ESG 评级环境部分中，最为特殊的是 MSCI，它将企业环境机会作为一个独立主题进行衡量，其中具体内容涉及清洁技术、绿色建筑和可再生能源这三类环境机会。

对于这三类环境机会的评价与其他 ESG 风险的评价模式类似风险敞口和风险管理。风险敞口是基于企业的商业模式和地理位置进行赋分，而风险管理体现企业能够利用这项环境发展机会的能力。以航空企业为例，绿色建筑的风险敞口会较小，无论其绿色建筑的管理能力如何，其在绿色建筑的发展机会议题上的得分会处于 3 ~ 7 分。对于能源企业来说，可再生能源发展机会的风险敞口较大，所以该能源企业对于可再生能源发展机会的利用能力将会在很大程度上决定该项议题的得分。

对于这部分的数据采集情况，目前上市公司在年报中基本不进行详情披露。部分公司可以从其披露企业社会责任报告中进行寻找，但是仍然缺失较为严重，目前市场是普遍以环境报告、公司公告、监管部门公告、社会组织调查等为主，数据分散化严重。尤其是各级生态环保厅，每个省区市均有会有自己的网站，会按年份自主披露该地区企业信用评级和监管处罚，如果把区县的网站考虑进来，这类数据源数量就会超过 500 个。

（2）社会责任评价现状。

就国内外 ESG 评级体系中社会议题而言，各具体议题之间的相似度较大。各评级体系均从利益相关方的角度进行切入，包括员工、顾客、社区以及供应链在内的角色。

● 从员工角度出发，又可以将评估的内容具体细分为劳工实践、人力资本和人权三大类（见表 8 - 19）。

表 8 - 19　　　　　　　　　不同评级机构关于社会指标的对比一

社会指标对比		MSCI	DJSI	FTSE Russell	商道融绿	社投盟
社会	劳工实践	劳动力管理 健康和安全	多元化、同等报酬、自由结社	健康和安全劳工标准	劳动政策 反强迫劳动 反歧视	安全管理体系 职业健康保障 公平雇佣政策
	人力资本	人力资本开发	培训和发展投入 员工成长项目 人力资本投资回报率 员工成长项目投资回报 个人绩效评估的类型 长期激励员工流失率 员工忠诚趋势		女性员工 员工培训	员工权益保护与职业发展、员工股票期权激励计划
	人权		人权承诺 人权背景 调查过程 人权披露	人权		

从表 8 - 19 中可以发现这三个方面虽然有交叉，但具体侧重角度的方向其实略有不同：劳工实践会更多关注其员工政策是否符合标准，其管理手段是否保护员工健康以及安全等，

更多的是从底线思维出发，保护员工最基本的合法权益，并符合法律法规要求。

- 而从人力资本角度出发的 ESG 体系更关注员工的培养和发展，比较典型的评估内容包括是否有员工培训以及员工职业发展等内容。对于企业而言，目前大部分企业涉及员工维度的关注重点在劳工实践上：企业的劳动力管理是否保障员工健康与安全，劳动力管理是否符合标准以及有无基本的反强迫劳动和童工等的行为。这部分相关议题的动因主要来源于企业合规需求，是企业生产运营必须达到的最低需求。但根据目前 ESG 发展的趋势，ESG 评级机构对于企业社会维度的信息披露要求也逐渐倾向于人力资本维度发展。西方 ESG 评级体系近年来尤其关注企业在多样性、平等和包容（Diversity，Equality，Inclusion，DEI）方面的相关政策。对于企业而言，如果希望成为在 ESG 中社会领域的领导者，可以在多样性、平等和包容方面开展更多实践和进行信息披露。

- 社会议题中的最后一个维度，是员工角度中的人权部分。

DJSI 评级体系中的人权部分和《联合国工商企业与人权指导原则》（UN Guiding Principles on Business and Human Rights）也是基本一致的。其问卷调查会希望企业披露其是否在人权方面作出公开承诺，并保证自己的人权政策符合《联合国工商企业与人权指导原则》。同时要求，企业在开展背景调查过程中，去评估在整个价值链体系是否会涉及人权风险，并且基于所识别出的人权风险，去采取相应的风险管控和补救措施，并就相关事件进行信息披露。

总的来讲，在国际 ESG 评级体系中，涉及人权的部分处于比较宏观层面的人权风险识别和管理，不会深入具体的某项人权。

我们要注意的是，在中英文语境中，"人权"（human rights）常常有着不同的含义，在国内商道融绿和社投盟的评级体系中，并未直接提及人权相关内容。但是，在具体分析 ESG 评级社会维度时，特别是涉及员工相关指标时，相当多与人权相关的具体议题仍旧被包含在国内商道融绿和社投盟的分析框架之中，如反强迫劳动、反歧视等都是在私营领域涉及人权议题中常见的话题。

国内外 ESG 评级体系中都会具体涉及人权议题，其区别在于是否像 DJSI 一样将其作为一个单独的主题，从整体的角度要求企业完成一系列事项或是作为具体议题包含在其分析框架中，如国内商道融绿和社投盟。

如果从具体人权议题出发，衡量企业是否在社会层面存在风险，国内商道融绿和社投盟的评级体系中的唯一缺陷在于对于人权议题涵盖的完整度。

在中国企业不断"走出去"，在海外创办企业的过程当中，可能会在童工问题、原住民权益保障以及企业工作环境等具体议题上招致争议。如何在评估体系中对涉及该部分的内容也进行动态评价，更好地监测企业在社会层面的风险，值得国内 ESG 评级体系进行进一步的探讨研究。

在社会维度中（见表 8 - 20），第二个重要的利益相关方为顾客以及其使用的产品（DJSI 将产品议题放置在环境主题之下）。

表 8-20　　　　　　　　不同评级机构关于社会指标的对比二

社会指标对比		MSCI	DJSI	FTSE Russell	商道融绿	社投盟
社会	产品和客户责任	产品的安全和质量 化学品的安全性 金融产品的安全性 隐私与数据安全 健康与人口风险		顾客责任	客户信息保密 公平贸易产品	客户满意度 质量管理体系

在产品和社会责任部分，MSCI 涵盖的具体议题较为全面，涉及产品的安全和质量、化学品的安全性、金融产品的安全性、隐私与数据安全、健康与人口风险。当然，正如前面提及的，对于 MSCI 的 37 项指标并不会全部进行评估，而是根据行业特性指定部分指标进行评价。

例如，在产品角度下，金融产品的安全性就是一个非常具有行业特色的具体指标。相较于 MSCI，商道融绿指标体系中对于客户和产品维度的指标仅为客户信息保密以及产品公平贸易与否，在社投盟的指标体系中，也是从宏观整体角度切入客户和产品，主要分析客户满意度以及产品的质量管理体系。

除了客户和员工以外，企业与社区的关系以及整个供应链的上下游合作商的管理，也都被纳入了 ESG 社会评级体系中（见表 8-21）。

表 8-21　　　　　　　　不同评级机构关于社会指标的对比三

社会指标对比		MSCI	DJSI	FISE Russell	商道融绿	社投盟
社会	社区管理			社区	社区沟通	社区能力建设
	供应链管理	供应链劳动力标准	供应商行为准则 供应链管理意识 风险敞口 供应链风险管理 ESG 整合 透明性和信息披露	供应链	供应链责任管理	供应链管理

例如，在刚果金，中国洛阳钼业就深陷与当地手工矿社区的冲突，对其正常的生产经营产生影响，股价受到相应影响。随着越来越多中国企业在海外创办企业，这样的社区冲突案例越来越常见。同时，中国企业在面对国际投资者开展的 ESG 背景调查中，不可忽视社区维度存在的风险和机遇。

与此同时，在全球化的背景之下，许多企业将生产或者服务等业务进行外包。在这个过程中，企业的名誉风险以及所需承担的社会责任也会随着外包的过程受到影响。

哈佛大学 2014 年的一项研究发现，包括宜家和梅西百货在内的许多全球知名企业在印度采购当地生产的毛毯，在外包的毛毯生产过程中可能会涉及强迫劳动、童工以及人口贩卖等违法或违规行为。该报告发布后，包括福布斯在内的许多知名媒体都进行了转载，对上述企业的声誉造成了不良影响。虽然，这些企业并没有直接生产上述毛毯，而是通过上游供应链进行采购，但这些负面消息仍对企业的公众形象和消费者的行为造成了影响。

投资者也逐渐认识到供应链风险的重要性，以及未进行良好供应链管理的潜在负面效应。基于此，我们发现，无论是国内还是国外的 ESG 评级体系均包含与供应链相关的指标和议题。例如，DJSI 在供应商行为准则问题下，它会考察企业是否对供应商的产品以及生产过程有着相应的环境标准，是否有童工现象、员工的薪酬福利待遇以及供应商商业伦理表现（如反腐败/反垄断等）。

在国内的 ESG 评级体系中，突出了较有中国特色的一些指标：公益慈善及捐赠、社会争议事件以及社会机会（见表 8 – 22）。

表 8 – 22　　　　　　　　不同评级机构关于社会指标的对比四

社会指标对比		MSCI	DJSI	FISE Russell	商道融绿	社投盟
社会	公益慈善及捐赠		慈善活动以及投入		企业基金会捐赠和公益活动	公益投入
	社会争议事件	易引起争议的采购事件			员工/供应/客户/产品负面事件	安全事故
	社会机会	通信行业可获得性 金融行业可获得性 医疗保险可获得性 营养健康服务可获得性				

公益慈善议题，主要出现于国内商道融绿和社投盟的指标体系，以及 DJSI 的慈善活动和投入模块中。

社会争议事件议题，主要出现在 MSCI 中易引起争议的采购事件、商道融绿中员工/供应/客户/产品负面事件以及社投盟中的安全事故模块。

最后是 MSCI 特有的社会机会指标。在本维度，包括通信行业可获得性、金融行业可获得性、医疗保险可获得性、营养健康服务可获得性。与环境机会的评分方式一致，其评分方式会关注风险敞口和风险管理两个方面，具体的评分方式请见前面环境机会部分。

对于员工相关数据，目前上市公司在年报中会进行披露，但主要是披露员工数量、人均薪酬等基本数据维度，数据同质化程度较高。S 维度其他数据可以从其披露企业社会责任报告中进行寻找，但是仍然存在部分数据维度缺失，目前市场是普遍以公司官网、新闻媒体、招聘平台等为作为数据补充，数据源集中度相对较高。

（3）公司治理评价现状。

参考国内和海外成体系的 ESG 评级体系，公司治理（G）项下细分指标包括但不限于：公司治理、道德行为准则、贪污受贿政策、举报制度、反不公平竞争、风险管理、信息披露、合规性、董事会独立性、董事会多样性、高管薪酬、组织结构、投资者关系、责任沟通、税收透明、科技创新等。

关于治理议题的体系对比部分，与治理有关的指标包括董事会、风险和危机管理、商业伦理和道德、财务政策以及负面事件管理（见表 8 - 23）。

表 8 - 23　　　　　　　不同评级机构关于治理指标的对比

治理指标对比		MSCI	DJSI	FISE Russell	商道融绿	社投盟
治理	董事会	董事会薪酬所有权	董事会结构 非执行领导 多元化政策 性别多元 董事会效率 平均任期 董事会行业经验 总裁待遇 持股和股权结构	企业治理		信息披露 董事会独立性 高管薪酬 董事会多样性
	风险和危机管理		风险治理 敏感性分析和压力测试 新型风险 风险文化	风险管理		内控管理体系 应急管理体系
	商业伦理和道德	商业伦理 反垄断实践 腐败和不稳定性	行为准则 商业准则覆盖面 反腐败和贿赂 反竞争活动 腐败和贿赂事件	反腐败	反腐败和贿赂 举报制度	价值观 经营理念
	财务政策	会计准则 税收透明度	税收策略 税收披露 实际税率	税务透明度	纳税透明度	财务信息披露
	负面事件管理		违规事件披露		公司治理负面事件	财务问题

公司治理体系将会确保企业按照股东的利益最大化为目标进行管理，这包含着公司内部组织架构的权力制衡机制，能够保证董事会承担适当的控制和监督职责。有研究表明，在五年时间内，管理良好与管理不善的公司之间的股本回报率差异可能会达到 56%。因此，从投资者角度，认识企业与治理相关的一系列概念也非常重要。

首先是董事会，MSCI、DJSI 以及商道融绿都有相关的指标体系进行支撑。对于 MSCI 而言，上述所提到的董事会、薪酬以及所有权的问题，是所有接受 MSCI 评级的企业都会接受评估的指标。在 DJSI 体系中，该议题下有着非常详细的指标，来描述董事会、领导力以及所有权的问题。与 MSCI 类似，商道融绿也会对董事会独立性、高管薪酬以及董事会多样性进行考察。

而对社投盟而言，整个指标体系中虽然在治理层面有着相关战略以及经营理念方面的涵盖，但是对董事会相关议题没有进行太多考察。

其次，在风险和危机议题上我们看到，并不是所有的 ESG 指标体系都对企业风险和危机进行分析。在 DJSI、FTSE Russell 以及社投盟的体系涉及风险治理和管理的内容。在 DJSI 中涉及风险的识别和治理，具体包括一系列风险管控的措施：敏感性分析和压力测试。在社投盟的指标体系中，会着重关注企业的内控和应急管理体系。但在商道融绿的评级体系中并没有着重单独关注企业风险控制的相关内容。

针对商业伦理和道德，几乎所有的评级体系都会评价企业的反腐败和贿赂政策及其效果。与腐败或贿赂有关的经济犯罪对企业的无形资产有损害，对企业的声誉、员工的士气以及企业的客户关系都有着负面影响。因此，在 DJSI 的调查问卷中，企业会被问及"企业层面反腐败和贿赂的政策是否为公开信息，并且包括禁止任何形式的贿赂回扣，以及直接或间接的政治献金等"。

在财务政策方面，国内外 ESG 评级体系普遍包括企业税收和财务方面的相关指标。同时，在财税相关政策的基础上还会增加一个企业信息公开和透明度的角度。因此，企业不仅需要保证自己的相关政策合规，在此基础上还需要保证相关信息的公开透明和可获得性。

对于这部分数据，目前，上市公司在年报中基本做到了 100% 的数据披露，并且对于部分公司的重大管理制度、重大管理新闻等，公司自身的公告和媒体的报道监督也起到了非常好的数据补充。且从公司的治理最终效果出发，G 相关数据的分析并不需要非常高频的数据支持，需要更多的是多角度、客观和可量化的指标。目前看，G 方面的数据应用现状相比较 E 与 S，在时间序列、数据可得性和数据可处理方向更为扎实。

8.4.2 ESG 评级体系现存问题

（1）指标专业可比性和数据可得性急需提升。

通过对已有的海外知名 ESG 指数产品及评级体系的梳理，我们能够发现，构建 ESG 指数需要有强力的 ESG 评分数据库和系统支撑。除去 MSCI 和汤森路透，很难有公司具备如此强大的数据集合能力，处理 ESG 数据可能需要上百位工作人员，且在随后需要不断对市场上发生的新闻、事件进行处理，以周度或者月度的频率去更新数据库和 ESG 评分体系，数据维护也需要大量人力物力。结合海外应用的经验和国内 ESG 产品的实践来看，ESG 理念在投资领域的落地应用，主要侧重正向选股、负面清单、量化投资几种方法。而无论上述哪种应用方式，都是需要基于 ESG 评级开展的。对上市公司进行 ESG 投研的应用主要分为四部分，按顺序分别是指标的选择与赋权、数据源的准备与处理、评分动态模型的构建与 ESG 投资实战。

在这四部分中，对于 ESG 评级中的评分模型的选择和优化环节，现有的各种评分计算方法，无论是量化中常见的各种多因素选股模型，或是风控中常用的信用动态评价模型等一些常见的方法，与 ESG 评分的情况近似，已足够使用。梳理适当的指标和寻找优质的数据才更应是 ESG 研究的痛点和核心。因为纵观市场上所有的 ESG 评级体系在使用数据质量上普遍存在问题，有的是数据可回溯时间短，有的是数据缺失严重等，但市场上有关 ESG 的公开研究对底层基础数据的梳理和整合又是少之又少。

评级结果方面，美国麻省理工学院的博格教授利用 2014 年数据，计算 KLD、MSCI、Vigeo – EIRIS 等六家机构的评级相关性，发现其平均相关性只有 0.54。日内瓦大学的吉卜森教授利用 2013 ~ 2017 年的数据，计算另六家评级机构的评级相关性，发现其平均相关性为 0.46，而公司治理维度的相关性竟然低到只有 0.19。

分歧也存在于国内市场，ESG 评级机构对同一主体的评级并没有达成共识。以贵州茅台为例，华证指数评为"AA"，而商道融绿评为"C⁺"。依据 2020 年平安数字经济研究院对国内 ESG 信息披露所发布的报告，穆迪与标普的信用评级相关性高达 0.99，而国内的 ESG 评级相关性只有 0.33（见图 8 – 14）。

贵州茅台 600519.SH

ESG评分	富时罗素	社会价值投资联盟	商道融绿	嘉实	华证指数	OWL
最新评级日期	2020-07-14	2020-06-30	2020-06-30	2020-05-31	2020-04-30	2020-01-31
总分	1.10	57.11	🔒	78.05	🔒	42.56
评级	--	BBB+	C⁺	--	AA	--
全部均分	1.29	56.31	🔒	49.43	🔒	50.00
公司排名	278/551	156/300	779/800	296/3843	778/3828	1792/2405
行业均分/排名（日常消费）	0.99 (12/36)	56.09 (9/20)	47.85 (51/53)	47.72 (15/209)	84.41 (45/209)	48.45 (117/144)
行业均分/排名（食品、饮料与…）	1.01 (9/27)	56.15 (8/18)	47.71 (39/41)	47.59 (14/173)	83.84 (36/173)	48.73 (105/123)
行业均分/排名（饮料）	0.98 (5/13)	54.86 (4/9)	48.06 (15/15)	51.91 (5/40)	86.53 (14/40)	47.91 (23/31)
行业均分/排名（白酒与葡萄酒）	0.92 (3/9)	55.71 (4/8)	48.32 (11/11)	52.99 (4/29)	87.28 (12/29)	47.84 (17/22)
	申请权限	更多细分数据	更多细分数据			更多细分数据

图 8 – 14　贵州茅台的 ESG 评级、评分一览

资料来源：Wind。

而对于行业特点要素的提炼，因为 ESG 指标的选择需要带有各自行业的专业性，这就需要资深的行业分析师基于行业经验和积累提供该行业的特定指标；而 ESG 数据的采集和结构化清洗需要很高的数据处理技术能力，这就需要具有 IT 背景的工程师提供技术和算力支持，需要数据科技的基础技术和行业背景技术做深度融合。

（2）ESG 评分主观性较强。

ESG 评分和评级仍然是较为不透明的。MSCI 的官网上对于具体指数编制的信息并不特别详细，ESG 数据库仍需要购买，仅能从外部了解指数大致的编制方法和过程，具体指标选取、指标结果处理、权重生产，仍然在"黑箱"中；汤森路透所公布的 ESG 指数处理较为详细，但是其基于的 ESG 数据库需要购买，背后数据处理较为复杂，难以复现。

海外 ESG 指数发展已经较为成熟，但从编制过程来看仍具有较强的主观性因素。MSCI 和汤森路透目前已经能够提供全面完善的 ESG 投资产品体系，其缺点可能并不明显，最大的问题仍在于主观性较强，如果国内企业编制相关 ESG 指数，从结果上也可能具备较大差异。

针对这种混乱，业者、学者及跨界组织都先后涉入，作出相当的努力。例如，有业者以一统天下为目标，开发了 ESG 生态系统图谱；有业者以提高透明度为宗旨，启动了"对评级者评级"（Rate the Raters）报告。麻省理工学院以"层层混淆"（Aggregate Confusion）为名，成立了一个研究 ESG 评级分歧的专项，以探讨产生分歧的原因。另外，世界企业可持续发展委员会更形成了一个 ESG 评级工作小组，帮助投资者了解各评级之间的差异，以振兴 ESG 评级的价值。

（3）国内 ESG 数据适用性低。

ESG 投资在中国仅仅处于发展初期，而中国上市企业相对于国外发达市场企业，信息披露的质量和程度稍有弱化，结合中国市场、机制等有较大差异，海外市场的评分指标、评分权重也不一定适合中国。基于 ESG 评级和评分，中国的 ESG 指数编制过程可能也会产生重大差异。参考英仕曼（Man Group）的基金经理杰森·米歇尔（Jason Mitchell）观点，海外 ESG 相关评分因素的数据时间跨度一般在 5 ~ 7 年，对于通常需要数十年以上数据进行回测的量化模型来看，高质量的 ESG 数据供给明确处于短缺状态。而对于国内的数据质量分析，若以企业自主披露的 CSR 报告和官方的环评等相关报告为评价标准，国内的 ESG 相关评分因素的数据时间跨度普遍介于 3 ~ 5 年，低于海外水平。即便考虑其他的一些另类数据做补充，在时间跨度上也存在一定不足。

从公司层面看，主动数据供给不足情况也十分突出。虽然由于政策加码，近年来在 ESG 方面的信息披露逐步提速。其中沪深 300 上市公司已有 259 家发布报告，占比超过 86%。但如果把范围扩大到 A 股全部公司，截至 2020 年 6 月底共发布 1470 份社会责任报告，覆盖率不足 40%。

在 ESG 中的环境保护数据方面，目前的数据主要存在数据源专业性差、数据质量差、更新频率低极大问题。特别对于非制造相关公司，此类现象更为突出。

第一，环保专业性欠缺。由于不同行业间的生产经营模式千差万别，会产生几个环保专业性问题。①行业是否具有排污属性；②不同行业排污类型不同，具体可以分为大气污染、水污染、固废污染；③公司规模差异大，会导致排污总量不同等问题。所以需要在评价时中有意识地结合各个行业以及各个公司的特点。第二，非结构化难清洗。各级生态环保部门运营超过 500 个大大小小的网站，它们数据源分散、格式不统一，数据结构化差，存在大量文本类数据，传统的基于规则的方法普遍不适用，想要加以利用还需要针对性训练 NLP 模型进行解析。第三，关联母公司难。目前三方数据大多按照子公司或者工厂维度进行披露，并不直接指向上市公司，想要逐一关联上市公司难度高。对于大市值的公司，子公司的有效性判断需要结合行业背景深入参与。第四，更新频率较低。企业社会责任报告年度更新，而且更新时间较为滞后。如果只寄希望于这份数据，对上市公司的情况做出高频且及时的反馈几乎不可能实现。

在 ESG 中的社会责任数据方面，目前的数据主要存在单项披露不客观、数据同质化严重、更新频率低等问题。并且考虑到公司人员结构和公司商业模式特点，制造业和非制造业的信息披露存在一定的结构性失衡，新兴行业公司的员工更愿意主动参与公司评分。

第一，行业披露有偏。根据数据科技组对招聘网站、员工社区的评价数据进行统计，发现科技和金融行业数据相对较多，尤其是计算机和银行业加起来超过了一半以上的数据量，在这方面，其他行业的数据相对来说数据缺口较大。第二，单项评价不客观。社会责任报告是企业的单向披露，其客观性难得到充分保障。因为企业社会责任报告是企业自主披露和发布，没有严格统一监管要求，且对报告内容没有审计流程，所以社会责任报告中的数据可信度或多或少会有一定折扣，很难保证报告不会出现避重就轻的情况。第三，数据同质化严重。除了企业社会责任报告外，上市公司的年报会披露社会责任维度员工情况的相关数据，这份数据格式规整、质量较高，但是几乎所有机构都会使用这个数据作为员工管理的评价，同质化较高，难以挖掘出新的增量信息。第四，社会责任数据同样更新频率较低。

8.4.3　ESG 评级分歧原因探析

ESG 的评级机构的数量繁多，背景迥异，评级分歧巨大。面对这种分歧，我们该如何看待？

ESG 评级相比于信用评级，主要区别在于前者关注评级主体在非财务维度的情况，后者关注其财务相关情况。对于企业财务维度的界定及度量，普遍接受的准则已经建立，如今争议不多。但对于企业非财务维度的界定及度量，由于建立在一些模糊概念上，其具体化及框架化都涉及诠释者的社会背景与价值观系统，故迄今非但没有普遍接受的准则，未来是否应该标准化更是必须严肃讨论的问题。

然而，ESG 数据和评级是产品，ESG 数据商和评级机构是组织。组织的社会文化背景、历史渊源、使命、结构、法律身份等因素都带有价值观成分，对组织的客观特质和主观理念框架形成影响，随而对其产品产生作用。特别是，当产品涉及社会判断及价值观时，这些影响因素就更为重要。所以在探讨产品时，显然不应该把产品背后的组织因素强行抽离掉。

因此，针对造成 ESG 评级分歧的原因，目前至少有两种看法：一种是从产品看，纯粹从技术视角来看造成分歧的原因；另一种是跳脱出技术层次，从机构视角来看造成分歧的原因。

（1）从技术角度看 ESG 评级分歧。

从技术角度看 ESG 评级的分歧，学者、业者及政府监管者都有涉入。技术本身不涉及价值观，它造成的分歧比较可能通过标准化要求和监管流程来统一，故这个视角有政策意涵，如对 ESG 评级行业设置准入条件并进行监管、对评级制定标准框架等。

针对造成评级分歧的技术面原因，学者做了很多研究，而以麻省理工学院的"层层混淆"专项为代表。它由博格教授领衔，通过对 KLD、Sustainalytics、Vigeo – EIRIS、Refinitiv、MSCI 和 RobecoSAM 六家欧美的 ESG 评级机构研究产生分歧的原因。对分歧来源进行解析后，博格教授归纳出主题覆盖差异、指标度量差异和权重设置差异三个来源。

首先，ESG 主题覆盖存在差异。ESG 评级虽然主要考量 E、S 和 G 三个维度，但每个维度下的议题却各有不同。例如，MSCI 的 ESG 评级分为 3 个维度、10 大主题、37 个关键议题。富时罗素的 ESG 评级在 3 个维度下有 14 大主题、300 多个指标。路孚特的 ESG 评级则包含 10 大主题、450 多个指标，而 CDP 则只关注环境维度，下设 3 大主题（见图 8 – 15）。

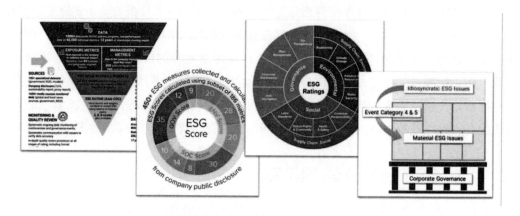

图 8 – 15 ESG 评级框架，由左至右分别为 MSCI、
路孚特、富时罗素和 Sustainalytics

以环境维度为例，MSCI 的 ESG 评级关注气候变化、自然资源、污染及废弃物、环境机会四个主题，而富时罗素的环境维度则包括气候变化、污染及自然资源、生物多样性、水资源安全、供应链。CDP 则关注气候变化、森林资源、水资源安全三大主题。依此可见，富时罗素单列的生物多样性主题，MSCI 却并未涉及。主题覆盖差异会导致最终 ESG 评级的差异。

其次，指标度量存在不同。针对同一议题，指标选取也出现差异。例如，员工管理可从员工流失率指标来看，也可从员工满意度或劳动纠纷指标来看。又如，商业道德是从企业政策来看，还是从事件发生频率来看，各家 ESG 评级机构在指标选取上的差异，同样会产生影响。

最后，权重设置的差异。不同 ESG 评级在权重设置上也各有不同。MSCI 会考虑各议题对公司及行业的影响程度和影响时间长短。如果影响程度大，实质性发生快，MSCI 会给予该议题更高的权重。国内的商道融绿则根据行业设置了通用指标和行业指标，并给予不同权重。

博格教授的研究发现，在三个来源里，ESG 评级分歧主要由主题覆盖差异和指标度量差异形成，而权重设置差异则比较次要。这个研究目标恢宏，但主要围绕着表象做分析，而未能再深入一层，追究达成评级一致性是否需要满足一些先决条件。

针对于此，杜克大学伽特奇教授的研究就提供了更深一层的洞见。他先提出评级一致性的两个先决条件：共同的理论架构（common theorization）和共同的度量（commensurability），再以六家评级机构为对象，检视这两个条件是否满足。

简单地说，共同的理论架构关乎评级机构是否有共同的想法，如什么构成"有担当的企业"，而在此基础上形成所关切的概念和维度。共同的度量关乎评级机构是否能以相同的方式来度量同一现象，如对于失责行为的度量是以定性为主，抑或是以定量为主。当这两个先决条件都成立时，各评级就可能达成一致性结果，反之则不然。当伽特奇教授把六家机构的 ESG 评级放在这个框架下检视时，发现两个条件都不成立，因而导致了现实世界里的评级分歧。

得到这样的结论并不奇怪，因为光是从表面看，对于什么构成"有担当的企业"，大陆法系下评级机构的看法就与英美法系下评级机构的看法不同。更具体地，针对企业承担责任的对象，大陆法系倾向于多方利益相关者，包括供应商、顾客、员工、股东等，而英美法系则倾向于独尊股东。法源不同会影响评级机构的看法，造成大陆法系下之 Sustainalytics 和英美法系下之 MSCI，其评级项目重点和最终结果都产生差异。

（2）从机构角度看 ESG 评级分歧。

伽特奇教授所言之共同的理论架构，应该与评级机构的社会脉络有关：当评级机构源于相同的机构背景，有共享的法律法规、社会常规及文化认知模式时，则会通过共同的理论框架来理解 ESG，也才能塑造出相近的产品——ESG 数据和评级。

机构因素之所以会影响 ESG 产品，与其非财务性特质有关，其中涉及认知模式和价值判断，必须通过评级者的主观框架来进行选择和解读。特别是，ESG 数据背后有可持续性及实质性两个关键理念，其概念化与框架化都取决于评级机构的社会背景、组织使命与法律身份，而这些因素又决定了评级机构所选择的市场定位，最终形成其产品与服务组合。换言之，有别于财务数据之价值中立性，ESG 数据受到评级机构思维模式和价值观体系的影响，而通过社会脉络视角来理解 ESG 数据的建构流程，就更能凸显各评级机构的个别独特性和相互差异性。

事实上，依据组织战略管理文献，一家企业的外部环境和内部组织流程，共同形塑了它的企业文化、战略定位和产品组合。因此，从社会脉络角度看 ESG 评级，要求欧系的 Vigeo - EIRIS 和美系的 MSCI 产生相同的评级结果，是欠缺理论依据的看法。

特别是，由创始原因、组织使命、文化背景、法源等所反映的社会脉络看，Vigeo‑EIRIS 和 MSCI 的概念化框架不同，造成它们在实质性的界定、度量方式的选择上都分歧，最终反映于 ESG 评级。实质性的界定方面，Vigeo‑EIRIS 强调其慈善组织及工会的历史传承，旨在为利益相关者服务，而实质性包含对各种利益相关者造成影响的外部效应。相比之下，MSCI 界定的实质性聚焦于投资者，而只纳入了对企业长期盈利会造成影响的 ESG 风险。在度量方式上，Vigeo‑EIRIS 的关注围绕着程序正义和民众权益等软议题，度量方式以定性为主。相比之下，MSCI 的关注围绕着实质效益等硬议题，度量方式以定量为主，如绩效指标。

因此，从机构视角看评级分歧，看到的是一些基础条件对评级的影响，而这方面的异质性形成了一个隐性因素，阻碍了评级结果达成一致性的可能。

延伸阅读：

ESG 评级该如何发展？

ESG 评级分歧的事实，已经广为人知，市场上有很多报道，指出它们如何分歧，例如，平均相关系数多低、哪些维度的评级分歧最大等。但是，迄今为止，讨论一直围绕着表象，而超越这个层次的讨论并不多见。例如，评级分歧对股票收益有何影响？评级分歧的产生原因为何？

ESG 评级在国内才出现几年，但在欧美已崛起相当时间。首家评级机构 EIRIS（Ethical Investment Research Services）于 1983 年成立于英国伦敦，替教会及慈善组织提供企业的 ESG 信息，以引导负责任投资。另一家老牌的 ESG 数据和研究公司 KLD，以影响企业行为及推动世界更公平、更可持续为使命，于 1988 年在美国波士顿成立。

其后，ESG 投资的发展加快，驱动了数据需求，ESG 评级机构也急速涌现。依据统计，目前全球 ESG 评级机构有 600 家，其中包括彭博、MSCI、Vigeo‑EIRIS、富时罗素、路孚特、CDP 等，为市场提供多种产品与服务，从数据、研究、咨询、技术，到投资策略及股东议合服务。

然而，ESG 数据和评级机构，在法源、组织使命、法律身份、评级主旨、产品与服务等方面，都存在着巨大差异。以法源看，至少有大陆法系和英美法系两种，而前者的关切向利益相关者倾斜（如 Oekom），后者的关切向投资者倾斜（如 MSCI）。以组织使命看，有些机构拟通过 ESG 数据来改变世界，另一些拟通过 ESG 数据来告知世界。以法律身份看，从非营利型到营利型都有，而这会对评级机构的独立性形成影响。从评级主旨看，有些机构只涉及单一维度（如 CDP），另一些则涉及全科（如 Sustainalytics）。从产品与服务看，有的机构主营股东议合，有的机构专营数据和研究，另一些则提供更宽广的服务范围。

上文提到学者对于分歧原因的研究归纳为两派，一派由技术面因素来解释评级分歧，另一派则由超越技术层次的社会面因素来解释评级分歧。两派的视角不同，而目前研究结论似乎否定了技术派路线，理由是当追溯评级机构何以使用不同技术时，最后的归因又回到社会面因素。

当 ESG 评级分歧由机构背景和社会脉络形成时，对投资者、基金经理及监管者有何含义？

首先，对投资者和基金经理等使用者而言，各种 ESG 评级都有一定程度的使用价值，但使用者必须理解各评级之间的差异，而后依自身偏好来选择符合需求的评级。例如，CDP 的环境评分可能更具深度，Robeco SAM 的 ESG 评级可能更为欧洲投资者信赖，而 MSCI 的评级可能更强调会影响股东财富的实质性 ESG 风险。另外，如路博迈等资源丰富的大型资管公司，可以在各机构的 ESG 数据基础上，增加内部大数据团队的发现，以开发合适的 ESG 评级。

其次，针对某些监管者要求 ESG 评级标准化的主张，从评级本身是基于社会脉络而建构的视角看，通过统一数据来源和评级框架等方法来解决分歧问题，欠缺本质上的意义。固然，针对企业的 ESG 信息披露、针对行业的 ESG 评级"漂绿"等问题，监管者仍应制定对策，但这不同于对 ESG 评级框架、指标选取和度量方式的监管，它们都涉及评级组织的社会价值观系统，而任何相关措施都将难以落实。

最后，如果评级分歧的原因超乎表面，而关乎评级机构的社会脉络，则万流归宗可能是不实际的想法。相比于"求同"，对于 ESG 评级"存异"，洞察评级分歧背后的真正原因，并明智地选取运用，方为可行之道。

延伸阅读节选自财新网专栏作家上海交通大学上海高级金融学院邱慈观教授《ESG 评级应该万流归宗吗？》一文。

第9章　ESG报告

随着 ESG（环境、社会、治理）信息受到政府、监管机构、投资者等利益相关方的重视，越来越多的企业注重自身 ESG 信息的主动沟通，形成良好的互动，积极回应利益相关方的诉求和期望。除了常态化沟通机制以外，编制并发布 ESG 报告，规范的报告编制流程是确保公司 ESG 信息披露与沟通质量的重要方式。本章介绍国内外重要的 ESG 报告编制体系、企业 ESG 报告编制的流程及其过程中的工作重点，帮助学生了解 ESG 报告编制工作的方法，具备编写公司 ESG 报告的基本素养。

学习目标：

- 认识当前 ESG 披露细则的区别和联系。
- 了解 ESG 报告编制基本流程，具备编写公司 ESG 报告的基本素养。
- 认识当前 ESG 报告的现状、问题与发展。

随着政府、监管机构、投资者等利益相关方对企业的 ESG 信息越来越重视，对企业的 ESG 信息披露也提出更高要求，越来越多的企业发布 ESG 报告。同时，通过主动披露企业社会责任，企业能够提高信息透明度，与利益相关方形成良好互动，营造良好的内外部运营环境。企业在报告编写过程中可参考的报告体系大致可以分为三类：

（1）以 GRK 可持续发展报告标准、SASB 准则为代表的国际报告标准；

（2）国内外主要交易所 ESG 信息披露要求的报告体系，如纳斯达克证券交易所的《环境、社会及管治报告指南》、香港联交所发布的《环境、社会及管治报告指引》；

（3）其他可以参考的报告体系，如以 MSCI 明晟 ESG 评级、FTSE Russell 富时罗素 ESG 评级为代表的 ESG 评级体系等。

9.1　ESG 国际报告标准

企业进行 ESG 信息披露通常会参照一定的披露框架和标准进行，这些框架和标准通常由非营利性国际组织负责制定。其目标是为市场提供更加准确客观的企业 ESG 信息，进而使企业 ESG 行为更加公开化，减少企业和利益相关者之间的信息不对称。这些国际组织通常是纯粹的标准制定者，不参与对企业的打分。企业发布社会责任报告成为趋势。伴随经济全球化的发展，企业（尤其是跨国企业）的社会责任逐渐被人们所关注，与此同时，企业的竞争已经从产品、服务转向了全面竞争的阶段，企业的社会责任也被视作企业的核心竞争力之一。

国际上最主流的非机构 ESG 报告标准大致分为以下几类：全球报告倡议组织（GRI）标准、ISO 26000、可持续发展会计准则委员会（SASB）标准等。

9.1.1　GRI 标准

全球报告倡议组织（Global Reporting Initiative）是总部位于美国的非营利组织，1997 年在环境责任经济联盟（Ceres）、特柳斯研究所（Tellus Institute）和联合国环境计划署的支持下成立。其目标为促进投资界、企业界、监管机构等各方协商与沟通，构建一个全球广泛认可的报告框架，从而对公司在环境、社会和经济方面的表现进行评估、监控和披露。GRI 所采用的 ESG 披露框架和标准，即 GRI 标准，由全球可持续标准委员会（Global Sustainability Standards Board）开发而成。该 GRI 标准是最早和当前使用最广泛的 ESG 披露标准。截至 2020 年 12 月，已有超过 15000 家企业采用 GRI 标准发布了超过 38000 份合规的披露报告（见 GRI 数据库：https：//database. globalreporting. org/）。根据 GRI 的数据，2016 年全球已经有超过 4000 家企业自愿采纳 GRI 标准；在各行业中，金融服务业有 17% 的公司采纳 GRI 标准，为占比最高的行业。

2016 年最新版的 GRI 可持续性报告标准包含一般标准和详细主题标准：（1）一般标准包含基础（GRI 101）、一般披露（GRI 102）和管理方针（GRI 103）；（2）详细主题的标准涵盖经济、环境和社会三大议题，共 33 个细分议题，每个细分议题之下都有 30~50 个指标（见图 9-1）。在经济层面，经济议题标准 GRI201-GRI207 涵盖 9 项指标，分别从经济绩效、市场形象、间接经济影响、采购、反腐败、反竞争以及税务等方面，反映企业及其利益相关者对经济产生的影响，从而反映企业对整个经济体系的可持续发展作出的贡献。在环境层面，环境议题标准 GRI301-GRI308 涵盖 30 项指标，分别从原材料、能源、水和废液、生物多样性、排放量、废弃物、符合环保要求的施工项目等方面反映公司运营活动对环境产生的正面影响，从而反映其对环境体系的可持续发展作出的贡献。在社会层面，社会议题标准 GRI401-GRI419 涵盖 40 项指标，分别从就业、雇佣和管理关系、职业健康与安全、培训与教育、多元化与平等原则、反歧视、结社自由与集体谈判、童工、强迫与强制劳动、安全实践、土著人民权利、人权评估、当地社区、公共政策、客户健康与安全、客户隐私等方面反映公司政策对社会产生的影响，从而反映企业对社会体制的可持续发展作出的贡献。

"模块化"结构是 GRI 标准的主要特点。不同主题的单元、不同的行业可以独立使用，也可以通过组合构建更加复杂和完整的报告。"模块化"意味着企业可以更加容易地管理和更新各项指标。同时，GRI 的指标较为详细，可量化程度较高，形成报告之后能够方便投资者对公司的 ESG 进行量化分析。

目前，被上市公司采纳最多的 ESG 报告标准是 GRI 标准。根据 KPMG 发布的《2017 年企业社会责任报告调查》，N100 样本中采纳 GRI 标准的公司占比高达 63%，在 G250 样本中占比高达 75%；而交易所标准被采用的比例在 N100 样本中占 13%，在 G250 样本中占 12%（注：N100 样本为 4900 家企业，选自 49 个国家中每个国家营收最高的 100 家企业；G250 样本为全球财富 500 强中营收排名前 250 家企业）。

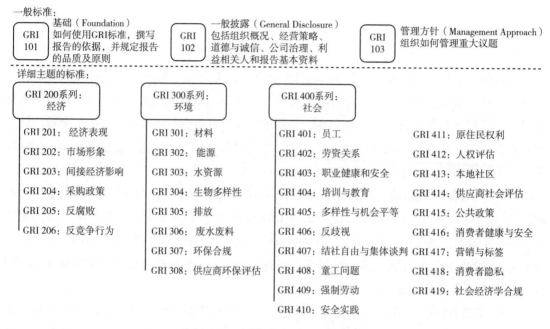

图 9-1 GRI 可持续报告标准

在每一个类别下都有详细的特定主题的披露标准。例如，经济表现中的第一类是经济绩效。这个主题有四个披露标准，每个标准中又包含详细的要求，具体的披露标准格式如下：

（1）披露 201-1：直接经济价值的产生和分配。具体要求是：

在权责发生制基础上产生和分配的直接经济价值（EVG&D），包括下列业务的基本组成部分。如果数据采用收付实现制，除报告下列基本组成部分外，还应报告进行该决策的理由：

ⅰ. 产生的直接经济价值：收入；

ⅱ. 分配的经济价值：经营成本、员工工资和福利、对资本提供者的支付、向国家及政府的支付以及社区投资；

ⅲ. 经济价值保留："直接经济价值产生"减去"经济价值分配"。

（2）披露 201-2：气候变化带来的金融影响和其他风险与机会。具体要求是：气候变化带来的可能导致业务、收入或支出发生实质性变化的风险和机会，包括：

ⅰ. 风险或机会的描述及其特征、监管或其他分类；

ⅱ. 与风险或机会有关影响的描述；

ⅲ. 在采取行动前，风险或机会对财务的影响；

ⅳ. 用于管理风险或机会的方法；

ⅴ. 为管理风险或机会而采取的行动成本。

（3）披露 201 - 3：确定的福利计划义务和其他退休计划。具体要求是：

报告机构应报告以下信息：

ⅰ. 如果计划的负债由组织的资产来覆盖，则报告这些负债的估计价值；

ⅱ. 如果存在一个单独的基金来支付该计划的负债，在何种程度上，计划的负债预计可由已拨备以应付这些负债的资产承担；

ⅲ. 做出估计的依据；

ⅳ. 当做出这个估计时，如果为支付该计划的负债而设立的基金没有完全覆盖，说明雇主为实现全覆盖而采取的策略（如果有的话），以及雇主希望实现全覆盖的时间表（如果有的话）。雇员或雇主支付的工资百分比。参与退休计划的人数，如参加强制性或自愿计划、区域或国家计划或有财政影响的计划。

（4）披露 201 - 4：从政府获得的财政援助。要求是：

报告机构应报告以下信息：

本组织在本报告所述期间从任何政府获得的财政援助的货币总值，包括：

ⅰ. 税收减免；

ⅱ. 补贴；

ⅲ. 投资补助金、研究及发展补助金及其他相关类别的补助金；

ⅳ. 奖金；

ⅴ. 版税假期；

ⅵ. 出口信贷机构的财政援助；

ⅶ. 财政激励措施；

ⅷ. 因为任何业务从任何政府收取或应收的其他财务利益。

这四个经济标准说明了 GRI 提供的详细程度。

GRI 标准的第一个缺点是，他们没有明确指出"披露背景"因素的影响。这些标准都是在全球、某区域、地方或部门一级对经济、环境或社会资源的限制和要求；但各国之间的差异很大，以致适用的标准也必然应该有所不同。由于部门、地方或区域因素，两个报告组织可以基于对标准的截然不同的解释进行报告。

第二个缺点是，这些标准是公司报告的指导方针。GRI 不审查公司或政府报告的准确性，这是一个很重要的缺陷，不管标准有多详细，组织都是对其表现进行自我报告，人们必定会质疑数据的准确性。

从 1993 年至今，企业发布企业社会责任报告的比率不断增加。在 N100 样本（4900 家企业）中，2017 年已经有 75% 的企业发布了企业社会责任报告，在 G250 样本（250 家企业）中，这一比率则高达 93%。分地区来看，2017 年企业发布社会责任报告比率最高的是美洲，高达 83%；亚太地区近年来增长最快，从 2011 年 49% 的报告发布率上升到 2017 年

78%的报告发布率。分行业看，石油天然气、化工、采掘等环境和社会影响较高的行业通常有较高的企业社会责任报告发布率，原本报告发布率落后的行业（零售、工业、制造与金属、交通休闲、医疗保健）在2017年都有较大的提升；除零售业外，所有行业的企业社会责任报告发布率都超过了三分之二。

9.1.2　ISO 26000（社会责任指南标准）

ISO 26000 是国际标准化组织（ISO）起草制定的社会责任指南（Guidance on Social Responsibility）的技术编号。对于社会责任的完整定义，ISO 26000 的每一稿都进行了不同程度的修订，有的针对相关术语的范围界定进行调整，有的针对社会责任定义的注释进行斟酌修正，但无论出于何种形式何种目的的修改，都不难得出结论，各利益相关方对于社会责任的准确完整定义各持已见，较难达成一致。一直推动企业社会责任发展的（Non - government Orqanization，NGO）一贯倾向于无限扩大组织的社会责任影响力；而作为承担社会责任的主体（组织）却倾向于限定组织社会责任的承担范围，认为组织承担责任是有边界的，不能将社会责任无限化。研究发现，非政府组织由于其自身的特殊属性以及服务特定民众利益的内在驱动，使其乐意于扩大社会责任影响范围的界定，而产业组织（指承担社会责任的主体）出于担心增加成本支出而极力缩小社会责任范围，从而尽量减少本应履行的责任。这两种情形显然并未达到多个利益相关方博弈的平衡点，因此 ISO 26000 的制定过程采用多利益相关方参与的新型模式：参与专家由最初的225人增加为450人，参与国家从最初的43个发展为99个，其中既包括发达国家也包括发展中国家，参与的国际机构从24个增加至42个，这些信息可见于 ISO 26000 标准原文。

最终 ISO 26000 就社会责任定义给出合理完整的释义：组织通过透明和合乎道德的行为，为其决策和活动对社会和环境造成的影响承担责任，这些行为包括：①促进可持续发展，关注安全健康和福利，其中包括动物福利；②充分考虑各利益相关方的利益；③尊重法律法规并与国际行为规范保持一致；④全面贯彻社会责任实践，并监督促进组织影响区域范围内其他组织的社会责任行为。

国际标准化组织于2010年发布《社会责任指南标准》（ISO 26000），其七个主要原则为问责制服、透明度、道德行为、对利益相关者的尊重、对法律的尊重、对国际行为准则的尊重和对人权的尊重。ISO 26000 的用户需要考虑的七个核心主题是：组织管理、人权、劳工实践、环境、公平运营、消费者问题、社区融入与发展，核心主题下共有36个议题。

总体来说，ISO 26000 作为一种国际社会责任语言，由六个利益相关群体大约500名代表共同参与制定，具有社会广泛共识，一方面增强了企业对社会责任的认知，帮助他们改善与员工、客户等利益相关者的关系；另一方面，为企业完善社会责任行为、实现社会绩效和促进社会可持续发展提供了指引。但是，ISO 26000 为付费标准，且内容庞大，对中小企业而言成本较高。

9.1.3　SASB 标准

SASB（Sustainability Accounting Standards Board），即可持续会计准则委员会，是于 2011 年在美国成立的非营利性组织，创始主席为哈佛商学院的 Robert Eccles。该委员会的职能是为企业可持续发展制定会计准则，其命名和目标都类似于为全球企业制定财务会计准则的 FASB（Financial Accounting Standards Board，即财务会计准则委员会）。SASB 于 2018 年正式发布了其披露标准。该标准采用独有的行业分类，为不同行业制定行业相关 ESG 议题的披露准则，旨在为投资者提供对财务有影响的非财务 ESG 信息，并帮助企业提高在决策和执行方面的效益。该组织的工作，正如首字母缩写所示，与财务会计准则委员会（FASB）的工作是平行的。FASB 是一个独立的组织，它建立了与公认会计原则一致的财务会计和报告准则。这个小组的工作是试图提供更好的、更为一致的指标，就像那些用于纯财务会计的指标。为此，他们选出了一系列行业特有的问题，其中 78% 是定量的。国家统计局的可持续产业分类体系确定了 11 个部门和 77 个行业。产业分组如图 9-2 和表 9-1 所示。

图 9-2　SASB 的可持续产业分类系统

表 9 – 1   **可持续产业分类体系**

消费品 服装，配件和鞋类 设备制造 建筑产品及家具 电子商务 家居及个人用品 多行和专业 零售商和分销商 玩具及体育用品	食品和饮料 农产品 酒精饮料 食品零售商和分销商 肉类，家禽和奶制品 不含酒精的饮料 加工食品 餐厅 烟草	资源转换 航空航天和国防 化学物质 容器和包装 电气电子设备 工业机械及货物
采掘和矿物加工 煤炭业务 建筑材料 钢铁生产商 金属和矿业 石油和天然气——勘探和生产 石油和天然气——中流 石油、天然气——炼油、销售 石油和天然气服务	卫生保健 生物技术 & 制药 药品零售商 卫生保健服务 医疗分销商 管理式医疗 医疗设备及用品	服务 广告与营销 赌场和游戏 教育 酒店和住宿 休闲设施 媒体与娱乐 专业及商务服务
金融 资产管理和托管活动 商业银行 消费金融 保险 投资银行及经纪业务 抵押贷款融资 证券和商品交易所	基础设施 电力设施和发电机 工程施工服务 燃气公用事业及分销商 房屋建筑商 房地产 房地产服务 废水管理、公用事业和服务	技术与通信 电子制造服务 & 原创设计制造 硬件 互联网媒体与服务 半导体 软件和 IT 服务 电信服务
	可再生资源和替代能源 生物燃料 林业管理 燃料电池和工业电池 纸浆及纸制品 太阳能技术和项目开发商 风能技术和项目开发商	运输 空运及物流 航空公司 汽车零部件 汽车 汽车租赁 邮轮公司 海上运输 铁路运输 公路运输

资料来源：来自 SASB 的可持续产业分类系统。

截至 2020 年，已有超过 400 家企业在公开发布的信息中使用了 SASB 标准：就发布的信息类型而言，大部分企业采用 SASB 标准发布企业可持续发展报告；就企业地理分布而言，超过一半是美国企业（见 https：//www. sasb. org/global – use/）。

SASB 标准共包含六个元素，分别是：

（1）标准应用指南：它提供了所有行业均可采纳的标准实施指导，主要包括应用范围、报告格式、时间、限制和前瞻性声明等。

（2）行业描述：对每类标准所适用的行业进行简单描述，并对各行业可能涵盖的公司类别和业务模型做出相关假设。

（3）可持续性主题：即信息披露主题，主要是指对公司创造长期价值有实质性影响的因素。每类行业标准包含 6 个信息披露主题。

（4）可持续性会计准则：SASB 标准为公司提供标准化的指标，用于衡量公司在各个可持续性主题的绩效。每类标准包括 13 项指标。每项会计指标，尤其是定量会计指标，需要同时注明公司在提交数据时应当一并附上的关联信息，包括与战略决策、行业地位、未来发展趋势等有关的信息，以提高企业披露报告的完整性和准确性。

（5）技术守则：技术守则针对各个可持续发展会计指标的定义、披露范围、会计、编制和呈现方式等，为公司提供相关指引，有利于确保同一主题下对不同公司的绩效评估的一贯性和可比性。

（6）活动度量标准：SASB 标准提供衡量企业业务规模的活动指标，旨在促进 SASB 会计指标的规范化。具体包括员工总数、客户数量等行业通用数据和诸如化工公司的设备产能利用率、互联网公司的交易量等特定行业数据。

SASB 提出"可持续性"一词，旨在强调帮助企业创造长期价值的各项活动，并将这些活动按照可持续发展的五个维度进行划分，分别是环境、社会资本、人力资本、商业模式和创新、领导力和治理，从中确定了 26 个可持续发展总议题类别（GIC）。在一个特定行业中，某些 ESG 问题会比其他问题更重要或更具有"实质性"。SASB 深入调查每个行业，以确定哪些问题是该行业相关的。详细的问题可以表示成每个行业的"物质性地图"。

SASB 标准对于美国公司在 SEC 表格的 10 – K 文件中报告 ESG 风险特别有用，在这方面比更一般的 GRI 标准更有针对性。

9. 1. 4　UNGC（United Nations Global Compact）

联合国全球契约组织是世界上最大的推进企业社会责任和可持续发展的国际组织，拥有来自 170 个国家的约 10000 家企业会员和 3000 多家其他利益相关方会员。这些会员承诺履行以联合国公约为基础的，涵盖人权、劳工标准、环境和反腐败领域的全球契约 10 项原则并每年报告进展。联合国全球契约组织隶属于联合国秘书处，总部位于纽约。

该组织为其他的战略布局、相关政策和执行程序提供了 10 项原则，这些原则涵盖人权、劳动、环境以及反腐败议题，具体内容为：

（1）人权。

- 原则 1：企业应支持和尊重保护人权；
- 原则 2：确保不存在共谋侵犯人权现象。

（2）劳动力。

- 原则 3：企业应维护结社自由和承认有效集体谈判权；
- 原则 4：消除一切形式的强迫和强制劳动；
- 原则 5：废除童工；
- 原则 6：消除就业和职业中的歧视。

（3）环境。

- 原则 7：企业应支持对环境挑战采取预防措施；
- 原则 8：采取措施，提升对环境的责任；
- 原则 9：鼓励发展和推广对环境无害的技术。

（4）反腐败。

- 原则 10：企业应打击各种形式的腐败，包括勒索和贿赂。

9.1.5　UNGP

《联合国商业与人权指导原则》（UNGP）为全球政府和企业在预防和处理与商业有关的侵犯人权行为提供指导。收集有关《联合国薪酬计划》的公司披露资料将被收集，并可在公共网站上查看：https：//www.ungpreporting.org/databaseanalysis/explore – disclosures/报告可以按行业、地理位置、突出问题、公司或审查年度进行筛选。它们还可以根据信息的类型进行筛选，确定报告的重点，管理突出的问题。

9.2　证券交易所 ESG 信息披露体系

国内外证券交易所对上市公司的 ESG 绩效日益关注，截至 2020 年已有接近 60 家证券交易所发布或承诺制定 ESG 披露要求。上市公司或谋求上市的公司在 ESG 信息披露的过程中，可以参考各大证券交易所发布的《社会责任报告指引》，满足证券交易所对信息披露的要求。

9.2.1　国际主要交易所 ESG 信息披露要求

全球范围内，越来越多证券交易所的领导人开始公开承诺，将推动证券发行人提升 ESG

绩效，与可持续发展相关的举措数量在过去 10 年也出现了显著增长。2015 年 9 月，可持续证券交易所（SSE）发布了《ESG 信息披露指导手册模板》（Model Guidance），而当时全球只有少数的证券交易所编制 ESG 信息披露指引，这导致了资本市场上企业信息披露不全，投资者无法准确、及时地掌握企业的 ESG 管理绩效问题。

关于可持续交易所倡议（SSEI）

可持续交易所倡议（SSEI）发起于 2009 年，由联合国贸易和发展会议（UNCTAD）、联合国全球契约（UN Global Compact）、联合国环境署金融倡议组织（UNEP FI）及联合国责任投资原则（UN PRI）共同负责。倡议的宗旨在于增强交易所同业间的交流和相互学习，增进交易所与各类市场主体之间的交流合作，推广交易所在支持可持续发展方面的最佳实践。

在过去的数年里，编制 ESG 信息披露指引的交易所数量在不断上升，表 9 - 2 中对国际主要证券交易所 ESG 信息披露要求进行了梳理。

表 9 - 2   国际主要证券交易所 ESG 信息披露要求

交易所	时间	ESG 信息披露要求
伦敦证券交易所	2006 年	《公司法》规定上市公司年度报告中需要披露温室气体排放量、人权和多样性报告，于 2013 年 10 月 1 日生效
	2017 年	发布《ESG 报告指南》，鼓励上市公司发布 ESG 报告
纳斯达克证券交易所	2017 年	发布《ESG 报告指南》，专注于北欧及波罗的海市场，为上市公司提供 ESG 信息追踪和报告的指引
	2019 年	发布《ESG 报告指南 2.0》，并在 2017 年报告指南基础上融入气候相关财务信息披露工作组（Task Force on Climate - related Financial Disclosures，TCFD）的气候变化相关信息披露框架、全球报告倡议组织《可持续发展报告标准》（GRI Standards）、联合国可持续发展目标（SDGs）等内容
法兰克福证券交易所	2013 年	发布《沟通可持续发展——对发行人的七条建议》，鼓励上市公司发布 ESG 报告
	2017 年	强制要求大型上市公司提供关于商业行为对社会和环境的影响的标准化、可衡量的信息
约翰内斯堡证券交易所	2013 年	发布《King III 公司治理准则》，要求所有上市公司在"不遵守就解释"（applyor explain）的基础上发布综合报告，全面阐述财务、社会及环境因素
	2016 年	发布《King IV 公司治理准则》，强调综合思维、综合报告和价值创造的重要性

续表

交易所	时间	ESG 信息披露要求
新加坡证券交易所	2011 年	发布《上市公司可持续发展报告指导》
	2016 年	宣布把可持续信息披露从自愿性质改为"不遵守就解释",上市公司从 2018 年开始每年至少需发布一次可持续发展报告
巴西证券交易所	2011 年	发布《可持续发展商业》并提供指引,自 2012 年起在上市公司的评估表中列出企业是否定期发布可持续发展报告,并实行"不遵守就解释"的原则
	2016 年	修订并更新《新价值——企业可持续发展》,要求将环境、社会等问题作为公司长期表现的考量标准并提供指引
马来西亚证券交易所	2006 年	引进公司社会责任框架,并于 2007 年年底要求上市企业必须披露其支持可持续商业的做法,并实行"不遵守就解释"的原则
	2015 年	发布《可持续发展修正案》,规定发行人在"不遵守就解释"的基础上,在年报中作出环境、社会及管治披露,并提供《可持续发展报告指南》作为指引
菲律宾证券交易所	2019 年	菲律宾证券交易所要求所有上市公司自 2019 年起采用"不披露就解释"的方式报告自身的 ESG 绩效,并于 2020 年发布可持续发展报告
东京证券交易所	2003 年	日本政府开始持续更新《环境会计指南》,明确规定了环境信息披露的范围、方式、内容等,并且对上市公司在其披露的信息违反企业行为规范的"遵守事项"的情况下,要求上市公司对报告书进行改善以确保信息披露的真实性准确性
	2015 年	东京交易所修订《日本公司治理准则》,鼓励上市公司进行 ESG 信息披露
纽约证券交易所	2009 年	联邦证券法要求在美国交易所上市的公司必须向证券交易委员会(SEC)呈交载有多项环境事宜数据的年度报告(10－K 表格),例如环境监控的开支及有待裁决的环境诉讼
	2010 年	美国证监会就气候变化披露刊发诠释指引,要求公司在 10－K 表格中披露与气候变化有关的业务风险信息
	2011 年	《多德—弗兰克华尔街改革和消费者保护法》第 1502 条在美国生效

9.2.2　中国主要交易所 ESG 信息披露要求

深圳证券交易所早在 2006 年便发布了《上市公司社会责任指引》,建议上市公司定期评估公司社会责任的履行情况,以自愿原则披露公司社会责任报告。2020 年 9 月又发布了新修订的《深圳证券交易所上市公司信息披露工作考核办法》,将 ESG 信息披露纳入考核中。

上海证券交易所在 2008 年发布了《上海证券交易所上市公司环境信息指引》，对上市公司环境信息披露提出了具体要求（见表 9 - 3）。2012 年发布《公司履行社会责任的报告》编制指引。2020 年上交所制定并发布《上海证券交易所科创板上市公司自律监管规则适用指引第 2 号——自愿信息披露》，其中明确指出："科创公司自愿披露的信息除战略信息、财务信息、预测信息、研发信息、业务信息、行业信息外，还包含社会责任信息，建议科创板上市公司披露公司承担的对消费者、员工、社会、环境等方面的责任情况，例如，重大突发公共事件中公司发挥的作用等。"

表 9 - 3　上海证券交易所、深圳证券交易所、香港证券交易所 ESG 要求

上海证券交易所	深圳证券交易所	香港证券交易所
政策名称： 《上海证券交易所科创板上市公司自律监管规则适用指引第 2 号》（2020 年修订） 《关于进一步完善上市公司扶贫工作信息披露的通知》（2016）	政策名称： 《上市公司信息披露工作考核办法》（2020 年修订） 《主板信息披露业务备忘录第 1 号》（2019 年修订） 《关于做好上市公司扶贫工作信息披露的通知》（2016）	政策名称： 《咨询总结检讨（环境、社会及管治报告指引）相关（上市规则）条文》（2019） 《香港交易所指引信》（2020 年 7 月）
要点： 强制性："上证公司治理板块"样本公司、发行境外上市外资股的公司及金融类公司必须发布社会责任报告；其他上市公司自愿披露	要点： 强制性：纳入"深证 100 指数"的上市公司需发布社会责任报告；鼓励其他公司披露	要点： 强制性：不遵守就解释、强制披露 披露时间：财年结束后 5 个月内 披露方式：年报中的一章、独立报告、网页版；建议 ESG 报告无纸化 汇报责任：董事

与国内地的 ESG 信息披露要求相比，中国香港联交所对 ESG 信息披露有更高的强制性。2020 年 7 月 1 日之后的财政年度适用《关于检讨（环境、社会及管治报告指引）及相关（上市规则）条文的咨询总结》新规。香港联交所对所有的环境及社会范畴的关键指标均实行"不遵守就解释"的要求。与此同时，联交所在该文件中首次提出"强制披露"的要求，涵盖管治架构、汇报原则、汇报范围等内容（见表 9 - 4）。

表 9 - 4　香港联交所《环境、社会及管治报告指引》新规的披露体系

要求	核心	范　畴
强制披露规定	管治架构	由董事会发出的声明，其中包含以下内容： ● 董事会对环境、社会及管治事宜的监管； ● 董事会的环境、社会及管治管理方针及策略，包括评估、优次排列及管理重要的环境、社会及管治相关事宜（包括对发行人业务的风险）的过程； ● 董事会如何按环境、社会及管治相关目标检讨进度，并解释他们如何与发行人业务有关联

续表

要求	核心	范畴
不遵守就解释	环境	排放物 资源使用 环境及天然资源
	社会	雇佣 健康与安全 发展与培训 劳工准则 供应商管理 产品责任 反贪污 社区投资

资料来源：香港联交所.《关于检讨（环境、社会及管治报告指引）及相关（上市规则）条文的咨询总结》. 2019.

9.2.3 其他可参考的报告标准

ESG 报告的信息披露是 ESG 评级最重要信息来源之一。本书已介绍国内外较有影响力的评级体系，包括 MSCI 明晟 ESG 评级、FTSE Russell 富时罗素 ESG 评级、商道融绿 ESG 评级和社投盟 ESG 评级，均使用主动抓取公开信息的方式采集公司 ESG 信息。对于希望参与 ESG 评级的上市公司，应主动参考评级机构的议题体系及指标，在提升公司 ESG 报告质量的同时提升公司 ESG 绩效、应对评级。

9.3 ESG 报告的编制

规范的 ESG 报告编制流程是确保上市公司《环境、社会与公司治理报告》质量的重要方式。通常情况下，ESG 报告的编制过程可分为研究阶段、编制阶段和发布阶段。

9.3.1 研究阶段

ESG 报告研究阶段的重要工作包括明确报告编制依据、确定报告范围。

（1）明确报告编制依据。

明确报告编制依据是报告编写的基础。公司选择 ESG 报告所参考的标准不宜过多，2 ~

3 个为宜。对于上市公司，应先按照所在交易所的政策编制 ESG 报告，还可参考国际通用标准及行业标准进行编制。

同时，公司应注意报告所采用标准的符合程度，以 GRI《可持续发展报告标准》为例，公司应在报告中说明："报告符合 GRI 标准核心/全面方案"，或"报告引用了 GRI 标准中的部分标准（同时说明具体的标准名称及发布年份）"。

（2）确定报告范围。

报告范围指报告内容涵盖了公司哪些业务以及哪些运营主体。

我们建议，公司 ESG 报告所涵盖的业务范围与运营主体应与公司财务报告范围保持一致。若报告的内容范围无法与财务报告范围保持一致，建议：

- 关于报告披露的业务范围，建议公司按照董事会确定的主要环境、社会及治理风险来界定；
- 关于报告所涵盖的运营主体，公司除披露自身运营的 ESG 相关信息外，建议销售额纳入利润占比超过 10% 的子公司。

9.3.2　编制阶段

ESG 报告编制阶段的工作流程包括组建报告编制小组、搭建报告框架、信息采集和内容编写。

（1）组建报告编制小组。

公司应成立由高级领导层牵头，主要职能部门及业务部门具体实施的报告编制小组，统筹开展公司 ESG 报告的编制及发布工作。对于有分公司、子公司的企业，报告编制小组成员建议包含下属组织的代表。

此外，报告编制小组还可聘请第三方专业机构编写报告或为报告编写提供指导。委托外部技术机构编写工作时，报告编制小组成员应包含第三方专业机构指定的代表。

（2）搭建报告框架。

报告框架不仅反映了报告的逻辑，也决定了报告中会涵盖哪些企业社会责任议题，因此，在搭建报告框架时，建议开展实质性议题识别，确保所有的实质性议题均可反映在报告中。

在报告框架搭建过程中，公司可根据自身特征、社会责任理念、利益相关方关注重点，或根据"三重底线"理论（社会、经济、环境）设定 ESG 报告大纲，较为常见的报告框架包括：

- 各章节以回应股东、客户、员工和社区等利益相关方为主线的报告框架；
- 基于"三重底线"理论，将报告分为社会、经济、环境篇章的报告框架；
- 以公司识别的实质性议题作为报告主要章节的报告框架。

（3）信息采集。

为保证完整、系统地采集 ESG 信息，公司可采用多种形式进行多轮信息采集。信息采集形式一般有现场/电话访谈、资料清单采集、问卷调查等；采集的内容包括文字信息、图片、视频、音频、数据等。公司在采集数据时，应注意采用统一的数据统计口径及计算方法，以保证不同年份之间的数据可比性，如有调整，应在报告内进行说明。

在信息采集实施阶段，ESG 报告编制小组可先与内部相关部门进行初步沟通访谈，了解报告期内的主要工作内容及重点，然后根据访谈结果制定资料清单发至相关部门进行填写；在相关部门填写、反馈完毕后对提供的资料再进行梳理。

公司还可建立内部的 ESG 信息收集系统，实现 ESG 绩效的常态化收集，提高数据收集效率及数据质量，定期排查企业环境与社会潜在风险，协助企业管理决策。

（4）编写报告内容。

上市公司在报告编写时优先遵循上市公司要求的编写原则，如香港联交所《环境、社会及管治报告指引》提出的"一致、平衡、重要性和量化"原则，同时还可参考 GRI《可持续发展报告标准》提出的准确性、清晰性等原则进行编制。

在具体编写时，为全面反映公司对实质性议题的管理及成效，建议每个议题的编写内容包括以下几个部分：理念；管理方法；报告期内行动；成果（定性绩效）；成果（定量绩效）；案例；利益相关方证言。

9.3.3 发布阶段

报告发布阶段的主要工作包括报告审验、报告设计以及报告发布。

（1）报告审验。

报告审验，又称为报告验证或者报告鉴证，是由第三方认证机构对环境、社会及治理（ESG）报告进行独立审核和信息验证，以确认 ESG 报告中所披露信息的真实性、准确性和可靠性，并发布审验声明的活动。

ESG 报告审验通常包括以下步骤：

● 审验方案制定：报告机构与审验机构就审验准则、审验范围、审验水平等级、所需时间长度及审验团队成员等内容达成一致。

● 差距分析：差距分析更适合初次撰写 ESG 报告的机构，可以在任何时候进行，以确保撰写过程不偏离相关要求。

● 审验计划与准备：审验机构与报告机构共同确定验证过程所涉及的关键人员及验证场所，策划后续的会议及现场审验活动。

● 审验执行：审验团队通过人员面谈、现场审核、文件评审和必要时的组织外部交流会等方式，就报告中的各种信息及其来源与报告组织及其利益相关方进行核实和确认。对于信息失误之处及报告不符合相关披露要求之处，审验团队会开具整改要求清单。

（2）报告设计。

在完成报告内容编制后，公司可以对报告排版进行设计，以更好地呈现报告内容，达到良好的可阅读性与传播效果。在报告设计的过程中，公司可以注意以下三点：

● 报告排版设计应符合公司色彩使用规范，风格应与公司的企业特征、企业文化、报告主题相协调，与财务报告或上一年度的 ESG 报告等风格尽量统一。

● 封面应传达出企业的文化、行业特征、社会责任理念等；在内容编辑上，需要兼顾功能性文字和功能性图片与图表的设计搭配以及整体版式的设计；在图表设计方面，应注意可读性，相同类型的图表应注意表现手法的一致性。

● 排版设计所用的字体、图片、创意等需要取得相应的版权，若使用无版权的字体、图片等公司将会有较大的合规与声誉风险。

（3）报告发布。

报告编制完成后，公司可根据交易所相关要求通过公司网站、交易所网站等发布 ESG 报告，其中联交所要求上市公司在联交所和公司网站上发布报告 ESG 报告；上交所鼓励上市公司在上交所网站上披露公司的年度社会责任报告。

在选择 ESG 报告发布时间上有两项要求：

● 对于联交所上市公司 ESG 报告可作为年报的一部分，与年报同时发布；若为独立的 ESG 报告，则应尽可能接近刊发年报的时间，最迟不超过年报发布后的三个月内。

● 上交所建议上市公司在披露公司年度报告的同时披露公司的年度社会责任报告。

9.4　报告的内容及产出

9.4.1　ESG 报告、CSR 报告和可持续发展报告

随着越来越多的投资者将 ESG 元素纳入评估及投资策略，促使更多企业开始有意披露 ESG 相关信息。载有 ESG 信息的报告名称不一而足，如企业社会责任报告、可持续发展报告、企业公民报告、企业责任报告。尽管这些报告名称不同，但都是为了对企业经营过程中实质性的非财务信息进行披露，没有本质差别，目前业界也没有统一标准（见表 9 - 5）。

表 9 - 5　　　　ESG 报告、CS 报告、SD 报告的异同

	环境、社会与公司治理报告（ESG）	企业社会责任报告（CS）	企业可持续发展报告（SD）
定义	投资者和研究机构进行投资分析和决策时需要考虑的非财务因素，包括环境、社会、治理三大方面	回应多元利益相关方关注的实质性议题，经济、环境、社会和治理绩效的主要平台	从资源的可持续发展、社会的可持续发展等角度，来衡量企业创造的社会价值

续表

	环境、社会与公司治理报告（ESG）	企业社会责任报告（CS）	企业可持续发展报告（SD）
使用者	投资者、研究机构和监管机构	客户、员工、媒体、供应商、投资者、研究机构等多元利益相关方	跨国公司、地区和行业等
内容侧重	企业经营过程中的非财务风险和绩效，管理方针和信息披露	多元利益相关方参与实质性议题的筛选	企业的重要环境与社会影响力与可量化的贡献度
相关标准	香港联交所《环境、社会与管治报告指引》	全球报告倡议组织《可持续发展报告标准》、ISO26000《组织社会责任指南》	联合国《全球可持续发展目标》（SDGs）

9.4.2 ESG 报告的内容

《环境、社会与公司治理报告》是一类规范性非财务信息报告，报告的内容应当作用于以下目标的实现：

● 满足证券交易所建议或要求上市公司进行年度 ESG 信息披露的要求，所披露的信息能供投资者分析公司的 ESG 风险和绩效。

● 体现上市公司整体管理的闭环，体现环境、员工、客户、社区关系和公司治理等方面的经营结果。

● 作为标准化、可复用的沟通工具，上市公司可用此与投资者、政府、客户、媒体等利益相关方交流，帮助公司积累社会资产、构建社会品牌。

因此，作为企业 ESG 报告编制的直接产出物——完整的 ESG 报告，应当具备以下章节：公司业务与组织结构、ESG 管理章节、反映报告期间企业 ESG 开展情况的章节（即公司治理、环境责任、员工责任、客户责任、社会贡献等）、ESG 关键定量绩效表、报告编制说明以及其他 ESG 报告相关信息（如报告标准索引、第三方鉴证意见等），以 2020 宁德时代社会责任报告为例，如图 9 - 3 所示。

（1）公司业务与组织结构。

在公司业务和组织结构中可以披露（包括但不仅限于）：组织名称、组织结构、组织所提供的活动、品牌、产品和服务、总部位置、经营位置、所有权与法律形式、服务的市场、组织规模等。

（2）ESG 管理。

ESG 管理章节中一般包含的内容包括 ESG 战略规划与目标、ESG 管理理念和管理模型、对实质性议题分析与回应。

目录
CONTENTS

疫情专题
众志成城，抗击疫情   18
同舟共济、共渡难关   20
科学统筹，防疫与复工复产两不误   20

环境与能源管理
绿色循环，呵护生态环境   34
重点排污单位污染物排放情况   36
防治污染设施的建设和运行   37
建设项目环境影响评价及其他环保行政许可情况   38
突发环境事件应急预案   39
环境自行监测方案   39
能源管理   40

企业社会责任活动大事记
不忘初心，真诚回馈社会   54
宁德时代志愿者服务队   56
精准扶贫   57
宁德时代公益林   62
可持续发展活动月   63

关于本报告   02

总裁寄语   04

公司概况
守正经营，共创未来   06
公司介绍   08
组织与治理   12
宁德时代与利益相关方   17

负责任的供应链
创新成就，和谐共赢   22
产品研发   24
负责任采购   25
2020 年年度负责任矿产供应链尽责调查报告   28
绿色物流   30
产品质量控制体系   31
客户满意度管理   32

劳工及人权
平等多元，赋能员工成长   42
员工文化多元化   44
员工关爱与发展   45
性别平等   50
员工的健康与安全   51

建议与反馈   66

图 9-3　2020 宁德时代社会责任报告目录

例 9-1　赛得利可持续发展目标和进展

赛得利在其 2019 年可持续发展报告《持续践行、引领变革》中详细披露了其 ESG 可持续发展的目标和进展。赛得利在产品管理与价值观、负责任采购、能源效率与清洁生产、环境影响、职业健康与安全、透明度、利益相关方合作、回馈社会方面均制定了 2020 年目标。

以其清洁生产 2020 年目标和进展为例。

2020 年目标		进展
到 2020 年，单位产品用水量将比 2016 年减少 20%	未达成	2019 年，每吨再生纤维素纤维耗水量为 37.8 立方米，比 2016 年每单位再生纤维素纤维产品耗水量 38.3 立方米减少 1%。我们将加大节约用水的力度，为实现 2030 年的宏伟目标而努力
通过技术升级和优化管理来提高废水和废气的收集、处理能力，确保符合法律法规	稳步进行中	2019 年未发生环保不合规事件。我们的废水和废气排放数据远低于法规的限制
到 2020 年，每个工厂化学需氧量（COD）排放将控制在 50 毫克/升以内	稳步进行中	赛江西、赛九江和赛江苏各自的 COD 浓度均远低于 50 毫克/升。赛福建的 COD 浓度为 54.6 毫克/升（符合当地排放标准），并在进一步改善中
所有再生纤维素纤维厂，锅炉排放的二氧化硫（SO_2）将控制在 35 毫克/立方米以内	稳步进行中	赛江西、赛九江和赛江苏的电厂锅炉排放的二氧化硫（SO_2）均远低于 35 毫克/立方米。赛福建电厂锅炉排放的二氧化硫浓度为 44.7 毫克/立方米（达到当地排放标准），并在进一步改善中

此外，赛得利于 2020 年 11 月发布了 2030 年可持续发展愿景，以指导公司未来十年的战略发展。该愿景围绕四大支柱展开，以应对纤维素纤维行业面临的环境和社会挑战：气候和生态系统保护、闭环生产、创新和循环以及包容性成长。

这个愿景有明确时限、路线图和可测量目标，包括：

- 到 2050 年实现碳零排放；

- 到 2025 年实现所有工厂 98% 的全硫回收率；

- 到 2023 年利用纺织废料生产可回收成分占比达 50% 的纤维素纤维产品，2023 年这一比例达到 100%；

- 支持 30 多万当地家庭和小农户发展可持续的生计。

资料来源：赛得利 2019 年可持续发展报告——《持续践行、引领变革》、赛得利愿景 2030。

（3）公司治理、环境责任、员工责任、客户责任、社会贡献等。

公司治理、环境责任、员工责任、客户责任、社会贡献等为报告的主要内容。在这部分章节中，公司对报告参考体系中的主题、议题和关键绩效以及对公司重要的实质性议题进行回应和披露。高质量的 ESG 信息披露是一个集公司 ESG 现状研究、体系建立以及对外传播于一体的过程。在这些章节中可以集中展示公司在 ESG 层面的卓越实践和项目案例。

例 9-2　宁德时代的能源管理

面对我国已向世界作出的 2030 年碳达峰，2060 年碳中和的庄严承诺。在节能减排方面，宁德时代持续实施温室气体排放减少活动，积极加大可再生能源投入的同时，不断推进公司内节能改善项目，降低产品单位排放量，减少生产活动中的温室气体排放量。2020 年，单位产品综合标准煤较 2019 年下降 8%，单位产品温室气体排放量相较 2019 年下降 8.5%。

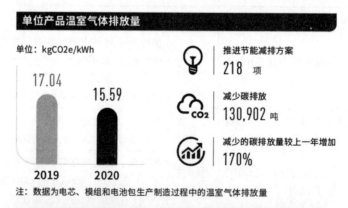

注：数据为电芯、模组和电池包生产制造过程中的温室气体排放量

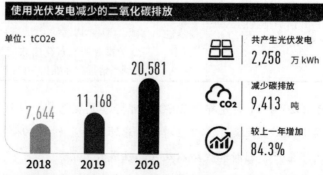

注：数据范围涵盖宁德时代、江苏时代、青海时代及时代上汽

主要改善动作是加大节能项目的实施以及加大光伏发电量。2020 年里，宁德时代共推进节能减排方案 218 项，减少碳排放 130902 吨，较 2019 年增加 170%；在光伏发电方面，公司与供应商共建光伏发电设备，产出的电能用于生产、研发及办公，并通过不断扩大光伏发电设备面积，从而降低单位产品温室气体排放。2020 年光伏发电 2258 万 kWh，相较于 2019 年减少碳排放量 9413 吨，提升约 84.3%。

资料来源：《2020 宁德时代社会责任报告》。

例 9 - 3　金光集团 APP（中国）倡导和推动可持续消费

作为互认工作的大力推动者，金光集团 APP（中国）多年来积极开展森林认证，持续改善森林经营 CFCC/PEFCFM 审核幼林现场和产销监管链的可持续管理，旗下众多企业通过了 CFCC/PEFC 认证。与此同时，我们在业内积极推动森林认证贴标工作，为消费者选择可持续纸品提供可靠的信息参考，让森林认证被更广泛的人群认识和了解，与利益相关方携手促进可持续消费。

可持续发展理念已经逐渐深入人们生产、生活的方方面面。作为供应链的下游，消费者对于可持续消费的支持和要求将有力推动企业改善在供应链环节中的整体表现。在联合国可持续发展目标以及多项国内政策中，可持续消费已被列为重要的可持续发展议题之一。

金光集团 APP（中国）自 2015 年起，通过为客户定制的方式，推动在生活用纸、复印纸等系列产品上加载 CFCC/PEFC 标识的工作。2018 年，在国家林业和草原局科技发展中心的指导下，我们进一步推动该项工作的实施。APP（中国）旗下高端生活用纸品牌"唯洁雅"和知名品牌"清风"成为国内同类产品中首批成功加载联合认证标识的品牌。

我们希望由此推动更多消费者关注产品对环境和社会的影响，帮助消费者更好地辨识源自可持续经营森林的林产品，从而影响消费者的购买决策，推动森林可持续经营。

未来，我们将持续开展 CFCC/PEFC 贴标工作，使其逐步实现常态化。我们同时呼吁更多的企业关注可持续产品标识，共同推动产业链的良性循环发展，为森林保护事业作出更多贡献。

资料来源：金光集团《APP2018 不忘初心"纸"在未来》。

例 9 - 4　中国台湾中鼎的永续供应链管理

中鼎期许提升供应链的永续性与韧性，降低供应链风险，因此设置了四大步骤的供应链管理框架以完善管理机制，持续督促自身，并带动供应商一同往永续的方向迈进，提升供应商的绩效与能力，建立负责任且具韧性的供应链。

供应链行为准则

中鼎始终致力于企业永续发展，我们也同样期待供应商能与我们有相同的价值观。因此特别参考国际上相关倡议要求，包括联合国全球盟约、世界人权宣言及联合国商业人权规范中有关人权、劳工准则、环境及反贪污等相关规范精神，制定中鼎工程厂商行为准则，要求厂商（含新供应商）共同遵守，更鼓励我的厂商以同样的标准要求其合作厂商，期待通过产业链上下游互相影响的力量，带动整体产业链的永续性。

供应商永续评选

中鼎除针对厂商有行为准则外，更通过实际的采购作为，希望带给供应商正面的影响。以关键设备器材供应商为例，中鼎在资格评核时采用器材供应商资格评鉴标准记录表进行访厂评核，斟酌的因子除了品质安环要求、价格、交期等外，还包括公司诚信经营状况、是否有 ISO 14001/ISO 45001 验证等永续因子，这些永续性考量因子占总评分的 10%。

供应商访厂及稽查准备

为落实供应商永续性风险的管理，中鼎已经完成厂商永续性稽查办法，进行永续性稽核人员的稽核教育培训，并发送厂商自我评估表进行调查；针对前一年调查结果列为高风险供应商，于次一年度进行访厂稽核，稽核面分为管理制度、道德规范、环境、劳工与人权、健康与安全五大方面，以完整的永续性规范检视供应商风险，并对于其高风险项目，协助其了解该项目的重要性，提供缺失改善的建议，如为劳工及人权的缺失、请厂商提出具体措施及做法，减缓厂商人权风险，并持续追踪厂商改善过程。

永续性风险调查与评估

为主动掌控供应商的永续风险，中鼎针对所有的供应商，在初期进行供应商登记时，会主动审核厂商的风险状态，包含营业执照、纳税证明、公司简介、工程业绩、品质及安环认证等资料，依据其运营所在地的地理位置与采购类别，针对特定地区（如印度等）优先进行访厂，进行初步的主动风险评估，以了解潜在风险状况，并依据中鼎制定的供应链永续性评估流程，通过问卷发放，由厂商自我评估，初步了解厂商的永续性风险。针对高风险厂商，中鼎进一步进行访厂稽查，透过现场问询及访视高风险部分，提出建议并协助改善。

资料来源：《中鼎可持续发展报告 2019》。

例 9 - 5　海通证券的社会公益

爱心回馈社会

2019 年是全面贯彻党的十九大精神、打赢脱贫攻坚战极为关键的一年，海通证券结对的贫困县已进入脱贫摘帽的冲刺阶段。公司通过"一司一县"结对帮扶、"百企帮百村"结对帮扶、上海城乡党组织结对帮扶等，全面开展帮扶合作，建立长效帮扶机制，加快群众脱贫致富步伐。

公司建立了一套领导重视、协同支持、共同参与、发挥合力的工作机制，由公司党委书记、董事长任扶贫工作领导小组组长，下设工作小组和推进机构，形成管理部门与业务部门联动、总部与分支机构联动、经济支持与人才保障联动的扶贫"三联动"体系，充分发挥地方联动优势，整合资源资金、人才资源、推进贫困地区脱贫攻坚行动。

2019 年，结合公司三年发展战略规划，公司出台《海通证券推进重点扶贫工作方案》，制定了至 2020 年前公司的精准扶贫计划，从金融扶贫、产业帮扶、公益帮扶、智力帮扶、消费帮扶五方面开展工作。

海南橡胶场外期权产业扶贫试点项目

经过多年"保险＋期货"项目经验积累，海通期货及其子公司海通资源在 2019 年上海期货交易所的场外期权产业扶贫项目中，联合产业龙头企业——海南天然橡胶集团（以下简称海胶集团），对海南当地白沙县与琼中县的胶农进行扶贫。

项目由海胶集团向海通资源购买场外期权，对手中现货进行套保，海通资源将风险进行对冲后按保护价格将赔付结算给海胶集团，集团通过收胶二次结算的方式将赔付款补偿到胶农手中。最终项目通过对 2200 吨橡胶进行套保，产生了总计 868164 元的赔付，保护了当地胶农的割胶收益。

资料来源：《2019 海通证券企业社会责任报告》。

（4）ESG 关键定量绩效表。

报告主体章节一般还会包含 ESG 关键定量绩效表，对报告体系所涉及的关键定量指标进行集中回应，一般包括经济绩效、环境绩效和社会绩效。关键定量绩效表中按类别和指标披露数据统计口径和绩效数据。

例 9 - 6　富士胶片 CSR 指标一览

富士胶片 CSR 指标一览

类别	指标	统计对象	单位	绩效		
				2017 年	2018 年	2019 年
经济	产品合格率	生产企业	％	＞96.80	＞93.50	＞94.70
	合同履约率	生产企业	％	100	100	100
	科技或研发投入	生产企业	万元	8202.13	11809.84	10882.03
	科技工作人员数量	生产企业	人	141	323	298
	新增知识产权（含专利、著作权）	生产企业	个	15	9	14
社会	员工总人数	所有企业	人	2868	2.953	2421
	男性员工数量	所有企业	人	1636	1.675	1313
	女性员工数量	所有企业	人	1232	1278	1108
	外籍员工数量	所有企业	人	45	46	42
	少数民族裔员工数量	所有企业	人	4	4	5
	残疾人雇佣人数	所有企业	人	2	2	2
	劳动合同签订率	所有企业	％	100	100	100
	社会保险覆盖率	所有企业	％	100	100	100
	参加工会的员工比例	所有企业	％	99.47	99.63	99.50

续表

类别	指标	统计对象	单位	绩效		
				2017 年	2018 年	2019 年
社会	每年人均带薪休假天数	所有企业	天	9.52	8.21	9.74
	本地高层管理者比例	所有企业	%	47.06	47.62	47.62
	女性管理者比例	所有企业	%	25.44	28.57	30
	年度新增职业病人数	生产企业	人	0	0	0
	企业累计职业病人数	生产企业	人	0	0	0
	体检及健康档案覆盖率	所有企业	%	%	88.06	87.61
	安全生产投入	所有企业	万元	963.36	1198.26	1353.02
	员工工伤率	所有企业	%	0.38	0.20	0.37
	员工培训覆盖率	所有企业	%	93.41	88.38	81.45
	年均员工培训时长	所有企业	小时	22.30	30.08	29.18
	员工培训总投入	所有企业	万元	252.51	159.09	161.57
	接受定期绩效考核及职业发展考评的员工比例	所有企业	%	100	100	100
	本土采购比例	所有企业	%	80	82.60	84.63
	员工志愿者活动时长	所有企业	小时	820	1676	3592
	反腐合规培训覆盖人次	所有企业	人次	2812	2705	2330
	供应商培训覆盖人次	所有企业	人次	772	263	236
	经销商培训覆盖人次	所有企业	人次	7299	3898	4630
环境	环保总投资	生产企业	万元	516.10	1392.26	1248.80
	生产及生活用水排放量	生产企业	千吨	669.37	709.04	646.17
	电力使用量	生产企业	千千瓦时	49321.94	57243.72	53111.83
	化石燃料（油类）使用量	生产企业	千升	90.66	95.69	88.59
	化石燃料（气类）使用量	生产企业	千立方米	317.05	346.90	380.58
	直接温室气体排放量	生产企业	千吨	36.55	46.90	45.16
	废水排放量	生产企业	千吨	592.70	624.51	600.68
	循环及再利用水量	生产企业	千吨	228.62	241.50	242.41
	固体（含无害及有害）废弃物排放量	生产企业	千吨	5.60	5.28	5.70

资料来源：《2020 富士胶片中国可持续发展报告》。

（5）报告编制说明。

报告编制说明应包含报告范围、报告发布周期、报告编制依据、数据说明以及报告发布与联系五个部分内容。

例 9 - 7　中国平安报告编制说明

中国平安在"报告范围"中说明了报告涵盖的业务板块和经营主体，以及报告发布周期；在"报告编制原则"中说明了报告参考的报告体系及原则；在"报告数据说明"中对数据涵盖的范围、单位进行了说明；在"报告保证方式"中对报告的第三方鉴证进行了说明；在"报告发布形式"中说明了报告发布的形式。

关于本报告

报告范围

报告的组织范围：本报告以中国平安保险（集团）股份有限公司为主体，涵盖平安旗下各专业公司机构。

报告的时间范围：2020 年 1 月 1 日至 2020 年 12 月 31 日。

报告的发布周期：本报告为年度报告。

报告编制原则

本报告根据香港联合交易所《环境、社会及管治报告指引》编制，同时参照全球报告倡议组织（GRI）《可持续发展报告标准》为信息披露的指导性原则。

报告数据说明

报告中的财务数据摘自中国平安《2020 年年报》，该财务报告经安永华明会计师事务所（特殊普通合伙）独立审计。其他数据来自公司内部系统或人工整理。本报告中所涉及货币种类及金额，如无特殊说明，均以人民币为计量单位。

报告保证方式

本报告披露的所有内容和数据已经中国平安保险（集团）股份有限公司董事会审议通过。同时，德勤华永会计师事务所（特殊普通合伙）按照《国际鉴证业务准则第 3000 号：历史财务信息审计或审核以外的鉴证业务》（"ISAE3000"）的要求对本报告进行了独立第三方鉴证。

报告发布形式

报告以印刷版和网络版两种形式发布。网络版可在本公司网站 www.pingan.cn 查阅。

资料来源：《中国平安 2020 可持续发展报告》。

（6）其他 ESG 报告相关信息。

除了以上所述外，ESG 报告往往还包含报告期间所获得的社会认可与荣誉、报告标准索引、董事会声明或高级管理层致辞、第三方鉴证意见、专业术语释义等内容。

9.5 A 股上市公司 ESG 报告现状

由商道纵横编制的《A 股上市公司 2020 年度 ESG 信息披露统计研究报告》对 A 股上市公司 ESG 报告现状进行了全面系统的介绍。ESG（环境、社会与治理）投资在全球快速增长，ESG 投资理念逐步升温，投资者也越来越重视企业的可持续发展能力。2021 年 2 月，证监会发布《上市公司投资者关系管理指引（征求意见稿）》，首次纳入 ESG 信息。商道纵横建议，A 股上市公司有必要按照征求意见稿的要求，将 ESG 纳入投资者关系管理范畴，重视 ESG 信息披露，将 ESG 信息作为与投资者沟通的关键内容。全球投资者、监管机构及国际组织对 ESG 信息披露提出了日益严格的要求，推动企业对利益相关方负责。商道纵横聚焦于沪深 300 指数成分股企业，深入分析中国上市公司 ESG 报告发布情况，洞察 A 股上市公司 ESG 信息披露的趋势。

9.5.1 报告发布率

（1）整体发布率。

截至 2021 年 5 月 31 日，沪市上市公司共计 1894 家，深市上市公司共计 2425 家，沪深两市 A 股上市公司共计 4319 家（见图 9-4）。2021 年以来，共有 1092 家 A 股上市公司发布 2020 年 ESG 报告，发布报告的公司数量占全部 A 股上市公司数量的 25.3%，其中 641 家沪市上市公司（占沪市上市公司的 33.8%），451 家深市上市公司（占深市上市公司的 18.6%）。

上市公司所属板块	企业数量	ESG信息披露数量	百分比
上海证券交易所	1894	641	33.8%
深圳证券交易所	2425	451	18.6%
沪深300指数成分股	300	255	85%

图 9-4 整体发布率情况

数据来源：商道纵横团队统计。

自 2011 年以来 A 股上市公司 ESG 报告发布数量持续增长，上市公司越来越重视 ESG 发展（见图 9-5）。

聚焦于沪深 300 指数成分股，深入分析 A 股上市公司 ESG 信息披露的趋势。在沪深 300 指数成分股中，沪市公司 184 家，深市公司 116 家，其中属于 A+H 股的上市公司有 71 家（见图 9-6）。

截至 2021 年 5 月 31 日，沪深 300 指数成分股中共有 255 家上市公司发布了 2020 年度 ESG 报告，发布报告的公司数量占全部沪深 300 指数成分股的 85%，其中有 101 家为深圳证券交易所的上市公司，154 家上海证券交易所的上市公司。

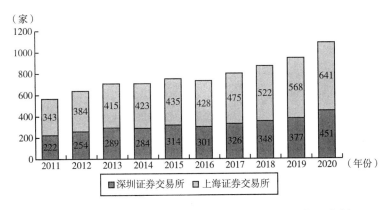

图 9-5　2011～2020 年 A 股上市公司 ESG 报告分布情况

数据来源：商道纵横团队统计。

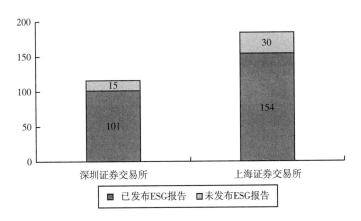

图 9-6　沪深 300 指数成分股 ESG 报告发布情况统计

数据来源：商道纵横团队统计。

（2）行业发布率。

不同行业的 ESG 信息披露率不同，在一定程度上可以反映出关于 ESG 信息披露的认知和 ESG 管理水平在不同行业间存在差异。在已发布报告的 255 家公司中，有 64 家金融业企业发布 ESG 报告，占比 25.1%；有 49 家 ICT 行业企业发布 ESG 报告，占比 19.29%；有 36 家工业企业发布 ESG 报告，占比 14.1%（见图 9-7）。

考虑行业企业数量与发布率，在各行业公司数量超过 10 家中，ESG 报告发布率第一的行业是金融业，占比 98.5%；第二是房地产行业和能源，占比 85.7%；第三是工业，占比 83.7%（见图 9-8）。

从行业来看，ICT 行业与医药行业 ESG 报告发布率较低。而金融行业发布 ESG 报告是最多的，体现出国内外绿色金融的发展、ESG 信息披露体系建设的推进使上市金融机构面临着越来越严格的 ESG 信息披露要求。

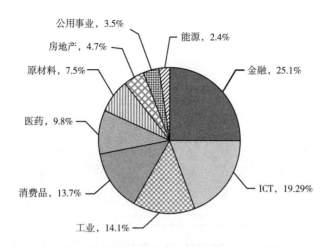

图 9 – 7　企业发布 ESG 报告行业分布率

数据来源：商道纵横团队统计。

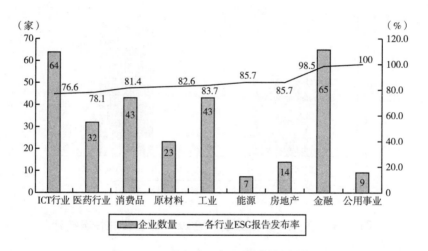

图 9 – 8　各行业 ESG 报告发布率

数据来源：商道纵横团队统计。

9.5.2　报告概况

（1）整体发布率。

在 255 家已发布 ESG 报告的公司中，98.8% 的公司选择将 ESG 报告与年报同期发布，仅有 1.2% 的公司的 ESG 报告晚于年报发布时间。这反映了公司主动及时进行 ESG 信息披露，对利益相关方负责，有助于让投资者了解更多公司非财务信息，增强投资者对公司的信心（见图 9 – 9）。

（2）发布形式。

上市公司主要以独立刊发 ESG 报告为主。在已发布 ESG 报告的公司中，255 家公司独立发布 ESG 报告，占比 100%。其中，有 5 家企业在独立发布 ESG 报告的同时，也将 ESG 报告融入公司年报中，形成独立章节，占比 2%（见图 9 - 10）。

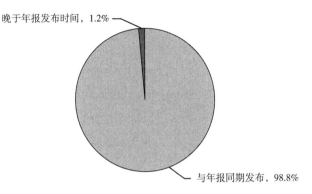

图 9 - 9　报告发布时间统计

数据来源：商道纵横团队统计。

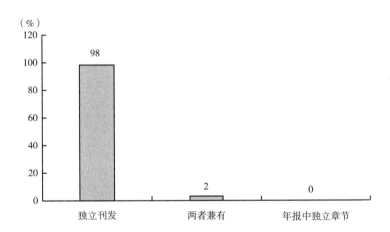

图 9 - 10　ESG 报告发布形式统计

数据来源：商道纵横团队统计。

（3）报告页数。

从 ESG 报告页数来看，有 220 份报告页数在 100 页以内，有 35 份报告页数超过 100 页。其中，较多企业发布 51 ~ 100 页的报告，占比 50.6%。在统计过程中，页数低于 25 页的 ESG 报告内容大多以文字描述为主，缺少关键量化指标信息。而披露可量化的关键指标，有助于增加 ESG 报告的可读性与实用性（见图 9 - 11）。

（4）报告关键内容。

根据 GRI 标准，实质性是衡量指标或议题是否具有报告价值的标尺，能够呈现企业运营对利益相关方的重大影响。在全部 255 份 ESG 报告中，49.4% 的报告既披露了利益相关方沟通也以矩阵图的形式呈现实质性议题分析结果，但仍有 32.6% 的报告并未披露利益相关方沟通及实质性议题分析的信息（见图 9 - 12）。

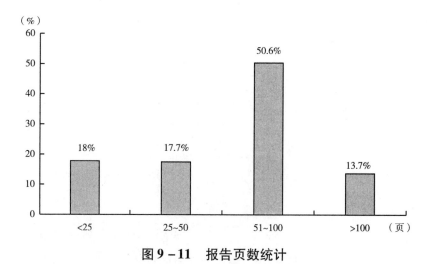

图 9 – 11　报告页数统计

数据来源：商道纵横团队统计。

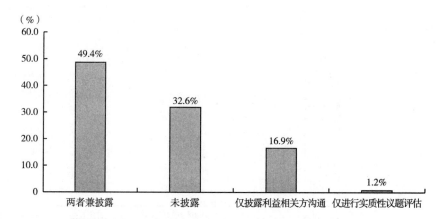

图 9 – 12　披露利益相关方沟通与实质性议题评估统计

数据来源：商道纵横团队统计。

9.5.3　编制依据

（1）披露标准。

在报告编制参考的标准中，59.6% 的公司参考国际使用较广的全球报告倡议组织（GRI）可持续发展报告标准。37.7% 的公司也参考了上海证券交易所《关于加强上市公司社会责任承担工作暨发布〈上海证券交易所上市公司环境信息披露指引〉的通知》进行报告编制，其中在沪深 300 指数中，已发布报告的上海证券交易所上市公司有 62.3% 参考了此指引。港交所《环境、社会及管治报告指引》也成为 A 股上市公司参考标准之一，占发布报告比例的 31%。其中在沪深 300 指数中，已发布报告的 A + H 股上市公司有 91.6% 参考了此指引，这与公司上市地点有密切关系（见图 9 – 13）。

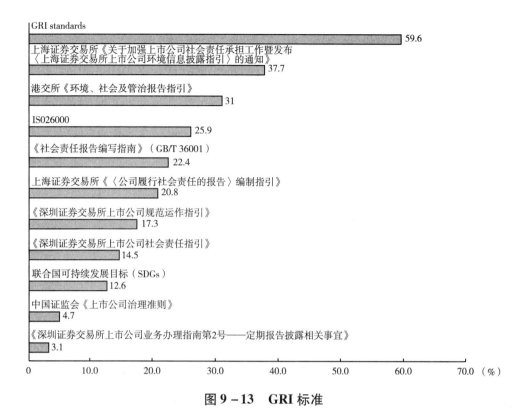

图 9 − 13　GRI 标准

数据来源：商道纵横团队统计。

行业性指引也成为企业编制 ESG 报告的参考方向。例如，浦发银行属于金融业，会参考原中国银监会《关于加强银行业金融机构社会责任的意见》和中国银行业协会《中国银行业金融机构企业社会责任指引》等。值得注意的是，许多企业也开始在报告编制过程中参考新兴的国际标准（见图 9 − 14）。

报告编制参考标准名称	概述
气候变化相关财务信息披露工作组(TCFD)发布的应用指南(TCFD Implementation Guide)	气候相关财务信息披露工作组(TCFD)通过制定统一的气候变化相关信息披露框架，主要由指标和目标、风险管理、战略与治理四个核心要素组成，帮助投资者、贷款人和保险公司合理地评估气候变化相关风险及机遇，以做出更明智的财务决策
SASB可持续发展会计准则(SASB Standards)	SASB可持续发展会计准则主要包括环境、社会资本、人力资本、商业模式与创新、领导力与治理五个可持续主题的26个议题
联合国环境规划署《负责任银行原则》(PRB)	《负责任银行原则》为银行建设可持续发展体系提供了一致的框架，鼓励银行在最重要、最具实质性的领域设定目标，在战略、投资组合和交易层面以及所有业务领域融入可持续发展元素

图 9 − 14　行业性指引

数据来源：商道纵横团队统计。

而报告编制标准的应用也在报告的名称上有所体现。在此次调研中，202 份报告以"社会责任"命名，占已发布报告总数的 79.2%。22 份报告以"可持续发展"命名，占比 8.6%。14 份报告以"环境、社会及公司治理（ESG）"以"社会责任暨 ESG"命名，占比 5.5%（见图 9-15）。

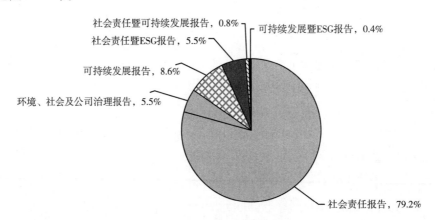

图 9-15　报告名称统计

数据来源：商道纵横团队统计。

部分上市公司也采用了两种报告名称混合的方式。在 2020 年发布的 ESG 报告中，有 14 份报告以"社会责任报告暨 ESG 报告"命名，有 2 家企业以"社会责任暨可持续发展报告"命名，以及 1 家企业以"可持续发展报告暨 ESG 报告"命名。这种情况的出现可能与 2020 年 9 月深圳证券交易所发布的《深圳证券交易所上市公司信息披露工作考核办法（2020 年修订）》相关。

（2）政策要求。

近年来，证监会等监管机构、沪深两市证券交易所正在积极推动 ESG 在中国的发展，对上市公司的 ESG 信息披露做出了要求（见表 9-6）。

表 9-6　　　　　　　监管机构、交易所对 ESG 报告披露政策要求

监管机构	政策要求	要求报告发布时间	政策来源
中国证监会	属于环境保护部门公布的重点排污单位的公司或其重要子公司，应当根据法律、行政法规及部门规章的规定披露主要环境信息 鼓励公司自愿披露在报告期内为减少其碳排放所采取的措施及效果	在半年报和年报中增加"环境与社会责任"一节	《公开发行证券的公司信息披露内容与格式准则第 2 号——年度报告的内容与格式（征求意见稿）》《公开发行证券的公司信息披露内容与格式准则第 3 号——半年度报告的内容与格式（征求意见稿）》（2021）

续表

监管机构	政策要求	要求报告发布时间	政策来源
生态环境部	重点排污单位 实施强制性清洁生产审核的企业 因生态环境违法行为被追究刑事责任或者受到重大行政处罚的上市公司、发债企业 法律法规等规定应当开展环境重大强制性披露的其他企业事业单位	属于重点排污单位、实施强制性清洁生产审核的上市公司、发债企业，应当在年报等相关报告中依法依规披露企业环境信息 因生态环境违法行为被追究刑事责任或者受到重大行政处罚的上市公司、发债企业，应当在规定期限内持续披露企业环境信息	《环境信息依法披露制度改革方案》（2021）
上海证券交易所	"上证公司治理板块" 发行境外上市外资股的公司 金融类公司	与年报同时发布	《关于加强上市公司社会责任承担工作暨发布〈上海证券交易所上市公司环境信息披露指引〉的通知》（2008）
深圳证券交易所	纳入"深证 100 指数"的上市公司	与年报同时发布	《主板信息披露业务备忘录第 1 号——定期报告披露相关事宜》（2019 年修订）

在沪深 300 指数成分股中，属于"上证公司治理板块"样本公司的 ESG 报告发布率为 98.9%，属于发行境外上市外资股的报告发布率为 98.6%，金融类公司的报告发布率为 98.5%，属于深证 100 指数的公司报告发布率为 93.5%（见图 9 - 16）。

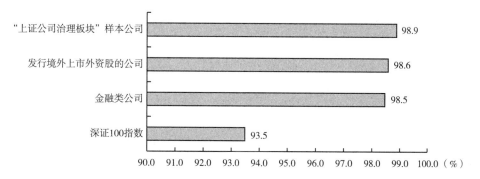

图 9 - 16　沪深 300 指数成分股中受证券交易所要求
发布 ESG 报告的企业报告发布情况统计

数据来源：商道纵横团队统计。

从数据中可以看出，对于监管机构、证券交易所提出的要求，大部分上市公司定期进行 ESG 信息披露，积极主动与利益相关方沟通。但仍存在少部分公司由于不清楚自己属于监管机构、证券交易所信息披露要求的上市公司行列中，没有认识到披露环境、社会和公司治理方面信息的重要性而暂时没有发布社会责任报告。因此，企业需要清晰认识 ESG，把 ESG 报告作为日常经营管理与利益相关方沟通的重要工具，关注监管机构与证券交易所的行动与要求，推动公司高质量发展。

总结

A 股上市公司 ESG 报告的披露数量在不断增加，ESG 报告数量增加的背后离不开监管机构、交易所的推动与企业可持续发展理念的觉醒。随着中国碳达峰、碳中和目标的提出，政府、监管机构、交易所等各方将会加大力度推动 ESG 发展，强化对上市公司 ESG 信息披露的监管。在此趋势驱动下，未来上市公司的 ESG 信披将会着重在质量上不断提升，更好地回应多数投资者的实质关切，助力提升公司治理水平。

第 10 章　ESG 绩效衡量

本章将从三个方面分析 ESG 的绩效衡量体系，注重 ESG 衡量方法的讲述以及 ESG 绩效的实证研究。首先，阐述了主要分析投资者使用的传统的绩效衡量方法与 ESG 绩效衡量的关系，这些传统方法包括夏普比率、欧米茄比率、索提诺比率等，包括纳入 ESG 因素的资本资产定价模型，评估这些模型在 ESG 投资绩效衡量中的具体应用方法，从定量和定性两个方面评估这些模型的优缺点；其次，分别从 ESG 实践和 ESG 投资两个角度汇总 ESG 绩效衡量的前沿研究，进行相关的模型和结论的归类阐述。

学习目标：

- 了解 ESG 绩效衡量的主要方法，以及不同研究方法的优势。
- 分析 ESG 实践对公司财务绩效和企业价值的相关性。
- 掌握 ESG 投资组合的风险收益分析方法。

10.1　传统绩效衡量方法在 ESG 绩效衡量中的应用

对于投资者而言，对其投资组合风险和收益的衡量是很重要的，了解投资者的投资研究分析方法类型，可以更好地理解投资者如何看待风险和收益，也有助于说明 ESG 投资和传统的投资之间的共性、差异性和适应性。正如前几章所讨论的，ESG 因素可以定量分析（如 ESG 评级数据），或定性分析（如 ESG 筛选），一些投资者也将两者结合使用。

10.1.1　定性研究与定量研究

（1）ESG 定性研究。

定性研究是基于定性（非统计测量）信息的分析。适用于 ESG 投资的定性研究是一种通过定性指标收集有关 ESG 问题的信息的方法，可能包括通过访谈、讨论小组、对照实验和调查收集信息。具体来说，在 ESG 数据收集过程中，可能包含对公司管理团队和董事会的采访，对公司标准政策和道德规范的分析，或对可能就 ESG 产生重大影响的公司新闻和关键变化的观察。例如，ESG 投资者可能会定性地检查公司供应链中的劳工标准问题，因为通过定量方式很难收集这些信息。ESG 投资者使用定性研究的另一个例子可能是 ESG 投资者倾向于分析公司的商业道德。投资者可能很难收集有关公司道德文化的详细量化信息，因此他们可能更喜欢对公司文化进行定性评估，从而做出更明智的决定。尽管独立研究公司可能会对公司的商业道德进行量化评分，但 ESG 投资者可能会觉得他们自己的道德要求或他们所代表的机构的道德标准与独立研究公司存在差异，因此投资者还是倾向于进行定性研究。在这种情况下，投资者可能会发现在公司进行面对面访谈和匿名调查将更好地了解公司的商业道德。对于 ESG 投资者来说，当与特定问题相关的变量难以定量收集时，这种定性形式的数据可能是一种有吸引力的研究方法。定性研究可以使 ESG 投资者能够在研究和分析过程中检验假设并做出推论，而这是纯定量方法难以实现的，并且不需要通过数字表示。

当定量 ESG 数据缺乏说服力时，定性研究往往可以成为投资者作出决策的工具。由于有关 ESG 问题的信息在本质上可能是复杂和多方面的，一些 ESG 投资者更喜欢使用定性研究来扩大需要考察的数据。然而，应该注意的是，定性研究是一种广泛的方法论方法，包含许多基础方法和设计。定性研究结论通常被认为是命题（有根据的断言），并且通常作为实际的考虑因素。ESG 投资者可能会先收集定性数据，然后再通过组织、排序和筛选获得可以定量分析的数据。

（2）ESG 定量研究。

ESG 投资者也可以选择定量研究方法来进行 ESG 分析。定量研究指通过统计、数学或计算过程对可观察数据进行系统研究。ESG 投资者选择使用定量技术和模型的原因在于，这样做能够在数学上标准化数据以进行综合和投资决策分析。定量数据可以理解为任何数字形式的数据，如统计数字或百分比。定性研究是主观的，而定量推理可能会更加客观（尽管数据提供者生成定量 ESG 评级数据时存在主观性）。例如，投资者可能会使用定量研究方法来衡量董事会的多样性。如果投资者试图确定上市公司的董事会包括不同种族和女性代表，那么他们可能会发现相关的量化数据是公开的并且易于测量。

许多投资者选择在其 ESG 策略中采用平衡的定性和定量研究方法。投资者在投资组合中衡量环境、社会和治理数据时也会采取不同的方式。一些投资者选择关注定量的环境因素，而另一些投资者则选择关注定性的社会因素。随着 ESG 投资变得越来越流行，许多投资者选择关注特定的因素或子因素。例如，基金和投资者使用定性和定量信息的结合来关注水污染、气候变化、劳工权利、董事会多样性等问题。下一节将深入探讨投资者在投资组合中不同的侧重点。

10.1.2　自下而上法和自上而下法

（1）自上而下。

自上而下的投资研究方法是着眼于宏观的投资策略，专注于评估整体宏观经济；通过对整体市场情况进行评估，采用"自上而下"投资分析策略的投资者就会决定其投资组合的大致组成部分。"自上而下"的分析方法包括对经济变量的选择，分析师可以选择有助于宏观经济运动的变量；这些宏观经济变量包括国内生产总值（GDP）、贸易数据、汇率变动、通货膨胀和利率变化等。

ESG 投资者也可能使用"自上而下"的分析方法作为他们的研究方法，并且可以将"自上而下"的分析与实施 ESG 的方法结合起来。例如，一个 ESG 投资者利用整合的方法来创建一个低碳投资组合，从而该投资者需要对能源行业进行分析，可能会使用石油和天然气生产的供需示意图进行自上而下的分析，以帮助他们知道何时应该提高或降低碳暴露，并指导其可再生能源的投资配置。

ESG 投资者可以使用"自上而下"的分析方法，在他们的 ESG 投资方法中优先考虑 ESG 问题；宏观经济提供的数据，能使 ESG 投资者更了解 ESG 问题或主题，这些问题或主题可能与他们的 ESG 投资政策相一致，预示风险，或预示投资机会的潜力。"自上而下"的方法在 ESG 投资中的应用是可行的，也是许多 ESG 投资者选择的方法。例如，"自上而下"的 ESG 投资方法可以分析一家大型科技公司的可持续性和道德行为，该公司的电子元件供应链在全球范围内覆盖广泛，而且可能在雇用童工的地区生产零部件。ESG 投资者还可以确定一个针对特定行业、地区或资产的社会主题，作为投资风险的指标，20 世纪 80 年代，由于种族隔离，许多投资者纷纷抛售南非债券、股票和信贷，这导致机构投资者和主权财富基金由于公众的不公正行为而使大量资金流出南非。

"自上而下"的投资方式是一种主流策略，因为它在某种程度上考虑了宏观经济学，而"自下而上"的方式无法解释这一点。了解宏观经济趋势有助于投资者研究市场趋势。宏观经济格局不稳定的国家对投资者会产生风险，而宏观经济趋势稳定的国家可以为投资者提供更稳定的投资；一个适用于 ESG 投资的例子是，通过分析宏观 ESG 因素（政府腐败、自然资源的出口依赖、公民压迫和人权），可以衡量新兴市场政府债券的质量。

（2）自下而上。

基本面分析是"自下而上"投资分析法的一个重要因素。采用"自下而上"分析法的投资者关注的是微观问题和特定的公司，如一只股票，而不是整体经济和市场周期。这种方法的理论依据是，投资者假设某家公司的表现可以超越所在行业，"自下而上"的分析可以为投资者提供系统性风险分析，并提供风险调整基准。

L'Her、Stoyanova、Shaw、Scott 和 Lai 的研究是研究人员如何使用"自下而上"分析方法的一个例子，他们使用"自下而上"的方法来评估基金市场经风险调整后的表现，在研究过程中，采用"自下而上"的方法识别并购标的公司的风险，建立风险调整基准，在考虑风险调整因素后，研究人员得出结论，与公开市场上的同类基金相比，并购基金的投资没有显著的优势，这项研究对投资界非常有益，因为它证明了并购基金可以为机构投资者提供价值。

基金经理广泛推荐"自下而上"的投资方式。这种方法比"自上而下"的方法更有优势，因为它关注的是单个公司，所以对基金经理很有帮助，它不关注市场模式，而是关注实际的公司；虽然"自上而下"的方法有助于理解整体市场，但"自上而下"的方法并不像

"自下而上"的方法那样关注单个公司。主动型经理需要"自下而上"的方法，而被动型经理则需要"自上而下"的方法。

ESG 投资者也经常将 ESG 研究纳入"自下而上"的分析，ESG 的很多数据都与"自下而上"的分析相关联，因为它让我们看到了公司和投资项目的具体情况。ESG 投资可以让投资者在不考虑整体经济或行业表现的情况下，对特定证券与同类证券形成"自下而上"的观点，而这是传统基本面分析所不能提供的；"自下而上"的研究中使用的 ESG 因素可以包括各种类别，如高管薪酬、企业社会责任、环境保护、产品质量和安全等。

投资者通常会结合"自上而下"和"自下而上"的研究方法进行投资。ESG 投资者可以首先研究影响宏观经济的 ESG 问题和主题，然后确定最适合其行业或部门的特定证券，反之亦然。

10.1.3 基本面分析

基本面分析是一种通过检验经济、金融和定性因素来衡量证券的内在价值的研究方法。基本面分析包括对可能影响证券价值的所有因素的研究，其目标是计算出一个假设的内在价值，投资者可以将其与资产或证券的当前价格进行比较，通过该方法表明资产或证券的价格是否被低估或高估。对于一个证券来说，其最核心的用于基本面分析的因素是现金流。

现金流是指进出企业的现金和现金等价物的净额，现金流量为正表明公司资产有正增长，负现金流表明公司的资产在减少，经营性现金流代表公司净收入中的现金，Jensen 和 Posner（1986）提出了自由现金流的概念，但没有给出自由现金流（FCF）的具体计算方法，自 Jensen 发表论文以来，自由现金流已经成为一个重要的参数，但其计算方法仍存在很大的差异，使用现金流的一个主要假设是，拥有稳定现金流和低信息不对称的公司可以被视为风险较低的投资，特别是在投资者情绪疲弱的动荡市场。

ESG 投资者在评估公司时也可能会强调现金流和自由现金流，这类投资者可能还会从微观视角观察围绕现金流的治理结构；例如，ESG 投资者可以定性地分析现金流的历史使用情况，以了解现金在历史上是否被用于提升或损害股东利益，ESG 投资者还可以研究现金的潜力，通过股息分配给投资者，或用于进一步增长的研究和开发项目的投资，或用于可持续的环境或社会责任项目；同样的投资者可能会评估现金被用于使管理团队受益的各种可能性。ESG 投资者还可以与被投资公司进行商议，讨论如何以可持续和负责任的方式使用现金。

现金流折现模型（DCF）是分析现金流的一种方法，现金流折现考虑的是货币的时间价值，该模型常被用来确定一项投资在未来的吸引力。该方法是通过使用自由现金流（FCF）模型进行预测和折现，以估计现值，然后使用现值来评估投资的潜力，DCF 估值通过公司未来现金流的现值来预测公司的价值，该模型的一个问题是，现金流的确切值和持续时间可能是未知的，所以预测是基础分析估值模型（如 DCF）的关键组成部分。

全球投资者接受 DCF 估值的做法，尽管从经验上看，在发达市场使用 DCF 模型比在新兴市场使用会产生更准确的结果，这或许是因为，与发达市场相比，新兴市场监管不力，透明度较低；ESG 投资者可以使用 DCF 估值作为他们自己的股权估值工作的一部分，将公司产品或服务的可持续性假设作为公司最终价值的调整，通过这种方式，ESG 投资者可以假设公司具有可持续性，或者缺乏可持续性，这会增加或减少公司的最终价值；此外，投资者还可以使用 ESG 信息来估计公司的增长率，作为 DCF 估值的输入变量，通过这种方式，具有 ESG 意识的投资者可以通过纳入这些 ESG 标准，对一家公司的价值作出更精确的估计。通过联博资产管理公司（Alliance Bernstein）的案例可以清晰地了解如何在 DCF 模型中整合 ESG 因素。

联博资产管理公司的全球核心股票策略是一种积极的、基本面驱动的服务，由一小群选股人管理。他们通过 ESG 整合方法将 ESG 因素纳入折现现金流分析中。作为一家全球资产管理公司，联博在精神和实践上都信奉负责任的投资理念，负责任的投资就是探索、合作和不断改进。多年来，其将 ESG 因素整合到投资过程中一直是一个重点。全球核心股权团队投资于那些被定义为"价值创造者"的公司——那些能够在不占用太多资金的情况下扩大业务的公司。公司必须同时保持对增长、盈利能力和资产效率的高度关注。一个充分利用资产的公司，可以在通过回购和分红回报股东的同时，也能实现盈利增长。企业也可以通过缩减不盈利的业务来创造价值，这让它们能够释放资本。

联博的投资团队使用"三大支柱"的原则将 ESG 整合到他们的投资过程中。

第一步，团队采用自上而下的视角，从投资领域中剔除少数公司。其中包括那些涉及争议的行业，如武器或烟草行业。

第二步，团队采用自下而上的视角，确保 ESG 风险在投资组合中得到有效量化和适当补偿。

第三步，通过公司参与，可以解决与 ESG 相关的问题。

在第二步中，当对公司进行定价时，ESG 是公司估值中回报成分的重要组成部分。公司一旦出现严重的 ESG 问题，就会产生潜在的成本，它们也会让人们对公司商业模式的可持续性产生疑问。

在团队的投资模型中，目标价格是由贴现现金流模型生成的。为了评估一项新投资的盈利潜力，分析师通过他们的模型进行预测，以计算公司的预期价格。要进行投资，潜在的投资目标必须超过当前股价的一个特定上行阈值（通常是 +20%），而且团队认为这家公司可以随着时间的推移创造价值。每个公司都有一个贴现率来代表货币的时间价值，并根据以下风险溢价进行调整：

①周期性——衡量公司在经济背景下的经营风险；

②财务杠杆——解决拥有高负债率公司的额外风险；

③国家——考虑超出正常政治或市场治理风险的因素；

④ESG。

通过调整贴现率，可以更公平地对是否考虑 ESG 问题的公司进行比较。通过提高贴现率来惩罚 ESG 表现糟糕的公司，会提高该公司的投资门槛，确保承担额外风险的人获得足够的补偿。在某些情况下，这可能导致投资者完全放弃该投资。

重要的是，这不仅关系到一家公司是否面临 ESG 风险，还关系到公司管理层是否具备应对这一风险的能力。评估公司管理层解决 ESG 问题的能力是评估 ESG 因素的重要组成部分。在特定行业中，ESG 风险是公司运营的内在组成部分，如石油勘探公司的环境影响和酒精饮料制造商的社会影响。还有一些普遍存在的 ESG 风险，如工人福利或供应链管理等。下行风险的评估取决于问题的暴露程度，以及它是否是一个好的管理团队能够处理和控制的问题。在某些情况下，即使有称职的管理层，风险也总是存在的，在这些情况下，关键在于如何在公司的尾部风险以及潜在回报之间进行权衡。治理问题的评估因素有很多：商业道德；如何激励和补偿管理层；董事会公司治理原则、结构和监督。对这些问题进行评估，并与市场规范进行比较。仅在治理方面，如果公司拥有出色的资本管理能力，投资者也会受益，这与价值创造者的概念一致。

表 10 - 1   **ESG - related discount rate adjustments**

Discount rate adjustments	Environmental	Social	Governance
Minimum	0	0	- 0.25%
Maximum	0.50%	0.25%	0.50%

一个专有的定量评分模型用于计算 ESG 因素的调整贴现率。在这个模型中，分数越低，投资就越有吸引力。公司贴现率在特定范围内进行调整，随着模型开发的进展，这个范围可能会随着时间的推移而调整。目前的最大值和最小值设置如下：

- 环境和治理相关问题的最高惩罚为 +0.5%，因为这些问题对公司股价产生负面影响的可能性最大。

- 在公司管理层能够更好地减少或纠正此类问题的基础上，S 的最高惩罚为 +25 BP。

- 环境和社会的最低效益为零，这意味拥有最好的环境和社会治理的公司不会获得过多的优势，而这些优势可能会在其他地方得到体现，例如在竞争壁垒方面。

- 在治理方面，优秀的资本管理公司可分配高达 -0.25% 的贴现率收益，作为重要的价值创造的指标。

定量框架在某些问题上给出了质量管理的指示。如果该模型将一家公司识别为异类，或建议在其允许的范围内采取极限贴现率，团队将与管理层讨论这个问题。作为一家大型全球资产管理公司，分析师拥有相关的所有权水平，因此可以接触到管理层。最终，如果管理层有机会改善 ESG 问题，他们认为这将有利于公司的公允价值评估。

模型应用案例：XYZ 公司是一家在美国注册的大型跨国互联网服务提供商，该公司在全球反垄断和避税方面面临越来越大的风险。该公司拥有强大的隐私和数据安全承诺和政策，采用了一流的结构，如采用"隐私设计"方法、先进的加密和隐私增强技术。然而，它也未能避免隐私和数据安全争议。

考虑与 ESG 敞口和管理相关的任何潜在的左尾风险和非正态分布风险，这些风险没有在经济利润预测的直接模型中得到体现。尽管该公司一直以来都在为股东增加价值，但在非核心项目上的持续支出，以及不愿支付股息，都是对价值的负面影响。公司的财务预测已经反映了这一点，但未来可能对股东价值造成损失的情况却没有体现出来。潜在的管理缺失导致进一步对价值的负面影响，需要在 DCF 模型中体现。

该公司正努力用一种全球化的方式来应对地区客户和监管机构。美国的商业道德可能与欧洲监管机构存在分歧，使它们面临与反竞争行为相关的罚款和限制。这些风险在财务预测中没有得到充分反映，因此纳入了贴现率调整框架。个人和监管机构越来越关注隐私和数据安全。由于拥有大量用户，该公司在很大程度上面临潜在的数据泄露风险，并成为黑客攻击的明显目标。尽管他们在此类风险的等级管理方面做得最好，但该公司可能有一天会成为网络攻击的受害者。

第一，XYZ 公司的所有权和董事会结构，加上对股东价值的不完善评估，使公司的贴现率增加了 0.50%。

表 10 - 2　　Discounted cash flow model adjusted for ESG factors

折现率	增量	调整	上限回报率
实际市场隐含贴现率（全球发达国家）	4.00%	15.00%	15.00%
经营杠杆和周期性杠杆	0.10%	- 2.00%	13.00%
财务杠杆	- 0.25%	3.50%	16.50%
环境	0.00%	0.00%	16.50%
社会（2）	0.10%	- 1.50%	15.00%
治理（1）	0.50%	- 6.00%	9.00%
国家风险溢价	0.00%	0.00%	9.00%

第 1 列：增量——这表示通过贴现现金流（DCF）模型分析的定量数据。

第 2 栏：调整——这表示基于风险溢价因素（包括 ESG 因素）对 DCF 模型所做的调整。

第 3 栏：上行回报率——这表示投资的上行回报潜力。

ESG 模型调整：①XYZ 公司的所有权和董事会结构，加上不太完美的股东价值方法，使公司的贴现率增加了 0.50%。②尽管有非常强大的数据安全管理，但该公司极易面临潜在的违规行为，这使该公司的贴现率增加了 0.1%。其结论是，公司的潜在上行空间，即当前股价与团队对其内在价值的结论之间的差异，在很大程度上受到治理问题的影响。上行空间从 15% 下降到 9%，这显著改变了投资的可行性。

第二，市盈率（P/E）分析。

基本面分析的另一个模型是市盈率（P/E），P/E 和 DCF 模型是基本面分析师最常用的两种估值模型，许多包含 P/E 比率的研究关注的是 P/E 比率的变化是否可以由宏观经济因素和公司基本面因素解释（如无风险利率、通货膨胀、股票风险溢价、公司规模、杠杆率、股息支付率、盈利增长和价格波动）。实证研究发现，市盈率与股利支付率、公司规模、收益增长呈正相关，与无风险率、股权风险溢价、杠杆率呈负相关，投资者情绪也可能影响市盈率的变动，例如，在股票定价中考虑了投资者情绪后，如果股价突然飙升，公司的收益可能无法反映价格的变化。

投资者可以使用上市公司的市盈率来衡量公司在其行业内估值的相对市场情绪，然后可以将其作为自己的 ESG 研究的基准，具有 ESG 意识的投资者可能认为，具有良好 ESG 因素和低市盈率的公司的股权估值是有吸引力的，而具有不良 ESG 因素和高市盈率的公司的股权估值则不具有吸引力，在这种情况下，ESG 投资者可以将市盈率纳入其股票估值研究，通过综合 ESG 分析、市场、行业和对公司相对于竞争对手和行业的推断，了解公司的估值情况。

第三，市净率（P/B）分析。

另一个被广泛认可的基础分析工具是市净率（P/B），市净率的定义是企业权益的市场价值除以其权益的账面价值，市净率可以用来确定股票的价格是否反映了市场的整体估值，大多数公司使用历史会计成本来评估其经营资产，其结果是账面价值较低，这就是股票偏离收益基准的原因。

具有 ESG 意识的投资者可能会将市盈率作为评估公司股权的工具，这对 ESG 投资者来说是一种很有用的方法，因为它可以帮助投资者确定股票的市场价格与投资者对公司账面价值的看法在哪里存在差异；例如，一家公司可能进行财务造假，财务办公室通过会计措施将多余的损失向前转移，可以对公众隐瞒这些损失，因此，这些损失不会被计入公开的报告，也不会用来计算市盈率，在这种情况下，整合 ESG 实践的投资者会考虑到公司的不良治理结构，从而可能会利用他们通过调查公司的会计实践获得的信息来避免风险。

10.1.4 定量分析

定量分析旨在通过数学测量、统计建模和公司研究来理解或评估资产和证券，定量分析包括对金融市场经济行为的研究，与金融市场相关的定量分析的实践取决于由供求关系决定的价格变动。

ESG 投资者会通过各种方式进行定量分析，例如，ESG 投资者可以考虑商品或碳排放的供求变动关系，ESG 投资者构建的 ESG 因子在因子分析和风险溢价建模中也可以使用，使用 ESG 数据作为主成分分析（PCA）的组件，并收集相关 ESG 新闻作为定量衍生自动化算法的输入变量，与基本面分析相同，ESG 投资的实践可以丰富定量分析和量化资金管理。

（1）相关系数。

传统的定量分析通常使用相关性分析，这是一种常用的度量，用于检验两个随机变量的相互依赖性，例如，在固定收益中，正相关是从 0 到 +1，数值越大表明收益率相关性越大，并且同方向变化，负相关，是在 −1 和 0 变化，表明长期的依赖关系，然而，趋势将朝着相反的方向发展。利用相关模型，投资者可以评估价格变化背后的驱动因素。

相关性测量有助于投资者更好地理解两个变量之间的关系，ESG 投资者使用传统的相关性来衡量交易假设，管理投资组合风险，并通过相关性分析研究新的机会，例如，由独立服务提供商提供的 ESG 评级可以用来衡量不同证券和单个证券与行业或资产类别之间的 ESG 评级相关性；ESG 评级可用于衡量波动趋势，可作为定量研究、分析和交易的研究基础；用 ESG 方法进行相关性分析的一个学术例子来自 Nenavath Sreenu 博士的研究，他研究了公司财务决策、治理体系和新兴市场股票表现之间的关系，他的研究目的是在印度市场的背景下找出这三个因素之间的相关性，Sreenu 得出结论：公司治理与公司财务绩效是相关的，公司治理评价对财务绩效有显著的正向影响。ESG 投资者将根据他们的整合方法或政策观点，综合考虑不可持续的资产、负债或与 ESG 相关的负面问题和因素，从而对公司的账面价值进行调整。

（2）R^2。

投资者用来衡量风险和回报潜力的另一个工具是 R^2；R^2 是一种统计方法，通常与定量分析有关，它代表了基金或证券的变动百分比，R^2 的范围从 0 到 1，并用百分比表示。R^2 表示所有证券的变动都是由指数的变动来定义的。数值在 85% ~ 100%，表明该基金的表现模式与该指数一致；数值在 70% 或者更低的基金，表明该证券的表现与指数相差较大；ESG 投资者可以使用 R^2 来评估特定的 ESG 投资如何与更广泛的市场或同类股票波动相关联，或者识别他们的投资组合与使用传统的非 ESG 指数资产配置相似的投资组合有何不同。

（3）夏普比率。

夏普比率基于现代投资理论的研究，得到风险的大小会决定组合的表现，也即对风险调整后的收益率可以作为一个综合指标，且夏普比率衡量的是整个投资组合的整体风险，该数值越高，说明在承担相同单位的风险时，所能得到的超额收益更高，在投资者固定所能承担的风险下，追求最大的收益，或者在固定预期收益的情况下，追求最低的风险。在进行 ESG 投资时，夏普比率仍然适用，ESG 表现会影响一个公司的经营业绩，尤其对风险有一定的影响力，其 ESG 绩效会通过对风险的抵御能力得以体现，在整体考虑 ESG 因素的情况下，夏普比率之间的比较也同样有意义。

（4）特雷诺指数。

特雷诺指数与夏普比率形式类似，其将衡量整体风险水平的替换为了衡量单个企业的 β 值，用以衡量单个企业的非系统性风险，该指数衡量单位非系统风险的风险溢价，该数值越高，说明越具有投资潜力。

在 ESG 投资者的分析中，特雷诺指数是相较于夏普比率更适合于分析的指数，因为对于不同的企业而言，不同的 ESG 表现对应的 ESG 得分不同，这些得分会更体现一个具体企业的经营情况，所以运用特雷诺指数去对 ESG 指标进行评估，会使其中的 β 受到直接影响，从而对整体指数造成影响。

（5）方差。

定量分析的另一个工具是方差，有时也称为均值方差，方差计算需要测量数据集中点与均值之间的统计差值，将差值平方除以集合中数据点的个数。均值－方差建模是现代投资组合理论的重要组成部分，它试图将低波动性和高波动性资产共同纳入组合中，创建出最优的风险回报比，得到最优的投资组合。

哈里·马科维茨在 1952 年的研究中推广了均值－方差分析在投资组合理论中的应用，从那时起，许多机构投资者使用现代投资组合理论或替代的均值－方差建模分析方法作为确定目标资产配置的方法，许多具有 ESG 思想的投资者会使用 ESG 调整的资产波动性假设、ESG 相对被动指数和其他 ESG 信息作为调整的参数输入，进行均值－方差建模，ESG 投资和 ESG 问题会对传统的均值－方差模型产生重大影响，通过将 ESG 集成到均值－方差模型中，资产所有者可以加强系统框架，向其投资对象和投资者传达 ESG 绩效的重要性，并以此限制系统风险（与整体经济系统相关的风险，而不是某一特定资产或资产类别），使用现代投资组合理论的投资经理，如私人财富经理和机构投资者，在将 ESG 政策和见解整合到他们的建模过程中时，可能会对他们的投资组合风险有更深刻的理解，并对系统性风险产生更好的抵御能力。

（6）偏度。

定量分析包括对偏度的评估。偏度描述了统计数据集中正态分布的不对称性偏度对融资至关重要，因为大多数价格和资产回报都不服从正态分布，偏度的值可以是正的，也可以是负的，正的表示右侧尾部较长，负的表示左侧尾部较长，一个零偏度，或一个对称偏度，则表明该分布集中在平均值的两边，是风险均衡的体现。

投资者经常使用期权定价，即此类衍生品的隐含波动率，来确定其投资组合的偏度，这使他们能够确定自己的风险管理概率（Ross，2015），期权的看涨市场提供了对未来风险上行概率分布的观察，被称为右尾，而看跌期权市场提供了对未来下行风险或左尾风险概率分布的观察，偏度是一个前瞻性的指标，因为它被用来预测未来的回报分布。

ESG 投资者可以使用传统意义上的偏度，但也可以整合他们从 ESG 分析中预测的证券概率分布，还可以利用 ESG 评级横截面数据，使用偏度类推来开发 ESG 评级概率分布，这些数据可能依据行业和资产类别进行加权，作为未来证券价格表现的前瞻性模糊概率（Pollard，Sherwood，and Klobus，2018），简单地说，ESG 评级机构可以通过整合 ESG 评级数据与财务回报的相关性来提供对未来回报的预测。

（7）峰度。

峰度的相关概念是衡量分布中相对于分布中心的尾部的权重，峰度有时被描述为"偏度的偏度"，如图 10－1 所示。

峰度可以进行定量测量，通常是通过检验偏度来完成的，较高的峰值表明该分布存在肥尾，与正态分布相比，出现极端结果的可能性更大，分析和测量峰度使投资者能够更好地理解出现极端结果的可能性大小。

ESG 投资者可以测量基于 ESG 分析的概率分布，以模拟他们的投资组合相对于期望的峰度，当使用负面筛选法来理解 ESG 相关证券的负筛选如何影响收益分布时，偏度和峰度是有用的工具；类似地，ESG 整合方法可以利用偏度和峰度的统计数据作为定量指标，以解决整合程度问题，并且可以考虑如何以一种不会显著改变理想偏度和峰度的方式整合 ESG 因子。

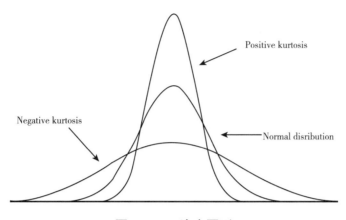

图 10 – 1　峰度图形

（8）Alpha（α）。

α 是某一资产的超额收益相对于某一市场指数的超额收益的时间序列回归的截距，简单地说，α 衡量的是资产相对于市场的表现。α 通常被认为是积极的投资回报，因为它根据一个基准来衡量投资的表现，其被描述为一个数字百分比，代表了一个投资组合与基准指数相比的表现；例如，一项投资的 α 值可以描述为 3，这代表比基准指数高出 3%。对截面收益的分析，如 Fama – French 四因素模型中，也可以使用 α 来衡量业绩的突出程度。许多投资者整合了 ESG 因素，因为他们相信这会帮助其获得更大的 α 值，这些投资者认为，从 ESG 数据、研究和分析中获得的信息将帮助他们降低下行风险，并扩大其在更广泛市场上获得超额回报的机会。为什么 alpha 本质是 β 的表现呢？因为 alpha 体现的是超额收益，是相较于 CAPM、Fama – French 三因素模型等预测收益与真实汇报之间的差额。

（9）Beta（β）。

β 是资产在市场风险中公平分配的份额。β 度量的是系统风险。基准的 β 值为 1，资产是根据基准来衡量的，一个 β 值为 1 的资产可以完美地跟踪基准的变动，β 值为 – 1 的资产的走势与基准正好相反；β 也是用回归分析计算出来的，它代表了对市场波动作出反应的证券收益率的趋势。为了计算证券的 β，需要用和基准收益的协方差除以基准在特定时期的收益的方差。

ESG 投资者可以像传统投资者一样使用 β，但要采取适应他们的可投资的领域和市场视角；例如，将某些股票排除在投资范围之外的投资者可能会选择不包括此类证券的 GICS 代码、行业或行业分类的基准指数，使用一个与 ESG 投资者的策略或方法相一致的基准指数，可以更好地代表投资者的分析，以及对风险和潜在回报的理解。此外，使用适当的 β 基准可以让投资者更好地分析和确定他们的投资组合在哪里可以获得 α；例如，希望衡量非 ESG

基准和 ESG 基准之间相关性的投资者可以使用非 ESG 基准衡量 ESG 投资的 β 值。

（10）资本资产定价模型（CAPM），是一种常用的定量分析模型，投资者使用 CAPM 模型来评估证券的价值，并根据两个因素对资产进行定价，这两个因素分别是货币的时间价值和资产的风险；货币的时间价值是指，由于相同金额的潜在收益，现在的货币比未来的货币更有价值；CAPM 使用市场均衡假设，其中风险资产的预期超额回报与市场投资组合（β 值为 1 的投资组合，或与市场完全一致的投资组合）的预期超额回报进行比较，为了建立资产预期回报的均衡值，投资者必须计算资产的 β 值（与整个市场的相关性），市场组合的预期回报，以及无风险回报率（通常由短期政府债券收益率表示），ESG 投资者可以将他们自己的方法纳入 CAPM 模型，例如，ESG 投资者可以选择与特定 ESG 政策相一致的无风险利率，或者使用指数提供商提供 ESG 指数，ESG 投资者可以通过使用 ESG 策略提供的潜在收益增长的视角来考虑货币的时间价值，这意味着投资者通过 ESG 整合来表现对更高长期绩效的研究。

案例分析：

Hannah G. Commoss，是 Spruceview Capital 公司的合伙人，其拥有近 20 年的公共和私营部门机构投资管理和财务分析经验；在 Spruceview 任职期间，Hannah 负责建立和管理有价证券投资组合和多资产类别 ESG 解决方案。Hannah 还曾担任马萨诸塞州养老金储备投资管理委员会（PRIM）的副首席投资官、公开市场和战略计划总监，在那里，她管理着当时约 350 亿美元的公开市场投资计划，并实施了 42 亿美元的直接对冲基金计划；此外，Hannah 还指导了 PRIM 董事会的投资政策举措，包括投资限制/撤除、委托投票定制和执行的所有方面，以及跨资产类别的有针对性的投资计划；在加入 PRIM 之前，她任职于 HarbourVest Partners，这是一家私人投资公司。

作为投资者们，我们已经习惯了使用一大堆首字母缩略词去衡量我们投资的效益，如净资产收益率（ROE）、每股收益（EPS）和市盈率（P/E），我们还必须熟悉那些表示投资策略和投资工具的字母缩写，ETF、UCITS、CAT、SPV 等，我们观察到随着时间的推移，随着产品的更新，资本配置者和资产所有者越来越多地考虑他们的资产应该如何运作，以及他们在这一过程中可能会积极或被动地支持什么，投资者的行为发生了巨大的变化，他们越来越重视"双重底线"——强劲的财务回报和有意义的、可衡量的社会影响；在这种投资者意识中，与 ESG（环境、社会和治理）相关的讨论和投资正在兴起；投资圈中的比较守旧的投资者将 ESG 视为"情感阿尔法"，从而不对其进行考虑；而考虑 ESG（环境、社会和治理）因素的投资却与积极的风险管理、较强的企业社会责任和强劲的长期回报密切相关；事实上，根据哈佛大学商学院（Harvard Business School）和伦敦经济学院（London School of Economics）的综合研究，那些将环境和社会实践结合起来的公司比那些没有履行环境和社会义务的公司产生的长期股票回报率更高。

尽管人们对 ESG 投资的兴趣越来越大，也越来越喜欢选择与 ESG 相关的投资，但即使是最老练和经验最丰富的机构投资者，也不清楚如何在投资组合或资产配置中最好地实现 ESG，在承认 ESG 是一个重要的考虑因素后，投资者一般会提出以下一系列问题：应该如何开始？应该关注哪些问题？应该如何定义 ESG？以及如何对 ESG 进行衡量？这些都是许多人仍难以回答的问题。

作为一名长期机构投资者，Hannah 发现该 ESG 的兴起解决了许多社会问题、人道主义问题和健康问题，如烟草售卖、枪支管制等；与之前的理念不同，ESG 是一种多层面的理念，没有具体的定义，在定义上缺乏一致性给整体 ESG 的应用带来了困难，因为资产所有者经常要从实现某一目标的角度着手，也就是说，专注于 ESG 中单一组成部分的分类方法可能是一个非常有效的起点，当考虑气候变化时，气候变化意识的提高及其带来的深远影响是难以否认的，且气候变化对健康和人民福利、食物和水供应的深远影响；因此，ESG 中的 "E" 越来越受到投资者和政策制定者的关注，是开启任何 ESG 研究的一个有意义，且能产生较大影响力的地方。

在此背景下，2017 年秋，Hannah 与其他作者合著了《气候变化企业责任评估方法：化石能源行业案例研究》（*A Methodology for Assessment of Corporate Responsibility on Climate Change：A Case Study on the Fossil Energy Industry*），发表在《环境投资杂志》（*Journal of Environmental Investing*）上，该文章讨论了由科学家联盟（Union of Concerned Scientists）于 2016 年 10 月发布的量化指标，该指标为评估与气候变化相关的企业责任提供了一个框架，特别是化石燃料行业。

该指标由 30 个不同的指标组成，来自可公开获取的资源，涵盖四大类：

- 放弃有关气候科学和政策的虚假信息。
- 规划低碳约束下的经济。
- 支持公平有效的政策。
- 充分披露气候风险。

《环境投资杂志》的论文强调了该指标的最初应用，该指标集中研究 2015 年 1 月至 2016 年 5 月的 8 家上市汽油和煤炭公司——雪佛龙、埃克森美孚、BP、荷兰皇家壳牌、康菲石油、皮博迪能源、CONSOL 能源和 Arch 煤炭公司。1751～2010 年，近 15% 的工业碳排放可归因于这八个名字，这一指标可转化为五个定性评级，从 "先进的" 到 "糟糕的"，转化为相应的定量排名，量化排名的方法具有严格性和一致性，并提供定量的方法可以进行纵向比较，便于跟踪。

最初的结果突出表明，在样本期内，八家公司在四个类别中的做法存在相当大的差异。虽然各公司的不足之处各不相同，但就其在气候变化宣传、披露、政策和规划方面而言，各公司都有很大的改进空间。

该指标的一个独特之处在于，在利用公开数据的同时，强调非财务披露，寻求从政策和行动的角度，了解化石燃料生产商在未来排放和气候变化中所扮演的核心角色。这一点很重要，因为以前的理念虽然认识到企业在污染物排放中起到关键作用，但同样重要的是前瞻性地监测和了解企业责任水平，所以有些问题也需要被考虑在内，如企业是否支持气候变化倡议和政策？企业与那些对气候变化持怀疑态度而不承认它的组织是否持有相同态度？他们是否正在寻求改变他们的商业运作模式以提高对气候的意识？直觉和初步的实证结果都证实，企业还需要做出很多的努力。

在度量标准方面，其应用可以是多方面的，ESG 和社会责任投资的早期实施倾向于负面筛选和撤资，导致整个行业中的很多企业在资产配置被大规模淘汰或回避，这些指标为资产所有者提供了一系列行为评估单个公司的能力，从而允许在企业行为方面有所区别，除了负面筛选和撤资方法之外，该指标还可以告知股东参与和《环境投资杂志》（*Journal of Environmental Investing*）论文中所描述的与企业问责相关的法律程序，该指标的进一步工作正在考虑扩展其与公司、行业和地理位置的相关性。

不可否认，ESG 将继续存在发展，因为几乎所有的投资讨论都会提到它，尽管全面的 ESG 整合是所有寻求可以带来长期、正向回报的资产所有者和投资者的标准，但它仍然在定义方法、衡量标准方面存在实施难点，为了克服这些困难，集中关注 ESG 的一个方面，如前面所述的气候变化，可能是一个有效且有意义的起点。

10.1.5 技术分析

技术分析是根据由证券价格在图表上的变动而形成的独特的形式，对股价的变动进行预测；该分析方法的假设是"历史会重演"，也即过去发生过的现象会重复出现，随着时间的推移，共同的价格点是这些模式的一个指标，然后利用这些图表中的信息来确定趋势，预测未来的价格走势。

ESG 投资者也将使用技术分析作为进入、建立和退出投资头寸的工具，技术分析对于衡量历史市场参与者为证券提供的支撑或阻力水平是有用的，ESG 投资者还可以使用技术分析，以确定他们对证券的 ESG 估值与公开市场对证券交易价格确定之间的差异，技术分析也可用于测量 ESG 评级的时间序列，对企业未来的 ESG 表现和评级做出预测。

基于之前的价格波动可进行均值回归分析，均值回归是指价格和回报最终会向均值移动的理论，均值回归利用证券价格在向均值靠拢时的变化所带来的价格变动进行获利，均值回归模型在各种资产类别和衍生品中都很受欢迎，因为高自由度算法交易等技术让投资者能够持续实时地了解均值回归价差，大多数均值回归模型使用的是奥恩斯坦—乌伦贝克过程，该过程在长期均值周围随机振荡，平均回归率恒定。

ESG 投资者可以使用均值回归来了解进入或退出头寸，以及衡量投资组合中的可持续性因素和可能的结果，ESG 投资者在控制投资组合中敏感区域的变量权重时，也可以使用均值回归分析。例如，关注环境的投资者可能会使用均值回归分析来帮助其对能源（如石油和天然气）的权重进行评估，充分评估其投资组合中的风险敞口，同时控制投资组合中的碳排放量，均值回归是大宗商品价格的一个重要特征。

基本面分析、定量分析和技术分析方法继续发展，并受到 ESG 因素整合的影响，尽管 ESG 因素越来越多地被纳入传统的绩效模型中，但围绕 ESG 整合建立的定量模型可能仍然存在一定差距，即 ESG 整合对绩效的影响。通过以下卢森堡 Candriam 投资公司的实践案例，可以了解 Candriam 如何通过内部独立团队进行 ESG 整合研究和分析。

Candriam 在 1996 年推出了第一只 ESG 股票和固定收益基金，随后在 2000 年推出了一系列 ESG 资产配置基金，并在 2005 年成立了一个独立的内部 ESG 研究和分析团队；Candriam 总资产的 27%，即 365 亿美元用于 ESG 投资战略；2006 年，Candriam 成为联合国负责任投资原则（PRI）的创始签署企业之一，Candriam 的 ESG 研究框架不仅是 Candriam 两年平稳增长的结果，而且是为了与投资者当前的 ESG 精神保持高度一致。Candriam 拥有一个由 14 名内部专家组成的独立、专注于 ESG 研究的团队，这个团队由研究分析师和专注于参与和代理投票的分析师组成，他们的每一位 ESG 研究分析师都是像传统研究分析师一样的行业专家，但他们的目标是基于企业的 ESG 表现，对同行业的公司依据 ESG 表现进行分析和排名。

研究分析师使用 2006 年创建的专业数据库，数据来源于各类媒体信息（可持续发展机构、媒体、非政府组织报告、行业专家和协会）以及监测得到的定量和定性数据；然后，还会从公司出版物、报告，以及管理和投资者相关团队的直接接触中收集信息。专业的研究数据库与两个分析框架的应用相关联，这两个自定义分析框架一个用于对企业进行分析，另一个用于对主权进行分析，它授权 ESG 研究团队对各种各样的资产类别、投资策略和工具结构（例如，单独管理的账户或混合基金）进行评级、排名和汇编。

一个独立的 ESG 研究团队有两个好处：首先，它确保团队可以在没有来自其他投资团队的不当冲突和摩擦的情况下运作；其次，它展示了投资经理的承诺，并向投资者保证，他们会将 ESG 因素放在投资组合构建中的第一位。

10.2　ESG 实践绩效

ESG 是伞式术语，其下涵盖 ESG 实践与 ESG 投资两个领域。从实务层面看，ESG 实践的参与主体是企业，而 ESG 投资的参与主体是资产所有人和资产管理人。本节介绍 ESG 实践领域中的绩效，即企业的 ESG 表现与传统财务绩效以及企业价值之间的关系，10.3 节介绍 ESG 投资的风险与收益分析。

10.2.1 ESG 与传统财务绩效的相关性

本节的内容主要是基于目前的国内外文献研究情况，对 ESG 绩效和传统的衡量企业财务状况的绩效指标的关系进行研究。在国内外对 ESG 绩效和传统财务绩效关系的研究中，不同的学者运用不同的方法和衡量标准，来研究两者之间的关系，也得出了不同的结论。

（1）两者之间存在非负的相关性。

在现有研究中，最主流的研究观点是两者存在非负的相关性。在现有的研究中，Gunnar Friede，Timo Busch 和 Alexander Bassen（2015）、Pilar Rivera 等（2017）对目前研究两者关系的现有文献进行了调研，然后总结得到了现有的 90% 的研究中都表明 ESG 绩效和传统财务绩效（CFP）之间存在非负的关系，并且这种关系及影响已经逐渐趋于稳定。

通过总结相关的文献，可以将这两者之间产生非负相关性的具体影响路径梳理为以下几条：

①降低债务成本，提高财务绩效。对于那些 ESG 绩效更优，或者进行积极 ESG 绩效披露的公司，其进行借贷时，债务的成本更低（Yasser Eliwaa et al.，2019），并且对于具有良好的 ESG 绩效的企业，其 ESG 表现可以显著提升财务绩效（Hemlata Chelawat and Tndra Vardhan Trivedi，2016）。

②增加透明度，减少波动性。随着上市公司披露非金融（ESG）数据的透明度越高，其信息不对称程度被降低，所以相关证券收益率的波动性将越低（Teresa Czerwinska，2015），在疫情防控期间，由于投资者的避险情绪高涨，这一情况更加明显，高 ESG 的投资组合表现优于低 ESG 的投资组合，且受欢迎程度明显提升（David C. Broadstock，2021），也有学者定量分析了该结论，得出在马来西亚一个部门的 ESG 披露增加 1%，将致使公司业绩增加约 4%（Wan Masliza、Wan Mohammad and Shaista Wasiuzzaman，2021）。

③改善社会声誉，提高公司的可持续性。高 ESG 分数的企业，其会更多地承担了社会责任，所以其社会声誉较好，企业可以因此获利（Amal Aouadil and Sylvain Marsat，2016），这一点可以通过当前的一些可持续基金的业绩表现体现出来，通过将有效投资组合与真实投资组合进行比较，发现可持续基金可以显著提高投资组合的可持续性，而不会危及财务绩效（Sebastian Utza，2015）。

以上研究均证实了 ESG 表现可以通过以上的路径改善企业的绩效，且研究均具有一定程度上的政策意义，减少资本市场的相关信息不对称和不确定问题（Edward D. Baker，2021）。对投资者而言，为其提供了一定的项目组合管理思路；对企业管理者而言，良好的企业行为，可以降低负面 ESG 事件发生的概率，同时增加利益相关者的总体受益；对于政策制定者而言，可以帮助其确定 ESG 方面哪些政策在风险管控上可能产生最大的影响（Claudia Champagne、Frank Coggins and Amos Sodjhin，2021）。

（2）存在负面的影响。

得出此类研究的学者，普遍都认为由于执行 ESG 目标的相关成本没有被完全的反映在财务报表中，所以实证时会出现两者之间正相关的情况，但是要考虑各种执行成本，两者的关系就变成了负相关。Eduardo Duque Grisales and Javier Aguilera Caracuel（2019）研究了 2011～2015 年在拉丁美洲的跨国公司的新兴市场中，公司的财务绩效与 ESG 分数的关系，结果表明 ESG 评分与财务绩效之间的关系在统计学上呈显著负相关。

（3）不存在明显的相关关系。

一些学者研究发现，ESG 和企业绩效之间并没有显著的关系；由于 ESG 定义较为复杂，所以两者之间的关系存在许多矛盾的假设和结果，不存在单一、确定的相关关系（Stuart I. Gillan，Andrew Koch and Laura T. Starks，2021），并且，在不同的国家和地区，结论不同，Benjamin R. Auer and Frank Schuhmacher（2015）通过比较亚太、美国和欧洲地区股票组合的夏普比率和经过调整之后的表现，发现经 ESG 筛选的投资组合业绩与被动组合无明显差异。

（4）不同情况下，影响不同。

这一部分的研究大多是对 ESG 这一综合指标中的三个构成元素 E、S、G 分别进行研究；研究得到在澳大利亚低 E 和高 G 评级的公司往往债务较少，高 G 评级公司持有的现金较少，而低 G 评级公司的股息支付较低（Manapon Limkriangkrai、Szekee Koh and Robert B. Durand，2016）。在德国，ESG 总指标对 ROA 有积极影响，但对托宾 Q 没有影响。此外，通过分析 ESGP 的三个不同组成部分得到，与环境和社会绩效相比，治理绩效对 FINP 的影响最大（Patrick Velte，2017）。该人在 2019 年又研究了 ESG 绩效对应计盈余管理（AEM）和实际盈余管理（REM）的影响，分析得到，与环境（E）和社会（S）方面相比，治理（G）绩效对应计利润的影响最大，且盈余管理与 ESG 绩效之间表现出一种双向关系（Patrick Velte，2019）。

也有一部分的研究聚焦于对公司现金流和融资成本的影响，研究发现了 ESG 活动和现金流及效率之间存在正相关关系，对股本成本有负向影响，对债务成本无影响；这一结论解释了为什么利益相关者理论和权衡理论支持者都找到了证据支撑其对两者关系的预测（Wajahat Azmi，2021）。Gunther Capelle - Blancard，Aure lien Petit（2017）也发现公司在面临负面的 ESG 信息时，公司市值下跌 0.1%，而正面消息对公司几乎没有影响。

10.2.2　ESG 与企业价值

ESG 和企业价值之间的关系，一直是个受人瞩目的议题：企业的 ESG 实践究竟会提高企业价值、降低企业价值，抑或是不产生影响？针对这个问题，学者从 20 世纪 70 年代开始研究，前后持续了半个世纪，相关论文不计其数，刊登在管理学、会计学和金融学等领域的期刊上。

研究这个关系时，学者会基于管理经济学的理论说明企业实践 ESG 的理由，以提出

ESG 对企业价值影响的假说，再建立统计模型，挑选合适的 ESG 变量和企业价值变量，利用数据进行检验。在此，具体的 ESG 变量可以是环境维度的节能减排、社会维度的供应链管理、公司治理维度的董事会组成等，或企业的整体 ESG 实践，而企业价值变量可以是市场价值、市净率、盈利、成本、销货额等。

ESG 和企业价值之间的关系究竟如何？若从一些个别的 ESG 项目看，有企业会否定这个关系，例如，当企业涉及某项成本高昂的环境整改方案，未来盈利未必会提高。当然，也有企业会持相反看法，认为其员工持股计划吸引了不少优秀人才，形成产品创新，以致盈利增加。不过，个别企业的经验不够全面，需要参考比较全面的理论依据，以及数据给予的支持。

对于 ESG 和企业价值之间的关系，传统上有两个主要假说，分别基于两套不同的理论，一套对两者关系持负面看法，另一套对两者关系持正面看法。两套理论都从现代企业的经营和管理着手，提出企业可以参与 ESG，并论证 ESG 和企业价值之间的关系。

对 ESG 和企业价值关系持有负面看法的，主要基于代理学说（agency theory）。该学说和管理学里的公司理论相连，从股东视角看事情，属于相当传统的理论。特别是，现代企业因所有权与经营权的分离而产生代理问题；公司高管作为股东的代理人，负责企业的日常运营，但会基于自身利益行事，例如，通过参与一些成本高昂的 ESG 项目来提高个人名声。当企业由高管主导而涉入这种 ESG 项目时，形同以牺牲股东利益的方式来获取个人利益，最终却导致企业价值下跌。因此，依据代理学说建立的代理假说认为，ESG 和企业价值之间负相关：企业的 ESG 实践会降低企业价值。代理假说虽由金融学教授 Jensen 于 1976 年提出，但相同思路已反映在先前另一篇知名度更高的专文：企业的社会责任是增加盈利？该文由诺奖得主 Friedman 教授所撰，1970 年登在纽约时报杂志上。此事距离今天已经整整半个世纪，当时 ESG 一词尚未崛起，而企业的相关行为被称为企业社会责任（corporate social responsibility，CSR），其中以慈善捐赠为主，亦是傅利曼教授在文中所大肆抨击的主题。不过，至今仍有不少人由企业内部治理问题来看待 ESG，诺奖得主 Tirole 教授即是一例，其看法反映于他前几年的"个人与企业社会责任"一文。

主张 ESG 和企业价值之间呈正面关系的看法，出现时间较晚，其背后有几套理论，而以利益相关者学说（stakeholder theory）最重要。它于 1984 年由 Freeman 教授提出，认为现代企业应该看清时代趋势，不能再局限于股东立场，而必须对多方利益相关者承担 ESG 责任。现代企业的利益相关方，如图 10 − 2 所示，除了股东之外，还有员工、顾客、供应商、社区、自然环境，甚至债权人、各级政府单位等。

后续发展中，这些利益相关方的合理性大多已被法律所肯定，并反映于一些法规条文和法庭判例上。例如，美国在 20 世纪 70 年代就制定了消费者保护法案，纳入企业对消费者的责任，更在 2009 年针对金融产品制定了投资者保护法案，考虑了原先未被纳入消费者群体的投资者。另外，各国都有劳动力就业保护法案、平等就业机会法案等，要求企业对员工承担责任。Freeman 教授最先是从规范伦理学的视角提出利益相关者学说，但后来由多方学者共同发展，基于财产权、伦理学、合法性、经济性等角度予以深化，而形成了一套相当完整的学说。依据利益相关者学说，企业的 ESG 实践就是在对各种利益相关者负责，如节能减排是对自然环境和整体社会负责，供应链劳动力标准是对供应商赋予责任要求，而产品安全是对顾客负责。利益相关者学说更表示，企业的 ESG 实践会提升企业价值，故两者之间正相关。

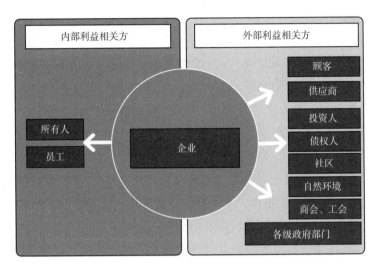

图 10 - 2　企业的利益相关方

除了利益相关者学说，还有其他理论也支持 ESG 和企业价值之间的正相关性，例如，波特教授 2006 年的比较优势理论及 2011 年的共享价值创造理论。比较优势理论是从战略的视角来解析企业涉及 ESG 的理由，认为 ESG 实践可以为企业创造竞争优势，最终提高企业价值。共享价值创造理论更推进了比较优势说，融入了利益相关者视角：当企业针对紧迫的社会问题，为利益相关者推出创意解决方案时，可以为双方创造共享价值，而反映于彼此价值的增加上。

对于企业 ESG 实践和其价值的关系，正向关系的看法常被称为"企业价值假说"或"企业绩效假说"，而反向关系的看法则被称为"代理假说"。学者通常利用现实世界里的数据测试"企业价值假说"，倘使数据支持正向关系时，则企业价值假说获得支持。反之，倘使数据不支持企业价值假说被拒绝，则表示它可能支持代理假说。

对企业价值假说的检验始于 20 世纪 70 年代，但当时没有全面的 ESG 数据，ESG 评级也还没出现，导致学者必须使用替代变量，如美国环保署的企业污染指标、企业年报里的环境披露、企业的声誉调查计分等。另外，当时的理论基础也比较薄弱，加上数据质量粗糙，以致研究结果不一。Ullman 教授对此做了梳理，于 1985 年在美国管理评论期刊上发表了一篇经典论文，呼吁学者开发相关理论和数据。比较完整的检验出现在 KLD 数据库出现后，其中有企业 ESG 的整体得分，也有这三个维度的分解得分，甚至各维度下某个议题的得分。学者据此做了很多研究，如检验 ESG 的整体得分和企业价值的关系，检验 S 维度下的社区参与和企业价值的关系，或是检测 E 维度下的环境处置和企业价值的关系。此外，学者利用英国的 EIRIS 数据库进行类似的研究，在 ESG 评级数据覆盖全球多国后，学者更利用 ASSET4 等数据进行更全面的研究。

因相关论文太多，在此无法备述，本节只提出三点主要的研究发现：第一，绝大多数的研究都发现，企业 ESG 和企业价值之间的关系为正，支持企业价值假说。第二，上述情况会受到数据特性的影响，例如，当使用企业的 ESG 分解得分时，研究结果会不同于整体得分。第三，当使用股价数据来代表企业价值时，研究结果取决于股市对企业正负面信息的反应，而反应差异会造成研究结果分歧。以下介绍三篇学术论文，它们以更细致的方法、更独特的数据来检验假说，因而特别亮眼。

Edmans 教授基于利益相关者学说和人力资源中心学说导出待检验的假说，利用美国数据，探究企业员工满意度和其股票长期回报之间的关系。他并不直接检验企业价值假说，反之，他检验超额回报假说：由员工满意度较高的股票所构成之投资组合，相比于由员工满意度较低的股票所构成之投资组合，前者的投资回报是否高于后者？针对这个假说，Edmans 教授以《财富》杂志"最佳雇主 100 强"里的一百家美国企业，构成一个投资组合，并与一个由员工满意度较低的企业所构成的投资组合相比，通过四因子模型来检验两者之间超额回报的差异，而实证结果支持原始假说。另外，该文还发现，员工满意度高的企业会有更多的正面意外收益，也有更高的事件宣布回报。

Khan 等三位教授的研究建立在 SASB 对实质性的界定上，其背后的理念很清楚：SASB 基于现实世界的证据，对各行业梳理出实质性的 ESG 议题及非实质性的议题，前者会对企业的财务底线造成影响，而后者则不会。因此，企业不应毫无选择地参与所有的 ESG 议题，反之，企业应该集中资源参与实质性的 ESG 议题，以提高长期价值。SASB 这种界定，无疑是对 ESG 议题做了更细致的区分，而各行业因其特质有其独特的实质性 ESG，如水资源稀缺议题之于食品行业、数据保密之于信息科技行业，但反之则不然。Khan 等三位教授不使用市场上现成的 ESG 评级数据，反之，他们基于 SASB 的界定而自行建构 ESG 数据，再检验超额回报假说，结果表明假说成立。亦即，与实质性 ESG 表现较差的企业股票所构成之投资组合相比，实质性 ESG 表现较好的企业股票所构成之投资组合具有更高的回报。反之，与非实质性 ESG 表现较差的企业股票所构成之投资组合相比，非实质性 ESG 表现较好的企业股票所构成之投资组合不具有更高的回报。作者对企业未来的会计绩效变化的分析进一步肯定了这个研究结果，并对 SASB 的实质性界定提供了初步证据。

Dai 等三位教授的研究基于利益相关者学说，但利用一个将企业与其供应商相互匹配的新数据库，通过细致的实证方法，呈现出亮眼的结果。供应商是企业重要的利益相关者，当供应链全球化后，企业的供应商遍布世界各地，如德国宝马汽车在全球有 87 家供应商，位于中国、韩国、日本、美国、墨西哥等国。但过去一直没有完整的相关数据库，以致研究未能展开。新数据库出炉后，Dai 等三位教授检验共享价值创造假说：企业和其供应商通过 ESG 实践而产生了共享价值。研究结果发现，当企业和供应商参与协同式的 ESG 时，会为双方创造经济价值，反映于销售成长、成本降低、市净率增加等方面，而这结果支持原始假说。

ESG 和企业价值之间的关系，是个备受瞩目的议题。针对这个问题，学者基于代理学说、利益相关者学说、共享价值创造学说等多种理论，推导出了两者之间不同关系的假说。检验假说需要数据，而相比于财务数据，人们对 ESG 数据的性质理解比较有限，对假说的检验也面临困难。特别是，有别于财务数据的价值中立性质，ESG 数据受到供应者价值立场的影响，包括其目标、使命、客户对象和机构背景等。迄今为止，学者对 ESG 数据的微观问题和企业财务报表立场的宏观问题仍在进行研究。但利用现有的 ESG 数据、通过合适的统计模型检验，多数研究的结果都支持企业价值假说。换言之，当企业 ESG 实践更好时，以股市价值、市净率、营收等变量来度量的企业价值都更高。

历史研究结论整体上表明，当企业进行利益相关者管理时，会获得利益相关方的支持，如能吸引优秀员工的加入、能获得买方厂商的订单、能获得更好的融资渠道、能强化市场竞争优势、能提高企业形象等，最终造成企业价值的增加。针对这系列研究背后存在的一些基本问题，学者也在努力克服中，其中包括现代投资组合理论的重塑、影响力加权会计框架的建构、更精确、更详细的 ESG 数据等。

10.3　ESG 投资绩效

10.3.1　ESG 与投资风险

ESG 因素与投资风险之间的关系是复杂的，但在理解其作用的影响方面已经取得了很大进展。已经开发出强大的风险管理工具，使将 ESG 因素纳入投资组合构建的过程比以前更加容易处理，但仍然存在重大挑战。威廉·夏普（William Sharpe）曾经说过，风险是"一种复杂的特征，是人类难以处理的。"ESG 因素尤其如此，因为 ESG 因素可能难以衡量，而且可能对不同的风险水平起作用。所以你如何看待 ESG 风险，在很大程度上取决于，你是谁，你想要解决什么问题。

本节将从系统性风险、非系统性风险和系统风险三个层面讨论 ESG 对投资风险的影响。在夏普的经典公式中，有两种类型的风险：非系统风险和系统风险。非系统风险可以（大部分）分散，而系统风险即使是分散良好的投资者也难以摆脱。因此，与集中的对冲基金相比，一个多元化的机构对 ESG 风险的看法将非常不同。在现代，风险的第三个维度出现了：系统性风险。2008~2009 年全球金融危机和气候变化问题的持续发展使系统性风险更加突出。

系统性风险（systematic risk）

有关于现代金融的一个关键见解是，投资组合回报的许多不确定性可以通过多样化来消除。两只股票可能有相同的预期回报和波动率，但作为一个投资组合，它们在一起的波动率要比单独在一起的波动率小。随着股票加入投资组合，波动性将继续下降。正如 Statman

（1987）所示，即使投资组合中已经有数百只股票，也会有分散投资的好处。一旦特殊风险被分散开来，投资者只需要关注系统风险。

对于负责任的投资者来说，关键问题就变成了他们的投资组合是否能够充分多样化。如果 ESG 投资政策的影响在很大程度上是随机的，投资者可以简单地购买大量证券，以投资组合中常见投资因素的暴露程度与基准相似的方式对它们进行加权，从而获得类似基准的回报。Markowitz（2012）分析了这个问题：似乎可以肯定地说，道德筛查将可获得的证券从大约 8000 种减少到大约 4000 种，这将是相当奇怪的，使它不可能选择一个流动性合理，非常多样化的投资组合，其回报率可与波动性类似的成熟公司的投资组合相媲美。许多研究为这一观点提供了实证支持。对北美负责任投资指数的研究一直表明，它们的相对表现主要是由常见的投资因素驱动的，如贝塔、规模和投资风格（如增长 vs. 价值）。表 10 - 3 是两个这样的索引在很长一段时间内的性能属性的总结结果。

表 10 - 3 　　　　Domini/KLD 400 和 Calvert Social Index 的绩效归因

指数	Domini/KLD 400	Calvert Social Index
时间（年）	1992 ~ 2010	2000 ~ 2014
主动回报率（%）	0.72	− 0.99
共同因素（%）	0.6	− 1.06
选股因素（%）	0.12	0.07
基准	S&P 500	Russell 1000

在每种情况下，与基准的差异似乎主要是由共同因素造成的。对于选股因子，我们期望看到任何与 ESG 相关的 Alpha，这两个指数都是正的，但在统计学上与零没有区别。

研究发现，这种优化可以大大减少 ESG 政策引入的跟踪误差，这意味着投资者通常可以在不显著损失投资组合效率的情况下，实现投资组合持股与个人或机构价值的高度一致。因此，优化已成为现代负责任投资实践的核心元素，许多公司提供的策略使用优化来满足 ESG 目标，同时保持较低水平的跟踪误差与基准。iShares MSCI US ESG Select ETF（股票代码：SUSA）是一家美国交易所交易基金，自 2005 年以来，该基金提供了一个 ESG 评级较高的股票组合，并优化了北美股票基准。

优化可用于增加对积极因素的暴露，如在 SUSA 中，或减少对消极因素的暴露，而不会产生不适当的跟踪错误。Rao and Brinkmann（2014）描述的一个最近的例子是养老基金 AP4（瑞典）和 FRR（法国）减少组合中碳暴露的项目。该项目与风险管理公司摩根士丹利资本国际（MSCI）合作，证明了机构可以在将跟踪误差保持在惊人的低水平的同时，显著减少碳暴露。例如，一个投资者寻求通过消除煤炭库存来减少碳暴露，将实现碳暴露减少约 25%，其代价是与 MSCI ACWI（全球）指数相比，每年产生约 30 个基点的跟踪误差。该项目表明，投资者可以做得更好：通过优化重新加权投资组合，MSCI 表明，在跟踪误差水平

相同的情况下，有可能将碳暴露减少 60% 以上。在跟踪误差为 100 个基点的情况下，MSCI
能够将碳暴露减少 90% 以上。这是一个了不起的发现，证明了现代工具在管理投资组合跟
踪错误方面的力量和作用。

非系统性风险（unsystematic risk）

上述的投资环境对负责任的投资者来说是一个非常好的市场。市场规模庞大，流动性强，
市场表现差异似乎主要是由共同因素推动的。而且，投资组合经理似乎可以将 ESG 影响视为
随机因素，通过优化很容易纠正。但在过去的十年中，有新的研究表明，一些 ESG 因素确实
对基本面和回报都有影响——不应该过于自信地将这些影响建模为随机抽取的结果。

此外，并不是所有的投资者都实现了多元化。专注于最佳创意的对冲基金可能持有高度
集中的投资组合。对于这些投资者来说，ESG 分析是一个重要的附加风险评估工具。Trian
Partners 首席法律顾问布莱恩·绍尔（Brian Schorr）最近在英国《金融时报》的一篇报道中
表示，Trian Partners 采用 ESG 分析，正是因为其投资组合没有广泛多元化。

即使是指数也可能存在重大的公司特有风险。例如，在 2018 年第一季度末，摩根士丹
利资本国际美国 ESG 指数选择持有 Ecolab 5.1% 的权重，而摩根士丹利资本国际广义市场指
数的权重为 0.15%。持有 ESG 精选股票而非大盘基准股票的投资者必须确信，某一特定股
票的显著增持是否是合理的。对于这类投资者来说，ESG 风险具有不同的特征。它不再只是
一个跟踪误差的来源，它成为资产选择过程的一部分。

多年来，人们一直怀疑 ESG 因素会直接影响公司的基本面，或者市场没有完全理解强
大的公司层面 ESG 政策的含义。理论家们认为，投资者对拥有良好人力资本政策的公司的
兴趣是一种"品味"或"偏好"，但对于此类政策是否可能成为投资组合表现的驱动因子，
他们持高度怀疑态度。Edmans（2011）以及 Edmans，Li 和 Zhang（2015）的一篇有影响力
的论文表明，在全球范围内拥有和谐的员工关系的公司更倾向于获得积极的收益，而市场在
历史上并没有将其完全纳入估值中——这是一种熟练的积极经理人可能能够利用的情况。
Flammer（2015）用不同的方法表明，当股东通过与人力资本相关的股东决议时，股票往往
会作出积极的反应。

虽然 Edmans 和其他许多研究人员的工作集中在一个特定的问题上，但 ESG 总体评级的
有效性近年来也受到了密切关注。ESG 动量的概念似乎前景广阔：Giese 等（2017）指出，
自金融危机以来，MSCI ESG 评级提高的公司股票的表现明显优于评级下降的公司股票。

一些机构正着手确定就每个行业而言，对其基本面影响最大的 ESG 因素。在美国，可
持续性会计准则委员会（SASB）已经发布了针对美国企业的 ESG 披露标准。这些标准专注
于财务重要性，是与发行公司、分析师、行业协会和 ESG 问题专家多年研究和咨询的产物。
迈克尔·布隆伯格（Michael Bloomberg）在 2014 年担任 SASB 主席时表示："30 年前，我创
办了一家公司，理念是提高市场透明度会带来更好的投资决策，而这一理念正是 SASB 的核
心使命。"

虽然将 ESG 因素纳入具体公司投资分析仍处于早期阶段，但有证据表明，即使在考虑

了众所周知的常见绩效因素后，ESG 绩效已经作为公司经营的补充指标。Nofsinger 和 Varma（2014）指出，在 2008～2009 年危机，美国负责任的投资基金表现优于大盘（剔除传统风险因素），但在非危机时期表现不佳。库尔茨（2016）和黑尔（2017）发现，晨星公司（Morningstar）认为，表现较好的 ESG 企业拥有更多经济上可持续的特许经营权（更广泛的商业"护城河"），这可能是负责任的投资组合被认为质量更高的来源。这似乎是一个很有前景的研究领域。

系统风险（Systemic risk）

2017 年 6 月，高盛（Goldman Sachs）前风险主管、定量金融领域的领导者罗伯特·利特曼（Robert Litterman）在德国的一次会议上向一群投资者发表了演讲。他的主题是气候风险。传统上，气候一直被视为一个政策问题，有时也被视为一个经济问题（Nordhaus，2013）。但 Litterman 认为，随着大气中碳浓度的增加，气候结果的不确定性也会增加，而这种不确定性以及由此导致的经济失衡最终会带来金融市场的担忧。

近年来，机构对系统风险的兴趣显著增加，这一领域很可能成为未来最大的分析挑战的来源。将系统风险（systemic risk）与名称相似的系统性风险（systematic risk）进行如下区别可能会很有用：系统性风险是投资组合回报的不确定性，不能被分散——它是当投资者持有一个广泛分散的投资组合时所得到的。正如金融危机所体现的，系统风险描述的是基础系统本身可能面临危险的情况。更直白地说，当筛选显示投资组合收益下降时是系统性风险，而筛选变成空白时，是系统风险。

由于机构的规模，系统风险尤其重要。2015 年，加州公务员退休基金（CalPERS）全球治理总监安妮·辛普森（Anne Simpson）表示："由于我们的规模和我们在全球投资的事实，我们相信 ESG 是我们所面临的多重风险的一部分。如果存在系统风险，3070 亿美元是无法隐藏的。"

需要注意的是，系统风险并不需要被高度重视。重要的是产生非常大的负面影响的可能性，即使它们被认为是不可能的。Litterman 认为，是否产生严重后果的高度不确定性，加强了对这个问题采用风险视角的理由。他说"如果一个科学家站起来谈论最坏的情况，他们经常被批评为危言耸听""但如果你是一名风险经理，那这就是你的工作。"

系统风险可能有多种形式。气候是一个例子，但在金融危机之后，各机构也开始担心全球金融市场和监管体系的健康。一些分析师认为，合适的利益范围应该更广：DiBartolomeo 和 Hoffman（2015）发现，从历史上看，市场回报率与地缘政治冲突呈负相关。对于债券市场来说尤其如此，因为"战争成本高昂，提高了收益率，战争中的输家无法偿还债务，即使借款人赢得了战争，贷款人也没有'好处'。"

系统风险最有害的方面之一是其导致的严重后果——市场崩溃、气候相关的灾难等——可能很快发生，导致可处理的时间被压缩。对于人类面临的大多数问题，如果它们特征明确，并且有时间来调整和回应，这些问题都是可以被处理的。最危险的情况是没有时间准备应对，或可用的准备时间被浪费了。正如 Litterman 所说："当你没有时间的时候，风险就变成了灾难。"

作为全球资本供应者，金融机构对系统安全的担忧是可以理解的。然而，对于解决这个问题的正确方法，人们几乎没有达成共识，因此各机构对系统性风险的反应大相径庭。它们可能部分或者完全地避免某一特定因素，如 AP4 努力减少碳暴露；或者为了促进更好的业绩发展直接与公司对话，如加州公务员退休基金的公司治理计划。许多其他的组织也仍然在努力当中。

目前，ESG 因素对投资组合风险的评估具有重要影响。但是，由于不可能完全管理每一种可能想到的风险，即使可以，成本也会高得令人望而却步，因此，关键是要思考清楚在特定情况下哪种类型的风险最重要，以及我们认为哪些 ESG 因素与它们相关。与对冲基金相比，一家多元化经营的大型机构的风险管理方式将大不相同。

在某些领域，有很好的消息：在系统风险水平上，由于现代风险管理工具，ESG 对投资组合跟踪误差影响的处理通常是一个可管理的问题。在非系统和股票的特定水平上，这些影响还没有得到很好的解释，但研究正在进行中，SASB 公布的最终披露标准应该会在未来几年推动最佳的实践。然而，系统风险可能极其重要，但人们对此却知之甚少。投资组合经理和风险管理专业人士应该在问题出现之前，尽一切可能了解他们的投资组合面临的系统风险，并在适当的调整策略尚不明确时，推动研究如何最好地进行管理。

10.3.2　ESG 与超额收益

ESG 投资的超额收益，是讨论频率最高的问题之一。ESG 投资包含多种投资策略，各策略被使用的理由不一，如负面筛选法常因价值观原因而使用，股东参与法常因驱动企业行为改变而使用。这几种策略可以单独使用，也可以复合使用。投资行业喜欢讲超额收益，但对于如何界定及其贡献来源，却很少深入梳理。事实上，超额收益涉及两个变量：一是组合收益率，二是基准收益率。一般说的超额收益率，是组合收益率与无风险收益率之差。

超额收益的来源涉及背后的金融模型，其发展从单因子演变到四因子，越后来的越完备。单因子模型是一般所谓的资本资产定价模型（capital asset pricing model，CAPM），但近二十年来遭遇许多挑战和质疑，而比较有说服力的是四因子模型。四因子模型源于三因子模型，于 20 世纪 90 年代由诺贝尔奖得主尤金·法马与学者 French 所提出，他们认为组合收益率受到市场因子、规模因子及价值因子的影响。其后在 1997 年时，学者 Carhart 却发现，三因子模型忽略了动量因子，因而建立了四因子模型。这表示，在对超额收益进行归因分析时，超额收益通常都可以被市场、规模、价值及动量这四个因子所解释。

Carhart 的四因子模型后来又出现了修正版，其中将超额收益视为组合收益率与基准收益率之差。此处的基准收益率不再是无风险收益率，而是一个接近该组合风格的参考收益率，如纳斯达克指数收益率或沪深 300 指数收益率。在计算超额收益时，修正版的四因子模型仍然通过四因子来解释，而剩下未能被解释的收益率就是 alpha。此外，在收益归因上，市场上还有 Barra 多因子模型。如 MSCI 于 2018 年发布的 Barra 中国权益市场模型，其中就有 9 个一级因子，20 个二级因子，通过这些因子去观察投资组合的风险暴露和收益来源。由于篇幅，本书不多赘述。

通过多种 ESG 投资策略的运用，ESG 投资最终体现为一个资产组合，其投资标的可为股票、债券等。ESG 投资策略与传统策略的差异，主要体现在选股择时上，而这恰恰被市场认为是 ESG 投资的超额收益来源。其实，关于 ESG 投资组合与普通投资组合之间的绩效差异，有两个重要的理论基础：一是组合多角化程度，二是组合构建成本。

关于第一点，基于诺奖得主马科维茨的现代投资组合理论（modern portfolio theory，MPT），无论采取正面筛选或负面剔除的方法，都会缩小投资组合的可选标的，最终无法得到最优组合，即组合不会处在有效前沿上。不过，诺奖得主、麻省理工学院的莫顿教授则指出，当信息并不完全为投资者所掌握时，市场就不完全有效，所以非完全多角化的组合也可能获得更高的预期收益。因此关于第二点，ESG 投资组合需要花更多成本去筛选出符合要求的标的，后续还需要持续调整组合。这些成本会造成 ESG 投资组合最后的收益率低于普通投资组合。针对于此，有学者却指出，从信息不对称角度看信息成本和交易成本，只能说明 ESG 投资回报和传统投资回报之间的短期落差，当把"学习效果"考虑进去后，从更长的周期看，ESG 投资的表现会较佳。

关于 ESG 投资能否贡献超额收益这个问题，从 20 世纪 80 年代始，学术界与市场实践者就进行讨论，相关文献不计其数，看法却不尽相同，答案从有 alpha、没有 alpha，到视情况而定的都有。伦敦商学院教授艾德曼（Alex Edmans）基于 Carhart 的四因子模型，采用 1984~2009 年的数据，利用"美国 100 家最佳雇主公司"构建了一个市值权重组合，而该组合相对于无风险收益率有 3.5% 的 alpha 收益，相对于行业基准收益率有 2.1% 的 alpha 收益。这在一定程度上说明，采取 ESG 投资策略的组合，可以获得四因子所无法解释的超额收益，亦即 alpha 存在。

市场派的费里德（Gunnar Friede）等搜集了 2000 多篇学术论文或行业报告，一并把财务绩效、市场绩效、运营绩效、ESG 投资组合绩效等都视为"公司财务绩效"，基于计数法与元分析（meta - analysis），来探讨 ESG 与公司财务绩效之间的关系。结论指出，ESG 投资在特定的市场和资产类别中，会存在超额收益的机会。不过，同样采用元分析的方法，法国马赛 KEDGE 商学院的瑞菲黎（Christophe Revelli）等，却得出不同的结论。该研究基于过去 85 篇论文，在对财务绩效明确界定后，检视了 ESG 投资与财务绩效之间的关系。研究结果发现，对于先前各研究的方法学及 ESG 维度进行调整后，ESG 投资组合并不能显著贡献于超额收益。他们更表示，先前各研究结果的分歧，主要是研究方法和 ESG 投资的期限、主题、市场及财务绩效度量等因素所造成。在对这些因素做出调整后，相较于传统投资组合，ESG 因素既不是优势，也不是劣势。

元分析又称后设分析，"后设"（meta）点出了这个方法学的特点：基于先前多项研究结果的差异性及冲突性，以层次更高的视角，找出其背后的普遍原因。在 ESG 投资的超额回报方面，元分析之目的，是通过实验组（ESG 投资）与控制组（传统投资）的比较，而计算出 ESG 投资对超额回报的影响。ESG 投资领域的元分析，这几年开始流行，原因可能与超额收益的争议有关，拟通过这个研究方法来得出一个全面性结论。元分析建立在先前的研究上，这些研究所使用的数据、模型变量、统计方法等都不同，而元分析必须对此进行调整。元分析本身方法学的严谨性和细致性相当重要，涉及它怎么界定先前的相关研究，怎么避免选择偏误，怎么计算实验组与控制组之间的回报差异，以及怎么调整各种 ESG 因素对财务回报的影响等。另外，当调节变量会影响 ESG 投资和财务回报的关系时，必须一并纳入考虑，而投资组合建构者的特质即为其一。

但是，元分析不是万能的，同样采用元分析的研究，其结果可信度却差异很大，关键在于方法学的精确性。例如，当一个元分析研究对于"财务绩效"的界定模糊，硬把企业财务绩效、市场绩效、ESG 投资组合绩效等一并纳入，但研究主旨却是 ESG 投资和超额收益时，这无疑是混淆了 ESG 实践与 ESG 投资的差异。特别是，当把与 ESG 实践相连的"公司财务绩效"也并入 ESG 投资的"投资组合绩效"时，这个选择偏误扩大了样本范围，但同时造成研究结果的疑虑。

研究结论的不同可能与研究主体、研究方法及 ESG 投资策略异质性有关。

从研究主体看，主要有学者和业界专家两类。学者研究一般不涉及利益关联，且受惠于同行评审制度，必须针对评委意见一再修改才能获得学术期刊登出，故其研究结果相对客观可信。业界专家的实践经验丰富，但常有预设立场，为了得到想要的结果，不免做出偏误的选择。因此，当业界专家的报告是为了营销一只 ESG 基金时，其观点会更加追捧"ESG 投资有超额收益"。事实上，这种偏颇不只对"ESG 投资有超额收益"成立，过去也发生于主动被动管理之争。学术研究结果指出，当投资于低费率的指数基金时，其绩效表现胜于主动管理型基金。这个结论显然不利于主动管理型基金的销售，故行业报告会反驳学者观点，强调主动管理的价值。

从研究方法看，即使不存在立场问题，也会存在研究方法问题。如前所述，样本选取、模型选择等方法学相关问题，都会影响最终的研究结论。例如，样本选择会有幸存者偏差问题，样本区间和长度也会影响结果，而模型的优劣更决定了最终结果的可信度。市场派为了说明 ESG 投资可以产生超额收益，常见做法是拿 ESG 组合的走势图与基准指数的走势图对比。如果 ESG 组合的收益率更高，就说明 ESG 投资具有超额收益。但是，只与一个基准指数相比，这是单因子模型下的超额收益，并不是真正的超额收益。ESG 投资真正的超额收益，是四因子模型下的 alpha，是从原始回报中剔除了市场、规模、价值及动量这四种因子后的剩余收益。当使用单因子模型来计算超额收益时，其超额收益掺杂了规模、价值及动量这三个因素，以致无法分辨它是否真由 ESG 投资所贡献。举例来说，ESG 投资以负面剔除法或正面筛选法形成的组合，可能保留了市值较大的公司，而剔除了市值较小的公司，背后原因与大公司的 ESG 评分更高有关。此时，当通过单因子模型计算 alpha 时，"超额收益"可能由规模因子和价值因子所造成，而未必真源于 ESG 投资策略。

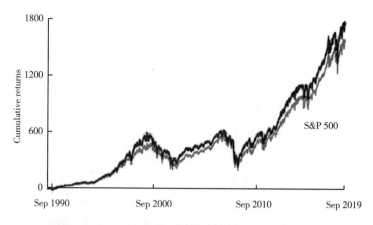

图 10 - 3   市场派常用单因子模型来计算 alpha

从 ESG 投资策略的异质性来看，其实 ESG 投资有多种投资策略，基金管理人使用各策略背后的原因有所差异，忽视驱动因素的重要性而泛论 ESG 投资的超额收益，可能指鹿为马，导致欠缺意义的结论。特别是，围绕着筛选法所做的学术研究，结论并不一致，理由与这种 ESG 投资策略的驱动原因有关：当剔除是基于信仰与价值观时，往往具有不可妥协的性质，其重要性远远超乎投资回报的考虑。但针对 ESG 整合法与积极股东法所做的研究，常得出 ESG 投资可贡献于超额回报的结论，理由涉及这两种 ESG 投资策略的驱动原因与实践方式。ESG 整合法把实质性 ESG 因素融入传统的投资模型，原本就着眼于提高收益，而积极股东法以影响实体企业的 ESG 实践为目标，最终也可能因发挥积极效应而产生超额收益。因此很难断言 ESG 投资可以贡献超额收益，答案视具体情况而定。

在二级市场使用负面筛选法或可持续主题投资法等 ESG 投资策略，都很难创造社会价值，但却能满足社会责任觉醒投资者的需求。只有能改变实体企业 ESG 行为的积极股东法，或是聚焦于一级市场的影响力投资等策略，才能创造社会价值，而符合社会责任驱动投资者的需求。

2015 年之后，高盛、摩根士丹利、贝莱德等金融机构，为满足客户的需求，都相继推出了可持续投资平台。摩根士丹利甚至在 2019 年推出了影响力商数（impact quotient，IQ）平台，以回应客户超越风险和收益的需求。投资者可基于自己的价值观，选择关心的 ESG 影响力议题，而 IQ 平台则可评估现有投资组合是否符合投资者特定的影响力偏好，还可以进一步寻找符合偏好的投资机会。

从本质上看，ESG 投资属于双底线投资，投资者追求财务回报的同时，也想关注 ESG 影响力。传统投资关心的是两个维度：一是收益，二是风险，而所有投资决策都围绕着这两个维度展开。对照之下，ESG 投资关心三个维度，除了收益和风险外，还有 ESG 影响力。如果把属于三个维度的 ESG 投资缩减到两个维度，则这个遗漏举动会使 ESG 投资只能体现于标的筛选等决策流程，最终陷入与传统投资收益对比的僵局。只有将 ESG 投资从收益和风险两个维度中释放出来，展开一种超越于超额收益的讨论，才能看到更多核心本质。后面将详细介绍一个包含 ESG 因素的投资模型，即 ESG 有效前沿。

10.3.3 ESG 有效前沿

资产所有者和投资组合经理寻求将环境、社会和治理（ESG）纳入他们的投资过程。与此同时，投资者对如何在投资组合选择中加入 ESG 进行投资缺乏指导，学术界和对于 ESG 是否会帮助或损害收益的看法大相径庭。一些人认为，ESG 的考虑必然会降低预期回报，而另一些人则认为，"ESG 策略的出色表现是毋庸置疑的"。为了调和这些对立的观点，美国 ESG 投资的行业组织 US SIF（US Social Investment Forum）于 2016 年以 94 家机构投资者为对象，就投资决策中纳入 ESG 因素的理由做过一个调查。其中 86% 的受访机构表示，使命驱动是考虑 ESG 因素最重要的理由：ESG 投资符合其使命和价值观，第二个原因是为了达成社会效益，而第三个原因是为了把控风险，直到第四个原因才是为了收益。另外，受托责任、客户需求、监管要求等因素，也促使机构投资者考虑 ESG（us sif，2017）。

如此看来，ESG 投资的初衷并不全是为了收益或规避风险，而更多的是受到价值观驱使，通过投资来达成超乎收益的一些社会目标，因此在投资过程中 ESG 可能成为超越风险与收益的第三维度。Lasse Heje Pede rsen，Shaun Fitzgibbons 和 Lukasz Pomorski 在 2020 年发表在 JFE 的文章 *Responsible investing：The ESG - efficient frontier* 中构建了包含 ESG 因素的投资模型。他们提出了一个理论，阐明了基于 ESG 的投资的潜在成本和收益。每只股票的 ESG 得分扮演两个角色：第一，提供关于公司基本面的信息；第二，影响投资者偏好。投资者投资组合问题的解决方案如下：构建 ESG 有效前沿，找到每个 ESG 水平下可达到的最高夏普比率，均衡资产价格由经 ESG 调整的资本资产定价模型决定，显示 ESG 何时提高或降低回报。

根据投资者对 ESG 的关注程度，可以把投资者细分为三类：

• ESG 未识型投资者：U 类型投资者（ESG - unaware）不考虑 ESG 得分，只是寻求最大化他们的均值 - 方差效用。

• ESG 已识型投资者：A 类型投资者（ESG - aware），他们也寻求最大化他们的均值 - 方差效用，但在分析风险和预期回报时考虑 ESG 信息。

• ESG 驱动型投资者：M 类型投资者（ESG - motivated），他们使用 ESG 信息，也偏好较高的 ESG 分数。换句话说，M 类投资者寻求在高预期回报、低风险和高 ESG 分数之间进行最优权衡的投资组合。

虽然优化三个特征（风险、回报、ESG）具有挑战性，但投资者的问题可以简化为 ESG 和夏普比率（SR）之间的权衡。换句话说，风险和回报可以用夏普比率来概括。考虑已知的标准均值 - 方差边界，该切线投资组合的 SR 值在所有投资组合中最高，因此其 ESG 得分和 SR 定义了 ESG - SR 前沿的峰值。此外，ESG - SR 边界呈峰形，因为限制投资组合具有除切线投资组合之外的任何 ESG 评分，必须产生较低的最大 SR（见图 10 - 4）。

具体地说，对于 ESG 的每个级别可以计算达到的最高夏普比率（SR），用 ESG - SR 边界表示 ESG 分数和最高 SR 之间的这种联系。当人们关注风险、回报和 ESG 时，ESG - SR

前沿是说明投资机会设置的有用方法。这个边界不受投资者偏好的影响。因此，投资者可以首先计算边界，然后可以根据偏好在边界上选择一个点。拥有相同信息的投资者应该在边界上达成一致，即使他们在边界上喜欢不同的投资组合。这种分离性质类似于标准均值—方差边界，标准均值–方差边界也只依赖于证券特征，因此投资者可以机械地计算边界，然后基于风险厌恶在边界上选择投资组合的配置。

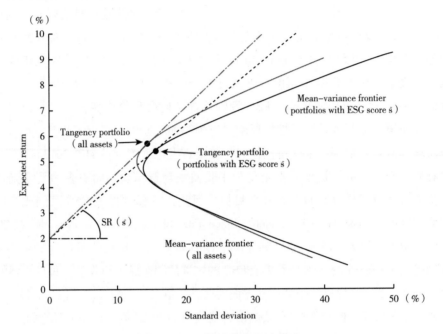

图 10 – 4   标准均值—方差

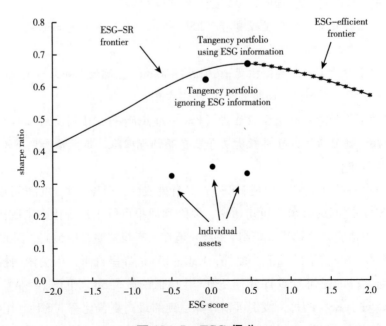

图 10 – 5   ESG 得分

$$E(r_t^i \mid s) = \beta^i E(r_t^m) + \lambda \, \frac{s^i - s^m}{p_i} \tag{10-1}$$

$$p^i = \frac{\hat{\mu}^i - \dfrac{\gamma}{W} \mathrm{cov}(v^i, v^m)}{r^f} \tag{10-2}$$

经 ESG 调整的 CAPM 模型

如果投资者不考虑 ESG 信息。首先，任何公司的股权价格都是由其预期现金流偿付减去风险溢价，再以无风险利率贴现得到的。其次，从忽视 ESG 评分的投资者的角度来看，预期超额回报是由市场贝塔值驱动的。最后，从使用 ESG 评分的投资者的角度来看，股票回报相对于线性依赖于 ESG 的 CAPM 具有阿尔法值。

如果 ESG 得分高表明未来利润高，那么 ESG 得分高于平均值的股票比那些 ESG 得分低于平均值的股票有更高的条件预期回报。当更多的投资者意识到这类信息可能是相关的，市场价格就会调整。在极端情况下，所有市场参与者都将其纳入决策。假设所有的投资者都是 A 类型。在这种情况下，我们得到了一个有条件的 CAPM 均衡，投资者不再能够从使用 ESG 评分的信息价值中获利，因为这些信息已经包含在价格中了。这一理论预测与 Bebchuk、Cohen 和 Wang（2013）的实证发现相一致，他们认为市场参与者已经逐渐了解到 ESG 的有用性，并将其纳入价格中。

$$E(r_t^i \mid s) = \overline{\beta}^i E(r_t^m \mid s) - \pi(s^i - s^m) \tag{10-3}$$

$$p^i = \frac{\hat{\mu}^i + \lambda(s^i - s^m) - \dfrac{\gamma}{W} \mathrm{cov}(v^i, v^m \mid s)}{r^f - \pi(s^i - s^m)} \tag{10-4}$$

如果投资者都考虑 ESG 信息。当所有投资者都从 ESG 中获得效用时（类型 M），与由忽视 ESG 的投资者主导的经济体相比，均衡资产价格是不同的。在这种 ESG 驱动型投资者的情况下，任何一家公司的股票价格都在两个方面取决于其 ESG 评分。首先，ESG 评分会影响分子中所看到的预期现金流。其次，较高的 ESG 评分会降低分母中使用的贴现率，从而提高价格。对回报的影响，公司的资本成本是由标准 CAPM 表达式给出的，该式根据 ESG 评分高于或低于市场的评分进行了调整。换句话说，如果 ESG 得分较高，或者公司可以以更高的价格发行股票，那么公司的资本成本就较低。这种低资本成本鼓励高 ESG 企业进行实际投资，因为使用这种低贴现率，更多的项目将拥有正的净现值。虽然我们没有明确地为投资于 ESG 的企业决策建模，但这一见解有助于解释为什么企业可以选择增加对 ESG 的企业投资，或者为什么 ESG 较强的企业能够实现比 ESG 相对较弱的企业更高的增长。

综上所述，该理论作出了以下预测：风险、预期收益和 ESG 之间的平衡可以用 ESG - SR 边界来概括。利用 ESG 信息可以通过改善 ESG - SR 前沿来提高投资者的 SR。根据投资者的信息集，ESG 偏好（或风险厌恶程度较高）较强的投资者会选择 ESG 得分较高和 SR（略微）较低的投资组合。即使是偏好 ESG 平均分的投资者，也会最优地选择持有（多或少）几乎任何证券的投资组合。ESG 投资者选择四种投资组合（或基金）的组合：无风险资产、标准切线投资组合、最小方差投资组合和 ESG 切线投资组合。ESG 投资者的更高需求，降低了预期回报；不同的预期未来利润，如果市场对这种基本面的可预测性反应不足，就会增加预期回报；来自投资者更强的资金流，会在短期内抬高价格。

本节介绍了一个 ESG 调整的 CAPM，它有助于描述 ESG 评分预测收益为正或负。投资者必须现实地评估 ESG 投资的成本和收益，而考虑 ESG 因素的投资模型是量化成本和收益的有效方法，因此负责任的投资者的决策可以通过 ESG 有效边界（ESG – efficient frontier）来实现。ESG 信息带来的好处可以量化为由此带来的最大夏普比率的增加。ESG 偏好的成本可以量化为选择一个 ESG 绩效较好的投资组合时夏普比率的下降。ESG 有效边界基于一个严格的理论框架，这个框架可以被看作是包含 ESG 投资组合的理论基础，这意味着 ESG 特征直接用于投资组合的构建中（而不仅仅是筛选）。该模型明确地对投资者如何使用 ESG 信息进行异质性建模，投资者对 ESG 有不同偏好，而且可以从 ESG 信息中找到投资信息。每种投资者类型的异质性导致 ESG 与预期收益之间的关系为正、负或中性。综上所述，该模型为 ESG 投资提供了一个有用的框架，有助于对未来 ESG 投资的成本和收益的研究以及 ESG 在投资实践中的应用。

第 11 章　机构投资者 ESG 投资管理

机构投资者对 ESG 理念表现出较高的认可度。2019 年责任投资报告中显示，在接受调研的机构投资者中，70% 的机构将 ESG 因素纳入投资决策，且逐渐将更多的资产向 ESG 投资转移。28.9% 的机构认为 ESG 投资可以获得更好的绩效，这一比例比 2017 年提升了 10%。中国 ESG 发展相对不成熟，但 ESG 理念受到越来越多机构投资者的关注。中国证券投资基金业协会在 2019 年 7 月向全行业开展了"中国基金业 ESG 与绿色投资调查"，共有 324 份有效回收问卷，是 2017 年有效回收问卷数量的 4 倍。此外，中国每年 PRI（Principles for Responsible Investment）新签署者数量逐年增长：2018 年增加 5 家，2019 年新签 14 家机构，2020 新签署 18 家机构。截至 2021 年上半年，国内签署 PRI 机构数量为 60 家。本章将继续介绍基金业、保险业和信托业的 ESG 投资发展状况，并给出一些典型企业 ESG 投资实践的案例。

学习目标：

- 了解不同类型的机构投资者如何进行 ESG 投资。
- 分析机构投资者 ESG 投资未来的发展趋势。

11.1　机构投资者为何加入 ESG 投资行列

K36r 创投研究院的一项面向全国 600 家投资机构开展的 ESG 投资理念评估调研结果表示，社会责任是机构开展 ESG 投资的首要驱动力，其次是降低风险。

而中国证券投资基金业协会 2019 年发布的《中国基金业 ESG 投资专题调研报告（2019）》显示，降低风险是股权投资机构对 ESG 投资的首要驱动力，其次是监管趋势、声誉影响和社会责任（见图 11-1）。

此外，新冠肺炎疫情也使机构投资者更加重视 ESG 投资。2020 年的"黑天鹅"事件——新冠肺炎疫情，成为自 2008 年金融危机以后对全球各国影响最大的事件，其影响范围波及各行各业，工厂停工导致经济停摆、旅游禁令使航空业遭遇前所未有的"寒冬"，对国际社会政策运行秩序造成严重冲击。在新冠肺炎疫情背景下，社会保障与人文关怀的重要性凸显，以可持续发展、积极承担社会责任、环境保护等为主要内容的企业 ESG 发展理念，与各国疫情时代经济复苏理念相契合，再一次被重视起来。

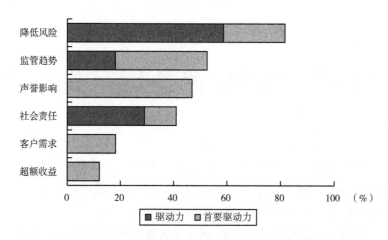

图 11 –1　股权投资机构对 ESG 投资的关注和实践情况

资料来源：《中国基金业 ESG 投资专题调研报告（2019）》。

11.2　基金业的 ESG 投资实践

11.2.1　可持续投资基金数量及规模

（1）全球可持续投资基金数量及规模。

根据晨星统计，截至 2021 年第二季度，全球五个主要地区的可持续投资基金总额达 2.24 万亿美元，基金数量达到 4929 只。分地区来看，欧洲地区仍是可持续投资的重要参与方，持续占据主导地位。截至 2021 年第二季度末，其可持续投资基金规模占全球市场近 82%，相比第二名美国地区可持续投资基金规模占全球市场的 14%，有非常强的领先优势。目前，日本、澳大利亚/新西兰、加拿大、亚洲（除日本外）可持续投资基金规模占比较小，合计占全球可持续投资规模的比例不足 5%，仍处于快速增长期。

截至 2021 年 6 月底，全球可持续投资基金规模未受疫情影响，相比于 2020 年第一季度，全球可持续投资基金规模翻倍，增速达 168%。分地区看，欧洲可持续投资基金数平均以每季度近 240.4 只的速度增长，可持续投资基金管理规模已增长了 1.68 倍。近一年半以来，美国地区的可持续投资基金数呈现稳定增长态势，平均每季度增长 26 只，可持续投资基金规模增长了 1.55 倍。此外，亚洲（除日本外）和加拿大地区的可持续投资规模增速最快，分别达 387% 和 301%，平均每季度基金数目增长 39 只和 10.2 只。澳大利亚/新西兰地区可持续投资规模增速处于第二梯队，达到 217%，平均每季度基金数量增长 9.6 只。日本地区可持续投资规模增速最慢，为 98%，每季度可持续投资基金数量增长 1.2 只。

（2）国内可持续投资基金数量及规模。

可持续投资可分为核心 ESG 投资和 ESG 主题投资。其中，核心 ESG 投资指把环境、社会、公司治理因素纳入投资目标、投资策略或投资原则；ESG 主题投资指投资目标、投资策略或投资原则中聚焦联合国 17 项可持续发展目标相关主题的投资（见表 11 - 1）。

表 11 - 1　　　　　　　　　　可持续投资主题关键词

可持续目标	目标解释	关键词
SDG1	在世界各地消除一切形式的贫困	扶贫
SDG2	消除饥饿，实现粮食安全、改善营养和促进可持续农业	农业
SDG3	确保健康的生活方式、促进各年龄段人群的福祉	医疗、优质生活、健康生活、健康、品质生活
SDG4	确保包容、公平的优质教育，促进全民享有终身学习机会	教育、学习
SDG5	实现性别平等，为所有妇女、女童赋权	女性
SDG6	人人享有清洁饮水及用水是我们所希望生活的世界的一个重要组成部分	清洁、可再生、再生
SDG7	确保人人获得可负担、可靠和可持续的现代能源	低碳、环保、能源、新能源、绿色、环境、节能、清洁、美丽中国、生态、光伏
SDG8	促进持久、包容、可持续的经济增长，实现充分和生产性就业，确保人人有体面工作	治理、新动能、新思维、优秀企业、高质量
SDG9	建设有风险抵御能力的基础设施、促进包容的可持续工业，并推动创新	科技、基础设施、创新
SDG10	减少国家内部和国家之间的不平等	责任
SDG11	建设包容、安全、有风险抵御能力和可持续的城市及人类住区	城市
SDG12	确保可持续消费和生产模式	消费升级、品质升级、可持续
SDG13	采取紧急行动应对气候变化及其影响	气候变化
SDG14	保护和可持续利用海洋及海洋资源以促进可持续发展	海洋

续表

可持续目标	目标解释	关键词
SDG15	保护、恢复和促进可持续利用陆地生态系统、可持续森林管理、防治荒漠化、制止和扭转土地退化现象、遏制生物多样性的丧失	—
SDG16	促进有利于可持续发展的和平和包容社会、为所有人提供诉诸司法的机会，在各层级建立有效、负责和包容的机构	社会、社会责任、负责
SDG17	加强执行手段、重振可持续发展全球伙伴关系	—

资料来源:《2021 中国资管行业 ESG 投资发展研究报告》。

依照上述标准对国内公募基金进行筛选，截至 2021 年 6 月，国内可持续投资基金共 393 只，基金总份额超过 3621 亿份，资产总规模达 5839 亿元。2009 年至今可持续投资基金的数量、份额和规模一直持续增长，并呈现出三个发展阶段（见图 11 - 2）。

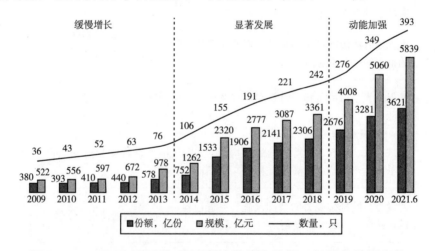

图 11 - 2 2009~2021 年我国可持续基金份额、规模和数量变化

资料来源:《2021 中国资管行业 ESG 投资发展研究报告》。

2006 年，深交所发布《上市公司社会责任指引》，2008 年，上交所同样发布了《关于做好上市公司 2008 年度报告工作的通知》，鼓励上市公司披露《社会责任报告》（CSR），责任投资理念在中国开始萌芽。2008 年 4 月，中国第一只可持续基金兴全社会责任成立。此后的四年，2009~2013 年，可持续投资基金发展相对缓慢，基金数量仅增长了 40 只，可持续投资基金规模增长 87%。这个阶段国内投资的接受度相对较低，ESG 投资理念国内还未广泛传播。随着 2014 年《环境保护法》修订，2016 年人民银行联合其他六部委联合发布《关于构建绿色金融体系的指导意见》，鼓励使用资金引导和财政工具构建绿色金融市场，完善绿色债券发行人和上市公司债券制性环境披露制度，社会各界逐渐意识到绿色投资、ESG 可持续投资的重要性。2014～2018 年，可持续投资基金增速加快，基金数量增长 136 只，可持续投资基金规模增长了 1.7 倍。2020 年，国家主席习近平在联合国大会上郑重宣布：中国力争 2030 前碳排放达峰，2060 年前实现碳中和。在"双碳政策"的大时代背景下，叠加因居民多资产配置带来的资本市场快速发展，各方面共同推动 ESG 投资在中国的发展。2019～2021 年 6 月末，可持续投资基金数量增加了 117 只，总规模增加了 46%，其中 2019～2020 年基金总规模增加净值超过千亿元，在 ESG 责任投资的普及和不断深化下，中国可持续投资资金持续流入并呈现出极大的发展动能。

根据一级投资类型，截至 2021 年 6 月，393 只可持续投资基金中以混合型（偏股混合型、偏债混合型、灵活配置型）和股票型（普通股票型、指数型、指数增强型）为主，两种类型基金数分别为 140 只和 232 只，对应规模分别为 3524 亿元和 1987 亿元，占全部基金的 60% 和 34%。债券型可持续投资基金（含纯债券型、混合债券型、债券指数型）仅 6 只，规模 274 亿元，占比较小，发展空间大（见图 11-3 和图 11-4）。

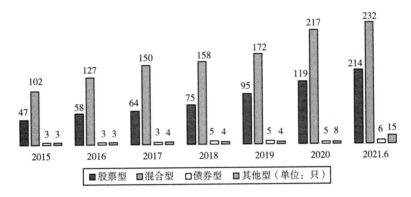

图 11-3 2015～2021 年国内不同类型可持续投资基金数量

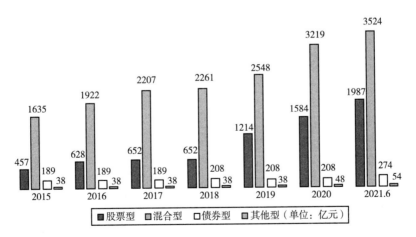

图 11-4 2015～2021 年国内不同类型可持续投资基金规模

资料来源：《2021 中国资管行业 ESG 投资发展研究报告》。

2015~2021 年，股票型基金数量增长最快，由 47 只增长至 140 只，其规模占整体可持续投资基金数比例由 20% 增长至 34%。相比而言，混合型基金规模占整体基金规模比例略有降低，由 71% 降低至 60%。

按照二级投资类型分类，截至 2021 年 6 月，393 只可持续投资基金中以偏股混合型、普通股票型、股票指数型基金为主，其基金数量分别为 146 只、74 只、64 只，对应规模分别为 2931 亿元、1209 亿元和 769 亿元。其余类型基金个数和规模均较小。

从主动型基金与被动型基金来看，2015 年至 2021 年 6 月，可持续投资基金都以主动管理型为主，且主动管理型一直保持迅猛的增长趋势。主动管理型基金数量由 130 只增长至326 只，增长了 1.5 倍；同时，其规模由 2016 亿元增长至 4995 亿元，年度复合增速达16%，发展势头强劲，贡献了可持续投资基金的主要增量。近年来，被动指数型基金日渐受到资本市场重视，在数量、份额与规模上都迎来发展。自 2015 年至 2021 年 6 月，被动指数型基金规模年度复合增速达 15%，规模增长速度未超过主动管理型基金，在全部可持续投资基金中规模占比从 2015 年的 16% 略微下降至 2021 年 6 月末的 15%，但被动指数型基金的数量增长了 1.7 倍。

若根据基金的投资策略中是否包含 ESG 评价标准来定义"ESG 基金"，截至 2021 年 9月 30 日，国内公募市场共有 11 只主动管理型核心 ESG 基金，包含偏股混合型基金和普通股票型基金，ESG 基金规模合计约 233 亿元。其中，发行较早的 ESG 基金是兴全绿色投资基金，其规模达到 102 亿元。随着 ESG 理念的发展，2019 年、2020 年、2021 年分别成立 2只、4 只和 4 只核心 ESG 主题管理型基金。

从 ESG 策略上看，使用较多的策略为负面筛选、正面筛选、ESG 整合或相近策略。在此基础上，南方 ESG 基金和汇添富 ESG 可持续成长践行 ESG 整合策略；南方 ESG 基金践行股东积极主义策略；浦银安盛 ESG 责任投资和国金 ESG 持续增长践行 ESG 动量或改善策略。

从 ESG 评价体系上看，易方达 ESG 责任投资、南方 ESG 主题、大摩 ESG 量化先行、方正富邦 ESG 主题投资、创金合信 ESG 责任投资、浦银安盛 ESG 责任投资、金鹰责任投资、汇添富 ESG 可持续成长、国金 ESG 持续增长均对其关键 ESG 指标进行了较详细的说明。其中，兴全绿色投资仅考虑环境绩效评价；国金 ESG 持续增长聚焦责任评价体系，包含盈利责任、可持续发展责任、社会责任和管理责任四个方面（见表 11-2）。

根据万得行业分类，以 2021 年第三季度末持仓看，ESG 基金行业配置主要为信息技术、工业，能源、公用事业和电信服务配置较少（见图 11-5）。

在核心 ESG 主动管理型基金的业绩表现方面，11 只基金中，兴全绿色投资、大摩 ESG量化先行、创金合信 ESG 责任投资、金鹰责任投资在同类排名情况都属于中上游。由于 11只基金中，仅兴业绿色投资成立较久，其余 2 只成立于 2019 年、4 只成立于 2020 年、4 只成立于 2021 年，故受限于运行时间，其收益率可能暂时无法体现管理人的管理能力（见表 11-3）。

表 11-2　主动管理型核心 ESG 基金

基金代码	基金简称	成立日期	基金规模亿元	ESG 策略	评价体系特点	业绩基准
163409.OF	兴全绿色投资	2011-5-6	102.2	消极筛选法、积极筛选法	定量环境绩效评价，禁投对环境造成严重污染的公司	中证兴业证券 ESG 盈利 100 指数收益率×80%+中证国债指数收益率×20%
007548.OF	易方达 ESG 责任投资	2019-9-2	3.8	负面筛选、ESG 评价体系	定量 ESG 评价，其中环境与社会（E&S）指标占 ESG 评价权重约 40%，公司治理（G）指标占 ESG 评价权重约 60%	MSCI 中国 A 股指数收益率×70%+中证港股通综合指数收益率×15%+中债总指数收益率×15%
008264.OF	南方 ESG 主题	2019-12-19	12.5	ESG 筛选策略、股东积极主义策略、整合策略	定量 ESG 评价，剔除 ESG 综合得分小于 0 的股票，确保入池股票近期未发生 ESG 相关负面事件	中证中财沪深 100ESG 领先指数收益率×75%+上证国债指数收益率×15%+中证港股通综合指数（人民币）收益率×10%
009246.OF	大摩 ESG 量化先行	2020-7-16	4.4	"黑名单制度""白名单制度"	ESG 评价体系，对关键因素实现"一票否决"	中证中财沪深 100ESG 领先指数收益率×80%+中证综合债券指数收益率×20%
009872.OF	中欧责任投资	2020-9-10	63.3	负面清单、正面打分	满足环境保护要求、完善的公司治理，积极履行社会责任	MSCI 中国 A 股国际通指数收益率（税后）×20%+中证港股通综合指数收益率×10%
010070.OF	方正富邦 ESG 主题投资	2020-12-28	1.7	负面清单、综合评价	定量 ESG 评价，其中环境与社会（E&S）指标占 ESG 评价权重约 40%，公司治理（G）指标占 ESG 评价权重约 60%	中证中财沪深 100ESG 领先指数收益率×70%+中债综合指数收益率×20%+恒生综合指数收益率×10%
011149.OF	创金合信 ESG 责任投资	2020-12-30	0.2	传统投资与 ESG 的相关理念结合	ESG 评价体系，形成"AAA-CCC"九档评级，将评级为 B 级以上（包含 B 级）的公司作为 ESG 责任投资备选库	中证 800 指数收益率×80%+中证港股通综合指数收益率×10%+人民币活期存款利率（税后）×10%

续表

基金代码	基金简称	成立日期	基金规模 亿元	ESG 策略	评价体系特点	业绩基准
009630. OF	浦银安盛 ESG 责任投资	2021 – 3 – 16	21. 0	剔除策略、负向筛选、动量策略	定量 ESG 评价	MSCI 中国 A 股指数收益率 ×70% + 中证全债指数收益率 ×20% + 恒生指数收益率（使用估值汇率折算）×10%
011155. OF	金鹰责任投资	2021 – 3 – 16	0. 6	负面筛选、正面评级	ESG 评价体系	沪深 300 指数收益率 ×70% + 中债总财富（总值）指数收益率 ×20% + 中证港股通综合指数收益率 ×10%
011122. OF	汇添富 ESG 可持续成长	2021 – 6 – 10	19. 2	负面筛选、正面筛选、ESG 整合策略	ESG 评价体系	MSCI 中国 A 股指数收益率 ×60% + 恒生指数收益率（经汇率调整）×20% + 中债综合指数收益率 ×20%
012387. OF	国金 ESG 持续增长	2021 – 7 – 20	3. 8	负面筛选、ESG 改善、ESG 整合	责任评价体系，包含盈利责任、可持续发展责任、社会责任和管理责任四方面	中证中财沪深 100ESG 领先指数收益率 ×60% + 中证全债指数收益率 ×30% + 中证港股通综合指数（人民币）收益率 ×10%

资料来源：《2021 中国资管行业 ESG 投资发展研究报告》。

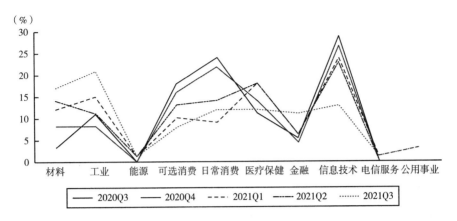

图 11 - 5　各行业在核心 ESG 基金前十大持仓出现的次数占比

资料来源：《2021 中国资管行业 ESG 投资发展研究报告》。

表 11 - 3　　　　　　　　核心 ESG 主动管理型基金同类排名

基金代码	基金名称	基金类型	同类排名百分比			
			近六个月	近一年	近两年	近三年
163409. OF	兴全绿色投资	偏股混合型基金	31%	17%	26%	16%
007548. OF	易方达 ESG 责任投资	普通股票型基金	85%	59%	61%	—
008264. OF	南方 ESG 主题	普通股票型基金	56%	55%	—	—
009246. OF	大摩 ESG 量化先行	偏股混合型基金	16%	17%	—	—
009872. OF	中欧责任投资	偏股混合型基金	49%	60%	—	—
010070. OF	方正富邦 ESG 主题投资	偏股混合型基金	56%	—	—	—
011149. OF	创金合信 ESG 责任投资	普通股票型基金	33%	—	—	—
009630. OF	浦银安盛 ESG 责任投资	偏股混合型基金	76%	—	—	—
011155. OF	金鹰责任投资	偏股混合型基金	25%	—	—	—

资料来源：《2021 中国资管行业 ESG 投资发展研究报告》。

以 2021 年 9 月末为节点计算基金相比业绩基准区间年化收益率（计算公式：相比业绩基准区间年化收益率 = 相应区间基金年化收益率 - 相应区间业绩基准年化收益率），从收益率看，近三个月及近六个月核心 ESG 主动管理型基金收益率存在低于业绩基准的情况，但长期看基本优于业绩基准。但从夏普比率上看，核心 ESG 主动管理型基金夏普比率基本不低于业绩基准，说明投资决策中纳入 ESG 考量，可以降低投资组合风险，有助于获得稳健投资收益（见表 11 - 4）。

表 11 - 4　核心 ESG 主动管理型基金收益及夏普比率

基金代码	基金简称	成立日期	基金相比业绩基准区间收益率（基金收益率 – 业绩基准收益率，%）					基金相比业绩基准区间夏普比率（基金夏普比率 – 业绩基准夏普比率，%）				
			近三个月	近六个月	近一年	近两年	近三年	近三个月	近六个月	近一年	近两年	近三年
163409. OF	兴全绿色投资	2011 - 5 - 6	37.43	41.18	33.63	33.32	29.96	2.41	2.52	1.57	1.26	1.13
007548. OF	易方达 ESG 责任投资	2019 - 9 - 2	-23.53	-9.36	6.63	17.05	—	-0.36	-0.17	0.04	0.34	—
008264. OF	南方 ESG 主题	2019 - 12 - 19	-12.69	18.89	12.47	—	—	0.13	1.11	0.37	—	—
009246. OF	大摩 ESG 量化先行	2020 - 7 - 16	42.13	55.23	29.61	—	—	1.95	2.07	0.84	—	—
009872. OF	中欧责任投资	2020 - 9 - 10	-9.60	12.97	6.00	—	—	0.10	0.70	0.14	—	—
010070. OF	方正富邦 ESG 主题投资	2020 - 12 - 28	9.94	14.58	—	—	—	1.06	1.03	—	—	—
011149. OF	创金合信 ESG 责任投资	2020 - 12 - 30	12.65	34.56	—	—	—	1.08	1.47	—	—	—
009630. OF	浦银安盛 ESG 责任投资	2021 - 3 - 16	10.68	-5.64	—	—	—	0.61	-1.03	—	—	—
011155. OF	金鹰责任投资	2021 - 3 - 16	46.73	40.22	—	—	—	2.42	2.11	—	—	—
011122. OF	汇添富 ESG 可持续成长	2021 - 6 - 10	11.32	—	—	—	—	0.75	—	—	—	—
012387. OF	国金 ESG 持续增长	2021 - 7 - 20	-0.35	—	—	—	—	1.11	—	—	—	—

资料来源：《2021 中国资管行业 ESG 投资发展研究报告》。

截至 2021 年 9 月 30 日，国内公募市场共有 8 只核心 ESG 被动管理型基金，包含增强指数型基金 1 只和被动指数型基金 7 只，ESG 基金规模合计约 15 亿元。从基金成立日看，首只指数增强基金是由财通于 2012 年发布的中证 ESG100 指数增强，受益于市场对 ESG 政策关注度提升，其余 7 只被动 ESG 基金均于 2021 年密集发行，但基于 ESG 整合构建策略的被动 ESGETF 规模仍然较小，受众较低，未能吸引大量的资金流入。随着 ESG 底层数据披露的增加以及规范化，ESG 评级体系的发展，ESG 指数构建实践经验的丰富，被动 ESG 基金的发展前景广阔。从规模上看，富国沪深 300ESG 基准 ETF 居于前列，为 4.35 亿元（见表 11 - 5）。

表 11 - 5　　　　　　　　　　被动管理型核心 ESG 基金

基金代码	基金简称	设立日期	基金规模，亿元	跟踪指数	ESG 评级方法
000042. OF	财通中证 ESG100 指数增强	2013 - 3 - 22	2.13	中证财通中国可持续发展 100（ECPI ESG）指数收益率	ECPI ESG 评级方法
516400. OF	富国中证 ESG120 策略 ETF	2021 - 6 - 16	0.13	中证 ESG120 策略指数收益率	中证 ESG 评价
510990. OF	工银瑞信中证 180ESGETF	2021 - 6 - 18	0.83	中证 180ESG 指数收益率	中国工商银行 ESG 绿色评级体系
516830. OF	富国沪深 300ESG 基准 ETF	2021 - 6 - 24	4.35	沪深 300ESG 基准指数收益率	—
561900. OF	招商沪深 300ESG 基准 ETF	2021 - 7 - 6	1.08	沪深 300ESG 基准指数收益率	中证 ESG 评价
012811. OF	华宝 MSCI 中国 A 股国际通 ESGC	2021 - 7 - 9	0.50	MSCI 中国 A 股国际通 ESG 通用指数	MSCI ESG 评价
516720. OF	浦银安盛中证 ESG120 策略 ETF	2021 - 7 - 22	2.28	中证 ESG120 策略指数收益率	中证 ESG 评价
159717. OF	鹏华国证 ESG300ETF	2021 - 9 - 15	3.62	国证 ESG300 指数收益率	国证 ESG 评价

资料来源：《2021 中国资管行业 ESG 投资发展研究报告》。

以 2021 年 9 月末为节点，从核心 ESG 被动管理型基金所跟踪的指数收益表现与指数编制基准收益表现来看，中证财通中国可持续发展 100（ECPIESG）指数和中证 180ESG 指数在大部分区间未跑赢指数为编制基准，其余 ESG 指数基本跑赢指数所依据的编制基准指数。从夏普比率来看，中证财通中国可持续发展 100（ECPIESG）指数和中证

180ESG 指数在各区间表现优于所依据的编制基准指数，但其他指数夏普比率低于指数所依据编制基准指数。对比核心 ESG 主动型管理基金结果，从夏普比率上看，核心 ESG 主动管理型基金表现尚优于被动管理型基金（以其所跟踪指数计算），可能由于目前 ESG 数据难以支撑 ESG 指数完全体现 ESG 风险，主动管理型基金对于规避"黑天鹅"事件、防范风险仍有价值（见表 11 - 6）。

表 11 - 6 　　　核心 ESG 被动管理型基金所跟踪 ESG 指数收益率及夏普比率

跟踪指数	指数成立日期	指数编制基准指数	近三个月	近六个月	近一年	近两年	近三年
中证财通中国可持续发展 100（ECPI ESG）指数	2012 - 10 - 16	沪深 300 指数	跟踪指数相比编制基准区间收益率（跟踪指数收益率 - 编制基准收益率，%）				
			-37.54	-14.58	-11.78	-2.03	0.21
			跟踪指数相比编制基准区间夏普比率（跟踪指数夏普比率 - 百编制基准夏普比率，%）				
			2.05	0.87	0.72	0.13	0.01
中证 ESG120 策略指数	2020 - 4 - 30	沪深 300 指数	跟踪指数相比编制基准区间收益率（跟踪指数收益率 - 编制基准收益率，%）				
			3.78	10.04	9.56	—	—
			跟踪指数相比编制基准区间夏普比率（跟踪指数夏普比率 - 百编制基准夏普比率，%）				
			-0.08	-0.55	-0.52	—	—
中证 180ESG 指数	2018 - 12 - 10	上证 180 指数	跟踪指数相比编制基准区间收益率（跟踪指数收益率 - 编制基准收益率，%）				
			-4.82	-8.87	-6.93	-4.29	—
			跟踪指数相比编制基准区间夏普比率（跟踪指数夏普比率 - 百编制基准夏普比率，%）				
			0.28	0.54	0.38	0.21	—
沪深 300ESG 基准指数	2020 - 4 - 30	沪深 300 指数	跟踪指数相比编制基准区间收益率（跟踪指数收益率 - 编制基准收益率，%）				
			5.82	3.88	1.08	—	—
			跟踪指数相比编制基准区间夏普比率（跟踪指数夏普比率 - 百编制基准夏普比率，%）				
			-0.27	-0.20	-0.06	—	—

续表

跟踪指数	指数成立日期	指数编制基准指数	近三个月	近六个月	近一年	近两年	近三年
国证 ESG300 指数	2010 - 9 - 20	国证 1000 指数	跟踪指数相比编制基准区间收益率（跟踪指数收益率 - 编制基准收益率,%）				
			12.52	12.22	- 0.28	0.98	1.74
			跟踪指数相比编制基准区间夏普比率（跟踪指数夏普比率 - 百编制基准夏普比率,%　）				
			- 0.57	- 0.70	- 0.01	- 0.07	- 0.09

资料来源：《2021 中国资管行业 ESG 投资发展研究报告》。

11.2.2　责任投资的利器——母基金

在本书第 6 章曾提到，母基金是更贴近 ESG 投资特征的投资方式。ESG 投资看似简单清晰，在实践中却需要深化到多个层面。展开 ESG 投资的机构，不仅要推动 ESG 理念的传播，形成细致的研究方法论，还要精准地执行 ESG 原则等。此外，ESG 还具有可持续性和控制风险性的特征。具体而言，相比于公司基本面，公司在环境、社会和公司治理这三个方面的表现都需要经过较长时间的跟踪才能发现具体的变化。因此，普通的投资单一的机构，或者期限较短的基金，并不能成为推广并实践 ESG 的最佳选择。

母基金是学术界认为最好的长期投资资本，与 ESG 理念下的可持续性投资特点契合度极高，主要体现在：海外母基金的出资方多为公共养老基金、大学基金会等，国内的母基金出资方则多为政府引导基金和国有资本。这些投资机构汇集了社会或政府资产，偏好对公共社会文化、自然环境有利的资产投资；母基金投资期限较长，平均年限为 10 ~ 15 年，且资产流动性较差，因而注重投资的长远性和稳定性；母基金由于多元化分散配置的特点，抗经济周期性风险能力较强，且因其资产为非上市公司股权，受公开市场证券价格波动的影响也较小，因此母基金可以真正做到可持续性的投资。

由此可见，母基金长期性的资产投资配置，高度吻合 ESG 可持续发展的投资要求。结合 ESG 自身的特性和对投资的要求，在私募股权行业中母基金是能有效推广并长期实践 ESG 的利器。

国际顶尖母基金的 ESG 投资，是 LGT 资本。LGT 的 ESG 投资实践始于 2003 年，是国际 ESG 投资的领军机构。LGT 自 2008 年成为 UNPRI 缔约者，遵守 ESG 投资 6 大原则，将 ESG 理念广泛地运用于私募股权基金、股票、债券等资产类别。2017 年 LGT 发布的 ESG 年度报告获 UNPRI 最高评分 A++，同年 LGT 内部的 ESG 委员会主席被选举为 UNPRI 七大常务董事之一。

LGT 设立 ESG 委员会，由高级管理人员统领，ESG 执行团队约 11 人，含直接与 GP 对接的直线分析师、内控专业及公共关系专员等。ESG 执行团队保持中立，对投资团队的投资决策起到监督的作用。

LGT 针对不同的资产类别，设置了相应的 ESG 评估体系与评估指标，根据测评结果筛选出优质的投资标的。在 LGT 母基金投资中，ESG 投资贯穿于项目筛选、尽职调查、投资决策、投后管理等环节。项目筛选阶段，LGT 将采取消极策略，避免投资存在明显 ESG 缺陷的基金，如军火、赌博等。在尽调阶段，ESG 与财务、法务、业务并行。ESG 尽调包括 ESG 问卷、征询访谈、文件查阅等板块。其中，管理人评估是 ESG 尽调最为重要的部分。LGT 通过分析观察、评估基金管理人的投资实践，实现两个层次的目的。首先，能够筛选出已将 ESG 理念纳入投资体系、披露完纳入基金管理人，满足 LGT 投资的基本需求；其次，LGT 将影响管理人的 ESG 实践，指出管理人实践中的亮点及不足，提高基金管理人的 ESG 投资能力。

LGT 管理人评估涉及四个板块：ESG 承诺、投资流程、主人翁意识、信息披露。板块一为"ESG 承诺"，指基金管理人对 ESG 理念的认可程度。LGT 将考察基金管理人是否通过具体的实践，展示管理人的 ESG 信念，如制定相关的政策与制度、加入 PRI 等 ESG 行加入导组织、构建符合 ESG 理念的投资组合。板块二是"投资流程"，关注基金管理人是否将 ESG 真正地融入投资流程中，是否将 ESG 视为系统的评估框架及提升领域。板块三是"主人翁意识"，强调基金管理人对于 ESG 投资的积极性和主动性，包括发布 ESG 指南、设计优质的业绩指标等。板块四是信息披露，考察 ESG 日常汇报机制，如披露频率、披露及时性、信息颗粒度等。

在投资决策阶段，LGT 根据 ESG 尽调，为基金管理人予以相应评分。单板块的分数阈值为 1~4，1 代表极好，4 代表极差，最终将得出基金管理人 ESG 投资实践的综合评分。LGT 将评估结果以书面的形式，记录到评估系统。最终，LGT 将鼓励综合评分为 3~4 分的机构持续改进。

在投后管理阶段，LGT 启用第三方数据监测服务商 RepRisk。母基金通过投资子基金，将辐射到成百上千个公司中。被投企业是基金业绩增长的价值驱动，防范 ESG 风险是投后管理的重中之重。通常被投企业的信息通过"公司→子基金→母基金"的链条传导。传导链条看似透明合理，实则存在极大的问题：母基金作为有限合伙人，不能要求子基金时时刻刻进行汇报披露，过多干预甚至影响基金运营。而子基金作为有限合伙人，负有定期汇报的义务，而行业惯例为季度汇报。这意味着信息往往存在 3~6 个月的迟滞，尽管存在 ESG 负面信息的被投企业已对基金造成了极大的财务及声誉损失。此外，相较于上市公司，私募股权基金投资的多为未上市的公司，所披露的公开信息极少，难以有效评估。总而言之，内部汇报机制与外部的信息搜集评估都难以实现 ESG 风险控制，给投后管理带来了巨大的挑战。LGT 通过启用第三方数据监测服务商 RepRisk 解决上述问题。RepRisk 是一家瑞士的数据解决方案提供商，通过监测超过 80000 个数据源，覆盖 15 种语言，时刻监测与被投企业相关的 ESG 报道。

数据源包括研究公司社交媒体、监管机构 NOO、政府机构、博客、纸媒等。按照 LGT 提出的需求。RepRsk 为 LGT 设计了一整套解决方案，重点关注以下问题：存在争议的产品或者服务；环境污染与公众健康；国际准则的波动；国家法律的调整；供应链问题/隐患。RepRisk 进行 24 小时监测，并对信息进行初步梳理、筛选与判断。对信息的准确性、真实性进行评价，结合 LGT 的风险承受能力，实时汇报对 LGT 有实质性影响的 ESG 风险。LGT 通过将监测外包，避免了潜在的风险，同时充分考虑了母基金组织架构的特点——大多数母基金/家族办公室团队极为精简，监测外包实践意义更强。LGT 接收到投资组合中的 ESG 风险点后，将依据风险点的性质、重要性展开内部讨论。相关项目负责人将向子基金搜集相关的事故信息，展开讨论减轻 ESG 事故带来的消极影响。

LGT 的 ESG 投资极为领先，在组织结构、投资流程、投资实践中均得到高标准的践行。相应地，LGT 的 ESG 投资也获得了极大的成功。长期以来，LGT 对来自美国、欧洲、亚洲的超两百家私募股权投资管理人展开了调研，受访机构多为 LGT 已投资的基金，受访数据涵盖过去五年的 ESG 实践。

根据调查结果显示，LGT 的 ESG 投资获得了极大的成功。越来越多的管理者继续将他们的 ESG 实践制度化，全球私募股权投资者在 ESG 方面取得了进一步的进展，这是由经理人评级的持续提高所衡量的。在 2019 年对 218 名私募股权基金经理的评估中，65% 的人在 ESG 上获得了 1 级或 2 级的最高评级。这表明，他们已将管理其投资组合公司内的 ESG 问题的流程制度化。相比上一年而言，被评为 1 级或 2 级的经理人比例上升了 7 个百分点（58%），若相比于 2014 年，该比例甚至上升了 38 个百分点（27%）。指标的增长尤其令人鼓舞，因为这代表着 ESG 整合的制度化方法。基金管理人通常会从一套基本上是临时性的做法过渡到一套系统性的做法，其中 ESG 正式嵌入股权投资。根据 LGT 资本过往的投资经验，随着时间的推移，采取这步骤的管理者往往会继续改进 ESG，因为他们现在已经有了正式的结构来促进改善。ESG 整合已成为私募股权的主流，管理者（GP）之间的实践可能差别很大，但绝大多数人至少已经开始了他们的 ESG 之旅。

地域分布上，全球 ESG 都取得了长足发展，但欧洲仍然领先。LGT 资本观察到，所有地区的管理者在 ESG 整合方面取得的进展，尽管起点非常不同。欧洲仍处于领先地位，79% 的经理人评级为 1 级或 2 级。其次是亚洲（69%），美国（49%）。美国和亚洲经理人评级的提高与 LGT 资本在与这些地区的经理人和客户交谈时听到的情绪相呼应。在行业活动中的讨论也反映了这一点，ESG 似乎在这两个地区都获得了广泛的关注。

欧洲在 ESG 工作制度化领先。长期以来，欧洲一直是 ESG 发展的"领头羊"，因为欧洲资产所有者很早就把 ESG 作为投资的优先事项。举例而言，欧洲退休基金不仅将提供基础的财务保障作为目标，而是倡导提供一个天更蓝、水更清、社会更和谐的"退休世界"。欧洲企业家与投资者也常常认为，公司对广泛的利益相关者负有责任，利益相关方不仅包括股东，还包括他们经营所在的社区，以及可能受到社会和环境外部性影响的其他人商业活动。截至目前，LGT 资本已经进行了七年 ESG 评级，对旗下投资组合中 GP 的 ESG 实践演变观察时间极长。2019 年已经达到了新的高度，目前只有少数经理人（21% 的经理人评级为 3 级或 4 级）尚未制定机构层面的 ESG 制度来投资、管理子公司。剩下 79% 的人获得了 1 级或 2 级的评级。现在人们普遍认为欧洲的私募股权基金经理会采取系统化的方法来管理 ESG 风险并抓住 ESG 机会。

美国在 ESG 方面取得持续进展。虽然美国长期以来被视为 ESG 的"落后者"，但无论是从 LGT 投资组合中的私募股权基金管理人还是从更广泛的角度来看，美国现在显然正在向前迈进。2019 年 ESG 评级为 1 级或 2 级的经理人比例已升至 49%，较上年增加了 9 个百分点，这比前三年的同比增长要高得多。从长远来看，在过去六年里，被评为 4 级的经理人（即在 ESG 上无所作为）的比例下降了 35%。这个数字的变化也反映在 LGT 资本与私募股权基金管理人的沟通中。过去，LGT 资本经常会遇到美国私募股权基金管理人的误解，认为 ESG 仅仅是为了遵守适用的法律法规。令人欣慰的是，目前美国私募股权基金管理人的 ESG 接受度要高得多。大多数人开始正视 ESG，并寻求 LGT 资本的指导，希望得到如何提升 ESG 投资水平的指导。作为回应，LGT 资本推荐了旗下的出版物《私募股权中 ESG 整合指南》，该书通过一系列 12 个案例研究表彰了最佳实践，其中涉及 LGT 资本投资组合中表现最优的 10 位私募股权基金管理人。

亚洲 ESG 实践快速发展。与美国一样，亚洲评级较高的私募股权基金管理人（1 或 2 人）的比例也在短短一年内大幅上升。自 2018 年以来，在所有私募股权基金管理人中，这一群体增长了 9 个百分点，达到 59%，这与美国观察到的改善情况一致。这也意味着，拥有 ESG 整合制度化流程的管理者在该地区占绝大多数。亚洲正迅速发展成为 ESG 投资的热土，稳健的 ESG 实践将很快成为该地区顶级私募股权基金管理人的常态。

除地域外，基金规模大小仍然是 ESG 发展的重要因素。大型私募股权基金管理人在 ESG 上非常强势，78% 的私募股权并购基金管理人有制度化的实践，而 95% 私募股权成长基金管理人有同样的做法。相比之下，中小型私募股权基金管理人的评级分别为 56% 和 62%。可以看到，规模越大，制度化实践的发展空间就越大，因为经理们有更多的资源来雇佣专门的 ESG 员工，并投资于系统和流程，以促进 ESG 因素的管理。虽然大型基金实施 ESG 投资有着天然的优势，但我们不应夸大规模的重要性。LGT 旗下超过 50% 的早期基金、创业投资基金管理人已经开发了强大的 ESG 系统，这一事实证明，规模不应成为决定管理者是否采用强有力的 ESG 实践的决定性因素。

具体地，私募股权基金管理人的 ESG 实践，在各个重点领域（ESG 承诺、投资流程、主人翁意识、信息披露）有明显且固定的趋势。管理者对待 ESG 的第一步通常包括对 ESG 做出正式承诺，通常是签署一套公认的可持续性标准或加入一个组织，如负责任投资原则（PRI）。然后，他们努力将 ESG 纳入其投资和股东所有权实践中，信息披露则是最后一个需要解决的难题。大量的私募股权基金管理人在 ESG 承诺中获得了最高分数：72% 的私募股权基金管理人得到了 1 级或 2 级的评级。

11.2.3　国内基金管理公司绿色投资体系建设情况

中国证券投资基金业协会正式发布《绿色投资指引（试行）》（以下简称《指引》）。2019 年起，协会要求资产管理类会员机构根据指引填写绿色投资自评表并提交自评估结果，2020 年 6 月，协会面向资产管理类会员机构开展了第二次自评估调查协会据此撰写并发布了《基金管理人绿色投资自评估报告（2020）》，包含 37 家公募基金管理公司有效样本、197 家私募证券投资基金管理人有效样本和 224 家私募股权创投基金管理人有效样本。

（1）公募基金管理公司绿色投资体系建设概况。

根据《基金管理人绿色投资自评估报告（2020）》，整体上看，公募基金管理公司绿色投资制度建设领先于绿色投资战略管理，已开展绿色投资研究、建立针对投资标的绿色评价方法的家数明显高于将"绿色投资"明文纳入公司战略、以绿色投资战略建立公司层面的绿色投资业务目标的比例，体现出公募基金管理公司绿色投资体系建设具有探索性特征。

在绿色投资战略管理方面，样本公募机构将"绿色投资"明文纳入公司战略的比例为 40.5%。已将绿色投资明文纳入公司战略的样本公募机构中，多数提供了关于绿色投资战略的简要描述，但未提供公司战略完整文本。具备绿色投资战略的样本公募机构中，约半数向投资者或公众披露了绿色投资战略，披露渠道包括公司官网、基金合同与招募说明书、第三方平台等。35.1% 的样本公募机构设定了简要的绿色投资业务目标，但目标完成情况披露度较低，仅有 38.5%。此外，约四分之三的样本公募机构有高管或公司级委员会对绿色投资业务负责。

此外，公募基金管理公司绿色投资具有实践先行的特征。在绿色投资制度建设方面，有 30 家样本公募机构开展了绿色投资研究。其中，18 家样本公募机构配有专职部门/团队/人员开展绿色投资研究，人员合计 83 名；12 家样本公募机构共配有 80 名兼职人员开展绿色投资研究。29 家样本公募机构已建立针对投资标的的绿色评价方法，20 家样本公募机构建立了绿色信息数据库，其中，80% 以上的样本公募机构均为自建，仅少数采取外部购买或与第三方合作开发的方式。这体现出公募基金管理公司具有鲜明的投研驱动特征和主动管理意愿，样本公募机构将研究成果应用到绿色评价方法和绿色信息数据库的转化率较高。

从风控的角度看，约半数样本公募机构建立了投资标的环境负面清单和已投资标的常态化环境风险监控机制，并针对投资标的的环境风险暴露建立应急处置机制，从而实现投前、投中、投后全链条风险控制机制。

在绿色投资产品运作方面，有 25 家样本公募机构声称发行过或正在发行以绿色投资为目标的产品，产品只数合计 54 只。具体来看，54 只以绿色投资为目标的产品均遵循特定的绿色投资策略。公募基金管理公司采用自上而下和/或自下而上的方法，围绕新能源、环境保护、环境治理等绿色主题，主动构建投资组合，被动指数型产品亦跟踪环境友好型指数。有 47 只绿色主题产品建立了绿色投资策略披露机制，披露方式主要为基金合同、招募说明书，少量产品还通过中国证监会指定报刊与公司官网披露。45 只绿色主题产品在基金合同中设定了绿色持仓比例要求，持仓比例一般不低于非现金资产的 80%，但仅有 17 只绿色主题产品以定期报告的形式披露产品的绿色成分构成与变化。有 20 只产品表示会在上市公司调研过程中积极主动沟通绿色投资相关议题，并以在股东大会上行使股东权利的方式促进被投企业提升绿色绩效，但选择向投资者披露绿色投资绩效的产品比例较小，仅有 7 只。

（2）私募证券投资基金管理人绿色投资体系建设概况。

根据《基金管理人绿色投资自评估报告（2020）》，整体上看，与公募基金管理公司相似，私募证券投资基金管理人已开展绿色投资研究、建立针对投资标的的绿色评价方法的家数同样明显高于将"绿色投资"明文纳入公司战略、依绿色投资战略建立公司层面的绿色投资业务目标的比例。但大部分私募证券投资基金管理人均声称有高管或公司级委员会对绿色投资业务负责，拉升了私募证券投资基金管理人的绿色投资战略管理表现。

在绿色投资战略管理方面，约五分之一的样本私募证券机构将"绿色投资"明文纳入公司战略，披露渠道则多种多样，包括公司官网、电子邮件、传真、微信平台等。高达九成的样本私募证券机构声称有高管或公司级委员会对绿色投资业务负责。

在绿色投资制度建设方面，有 96 家样本私募证券机构开展绿色投资研究。其中，56 家样本私募证券机构配有专职部门/团队/人员开展绿色投资研究，人员合计 140 名；40 家样本私募证券机构共配有 83 名兼职人员开展绿色投资研究。65 家样本私募证券机构已建立针对投资标的的绿色评价方法，40 家样本私募证券机构建立了绿色信息数据库，其中，75% 以上的样本私募证券机构均为自建，仅少数采取外部购买或与第三方合作开发的方式。从样本私募证券机构开展绿色投资研究和建立评价方法、信息数据库的比例来看，私募证券投资基金管理人将研究成果应用到绿色评价方法和绿色信息数据库的转化率低于公募基金管理公司。从风控的角度看，约五分之一的样本私募证券机构建立了投资标的的环境负面清单和投资标的的常态化环境风险监控机制，并针对投资标的的环境风险暴露建立应急处置机制，风控保障相较于投研投入略显单薄。

在绿色投资产品运作方面，仅有 8 家样本私募证券机构声称发行过或正在发行以绿色投资为目标的产品，产品数合计 8 只，相关产品运作信息不够完整，有关绿色投资策略、成分构成与变化、绿色绩效等内容表述欠缺。

（3）私募股权创投基金管理人绿色投资体系建设概况。

在绿色投资战略管理方面，样本私募股权机构建立绿色投资公司战略与设定绿色投资业务目标的表述重合度较高，绿色投资战略主要聚焦于具体投资方向，缺乏全局性长期性的绿色投资战略安排。超过 80% 的样本私募股权机构有高管或公司级委员会对绿色投资业务负责。

在绿色投资制度建设方面，有 89 家样本私募股权机构开展绿色投资研究。其中，65 家样本私募股权机构配有专职部门/团队/人员开展绿色投资研究，人员合计 159 名；24 家样本私募股权机构共配有 38 名兼职人员开展绿色投资研究。48 家样本私募股权机构已建立针对项目企业的绿色评价方法，其中，90% 为自建；40 家样本私募股权机构建立了绿色信息数据库，其中，65% 为自建，其余样本私募股权机构采取外部购买或与第三方合作开发的方式。

从风控的角度看，有 60 家样本私募股权机构宣称建立了公司层面投前绿色评估机制或尽职调查标准，但实则多为在尽职调查中关注标的公司环保方面的表现，几乎均未专门建立一套投前绿色评估机制或尽职调查标准。相应地，样本私募股权机构也未单独建立公司层面投后绿色绩效管理机制，而是持续跟踪标的公司的环境保护、环境治理情况。样本私募股权机构对被投项目企业环境风险暴露应急处置机制主要为申请追加担保、依法申请财产保全、项目退出等。

在绿色投资产品运作方面，有 19 家样本私募股权机构声称发行过或正在发行以绿色投资为目标的产品，产品数合计 21 只。上述产品大部分遵循特定的绿色投资策略，锚定清洁能源、节能减排、绿色农业等方向，选择披露绿色投资策略的渠道主要为募集说明书、合伙协议。其中，对被投项目企业进行投前绿色尽职调查的产品会重点调查环保指标，甚至聘请专业化的第三方机构进行尽调并出具报告。在采取主动措施促进被投项目企业提升绿色绩效方面，仅少数样本私募股权机构具有一定表现。

11.2.4　案例：华夏基金的责任投资方法论

截至 2021 年 6 月 30 日，华夏基金管理的总资产（包括子公司）已达 2640 亿美元（合人民币约 1.7 万亿元），是中国规模最大的资产管理公司之一。华夏基金于 2017 年 3 月成为联合国责任投资原则（PRI）签约方，是境内第一家加入该国际组织的公募基金公司。华夏基金在其投资过程中坚守责任投资原则，持续探索在中国缓解环境、社会、公司治理相关问题的办法。

（1）ESG 整合情况。

2020 年，华夏基金建立了公司层面的 ESG 业务委员会，旨在建立公司整体的 ESG 整合方法和 ESG 产品线。华夏基金 ESG 投资的组织架构由以下四个层级构成：

层级一：总经理提供纲领性指导和对 ESG 项目及责任投资的监督；参与面向国内和国际的投资者教育项目。

层级二：ESG 业务委员会制定公司层面的责任投资原则和战略；定期回顾和更新公司 ESG 禁投标准；部署及监督公司各个资产类别、业务条线和职能部门中的 ESG 整合过程。

层级三：基金经理和行业研究员承诺将可持续发展因素纳入投资分析中，包括自下而上的基本面分析、投资决策和组合权重调整；观测持仓证券的 ESG 评级变化和争议性事件，并适时适度地调整仓位；发起与相关上市公司沟通的提议，并根据沟通结果在投资分析中进行体现。

层级四：ESG 专门团队层面华夏基金的 ESG 团队是公司履行负责任投资的专门组织单

元，隶属于投资部门，负责推动 ESG 在投资分析、风险管理和公司参与过程中的整合。根据内部搭建的 ESG 框架撰写行业 ESG 研究报告，对覆盖公司进行 ESG 打分评级；进行 ESG 专题研究，对各资产类别进行 ESG 整合研究，并根据客户对持续性发展的需求制订相应的投资策略；运用脱敏信息对组合持仓进行定期评估，并提供组合层面上 ESG 风险暴露的分析；监测 ESG 评级调整和争议性事件，保证基金经理对其的了解和参与；与上市公司进行针对 ESG 问题的沟通，并定期跟踪沟通事宜；向内部团队及人员提供 ESG 相关主题的内部培训。

华夏基金制定了"六位一体"的 ESG 投资流程，目前正在部分账户中应用，通过纳入 ESG 考量来改进传统的投资过程。这六步流程包括：策略制定、基本面分析、组合管理、风险管理、上市公司沟通和定期跟踪。

①策略制定：通过制定可持续投资策略和相关准则来排除不符合 ESG 标准的特定行业和个股。

②基本分析：在权益投资中，重大 ESG 因素会在行业研究和个股选择中被纳入考量。基金公司会考虑 ESG 因素对财务报表和估值的潜在影响。行业分析师会进行深入的公司分析，并和 ESG 团队一起讨论公司治理、环境和社会责任问题。相应的 ESG 数据可从基金公司自主搭建的 ESG 模型及多个外部数据提供商处获得。

③组合管理：ESG 团队每季度会监控组合的 ESG 风险暴露和评级变化，并向基金经理汇报，基金经理再根据情况进行组合权重调整。

④风险管理：从风险管理角度，基金公司考察整体组合 ESG 的情况和风险暴露、监控 ESG 评级变化、ESG 争议事件的发生。基金公司目前已经在公司范围内使用了 ESG 风控监管。

⑤上市公司沟通：基金公司积极与上市公司沟通其 ESG 风险和机遇，并进行建议、跟踪和报告。华夏基金迄今已与中国境内超过十家上市公司进行了 ESG 深入沟通，对其相关信息披露及公司治理实践进行指导和改善。

⑥定期跟踪：华夏基金每年会向客户和 PRI 进行报告，更新一年中在责任投资上取得的进展。公开报告和相应公司政策可在 PRI 的官方网站上获得。

（2）ESG 研究分析。

除了应用于目标制定和风险控制环节的黑名单方法外，华夏基金已经在部分账户应用了内部开发的 ESG 研究框架。这一框架参考但并未局限于 MSCI 的 ESG 分析模型，而是将行业分析及因子分析相结合，以期发掘出中国市场中特有的 ESG 议题和因子，同时甄别出表现优于同行的中国公司。

在房地产行业的案例中，目前市场中的第三方 ESG 数据不足以根据中国地产行业的本土 ESG 特征区分出表现优异的公司。因此，华夏基金通过本土化分析对第三方研究进行了补充，在其中加入了对大股东股权质押、公司表外资产和利益输送等的判断。这一内部框架给出的调整后 ESG 分数更好地反映了地产公司在利益输送方面的风险暴露，从而帮助基金经理在选择股票时得以规避相关公司治理风险。

华夏基金在进行 ESG 研究时的主要参考方面包括但不限于：当地政府环境监管、环境管理政策和措施、产品和服务的环境可持续性、产品安全性、员工健康与安全、劳动力管理、供应链管理、广义利益相关者的利益保护、股权结构、管理层激励、腐败预防和治理、关联方交易、会计稳健性等。具体而言，公司关注的主题包括以下内容：

①环境主题（E）。

气候变化：主要关注 2060 年碳中和目标下的碳排放管理、能源使用效率及能源转型机遇等；

自然资源的使用：主要关注水资源节约措施、自然资源循环利用等；

污染物管理：主要关注水、固体、气体废弃物的排放管理及相应的风险管理措施等。

②社会主题（S）。

人力资本管理：主要关注员工权益保障、人才发展计划及产业链劳工管理办法等；

企业社会价值：主要关注公司与社区关系、扶贫工程、负责任营销措施等；

企业文化与道德：主要关注商业道德风险控制措施等。

③公司治理主题（G）。

董事会：主要关注董事长与 CEO 职位分离情况及董事会成员的独立性和专业性等；

股东权利保护：主要关注同股同权、交叉持股、关联交易等；

会计政策：主要关注会计处理的稳健性与可持续性等。

（3）上市公司沟通。

华夏基金进行公司沟通的主要目的是通过深层次了解行业现状、推广最优实践方法和考察企业实际改变，帮助企业实现可持续发展、创造更大的企业价值。华夏基金相信，主动的公司沟通和治理参与是投资者践行积极所有权的表现，与基金公司对客户的受托责任相吻合。通过与上市公司进行沟通，一方面，基金公司可以帮助其改善自身表现和信息披露，从而令其内在长期价值得到更深刻的显示；另一方面，基金公司通过这样更深入的了解，也利于作出更准确的行业可持续风险和机遇的分析判断。华夏基金进行的公司沟通主要围绕以下四个维度展开。

①公司制度。

关注方向：公司（管理层）是否了解其可持续发展过程中的主要问题？是否在公司层面的经营实践中对这些问题采取措施？

关注点：公司是否有对其 ESG 表现负责的职位或职能设置？公司（管理层）是否有对主要 ESG 问题的一般性声明或应对态度？是否有公司/部门层面解决主要 ESG 问题的公司制度？是否有与供应商、合同方等签订的应对主要 ESG 问题的协议？

②项目举措。

关注方向：公司如何在经营过程中落实其应对主要 ESG 问题的公司制度？

关注点：公司是否在经营部门有应对主要 ESG 问题的项目和举措（如水资源节约系统、

有毒废料处理系统等)? 是否有经过国家或国际标准认证的管理系统(如 ISO 14001 等)?

③目标设定。

关注方向: 公司是否有管理 ESG 主要问题的预期和目标?

关注点: 公司是否在公司/部门层面设立解决 ESG 主要问题的目标? 这些目标是否可以量化比较?

④实际表现。

关注方向: 公司落实制度和达成目标的效果如何?

关注点: 管理层的报酬是否与公司的 ESG 表现挂钩? 公司是否在主要 ESG 问题上有所改善(如污染物排放量、碳排放效率等)? 公司是否在规定期限内达成所设立目标?

(4) 制定基金的"碳中和"方案。

2021 年 7 月 9 日, 经 ESG 业务委员会决议通过, 华夏基金提出了自 2021 年起实现运营活动"碳中和"的目标, 成为国内首家明确提出"碳中和"具体目标和实施路径的公募基金公司。

华夏基金本次选用了温室气体议定书(GHG Protocol)系列标准, 与中节能皓信(北京)咨询有限公司合作, 对 2020 年公司碳排放量进行了核算, 涵盖范围包括: 范围一排放(自有车辆、食堂等排放)、范围二排放(外购电力和热力)以及部分范围三(差旅、打印纸等废弃物处理、水相关排放)。核算结果显示, 华夏基金北京总部及全国分公司 2020 年二氧化碳当量排放约为 9225.62 吨, 其中, 办公场所外购电力为主要碳排放源。目前, 华夏基金已制定出完整的"碳中和"实施方案。公司将持续通过节约用电、用纸、改进差旅等方式降低排放, 辅以购买绿色电力凭证及符合标准的碳汇等举措抵减剩余排放量, 自 2021 年起实现本机构自身运营活动的"碳中和"。随着相关基础数据的完善, 华夏基金将加强投资组合碳排放的测算工作并敦促被投资企业加强气候变化风险管理和信息披露, 计划 2025 年前完成投资组合碳排放基线测算及目标设定。

11.3 保险业 ESG 投资实践

11.3.1 全球保险业 ESG 投资实践

(1) 保险公司正在将 ESG 因素纳入承保和投资管理流程中。

慕尼黑再保险(Munich Re)已经系统地将 ESG 因素纳入其内部承保流程以及其他产品中。这有助于识别与不同行业及项目相关的环境和社会风险, 并通过与客户、非政府组织和其他机构合作将该等风险降到最低。

苏黎世保险公司表示: "ESG 因素会对与我们所投资的资产相关的风险与机遇产生影响。因此, 我们认为主动将 ESG 因素纳入投资过程覆盖所有资产类别, 并与传统财务指标以及风险管理最佳实践合用可以帮助我们获得更佳的风险调整后长期财务收益。"

安联全球企业及特殊风险部（AGCS）已经开始将 ESG 筛查纳入其承保前台工具，并最终在未来数年将其应用在其他业务上。其表示："无论是提供保险还是利用我们客户的保费进行投资，我们都会考虑与交易相关的 ESG 风险。我们的目标是引领行业将 ESG 因素纳入保险和投资业务当中。"

中国平安保险将负责任投资概念纳入其所有投资活动中，在业务发展中推广 ESG 以获取稳定收益。

（2）保险公司正在培养员工对 ESG 事项的敏感度。

很多 ESG 因素都可能对保险公司的风险与回报产生影响。他们对风险与回报产生影响的方式可能十分复杂，且因行业而异。因此，苏黎世保险公司为其投资组合经理提供了充分且定期的培训，来协助他们理解 ESG 的经济意义。

慕尼黑再保险公司提供了承保指引的实操培训项目以及与目前可持续发展话题相关的培训项目，以培养其员工的 ESG 相关能力。通过这种方式，该公司全球超过 800 位员工提升了对 ESG 事项的敏感度。

安联也提供了主要关注全球承保人员的 ESG 沟通与培训模块，以确保他们对相关重要问题及行业有一定的认知和理解。

安盛保险（AXA）已经通过向所有投资团队的成员（包括投资经理）提供负责任投资（RI）必修课程，将 ESG 因素植根于公司文化当中。课程主要传授了负责任投资的治理、政策、对外承诺，并包含建立一项高 ESG 绩效投资组合的练习。

（3）保险公司正在积极地进行主动管理。

保险公司积极地通过对话和表决权，运用它们对被投资公司的影响力，推动公司遵守 ESG 标准。它们也与公司其他股东合作，以增加其影响力。

苏黎世保险公司要求其资产经理根据应对 ESG 事项的最佳实践策略积极行使其代理投票权。它们也被要求将相关的 ESG 议题纳入与被投资公司的讨论当中。

安盛保险定期参与投资组合公司的管理工作，以鼓励高标准的企业治理以及妥善的管理环境与社会风险。

安盛保险的资产经理进行代理投票时较为关注环境、气候、社会和治理问题。安盛保险还会单独或与其他投资者一起，与被投资公司就应对 ESG 问题展开讨论。

Aviva Life & Pensions UK（AVLAP）积极地监督并参与被投资公司涉及的环境及社会影响、企业治理等事项。AVLAP 要求其投资经理通过所有投票机会促使被投资公司采取可持续的商业模式。AVLAP 还相信，相比于撤资，参与管理可以更有效地对企业进行改造。

（4）保险公司正运用先进科技推动 ESG 工作。

2020 年，平安保险推出了 CN – ESG 智能评级系统，专门面向中国市场提供一套集全面、智能和实用功能于一体的智能 ESG 投资工具。该系统可以验证基于 ESG 披露的数据，并挖掘非基于 ESG 披露的数据，利用数据挖掘、机器学习、自然语言处理（NLP）和卫星遥感等先进技术为投资者提供全方位信息。

2021 年 1 月，由于中国市场 ESG 需求不断上升，平安保险运用其 CN－ESG 的中国 A 股数据，推出了四项新的针对 ESG 投资的战略。这些战略将使用人工智能在超额投资回报与 ESG 投资目标之间取得平衡。该系统预计将进一步纳入能够提升投资多样化的固定收益 ESG 数据以及与气候风险相关的人工智能驱动因素（如 ESG 固定收益指数和气候风险指数）来满足投资者的各种需求。

平安还开发了一系列 AI－ESG 产品，主要用于 ESG 以及气候风险分析的企业管理、风险监督和分析解决方案，以支持 ESG 投资，包括投资组合可持续性足迹分析、投资组合调整工具、可持续基金筛选工具以及气候风险资产定价模型。

（5）保险公司全行业投资限制。

许多保险公司通过实施全面禁令或为特定行业建立最佳实践和指引（如燃煤发电、采矿和违禁武器制造）来实现其 ESG 目标，最大限度地减少环境足迹并保护自身声誉。安联保险严禁对部分行业进行投资，如违禁武器、以煤为基础的商业模式（燃煤发电和煤矿开采）以及有严重侵害人权记录的国家发行的主权债券。此外，还根据国际公认标准和最佳实践为 13 个敏感商业领域制定了 ESG 指引，以协助对交易进行 ESG 筛查。该指引有助于判断一笔交易是否可能为敏感交易并需要做进一步详细的 ESG 评估。

对于某些可能不符合其保护人民长期利益的企业责任目标的和可能有损其品牌和声誉的活动和产品，安盛保险已逐步制定专门的行业指引和业务限制。该指引和限制目前适用于煤矿开采和燃煤发电、油砂生产、油砂相关管道、烟草制造、棕榈油生产、食品衍生商品和具争议性的武器制造等领域。

慕尼黑再保险已经识别出七个敏感领域，包括违禁武器、煤、极地钻探、油砂、水力压裂、采矿和农田，并已为此领域的再保险、基本险与投资制定了具约束力的指引或最佳实践建议。

各保险公司正纷纷公布其应对气候变化和限制全球变暖的承诺。为支持巴黎协定中将全球气温上升幅度限制在 2 摄氏度以内的目标，慕尼黑再保险正拓展其气候战略，于近期承诺到 2050 年实现投资组合温室气体中和。为推进这一战略目标的落实，慕尼黑再保险已经于 2020 年 1 月加入了联合国召集的"净零资产所有者联盟（AOA）"。

安盛保险格外注重其投资对气候变化的影响。该公司已经承诺到 2050 年，将其投资对"气候变暖的潜在影响"控制在 1.5 摄氏度内。安盛保险正在制订指标，以衡量其投资对《联合国气候变化框架公约》第二十一次缔约方会议（COP21，即《巴黎协定》）的影响和贡献。安盛保险还宣布，在未来将会撤出部分或全部煤和油砂投资，以有效地实现气候相关的目标。它还继续寻求加大绿色投资份额，并积极参与转型融资，以支持各公司向碳强度较低的业务模式转型。

11.3.2　国内保险业 ESG 投资实践

银保监会数据显示，截至 2021 年 6 月末，保险资金通过债券、股票、资管产品等方式投向碳达峰碳中和绿色发展相关产业账面余额超过 9000 亿元。中国保险行业协会的最新数据统计显示，保险资金运用于绿色投资的存量从 2018 年的 3954 亿元增加至 2020 年的 5615 亿元，年均增长达 19.17%。

在 ESG 领域的国际合作方面，近年来，国内保险机构也逐渐出现在绿色金融、负责任投资和可持续发展等相关话题的国际舞台上。2018 年国寿资产成为国内第一家签署联合国责任投资原则（UNPRI）的保险资管机构；2019 年平安保险集团正式签署该原则，成为中国第一家加入该组织的资产所有者。中国保险资产管理业协会还依靠协会国际专家咨询委员会（IEAC）成立 ESG 研究小组，撰写了《IEAC ESG 专题报告》。其收集整理了包括德国安联保险、瑞银资产管理、法国巴黎资产、美国贝莱德、英国安本标准投资管理等 10 家机构在内的 ESG 投资理论研究和管理实践，为国内保险资管行业提供经验参考。中国保险资产管理业协会还通过举办专题讲座、组织行业培训等方式，与更多相关的国际机构和组织进行研讨交流，持续借鉴国际机构经验，推动保险资金在 ESG 领域的发展建设。

11.3.3　案例：中国人寿

作为金融央企，中国人寿践行 ESG 投资理念，不仅是对机遇的把握，也是对中央决策的落实。截至目前，中国人寿绿色投资存量规模突破 3500 亿元，集团成员单位广发银行绿色信贷投放保持强劲增长，绿色贷款余额已较年初增长 50%。

（1）保险板块守护绿色产业发展。

中国人寿发展环境污染责任险、巨灾风险管理及金融科技，以绿色保险守护绿色产业发展。2020 年，通过环境污染责任险为 1830 家企业提供风险保障超 30 亿元，为 1.3 万家绿色产业企业提供财产风险保障近万亿元。此外，中国人寿还为投保的森林、草原提供前期预警、中期定损、后期支付赔款的全流程风险管理服务；服务农业高质量发展，全国首创赤潮指数保险、茶叶低温指数保险；为产业发展融资增信，创新绿色信贷保证保险、农产品质量安全保证保险等，随着绿色产业的发展，中国人寿绿色保险险种不断丰富，产品服务种类和保障范围也不断增加。

（2）投资板块支持绿色低碳产业发展。

近年来，中国人寿不断加大对清洁能源领域的投资，已明确把清洁能源作为重点配置的核心资产，加大配置并长期持有，特别是对核电、水电、风电、光伏、新能源等上游制造企业进行了重点布局。如中国人寿与华能集团合作成立首只百亿元清洁能源投资基金、与国家电投携手出资设立清洁能源基金，两只基金决策规模已超 120 亿元，特别是与国家电投联合推进的国家级清洁能源项目，建成投产后可向京津冀地区输送绿色电力，以保障 2022 年北京冬奥会绿色用能需求；投资国内首只经绿色认证的绿色低碳产业投资基金，基金所投项目预计每年可节约 103 余万吨标准煤，协同二氧化碳减排量近 25 万吨；对国家电投旗下公司中电投核电增资 80 亿元，助力企业降负债去杠杆，促进国家电投核电业务可持续发展；向中国能建集团旗下的锡林郭勒盟阿巴嘎风电场工程 225 兆瓦项目投资 20 亿元；与中国三峡集团开展水电、风电、光伏等方面的产业合作，累计投资 30 亿元支持多个水电站建设，组成世界级清洁能源基地；入股华电福新发展引战项目，投资 20 亿元助力华电集团新能源业务发展。

（3）投资板块服务国家重大战略实施。

中国人寿持续将绿色投资深度融入京津冀协同发展、长江经济带发展、粤港澳大湾区建设、长三角一体化发展、黄河流域生态保护和高质量发展等区域重大战略实施中，助力持续优化重大基础设施、重大生产力和公共资源布局。例如，发起设立国寿水务母基金 240 亿元，投资保定市府河水系综合治理黄花沟工程，该工程落成后将有效改善保定市城市景观，提升白洋淀上游水质；参与设立雄安新区白洋淀生态环保基金，首期规模达 65 亿元；投资 30 亿元支持位于京津冀、长江经济带等区域的多个垃圾焚烧发电项目。中国人寿还致力于振兴乡村绿色产业。目前，中国人寿已设立以国寿美丽乡村（丹江口）产业基金为代表的扶贫基金体系，整体规模超 5 亿元，先后实施 500 多个特色产业扶贫项目。2021 年前三季度，新增乡村振兴相关债券投资 383 亿元。

（4）建立绿色投资管理和绿色运营体系。

集团旗下资产公司作为国内首家签署联合国支持的负责任投资原则（UNPRI）的保险资产管理公司，目前已成立 ESG/绿色投资管理委员会，并制定出台《ESG/绿色投资基本指导规则》，将 ESG 因子纳入产品组合、风险管理与科技应用等多个环节，系统打造 ESG 投资管理体系，致力于成为"双碳"战略在资产管理行业的领跑者。同时，公司在债券、股票、非标三大投资品种上共同发力，持续提升 ESG 投资水平，特别是还发布行业首只 ESG 债券指数和 ESG 权益指数，新设"ESG 精选 1 号"保险资管产品，通过建立 ESG 投资股票池，引导资本支持绿色经济发展。近日，公司率先建立 ESG 评价体系并发布首批评价实践成果，在国内保险资产管理行业内具有先行示范作用。截至目前，中国人寿资产公司投资绿色债券超 1800 亿元，绿色股权投资存量超千亿元。此外，中国人寿业将"低碳"理念融入经营管理的整个过程中，持续推进绿色金融、绿色运营、绿色办公、绿色建筑、绿色采购。致力于新技术开发应用，推行办公电子化，提倡无纸化办公，拓展线上服务渠道，在为广大客户提供简单便捷智能化服务的同时，降低业务开展的资源消耗。目前，中国人寿寿险公司个险无纸化投保率超 99.85%、个人保全自动化率超 99%；财险公司车险电子保单覆盖率达 84.49%。为打造绿色建筑，中国人寿科技园采用美国绿色建筑协会推荐的绿色建筑标准——LEED 标准进行设计，并申请该协会进行认证。该建筑项目作为北京市绿色节能建筑的典范，应用储能空调系统、地源热泵、太阳能光伏发电系统、太阳能集热系统、雨水收集系统、中水处理系统、LED 照明灯具和控制、自然采光、种植式屋面等多种节能降耗技术和措施，并且建筑大量使用绿色环保型材料，最大化降低后期的运营费用，比同类型普通建筑节省 20% ~ 30% 的运行费用。

11.3.4　案例：中国人民财产保险股份有限公司

中国人民财产保险公司（以下简称"中国人保财险"）按照人民银行、银保监会的要求，依托多年实践，研究提出界定绿色保险的"3 - 3 - 7"框架。第一个"3"是服务三大方向，绿色保险作为服务绿色发展的保险解决方案，致力于支持环境改善、应对气候变化和促进资源节约高效利用。第二个"3"是囊括三个板块，包括绿色保险产品、绿色保险服务和保险资金的绿色运用。"7"是七类绿色保险产品，包括环境损害风险保障类、绿色资源风险保障类、绿色产业风险保障类、绿色金融信用风险保障类、巨灾或天气风险保障类、鼓励实施环境友好行为类、促进资源节约高效利用类。

"十三五"期间，到 2020 年 10 月底，中国人保财险环境污染责任保险累计提供 580 亿元风险保障，累计支付赔款 9700 万元；船舶污染责任保险累计提供 20.95 万亿元风险保障，累计支付赔款超过 13 亿元。森林保险累计提供 3.62 万亿元风险保障，累计支付赔款 44.5 亿元。太阳能光伏组件长期质量与功率保证保险累计提供 522 亿元风险保障；风电设备产品质量保证保险累计提供 6550 亿元风险保障，累计支付赔款 4555 万元；首台（套）保险为清洁能源装备、环保装备制造企业累计提供风险保障 243 亿元，累计支付赔款超过 1.5 亿元。巨灾保险累计提供 2.34 万亿元风险保障，累计支付赔款 7.04 亿元。贷款保证保险为绿色企业增信，帮助企业累计获得融资 5.13 亿元，累计支付赔款 277 万元。

截至 2020 年 10 月底，从存量看，公司的绿色投资规模为 64.8 亿元，其中，债券 29.47 亿元，非标债权投资 33.4 亿元，股权基金 1.93 亿元。

中国人保财险扎根绿色金融改革创新试验区沃土，通过强化机制建设、落地产品服务、探索模式创新，加快推动绿色保险支持地方绿色发展。

一是强化机制建设，服务试验区工作。全程参与各试验区建设方案的制定，协助论证试验区绿色保险工作内容。完善工作保障机制，开展多层面战略合作，成立多层次工作机构，在浙江湖州、浙江衢州、江西赣江新区、贵州贵安新区、广州花都区等地，陆续与地方政府主管部门对接，挂牌成立绿色保险产品创新实验室，整合资源要素，增强服务绿色发展的能力。联合各界力量开展绿色保险研究，论证提出因地制宜的绿色保险解决方案，拓宽支持地方绿色发展的思路。

二是落地产品服务，支持地方绿色发展。自各试验区设立至 2020 年 10 月底，中国人保财险在试验区内稳步推动环境污染责任保险、森林保险、与无害化处理联动的养殖保险等产品服务落地。环境污染责任保险累计为 1442 家企业提供超过 709 亿元的风险保障，支付赔款超过 1090 万元；为企业提供风险评估服务 11814 家（次），发现环境风险隐患 28660 个，给出改进意见 28219 条。森林保险累计承保森林 2546 万余亩，累计提供风险保障超过 150 亿元。与无害化处理联动的养殖保险累计承保生猪 840 万余头，处理病死猪 288 万余头。

三是探索模式创新，增强支持地方绿色发展的力度。在湖州，首创"保险＋服务＋监管＋信贷"的环境污染责任保险新模式，助力企业环境风险减量管理，该模式荣获"2019 年度湖州市绿色金融创新案例"；与政府部门共同发布全国首个环境污染责任险市级地方标准，为绿色保险发展提供技术支撑；成立"绿贷险运营中心"，与多家银行开展绿色小额贷款保证保险合作，放大金融行业的协同效应；首创绿色建筑性能保险"保险＋服务＋科技＋信贷"模式，发挥财政补贴、信贷优惠、保费杠杆等机制作用，为建筑企业提供事前信用增进、事中风控服务、事后损失补偿的全方位保障，是湖州作为全国绿色建筑与绿色金融协同发展试点城市的一项创新，该模式荣获"2020 年度湖州市绿色金融创新案例"；与交通管理部门共筑保险参与交通治理的新机制，解除电动车绿色出行的安全后顾之忧，得到公安部交管局、省政法委的认可，相关工作经验在全国推广。

在衢州，首创养殖保险与病死畜禽无害化处理联动机制，助力源头解决病死畜禽的环境污染，得到国务院、省政府领导的批示肯定，并在全国推广；首创"安环保险"模式，助力安全生产与环境风险综合治理，联合清华大学建立"安环云"风控平台，增强企业风险管控能力，得到应急管理部、生态环境部、银保监会、省政府领导的批示肯定。

11.4　信托业的 ESG 投资实践

据不完全统计，截至 2020 年年末，全行业绿色信托资产存续规模达到 3592.82 亿元，同比增长 7.1%，存续绿色信托项目 888 个，同比增长 6.73%，绿色信托涉足领域不断扩展、业务种类不断丰富。

信托公司或通过设立碳排放权信托，投资于碳排放权的配额交易市场和中国核证自愿减排量（CCER）市场；或运用银行间债券市场非金融企业债务融资工具分销资格，参与碳中和债券的分销业务。如中航信托设立的"碳中和主题绿色信托计划"、中建投信托设立的"盈碳 1 号市场投资基金集合资金信托计划"、交银信托发行的"中国三峡新能源（集团）股份有限公司 2021 年度第一期绿色资产支持票据（碳中和债）"等。

信托公司通过设立绿色资产支持票据（底层资产均为绿色环保项目，如废弃电子产品处理、废旧家电拆解项目、可循环再利用分解物加工等），助力绿色信托多模式发展。如华能信托设立的"中再资源环境股份有限公司 2020 年度第一期绿色资产支持票据"、兴业信托设立的"华电国际电力股份有限公司 2020 年度第一期绿色定向资产支持票据信托"等。

信托公司以集团产业链为切入点，通过灵活设置贷款期限、标准化放款流程、差异化贷款利率、数据化授信机制等绿色信托贷款方式，为农业领域中小企业提供资金支持，降低企业经营成本，助力集团产业链升级，在生态、经济、社会效益中实现共赢。例如，中粮信托设立的"圣牧上游一号供应链集合资金信托计划"等。

信托公司在光伏发电领域创新将融资租赁与信托业务相结合，将项目公司股权纳入信托交易结构以强化增信措施、提高资产未来处置的便捷性，保障资金安全。如华润信托设立的"新泰旭蓝财产权信托"项目、百瑞信托发行的"中电投融和融资租赁 2020 年度绿能第一期绿色资产支持商业票据"等。

信托公司设立绿色慈善信托积极参与大气、水资源、生态环境、文化遗产保护等领域，与慈善组织、政府部门、生态环保专家等各方合作，持续助力绿色可持续发展。如华润信托就环境诉讼赔偿金设立的"腾格里沙漠环境慈善信托"、五矿信托为保护三江源地区生态环境设立的"思源"系列慈善信托等。

11.5　其他机构投资者的 ESG 投资实践案例

11.5.1　红衫中国：赋能零碳科技创新生态

作为"创业者背后的创业者"，红杉中国是长期主义的坚定实践者，在引领绿色科技创新与最佳实践的进程中始终做到三个"保持"：保持对绿色低碳循环相关行业的深度研究和观察、保持对低碳转型战略引导下的产业价值发掘和布局、保持对可持续发展领域的优秀企业家和创业者的长期关注。

（1）红杉中国的十大碳中和未来行动愿景。

红杉中国从自身实践出发，承诺"十大行动"愿景，从投资决策到信息披露、从赛道布局到企业陪伴、从技术转化到政策研究，全面贯彻低碳理念。

①坚定拓展布局碳中和长坡赛道。力求疏通各部门低碳策略中的各种阻碍，从而实现充分蓄势、尽早达峰、减排加速、全面中和四步走。

②关注全面覆盖五大排放部门的终端节能。

电力与热力部门：实现能源结构脱碳化；

工业部门：产业技术升级，淘汰落后产能；

建筑部门：推行先进节能标准，加快对既有建筑的节能和供热计量改造；

交通部门：要优化交通运输结构，改变以公路为主的运输方式，提高公共交通比例；

其他部门：包括消费与生活、材料回收利用、绿色消费等理念。

③培育提升碳中和各细分赛道的隐形冠军。碳中和的细分赛道有着强大的韧性和前景，这些企业的新技术将推动改造现有产业。

④挖掘更多基于自然解决方案的早期优秀企业。遵循大自然的规律，通过生态系统的保护、修复、改进和加强管理，提升其服务功能，提高气候韧性。

⑤继续坚定将 ESG 因素纳入投资和决策流程。设置 ESG 评估专员，继续用系统化、流

程化的方式将 ESG 因素嵌入尽职调查，将 ESG 作为投资和决策的重要参考。

⑥扩大绿色实践及相关信息披露。主动披露、宣传企业的绿色实践。

⑦强化零碳产业政策研究使投资符合可持续发展目标。红杉中国智库将更加聚焦于碳中和背景下各产业行业的政策文件，结合市场需求和技术供给，稳扎稳打地解读、响应政策、参与规范制定。

⑧加速低碳新技术从实验室到市场的转换。从研发支持、梳理融资计划、战略规划等多方位、全角度地帮助这些低碳新技术从实验室走向市场。

⑨2025 年前完全放弃本地数据中心采用云端数据中心。若采用绿色方法将现存于本地数据中心的数据迁移至云端，全球二氧化碳排放量每年可减少 5900 万吨。

⑩充分行使积极所有权与被投共建"公民碳普惠"社会。碳普惠场景建设、在碳减排量化核算、碳信用的转化奖励。

（2）打造红杉零碳生态圈。

被投企业

①污水、大气、土壤：做市政水处理的中持水务、生活垃圾发电公司百川环能、工业污水处理公司新大禹、解决北方园林绿化和节水的双重诉求的蒙草抗旱、解决大气污染治理的国能中电；解决土壤污染土质修复的建工修复等。

②新能源和智能汽车：布局贯穿产业链上下游，为新能源汽车产业快速、绿色和健康发展提供全方位的支持。

③消费服务：在低碳出行、绿色电商等多个细分领域开展相关部署，通过数字化对接消费端不断涌现的家庭服务碳减排场景，倡导绿色消费、支持绿色生产的吃穿住行用低碳生活。

能源管理、低碳节能新材料等诸多细分领域也进行了重点布局。

百亿碳中和技术基金

除了持续推动碳中和创新技术在新能源、数字经济、智慧交通等领域的价值重构外，还和新能源领军企业联合设立专项基金，共同探索常态化、系统化的低碳创新应用方案，推动创新技术的研发与落地。

2021 年 3 月 29 日，红杉中国与远景科技集团宣布共同成立总规模为 100 亿元人民币的碳中和技术基金，投资和培育全球碳中和领域的领先科技企业，构建零碳新工业体系。这是目前国内首只创投机构和绿色科技企业共同成立的碳中和技术基金，旨在通过产业基金投资培育创新生态，加快形成碳中和技术和产业链，推动零碳转型。

投后赋能

针对新能源、电动交通、建筑节能等碳中和领域企业初创期和发展期面临的问题，从不同维度帮助各个领域的优秀企业快速成长；通过加速器为初创企业提供企业发展、资源链接、产业协同等支持；针对环保、节能等新能源行业面临的新环境新政策，提供政策解读、公司治理、上市合规、财务等方面的运营赋能支持。

11.5.2 高瓴资本：可持续价值投资引领者

高瓴资本秉持可持续性价值投资理念，一方面在投资管理的全生命周期中始终重视社会和环境因素的影响，并将其整合进投资流程，发掘投资机会，降低投资风险、提升投资价值；另一方面通过资源的有效配置以及科技赋能，促进被投企业蓬勃发展，与高瓴资本一起应对可持续发展的挑战。

（1）投前阶段。

①筛选：基于高瓴愿景与价值观、出资人要求、社会和环境风险，筛选投资领域及企业范围，并依据最新的可持续发展相关政策法规、国际标准和要求，及时更新筛选标准。

②评估：将企业创造经济、环境、社会综合价值的能力作为投资分析与决策的衡量因素之一，分析企业的潜在风险与发展机遇，评估企业的投资机会。

③尽职调查：专业调查团队对企业进行持续研究，识别企业创造综合价值的机遇与风险，确定企业下一步改进方案。

（2）投后阶段。

①管理改进：基于监管制度和发展趋势，识别企业面临的社会和环境风险，对企业提出改进要求；制订实施改进计划，通过为企业提供管理工具、人才资源和技术资源等支持，邀请行业以及外部资深专家团队，对企业开展运营管理的专业化培训，增强企业可持续发展能力；为企业搭建平台，促进企业间沟通交流以及共享资源；宣传可持续价值投资理念，引导企业识别并管控社会和环境方面的机遇、风险，发现改进与创新的机会，优化社会和环境绩效表现。

②管理监督：关注企业对利益相关方的履责情况，监督企业在社会和环境方面的实践与绩效；鼓励企业增强信息透明度，定期披露社会和环境策略实施的进展和绩效。

（3）退出阶段。

①持续改进：总结管理经验，确保项目退出后，企业具备持续开展社会和环境相关议题管理的能力。

②价值创造：帮助企业夯实可持续发展的理念，以良好的社会和环境绩效，获得品牌溢价。

11.5.3 绿动资本：把 ESG 理念写在 DNA 里

绿动资本（LP）目前建立了一个融合被投企业、国际权威认证机构、国际影响力投资组织、第三方数据服务公司和公众等利益相关方的绿色影响力生态圈，并搭建了一个较为完善的绿色影响力量化和评估体系。

作为股东，除了进行正常的财务和运营监管外，绿动为每一个被投企业建立了碳中和绿色影响力量化模型，通过输入企业基础财务和运营数据，量化模型计算出单位投资所撬动的碳减排量，以综合考虑碳减排、除 CO_2 的大气污染减排、污水染、危废减排等所计算出的绿色影响力指数，反映单位投资带来的碳减排和环境综合治理成本的降低。

根据《绿动资本 2020 年碳中和及绿色影响力报告》显示，2020 年度绿动资本在管资产实现碳减排 263.9 万吨 CO_2 当量，实现除 CO_2 的大气污染、水污染、危废等减排总计近 170 万吨。通过资本的放大作用，绿动资本每亿元人民币投资撬动碳减排 17.3 万吨，每元投资在 2020 年助力社会碳减排和环境综合治理成本下降约 0.36 元，实现投资的正向环境回报。

以下为绿动资本 ESG 投资流程：

募集：明确双回报目标

在募集每一只基金时，都在募资材料中明确地向 LP 申明所募集的私募股权基金的每一笔投资都将追求财务回报和绿色影响力双目标，向 LP 披露绿色影响力的量化评估体系，定期向 LP 量化、汇报在管资产的绿色影响力及未来绿色发展战略。

投资：选、调、决

选赛道：主动选择。根据宏观的趋势选择从上而下地选择一批能够带来正面的绿色影响力的细分赛道，在遴选投资标的时主动寻找有绿色发展理念、在技术和商业模式上能够对所在细分领域产生绿色影响力的企业，汇聚一批具有绿色影响力的企业在投资组合中。

做尽调：单独建立 ESG 尽调。信息采集层，根据国际标准进行企业的财务、运营和环境数据、行业环境大数据、产品和应用场景排放因子等底层数据的采集。在指标量化层，搭建针对每个被投企业评估管道，建立最适用于该企业的环境评估算法。通过第三方权威机构对评估管道的认证，生成企业层面的各项碳中和绿色影响力关键指标。

做决策：量化结果纳入投资决策。投委会报告中，直接呈现企业各项绿色影响力关键量化指标，计入决策过程。

管理：追踪数据，促进企业技术提升

基于对在管项目的深刻了解以及企业提供的企业运营及关键环境数据，通过绿色影响力评估体系，追踪企业从供应链、生产、运输、消费、处置及循环模块的排放情况，优化企业相对于基线情形的减排战略，提供第三方认证的可量化的碳中和及环境贡献督促被投企业成为行业绿色标杆。

初期要求企业提供 ESG 相关的数据对企业来说可能是一种压力，解决途径是：发展技术。ESG 的要求其实也在倒逼产业升级和技术的提升，让企业的效率提高。

回报：制作报告，向 LP 和公众阐明 ESG 回馈

通过累计追踪的数据计算出在管资产 2020 年度绿动效应（CO_2 当量减排/亿元投资）以及实现碳减排、固废减排、大气污染减排、水污染减排等数据，形成年度报告。

11.5.4 盛世投资

2021 年 3 月 19 日，盛世投资发布了我国股权投资行业首份碳中和战略声明，承诺从

2021 年开始全面启动碳排放管理，建立主动的碳排放核算机制，在 2025 年前实现自身运营活动的碳中和。同时，定期进行碳排放信息披露，并计划带动所投基金开展碳排放管理，持续推动投资组合碳减排。

盛世投资于 2019 年 5 月正式加入联合国责任投资原则组织（UNPRI），成为中国第一家签署负责任投资原则的政府引导基金管理机构。在充分了解区域产业布局与绿色产业发展特点的基础上，盛世投资逐步探索出了"资本 + 产业 + 区域优势资源"的新模式，通过"母基金 + 子基金"的方式，重点关注节能环保、新能源、新能源汽车、高端装备制造、新兴信息产业、新材料等相关产业，提升绿色产业对推进资源节约循环利用、生态系统保护的支撑能力。

除了从绿色投资角度出发对 GP 基金的激励与约束条款设置、基金尽调和评估考量，盛世投资还通过青桐责任投资学院汇聚绿色投资领域投资机构、产业方、学者和第三方服务机构，组织、参与行业 ESG 交流活动，连续三年举办创投责任投资峰会，每月举办青桐责任投资学院线上线下研讨与沙龙等，探索和分享 ESG 投资领域的经验与实践。

盛世投资于 2019 年发起设立了青桐责任投资学院。通过专家讲座、专题研讨、案例调研、课题与白皮书、责任投资峰会等形式，同来自政府监管部门、行业协会、海内外投资机构、研究机构、第三方咨询与服务机构等展开交流，探讨国内 ESG 投资相关的政策解读、行业发展趋势、投资流程与绩效评价、典型案例等相关话题。自成立以来，青桐责任投资学院已举办近三十场线上线下主题研讨会、沙龙以及大型行业峰会，参与近二十场 ESG 主题活动，成为一个良性的交流与研讨平台。

盛世投资借鉴海外成熟经验，结合我国特点，打造出"内外兼修"的 ESG 体系，将 ESG 因素融入基金的募投管退全流程。

在集团层面设立了独立的责任投资委员会，重点负责 ESG 战略规划与决策。

对标国际标准，在商业尽调之外增加设计了三级独立的 200 多个 ESG 尽职调查指标，从环境、社会、公司治理三个维度进行评判，对基金和项目进行综合评估并做出投资决策。

将绿色因素纳入对 GP 和被投企业的筛选机制中，推动 GP 进行全生命周期的 ESG 投资管理，提升被投企业的 ESG 表现。

在投后管理中通过行为改善等方式主动管理 ESG 表现，进行 ESG 风险防控。

11.5.5　兴业证券

2018 年，兴业证券就将绿色发展理念纳入集团长期发展战略，在行业内率先设立绿色证券金融部作为一级部门，推动绿色金融业务的发展。2020 年，公司发布了证券行业首个绿色金融业务评价标准；2021 年，公司成立了行业第一个碳中和投资银行行业部，有效集中投行在"碳中和"领域的专业优势、行业经验和服务资源，为绿色行业企业、企业的绿色业务提供全方位资本市场服务。迄今为止，公司已构建了集绿色研究、绿色融资、绿色投资、环境权益交易"四位一体"的具有证券行业特色的绿色金融综合服务体系。截至 2021 年 6 月底，公司绿色投融资规模达 453.57 亿元。

2021 年 11 月 17 日，兴业证券发布《环境信息披露报告》，首次提出兴业证券碳中和及绿色投融资目标，即将在 2022 年实现自身运营的碳中和，力争 2025 年绿色投融资规模超 2000 亿元，在不断推动绿色低碳办公、节能减排改造、清洁能源使用等碳减排行动的同时，利用自身在投资、融资、咨询、研究等资本中介与经纪业务中的特殊角色，引导和促进更多资金投向应对气候变化领域。对标中国人民银行《金融机构环境信息披露指南》以及国际气候信息 TCFD 建议披露框架，兴业证券从治理、战略、风险管理、指标和目标、"碳中和"行动及成果五个方面，搭建兼具国际化及中国特点的环境信息披露架构，全方位回应环境信息披露标准。基于中国证券公司的业务实际，从企业自身运营、投资及融资业务三大维度，结合最新标准披露气候环境信息，清晰展现证券公司在运营及业务领域的环境管理实践，为中国证券行业开展环境信息披露提供参考。报告还针对样本资产开展气候变化风险及机遇的识别、评估，率先引入热力图评估工具，并披露公司将包括气候环境因素在内的 ESG 因素纳入投融资决策考量、加强对金融资产的气候环境风险管理的制度与措施。

联合国环境署 TCFD 项目负责人 David Carlin 对兴业证券参照 TCFD 框架在环境信息披露方面所做的探索和实践表示肯定。他表示，在气候风险披露方面，TCFD 正在迅速成为一个新兴的全球标准，其四大框架"治理、战略、风险管理、指标和目标"都是企业应对气候变化带来的挑战和机遇的关键部分。兴业证券在其环境披露报告中很好地遵循了 TCFD 的四大框架建议，并引入"热力图"以识别和评估投资组合所处行业的气候风险和机遇，报告还提到了兴业证券的碳中和目标，以及通过绿色运营、绿色投资和绿色融资等途径来实现相关目标。这些细节对于评估气候风险、制定策略和决定采取何种行动来应对气候相关机遇和风险都至关重要。David Carlin 建议其他机构可参照兴业证券遵循 TCFD 框架的信披方式，了解自身环境风险与机遇，并向市场提供有价值的信息，以进一步管理气候风险，促进绿色转型。

第12章 基金及其他组织的 ESG 投资管理

近年来，ESG 投资受到越来越多的国家重视，投资规模快速增加、投资产品和工具更加丰富、参与的组织不断扩大，已经成为全球金融投资的重要趋势。主权财富基金、信仰投资基金、大学捐赠基金、家族基金会以及其他组织都将 ESG 作为其投资策略的一部分，来降低风险、提高回报并造福社会。本章介绍主权财富基金、信仰投资基金、大学捐赠基金、家族基金会以及其他组织在 ESG 投资实践等方面的推动。

学习目标：

- 了解不同类型的组织进行 ESG 投资的原因。
- 分析各组织进行 ESG 投资的重点。
- 分析国内外组织 ESG 投资管理的异同点。

12.1 主权财富基金

近年来，作为重要的新兴金融力量，主权财富基金（Sovereign Wealth Funds, SFWFs）迅速崛起并引起了国际社会的广泛关注。尽管主权财富基金已经存在了几十年，但"主权财富基金"是最近十几年才出现的专业术语，它既不同于传统的政府养老基金，也不同于那些简单持有储备资产以维护本币稳定的政府机构，而是一种全新的专业化、市场化的积极投资机构。

主权财富与私人财富相对应，是指一国（地区）政府通过特定税收与预算分配、可再生自然资源收入和国际收支盈余等方式积累形成的、由政府控制与支配的、通常以外币形式持有的公共财富。简单来说，主权财富基金指主权国家（地区）政府拥有和运营的基金，通过在全球范围内投资于公司股票和债券以及其他金融工具来管理国民储蓄、预算盈余和超额外汇储备。主权财富基金是管理外国（地区）资产的政府投资工具，其风险承受能力和预期回报高于中央银行外汇储备。

图 12-1 列出了截至 2022 年 1 月全球最大的主权财富基金。规模最大的主权财富基金是规模为 1.3 万亿美元的挪威全球政府养老基金，其幕后运营机构挪威央行投资管理公司，该基金成立于 1990 年，主要承接社保体系盈余资金以实现长期增值。中国投资有限责任公司排名第二位，中投公司成立于 2007 年 9 月 29 日，是依照《中华人民共和国公司法》设立

的主权财富基金，组建宗旨是实现国家外汇资金多元化投资，在可接受风险范围内实现股东权益最大化。

前十大主权财富基金总计超过 7.455 万亿美元，约占所有主权财富基金资产的 3/4。所有主权财富基金的总资产管理规模超过了全球私募股权和对冲基金行业的总和。

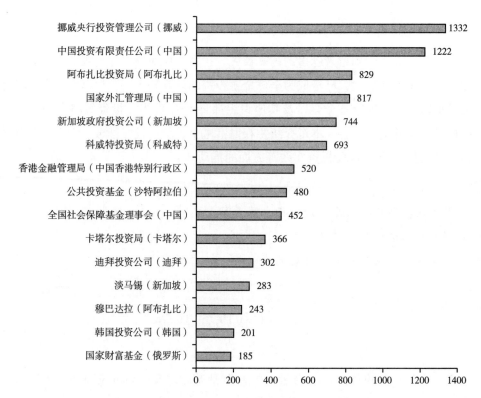

图 12-1　截至 2022 年 1 月全球最大的主权财富基金，
按管理资产计算（单位：10 亿美元）

12.1.1　主权财富基金的不同类型

（1）稳定型。

经济严重依赖于自然资源出口换取外汇盈余的国家（地区），跨期平滑国家（地区）收入的动因尤其突出。为保障自然资源枯竭后政府有稳定的收入来源，也为了避免短期自然资源产出波动导致经济大起大落，这些国家（地区）都先后设立主权财富基金，对主权财富基金进行多元化投资，延长资产投资期限，提高长期投资收益水平，旨在跨期平滑国家收入。

以挪威为例，挪威是世界上第三大石油净出口国，20 世纪 90 年代，挪威的财政盈余和外汇储备快速增长，尤其是石油出口收入增长快速，为了更好地管理石油财富，也为了做好石油资源可能耗尽的准备，1990 年挪威设立了主权财富基金——政府石油基金。1995 年，挪威政府的财政盈余每年也划入石油基金。为进一步提高长期投资收益，避免出现"荷兰病"，1998 年，挪威中央银行设立专门主权财富基金——挪威央行投资管理公司。

（2）冲销型。

按照国际货币基金组织的定义，以主权财富基金形式用于中长期投资的外汇资产不属于国家外汇储备。因此，一些国家（地区）为缓解外汇储备激增带来的升值压力，便通过设立主权财富基金分流外汇储备。

（3）储蓄型。

为应对老龄化社会以及自然资源收入下降对养老金体系的挑战，一些国家（地区）未雨绸缪，力求在代际间更公平地分配财富，设立专门的主权财富基金，即储蓄型主权财富基金，以中东国家为典型代表。

（4）预防型。

正如个人预防性储蓄动机一样，许多亚洲国家（地区）都持有巨额外汇储备，以应对潜在社会经济危机和发展的不确定性。以科威特为例，伊拉克战争结束后，科威特之所以能够重新获得独立并重建家园，在很大程度上应该归功于科威特投资局所积累并管理的主权财富基金。

（5）战略型。

以新加坡为例，淡马锡控股公司总裁何晶公开表示，新加坡经济的黄金时代已经过去，世界经济新的高增长地区是包括中国在内的一些发展中国家，如果淡马锡仍然固守本土，就将失去扩张的最佳时机。何晶还提出淡马锡应凭借多年积累的资金优势，进入紧缺资金的国家和地区，分享其经济增长成果。因此，淡马锡控股公司制定的发展战略是：将 1/3 资金投资发达国家的市场，1/3 用于亚洲发展中国家，剩余 1/3 留在新加坡本土。

12.1.2　主权财富基金的 ESG 投资

随着全球变暖等人类可持续化发展问题广受关注，以责任投资为核心的投资原则开始逐步深入人心，各类资管机构开始探索创设 ESG 主题投资产品。主权财富基金作为具有政府背景的投资主体，在践行社会责任投资方面更是义不容辞，要进一步加大 ESG 主题投资和资产配置力度。

主权财富基金专注于长期财务回报，或者说，主权财富基金充当长期投资者的角色，旨在为子孙后代留下宝贵的自然资源同时保护国家的各项财富。因此，我们可以认为主权财富基金的投资政策会面向更负责任的，并且能够实现可持续发展的企业。换句话说，主权财富基金在减少污染、改善工作条件、追求性别平等和减少腐败等方面具有一定的促进作用。

主权财富基金虽然并不关注企业责任和可持续性的某一特定子领域，但三个 ESG 支柱中的每一个都是主权财富基金重要的投资决定因素。ESG 与主权财富基金所有权之间的关系是由起源于发达国家和大陆法系国家的主权财富基金以及明确采用 ESG 政策的主权财富基金推动的。

在透明度较高的主权财富基金中，大约有一半会披露其 ESG 政策声明。例如，挪威主权财富基金和南非公共投资公司都曾表示，他们不仅将 ESG 作为选择目标公司的决定因素，而且还积极与投资组合内的公司合作，以改善其 ESG 政策。新西兰基金在其投资策略和所有权实践中，考虑了气候变化带来的风险和机会，制定了明确的气候变化战略。除了这三家主权财富基金外，我们还发现中国香港金融管理局、新加坡政府投资公司、淡马锡控股公司、韩国投资公司和澳大利亚未来基金明确表示，它们在投资决策过程中也纳入了 ESG 措施。

鉴于主权财富基金强大的影响力和长期投资视野，以及其在促进长期价值创造和可持续市场成果方面具有独特优势。因此，包括阿布扎比、新西兰、挪威、科威特、卡塔尔和沙特阿拉伯在内的几家基金已经签署了"一个星球倡议"（One Planet Initiative），该倡议旨在加快将与气候变化相关的金融风险纳入大型资金池的管理。

12.1.3 中国主权财富基金的 ESG 投资政策

2007 年，中国投资公司（China Investment Company，CIC）成立，旨在管理中华人民共和国庞大且快速增长的外汇储备。中投公司下设三个子公司：中投国际有限责任公司（CIC International）、中投海外直接投资有限责任公司（CIC Capital）和中央汇金投资有限责任公司（Central Huijin）。

中投公司成立至今，始终坚持负责任投资者定位。在总结自身实践和全球同业经验的基础上，形成以下可持续投资政策。

（1）理念。

可持续投资把环境、社会责任和公司治理纳入投资实践，旨在实现经济效益和社会效益的有机统一。作为长期机构投资者，公司践行可持续投资，是贯彻新发展理念的集中体现，有助于全球经济的长期可持续发展，以及重大系统性风险的防范与缓释。

（2）原则。

作为负责任的国家主权财富基金，公司在投资管理中遵循如下原则：

● 贯穿投资全流程：在各环节系统性纳入 ESG 考量，从而实现投资全链条覆盖。

● 做好可持续投资实践：参照国际惯例，结合本国和投资标的国或地区的发展实际，不断完善 ESG 评估标准，高质量开展可持续投资。

● 牢固树立和自觉践行：全体员工切实提升认识，在日常言行上增强自觉，使 ESG 理念真正落地生根，变成普遍实践。

（3）执行。

公司将从以下角度落实可持续投资，最大化全球共同繁荣的红利，以责任成就价值：

● 积极把握可持续主题投资机遇：在相对成熟且具备规模效应的公开市场股票，加大指数显性配置，捕捉积极投资机会；在非公开市场资产类别，确立可持续投资方向，探索挖掘相关项目，尤其侧重气候改善领域。

● 投资全流程嵌入 ESG 考量：从投资项目评估选择、尽职调查、投资决策到投后管理、项目退出，全面纳入 ESG 分析与评价。

● 不断优化负面清单机制：完善负面清单动态管理机制，恪守底线思维。

● 密切交流合作：与同业机构和相关组织积极开展沟通对话，跟踪研究 ESG 领域前沿动态，为可持续投资在华发展提供可借鉴的机构经验；发挥主权财富基金示范引领作用，撬动私人部门资金支撑相关行业/实体，促进全球经济可持续发展。

12.1.4　其他主权财富基金的 ESG 投资政策

12.1.4.1　挪威政府全球养老基金

挪威政府全球养老基金（GPFG）是目前全球最大的主权财富基金，也是挪威公共养老体系的一部分，主要承接社保体系盈余资金以实现长期增值。挪威财政部制定基金投资基准，由挪威银行投资管理部（NBIM）执行管理，采用资产配置、个股选择、组合管理相结合的投资策略。

挪威政府全球养老基金是 ESG 投资的早期践行者，其前身为 1990 年成立的挪威石油基金，致力于保护和积累子孙后代的财富，因此基金寻求投资的长期经济绩效，减少投资组合中与 E、S、G 因素有关的财务风险。挪威政府全球养老基金作为最早一批参与 ESG 投资的养老基金，也是联合国支持的责任投资原则组织（UNPRI）的初创成员之一，其始终遵循国际化和标准化的 ESG 投资体系。

作为全球投资战略的一部分，挪威政府全球养老基金已将 ESG 投资理念广泛应用于全部资产投资中。其具体包括负面筛选、可持续主题投资、企业参与三大策略，近期已加大对气候变化相关风险的关注。

挪威政府全球养老基金高度重视负面筛选策略，建立了投资观察和排除体系，具体包括：

（1）从行业视角出发，剔除生产烟草、武器的公司等；

（2）从行为视角出发，剔除有侵犯人权、严重腐败等行为的公司；

（3）极少数以国家视角的剔除准则，如禁止投资部分国家。

挪威政府全球养老基金积极开展可持续主题投资，主要面向低碳能源和替代燃料、清洁能源和效率技术、自然资源管理三个领域，并且要求被投资的公司必须在其中一个领域至少有 20% 以上的业务。

挪威政府全球养老基金为公司设定自己的优先事项和期望，视良好的公司治理为负责任的商业行为的前提。为被投资企业制定了全面的预期定位：儿童权利、气候变化、水资源管理、人权、税收和透明度、反腐败和海洋可持续发展。例如，对海洋可持续性的期望主要分为以下几类：

（1）将海洋可持续性纳入战略。

（2）将重大海洋相关风险纳入风险管理。

（3）披露重大优先事项并报告相关指标和目标。

（4）负责任和透明地进行海洋相关治理。

尽管收益可能较低，有效性也值得怀疑，但该基金已经撤资或选择不在几个领域投资。它为其选择不投资的特定部门和国家的公司制定了标准。财政部提供了观察或排除下列公司的指导方针：

（1）生产正常使用时违反基本人道主义原则的武器。

（2）生产烟草。

（3）向某些被排除的国家出售武器或军用物资。

（4）采矿公司和电力生产商从热能煤中获得30%或更多的收入，或其30%或更多的收入建立在动力煤业务上。

（5）如果公司有不可接受的风险导致或负责以下事项，则可以决定是否进行观察或排除：

- 严重或蓄意侵犯人权，如谋杀、酷刑、剥夺自由、强迫劳动和最恶劣的童工形式；
- 在战争或冲突情况下严重侵犯个人权利；
- 对环境的损害；
- 在公司整体的行动或不作为导致不可接受的温室气体排放；
- 严重腐败；
- 其他严重违反基本道德标准的行为。

该基金通过挪威银行投资管理部的经理，对石油和天然气投资采取了复杂而微妙的方法。该基金的财富来源是挪威从北海出售石油的收入，这取决于在那里勘探的正常运行和生产公司的成功运营以及下游运输、精炼和分销系统。另外，投资与石油和天然气的相关性较小的资产将有助于使该基金多元化，尽管值得注意的是，从历史上看，石油价格变化仅占能源股票价格风险的一小部分，支持剥离化石燃料也有环境方面的考虑。

财政部对该基金投资组合中的能源股的评估受到以下因素的影响：

（1）挪威经济易受油价风险的影响。

（2）随着时间的推移，石油价格风险已大大降低，现在有较高的承担这种风险的能力。

（3）将挪威政府全球养老基金中的能源股排除在外将有助于进一步降低油价风险，但效果似乎有限。

（4）公司的行业分类对于降低油价风险是不准确的。

（5）将勘探和生产公司排除在挪威政府全球养老基金之外似乎是降低石油价格风险更准确的方法。

（6）气候风险是挪威政府全球养老基金的重要财务风险因素。财政部继续指出，气候风险必须在公司级别进行评估和管理。挪威银行投资管理部当前拥有一系列用于管理气候风险的工具，包括公司治理计划和基于风险的撤资，并且基于行为的气候标准也已被制定。

（7）对挪威政府全球养老基金财务目标的广泛支持很重要，但不能认为是理所当然的。如果挪威政府全球养老基金出于促进气候政策目标省略了能源部门，那么可能会阻碍基金的财务目标，并损害其未来收益。

人们还认识到，一些最大的综合石油公司也是一些可再生能源的最大投资者，对这些公司的持续投资可能对可再生能源的未来很重要。为了减少主权财富基金在石油价格方面的集中度和风险敞口，该基金于 2019 年 3 月宣布，计划逐步出售其在石油和天然气勘探及生产公司的大部分持股。这是一长串包含 134 家公司的名单，这些公司占该基金 1 万亿美元资产的 1% 以上。但它宣布将保留投资可再生燃料的公司的股票。其中包括英国石油公司、埃克森美孚公司和壳牌公司等。尽管此举显然是为了保护该国财富免受碳氢化合物价格大幅下跌的影响，但其中也包含着强烈的环保动机。应当指出，许多新闻报道均错误地指出挪威将剥离其化石燃料公司的股份，但挪威银行投资管理部和财政部的声明表明事实并非如此。

12.1.4.2　未来基金——澳大利亚主权财富基金

澳大利亚未来基金成立于 2006 年，其成立的目的主要是通过投资运作实现基金的保值增值，为澳大利亚政府雇员和退伍军人的未来养老金负债提供资金，从而减缓人口老龄化高峰时期政府的财政压力。未来基金的初始资产主要由澳大利亚政府的财政盈余拨款、出售澳洲电信公司股权的收入和一部分澳洲电信公司的股权组成。未来基金总部位于墨尔本。未来基金管理委员会（Board of Guardians）负责未来基金的资产投资，并在未来基金管理机构（Future Fund Management Agency）的支持下，负责教育投资基金（the Education Investment Fund）、澳大利亚建设基金（the Building Australia Fund）和健康和医院基金（the Health and Hospitals Fund）的投资。

澳大利亚未来基金认为，对 ESG 风险和机会的有效管理可以支持其实现最大回报的要求。澳大利亚未来基金的"环境、社会和治理问题的管理"办法认为，有效管理与环境、社会和治理问题有关的重大财务和声誉风险及机会，将有助于基金收益最大化。

ESG 因素的整合使投资者和公司能够更好地了解资产所暴露的未来可能风险与机会。除了对基金的具体投资产生影响外，对 ESG 因素的健全管理还有助于发展更有效和可持续的市场，从而提高长期回报。因此未来基金管理委员会决定将 ESG 纳入投资决策过程，其中 ESG 的相关因素因行业和资产类别而异，但可能包括以下任何一项：职业安全、人权和劳工权利、气候变化、可持续供应链、腐败和贿赂等。

12.1.4.3　淡马锡控股公司

淡马锡（Temasek）是一家新加坡政府的投资公司，成立于 1974 年，新加坡财政部对其拥有 100% 的股权，它在新加坡设有总部，并在全球设有办事处。由于自成立以来到 2004 年 9 月为止从未公布过财务报表，因此被认为是新加坡最神秘的企业之一。新加坡于 1965 年成为独立国家，新加坡政府成为几家重要公司的所有者，如新加坡航空、新加坡电信公司等。淡马锡的创立是为了商业上持有和管理这些资产，并为新加坡的经济发展、工业化和金融多元化做出贡献。截至 2021 年 3 月 31 日，淡马锡的投资额为 490 亿新元，脱售额为 390 亿新元，均创下新高。现在，它是重要的全球投资者，其投资策略有四个主题：

（1）转型中的经济体：通过投资金融服务、基础设施和物流等领域，挖掘中国、印度、东南亚、拉丁美洲和非洲等转型经济的潜力。

（2）增长中的中产阶级：通过对电信、媒体和技术以及消费和房地产等领域的投资来迎合不断增长的消费者需求。

（3）显著的比较优势：寻求具有独特知识产权和其他竞争优势的经济体、行业和公司。

（4）新兴的龙头企业：投资于拥有强大本土基础的公司，以及处于拐点、有潜力成为区域或全球冠军的公司。

淡马锡认为公共与私营部门的利益相关群体之间需要充分交流，分享最佳实践和观点，对实现可持续发展至关重要。淡马锡是联合国可持续发展目标的签署方，并致力于打造一个"ABC"世界，即：

（1）积极（Active）的经济：生产性工作；可持续发展的城市；充实的生活。

（2）美丽（Beautiful）的社会：乐观的人；包容性社区；公正的社会。

（3）清洁（Clean）的地球：空气清新；清洁的水；凉爽的世界。

而对于 ESG 的考量，已成为淡马锡控股进行投资决策时不可或缺的部分。这进一步增强了现有的投资实践，辅助投资决策，巩固保障名誉。这些考量与淡马锡通过长期投资创造可持续回报的使命相契合，在淡马锡控股与投资组合公司及基金管理公司合作时，为可持续发展重点工作提供指引。

淡马锡不断完善和强化 ESG 框架。在淡马锡投资组合战略与风险事业部里，环境、社会和治理投资管理团队已经成了不可或缺的一部分。这让全球投资中融入并加深对 ESG 的考量，是向前跨进的关键一步。

在投资过程中，淡马锡果断地将投资对气候变化所造成的影响和风险敞口进行考虑。在分析投资时，淡马锡纳入了每吨二氧化碳当量 42 美元的初始碳价，这一尝试协助指引其作出符合更广泛气候目标的决策，同时模拟出碳定价对淡马锡所做投资的未来影响。结合淡马锡的碳减排目标，预计逐年提高碳价，直至 2030 年。

除了直接投资外，淡马锡也在不断加强与私募股权基金和信贷基金经理的交流，评估他们是否与其 ESG 理念相契合，并了解其实践情况。淡马锡在未来与这些基金管理公司和其他志同道合的投资者合作交流时，将会考虑这些评估，来推动基金在 ESG 的实践和披露。

淡马锡承诺将持续加强 ESG 能力，要求投资团队必须完成相关方法论和流程的培训，同时 ESG 方面的专家网络和专业团队会为投资团队的分析提供支持。

12.1.4.4　新西兰超级年金基金

2001 年，新西兰养老金和退休法案获得通过，设立了新西兰养老金基金（the New Zealand Superannuation Fund，NZ Super Fund or Cullen Fund），也被称为超级年金基金。自此新西兰公共养老金体系已基本确立。在新西兰的"双层"养老金体系中，超级年金作为普惠性质的非缴费型养老金制度，是新西兰主要的养老保障支柱，在整个养老保障体系中占据了绝对主体的地位。

新西兰超级年金的设立旨在提供本国居民老年基本生活保障，减少老年贫困。超级年金的领取门槛很低，所有 65 岁以上的新西兰人都有资格领取。具体来看，65 岁及以上的新西兰公民、永久居民或持有居留类签证者，20 岁后在新西兰居住 10 年以上且 50 岁后在新西兰居住 5 年以上即符合领取条件。如果本人达不到上述资格，但配偶可以领取超级年金，那么本人也可领取"无资格配偶超级年金"。

新西兰超级年金基金长期坚持 ESG 投资理念，积极探寻能够为社会带来一定正向影响和价值的投资组合。在被投资公司和广泛的投资标的中推广 ESG 政策，通过与上市公司的管理层沟通交流，来倡导和促使上市公司在日常经营中能够更加重视 ESG 的相关问题。

新西兰超级年金基金设有投资政策、标准和程序制度用以指导 ESG 相关投资决策，由董事会统一决议，每年进行更新，并设有专门的 ESG 投资团队，为超级年金基金整体的 ESG 投资决策提供支持。

在具体的投资管理中，对于由内部投资团队管理的组合，ESG 调查是投前决策的主要考虑因素，在相关领域独立专家支持下，对 ESG 风险和投资机会进行审慎评估；在投后管理中，管理层对关键的 ESG 风险进行监控和报告。对于由外部管理人管理的组合，ESG 投资能力是外部管理人选择的重要考量因素。对于已确定的超级年金基金管理人，会将 ESG 策略在投资中的应用情况、投票权使用情况、对所投企业股东的影响以及 ESG 报告制度的执行情况等要求，纳入投资管理合同中，并定期进行考核；也会通过对被投资企业进行实地考察等方式，直接评估 ESG 风险和活动。

2016 年 10 月，新西兰养老金监管人提出气候变化投资策略，旨在建立长期应对气候变化投资风险的能力。气候变化投资策略主要由以下四项工作构成：

（1）减少。通过设定减排目标和调整股票投资组合以减少投资组合中化石燃料储量和排放的敞口。

（2）分析。将气候变化因素纳入直接投资估值。

（3）参与。帮助被投资公司在战略中积极考虑气候变化问题，并与志同道合的投资者合作，推动更好的气候报告和行动。

（4）寻求。积极寻求受益于低碳经济的投资标的。

12.1.4.5 阿布扎比投资局

阿布扎比投资局（Abu Dhabi Investment Authority，ADIA）是一家全球性投资机构，为阿布扎比酋长国主权财富基金，成立于 1976 年。阿联酋阿布扎比投资局由阿联酋财政部成立，资金来源主要是阿布扎比的石油收益。阿布扎比投资局的使命是把国有资产进行谨慎投资，创造长期价值，维护和保持阿布扎比酋长国当前和未来的繁荣；管理的投资组合跨行业、跨地区，涉及多种资产等级，包括公开上市的股票、固定收益工具、房地产和私募股权。

作为一个长期、负责任的投资者，阿布扎比投资局认识到建立一个能够抓住机遇并预测全球主要趋势所带来的挑战的投资组合的重要性。其中的关键是气候变化，阿布扎比投资局近年来采取了一系列措施来分析气候变化的影响，并将气候考虑因素纳入其围绕新的和现有投资的决策中。

2017~2018 年，阿布扎比投资局创建了 8 个内部资产类别工作组，他们详细考虑了气候变化对阿布扎比投资局的潜在影响。在 2018 年初为期两天的活动中，有 400 多名阿布扎比投资局代表参加，这 8 个工作组介绍了他们对气候变化可能影响的资产类别具体分析。他们关于阿布扎比投资局如何发展其未来投资战略以管理不断变化的长期市场动态并从中受益的建议目前正在实施中。

2017 年 12 月，"一个星球倡议"峰会在巴黎聚集了世界各国领导人以及公共和私人金融利益相关方，讨论气候行动融资的关键问题。作为此次活动的一部分，成立了"一个星球倡议"主权财富基金工作组，以交流和推进有关气候问题的最佳实践。正如前面提到的那样，工作组由 6 个全球主权财富基金组成：阿布扎比投资局、科威特投资局、新西兰养老基金、挪威银行投资管理公司、沙特阿拉伯王国公共投资基金和卡塔尔投资局。

2018 年 7 月，工作组发布了一个框架，以促进将气候变化分析纳入大型、长期和多样化资产池的管理中。该框架以当前的行业最佳实践为基础，旨在促进长期资产所有者之间就与气候问题相关的关键原则、方法和指标达成共识。它还旨在识别其投资中与气候有关的风险和机遇，并加强投资决策框架，以更好地为主权财富基金作为金融市场投资者和参与者的优先事项提供信息。

作为工作组的创始成员，阿布扎比投资局认可该框架中的原则：

（1）协调。将气候变化考虑因素纳入决策，与主权财富基金的投资期限保持一致。

（2）所有权。鼓励公司在其治理、业务战略和规划、风险管理和公开报告中解决重大的气候变化问题，以促进价值创造。

（3）整合。将气候变化相关风险和机遇的考虑纳入投资管理，以提高长期投资组合的弹性。

阿布扎比投资局已将气候变化嵌入其运营节奏：

（1）在适当情况下，鼓励投资部门在各自现有的拨款、风险预算和准则范围内探索与气候变化有关的机会。

（2）投资部门将气候变化影响和风险评估纳入投资提案、公司和外部经理尽职调查、投资组合报告和部门规划。

（3）成立跨部门工作组，以监测技术和气候政策的变化，并定期向投资委员会报告。

（4）投资部门在与外部管理人员的互动中监测气候变化投资做法。

12.2　信仰投资基金

12.2.1　基督教的价值观投资

从基督教的角度来看，其根本信念（与环境责任背道而驰）是上帝以冷漠的方式剥削人类的意志。基督教并没有考虑过环境是如何被破坏或消耗的。曾经有一位基督教政府官员说："当看到了一棵红杉，你就看到了所有的红杉。"怀特指出历史上的一些事件是由压制和消除古代异教的欲望所驱动的，这些异教认为环境的所有元素都是由精神组成的，并且需要尊重精神。

1990 年，罗马天主教在环境问责方面取得了里程碑式的进展，教皇约翰·保罗二世发表了第一份关于环境问责的教皇声明。声明环境责任的主要方面包括：认识到对自然资源缺乏尊重和肆意掠夺，导致生活质量下降。他指出，需要在道德上一致的世界观驱动下，通过协调一致的解决方案来发展和鼓励一种新的环境意识。

一方面，似乎有一种观点认为环境的目的是要服从于人类的意志，以便利用它来满足人类无尽的需求的；另一方面，人类需要减少对环境的负面影响的观点也出现了。

12.2.1.1　LKCM 阿奎那天主教股票基金

该基金遵循美国天主教主教会议（USCCBs）制定的《社会责任投资指南》。在指导方针下，有两项主要的管理原则：

- 要求对经济资源实行负责任的财务管理，意味着投资有合理的回报率。
- 要求在投资政策中发挥道德和社会管理作用。

基于上述情况，USCCB 制定了涵盖以下领域的投资政策建议。

（1）保护人类生命。

（2）促进人的尊严。

（3）减少武器生产。

（4）追求经济正义。

（5）保护环境。

（6）鼓励企业责任。

USCCB 将鼓励企业报告社会、环境以及财务绩效。USCCB 将积极促进和支持旨在通过公司采纳社会责任准则的股东决议。

在投资策略下，LKCM 阿奎那天主教股票基金在其招股说明书中确定的投资类型包括 80% 的净资产在市值 6 亿美元到 45 亿美元的小型公司的股票证券。其主要标准是投资于收入增长高于平均水平和资本增值潜力高于平均水平的公司。LKCM 寻找的公司特征包括高盈利水平、强大的资产负债表、竞争优势、强大的市场份额和强大的估值。

就社会责任投资的实践而言，该基金表示，它根据 USCCB 指南中规定的标准对公司进行筛选。LKCM 阿奎那天主教股票基金表示，它正在与那些做法与准则相冲突的公司进行对话，并且可能"潜在地"尝试排除那些不愿意在合理时间框架内改变其政策和做法的证券。

12.2.1.2 天主教圣母玛利亚共同基金

圣母玛利亚共同基金（Ave Maria Mutual Funds）是一个美国共同基金家族，目标客户是针对那些对公司财政状况稳健的投资感兴趣的人，前提是不违反罗马天主教会的某些宗教原则。其经常被描述为社会责任投资，但就圣母玛利亚共同基金而言，更加准确来说应该是道德上负责任的投资或以信仰为基础的投资。

该基金根据基金家族的说明书和网站，先按照其金融标准筛选其一系列投资，然后排除参与堕胎或其政策被判定为反家庭的公司。到底是什么构成反家庭，这是基于公司的天主教咨询委员会所作出的道德判断。但是，不同其他道德的资金，它不拒绝防务公司、酒精或烟草（其他常见的社会责任投资筛选的区域）。

第一家基金是成立于 2001 年。2009 年年底，圣母玛利亚共同基金管理负责下的资产约 5 亿美元。这些钱大部分是投资在该公司的旗舰基金（圣母玛利亚天主教价值基金，代号：AVEMX）；其他资金包括圣母玛利亚增长基金（AVEGX）、圣母玛利亚上涨股息基金（AVEDX）、圣母玛利亚债券基金（AVEFX）和圣母玛利亚机会基金（AVESX）。这六个圣母玛利亚共同基金是由位于密歇根州布卢姆菲尔德山的施瓦茨投资顾问公司管理负责的。该公司由特许金融分析师乔治·P. 施瓦茨（George P. Schwartz）成立于 1980 年。也有圣母玛利亚货币市场账户，这是一个真正意义上的货币市场基金，由位于宾夕法尼亚州匹兹堡的联邦投资商管理的。2009 年年底，施瓦茨也开始提供产品，圣母玛利亚独立管理账户（圣母玛利亚 SMA）。2007 年 3 月 30 日，天主教股本基金合并到了圣母玛丽亚上涨股息基金。4 月 30 日又推出了圣母玛利亚全球股票基金（代号：AVEWX）。

圣母玛利亚共同基金（Ave Maria Mutual Funds）已向符合天主教道德观念的财务目标的公司投资了约 20 亿美元。专用标准被用来筛选那些促进或支持与天主教的核心道德教义活动的公司，但同样也将重点放在投资绩效上。所使用的筛选标准来自圣母玛利亚的天主教顾问委员会，该委员会提供指导并定期举行会议，以审查该基金会的宗教标准和准则。

表 12-1 展示了圣母玛利亚共同基金 5 年和 10 年的业绩数据以及基准。

基于截至 2018 年 11 月 30 日的 3 年业绩，圣母玛利亚债券基金获得了 2019 年理柏基金奖，成为 42 只 A 级公司债券基金中的佼佼者。虽然有些基金高于基准，有些低于基准，但总体而言大多数天主教价值观投资者很可能对这些基金的财务业绩感到满意，并且认为它们是实现财务和社会/道德目标的合适投资。

表 12 - 1 　　　　　　　　　　所选 AVE MARIA 资金和基准的表现

基金名称	资产总额	重　　点	五年期年化收益率	十年期年化收益率
上升红利基金	964.1	分红普通股	12.48%	13.36%
增长基金	1066.3	具有高于平均增长潜力的中型和大型公司	18.24%	16.23%
价值基金	327.9	被认为价值低估的公司	10.92%	9.51%
标准普尔 500 指数			16.90%	16.63%
世界股权基金	92.9	来自世界各地的所有资本化公司	10.64%	9.26%
MSCI 世界指数			14.40%	11.85%
债券基金	502.8	主要是国内政府和公司投资债务，可能高达 20% 的股权	4.54%	4.08%
彭博巴克莱中级政府/信用指数			2.91%	2.38%

注：数据来自 Ave Maria 共同基金网站。资产单位为百万美元，收益率是年化百分比。截至 2021 年 12 月 31 日的所有数据。

12.2.1.3　新约基金（NEW Covenant Funds）

新约基金的选择标准不包括涉及赌博、酒类或枪支销售的公司。该基金的平均收益率为 4.8%。银行机构和能源部门是投资组合的主要组成部分。投资组合中的公司包括康菲石油公司（COP）和埃克森美孚以及宝洁等消费品公司。

在其网站上，社会责任投资被认为是新约基金的一个独特特征。新约基金所描述的投资标准包括排除标准以及包括环境、社会和治理筛选在内的积极筛选标准。新约基金要求公司采取强有力的环保措施。

新约基金的社区投资为通常被传统金融结构忽视或排斥的社区经济发展提供了金融资本。通过帮助社区银行、信用合作社和贷款基金，以及其他基于社区的企业，创造了提供基于市场的就业、住房和本地服务的机会。

该信托的投资组合包括大量美国金融机构。根据新约基金最新年报披露，该基金的投资领域包括：信息技术、非必需消费品、金融、医疗保健、工业、能源、材料、消费必需品、电信服务、现金存款和公用事业。但这似乎与新约基金声称它期望公司承担环境责任背道而驰。

表 12-2 展示了截至 2021 年 12 月 31 日新约基金各基金不同的年化回报率及其年度基金运营费用总额。

表 12-2　　　　各基金不同的年化回报率及其年度基金运营费用总额

基金	年化回报率						年度基金运营费用总额		
	1 年	3 年	5 年	10 年	自成立以来	开始日期	费用豁免前	费用豁免后	豁免后，不包括 AFFE
平衡增长基金	13.9%	16.5%	11.6%	9.70%	11.6%	7/1/1999	0.95%	0.87%	0.13%
成长基金	25.7%	25.3%	17.5%	14.6%	17.5%	7/1/1999	1.12%	0.72%	0.72%
平衡收益基金	7.12%	11.0%	7.86%	6.56%	7.86%	7/1/1999	0.97%	0.91%	0.15%
收益基金	-1.6%	3.66%	2.70%	2.26%	2.70%	7/1/1999	0.95%	0.80%	0.80%

资料来源：新约基金网站的数据。

截至 2021 年 12 月 31 日，表现最好的基金是新约成长基金，其十年期的年度收益率达到了惊人的 14.6%。2019 年 5 月，新约基金从主动基金过渡到被动基金，同时继续保持其 ESG 倾向，基金投资政策遵循美国长老会大会确定的价值。该基金同时使用正面和负面筛选两种方式，它看重 ESG 得分高的公司，同时排除酒精、烟草、武器、赌博、营利性监狱和侵犯人权的公司。

12.2.1.4　Guidestone Funds

在美国，Guidestone 是最大的专注基督教价值观的共同基金的提供商。它成立于 1918 年，2001 年，它注册了第一只共同基金，凭借其成功的投资业绩以及其价值取向，该基金于 2014 年向公众开放，2012 年和 2019 年，它两次被理柏（Lipper）评为整体最佳小型基金（截至 2018 年 11 月 30 日，有 29 家符合条件的公司）。截至 2019 年 3 月，它提供了涵盖大多数主要资产类别的 24 只共同基金，拥有 133 亿美元的 AUM。

Guidestone 基金拥有超过 10 亿美元的资产。它不投资赌博、色情、酒精和烟草股票。它的重点是大型市值增长股票，包括苹果、谷歌和 Visa。据 Guidestone 网站披露，该基金的宗旨是诚信和卓越。在其 2015 年的招股说明书中披露的主要投资目标是在一段时间内以资本增值和收入的形式获得最高的总回报。该基金投资于自然资源行业，包括从事自然资源的发现、开发、分销或生产的公司。在自然资源投资方面没有提到任何排除标准。

与此同时，Guidestone 基金也不会投资于产品、服务或活动"被公认为与 Guidestone 金融资源的道德和伦理立场不符"的任何公司。Guidestone 还参与股东宣传以提高其价值。其受限制公司名单的范围为标准普尔 500 指数的 3% ~ 5%，MSCI EAFE 指数的 6% ~ 8%，以及彭博巴克莱美国总债券指数的 1% ~ 2%。受限制的名单并未公开，根据其基金的积极表现，似乎有一个细致的排除标准。该公司指出，尽管其基本的投资组合与基督教的原则和价值观高度吻合，但公司像人一样，也不是完美的，几乎不可能投资于绝对"纯粹"的公司。

12.2.1.5　MMA Praxis 共同基金

该基金根据门诺派原则运行，且遵循基督教的管理哲学，不投资与酒精、烟草、赌博、堕胎、核能和武器制造有关的公司。据社会基金称，MMA Praxis 寻求在环保方面有良好记录或成就的公司。Praxis 投资了瑞典出口信贷公司（Swedish Export Credit corporation）的五年期绿色债券。该债券产生的资金将用于资助瑞典的环境技术出口，以促进世界各地的气候友好型项目。MMA 的其他投资包括购买以美元计价的世界银行绿色债券，以及太阳能和风能设施债券。招股说明书包含各种基金、相关风险和费用的信息。关键的管理投资原则还包括社区参与和环境管理。

基金在年度报告中强调绿色债券投资。被投资的主要行业包括金属和采矿、石油、天然气、造纸和林产品。尽管有证据表明，Praxis 正在努力推动"绿色"、对环境负责的投资，但这种投资"与这些投资产品的真实情况"相矛盾。

12.2.2　印度教的价值观投资

在印度教中，对其他物种的尊重是基于轮回的原则，同时也相信植物拥有神圣的力量，人类有责任采取保护措施防止它们遭到破坏。这一点被进一步强调为一种重要的问责形式，它可以通过与自我的联系，通过认识自然世界成员之间的相互关系和相互依赖来行使，以及接受人类是自然社会的一部分。

印度教遗产基金会。社会责任投资不是印度教徒的关键考虑因素。基金会为公司的选择提供了以下标准：从事烟草、赌博的公司，从事动物试验的制药公司，涉及包装肉、鱼或家禽的食品行业的公司被禁止，且不进行国防或武器制造的审查。最近，印度国家生物多样性管理局前主席呼吁为印度金融机构制定环境规范。

印度教遗产基金会（HHE）是古鲁代瓦在 1994 年成立的。HHE 的众多基金为印度教机构提供永久性收入，世界上任何一个国家的印度教组织都可以创建一个 HHE 基金来维持其使命。对 HHE 基金的捐款将永远成为其本金的一部分，永远不能被移除，但将永远产生由投资收益产生的年度赠款，这些赠款只能用于该基金的声明目的，并定期分发给受益人，以实现其目标。HHE 目前包括 75 个基金，总额超过 1400 万美元。个人可以向现有基金捐款，也可以为他们喜爱的印度教慈善机构或事业创建新的基金。向 HHE 基金捐款，可以通过现金、证券或房地产的直接捐赠，通过遗嘱或生前信托的遗赠，人寿保险或通过终身收入计划（如慈善剩余信托或赠与年金）的捐赠。所有对 HHE 基金的捐款在美国都是免税的，而受益人可以在世界任何地方。

12.2.3 伊斯兰教的价值观投资

据估计，伊斯兰金融市场的规模约为 3000 亿美元。美国、中东和世界各地的各种资金管理公司最近开始开发符合规定的伊斯兰教法（伊斯兰教的生活原则）基金，以满足这一利基市场需求。

伊斯兰金融和投资最显著的特征之一是禁止 Riba（赚取或收取利息）。另一个明显的特点是不允许投资债券或优先股，因为它们都承诺固定的回报率，而且在伊斯兰教中，所有股东都应该处于平等地位。

在全球范围内，伊斯兰基金从 41 只（1997 年）增长到 102 只（2000 年），再到 108 只（2003 年），再到 130 只（2004 年），这意味着增长速度有所放缓。

12.2.3.1 伊斯兰基金筛选标准

伊斯兰基金所反对的公司是大多数涉及放款和利息的金融机构，如银行和保险公司。此外，伊斯兰基金对某些比率也有限制，因此，道琼斯伊斯兰市场指数（Dow Jones Islamic Market Indices，DJIMI）对通过初步测试的公司使用以下筛选：

（1）总债务除以过去 12 个月的平均市值必须低于 33%。

（2）公司现金和有息证券的总和除以过去 12 个月的平均市值必须低于 33%。

（3）应收账款除以过去 12 个月的平均市值必须低于 45%。

典型的伊斯兰基金持有的资产包括科技、电信、钢铁、工程、交通、医疗、公用事业、建筑和房地产。

12.2.3.2 伊斯兰基金基准

道琼斯伊斯兰市场指数（DJIMI）目前被用作评估适当类别的伊斯兰基金表现的标准。第一个指数 DJIMI 于 1999 年 2 月推出，它筛选了 34 个国家的公司，到 2003 年 7 月，共有 1318 家企业参与了筛选。如今有大约 50 个 DJ 伊斯兰指数，它们因规模、行业和地区而异。目前追踪 DJ 伊斯兰指数的伊斯兰共同基金有 95 家。

由于 DJIM 组件数据只提供给被许可方，我们在表 12 - 3 中列出了道琼斯伊斯兰基金的十大持股情况：

表 12 -3　　截至 2021 年 12 月 31 日道琼斯伊斯兰基金十大持股情况

公司	代码	类型
苹果	AAPL	科技
微软	MSFT	科技
亚马逊	AMZN	消费者服务
谷歌 A	GOOGL	科技
特斯拉	TSLA	消费平
谷歌	GOOG	科技
Meta Platforms	FB	科技
英伟达	NVDA	科技
强生	JNJ	保健
台积电制造	2330	科技

资料来源：标普全球网站。

在表 12 -3 中，我们注意到在科技、保健和消费品方面的大量投资，另外，前 10 大持股公司中没有金融公司。

12.2.3.3　Amana 共同基金

Amana 成立于 1994 年，管理的资产超过 20 亿美元。Amana 是一只积极管理的基金，Amana 的基金经理正在积极地做出投资决策。积极管理的基金通常有更高的费用比率，事实上 Amana 的年总费用比率为 1.03%。

Amana 共同基金被归类为根据伊斯兰原则进行投资的具有社会责任感的大型成长型基金。该基金不投资于支付或接收利息的公司，其平均年回报率为 2.9%。一般来说，与基于伊斯兰原则的投资有关，正在考虑由伊斯兰债券资助的清洁能源、公共交通、水资源保护、林业和低碳技术投资的绿色项目。

12.2.4　儒家的价值观投资

儒家文化作为一种非正式制度，潜移默化地对中国人的思想和行为起到了指导作用，对中国社会、经济和政治的方方面面都产生了重要影响。即使在受西方思想影响的现代中国，儒家文化的影响力依旧很强，如诚实守信、以人为本、求同存异等，自古以来的处世之道，大多与儒家文化有一定的渊源。中国企业家的价值观普遍受到儒家文化的影响，并体现在具体的企业管理中。

12.2.4.1 儒家文化与 ESG 投资

在 ESG 影响力投资的核心理念中，儒家思想的价值观以及视角与其有着明显的共鸣，如和谐、福祉、个人利益与社会以及环境利益之间的联系。我们同样可以从儒家价值观的五项原则，即"仁、义、礼、智、信"中找到与之对应的 ESG 影响投资的原则：

（1）资本不只是金钱，也不只关乎追求个人利益——仁；

（2）尊重股东和利益相关方的作用和地位——义；

（3）创造符合时代趋势的新的投资方法，而不是遵从传统金融资本主义的陈旧的、二分法的方法，同时探索和表达这种进化的世界观，即，所有的资本和公司都会对我们的社会和环境产生影响——礼；

（4）建立更深层次的智慧，探索我们彼此之间的连接性并对此建立新的认识和更深的理解，认识到自我和他者之间的分离是一种错觉——智；

（5）诚恳地坐在一起面对我们眼前的问题，由此创造出我们的时代和未来所需要的新的答案——信。

现如今，我们不仅需要继续推进经济发展，更要明智地保护环境资源。在推进采用现代技术和工具的同时，必须将传统价值观纳入考量，并思考如何将个人利益和社会利益相结合。因此，如何在以儒家思想的核心原则与理念为基础搭建的文化框架内实践 ESG 影响力投资的概念，同时为投资者创造新的投资方法，打造投资"新基建"成为 ESG 影响力投资在中国所面临的机会之一。

12.2.4.2 儒家文化与现代企业社会责任理论

儒家文化的核心思想在很多方面与现代企业社会责任理论相一致。企业社会责任理论认为，企业在创造经济利益、对股东负责的同时，还必须依法保护员工、消费者等利益相关者的权益，对社会和自然环境承担责任。其所蕴含的不一味追求经济利益、和谐发展的思想，与儒家"不义而富且贵，于我如浮云"（《论语·述而》）、"天时不如地利，地利不如人和"（《孟子·公孙丑下》）等观点在一定程度上相符合。

儒家文化的核心思想在很多方面与现代企业社会责任理论相一致。企业社会责任理论认为，企业在创造经济利益、对股东负责的同时，还要对利益相关者负责，关注人的价值，对环境、社会有所贡献并与之和谐相处。这其中就暗含着儒家文化中的"仁""义""信"等核心观点。孔子认为，"夫仁者，己欲立而立人，己欲达而达人"（《论语·雍也》），其中的"仁"意味着为人不能一味索取，有给予才有回报，这与社会责任理论对企业的要求一致。孔子认为，"君子喻于义，小人喻于利"（《论语·里仁》），即主张君子应该关心社会正义而不只是个人利益。孟子也认为，"非其有而取之，非义也"（《论语·为政》）。这里的"义"含有尊重他人所有权的意思。社会责任理论要求企业尊重并维护投资者、员工、消费者等利益相关者的权益则是"义"的体现。孔子认为，"人而无信，不知其可也"

（《论语・为政》）。"信"为儒家思想中最基本的为人准则，也是商业上的"百行之源"。企业在言行上做到诚实无欺，才能赢得良好信誉。企业在社会责任信息披露方面不弄虚作假、不夸大其词是儒家思想中"信"的最基本要求。儒家文化从思想上鼓励人们多行善事，并告诫人们"得道者多助，失道者寡助"（《孟子・公孙丑下》）。企业积极主动承担社会责任，有助于得到更多利益相关者乃至国家及整个社会的认可与支持。而能够让利益相关者比较直接、有效地了解企业社会责任履行状况的方式就是披露社会责任信息。因此，儒家文化有助于提高企业伦理道德水平，增强企业的社会责任意识，促进企业积极主动地披露高质量社会责任信息。

12.2.4.3　儒家文化与生态政治思想

在儒家博大精深的思想体系里，蕴涵着丰富的生态伦理思想。在自然观上，儒家重视人与自然和谐统一，认为人是自然界的一部分、天人是相通的，提倡"天人合一""仁者以天地万物为一体"，注意保护人类赖以生存的自然环境。这些思想与西方文化强调征服自然、人与自然对立二分的观念形成鲜明对照。

儒家历来反对滥用资源。孔子明确提出"节用而爱人，使民以时"的思想。荀子把对山林川泽的管理、对自然资源的合理开发与保护作为"圣王之制"的内容，要求砍伐和渔猎必须遵守一定的时节，并规定相应的"时禁"期，以保护生物和资源。儒家认为，对待天地万物，应采取友善、爱护的态度；自然资源是人类赖以生存的物质基础，如果随意破坏、浪费资源，就会损害人类自身。

儒家的生态伦理思想给今天的中国企业家的价值观带来了有益启示，那就是在发展经济、开发自然、利用资源的同时，必须注意人与自然关系的协调，把发展经济、发展科技与生产力同保护生态环境有机统一起来，把人类生活需要与生态环境运行规律有机结合起来，提高开发自然、利用资源的科学性与合理性。

12.2.5　佛教的价值观投资

佛教作为一个在中国拥有众多信众且发展历史悠久的一个教派，在社会发展的过程中也不可避免地承担着一定的社会责任。另外，慈悲利他是菩萨的本意，也就是说每个人都应该承担其社会责任，不应因其个人身份和财富而有所区别。

现如今，佛教事业呈现出了新的发展局面，各寺院也在积极响应政府和社会发展慈善事业的号召，积极开展慈善事业，参与到社会慈善中来，与社会各界接轨。另外，随着社会慈善事业的不断规范化发展，佛教寺院也相继成立了慈善功德会，为佛教慈善的更好发展打下坚实基础。佛教慈善正在不断超越传统慈善运作方式，呈现出基金运作的新模式，在社会慈善中所占比重日益加重，对社会慈善所做的贡献也越来越大。

由此可以看出，佛教人士做慈善的一些基本的出发点和其做慈善的基本诉求大致可以分为这几类，他们秉承着各自的慈善理念，进行着真正有益于社会大众的事情，扶危济困，致力于为社会慈善事业奋斗终生，从佛教人士这一特殊人群和视角出发，补充了社会福利事业的类型和不足，在一定程度上发挥着不可或缺的重要作用。

12.2.5.1 湖南省佛慈基金会

湖南省佛慈基金会成立于 2000 年 12 月 15 日，是代表湖南省佛教界最早的慈善机构，在社会各界的支持与帮助下，现已成为省级慈善先进单位。

近十多年来，湖南省佛慈基金会一直担负着对湖南省十四个市州贫困地区的孤老孤儿、残疾儿童、麻风病患者、贫困学生、灾区村民及社会弱势群体资助的崇高职责。

湖南省佛慈基金会的足迹遍布三湘四水，为和谐社会、维护世界和平和保护生态环境方面，做了大量的实际工作，对社会做了大量的公益慈善工作。湖南省佛慈基金会已为贫困地区捐建希望小学 29 所，孤老孤儿也是省佛慈基金会关心的重点。湖南省内 14 个地区若出现灾情，湖南省佛慈基金会总是最先到达灾区现场，并给予受灾地区大量米、衣、棉被及资金方面的资助。

12.2.5.2 香港慈辉佛教基金会

香港慈辉佛教基金会，每年都投入数千万元在全国各地做扶贫和助教工作，形成了一套严格项目审核、严格操作规范、严格验收成效的资金使用流程，走"慈辉经济"的发展道路，摸索出一条独特的"慈辉慈善经济"模式。

慈辉佛教基金会捐助宗旨是：（1）雪中送炭，不锦上添花，关注弱势群体；（2）把钱用在实处，关注"三力"：生产力、推动力、进步力；（3）以慈辉的投入引起政府注视，推动当地政府有关部门对贫困地域、贫困家庭的扶持力度。

12.2.6 犹太人的价值观投资

拉比·特罗斯特对犹太教环境问责的形式进行了阐述。拉比的教导来自智慧传统，其中包括箴言、传道书、约伯记、多篇诗篇（旧约）、死海古卷、新约和拉比文学。幸福被定义为一个人内心的满足或平静的繁荣和对生命意义的理解与实现。

有选择性地破坏自然世界，这在犹太教神学中是允许的，并且对保护有利于人类的物种以及人类可持续发展所必需的物种也存在选择性责任。对自然环境的责任更多的是由人类中心而不是生态中心的考虑驱动的。在犹太教中，对自然资源的经济生产利用并不被认为是浪费。正如沃格尔所说："如果对任何原材料的变革性使用，包括结出果实的树木，将产生比以其目前形式使用更多的利润，那么它的变革性使用是被允许的。"

12.2.6.1　犹太价值指数，共同基金和 ETF

对于对犹太价值感兴趣的人的集合投资工具主要集中在以色列公司。MSCI 以色列指数旨在衡量以色列股票市场中大盘股和中盘股的表现。它有 12 个成分股，涵盖了以色列约 85% 的浮动调整市值。它侧重于信息技术（41.94%）和金融（33.39%）。截至 2019 年中，指数中公司的总市值为 810 亿美元。

标普有几个涵盖以色列的指数。其中：

（1）道琼斯以色列精选消费者指数：衡量在特拉维夫证券交易所消费品和服务业中精选证券交易的业绩。

（2）标准普尔/哈雷尔能源指数：由符合条件的公司组成，包括能源行业和天然气公用事业，以及独立的电力生产商和能源贸易商。其中有 14 家公司位于以色列，其中 1 家位于美国。

（3）标准普尔/哈雷尔通信指数：基于 9 家以色列公司，包含通信服务、通信设备以及有线和卫星。

（4）标准普尔/哈雷尔消费品指数：涵盖了 15 家以色列公司，包含食品和主食零售；食品，饮料和烟草；服装，配饰和奢侈品；专卖店；和汽车零售。

（5）标准普尔/哈雷尔材料指数：由 10 个材料或纺织品公司组成。其中有 9 家公司位于以色列，1 家位于美国。

（6）标准普尔/哈雷尔医疗保健指数：由 20 家医疗保健行业的公司组成。其中有 17 家公司位于以色列，3 家位于美国。

尽管目前没有任何基础广泛的犹太价值 ETF，但有几只专注于以色列的基金。最大的几家有贝莱德集团（BlackRock）的 iShares EIS、蓝星（BlueStar）以技术为重点的 ITEQ 和 VanEck Vectors 的 ISRA。

（1）EIS – iShares MSCI Israel ETF：iShares MSCI Israel ETF 由以色列信息技术/金融和医疗保健公司的股票组成。在这些股票中，有 TEVA 制药、Check Point 软件技术、Hapoalim 银行和 Leumi Le Israel 银行。截至 2019 年，ETF 的净资产为 1.38 亿美元，10 年的平均年收益率为 5.08%，接近其基准的 5.49%。

（2）蓝星以色列技术 ETF：该基金跟踪蓝星以色列科技指数，该指数是在特拉维夫、纳斯达克、纽约证券交易所、伦敦证券交易所和新加坡交易所上市的 58 多家科技公司的指数。该基金的投资目标是为投资者提供对活跃的以色列技术领域的多元化投资。一家公司如果要被纳入，必须符合以下的基本要求之一：公司至少 20% 的员工位于以色列，20% 的长期资产位于以色列，或在以色列设有主要的研发中心。其他考虑因素包括税收状况，在以色列境内注册的管理权。基于这些标准，有 73% 的公司在美国，22% 的在以色列和 4% 在英国。在工业行业中，软件和信息技术服务（52%）以及半导体（12%）行业的公司比例最高。

（3）VanEck Vectors 以色列 ETF：寻求匹配 BlueStar 全球指数的价格和收益率。指数组成国家中有 73% 位于以色列，23% 位于美国。信息技术领域的公司占总资产的 43%，金融占 20%，医疗保健占 11%，房地产占 7%。

12.2.6.2 犹太社会责任投资

犹太社会责任投资的重点是多元化。选择投资公司的标准包括强调安全、流动性、发展以色列土地和犹太社会的金融发展。犹太正义基金社区投资倡议已经为美国社区发展发放了超过 3000 万美元的贷款。以色列共同基金专门投资在特拉维夫和美国证券交易所交易的以色列公司。该基金的目的是投资以色列的关键部门，包括制药、银行和保险。招股说明书包含本基金的目标信息，即长期资本增长和主要投资策略。

12.3 大学捐赠基金

大学捐赠基金（University Endowment）是发源于美国高等学府的一种校友捐赠机制，是西方国家普遍存在的一种非营利的社会公益组织。校方设立基金管理校友的捐赠资产，并依靠资本运营利得覆盖学校部分科研和教育经费开支。

捐赠基金本质属于财产信托，捐赠者作为委托人，将资产捐献给大学，并对资金的用途加以约束，如奖学金、助学、医疗等；大学作为受托人，按照委托人的要求，管理和运用捐赠资金。因此，大学捐赠基金是学校维持教学研究水平、保持良好学术品质的重要资金来源。

捐赠可以是各国货币、有价证券，也可以是房产或其他实物，还可以是专利权、商标权、著作权等无形资产，但大学捐赠基金的概念相对而言外延较小，使用形态为货币或有价证券。因此大学捐赠基金具有捐赠性、永久性（高校永久性拥有）、增值性、使用性的特点。

12.3.1 大学捐赠基金的不同类型

大学捐赠基金按照不同的性质可以分成不同的类型：

按照经营属性，可分为公立、私立。美国大学教育基金会产生和发展与其社会的文化传统和时代背景有着紧密联系。由于美国公私立大学经费来源渠道不同，公立大学以政府拨款为主，私立大学依赖于社会捐赠，因而美国私立大学基金会（也称捐赠基金会，Endowment fund）有着悠久历史。耶鲁大学、哈佛大学、斯坦福大学、普林斯顿大学等均有数百年历史，然而这种基金会模式并未立刻引起公立大学的仿效。20 世纪 70 年代开始，由于受越南战争及政府下拨经费逐年减少的影响，公立大学发起第一次主要的筹款运动。随着 70 年代美国证券市场的飞速扩张及美国大学大规模的筹资运动（capital campaign/fund - raising campaign），捐赠基金规模开始指数级增长。

按照本金是否可以使用，分为纯粹捐赠基金（Ture – Endowment funds，本金不可使用）、指定捐赠基金（Term – Endowment funds，指定周期或特定事项发生后可使用本金）和准捐赠基金（Qua – si – Endowment funds，用途与指定捐赠基金类似，但本金可依据管理委员会意见随时使用）。

按照捐赠及使用方式，可分为终结型、永续型和增长型三种类型基金

（1）终结型基金是由捐赠人一次捐资或在一定期限内定额捐资设立基金，基金会在一定期限内用完捐赠基金，基金终止，这非常类似于一般的封闭式基金。

（2）永续型基金是由捐赠人一次捐资而设立的基金，基金会仅使用基金投资收益，捐赠资金永久保留。

（3）增长型基金是由捐赠人捐资发起设立基金会，仍有捐赠人不断捐资加入，基金会使用投资收益再投资，使基金总额不断增长。

终结型基金期限较短，以使用捐赠资金为主，没有投资收益或投资收益较少，不能为高校发展提供持续支持；永续型基金使用投资收益，基金可长期存续，适合于设立以捐赠人名称命名的大学捐赠基金；增长型基金以使用投资收益为主，可使用少量新增捐赠资金，能够保持合理稳定的基金规模增长速度和基金使用额增长速度，适合规模较大的综合性大学捐赠基金。

12.3.2　大学捐赠基金践行 ESG 投资

近年来，一些投资者开始关注 ESG 在提高回报率的同时降低风险方面的重要性。然而，只有一小部分大学捐赠基金报告将 ESG 作为其投资策略的一部分。

将 ESG 因素纳入投资可以采取多种形式，从限制性政策到更积极的筛选或积极的投资，以及将 ESG 标准"整合"到更广泛的财务分析中。

尽管许多捐赠基金管理人员仍将 SRI 仅与公共股权的"负面筛选"联系在一起，但 ESG 标准的纳入也可以是一种更主动的做法，适用于各种资产类别。可持续和负责任的投资者不仅因为 ESG 问题而限制投资，还经常积极考虑投资组合中的积极 ESG 属性。

衡量大学捐赠基金在 ESG 合并中的精确参与度是困难的，尤其是随着时间的推移。在 2011 年的纳库博共同基金捐赠基金研究（NCSE）中，823 个参与捐赠基金中的 148 个报告对投资组合持有采用了某种形式的 ESG 标准。在最近的 NCSE 中，与 SRI 相关的问题也进行了大幅修订，以关注"ESG"标准。

大学捐赠基金与其他机构投资者（如基金会、医院、公共养老金、公司、工会或信仰投资者）采用可持续和负责任的投资策略的区别是利益相关者之间的关系。学生、校友、捐赠者、教师、工作人员和管理人员、受托人、社区团体和更广泛的民间社会组织都在捐赠管理中有着相互竞争的利益，并一再对大学投资的环境、社会和治理影响提出主张。事实上，利益相关者经常围绕 ESG 问题推动投资政策和实践的改变，无论是通过撤资运动，还

是积极、可持续和负责任的投资，或是学生参与股东倡导活动。

捐赠基金是率先采取新政策和制度的机构投资者之一，以解决投资中的社会和环境问题。然而，现如今大学捐赠基金似乎不再是高度发展的 ESG 机构投资领域的领导者，主要原因如下。

（1）缺乏一致意见。在投资决策中是否纳入 ESG 因素的问题上，董事会成员缺乏一致意见，一些董事会成员可能对 ESG 投资持开放态度，但另一些人与一般投资经理一样，在财政上持保守主义态度。这种普遍存在于整个投资界的传统主义方法已经产生了历史财务业绩，这通常至少对于整个大学界来说是可以被接受的。

（2）对于哪些是重要的 ESG 因素方面存在意见分歧。就像整个美国社会一样，在气候变化、持枪权、堕胎等问题上存在不同的观点；在任何群体中，很难在所有这些问题上达成一致意见。

（3）对于如何最好地影响特定 ESG 因素的意见分歧。而且，如果捐赠基金投资委员会在某种程度上同意气候变化是一个需要考虑的重要因素，他们仍然可以在"化石燃料撤资对气候变化产生影响的有效性，以及潜在的财务成本是否抵得上潜在的收益"等问题上存在分歧。

（4）可投资性。投资经理可以使用的投资工具是否包含特定的 ESG 问题？有时包含，有时并不包含。另一个独立但相关的问题是，典型的捐赠基金将拥有外部管理人员，并可能与其他投资者一起投资于"混合"基金。捐赠委员会可以表达其 ESG 目标，但完美执行这些目标的能力可能有限。那些内部管理部分捐赠基金的学院和大学可能拥有更多的控制权，但仍可能难以找到合适的投资。

（5）董事会必须平衡大学社区中不同利益相关者的利益。教师和/或学生可能会聚集在一起支持特定的 ESG 问题，但员工、校友、政府人物和新生可能会有相互矛盾的想法，ESG目标本身可能会产生相互矛盾的投资影响。例如，科技公司可能在环境问题上得分很高，但在聘用、晋升女性和少数族裔方面的记录却很糟糕。

（6）对"受托"责任的关注。有些捐赠是有限制的。这种"捐赠意向"可能会限制ESG 投资。一般来说，劳工部的最新指引可能为考虑 ESG 因素提供了回旋的余地，尤其是在考虑长期风险的情况下，但许多董事会成员和经理仍不愿大胆解释他们是否有能力脱离传统的投资组合方法。

（7）对传统投资和 ESG 投资回报的困惑或怀疑。对于受托人来说，财务回报显然是重要的，正如我们所指出的，简单的负向筛选策略往往会带来糟糕的财务业绩；而且，捐赠基金受托人和管理人员面临的大部分压力都来自简单的策略，即剥离涉及化石燃料、枪支或其他"罪恶"行业的公司。事实上，可以说，激进的撤资要求可能会导致捐赠基金经理拒绝任何 ESG 提议，即使是那些有可能实现 ESG 目标并产生市场回报率的提议。

（8）惯性。在任何组织中，总有一种惯性。"我们一直都是这样做的，而且很成功。责任就会落在那些希望变革的人身上，他们要证明任何新方法都会产生更好的结果"。一些董事会更不愿意接受变革，并要求对 ESG 会实现承诺目标作出更大的保证。

（9）就业风险。即使是成功的大学捐赠管理人员也面临着来自大学社区的尖锐批评。采用一种新的投资理念，常常伴随着财务表现不佳的风险，以及分散的利益相关者的支持，必然会带来就业甚至职业风险。如果投资组合中有很大一部分分配给 ESG 投资，而投资组合表现不佳，经理们就会受到批评，甚至可能被"炒鱿鱼"。另外，如果投资组合反映传统基准，其结果可能与其他捐赠基金的结果一致，基金经理就更容易为自己的结果辩护。

12.3.3　美国大学捐赠基金中的 ESG 运用

美国大学和学院捐赠基金管理着 8000 多亿美元的合并资产，是参与可持续和负责任投资的机构投资者的重要组成部分。美国的大学捐赠基金不仅秉承了西方传统的公益信托性质，也是当今金融市场上独树一帜的机构投资者。

（1）耶鲁大学捐赠基金。

耶鲁大学基金会（Yale Endowment Fund）不仅是美国大学捐赠基金的代表，在当代专业机构投资者中，其价值投资的理念、资产配置的策略以及长期投资绩效均独树一帜且引领潮流。特别是其捐赠基金的"掌舵人"——大卫·斯文森（David Swensen），因其独特而卓越的投资理念和投资管理能力，使耶鲁大学捐赠基金成为投资业界竞相效仿的对象。

在具有传奇色彩的首席投资官大卫·斯文森的指导下，耶鲁大学也是 ESG 投资领域最早的先驱之一。它获得的捐赠金额为 294 亿美元，仅次于哈佛大学。它最近宣布，将把适用于公开市场投资的 ESG 投资标准应用于私人市场投资。

294 亿美元的捐赠基金用于投资数千个不同用途和限制的基金。大约四分之三是为特定目的提供长期资金的受限捐献。截至 2018 年 6 月 30 日，耶鲁大学捐赠基金的回报率为 12.3%。在过去的 20 年里，耶鲁大学获得了 11.8% 的市场领先回报率。在过去 30 年里，它的年回报率为 13%。它将其成功归功于"明智的长期投资政策，以及秉持对股票的承诺和对多样化的信念为基础。"

耶鲁大学的社会责任投资可以追溯到 1969 年一个名为"耶鲁投资"的研讨会，该研讨会探讨了机构投资在伦理、经济和法律方面的影响。这次研讨会为 1972 年出版的《道德投资者》一书奠定了基础，该书确立了 ESG 投资的标准和程序。它不仅为耶鲁大学的投资制定了指导方针，也为其他大学提供了借鉴。ACIR 现在为投资者责任委员会（CCIR）提供建议，并执行政策，CCIR 向耶鲁公司全体成员提出政策建议，并负责执行批准的政策。ACIR 还为 CCIR 投票处理道德问题的公司委托书提供建议，并直接与耶鲁社区成员进行道德投资活动。

（2）加州大学捐赠基金。

加州大学（UC）的捐赠总额为 123 亿美元。在截至 2018 年 6 月 30 日的财年中，该行业增长了 8.9%，此前 20 年的平均增速为 6.7%。这些捐赠以及加州大学的其他资产（养老基金、营运资本、退休储蓄计划基金和专属保险资产）由加州大学首席投资官办公室

（OCIO）管理。加州大学的投资决策将可持续发展视为一项基本投入，并将可持续发展定义为"既满足当前需求，又不损害后代满足自身需求能力的经济活动"。他们表达了对保持财务回报的担忧，同时以下方式进行可持续投资："我们必须在不损害我们为未来学生、教职员工服务能力的前提下，满足我们当前运营的需要和退休人员当前的要求。"

OCIO 认为，作为股东，它有责任增加信息透明度、促进信息披露、提高企业社会责任和企业可持续性，以帮助确保经济健康运行，保持实现可持续长期回报的能力。它打算制定指导方针，在与投资组合公司进行媒体报道、股东决议和代理投票时，与可持续发展理念保持一致。它还旨在与外部基金经理、资产所有者和行业倡议合作。

（3）哈佛大学捐赠基金。

截至 2018 年年底，哈佛获得的捐赠总额超过 380 亿美元，是所有学校中最多的。它由超过 13000 个独立基金组成，并广泛支持大学活动，最多的是对教师和本科生、研究生奖学金和学生"生活"和活动的财政支持。捐赠基金中的大部分基金都有其用于特定计划的限制，如专用奖学金、捐赠主席或冠名教授职位。大约 80% 的资金都是由捐赠者专门捐赠给哈佛大学 12 所学院中的一所。捐赠物资价值的增值超过了这些和其他捐赠物资的分配金额，将由捐赠物保留。在截至 2018 年 6 月 30 日的财政年度里，捐赠基金一共有 18 亿美元，大约占哈佛当年总营业收入的三分之一。多年来，各种对此持批判态度的人士一直在对用于本科教育、支持教师和进行研究的资金比例提出质疑。开支决策必须寻求平衡这些相互冲突的利益，每一个利益都有助于大学的声誉和质量的提高。另一种经常听到的批判是，应该从捐赠基金中获得更高的回报。在过去 10 年里，回报常分布在 5% ~5.5%，范围为 4.2% ~6.1%。这个范围将提供一个稳定且可依赖的收入流，以支持当前的需要，同时为后代保留捐赠的价值和未来的收入流。许多捐赠在分配上都有限制，但大多数捐赠的目的不仅是惠及当前的学生和教师，而且是造福后代。毫无疑问，无论以何种方式分割蛋糕，都会有一些党派认为应该用不同的方式来做。

另一场涉及哈佛捐赠基金的争议关乎其管理费。1974 年，哈佛成立了非营利的哈佛管理公司，主要在内部管理捐赠基金。1990 年，哈佛聘请杰克·迈耶管理捐赠基金。2005 年，迈耶和他的团队超过了其他大多数捐赠基金，使总资产增长到 230 亿美元。虽然有些共同基金和 ETF 收取的费用不超过 10 个基点，但对冲基金、私募股权基金和风险投资基金通常收取的费用是所管理资产的 2% 和利润的 20%。据估计，捐赠最多的大学，如哈佛、耶鲁、普林斯顿、斯坦福和得克萨斯大学，付给外部管理人员的费用都比他们提供的学费补贴要多。在基金经理带来超高回报、资产规模如此庞大的情况下，这或许是合理的，但这种前景仍令许多大学业内人士感到不安。

哈佛是许多对气候敏感的投资者团体的活跃成员。它是第一个签署联合国倡导的负责任投资原则的美国捐赠基金。2016 年 11 月，HMC 更新了可持续投资政策。它指出，HMC 承诺在承保、分析和监控投资时考虑实质性的 ESG 因素。它将实质性的 ESG 因素定义为能够在所有资产类别、部门和市场上对公司资产的经济价值产生直接侵蚀影响的因素。其中一些

ESG 因素包括能源消耗、温室气体排放、气候变化、资源稀缺、用水、废物管理、健康和安全、员工生产力、多样性和非歧视、供应链风险管理、人权（包括尊重工人权利）和董事会的有效监督。具体因素因行业的相关性和重要性而异。

HMC 还与大学的股东责任公司委员会（CCSR）和股东责任咨询委员会（ACSR）密切合作，解决与委托投票有关的问题。自 1972 年起，这两个委员会一直积极考虑大学的股东责任。ACSR 由学生、教师和校友组成，考虑 HMC 投资公司的股东决议。它向社会责任委员会提出建议，该委员会决定哈佛大学如何对这些社会责任代理进行投票。

HMC 有一个三管齐下的可持续投资方法。

①ESG 整合。由于认识到不同的因素在某些行业可能是更为重要的，而在其他行业则不是，因此需要考虑的 ESG 因素是针对每个特定的资产类别量身定制的；并且其问题的整合贯穿整个投资周期。HMC 使用运营尽职调查框架，确保 ESG 问题在公共股权、私人股权、绝对回报、房地产和自然资源的预期投资分析中得到解决。投资完成后，HMC 将继续监控任何已识别的 ESG 风险，并与外部管理人员接触，以确保有效监督。对于自然资源的直接投资，HMC 酌情进行现场 ESG 尽职调查，以确定项目相关的 ESG 风险和影响。HMC 还致力于与第三方组织合作，如森林管理委员会（FSC），该委员会致力于鼓励对世界森林进行负责任的管理。

②积极的所有权。积极的所有权是支持良好公司治理的重要手段，其包括两个方面：与被投资公司接触和行使股东决议的投票权。HMC 与 ACSR 和 CCSR 合作，确定在社会和环境问题上投票代理的立场。股东对治理问题的决议通常由 HMC 处理。

③协作。如上所述，哈佛大学是 PRI 和其他促进可持续投资倡议团体的早期签署方。这种与同伴的互动是这个过程的一个重要部分。

12.3.4　中国高校教育基金会

中国高校教育基金会，是指由高等院校以推动和促进高等教育事业发展为目的、经国家批准依法成立的非营利公益组织，其成立须经国家或省区市一级民政部门登记，并接受登记主管部门以及业务主管部门的双重领导。

我国高校教育基金会形式的正式运作比美国晚 100 余年。20 世纪 80 年代初，爱国华侨、港澳同胞以基金捐赠形式支持我国教育事业发展，如邵逸夫教育基金、霍英东教育基金等。1994 年，清华大学教育基金会正式成立，这是国内最早正式注册成立的大学教育基金会。随后北京大学、浙江大学、上海交通大学等教育基金会相继成立。

我国高校教育基金会资金来源包括政府专项拨款，个人、社会团体捐赠及基金会本身的投资收益等。基金会资金的支出，从支出结构看，主要包括公益资助项目费用、执行项目的成本及基金会组织募捐的费用（不包括基金会专职工人员的工资福利、基金会日常办公的行政开支）。从支出类别看，主要用于建设和完善学校的设备设施、为学生提供各种形式奖助学金、为学科和科研项目发展及学术交流提供经费支持、引进高水平人才、对在教学和科研中有突出贡献的教职工进行奖励等。我国《基金会管理条例》第二十九条规定："非公募基金会每年用于从事章程规定的公益事业支出（公益支出最低比例：MAE），不得低于上一年基金余额的 10%"。因此，高校基金会募集资金的用途具有一定限定性。

然而由于我国高校教育基金会成立较晚，经验少，规模小，在发展起步期机制仍不健全，因此几乎没有基金会在其投资政策中增加环境、社会和治理（ESG）因素。

（1）清华大学教育基金会。

清华大学教育基金会于 1994 年正式成立，是国家民政部批准成立的全国性非公募基金会。2013 年和 2019 年，在民政部发布的全国性社会组织评估等级公告中，清华大学教育基金会两次被评为最高等级——AAAAA 级社会组织。2021 年 12 月，被民政部授予"全国先进社会组织"称号。清华作为起步最早、发展最成熟的大学教育基金，基金捐赠源已实现多元化（不仅仅是本校校友作为主要人群捐赠，外校人员捐赠也极多），基金也已具备较强管理及配置能力。配置阶段、领域实现分散，早中期及晚期基金，细分行业基金、产业孵化均有涉足。

清华大学教育基金会公益活动的业务范围：

①面向社会各界募集资金，资金主要来源国内外企业、社会团体和个人的自愿捐款。

②设立基金资助项目，主要用于：

- 支持教学与研究设施的改善（包括建筑物、仪器设备和图书资料等）；
- 资助教学研究、科学与技术研究项目及专著出版；
- 吸引国际知名学者来华讲学及任教；
- 资助大学间国际合作项目的开展和国际学术会议；
- 设立奖学金、助学金及奖教金；
- 资助有益于学生综合素质拓展的各项活动；
- 按照捐赠者意愿设立的资助项目。

③接受国际组织、国内外团体的委托，组织专家对专项课题进行研究、调查及培训。

（2）中山大学教育发展基金会。

广东省中山大学教育发展基金会于 2004 年 9 月在广东省民政厅正式注册。基金会的宗旨是：在遵守国家宪法、法律、法规和国家政策，遵守社会道德风尚的前提下，在学校的领导下，汇八方涓流、襄教育伟业，全面支持和推动中山大学的长远建设和发展，加快中山大学进入世界一流大学行列的进程。

中山大学教育发展基金会的主要工作是接受和管理社会各界对中山大学的捐赠，用于支持中山大学教育事业，资助学术研究、教学研究；奖励优秀教师，资助教师出国深造及参加国际学术合作和国际学术会议；奖励优秀学生，资助贫困学生；改善教学设施，包括建筑物、仪器设备、图书资料。对特定项目捐赠，可以按捐赠者的意愿定向使用。

（3）中国人民大学教育基金会。

北京市中国人民大学教育基金会（简称中国人民大学教育基金会，Renmin University of

China Education Foundation），成立于 2004 年 12 月 8 日，是经北京市民政局批准注册的非公募基金会（登记证书：京民基证字第 0020003 号），2017 年被认定为北京市慈善组织。获得公益性捐赠税前扣除资格（京财税〔2020〕2661 号）和非营利组织免税资格（京财税〔2019〕2689 号）。2010 年 11 月、2016 年 6 月及 2021 年 11 月，中国人民大学教育基金会三次接受了北京市民政局委托的专业评估机构和评估委员会的评估、评审，获评信誉最高级别的 5A 级基金会。

中国人民大学教育基金会致力于推动教育事业改革与发展，提高教育质量和学术水平，加强学校与社会的联系，接受国内外各种公益组织、企事业单位、社会团体以及个人的支持与捐赠。以开展慈善活动为宗旨，不以营利为目的，筹集、接受、管理捐赠资金，促进学校教育、科研事业发展。2017 年获全国教育基金工作先进单位、2017 年获中国人民大学 80 周年校庆工作突出贡献集体、2017 年获北京市社会组织系统先进集体和 2017 年获北京市社会组织诚信建设争创单位等荣誉；2018 年获中国人民大学先进集体。

截至 2020 年年末，中国人民大学教育基金会净资产为 92801.06 万元，2015 年以来总收入突破 12 亿元。专职工作人员 16 人均为大学毕业生，其中硕士及博士研究生人数超过 2/3。

中国人民大学教育基金会的业务范围主要包括：

①面向社会各界筹集资金、提供咨询培训、学术交流或课题研究服务。

②设立基金资助项目，主要用于：

- 支持教学与研究设施的改善（包括建筑物、仪器设备和图书资料等）；
- 资助教学研究、科学与技术研究项目及专著出版；
- 吸引国际知名学者来华讲学及任教；
- 资助大学间国际合作项目的开展和国际学术会议；
- 设立奖学金、助学金、奖教金及师生关爱项目；
- 资助有益于学生综合素质拓展的各项活动；
- 符合基金会宗旨的其他资助项目。

③支持与学校教育事业及其他社会公益事业相关的活动。

12.4　家族基金

12.4.1　家族办公室

家族办公室是"专为超级富有的家庭提供全方位财富管理和家族服务，以使其资产的长期发展，符合家族的预期和期望，并使其资产能够顺利地进行跨代传承和保值增值的机构。"换句话说，随着超高净值个人财富的激增，超级富有家族对于资金基础管理的要求已经超出了一般的会计师、经纪人或房地产律师所能提供的范围。同时他们可能还希望在自己的事务中拥有更高程度的隐私和保密性，因此可以通过组建"家族办公室"来实现。

事实上，家族办公室也不是什么新鲜事物。在 19 世纪 80 年代，老约翰·D. 洛克菲勒（John D. Rockefeller Sr.）就聘用弗里德里克·盖茨（Frederick Gates）替他打理个人投资、家族财产问题以及慈善事业。Withers 律师事务所的帕特丽夏·米尔纳（Patricia Milner）称，为超级富豪及其后人管理财富的金融机构成形于 19 世纪末的美国，后来传到英国，就是如今家族办公室的模式。

目前，这类公司的形式越来越多样化。有的家族办公室是家族本身所成立，有的则是独立的理财机构或理财师；有的只服务一个家族，有的则是面向所有豪门。同样多样化的是家族办公室的业务，它们可提供与投行业务一样范围广泛的金融服务，如资产管理、保障所有权结构的信托服务、交易及融资等公司金融顾问服务，同时也能超越纯金融服务领域，提供继承人计划、家族分支或代与代之间的争端调解、针对后代的投资事务指导以及各类"秘书服务"——为孩子寻找学校，或为迁居者寻找住所，乃至安排行程、雇请女佣、遛狗等事宜。

家族办公室是家族财富管理的最高形态。通常设立一个性价比较高的单一家族办公室（Single FO），其可投资资产规模至少为 5 亿美元。家族理财室一般有三种类型：单家族理财室（SFO）是最初形式，也是最常见的类型。随着一个家族的成长并传递到后代，SFO 可能会扩展为一个多家族办公室（MFO），容纳最初家族的几个不同分支。如果家族企业的资产紧密相连，那么可能会演变成嵌入式家族办公室（EFO）；一些员工，如首席财务官，可能在监督企业财务事务的同时，也在家族理财室中扮演着关键角色。

家族办公室的主要作用是密切关注家族的资产负债表，通过成立独立的机构、聘用投资经理、自行管理家族资产组合（而不是委托金融机构来管理），帮助家族在没有利益冲突的安全环境中更好地完成财富管理目标、实现家族治理和传承、守护家族的理念和梦想。家族办公室是对超高净值家族一张完整资产负债表进行全面管理和治理的机构。"超高净值家族"的标准见仁见智，美国证券交易委员会（SEC）认为，设立家族办公室的家族可投资金融资产至少要在 1 亿美元以上；"一张完整"是指资产不是分散管理，而是集中管理；"资产负债表"不但包含其狭义资产（即金融资本），也包含其广义资产（即家族资本、人力资本和社会资本），我们尤其不能忽略广义三大资本，因为它们才是金融资本的源泉；"全面"表示既包括四大资本的创造和管理，也包括四大资本的传承与使用；"治理"是决定由谁来进行决策，而"管理"则是制定和执行这些决策的过程，如治理决定了由谁来掌握家族办公室在不同投资额度上的决策权，而管理则决定了配置于具体资产类别（如债券）的实际资金数和是否要投资于某个项目等。

12.4.2　家族办公室的资本管理

家族办公室的主要功能是负责治理及管理四大资本——金融资本、家族资本、人力资本和社会资本。

（1）金融资本。

家族办公室从整体上进行家族财富的集中化管理，将分布于多家银行、证券公司、保险公司、信托公司的家族金融资产汇集到一张家族财务报表中，通过遴选及监督投资经理，实行有效的投资绩效考核，实现家族资产的优化配置；家族财务的风险管理、税务筹划、信贷管理、外汇管理等日常需求也是家族办公室处理的内容。

（2）家族资本。

家族办公室承担了守护家族资本的职能，不但包括家族法、家族大会等重要的家族治理工作和家族旅行与仪式（婚丧嫁娶等）的组织筹办，还包括档案管理、礼宾服务、管家服务、安保服务等家族日常事务；当然，对于在全球拥有多处住宅、艺术品收藏、私人飞机和游艇的家族而言，衣食住行有赖于家族办公室进行有效管理；选拔及管理训练有素、值得信赖的贴身工作人员（如管家、司机、厨师、勤务人员、保镖）是财富家族面临的一个挑战。

（3）人力资本。

家族办公室要强化家族的人力资本，通过对不同年龄段家族成员的持续教育，提升能力与素质；下一代培养和传承规划是家族办公室工作的重点，下一代家族成员的正式大学教育、实习和工作需要进行系统规划，并结合战略目标、家族结构、产业特征、地域布局等因素进行具有前瞻性的传承设计。

（4）社会资本。

家族办公室还要负责包括家族慈善资金的规划和慈善活动的管理、家族社交活动及家族声誉等社会资本的保值增值，重要的关系网络需要家族在家族办公室的帮助下进行持续的浇灌和系统的管理。

12.4.3　家族办公室与 ESG 投资

富有家族作为重要的资本供应者，ESG 投资在家族办公室之间越来越流行，特别是富有家族的"千禧一代"掌门人（泛指生于 1982 年到 2000 年的人）。研究发现，"千禧一代"展现出他们自己对于可持续发展和合乎道德的价值取向，并且更倾向于类似面向更广泛社区的责任投资。正如洛克菲勒资本管理公司首席执行官 Gregory J. Fleming 所说："'千禧一代'实际上将 ESG 投资视为对他们永远重要的事情。"

洛克菲勒家族在 19 世纪由石油业起家，在 20 世纪的绝大部分时期，就是"美国财富和权力"的同义词。洛克菲勒的后代没有整天躲在房间里计划如何守住自己的财富，不让金钱落入别人口袋，而是积极地参与文化、卫生与慈善事业，将大量的资金用来建立各种基金，投资大学、医院，让整个社会分享他们的财富。其资产配置的主要方向之一，就是现在的洛克菲勒捐赠基金，用于在全球经营慈善事业，以人文、医疗、教育为主，基金风格非常低调，但是每年在全球范围内都会花费至少几亿美元。

洛克菲勒家族一直走在 ESG 投资前沿。20 世纪 70 年代，洛克菲勒家族提出投资决定应当包括道德、社会、财务三个维度，其家族办公室追求以解决方案为导向，希望在获取收益的同时也能有利于社会，主要关注能提供有竞争力收益的公众股票，并且对公司运营的可持续性产生影响。当然，提供 ESG 问题的解决方案固然重要，但一家企业要对社会产生更大的影响力，还需要依靠它的运作和表现：不仅依靠产品，还有生产模式。

据芮萌教授研究发现，洛克菲勒家族办公室的全球股票策略，采取特有的"四柱方法"（即治理、产品和服务、人力资本管理和环境）来评估企业在 ESG 方面的表现，以实现财务优先、整合 ESG 的理念。

（1）在治理方面，从评估企业的管理层及其董事会的质量、诚信、透明度和问责机制开始，分析考虑董事会的组成和独立性、多样性、透明度及其他影响企业各个层面的关键问题。由于洛克菲勒资本的全球投资视角，他们还特别关注企业运营所在的国家以及其最佳实践。

（2）在产品和服务方面，投资那些商业模式、产品和生产模式与世界经济的可持续发展一致的企业，并评估企业的市场活动、客户关系及供应链透明度。

（3）在人力资本管理方面，企业的人力资本管理会对员工的生产力和公司的长期发展产生潜在影响。评估企业如何在工作场所和运营社区中提供安全性、多样性以及积极的关系。

（4）在环境方面，主要评估企业如何应对气候变化及向低碳经济转型，如减少温室气体排放等减轻环境负担的举措。同时也考虑企业对自然资源，并了解制造和生产的生命周期影响。

如今，洛克菲勒家族已经传承至第七代，其家族成员不再是主宰美国的富豪阶层，而是广泛活跃在各个阶层和领域，推动环保，资助科学、艺术。我们可以看到，家族财富不仅限于物质层面，还包括更广阔的精神层面和社会效应，如顺应趋势、协调融合、受到社会各界尊重，最终实现家族当代与后代的成长、发展和幸福。

图 12-2 是各地区家族办公室不同的可持续投资策略，可持续投资在投资组合中根深蒂固，全球超过半数的家族办公室都有投资组合，其中西欧和亚洲的家族办公室居首。展望未来五年，作为最具活力的资产所有者，家族办公室可能会利用其灵活性，向环境、社会和治理（ESG）一体化的演变，计划将资产组合的配置增加到约四分之一。

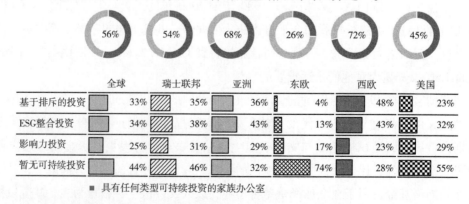

■ 具有任何类型可持续投资的家族办公室

图 12-2　各地区家族办公室不同的可持续投资策略

资料来源：瑞银证据实验室。

　　在经历了对环境和社会问题的担忧加剧的两年疫情后，家族办公室正在寻求不仅能获得正回报，而且对社会有益的投资。尽管地区差异很大，但已经有超过半数开始进行了可持续投资。四分之三的西欧家族办公室也着眼于可持续投资，认为全球减少碳排放和解决社会问题是关键。在亚洲，超过三分之二的家族办公室也在进行可持续投资。

　　作为最具活力和灵活性的资产所有者，家族办公室有望率先采用"ESG 整合"的形式进行可持续投资，即将企业的可持续性和社会影响纳入投资分析。从全球来看，家族办公室认为，从现在开始的五年内，ESG 整合的投资将占总投资组合的四分之一。随着人们认识到 ESG 因素如何能够降低风险、提高回报和造福社会，人们的态度正在渐渐改变。如今，排除那些被认为不可持续的投资的传统方法仍然主导着可持续投资。然而，展望未来五年，这将占投资组合的不到三分之一，而影响力投资将仅占十分之一多。

　　至于为什么家族办公室如此信任可持续投资，最普遍的答案便是责任感——大约三分之二的人认为这是为了对社会产生积极影响。同样，超过一半的人表示，这是为社会做的正确事情，同时，约有一半的人也将其视为未来投资的主要方式。

　　至于家族办公室是如何开始开展可持续投资的，世界上不同地区有不同看法。在西欧，超过一半的家族办公室表示，气候变化已经影响了他们的投资选择。与此同时，亚洲和美国表示，可持续投资拥有大量直接影响投资的机会。

　　图 12－3 是 2021 年最受家族办公室青睐的影响力投资主题。总的来说，尽管 ESG 在投资组合中仍然是一个相对较小的部分，但影响可持续投资的因素在不断增加。家族办公室表示，平均而言，它们在 2021 年有大约 6 个领域的影响力项目，而 2020 年有 4 个。虽然教育仍然是最受欢迎的领域，但在 64% 的投资组合中，气候变化与之相匹配，高于前一年的40%，医疗保健也占 61%，其他日益受欢迎的领域包括：经济发展/减贫、农业、替代粮食来源以及清洁水和卫生设施。显然，ESG 在现代家族办公室中占有一席之地。对一些人来说，它不仅在投资组合中根深蒂固，而且至少在一定程度上与慈善事业相结合。

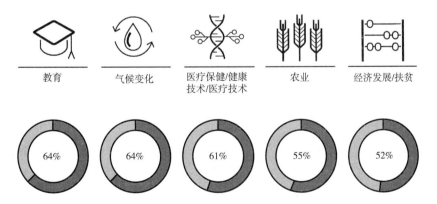

图 12－3　2021 年最受家族办公室青睐的影响力投资主题

资料来源：瑞银证据实验室。

445

12.4.4　亚洲家族办公室践行 ESG 投资

对于是否将 ESG 纳入家族办公室投资决策，不同的亚洲富豪有不同的想法。相比众多欧美家族办公室早早将 ESG 融入资产配置决策，亚洲家族办公室对此的接受度似乎慢了一步。究其原因，不少亚洲富豪认为 ESG 投资更像是公益性投资，未必能创造可观的投资回报。

然而海投全球创始人兼 CEO 王金龙认为这种局面正在改变。随着新能源汽车、环保科技领域众多上市公司股价持续上涨，不少亚洲家族办公室看到 ESG 投资正带来丰厚投资回报，对将 ESG 纳入家族办公室投资决策的兴趣有所提升。王金龙直言，一旦 ESG 纳入家族办公室或资管机构投资决策，整个投资组合或许会发生巨大改变。

以往，亚洲富豪会要求家族办公室禁止投资破坏环境的企业，作为践行 ESG 与社会责任的重要方式；一旦 ESG 理念纳入投资决策，家族办公室或将大幅增加对环保新技术的投资。但与此相应的是，环保新技术存在着不小的投资风险，可能会对家族办公室整体回报构成负面冲击。

（1）中国大陆家族办公室与 ESG 投资。

2001 年 9 月，开放式基金的发行是中国金融投资产品重要起点，在此之后，各类金融投资产品的蓬勃发展，为私人财富管理提供广泛的投资工具。最近 10 年，上市企业的快速增长带来中国私人财富爆发性累积，也为家族办公室服务提供肥沃土壤和广阔市场。

银行是规模最大的个人财富管理机构。从 2007 年开始，各个银行纷纷提供私人银行服务，建立起普通客户、贵宾客户、私人银行客户分层级服务体系。中国的家族办公室服务的起源与银行私人银行服务密不可分，传统私人银行服务针对 800 万~1000 万元以上金融资产个人客户，而 1 亿元以上客户的需求与 1000 万元的客户的需求有着明显的不同，部分银行在 2014 年起在私人银行客户层面为满足超高端客户不同的需求，而推出"家族办公室"服务，标志着家族办公室服务在中国正式起步。

目前 ESG 投资在欧洲、美国、加拿大、日本等为代表的发达市场发展最为成熟，在以中国为代表的新兴市场也日益获得更多关注。联合国责任投资原则组织（UNPRI）中，目前中国有 64 家投资机构是其会员，集合了近 80 家家族办公室的优脉家族办公室联盟正在积极申请入会。

家族财富作为社会资本的主要来源，作为资本市场的重要资金方，在推动中国 ESG 发展过程中将起到越来越大的作用。家族办公室中越来越多的家族成员，特别是家族新一代投资人表示，其希望在获利的同时也能够在解决社会与环境问题上贡献力量。这些人在投资领域并非一味看重利润最大化，而更加关注对社会的影响，重视环境、社会和治理（ESG）的投资决策等。

在此过程中，中国家族办公室任重道远，需要帮助家族将 ESG 的投资理念纳入家族资产整体配置策略，通过将 ESG 因子作为重要决策依据，选择有助于建立美好国家的企业，并影响更多企业遵循 ESG 原则，助力"碳达峰、碳中和"目标达成；可以帮助身边更多的人，看清 ESG 投资的必要性和机会，甚至积极主动影响所投资的领域和项目向着更有益于整个社会未来的方向发展。

中国改革开放 40 多年，大批家族已经处于传承的重要阶段。传承不仅在家族内部会有"溢出效应"，即财产除了转移给下一代外，还会从家族溢出到社会，从私益溢出到公益，转化为慈善资产。这种溢出的过程，伴随着企业家的财富观、价值观的延续，对家族自身的精神传承和整个社会的发展都会产生深远的影响。

而 ESG 投资正成为家族实现"捐赠"的一种方式。如何在中国家族、家族慈善资产、ESG 投资和社会价值之间建立良好的反馈流程，同样需要中国家族办公室以及行业相关专业服务机构共同努力。

（2）中国香港家族办公室与 ESG 投资。

亚洲家族办公室热潮兴起，香港家族办公室协会（FOAHK）的一项最新调查显示，85% 的家族办公室行业的受访者表示，计划 2022 年进一步增加 ESG 相关的资产配置。此次调查在 2021 年 11 月进行，FOAHK 共访问了 562 位受访者，受访者主要来自家族办公室、银行、财富及资产管理、风险投资及私募基金，专业及法律服务等行业。

不少香港家族办公室有意在 2022 年进一步增加 ESG 相关的资产配置。据调查报告，有79% 来自家族办公室行业的受访者，于 2021 年已开展 ESG 或影响力投资相关的资产配置。其中，已进行 ESG 相关资产配置的受访者中，52% 的受访者的配置达一成或以上，有 27% 的受访者表示，ESG 相关的配置占资产两成或以上。

报告显示，85% 的家族办公室行业的受访者表示，2022 年将进一步增加 ESG 或影响力投资相关的资产配置力度，约有 64% 的受访者计划将相关资产配置增加一成或以上，36% 受访者计划增加两成或以上。

香港家族办公室协会主席关志敏表示，随着家族办公室行业不断成熟，并在香港社会和金融体系中持续发挥影响力，家族办公室 2022 年优先考虑将为行业的发展订立方向。

该调查还显示，有九成受访者认同香港是亚洲的家族办公室枢纽，其中最重要的三大因素分别是"通往中国内地的独特门户"（66%）、"低税率及简单税制"（57%）、"位于亚洲中心的战略位置"（49%）。

投资趋势方面，调查报告显示，2022 年香港家族办公室业界的优先考虑依次为投资（59%）、家族治理（52%）、税务安排（42%）、继承安排（39%），以及数字化转型（38%）。相对而言，来自风险投资、投资服务供应商和专业及法律服务供应商的受访者，2022 年的主要投资考虑更倾向于投资、风险管理及数字化转型。

伴随着巨额财富的积累、企业转型以及新旧富豪的迭代，如何管理和传承财富，成为超高净值家族面临的挑战。家族办公室作为一种专业化、机构化的财富管理模式，成为这类群体的重要选择之一。

过往，家族办公室是对超高净值家族的一张完整资产负债表进行全面管理，清华大学五道口金融学院全球家族企业研究中心主任高皓表示，其对家族办公室的最新定义是指对家族的重大战略事项进行管理与治理的机构。家族办公室在满足财务需求以外，还包括很多其他重要职能，如下一代教育、家族治理、风险管理、公益慈善等。

中国香港和新加坡作为亚洲两大财富管理中心，是中国"新贵"开设境外家族办公室的首选地。它们一早"嗅到"行业机遇和潜在的丰厚利益，纷纷出台政策，争抢"新贵"们的钱匣子。在它们看来，这不仅是资金的竞争，更是企业家资源及营商环境的终极较量。正因为此，中国香港和新加坡近年卷入了亚洲家族办公室和财富管理中心的争夺战。

新加坡在 2019 年以后大力打造家族办公室生态，新加坡经济发展局（EDB）数据显示，新加坡家族办公室数量在 2017～2019 年增长了 5 倍。截至 2020 年年底，新加坡有 400 个单一家族办公室，且仍在持续增长。关于资金流向，新加坡官方对外一直保持审慎口径。2022 年 1 月 13 日，新加坡金融管理局（MAS）称，没有单一家族办公室数量及其资金流入的权威数据。

而亚洲区内的金融中心香港也备感危机，近期在扶持家族办公室行业发展方面动作频频。2021 年 6 月，香港特区政府投资推广署成立家族办公室专责团队，为在香港营运的家族办公室提供一站式免费咨询服务，以吸引全球家办落户香港或在香港扩充业务。2022 年 1 月中旬，香港特区政府投资推广署财经金融行业主管兼家族办公室环球主管黄恒德表示，该团队自成立以来，已接获超过 50 个来自不同地区的查询，并已协助 9 个家族办公室在港拓展业务。

12.5　其他组织

12.5.1　上海真爱梦想公益基金会

上海真爱梦想公益基金会是专注于发展素养教育的 5A 级公募基金会，自 2007 年以来，在全国 31 个省区市 3000 余个中小学建立了活跃的教育生态网络，帮助超过 420 万师生自信、从容、有尊严的成长。2011～2014 年其荣登《福布斯中国》榜首，2017 年连续两年荣登《界面》"中国慈善基金会透明榜"榜首。

2008 年 8 月 14 日，经上海市民政局批准，"上海真爱梦想公益基金会"注册成立，其前身是 2007 年 10 月在香港注册成立的"真爱·梦想中国教育基金有限公司"。2008 年 6 月香港特区政府税务局核准真爱·梦想中国教育基金慈善团体免税待遇。2014 年 1 月，经上海市民政局批准，真爱梦想转为地方性公募基金会。

首创以"梦想中心"为核心的素养教育服务体系，提供软、硬件一体化的儿童素养教育，由四部分组成：教学空间载体"梦想中心"、核心教学内容"梦想课程"、教师发展体系"梦想领路人"和线上社交平台"梦想盒子"，跨界共创教育生态。其联结了一批企业、基金会、教育局和个人，截至 2020 年 4 月，累计获得了 9.49 亿元的捐款，在全国 31 个省区市建设了 3675 间梦想中心，培训了超过 24 万人次的教师，累计开展梦想课程 283 万课时。

从 2008 年开始，真爱梦想每年详细公开审计报告和财务数据，并从 2009 年开始每年公开举办年报发布会，成为国内首家按照上市公司标准公开发布年报的公益基金会。年报不仅详尽披露了基金会的财务数据和管理情况，更引用了全球最大的独立慈善评估机构 Charity Navigator 的指标系统对基金会的组织效率和组织能力进行了模拟的自我评估。真爱梦想连续四年蝉联《福布斯》"中国慈善基金会透明榜"榜首，连续 2 年占据知名新闻平台界面发布的"中国最透明慈善公益基金会排行榜"榜首，荣获"5A 级社会组织""全国先进社会组织"等称号。2017 年，真爱梦想顺利通过 ISO 9001 质量管理体系认证，成为全国首家通过国际第三方认证机构认证的公益组织，同年也获得 SGS 全球 NGO 基准审核，是国内第一家通过审核的非政府组织其工作原则包括以下内容：

①帮助自助之人。

慈善不是简单的仗义疏财，更不是对弱者的怜悯和施舍。慈善应该是帮助有向上、向善之心的人群摆脱环境约束而提供的启蒙和助力。秉承这一观念，本基金在选择投入项目时会特别注重受助者是否已尽其所能，或受资助项目是否有利于特别惠及有向上向善之心的个体。

②慈善需要全方位引入商业化管理。

在慈善行为的各个环节中，合理地应用专业化的商业、金融管理模式将有利于提高慈善行为本身的效率。这包括对投入项目的甄选、评估、投入过程的监控、投入项目的跟踪管理，也包括基金本身管理的透明化、筹款模式的多元化和善款管理的风险控制等。

③倡导非牺牲的公益原则。

慈善事业整体的可持续性和有效性有赖于健康的、快乐的参与者。我们提倡无压力的公益服务，无论是捐赠者和志愿者，都能够以不改变自己的基本生活方式为前提而做出贡献。我们努力创造一系列可持续的服务模式，以降低公益服务的参与成本。

真爱梦想现阶段的主要业务目标是推动中国义务教育阶段（1～9 年级）素养教育的发展。核心公益项目是搭建"梦想中心"素养教育公益服务体系。公益服务包括：

- 改建学校的一间教室成为"梦想中心"；
- 提供核心素养校本课程和综合实践活动 ——"梦想课程"；
- 实施"梦想领路人"教师培训以推动开展"梦想课程"，并获得专业成长；
- 创建"梦想盒子"网上互动平台。

12.5.2　中国绿化基金会

中国绿化基金会（China Green Foundation）是根据中共中央、国务院 1984 年 3 月 1 日《关于深入扎实地开展绿化祖国运动的指示》中，"为了满足国内外关心我国绿化事业，愿意提供捐赠的人士的意愿，成立中国绿化基金会"的决定，联合社会各界共同发起，于

1985 年 9 月 27 日召开第一届理事会宣告成立。其属于全国性公募基金会,在民政部登记注册,业务主管单位是国家林业局。

2016 年 6 月 6 日,中国绿化基金会第一支由民间公益粉丝团发起并负责管理运营的公益基金"千度暖烊公益基金"正式成立,这也是中国第一个"00 后"偶像粉丝公益基金。2018 年 9 月 10 日,其荣获第十届"中华慈善奖"。

(1)宗旨任务。

宗旨是推进国土绿化、维护生态平衡、建设生态文明,促进人与自然和谐发展。任务是依法募集绿化公益资金,接收自然人、法人、其他组织的捐赠和政府资助;宣传发动社会各界积极参与生态建设;组织实施绿化公益项目,开展绿化公益活动;参与国际绿化合作与交流,提升中国绿化事业国际影响力。

(2)业务范围。

①依法接收国内外自然人、法人或其他组织的绿化捐赠和政府资助,满足捐赠者意愿,组织实施绿化公益项目,开展绿化公益活动;

②组织开展大型公益劝募活动,拓宽募捐渠道,募集绿化资金;

③开展区域、行业绿化合作,设立地方、行业、企业或个人绿化公益事业专项基金;

④开展公众绿化意识教育宣传活动,弘扬生态文明,繁荣生态文化;

⑤资助林业和生态领域科学研究、技术推广和人才培养,促进科技进步与技术交流;

⑥开展国际绿化交流与合作,拓展国际合作领域,争取国际社会捐赠和资助;

⑦依照国家法律和政策规定,开展绿化基金相关的经营和投资活动,促进绿化基金保值增值;

⑧其他符合本基金会宗旨的业务。

12.5.3 中国妇女发展基金会

中国妇女发展基金会(China Women's Development Foundation, CWDF),简称"中国妇基会",成立于 1988 年 12 月,是由中华人民共和国民政部登记、中华全国妇女联合会主管的具有慈善组织属性的基金会。

中国妇基会着眼于妇女群众最关心、最直接、最现实的利益问题,在围绕妇女扶贫、妇女健康、女性创业等方面,实施了一系列公益慈善项目,取得了明显的社会成效,组织实施的"母亲小额循环""母亲健康快车""母亲水窖""贫困英模母亲资助计划""母亲邮包"5 个项目分别获得中国政府最高慈善奖项——中华慈善奖。

(1)"母亲水窖"项目。

"母亲水窖"项目启动实施 15 年来,在各级党委政府及水利部门关心重视和社会各界的大力支持下,项目内容由早期的以家庭为单位建设集雨水窖,逐步发展为以水窖为龙头,集沼气、种植、养殖、卫生、庭院美化等为一体的"1 + N"综合发展模式;从重点解决群众生活用水困难到解决人畜用水、生产用水，积极推广并实施安全饮水工程，加强水资源的可持续利用等。截至 2015 年年底，项目实施规模 8.96 亿元，在 25 个省区市建设集雨水窖 13.94 万口，集中供水工程 1698 处，改善了 543 所农村中小学校饮水卫生状况，解决了中西部地区 290 万贫困群众的饮用水困难，成为国内最有影响力的公益品牌之一。

（2）"母亲邮包"项目。

"母亲邮包"项目由中国妇女发展基金会发起，以中国邮政开启的邮政绿色通道为服务支撑，主要选取贫困母亲日常生活必需品，发动社会各界通过"一对一"的捐助模式，将主要由生活必需品组成的"母亲邮包"准确递送至贫困母亲手中，帮助贫困母亲解决生活中的一些实际困难。"母亲邮包"分"母亲贴心包"和"母亲暖心包"两种，依托分布全国的 3.6 万个邮政网点，各界爱心人士通过身边的邮政营业网点、有关网络和到中国妇女发展基金会直接捐赠等多种渠道即可捐购"母亲邮包"，将自己的爱心传递给需要帮助的贫困母亲。截至 2015 年，已覆盖全国 30 个省区市，惠及 60 余万贫困母亲及家庭。

12.5.4　中国出生缺陷干预救助基金会

中国出生缺陷干预救助基金会是经民政部批准成立的公募基金会，其宗旨是"减少出生缺陷人口比率，促进出生缺陷患者康复，提高救助对象生活质量"。

主要职责：

①资助孕期妇女实施出生缺陷干预措施，资助贫困家庭的出生缺陷患者治疗救助；

②资助改善贫困地区负责出生缺陷干预救助工作的医疗卫生机构实施出生缺陷干预救助工作条件，资助出生缺陷监测、筛查诊断、治疗等工作；

③资助中国农村和城市社区负责出生缺陷干预救助工作的技术交流和人员培训；

④资助中国农村和城市社区出生缺陷干预救助所需的基本药品、医用品和其他医疗设施；

⑤资助出生缺陷干预救助的应用研究；

⑥资助开展出生缺陷干预救助事业的宣传教育；

⑦表彰奖励为出生缺陷干预救助事业作出突出贡献的机构和个人；

⑧资助与国际及港、澳、台地区开展出生缺陷干预救助交流合作和符合本会宗旨的其他公益活动。

12.5.5　中华少年儿童慈善救助基金会

中华少年儿童慈善救助基金会 2010 年 1 月 12 日在京成立。中华少年儿童慈善救助基金会是我国具有民间色彩的全国性公募基金会。基金会由魏久明和曾经共同从事过青少年工作的李启民、袁正光等共同创办，并得到了上海企业家袁祥先生的支持，他捐赠了 2000 万元原始基金。

为对我国的孤儿、流浪儿等有特殊困难的少年儿童提供救助，长期从事青少年工作的魏久明同志，从 1996 年夏季开始着手创办基金会，申办工作得到泰国中华总商会主席郑明如先生的支持，但后来因亚洲金融危机爆发而中断。

2008 年，魏久明同志同曾共事多年青少年工作的李启民、袁正光等同志一道，再次启动基金会的申办工作。在筹办过程中，得到上海鑫成企业发展有限公司袁祥先生和中国民政部社会福利中心的热情支持。经民政部审查报送国务院，国务院于 2009 年 9 月 10 日批准建立"中华少年儿童慈善救助基金会"。

2010 年 1 月 12 日，中华少年儿童慈善救助基金会在人民大会堂重庆厅举行成立大会。这是继中国青少年发展基金会和中国儿童少年基金会之后，我国诞生的又一家以少年儿童为救助对象的全国性公募基金会。

（1）建设宗旨。

基金会的宗旨为，募集社会资金，开辟民间救助通道，对社会上无人监管抚养的孤儿、爱心满世界流浪儿童、辍学学生、问题少年和其他有特殊困难的少年儿童等进行救助。

（2）救助渠道。

①创建"博爱儿童新村"，在各地需要的地方建立集抚养、教育、生活服务为一体的和家庭、学校、社区相结合的"博爱儿童新村"，公益中国爱心满世界帮助有特殊困难的少年儿童排忧解难，保护他们健康成长。

②创办少儿"慈善服务之家"，对有特殊困难的少年儿童进行收养、寄养、托养、代养、和安置等，对有困难的少年进行心理咨询和文化技术教育，提高其知识技能水平和生活就业能力；对闲散在社会上的少年开展技能培训和道德法规教育，为其进入社会创造条件，以及为其他少年儿童举办有益于身心健康的活动。

③搭建"就业发展桥梁"，对西部地区 9 年义务教育后的少年提供免费的专业技术职能培训，使他们拥有走向社会的一技之长。设立"自强奋进奖"，为有特殊困难的学生设立奖学金，鼓励他们"好学上进，建功立业"，为社会培养优秀人才。

④办好"慈善救助通道"，对有特殊困难的少年儿童实施直接救助。

值得关注的是，中华少年儿童慈善救助基金会是一个强调"资助型"工作方式的基金会，即基金会本身的主要职责是募集资金，然后通过非政府组织（NGO），实施慈善救助项目。

12.5.6 中华环境保护基金会

中华环境保护基金会（CHINA ENVIRONMENTAL PROTECTION FOUNDATION，CEPF）成立于 1993 年 4 月，是民政部登记注册的从事环境保护公益事业的全国性公募基金会。

中华环境保护基金会成立以来，严格执行国务院颁布的《基金会管理条例》，建立了规范的资金募集、管理和使用制度。本着"取之于民、用之于民、保护环境、造福人类"的宗旨,广泛募集资金,围绕生态文明建设,在环境污染防治、生态环境改善、生物多样性保护、绿色发展、水资源保护等领域,先后开展了"中华环境奖""环保嘉年华""环境项目资助""生态扶贫""绿色物流""安全饮水援建工程""资助大学生环保活动""环境公益诉讼及培训"等一系列公益项目活动,取得了显著的环境和社会效益,多个项目荣获中国慈善奖。2005 年获得联合国经社理事会"专门咨商地位";2010 年被民政部授予"全国先进社会组织"、被环境保护部评为"2010 年度先进集体";2013 年在民政部组织的全国性基金会组织评估工作中获得"5A 级"荣誉;2015 年,被北京市人民政府度授予"首都环境保护先进集体";2016 年被环境保护部评为"先进集体"、被民政部首批认定为"慈善组织";2017 年被环境保护部直属机关党委评为"两学一做"学习教育"先进党组织";2018 年荣获中央国家机关工委"中央国家机关部门社会组织党建工作优秀案例";2018 年被生态环境部直属机关党委评为"先进党组织";2019 年获得联合国环境规划署(UNEP)咨商地位。在最具权威性的全球智库排名报告——美国宾夕法尼亚大学"智库研究项目"(TTCSP)研究编写的《全球智库报告 2017》中,中华环境保护基金会是中国 4 家入围全球最佳环境政策智库榜单之一。

中华环境保护基金会宗旨是广泛募集、取之于民、用之于民、保护环境、造福人类。

12.5.7　中国海洋发展基金会

中国海洋发展基金会是经国务院批准于 2015 年 12 月成立的全国性公募基金会,业务主管单位是自然资源部。基金会由国家海洋局组织中国海洋石油集团有限公司、中国石油化工集团有限公司、中国广核集团有限公司、中国华能集团有限公司、中国交通建设股份有限公司和中国石油天然气集团有限公司六家中央企业共同发起成立。

基金会以习近平新时代中国特色社会主义思想为指导,围绕自然资源部"两统一"核心职责,动员社会力量,认识海洋,经略海洋,全面推进海洋强国建设。

基金会重点资助和开展海洋空间规划体系研究、海洋空间治理和结构优化、海洋资源重大问题、海洋生态保护修复、海洋人才培养、海洋科技创新、海洋防灾减灾、极地大洋科考等项目;资助和开展海上丝绸之路沿线国家及岛屿国家编制海洋空间规划、南海海洋科学双边多边合作研究、全球海洋治理研究与行动、海洋国际交流、蓝色伙伴关系研究与建设;资助和开展海洋知识普及和海洋宣传教育行动;接受政府委托或授权开展与自然资源相关的各类资助活动。

(1)中国海洋发展基金会山水专项基金。

为推进海洋生态文明建设,发展海洋公益事业,基金会与生态环境部核与辐射安全中心共同筹建"中国海洋发展基金会山水专项基金"。

本专项基金将专项用于海水淡化技术开发和产业化应用研究、海水核能技术开发和应用研究、人工智能和大数据技术在海洋基础研究、海上核动力装置的技术研发、核电基地温排水和放射性流出物对海洋生物生态系统影响的研究以及开展滨海沙滩和滨海湿地的生态修复等。

（2）中国海洋发展基金会海峡资源保护与开发专项基金。

中国海洋发展基金会海峡资源保护与开发专项基金于 2018 年 3 月 30 日在福州成立。该专项基金由原福建省海洋与渔业厅和中国海洋发展基金会共同筹建，将发挥中国海洋发展基金会的平台作用，促进海峡资源保护与开发。

通过成立该专项基金，积极实施以保护与开发为目的的海洋生态环境整治、滨海湿地修复、增殖放流、海洋资源开发研究、海洋经济发展等相关项目。

12.5.8　中国扶贫基金会

中国扶贫基金会成立于 1989 年，是在民政部注册、由农业农村部主管的全国性公益组织，是中国扶贫与乡村发展领域规模最大、最具影响力的公益组织之一。在社会各界的支持下，截至 2020 年年底，累计筹措资金和物资 78.36 亿元，受益人口和灾区民众 4841.86 万人次。

32 年来，中国扶贫基金会通过良好的内部治理、项目管理和社会绩效得到了公众的广泛认同，社会影响力不断提高。特别是党的十八大以来，以习近平同志为核心的党中央把到 2020 年打赢脱贫攻坚战，作为全面建成小康社会的底线任务和标志性指标。中国扶贫基金会深刻认识肩负的历史使命和责任，积极响应中央号召，立足自身优势，进一步完善机构管理、创新扶贫项目模式和内容、科学整合资源和渠道，全力参与脱贫攻坚。八年脱贫攻坚，累计筹集款物 51.99 亿元，占建会 32 年来筹集款物的 66%，3537.76 万人（次）受益。

在"三农"工作重心从"脱贫攻坚"全面转向"乡村振兴"这一新的历史时期，中国扶贫基金会在国家乡村振兴局、民政部及有关部门的领导和支持下，紧紧围绕乡村振兴战略 20 字方针和五大振兴要求，结合自身优势，发挥平台和纽带作用，积极引导动员社会力量和资源参与乡村振兴和社会公益，聚焦欠发达地区、革命老区、民族地区，服务低收入人口。在产业振兴，生活宜居和人的发展三大方向开展工作。

在产业振兴方向，实施示范带动、人才培养双轮驱动策略，通过百美村宿、善品公社等项目实现示范带动，通过蒙顶山合作社发展培训学院组织合作社人才培训；

在生态宜居方向，通过生态林、基础设施完善等项目进一步提升乡村宜居建设，通过中小灾害救援、减防灾等项目提升乡村应对灾害的能力，促进乡村生活环境更加安全、更加便利、更加美丽；

在人的发展方向，开展新长城助学、爱心包裹、加油未来等教育项目；顶梁柱公益保险、爱加餐、乡村天使工程等卫生健康项目；童伴妈妈、中扶养老等特殊人群关爱项目，促进乡村幼有所养，壮有所用，老有所养。

　　为了推动公益行业发展和支持社会组织有效参与乡村振兴，实施活水计划、人人公益、ME 公益创新资助计划、美好学校和美好乡村等公益伙伴支持项目；为了动员更多社会公众参与乡村振兴和社会公益，基金会与各方积极合作，持续推动了面向公众的捐一元·献爱心·送营养、善行者、善行 100、公益未来和大爱无国界等公益倡导项目。在国际舞台上，积极响应国家"一带一路"倡议，助力推动构建人类命运共同体，在欠发达国家和地区持续开展扶贫公益项目，传递中国减贫经验，讲好中国故事。

第 13 章　全球 ESG 政策与法规

尽管 2020 年导致很多计划推迟，全球负责任投资政策却未停止快速增长。新制订或修改的责任投资政策工具超过 120 项，创下历史新高，且较 2019 年增长了 30% 以上。这一增长表明各国和地区监管部门越发认识到，在我们从新冠肺炎疫情走向复苏期间，ESG 投资将扮演至关重要的角色。近十几年来，ESG 投资逐渐在欧美国家成为一种新兴的投资方式，但在中国还处于起步阶段。本章从政策法规角度对各国和地区推进 ESG 投资发展的演变过程进行系统介绍，以便了解 ESG 投资中的法律路径。

学习目标：

- 了解各国 ESG 政策法规的核心内容。
- 区分各国 ESG 政策法规的差异。
- 分析中国 ESG 政策法规的发展趋势。

13.1　欧　　盟

13.1.1　欧盟 ESG 政策法规核心内容梳理

经过近十几年的发展，ESG 投资逐渐在欧美等国成为一种新兴的投资方式。其中，欧盟作为积极响应联合国可持续发展目标和负责任投资原则的区域性组织之一，最早表明了支持态度和行动，更在近五年来密集推进了一系列与 ESG 相关条例法规的修订工作，从制度保障上加速了 ESG 投资在欧洲资本市场的成熟。

欧盟于 2014 年 10 月颁布的《非财务报告指令》（Non – financial Reporting Directive）（以下简称《指令》）是首次系统地将 ESG 三要素列入法规条例的法律文件。《指令》规定大型企业（员工人数超过 500 人）对外非财务信息披露内容要覆盖 ESG 议题，但对 ESG 三项议题的强制程度有所不同：《指令》对环境议题（E）明确了需强制披露的内容，而对社会（S）和公司治理（G）议题仅提供了参考性披露范围。

2015 年 9 月联合国提出可持续发展目标（SDGs）后，欧盟积极响应 SDGs "气候行动"目标，随后在 2016 年 12 月新修订的《职业退休服务机构的活动及监管》（以下简称 IORP

II）中提出："在对 IORP 活动的风险进行评估时应考虑到正在出现的或新的与气候变化、资源和环境有关的风险"，该项修订增强了欧洲监管机构和投资者对气候与环境议题的关注。

欧盟 2017 年对《股东权指令》（Shareholder Rights Directive）进行了新修订，明确将 ESG 议题纳入具体条例中，并实现了 ESG 三项议题的全覆盖。新《股东权指令》要求上市公司股东通过充分施行股东权利影响被投资公司在 ESG 方面的可持续发展；还要求资产管理公司应对外披露参与被投资公司的 ESG 议题与事项的具体方式、政策、结果与影响。这是欧盟"将 ESG 问题纳入我们的所有权政策和实践中"的具体体现（见图 13 - 1）。

近年来，欧盟在 ESG 相关政策法规的修订上更加关注与 SDGs 的一致性。并对负责任投资原则予以持续响应："分别报告我们在实施原则方面的活动和进展"（PRI 原则 6），体现出了"实践推动理论"的积极行动。

例如，在 2019 年欧盟政策法律体系中，资本市场还未获得 ESG 投资的"通用、可靠的分类和标准化做法"，这是阻碍资本市场推进 ESG 投资的问题之一。2019 年 4 月，欧洲证券和市场管理局（European Securities and Markets Authority，ESMA）发布《ESMA 整合建议的最终报告》（ESMA's Technical Advice to the European Commission on Integrating Sustainability Risks and Factors in MiFID II Final Report）向欧洲议会提出建议，要明确界定 ESG 事项有关概念和术语的重要性和必要性。

同年 11 月，又通过颁布《金融服务业可持续性相关披露条例》（Sustainability - related Disclosures in the Financial Services Sector），推进解决可持续发展相关信息披露的不一致性。条例特别要求："具有环境和社会特征的金融产品"需要在信息披露中说明在多大程度上与可持续发展议题相一致，以及如何满足其可持续性特征"。

在 2019 年征集和整合了资本市场对 ESG 投资的意见和建议后，ESMA 在 2020 年 2 月发布《可持续金融策略》（Strategy on Sustainable Finance），呼吁欧盟法律应建立对 ESG 认知的共识以促进 ESG 议题监管的趋同。

2019 年 12 月，欧盟就统一的欧盟分类系统（Taxonomy）达成协议。2020 年 3 月，欧盟委员会的可持续金融技术专家组发布了《可持续金融分类方案》（EU Taxonomy：Final Report of the Technical Expert Group on Sustainable Finance）的最终报告，向欧盟委员会提出与分类方案（EU Taxonomy）总体设计与具体实施的相关的建议。

该分类方案主要通过对 6 项环境目标相关的经济活动设定技术筛选标准（Technical Screening Criteria），向 SDGs 中的"气候行动""水下生物（Life Below Water）""陆地生物"目标靠拢。2020 年 4 月 15 日，该分类法被作为一项法规被欧盟理事会正式采纳。

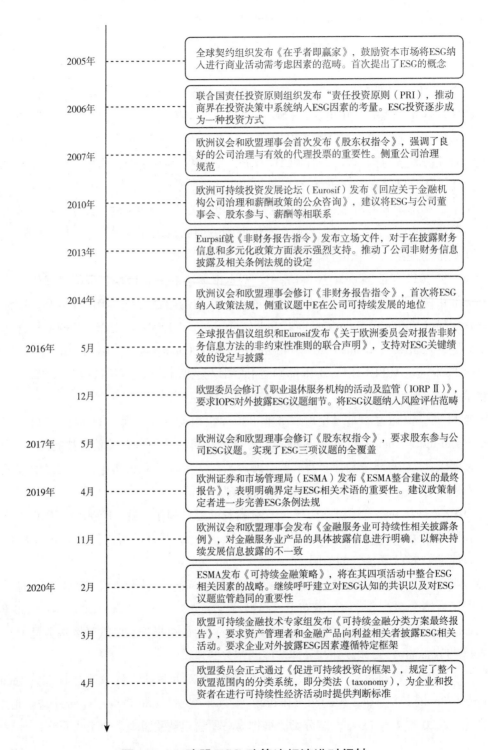

2005年		全球契约组织发布《在乎者即赢家》，鼓励资本市场将ESG纳入进行商业活动需考虑因素的范畴。首次提出了ESG的概念
2006年		联合国责任投资原则组织发布"责任投资原则（PRI），推动商界在投资决策中系统纳入ESG因素的考量。ESG投资逐步成为一种投资方式
2007年		欧洲议会和欧盟理事会首次发布《股东权指令》，强调了良好的公司治理与有效的代理投票的重要性。侧重公司治理规范
2010年		欧洲可持续投资发展论坛（Eurosif）发布《回应关于金融机构公司治理和薪酬政策的公众咨询》，建议将ESG与公司董事会、股东参与、薪酬等相联系
2013年		Eurpsif就《非财务报告指令》发布立场文件，对于在披露财务信息和多元化政策方面表示强烈支持。推动了公司非财务信息披露及相关条例法规的设定
2014年		欧洲议会和欧盟理事会修订《非财务报告指令》，首次将ESG纳入政策法规，侧重议题中E在公司可持续发展的地位
2016年	5月	全球报告倡议组织和Eurosif发布《关于欧洲委员会对报告非财务信息方法的非约束性准则的联合声明》，支持对ESG关键绩效的设定与披露
	12月	欧盟委员会修订《职业退休服务机构的活动及监管（IORP II）》，要求IOPS对外披露ESG议题细节。将ESG议题纳入风险评估范畴
2017年	5月	欧洲议会和欧盟理事会修订《股东权指令》，要求股东参与公司ESG议题。实现了ESG三项议题的全覆盖
2019年	4月	欧洲证券和市场管理局（ESMA）发布《ESMA整合建议的最终报告》，表明明确界定与ESG相关术语的重要性。建议政策制定者进一步完善ESG条例法规
	11月	欧洲议会和欧盟理事会发布《金融服务业可持续性相关披露条例》，对金融服务业产品的具体披露信息进行明确，以解决持续发展信息披露的不一致
2020年	2月	ESMA发布《可持续金融策略》，将在其四项活动中整合ESG相关因素的战略。继续呼吁建立对ESG认知的共识以及对ESG议题监管趋同的重要性
	3月	欧盟可持续金融技术专家组发布《可持续金融分类方案最终报告》，要求资产管理者和金融产品向利益相关者披露ESG相关活动。要求企业对外披露ESG因素遵循特定框架
	4月	欧盟委员会正式通过《促进可持续投资的框架》，规定了整个欧盟范围内的分类系统，即分类法（taxonomy），为企业和投资者在进行可持续性经济活动时提供判断标准

图 13-1 欧盟 ESG 政策法规演进时间轴

资料来源：社投盟研究院根据公开资料整理。

13.1.2　欧盟 ESG 政策法规特点分析

欧盟 ESG 政策法规进行系统梳理分析后，初步归纳出以下五个方面的特点（见图 13 – 2）。

13.1.2.1　以公司治理（G）为切入点

站在上市公司的角度，欧盟 ESG 政策法规着眼于企业对内的公司治理架构设计、管控以及对外非财务信息的披露。早在 2007 年，欧盟首版《股东权指令》对公司治理议题从股东参与角度进行了规范要求，对代理投票行为进行规定以保证良好的公司治理。指令认为完善的机制让股东能够较好行使其权利是达成公司治理有效性的重要环节（见表 13 –1）。

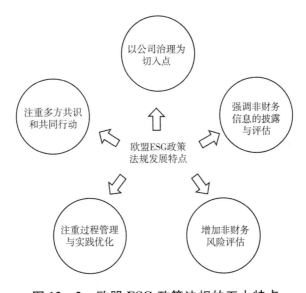

图 13 – 2　欧盟 ESG 政策法规的五大特点

资料来源：社投盟研究院分析整理。

表 13 – 1　　　　　　　　　**2007 版《股东权指令》要点概览**

2007 版《股东权指令》	
政策及法律法规要点	相关法条原文
股东参与与良好的公司治理有密切关联	修订说明（3）：有效的股东控制（effective shareholder control）是健全公司治理的先决条件，因此应加以促进和鼓励
应优化代理投票行为以确保公司治理得到保障	修订说明（10）：良好的公司治理需要一个平稳有效的代理投票过程。现有的限制和约束使代理投票既烦琐又昂贵，因此应予以消除。良好的公司治理还需要充分的保障措施，以防代理投票可能被滥用

资料来源：社投盟研究院分析整理。

2017 年的新修订版《股东权指令》对资产管理公司增加了要求，规定资产管理公司作为股东需要参与被投资公司包括制订高管薪酬政策的一系列事务，需要公开披露具体参与政策，并明确提到股东参与被投资公司的 ESG 表现的关系。

由此可见，资产管理公司对被投资公司的非财务业绩进行考量是可持续的投资方式的体现，而被投资公司的非财务业绩表现可以体现出它们中长期发展的潜力，也能反映出它们对所产生的社会、环境影响的管理方式（见表 13 - 2）。

《股东权指令》通过对上市公司的股东权利及其责任进行规定，进而通过上市公司股东的职责约束其公司治理，倒逼上市公司将包含 ESG 在内的可持续因素纳入公司顶层设计与战略规划，而不仅仅是从生产运营和经营管理中的某些方面对 ESG 进行考量。这充分体现出欧盟在对于 ESG 投资的推进上更注重战略设计与可持续发展目标的引领。

表 13 - 2   2017 版《股东权指令》要点概览

2017 版《股东权指令》	
政策及法律法规要点	相关法条原文
股东参与能够提升公司 ESG 绩效	修订说明（4）：股东更多地参与公司治理是有助于改善公司财务和非财务业绩的手段之一，包括 ESG 因素
高管薪酬政策应结合 ESG 绩效	修订说明（29）：修订说明（29）：薪酬政策应有助于公司的业务战略、长期利益和可持续性，董事的表现应包括对 ESG 绩效的评估
资产管理公司应积极行使股东参与权	条例 3.1：机构投资者和资产管理公司应制定并公开披露一项参与政策，说明其如何就包括但不限于 ESG 因素对被投资公司进行监督
资产管理公司应对外披露评估被投资公司的非财务业绩	修订说明（22）：资产管理公司还应告知机构投资者，资产管理公司是否以及如何根据对被投资公司 ESG 的评估做出投资决策

资料来源：社投盟研究院分析整理。

13.1.2.2　强调对非财务信息的披露与评估

欧盟在 2014 年以来陆续修订多项政策法规对上市公司、资产所有者、资产管理机构在非财务信息的披露与评估上作出日渐明确和强制性的要求，逐步完善了披露政策的操作细节，扩大了资本市场参与主体范围。

欧盟 2014 年修订的《非财务报告指令》对上市公司非财务信息及业绩的披露提出了极大关注。指令清晰阐述了关注企业非财务绩效对可持续发展及经济转型的重要性及必要性："披露财务信息对于通过将长期盈利与社会公正和环境保护相结合，管理向可持续的全球经济转型至关重要"。

该指令以"不遵守就解释"的强制披露要求，规定上市公司披露以 ESG 事项为核心的非财务信息，且对环境议题的具体要求与 SDGs 中多项目标有较高重合度。该指令的约束对象说明欧盟考虑了主体披露非财务信息的能力。此外，为了提升条例的可操作性、降低上市公司披露困难，2014 版指令对非财务信息的披露范围和内容作出具体要求（见表 13 - 3）。

2019 年，欧盟颁布《金融服务业可持续性相关披露条例》将非财务信息的披露主体扩大到金融市场参与者和与 ESG 相关的金融产品，希望通过规范金融市场主体行为，减少在委托代理关系中对可持续性风险整合和对 ESG 议题影响考虑中的信息不对称，并特别纳入了对可持续发展议题一致性的说明规定。与《非财务报告指令》相比，该条例强调了资管机构评估上市公司非财务绩效的过程，包括数据来源、筛选标准和衡量指标等。

表 13 - 3　　　　　　　　欧盟 2014 年《非财务报告指令》要点概览

基本信息	
政策及法律法规名称	《非财务报告指令》
发布时间与版本	2014 年修订版
适用范围和对象	大型企业（资产负债表日员工人数超过 500 人的企业）
政策及法律法规要点	相关法条摘要
ESG 为非财务信息披露重点	修订说明（6）：至少应包含与环境事务、社会和员工事务、尊重人权、反腐败和贿赂事务相关的信息
ESG 披露具体要求	条例 1.（1）、条例 1.（3）：至少涉及环境、社会和员工事务、尊重人权、贪污和贿赂事宜，其中包括：有关的政策及结果、风险以及风险管理方式、非财务关键绩效指标等
强制披露 E	修订说明（7）：就环境事宜需详细列明企业运作对环境现时及可预见的影响，以及在适当情况下对健康及安全、使用可再生及/或不可再生能源、温室气体排放、用水及空气污染的影响
引导性披露 S 和 G	修订说明（7）：关于社会和与雇员：可能涉及为确保性别平等而采取的行动、与社会和当地社区对话以及/或采取的相关行动 关于人权、反腐败和贿赂：可以包括关于防止上述议题的资料

资料来源：社投盟研究院分析整理。

13.1.2.3　增加非财务风险评估

欧盟还将 ESG 要素的考量纳入风险评估范畴中。扩大风险评估的范畴帮助强化了风险防控能力，能够帮助对风险承受能力不高的资产所有者更好地控制下行风险。

欧盟委员会于 2016 年 12 月发布 IORP II。该指令的提出是因为职业退休服务机构必须在各代人之间公平分配风险和利益，而独立的职业退休计划在其开展投资业务的风险管理系统中纳入对 ESG 要素的考量能够更好地进行风险管理。IORP II 的制定以 PRI 为依据，指令特别在前言部分提到对 PRI 提及 "ESG 要素对国际公司的投资政策和风险管理制非常重要" 这一观点高度认同。

该指令对 IORP 将 ESG 要素纳入风险管理的要求主要体现在两个层次：其一，表现在 IORP 作为资产所有者对外进行投资时应在评估投资风险中纳入对 ESG 要素考量（见表 13 - 4 "修订说明 58"）；其二，在 IORP 内部管制中将 ESG 要素纳入组织结构的风险管理系统中，并纳入自由风险评估的范畴（见表 13 - 4 "条例 28. 2"）。

表 13 - 4　《职业退休服务机构的活动及监管（重订）》（IORP II）要点概览

《职业退休服务机构的活动及监管（重订）》（IORP II）	
政策及法律法规要点	相关法条摘要
将 ESG 纳入养老金风险管制范畴	修订说明（57）：IORP 应对其与养老金有关的活动进行风险评估，并应在适当时包括与气候变化、资源使用、环境、社会风险等有关的风险
ESG 应作为风险评估的一部分	修订说明（58）：IORP 应明确披露 ESG 因素在投资决策中的哪些地方被纳入考量、如何构成其风险管理体系、ESG 与计划投资的相关性和重要性
ESG 应纳入 IORP 内部风险管理	条例 25. 2 风险管理：风险管理系统应涵盖在 IORP 或 IORP 外包的活动中，至少包括但不限于与投资组合及其管理有关的 ESG 风险
	条例 28. 2 自有风险评估：IORP 在风险评估中需包括在投资决策中与 ESG 相关的现时或未来可能出现的风险，包括与气候变化、资源和环境的使用、社会风险等

资料来源：社投盟研究院分析整理。

2018 年 5 月 24 日，欧盟委员会通过了关于可持续金融的一系列方案，其中包括提升机构投资者将 ESG 要素整合至其风险程序（Risk Processes）的披露要求。2020 年 2 月，欧洲证券和市场管理局（ESMA）颁布《可持续金融策略》，表示此后将把 ESG 要素纳入风险管理相关法规条例设立的工作目标中去。

13. 1. 2. 4　注重过程管理与实践优化

在欧盟政策制定者逐步将 ESG 要素纳入法律体系的过程中，以欧洲可持续投资论坛（European Sustainable Investment Forum，Eurosif）为代表的合作组织在背后起到了积极有效的推动作用。该论坛组织通过对资本市场进行调研并将结果反馈给欧盟政策制定者、就政策发布立场文件及提供建议等方式帮助 ESG 政策法规制定的逐步改进与完善。

例如，Eurosif 在 2010 年就发布了《回应关于金融机构公司治理和薪酬政策的公众咨询》（Response to the European Commission's Green Paper on Corporate Governance in Financial Institutions and Remuneration Policies），作出了"股东参与公司治理问题""将薪酬与环境、社会和治理（ESG）绩效相联系的建议"。该建议在 2017 年的《股东权指令》的修订说明第 14 条和第 29 条中均有所体现（见表 13 - 5）。

2013 年，Eurosif 就 2013 版《非财务报告指令》发布立场文件，大力支持非财务信息及多元化政策的披露；2016 年，Eurosif 就 2014 年修订版《非财务报告指令》提供反馈意见和建议，欢迎欧洲委员会就非财务信息报告的非约束性准则进行商讨以帮助金融市场更好地根据该指令提供多样化信息。

表 13 - 5　　　　　　　　　　Eurosif 发布文件与欧盟政策法规对比

欧洲可持续发展论坛		欧盟政策法规	
文件名称及 发布年份	主要内容	文件名称及 发布年份	相关法条摘要
《回应关于金融机构公司治理和薪酬政策的公众咨询》，2010 年	董事会的角色和职责包括 ESG 风险管理和控制	《股东权指令》，2017 年	修订说明（14）：股东参与公司治理能够帮助改善公司 ESG 绩效
	将薪酬与环境，社会和治理（ESG）绩效联系起来		修订说明（29）：薪酬政策应有助于公司的业务战略、长期利益和可持续性，董事的表现应包括对 ESG 绩效的评估

资料来源：社投盟研究院分析整理。

就欧盟立法相关方而言，从对政策法规的监管趋同的要求出发，逐步建立资本市场对 ESG 认知的共识、努力消除各方因对 ESG 理解的不一致而造成在实践和监管中困难，是近三年来他们的工作重点。为解决资本市场参与者对 ESG 认知的不一，欧洲证券和市场管理局将把该项工作作为今后构建可持续发展协调网络的重点，帮助金融市场更好和更有序地应对已颁布及新颁布的 ESG 条例法规要求，促进金融市场稳定地向可持续性的金融圈转型。

13.1.2.5　注重多方共识和共同行动

受托责任中的两个重要参与主体，资产管理者与资产所有者之间的商业关系是欧盟立法关注的重点内容之一。其中最具有代表性的政策及法律法规文件是 2016 年《职业退休服务机构的活动及监管（重订）》（IORP Ⅱ），主要就作为资产所有者的退休服务机构从监管上作出规定，实际上间接对委托人在投资中的 ESG 考量也作出了要求；2017 年修订的《股东权指令》要求资产管理者作为股东身份参与被投资公司 ESG 事项。

而对外披露的要求则贯穿资本市场参与者的始终，无论是对上市公司、资产管理者、资产所有者都存在相关条例法规规定。此外，立法文件中还对其他金融市场参与者和具体类型的金融产品对外披露文件中的 ESG 议题作出了相关规定。尤其在 2015 年之后欧盟颁布的法律文件中，对商业行为与可持续发展目标的一致性赋予了更高关注。

欧盟早期立法文件重点关注了"披露"行为。2014 年颁布的《非财务报告指令》是上市公司对外披露 ESG 业绩的依据，这让机构投资者有据可循，为投资过程中考量 ESG 要素提供了资料；2016 年 IORP Ⅱ 就资产所有者对其客户披露 ESG 要素信息、资产所有者将 ESG 纳入投资考量均作出了规定，提升了双边受托责任的透明度；2017 年《股东权指令》使投资双方更加重视 ESG 业绩表现，同时资产管理者披露股东参与 ESG 议题具体信息让受托责任更加透明与规范。可以看到，随着时间推移，欧盟政策及法规中增加了对投资各环节纳入 ESG 的要求，完善了对 ESG 投资的全过程覆盖（见图 13-3）。

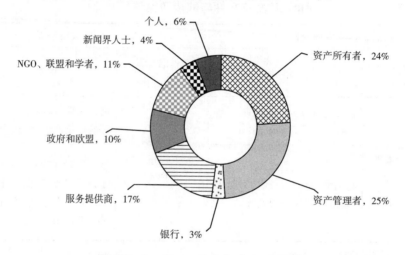

图 13-3　Eurosif 参与方行业代表

资料来源：Eurosif、社投盟研究院。

此外，Eurosif 在此过程中推动了 ESG 法律法规的制定与完善。Eurosif 拥有覆盖面广的会员网络，这其中包括来自 8 个基于欧洲的全国性可持续投资论坛、资产管理机构等。Eurosif的主要活动是通过举办论坛促进欧洲金融市场的可持续发展。以 2019 年举办的论坛活动为例，该次活动吸引了管理超过 3 万亿欧元资产的主要资产所有者、主要资产管理者、政策制定者、银行、非营利组织等，其中资产管理者、资产所有者、服务供应商、非营利组织和欧盟政府占了绝大多数。这些反映出欧盟 ESG 政策的发展正由多方力量在携手推进。

13.2　美　国

近十年来，美国的 ESG 投资日益增长，可持续金融产品日益丰富，ESG 投资市场形成了较为完整的产业链和价值链。市场中不仅涌现出众多不同类型的投资者，还出现了一批有国际影响力的专业 ESG 评级机构，各类评价指数以及可持续金融产品相继诞生。与欧洲市场 ESG "政策法规先行"的发展路径有所不同，美国的 ESG 发展更多体现出市场驱动的特点。

13.2.1　美国的可持续发展

美国是世界国土面积第三大国，占地 937 万平方公里，人口约 3.3 亿，是世界第三大人口大国。作为一个移民国家，美国有着多元的民族和文化。1776 年《独立宣言》颁布后，美国正式独立，并从殖民地国家逐渐发展为世界第一大经济体，成为在经济、军事、科技等方面领先全球的世界强国。

（1）经济发展。

作为全球最大经济体，2019 年美国 GDP 约 21.4 万亿美元，占全球经济总量的 24.4%，高出第二名中国约 7 万亿美元。美国人均 GDP 约为 65000 美元，属于高收入国家。

美国目前处于后工业时代，服务业主导经济发展。2017 年，农业占 GDP 的 0.92%，工业占 18.21%，服务业占 77.36%。服务业中金融、保险、房地产、租赁行业占比最高，达 21.2%。根据 IMF 的金融发展指数，美国金融发展水平位列全球第二名。

美国也是世界贸易大国。2019 年，美国以 2.57 万亿美元进口额和 1.65 万亿美元出口额，分别在全球进、出口总额排名中列第一名和第二名。美国出口量最大的产品分别是成品油、飞机、原油和集成电路，进口量最大的商品依次是汽车、原油、广播设备、电脑和车辆零件。

美元长期以来一直在全球贸易和金融流动中发挥重要作用。截至 2020 年，美元依旧是全球最常用的储蓄货币，占全球外汇储备的 61.26%，远高于第二名欧元占比 20.27%，占据主导地位。全球对美元储备的需求有助于美国以低成本发布债券，目前全球约 40% 的债务以美元计价。

（2）社会发展。

2018 年，联合国开发计划署颁布的人类发展指数中，美国以 0.920 的高分（满分 1 分）在全球 189 个国家和地区中排第 15 名，属于极高发展水平。但在两性平等问题上仍有提升空间，根据世界经济论坛颁布的全球性别差距报告，2018 年美国得分 0.720，在 153 个国家和地区中排名第 51，低于许多欧洲国家。

收入不平等且差距持续拉大是美国面临的主要社会风险。根据美国人口普查局 2018 年的数据，美国家庭收入最高的 20% 的群体占美国总收入的 52%，而这个占比在 1968 年为 43%。根据 2017 年经济合作与发展组织发布的基尼系数，美国得分 0.39，在 G7 中排名第一名，在 G20 中位居第四名，贫富差距突出。

除了贫富差距外，种族差异仍旧存在。美国作为多民族国家，曾因为种族矛盾爆发过多次社会冲突。虽然《排华法案》等含有种族歧视的法案都早在 20 世纪被废除，种族关系也在 60 年代末后有改善，但至今还仍存在深层次的种族矛盾。

2020 年疫情防控期间，美国再一次爆发了"黑人命也是命"的抗议运动。新冠肺炎疫情加剧了美国社会资源分配紧张的状况，使低收入者和少数族裔面临巨大的生存危机。据美国民权组织统计，美国国内黑人患新冠肺炎的概率是白人的 5 倍，死亡率是白人的 3 倍。"弗洛伊德"事件暴露并加剧了美国长期的种族分裂与社会矛盾。

（3）环境发展。

作为全球最大经济体和世界第二大能源消费国，美国化石燃料燃烧排放的温室气体居高不下。根据 2019 年联合国环境规划署发布的《排放差距报告 2019》，美国年度温室气体排放总量为世界第二名，人均温室气体排放量为世界第一名。在 2020 年联合国可持续发展解决方案发布的《可持续发展报告》中，美国在"SDG12：负责任的消费和生产"与"SDG13：气候行动"上均表现不佳。

对此美国出台了《委员会关于气候变化相关信息披露的指导意见》等政策法规，对上市公司的环境问题（尤其是气候变化引起的环境问题）等相关事宜进行规约和信息披露指导。但 2017 年特朗普政府宣布美国退出巴黎气候协议，不仅引发国际舆论，更加大了全球控制温室效应的挑战。

13.2.2 美国 ESG 政策法规制定历程

随着市场的发育，美国 ESG 政策法规日渐完善，要求也趋于严格。作为全世界最大的经济体，美国在可持续金融领域的发展对全球经济产生着巨大影响。环顾全球市场，近年来美国的 ESG 投资呈现出日渐增强的特点。早在 1971 年，美国第一只社会责任投资基金"和平女神世界基金"诞生；据 USSIF 提供的数据：1995 年，美国可持续和负责任投资规模为 6390 亿美元；到 2018 年，单 ESG 投资规模已高达 1.8 万亿美元。近十年来，美国推出的可持续金融产品种类越来越多，ESG 投资市场形成了较为完整的产业链和价值链。市场中不仅涌现出众多不同类型的投资者和各类 ESG 产品，还出现了一批专业成熟的 ESG 评级机构、指数机构和服务中介机构。随着市场的发育，美国 ESG 政策法规也日渐完善，要求也趋于严格。

近年来，美国对联合国提出的可持续发展目标（SDGs）也作出了积极响应。但与欧洲市场 ESG"政策法规先行"引导的特点有所不同，美国首先表现为资本市场对 ESG 的追捧，其后政策法规相伴而行（见图 13-4）。

美国 ESG 政策法规的出台是从对单因素的关注开始的。21 世纪之初，美国安然和世界通信公司的财务造假事件直接催生了《萨班斯·奥克斯利法案》的颁布。该法案是历史上美国政府全面的对公司治理、会计职业监管、证券市场监管等方面提出更加严格、规范的法律体系的管控。这一法案也构成了美国公司治理一直延续至今的法律基础，同时对全世界的公司治理产生了深远影响。

（1）环境相关政策法规。

近十年来，环境议题（尤其是气候变化因素）成为美国资本市场关注的又一重点，与之相关的政策法规呈现出量化和强制性的要求。随着全球可持续发展浪潮的推进，美国就环境治理出台了新的法规文件。除了原有的《美国国家环境政策法案》《清洁空气法案》等相关法律法规外，美国在 2009 年联合国第 15 次气候变化大会召开之后，于 2010 年发布了《委员会关于气候变化相关信息披露的指导意见》，要求公司就环境议题从财务角度进行量化披露，公开遵守环境法的费用、与环保有关的重大资本支出等，开启了美国上市公司对气候变化等环境信息披露的新时代。

2015 年 10 月，美国加利福尼亚州参议院通过《第 185 号参议院法案》，要求加州公务员养老基金和加州教师养老基金在 2017 年 7 月 1 日前 "停止对煤炭的投资，向清洁、无污染能源过渡，以支持加州经济脱碳"。

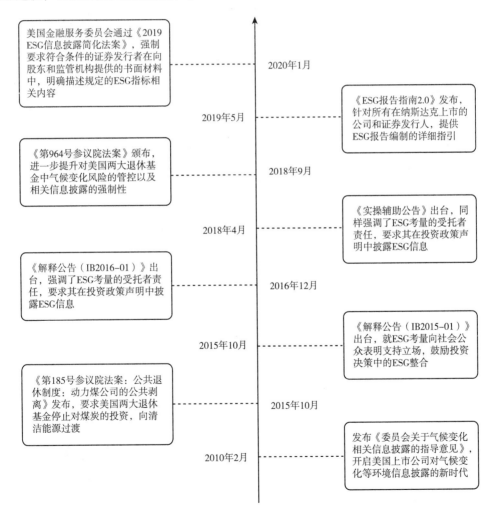

图 13 - 4　美国 ESG 政策法规时间轴

资料来源：社投盟研究院分析整理。

2018 年 9 月，加利福尼亚州参议院通过了《第 964 号参议院法案》，进一步提升对上述两大退休基金中气候变化风险的管控以及相关信息披露的强制性，同时将与气候相关的金融风险上升为"重大风险"级别。《第 964 号参议院法案》强制要求披露与气候相关的财务风险、应对措施及董事会的相关参与活动，以及与《巴黎协定》、加州气候政策目标的一致性等信息。

（2）社会相关政策法规。

在社会平等方面，2010 年 9 月加利福尼亚州立法机构颁布了《加州供应链透明度法案》，要求在加利福尼亚州经营的年度全球总收入超过 1 亿美元的零售商和制造商，在网站上披露其消除供应链中奴役和人口贩卖所做的努力。该法规并未强制要求公司为降低供应链的社会风险采取新措施，但无论公司是否采取措施均需向消费者披露相关信息。这相当于采用了"不遵守就解释"的原则。

2016 年 1 月，奥巴马签署了一项行政命令，要求 100 名员工以上的公司向联邦政府披露所有员工的工资，并按性别、种族和民族分列工资，目标是通过增加透明度来鼓励雇主实行同工同酬。同年，美国平等就业机会委员会（EEOC）发布了对《雇主信息报告》（EEO－1）的拟议修订，要求包括 100 名员工以上的公司收集并提供包括种族、民族、性别和工作类别的工资数据，向联邦政府提供公司的实际雇佣情况。EEOC 将利用这些数据来协助调查投诉。

2017 年，就在 EEO－1 修订报告生效前，特朗普政府宣布终止奥巴马时期的政策，导致该政策未能实施。之后，由于多个工人权益保护组织提起诉讼，该法案于 2019 年再次被法官批准通过。政府要求企业在 2019 年 9 月 30 日前提交其 2018 年的相关数据。

2018 年 9 月，加利福尼亚州参议院通过了《第 826 号参议院法案》，对加利福尼亚州公司的女性董事人数最低标准进行了规定。该法案要求每家总部位于加利福尼亚州的上市公司在 2019 年年底之前至少有一名女性担任董事会成员，2021 年年底至少有两位甚至三位女性董事。

（3）公司治理相关政策法规。

21 世纪初，美国安然和世界通信公司的财务造假事件直接催生了《萨班斯·奥克斯利法案》的颁布。该法案是历史上美国政府全面的对公司治理、会计职业监管、证券市场监管等方面提出更加严格、规范的法律体系的管控。该法案也构成了美国公司治理一直延续至今的法律基础，同时对全世界的公司治理产生了深远影响。

《纽约证券交易所 303A 公司治理规则》自 2002 年发布以来分别在 2009 年 11 月、2013 年 1 月、2013 年 8 月及 2018 年 11 月进行了四次修订，要求纽交所上市公司必须遵守 303A 规定的有关公司治理的标准，对上市公司独立董事、薪酬委员会、审计委员会等公司治理内容进行规定，要求上市公司采用并披露商业行为和道德守则。在 2018 年的最近一次修订中，303A 法案主要将需要进行信息披露的小型公司上限从公共持股量 7500 万美元提高到 2.5 亿美元，使更多公司可以申请并获得豁免。

2008 年金融危机后，公众开始反思金融危机爆发的原因，意识到金融监管缺位难辞其咎。《多德—弗兰克华尔街改革和消费者保护法》于 2010 年 7 月获众议院和参议院通过，最后由美国总统奥巴马签署，旨在改善金融体系问责机制、提升金融体制透明度，此次金融监管改革对美国金融市场影响深远。

其中，该法案的第 1502 条要求上市公司披露它们是否使用冲突矿物（钽、锡、钨和金），以及这些矿物是否起源刚果民主共和国或邻国，以防止冲突矿产的交易助长刚果所在地区的武装冲突，造成侵犯人权的问题。若公司使用了冲突矿产，需要向美国证券交易委员会提交报告，报告内容包括对矿产来源以及产销监管链尽职调查所采取的措施等。

2012 年美国证券交易委员会根据《多德—弗兰克华尔街改革和消费者保护法》通过了最终规则，对冲突矿产披露规定进行了补充和完善。虽然在特朗普执政期间，该法案部分已被废除，但第 1502 条法规被保留，仍具有法律效应。

除美国政府、证交所等官方机构外，近年来行业协会等非官方组织也开展行动，支持 ESG 投资。投资者管理集团（ISG）是由 70 多家美国机构投资者和全球资产管理人组成的机构，市值总和超过 32 万亿美元。2017 年，ISG 发布了《机构投资者管理框架》，管理框架中提供的原则并未直接解决 ESG 整合的问题，但是该框架明确指出，有效的公司治理机制对于公司价值创造和降低风险至关重要，并鼓励机构投资者披露如何评估与所投资公司相关的公司治理因素，以及如何管理代理投票和参与活动中可能出现的潜在利益冲突。该框架再次强调了公司治理的重要性。

（4）基于 ESG 完整考量的政策法规。

2015 年 10 月，在联合国提出 17 项可持续发展目标（SDGs）后，美国也相应地在政策法规中作出了回应。美国劳工部员工福利安全管理局发布了《解释公告（IB2015 – 01）》，首次颁发了基于完整 ESG 考量的政策指引。该《解释公告（IB2015 – 01）》就 ESG 考量向社会公众表明支持立场，鼓励投资决策中的 ESG 整合。美国劳工部员工福利安全管理局先后又于 2016 年 12 月和 2018 年 4 月出台了《解释公告（IB2016 – 01）》和《实操辅助公告 No. 2018 – 01》。这两个公告要求受托者和资产管理者其在投资政策声明中披露 ESG 信息，强调了 ESG 考量的受托者责任。由于美国劳工部担心之前的政策会让投资人对于 ESG 投资望而却步，IB2016 – 01 允许投资政策声明包括有关使用 ESG 因素评估投资或整合 ESG 相关工具、指标或分析来评估投资的政策，但是并没有反映出强制性。

但是《实操辅助公告 No. 2018 – 01》指出受托者要以经济利益为重，不得过于相信 ESG 因素与经济增长之间的联系，并非不可避免地要通过投资促进 ESG。所以部分人认为《实操辅助公告 No. 2018 – 01》虽然旨在提供更多解释，但有可能会在鼓励和不鼓励 ESG 投资之间造成混乱。

（5）证券交易所披露规范。

美国主要的两个证券交易所为纽约证券交易所和纳斯达克，均受美国证券交易委员会监管。纽约证券交易所目前已有超过 2300 家公司上市，上市公司总市值为世界最高，截至 2019 年 12 月 31 日，其总市值约为 22.9 万亿美元。纽交所是 2012 年联合国可持续证券交易所倡议（SSE）前五家领先加入的证券交易所之一。根据 2019 年 Corporate Knights 发布的《衡量可持续信息披露——全球证券交易所排名》，纽交所大型上市公司披露 7 项关键可持续绩效指标比例达到 25.4%，在全球规模较大的 48 家交易所中排名第 40 名，表明纽交所在引导上市公司改进 ESG 实践和业绩中尚有较大提升空间。

纳斯达克证券交易所是全球第二大证券交易所，也是最大的电子证券交易机构。截至 2019 年 12 月 31 日，共有 3140 家公司在纳斯达克股票市场上市，总市值约为 14.9 万亿美元。纳斯达克是 2012 年前五家加入 SSE 合作伙伴交易所小组的交易所之一。根据 2019 年 Corporate Knights 发布的《衡量可持续信息披露——全球证券交易所排名》，纳斯达克上市公司 ESG 披露率达 19.3%，在 48 家交易所中排第 42 名。

在 ESG 信息披露要求方面，纳斯达克、纽交所均不强制要求上市公司披露 ESG 信息，本着自愿原则鼓励企业在衡量成本和收益时考量 ESG。2017 年 3 月，纳斯达克推出了首份 ESG 数据报告指南，第一个版本是专门针对北欧和波罗的海公司。2019 年，纳斯达克证券交易所发布了《ESG 报告指南 2.0》。其将约束主体从此前的北欧和波罗的海公司扩展到所有在纳斯达克上市的公司和证券发行人，并主要从利益相关者、重要性考量、ESG 指标度量等方面提供 ESG 报告编制的详细指引。该指南参照了 GRI、TCFD 等国际报告框架，尤其响应了 SDGs 中性别平等、负责任的消费与生产、气候变化、促进目标实现的伙伴关系等内容。

13.2.3 美国 ESG 政策法规特点

2019 年 8 月，商业圆桌会议（Business Roundtable）在华盛顿发布了由 181 家美国公司首席执行官共同签署的《关于公司宗旨的声明》（Statement on the Purpose of a Corporation）。签署者承诺，除了带领公司继续创造经济价值外，在商业决策中将同时考虑股东和其他利益相关者（客户、员工、供应商、社区）的利益诉求。该声明的出现颠覆了美国传统商业价值观中"股东利益至上"的原则，树立了企业社会责任的新标准，体现出美国商界向可持续发展理念的价值转向。这为 ESG 作为公司战略投资、风险管控、加强治理在市场中的应用起到了重要作用，体现了企业的力量和市场的选择。

可持续金融的推进成为美国资本市场的风向标。美国在公司治理方面的政策也日趋完善、日渐加强。但美国联邦政府层面较少有主动性的政策推进，交易所也未有相关信息披露要求。

随着特朗普政府在国际合作组织中的各种"退群"行为，美国的相关政策法律也或将受到一定影响，但资本市场已经展现出向可持续金融迈进的趋势。资本向善已然成为时代潮流。

（1）信息披露日益受到重视。

信息披露是促进 ESG 发展、形成良好的 ESG 投资市场的必要条件。根据 CFA 和 PRI 在

2018 年发布的《美洲的 ESG 整合：市场、实践和数据》研究报告显示，美国各行业上市公司 ESG 信息披露的中位数得分中，除金融行业得分保持不变外，其他各行业在 2011～2016 年均有不同程度的提升，表明美国上市公司 ESG 信息披露的持续进步。其中，信息披露提升较快的是材料行业，信息披露一直较好的是公用事业行业（见图 13－5）。

在美国两大交易所中，纽交所尚未发布强制的 ESG 信息披露要求，但纳斯达克交易所在 2017 年、2019 年分别发布了《ESG 报告指南 1.0》和《ESG 报告指南 2.0》，为上市公司 ESG 信息披露提供指引。

与欧盟、英国 ESG 相关政策法规的强制力方面相比，美国对于信息披露的要求不存在"不遵守就解释"的空间。除《解释公告 IB2015－01》《解释公告 IB2016－01》和《ESG 报告指南》没有强制要求 ESG 披露外，其余上述政策法规均强制要求 ESG 披露。

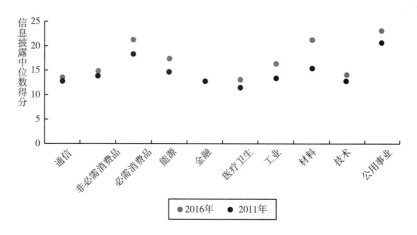

图 13－5　美国各行业上市公司 ESG 信息披露的中位数得分

资料来源：CFA Institute、社投盟研究院。

（2）ESG 法律规约主体日趋多元。

美国 ESG 法律文件的规约主体是从上市公司开始的，进而扩大到养老基金和资产管理者，再进一步延伸到证券交易委员会等监管机构。2010 年，对环境议题和气候变化信息的披露要求从上市公司开始着手。纳斯达克交易所也在近年来推出《ESG 报告指南》，旨在帮助上市公司规范 ESG 信息披露，同时提高中小企业的 ESG 参与度。以加利福尼亚州两个大型公务员退休基金为代表的大型资产所有者，尤其重视环境议题和气候变化。近年来这两个因素已成为投资决策中的优先考量。

与受托者、资产管理者息息相关的受托者责任（Fiduciary Duty）也在美国 ESG 立法的考虑范围之内。2015～2018 年，美国连续有多部法案意图明确受托者责任与 ESG 考量不相冲突，鼓励受托者关注 ESG 风险和机会。2020 年年初，刚被众议院金融服务委员会通过的《ESG 信息披露简化法案》要求证券交易委员会制定更细致的 ESG 规则，帮助规范资本市场的可持续发展秩序。

ESG 法律规约主体日趋多元的背后体现出联邦政府政策引导贡献较少，美国如今政治日益两极化的趋势导致立法与政策制定僵局多次出现。美国对 ESG 监管政策受不同当局政府的影响，在中立立场和消极态度中波动。美国劳工部早在 1994 年就为可持续投资开绿灯，将其定位为两个类似基金之间的纽带。但随后 2008 年出台的新指导（IB2008 - 01）提醒信托人在 ESG 投资需要格外谨慎与小心，不要因此忽视收益。而后其又在 2015 年再次更新此指南（IB2015 - 01），指明 ESG 应是重要投资考量因素，并在 2018 年的更新指南（IB2018 - 01）中鼓励投资者进行 ESG 投资。然而，在特朗普政府执政期间，联邦政府并不鼓励可持续发展与环境保护，不仅退出了《巴黎气候协议》，同时修订了环境法规，任命前煤炭游说者安德鲁·惠勒为环境保护署负责人。这又一次使 ESG 投资面临着政治和监管方面的障碍。

与此同时，与欧盟地区及亚洲国家对比，政府 ESG 相关政策法规的强制力度较弱，对于信息披露的要求大多数遵循自愿原则，也不存在类似欧盟"不遵守就解释"的规定。政府发布的《解释公告 IB2015 - 01》《解释公告 IB2016 - 01》《机构投资者管理框架》及《ESG 报告指南》均没有要求强制 ESG 信息披露。截至目前，美国强制性披露政策仅在 2010 年由证券交易委员会发布的《委员会关于气候变化相关信息披露的指导意见》中有所体现，该政策首次对上市企业提出就环境议题的披露要求。

（3）政策着眼解决发展现实问题。

美国联邦与地方政府颁布的 ESG 政策法规大多针对本国国情和可持续发展议题。鉴于多种族的国家特点和种族歧视的遗留问题，美国平等就业机会委员会于 2016 年发布《雇主信息报告》，鼓励雇主实行同工同酬。因科技公司男女员工比例长期被诟病，加利福尼亚州参议院于 2018 年通过《第 826 号参议院法案》，对加利福尼亚州公司的女性董事人数最低标准进行了规定，加强男女平等的工作与升职机会。

与此同时，因特殊地理区位和自然环境条件，加州比起美国其他州较多受到气候变化的影响，加州政府更关注环境治理议题。美国加利福尼亚州参议院在 2015 年和 2018 年相继颁布《第 185 号参议院法案》和《第 964 号参议院法案》，以加强加州公务员养老基金和加州教师养老基金中气候变化风险的管控以及相关信息披露的强制性。

（4）资本市场金融创新实践先行。

美国拥有较为开放的金融体系，其市场自发的驱动力对 ESG 发展起到了决定性作用。受到全球 ESG 浪潮影响，基于客户需求、风险管控与价值选择，美国资本市场上一些投资机构自发推动可持续金融投资。如美国大型养老金和洛克菲勒基金会等金融机构对可持续金融的引导均早于证券交易委员会等监管机构对相关政策的出台。

2006 年，前面提到过的加州公务员退休基金和纽约州共同退休基金成为第一批签署负责任投资原则的金融机构。2007 年，洛克菲勒基金会率先提出了"影响力投资"这一理念，并持续致力于推动影响力投资在全球范围的发展。2019 年，资产管理公司施罗德的调查显示，超过 60% 的美国认为投资基金认为应该在投资决策中考虑可持续性因素。

随着美国可持续金融市场规模在全球保持领先，并至 2018 年达 12 万亿美元，纳斯达克交易所才在 2019 年首次推出《ESG 报告指南》，引导上市公司规范 ESG 信息披露，并鼓励中小企业在 ESG 披露上的参与。在联邦政府层面，直至 2020 年年初，众议院金融服务委员会才通过《ESG 信息披露简化法案》要求证券交易委员会制定更细致的 ESG 规则，然而该法案截至 2020 年年底仍在审议中。

（5）强调董事会的责任。

美国对公司治理的要求从内到外影响着 ESG 政策法规的制定。2015 年以后出台的法案提升了对董事会参与被投资公司 ESG 事项的要求。在相关法案中，《第 185 号参议院法案》要求董事会应与煤电公司进行接触，明晰公司业务模式；《第 964 号参议院法案》要求：第一，加州两大养老基金的董事会在做出投资决策时考虑环境和气候风险；第二，董事会为应对气候相关的金融风险有参与活动；第三，董事会为应对气候相关的金融风险而采取行动。

（6）重视环境要素中对气候变化的考量。

2010 年，美国对环境及气候变化议题提出了新的要求。相关财务支出的量化披露、投资对象对环境的影响成为美国 ESG 政策法规中关注的重点。2016 年，美国作为 195 个国家之一在纽约参与了《巴黎协定》的签署，同意为减少导致地球变暖的温室气体付出努力。美国在此后的法案中更加关注了环境和气候变化信息披露与 SDGs、《巴黎协定》的一致性。

（7）注重与国际报告框架标准的一致性。

美国 ESG 政策法规对国际、国内政策与报告框架的一致性表现得较为关注。2015 年以后出台的《第 964 号参议院法案》《ESG 报告指南》都特别对《巴黎协定》、SDGs 政策目标等表示了支持。

与伦敦证交所出台的《ESG 报告指南》相似，纳斯达克交易所也在指南中广泛参考和借鉴了目前国际上几大自愿性披露的 ESG 报告框架内容，包括前面提到的 GRI 和 TCFD 等。此外，它还鼓励公司参考欧盟在 2014 年出台的《非财务报告指令》。

2019 年 8 月，商业圆桌会议（Business Roundtable）在华盛顿发布了由 181 家美国公司首席执行官共同签署的《关于公司宗旨的声明（Statement on the Purpose of a Corporation）》。签署者承诺，除了带领公司继续创造经济价值外，在商业决策中将同时考虑股东和其他利益相关者（客户、员工、供应商、社区）的利益诉求。该声明的出现颠覆了美国传统商业价值观中"股东利益至上"的原则，树立了企业社会责任的新标准，体现出美国商界向可持续发展理念的价值转向。这为 ESG 作为公司战略投资、风险管控、加强治理在市场中的应用起到了重要作用，体现了企业的力量和市场的选择。

可持续金融的推进成为美国资本市场的风向标。美国在公司治理方面的政策也日趋完善、日渐加强。目前，在信息披露方面，纽交所尚未出台强制性规定，也表明美国 ESG 相关政策法规仍有提升空间。

美国是世界上最大的经济体，拥有全球最大的金融市场，其在可持续金融领域的发展对全球经济都产生着巨大影响。随着特朗普政府在国际合作组织中的各种"退群"行为，美国的相关政策法律或将受到一定影响，但全球资本市场已经展现出向可持续金融迈进的趋势，资本向善已然成为时代潮流。可持续发展终将成为人类共同使命和必然选择。

13.3 中 国

13.3.1 我国 ESG 政策法规核心内容

与许多发达国家不同，政策推动、监管支持是国内 ESG 投资发展的重要驱动力。责任投资、ESG 投资等理念在中国起步相对较晚，从市场的整体情况看，国内的 ESG 发展目前还处于初级阶段。中国 A 股市场首只 ESG 指数（国证治理指数）发布于 2005 年，2008 年中国发行了第一只真正意义上的社会责任型公募基金——兴全社会责任基金。在过去几年中，各级监管机构通过一系列支持和引导政策，对绿色金融、ESG 在国内发展起到了积极的作用，促进了上市公司 ESG 信息披露，推动了国内各相关机构对 ESG 投资的研究和落地。

上市公司环境信息披露是构建 ESG 评价体系的重要举措。2016 年 8 月 30 日，中央全面深化改革领导小组第二十七次会议顺利召开，会议审议通过《关于构建绿色金融体系的指导意见》，8 月 31 日，由人民银行牵头，七部委联合印发《关于构建绿色金融体系的指导意见》（银发〔2016〕228 号），着力推动构建覆盖银行、证券、保险、碳金融等各个领域的绿色金融体系，我国成为全球首个提出系统性绿色金融政策框架的国家。2017 年 7 月 5 日，中国人民银行牵头印发《落实〈关于构建绿色金融体系的指导意见〉的分工方案》（银办函〔2017〕294 号）明确提出，我国要分步骤建立强制性上市公司披露环境信息的制度。方案分为"三步走"，第一步为 2017 年年底修订上市公司定期报告内容和格式准则，要求进行自愿披露；第二步为 2018 年 3 月强制要求重点排污单位信息披露环境信息，未披露的需作出解释；第三步为 2020 年 12 月前强制要求所有上市公司进行环境信息披露。根据"三步走"规划，我国于 2020 年年底开始实施上市公司环境信息强制披露制度，所有境内上市公司将被强制性披露环境信息。根据相关法律规定，上市公司、控股股东、实际控制人及其他高管等未依法履行信息披露义务的，将可能承担民事责任、行政责任，甚至刑事责任。与此同时，2017 年 12 月，证监会正式颁布《公开发行证券的公司信息披露内容与格式准则第 2 号——年度报告的内容与格式（2017 年修订）》（以下简称《准则第 2 号》）和《公开发行证券的公司信息披露内容与格式准则第 3 号——半年度报告的内容与格式（2017 年修订）》。其中，准则第 2 号第五节第四十四条对"重点排污单位相关上市公司"作出了明确规定：属于环境保护部门公布的重点排污单位的公司或其子公司，应当根据法律、法规及部门规章的规定披露排污信息、防治污染设施的建设和运行情况、建设项目环境影响评价及其他环境保护行政许可情况、突发环境事件应急预案、环境自行监测方案、其他应当公开的环境信息等主要环境信息……重点排污单位之外的公司可以参照上述要求披露其他环境信息，若不披露的，应当充分说明原因。

2018 年 9 月，证监会修订的《上市公司治理准则》中特别增加了环境保护与社会责任的内容，其中第九十五条明确：上市公司应当依照法律法规和有关部门的要求，披露环境信息以及履行扶贫等社会责任相关情况。该准则突出了上市公司在环境保护、社会责任方面的引导作用，确立了 ESG 信息披露基本框架。同年 11 月，基金业协会正式发布了《中国上市公司 ESG 评价体系研究报告》和《绿色投资指引（试行）》，提出了衡量上市公司 ESG 绩效的核心指标体系，致力于培养长期价值取向的投资行业规范，进一步推动了 ESG 在中国的发展。

除了监管机构外，证券交易市场在环境信息披露的推进进程中也起到了积极作用。2018 年，上交所发布《关于加强上市公司社会责任承担工作暨发布〈上海证券交易所上市公司环境信息披露指引〉的通知》；2020 年，深交所陆续发布《深圳证券交易所上市公司规范运作指引（2020 年修订）》《深圳证券交易所上市公司业务办理指南第 2 号——定期报告披露相关事宜》（2020 年）。这一系列文件中规定，上市公司须以定期报告、临时公告等形式对涉及重大环境污染问题的产生原因、对公司业绩的影响、环境污染的影响情况、公司拟采取的整改措施等进行披露。另外，上市公司在生态环境、可持续发展，以及环保方面采取的具体措也应定期施予以披露。除此以外，具有里程碑意义的举措还包括深交所率先修订了《深圳证券交易所上市公司信息披露工作考核办法》，首提上市公司 ESG 主动披露，并对上市公司履行社会责任的披露情况进行考核。与此同时，根据证监会公布的《首发业务若干问题解答（2020 修订）》，明确了发行人应依法在招股说明书中充分披露募投项目生产经营中涉及污染物、环保投入、环保措施、环保处罚等环境信息。如违反前述规定，即被认定为虚假陈述，应承担相应法律责任。相较于国内 A 股上市公司的环境信息披露进展缓慢，香港联交所已经实施环境信息强制披露并不断完善。2019 年 5 月，香港联交所发布有关检讨《环境、社会及管治报告指引》及相关《上市规则》条文的咨询文件。咨询文件对《环境、社会及管治报告指引》提出了五个方面的修改建议。其中，较为重大的修改建议包括：增加强制披露要求；将所有社会关键绩效指标从自愿披露升级为不遵守则解释；ESG 信息披露时间要求和公司财报披露时间同步；强化了气候变化相关的信息披露。同年 12 月，香港联交所公布了新版的《环境、社会及管治报告指引》《主板上市规则》和《GEM 上市规则》。香港联交所文件显示，新规则于 2020 年 7 月 1 日或之后开始的财政年度生效，上市公司须依照新的规则编制 ESG 报告。联交所的一系列政策显示了其在 ESG 信息披露管理和政策制定、执行中都逐一向国际市场看齐，对国内 A 股 ESG 相关政策的制定极具参考价值。

2020 年，习近平主席在第七十五届联合国大会上向世界郑重承诺"力争在 2030 年前实现碳达峰，努力争取在 2060 年前实现碳中和"，进一步为实现高质量、可持续发展赋能。2021 年，"双碳目标"被明确写入《政府工作报告》。上述关于碳市场、公司治理方面的更为严格的举措，促使更多上市公司开始积极了解 ESG 议题，研究 ESG 对公司业务及运营的影响。

ESG 投资理念提出以来，监管部门、各交易所、行业协会等陆续出台政策，在中国 ESG 投资市场机制构建进程中发挥了重要作用（见表 13-6）。

表 13 – 6   中国 ESG 政策法规演进时间轴

时间	主体	政策
2006 年	深交所	《深圳证券交易所上市公司社会责任指引》
2008 年	上交所	《上海证券交易所上市公司环境信息披露指引》
	上交所	《〈公司履行社会责任的报告〉编制指引》
2013 年	深交所	《深圳证券交易所主板上市公司规范运作指引》《深圳证券交易所中小企业板上市公司规范运作指引》《深圳证券交易所创业板上市公司规范运作指引》
2014 年	银监会	《中国银监会办公厅关于信托公司风险监管的指导意见》
2015 年	保监会	《中国保监会关于保险业履行社会责任的指导意见》
	环境保护部与国家发改委	《关于加强企业环境信用体系建设的指导意见》
2016 年	人民银行等七部委	《关于构建绿色金融体系的指导意见》
2017 年	人民银行等	《落实〈关于构建绿色金融体系的指导意见〉的分工方案》
	环境保护部、证监会	《关于共同开展上市公司环境信息披露工作的合作协议》
	金融学会绿色金融专业委员会等	《中国对外投资环境风险管理倡议》
2018 年	人民银行等	《关于规范金融机构资产管理业务的指导意见》
	证监会	《上市公司治理准则》修订版发布
	证券基金业协会	《绿色投资指引（试行）》《中国上市公司 ESG 评价体系研究报告》
	保险资产管理业协会	《中国保险资产管理业绿色投资倡议书》
2019 年	国家发改委等	《绿色产业指导目录》
	国家发改委科技部	《关于构建市场导向的绿色技术创新体系的指导意见》
	上交所	《上海证券交易所科创板股票上市规则》
	基金业协会	《基金管理人绿色投资自评估报告》
2020 年	中共中央办公厅、国务院办公厅	《关于构建现代环境治理体系的指导意见》
	国务院办公厅	《关于进一步提高上市公司质量的意见》《新能源产业发展规划（2021 – 2035 年）》
	证监会	《首发业务若干问题解答（2020 修订）》
	深交所	《深圳证券交易所上市公司信息披露工作考核办法》
	联交所	《环境、社会及管治报告指引（2019 年新修订版）》

续表

时间	主体	政策
2021 年	十三届全国人大四次会议表决通过	《"十四五"规划和 2035 年远景目标纲要》
	国务院	国务院关于加快建立健全绿色低碳循环发展经济体系的指导意见
	人民银行、发展改革委、证监会	绿色债券支持项目目录
	人民银行	银行业金融机构绿色金融评价方案
	上海环境能源交易所	关于全国碳排放权交易相关事项的公告

13.3.2　我国 ESG 政策法规趋势总结

2021 年，中国 ESG 投资延续了以往迅猛发展的势头。绿色信贷、绿色债券、泛 ESG 基金，都创出历史新高。在促进 ESG 发展的诸多因素中，政策因素首当其冲。其特点趋势有如下几个方面。

（1）双碳引领。

2020 年 9 月 22 日，习近平总书记在第七十五届联合国大会上提出"中国二氧化碳排放力争于 2030 年前达到峰值，努力争取 2060 年前实现碳中和"的目标（以下简称双碳目标）。自此之后，双碳目标成为 ESG 和绿色金融各项工作的引领和抓手。央行很快将双碳与绿色金融工作挂钩，2020 年 12 月就提出要促进实现双碳目标、完善绿色金融体系。2021 年 11 月 8 日，央行正式推出碳减排支持工具，发放对象暂定为全国性金融机构。央行通过"先贷后借"机制，对金融机构向碳减排重点领域内相关企业发放的符合条件的碳减排贷款，按贷款本金的 60% 提供资金支持，利率为 1.75%。此外，央行还计划指导金融机构开展压力测试，逐步将气候变化相关风险纳入宏观审慎政策框架。各相关行业协会也在大力推动双碳工作。5 月，中国保险资产管理业协会发布《中国保险资产管理业助推实现碳达峰碳中和目标倡议》；6 月，中国保险行业协会发布《保险业聚焦碳达峰碳中和目标助推绿色发展蓝皮书》；同月，中国银行业协会设立中国银行业支持实现碳达峰碳中和目标专家工作组，拟订九大目标和任务。这些举措传递了明确的政策信号。9 月，双碳目标的"1 + N"政策体系中的"1"文件《关于完整准确全面贯彻新发展理念做好碳达峰碳中和工作的意见》正式发布。文件中专门论述了"积极发展绿色金融"，为未来数年 ESG 和绿色金融发展奠定了双碳基调。2021 年 7 月全国碳市场正式启动。目前全国碳市场纳入 2162 家电厂，覆盖约 45 亿吨碳排放，规模为全球之最。运行至今，碳市场总体平稳有序。

（2）绿债扩容。

2021 年是绿债扩容的一年。2021 年年初，中国银行间市场交易商协会创新性地推出了碳中和债，将之作为绿色债券的子品类。4 月底，交易商协会推出可持续发展挂钩债券（SLB），促进传统行业低碳转型。7 月，沪深两市交易所也先后以规则指引的形式明确了"碳中和绿色公司债券"等特定债券品种的具体要求。在政策激励下，市场热情高涨，1 月至 8 月，绿债发行规模超过 3500 亿元，超过 2020 年全年的发行额，其中过半为碳中和债。绿债标准取得重大突破。新版目录《绿色债券支持项目目录（2021 年版）》自 7 月 1 日起施行。该目录由中国人民银行、发改委和证监会联合印发，实现了境内市场绿债标准的统一。同时，新版目录剔除了煤炭，进一步与国际标准接轨。9 月，绿色债券标准委员会发布《绿色债券评估认证机构市场化评议操作细则（试行)》，正式启动绿债第三方评估认证机构的市场化评议工作。各第三方机构在 10 月提交申请材料。评议工作正在进行之中。这将会进一步规范境内绿债市场的发展。在投资者端，政策制定者也在采取政策措施促进机构持有绿债的意愿。除了交易商协会常规公示绿债投资人排名，2021 年 6 月，央行发布《银行业金融机构绿色金融评价方案》，纳入绿色债券，且与绿色信贷等权重，将有力引导银行投资和持有绿债资产。

（3）信披提速。

ESG 信披特别是环境信披是市场十分关注的问题。2020 年 12 月，中央全面深化改革委员会审议通过《环境信息依法披露制度改革方案》，2021 年 5 月，上述方案全文由生态环境部印发。根据方案，2022 年发改委、央行和证监会要完成上市公司、发债企业信息披露有关文件格式修订，2025 年基本形成环境信息强制性披露制度。证监会也在逐步推进。首先，证监会在 2 月发布的《上市公司投资者关系管理指引（征求意见稿）》纳入了 ESG 内容。其次，证监会在 6 月底印发上市公司年报及半年报格式与内容准则，要求上市公司单设"第五节环境与社会责任"，鼓励披露碳减排的措施与成效。此外，证监会在 2 月答复政协提案时透露，"证监会将在发行人可持续性信息披露、建立非财务信息报告的国际标准等有关方面与国际组织进一步对接合作"。2021 年 ESG 信披的一个亮点是金融机构的信息披露。8 月，中国人民银行印发金融行业标准《金融机构环境信息披露指南》，系统地阐述了金融机构环境信息披露的原则、形式与内容要求。目前，金融机构环境信息披露的试点工作正在局部开展。7 月，人民银行广州分行组织大湾区 13 家金融机构集中公开展示环境信息披露报告。

（4）地方创新。

设立绿色金融改革创新试验区促进绿色金融创新，是中国绿色金融发展的特色经验。2019 年兰州新区获批成为试验区后，目前全国共有六省九地作为试验区。2021 年，各试验区继续积极探索创新，如湖州市 10 月通过了《湖州市绿色金融促进条例》。在试验区第四次联席会议上，央行指出试验区为我国绿色金融体系五大支柱的形成作出了积极探索，并要求各试验区认真开展中期评估，系统总结改革创新成果，加快复制推广业已形成的有益经验。尚未被纳入试验区的地方也很活跃。北京出台《关于金融支持北京绿色低碳高质量发展的意见》，激励撬动更多金融资源投向绿色低碳领域；上海出台《上海加快打造国际绿色金融枢纽服务碳达峰碳中和目标的实施意见》，要在 2025 年基本确立国际绿色金融枢纽地位。除此之外，还有《重庆绿色金融大道发展专项规划》《黑龙江省绿色金融工作实施方案》等。跨区域绿色金融创新同样引人关注。在这方面，粤港澳大湾区走在前列。2020 年 9 月，广东绿金委、深圳绿金委、香港绿色金融协会、澳门银行公会共同发起设立粤港澳大湾区绿色金融联盟，成立了五个项目工作组。大湾区绿色金融联盟在碳市场、区块链支持绿色资产交易、金融支持绿色供应链、金融支持绿色建筑、金融支持固废处理等方面开展了专题研究并形成了一系列成果。

（5）国际接轨。

近年来，中国一直活跃在国际绿色金融的舞台上。在 2016 年 G20 杭州峰会上，G20 首次设立绿色金融研究小组（后更名为可持续金融工作小组），中国与英国担任联合主席。因各种原因，研究小组在 2019 年和 2020 年暂停。2021 年，G20 主席国意大利不仅恢复了研究小组，还将其升级为工作组，由中国和美国担任联合主席。近日，G20 可持续金融工作组成果《G20可持续金融路线图》已获批发布。在绿色金融标准方面，中国一方面完善国内绿色金融标准体系，另一方面也致力促进国内标准与国际标准的可比性和一致性。中国积极参加国际标准化组织（ISO）的绿色金融标准制定工作，2021 年初成立了 ISO/TC322 国内技术对口工作组。11月，中国人民银行与欧盟委员会相关部门共同牵头编写的《可持续金融共同分类目录》正式发布，包括中欧绿色与可持续金融目录所共同认可的、对减缓气候变化有显著贡献的经济活动清单。有了这个共同标准，中外尤其是中欧绿色金融产品就更容易互联互通、互认互信。中国监管部门也支持中资金融机构积极参与国际倡议。2021 年以来，中国银行、中国农业银行签署联合国负责任银行原则（PRB），PRB 签署银行增至 15 家；重庆银行宣布采纳赤道原则，赤道银行增至 7 家。还有 70 多家中资机构签署了负责任投资原则（PRI）、4 家中资金融机构签署了可持续蓝色经济金融原则。与此同时，中资机构也积极发起或联合发起国际倡导，2021 年10 月，36 家中资银行业金融机构、24 家外资银行及国际组织共同发表《银行业金融机构支持生物多样性保护共同宣示》，进一步加强生物多样性保护支持力度。

综上所述，2021 年中国 ESG 政策发展稳健，绿色金融政策体系的"五大支柱（即标准体系、信息披露、激励机制、产品创新、国际合作）"进一步完善，为 2022 年及未来更长一段时间的 ESG 和绿色金融发展打下了坚实基础。展望新的一年，央行碳减排政策支持工具的落地及影响、《可持续金融共同分类目录》如何促进境内外绿债市场互联互通，以及国际新设的国际可持续发展准则理事会（ISSB）的相关工作如何影响国内 ESG 信披政策的进程，都是值得关注的 ESG 政策热点，令人期待。

13.3.3　香港 ESG 政策法规

根据世界交易所联合会（WFE）和香港交易所（以下简称"港交所"）的统计数据，截至2019 年 12 月，港交所以 365852 亿港元的总市值规模位居全球第五。香港特别行政区是国际金融中心和全球离岸人民币业务枢纽，也是全球最大的绿色债券市场之一。近两年来，香港特别行政区积极推进可持续金融及 ESG 实践，以期在亚洲的可持续金融领域占据领先地位。本部分从政策法规入手，分析香港特别行政区可持续金融和 ESG 实践的演进过程，以飨读者。

13.3.3.1 香港 ESG 政策法规发展历程回顾

早在 2011 年，香港特别行政区就在欧美国家 ESG 实践影响下，对上市公司的 ESG 信息披露进行了探索，并于 2012 年面对上市公司首次发布了《环境、社会及管治报告指引》（以下简称《ESG 指引》）倡导上市公司进行 ESG 信息披露。但此后五年香港特别行政区的 ESG 实践却无明显进展。研究机构 Corporate Knights 的 ESG 研究报告显示，2017 年香港联交所在全球 45 家证券交易所中，排名从第 17 位滑落到第 24 位。而伦敦证交所的排名则由第 9 位上升至第 4 位，区内的新加坡证交所也从原先的第 22 位跃升至第 16 位。

香港 ESG 政策法规经历了一个逐步完善的过程，详见图 13-6。

近年来，香港政府不断加大 ESG 政策法规的推进力度，广泛征求市场意见，加强绿色金融建设和信息披露立法的实践，强化市场监管，加快了可持续发展金融的推进步伐。其中，绿色金融市场的发展首先取得突破。继 2015 年 12 月金风科技全资子公司金风新能源（香港）投资有限公司在香港特别行政区发行了首只绿色债券之后，2016 年领展房地产投资信托基金发行了香港特别行政区本地的第一支绿色债券。该绿色债券是首个由香港企业及亚洲房地产企业发行的绿色债券，基准规模达 5 亿美元。随后，2018 年 6 月 15 日，香港品质保证局发布了绿色债券资助计划（GBGS），鼓励绿色债券发行机构通过该局的绿色金融认证，以推动香港绿色金融市场的发展。2019 年 5 月 7 日，香港金融管理局推出三项举措，包括推动银行绿色及可持续发展、支持负责任投资和促进绿色金融中心建设。同年 5 月 22 日，香港特别行政区政府发布首批绿色债券，发行金额为 10 亿美元，为期 5 年，为其他香港及区内的潜在发行人提供重要的新基准，吸引了不同类别的传统和绿色投资者。这批绿色债券吸引了超过 100 个国际机构投资者认购，最终 50% 分配予亚洲的投资者，27% 配予欧洲的投资者，23% 配予美国的投资者。这批绿色债券获标普全球 AA$^+$、惠誉 AA$^+$ 评级。该批绿色债券的首发可谓是香港特别行政区可持续发展金融史上的又一里程碑，表明香港绿色债券在国际上获得了一定认可，显示出香港特别行政区作为区内领先绿色金融枢纽的优势。基于香港特别行政区政府在绿色金融领域的实践推进，近两年来香港特别行政区绿色债券市场增长明显，表现亮眼。

在严峻的疫情形势下，香港特别行政区各部门采取一系列措施巩固香港国际金融中心的地位，践行可持续发展金融以带动香港金融市场的发展。2020 年 5 月 5 日，香港金融管理局与证券及期货事务监察委员会联合发起绿色和可持续金融跨机构督导小组，旨在加快香港绿色和可持续金融的发展。2020 年 6 月 18 日，港交所计划成立可持续及绿色交易所"STAGE"——亚洲首个可持续金融资讯平台。初期将建立一个债券及交易所买卖产品（ETP）信息库，涵盖港交所上市的可持续发展债券、绿色债券和社会责任债券及与 ESG 相关的产品，为投资者提供可持续的绿色金融产品信息和资源（见图 13-7）。

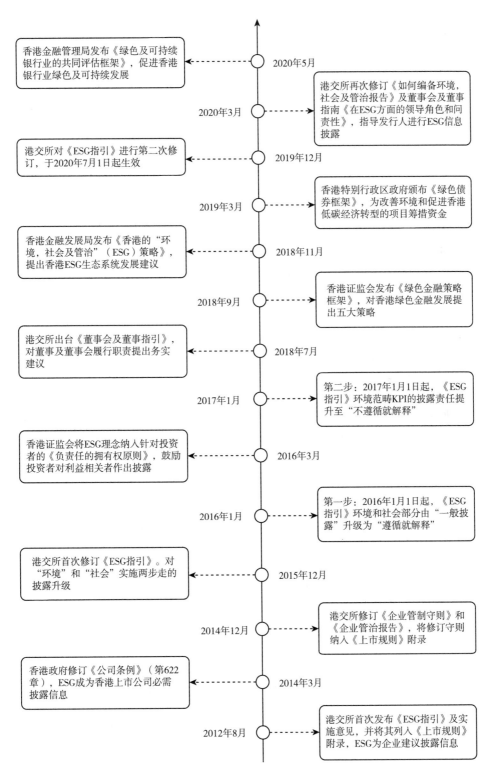

图 13－6　香港 ESG 政策法规时间轴

资料来源：社投盟研究院整理。

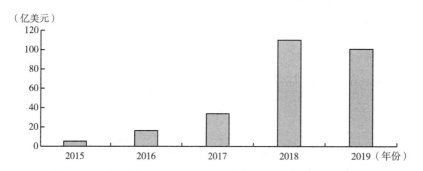

图 13 - 7　2015~2019 年中国香港绿色债券市场发行规模

资料来源：香港金融管理局（HKMA）、社投盟研究院整理。

2011 年 12 月 9 日，港交所就《ESG 指引》的制定首次发放文件进行公开征询意见，以促进香港特别行政区资本市场对 ESG 理念的广泛认同，鼓励上市企业进行 ESG 信息披露。2012 年 8 月港交所首次发布《ESG 指引》及实施意见，将该指引列入港交所《上市规则》，并将 ESG 作为企业"建议披露"（即自愿披露）项目。2015 年 7 月 17 日，港交所颁布了《ESG 指引》修订版，该文件作为附录二十七和附录二十纳入港交所上市规则中的《主板上市规则》及《GEM 上市规则》，成为《上市规则》这个主法律文件的重要补充，主要披露范畴为环境及社会，并在两大范畴下划分出 11 个层面的具体内容，包括排放物、劳工准则、产品责任等，为上市公司信息披露提出了两步走的路线图。

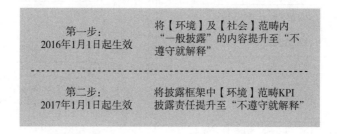

图 13 -8　上市公司信息披露路线图

资料来源：HKEX《上市规则、诠释及指引》。

2019 年 12 月 18 日，港交所发布《ESG 指引》的最新修订版。新版指引的修订融合了香港市场意见，兼顾了多方参与，参考了香港特别行政区及国际相关标准。该指引在原有《ESG 指引》基础上，不但强化了上市公司基于董事会层面的 ESG 战略管理要求，而且增加了 ESG 关键绩效指标的内容、提升了信息披露时效性、提出了指标的量化考虑要求，鼓励发行人自愿寻求独立审验以提升披露信息质量，并出于环保考虑倡导发布电子报告。针对 2020 年 7 月 1 日起实施的全新指引，港交所于 2020 年 3 月修订并发布了新版《如何编制环境、社会及管治报告》，同时发布了专为公司董事编制的全新董事会及董事指南《在 ESG 方面的领导角色和问责性》，以回应 2019 年发布的《检讨〈环境、社会及管治报告指引〉及相关〈上市规则〉条文的咨询总结》中特别强调的重点内容。为帮助发行人掌握不断变化的 ESG 披露标准，港交所还为发行人提供网上培训、工具库、国际标准或指引以及其他参考资讯。

与此同时，其他几个相关政策文件的出台，也对《ESG 指引》修订版的推广应用起到了积极的支持作用。2016 年 3 月 7 日，香港证监会将 ESG 理念纳入针对投资者的《负责任的拥有权原则》中，鼓励投资者采纳该原则向利益相关者作出披露。该原则建议投资者制定政策以更好地履行其拥有权责任，参与被投资公司的事务。该原则强调了投资者对企业 ESG 实践的推动作用，要求香港特别行政区企业将 ESG 理念纳入战略层面。

2018 年 9 月 21 日，香港证监会发布了《绿色金融策略框架》（以下简称《框架》），是香港特别行政区可持续金融实践的标志性行动，为香港特别行政区的可持续金融发展战略勾勒了新蓝图。证监会作为市场监督机构，在提升监管力度的同时，提出了覆盖整个市场金融产品的五点策略，促进绿色金融产品的开发与交易，为香港特别行政区资本市场指明了方向和机遇，奠定了香港绿色金融发展的基础。《框架》指出，证监会在绿色金融中的首要工作是加强上市企业环境信息（特别是与气候相关信息）的披露。证监会以与"气候相关财务信息披露工作组"（TCFD）的建议接轨为目标、内地 2020 年强制性环境信息披露政策为参考，推动香港环境信息披露标准化、国际化，同时提出了将香港特别行政区打造成为国际绿色金融中心的目标。

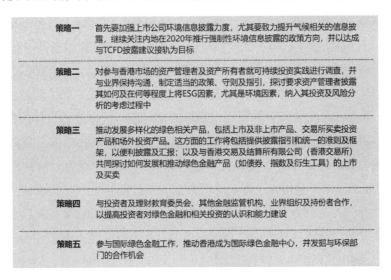

图 13 - 9　五步策略

资料来源：社投盟研究院整理。

2018 年 11 月，香港金融发展局发布《香港的"环境、社会及管治"（ESG）策略》，特别提出了六点关于香港特别行政区 ESG 生态体系发展的策略建议：（1）政府牵头鼓励公共基金支持 ESG 整合；（2）香港金融管理局提高对其外聘的投资经理施加 ESG 规定；（3）强制性公积金计划管理局在其受托人审批及监察程序中纳入 ESG 因素考量，并鼓励受托人参考国际 ESG 标准；（4）香港证监会把《负责任的拥有权原则》至少提升至"不遵循就解释"的水平，以强调 ESG 的重要性；（5）证监会和其他监管机构就 ESG 主题投资产品提供更多指引；（6）香港联合交易所加强申请上市者及上市公司有关 ESG 的披露。金融发展局希望通过香港特区政府及各监管部门的广泛合作达成促进香港金融行业 ESG 整合的目标，进一步推动香港金融产业多元化发展。纵观香港特别行政区经济社会发展历史，目前提出的 ESG 理念和相关政策法规并非"一蹴而就"，而是有着相关法律基础的。

20 世纪 80 年代以来，香港特别行政区政府就各项环境议题颁布了数十项环境法律条例，包括废物处置、水污染管制、空气污染管制、噪音管制、保护臭氧层、海上倾倒物料、环境影响评估、有毒化学品管制、能源效益（产品标签）、产品环保责任等。这些条例为香港特别行政区环境蓝图计划的提出打下根基。2013～2017 年，针对特区当前面临的诸多本地环境与资源问题，香港环境局联合多部门先后颁布了《香港清新空气蓝图》《香港资源循环蓝图 2013～2022》《香港都市节能蓝图 2015～2025＋》《生物多样性策略及行动计划（2016～2021）》等系列文件。2017 年 1 月，香港环境局对《巴黎协定》作出积极响应，发布了《香港气候行动蓝图 2030＋》，提出了减少碳排放和应对气候变化的新措施。2019 年 3 月 28 日，香港特别行政区政府颁布《绿色债券框架》，规定所有绿色债券在募集资金用途、项目评估与遴选、募集资金管理、报告等四个方面符合框架中的规定。该《绿色债券框架》阐释了特区政府如何通过发行绿色债券，为改善环境和促进香港特别行政区转型为低碳经济体的项目筹措资金。2020 年 5 月 13 日，香港金融管理局发布《绿色及可持续银行业的共同评估框架》，为银行业及相关机构在气候和环境相关风险的应对能力提供了衡量标准。

香港绿色金融的发展，不仅依托于政策法规推动和市场驱动，还利用科技与绿色金融相结合的方式进行优化升级。2020 年 6 月 30 日，香港金融管理局发布《绿色及可持续银行业白皮书》（以下简称《白皮书》），探讨了全球及香港特别行政区经济发展中面对的气候变化等可持续问题，讨论气候对银行业（特别是香港银行业）带来的机遇及风险，以及金管局对此的应对措施，其中包括分三个阶段在香港特别行政区推广绿色及可持续的银行业等内容。《白皮书》尤其提出了利用人工智能等科技创新手段能建立气候适应能力方面对监管期望的初步想法，并就人工智能开发治理框架和战略管理气候变化带来的风险和机会制定了管治、策略、风险管理以及信息披露四个范畴内的共九项指导原则（见图 13－10）。

图 13－10　指导原则

资料来源：社投盟研究院整理。

香港特别行政区政府长期以来重视在商业活动中对人权与劳工权益的保护。20 世纪 50 年代以来，香港特别行政区政府陆续出台多项关于劳动雇佣、性别与种族歧视、职业安全、最低工资的法律条例。这些都构成了 ESG 中与人相关的社会议题的制度设计。在香港特别行政区，公司管治报告已有十多年的历史，而 ESG 在 2014 年 3 月新修订《公司条例》（第 622 章）生效，在其年度董事报告的业务检讨部分，需包括有关 ESG 事宜的高层讨论。该条例对 2015 年修订的《ESG 指引》起到了奠基作用。这份 ESG 修订指引第 28〔(2)(d)〕段采纳了新《公司条例》中环境、社会及管治的规定。同时为配合新《公司条例》的修订，香港公司注册处也对《董事责任指引》作出更新，扩大了董事披露的范围，废除了具有组织章程大纲的规定等内容。

另外，港交所在 2014 年 12 月发布了对《企业管治守则》和《企业管治报告》（以下简称《守则》）的修订，并将新修订守则作为附录十四纳入香港特别行政区《主板上市规则》中。修订新增了风险管理领域的条文，新界定了董事会和管理层的角色与职责；明确董事会有持续监督发行人的风险管理及内部监控系统的职责；且发行人需按《企业管治守则》进行检讨并在《企业管治报告》中作出披露。2018 年 7 月，港交所出台了《董事会及董事指引》该指引对董事会及董事职责及职能的履行提出务实建议，从而帮助企业更好地进行公司治理。

除了香港特别行政区自身制定的法规之外，中央政府也对香港特别行政区建设可持续金融及绿色金融表示大力支持。2017 年 12 月 14 日，国家发展改革委与香港特区政府共同签署了《国家发展和改革委员会与香港特别行政区政府关于支持香港全面参与和助力"一带一路"建设的安排》，推动香港特别行政区发展绿色债券市场、支持符合条件的中资机构为"一带一路"相关的绿色项目在香港平台发债集资。2019 年 2 月，中共中央与国务院印发实施《粤港澳大湾区发展规划纲要》，提出"支持香港打造大湾区绿色金融中心，建设国际认可的绿色债券认证机构"的方针。2020 年 5 月中国人民银行、银保监会、证监会、外汇局联合发布《关于金融支持粤港澳大湾区建设的意见》，重点提到从体制机制、平台建设、标准认定、金融创新等方面积极推动粤港澳绿色金融合作、支持湾区绿色发展。

13.3.3.2　香港 ESG 政策法规特点解读

纵观香港 ESG 政策法规的演变历程，可以观察到以下特点：

（1）ESG 政策法规渐成一体，对原法律体系形成有益补充。

作为亚洲金融中心和法治社会，香港特别行政区很早就形成了一套相对成熟的法律体系。1932 年港英政府订立的《公司条例》为香港境内注册的所有公司设定了运行的法律框架。1989 年，香港联交所出台了新版《证券上市规则》，对上市公司需要承担的经济责任提出了详细要求。然而长期以来，香港特别行政区主流商业政策法规体系中有关企业在环境、社会等方面的制度长期缺位，而在公司治理方面虽有所涉及，也难称完整。随着 21 世纪以来国际上对环境、社会和公司治理议题关注的日益高涨，香港社会也开始着手丰富相关领域的政策法规。港交所在 2012 年颁布、后经多轮迭代的《ESG 指引》（《主板上市规则》附录27）要求上市公司披露在环境与社会方面的表现。港交所又于 2014 年发布了新修订的《企业管治守则》

和《企业管治报告》（《主板上市规则》附录14），对上市公司的企业治理及披露作出了更多规定。这两条重要的附录文件极大补充了原有制度体系，引导香港上市公司更好履行 ESG 责任。

（2）多部门、多主体协同发力，共同推动可持续金融发展。

香港特别行政区如今在 ESG 和可持续投资领域取得傲人成果是多部门、多主体联动推进的成果。第一，包括香港特区政府、证监会、金管局、品质保证局在内的多个政府部门均积极地参与到 ESG 相关政策法规的制定过程中，为香港特别行政区可持续金融发展搭设了制度框架。第二，特区政府联动专业人士推动金融业走向可持续。在特区政府的大力支持下，香港金融发展局和绿色金融协会分别于 2013 年和 2018 年成立。这两个在金融领域颇具影响的咨询机构有力地促进了香港 ESG 相关政策法规体系的成熟。举例来说，香港金融发展局在 2018 年发布的《香港的"环境、社会及管治"（ESG）策略》中，向联交所提出了加强申请上市者及上市公司 ESG 披露的建议。联交所对此回应积极，并于 2020 年 3 月发布的最新《ESG 指南》中显著提升了 ESG 披露的强制性。第三，各类市场主体积极参与。自联交所 2012 年发布初版《ESG 指南》后，多次主动向社会各界征询意见。多轮的迭代过程不但完善了《ESG 指南》的内容，也加强了社会认知，联交所在近几次的咨询中得到了相对更丰富和高质量的反馈。据统计，港股上市的 2505 家公司中已发布 2019 年和 2018 年度 ESG 报告的分别为 1126 家和 2073 家。大量秉持社会责任理念的投资者和投资机构也用投资实践支持了香港特别行政区的绿色和可持续金融行业。

（3）ESG 三要素同步推进，侧重董事会责任和气候变化。

随着香港监管机构、投资者和其他持股者越来越关注公司有关气候及社会议题的披露，港交所迅速调整思路并作出相应行动。2019 年的《ESG 指引》新修订了环境类和社会类关键绩效指标，丰富了指标范畴，提升了部分企业管治类指标的强制性，促使企业将上述两种指标纳入企业战略层面。

在环境方面，新版《ESG 指引》增加了气候变化层面"不遵循就解释"的内容以及环境关键绩效指标，聚焦于气候对企业带来的影响及企业节能减排的具体措施。这些要求提高了企业的风险应对能力，有助于企业更好地进行可持续发展战略实践（见图 13 – 11）。

环境关键绩效指标	A1.5 描述所订立的排放量目标及为达到这些目标所采取的步骤
	A1.6 描述处理有害及无害废弃物的方法及所订立的减废目标和达标步骤
	A2.3 描述能源使用效益目标及为达到这些目标采取的步骤
	A2.4 描述求取适用水源上可有任何问题，以及用水效益目标，并描述所订立的目标和达标步骤
气候变化	A4 识别及应对已经及可能会对发行人产生影响的重大气候相关事宜的政策
	A4.1 描述已经及可能会对发行人产生影响的重大气候相关事宜，及其应对的行动

图 13 – 11　环境类指标

资料来源：社投盟研究院整理。

在社会方面，新版《ESG 指引》将所有社会范畴绩效指标的披露要求由"建议披露"提升为"不遵守就解释"。此外新增了供应链管理及反贪污关键绩效指标，促使作为供应链方的企业履行社会责任，加强了对公司内部治理的管控和供应链风险的防范（见图 13 - 12）。

对于公司治理议题，新版《ESG 指引》将 ESG 事务纳入董事会职责、要求董事会推动 ESG 上升至企业战略层面，真正参与 ESG 相关实践；进一步强化企业 ESG 管理及汇报程序，将企业 ESG 管治、ESG 报告四大汇报原则中的重要性、可量化和一致性内容提升为"强制披露"等级（见图 13 - 13）。

社会关键绩效指标	将所有"社会"关键绩效指标的披露责任提升至"不遵守就解释"
雇佣类型	B1.1 厘清「雇佣类型」应包括「全职及兼职」雇员
死亡率	B2.1 修订有关死亡事故的关键绩效指标，规定发行人须披露过去三年（包括汇报年度）每年因工亡故的人数及比率
供应链管理	B5 增设两项新的关键绩效指标，要求"不遵守就解释" B5.3 描述有关识别供应链每个环节的环境及社会风险惯例，以及相关执行及监察方法 B5.4 描述在拣选供货商时促使多用环保产品及服务的惯例，以及相关执行及监察方法
反贪污	B7.3 增设反贪污关键绩效指标，规定发行人要披露向董事及员工提供的反贪污培训

图 13 - 12　社会类指标

资料来源：社投盟研究院整理。

企业管治关键绩效指标	强制发行人要披露管治架构及ESG事宜，包括董事会职责、汇报原则及汇报范围
管治架构	新增强制披露要求，规定发行人要提供包括以下内容的董事会声明： (a) 披露董事会对ESG事宜的监管； (b) 识别、评估及管理重要的ESG相关事宜（包括对发行人业务的风险）的过程； (c) 董事会如何按ESG相关目标检讨进度
汇报原则	增设强制披露要求，规定发行人要解释其在编制ESG报告的过程中如何应用汇报原则，以助投资者更了解发行人管理ESG事宜的情况
汇报范围	增设强制披露要求，规定发行人要解释ESG报告的汇报范围，同时披露挑选哪些实体或业务纳入ESG报告的过程

图 13 - 13　企业管治类指标

资料来源：社投盟研究院整理。

（4）信息披露成为重要环节，强制性可量化成为新特点。

2011 年以来，香港特别行政区针对上市公司 ESG 信息披露的制度逐步完善。细数港交所发布的多版《ESG 指引》，可发现以下几条特点：第一，强制化程度提升。早期香港特别行政区对上市企业 ESG 信息披露以鼓励为主，建议有能力的发行人披露 ESG 信息。《ESG 指引》的后续修订版本逐渐将一些自愿披露事项转变为半强制性披露（"不披露就解释"），并新增强制性披露的指标，例如，董事会对 ESG 事宜考量的声明；ESG 报告中重要性、量化指标及一致性汇报原则的应用情况；解释 ESG 报告的汇报范围。第二，强调重要性

（materiality）和可量化。最新的《ESG 指引》强调了上市公司披露 ESG 信息时须遵守"重要性"原则。此外，上市公司还被要求提供可计量的绩效指标，以便更好地评估及验证其 ESG 表现。第三，报告标准的国际化。香港特别行政区在信息披露方面力求与国际标准及指引（如 TCFD 建议及 GRI 标准）具有一致性。2019 年新修订的《ESG 指引》更是在制定过程中参考了中国内地、欧盟、英国、美国、澳洲、新加坡、马来西亚及日本等国家和地区的现行法规。该指引建议上市企业参考国际 ESG 报告标准编制报告，以体现披露信息的质量和全面性。

（5）适用范围全面扩大：从上市公司延伸到所有企业。

作为香港特别行政区 ESG 信息披露的起始点，2012 年港交所正式面向全港上市公司提出了披露 ESG 相关信息的建议。而香港特区政府在 2014 年颁布的新版《公司条例》中，又将 ESG 信披的建议范围扩大到了所有企业——现行《公司条例》第 338 条与附表 5 明确要求所有香港注册公司需要在董事报告的业务审视中包含有关公司 ESG 事宜的探讨。

（6）绿色金融引领资本市场，政策法规助推步入快车道。

虽然香港特别行政区在 2012 年就开始出台与 ESG 信息披露相关的具体政策，但它的可持续金融建设之路并非一帆风顺，在早期曾一度陷入困局。近两年来香港特别行政区可持续金融市场发展的提速不仅体现在政策法规的出台和修订的频率上，还体现在特区政府身体力行、投身于可持续金融实践。

总结与启示

近年来，在世界经济疲软的同时，香港特别行政区本地社会历经动荡，东方之珠的光辉渐趋暗淡。面对这一困境，香港特别行政区努力推动绿色和可持续金融的发展，希望获得更多国际和内地责任投资者的关注，为特区经济注入更多新鲜、健康的"血液"和动能。我们看到，香港特别行政区依托其坚实的商业制度基础、高效的行政体系和专业的人才团队，在短短数年间便构建起较为成熟的可持续金融生态体系，为资本市场的可持续发展积累了宝贵的发展经验，尤其是它们在 ESG 政策法规方面作出的积极探索，值得内地市场学习借鉴。

13.4 其他国家

13.4.1 加拿大

近年来，加拿大包括 ESG 投资在内的责任投资市场蓬勃发展。2020 年 1~4 月，加拿大又推出了 11 只可持续发展基金。经过 10 年的探索发展，加拿大逐步构建起一套相对完整的 ESG 政策法规体系。加拿大可持续发展金融体系的完善离不开政策法规的指引，也得益于市场各方的积极参与和协力推进。

近年来，加拿大的责任投资呈现迅速增长态势。据加拿大责任投资联盟（Canada Responsible Investment Association，RIA）统计，加拿大责任投资 2015～2017 年增长了 41.6%；2017 年，加拿大责任投资总额约为 2.13 万亿加元，已超过投资市场总额的 50%。 2020 年 1～4 月，加拿大又推出了 11 只可持续发展基金。加拿大可持续投资的迅速发展离不开政策法规在其可持续金融体系建设中的推动。近十年来，加拿大不断研究出台新政策和法规，完善原有法律法规，逐步规范和细化市场各参与方对 ESG 要素的考量及信息披露的要求，为 ESG 投资的发展奠定制度基础（见图 13－14 和图 13－15）。

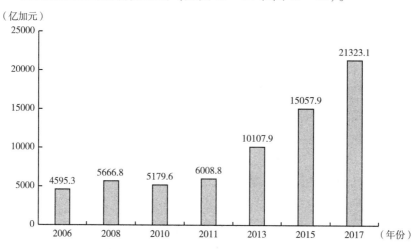

图 13－14　近年来加拿大责任投资走势

资料来源：RIA，社投盟研究院。

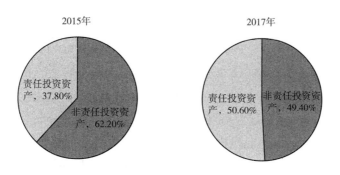

图 13－15　加拿大责任投资市场占比

资料来源：RIA，社投盟研究院整理。

　　在政策法规推动下，一些大型资产所有者积极进行 ESG 投资实践探索，将 ESG 理念融入组织的价值观；民间组织和有关机构、论坛等也通过调研、发布报告和提供相关咨询等方式帮助市场各主体积极开展投资实践，协助政府部门完善 ESG 相关政策法规体系的构建。

　　可以说，加拿大包括 ESG 投资在内的责任投资市场的蓬勃发展离不开政策法制的指引，也得益于市场各方的积极参与和协力推进。

13.4.1.1　政策法规发展回望

2010 年 10 月，加拿大证券管理局（CSA）发布了《CSA 员工通告 51 - 333：环境报告指引》（以下简称《指引》），对除投资基金以外的发行人作出持续披露环境信息的规定。《指引》要求报告发行人必须披露具有实质性的环境信息、与环境事宜相关的风险与事件、环境风险监控与管理、与环境披露有关的治理结构等内容。该《指引》的出台，标志着加拿大 ESG 政策法规体系建设的开启。

2011 年 6 月，加拿大证券管理局发布《国家文件第 43 - 101 号：矿产项目披露标准》，其中条例 20 要求矿产项目考虑并披露：

（1）可能对开采矿产资源或矿藏能力产生影响的已知环境问题；（2）与项目有关的社会或社区相关的要求或计划；（3）与项目相关的废物处置与回收细节。这加强了对矿业企业的环境管理和相关信息披露要求。

2014 年 3 月，加拿大多伦多证券交易所（TMX）发布《环境与社会信息披露指引》，为企业高层管理者（尤其是首席财务官）、内部法律顾问、审计委员会成员等在公司内开展与 ESG 相关的活动及对外信息披露上提供引导。依据现行的加拿大证券条例（Securities Rules）规定，报告人必须披露具有实质性的环境与社会议题。2014 年 10 月，加拿大安大略省颁布《安大略省条例第 235/14 条》，对安大略省退休金法案进行补充。新颁布的法案增加了 ESG 信息披露的要求，强制规定退休金投资政策和程序声明中需包括投资决策是否以及如何纳入 ESG 因素的信息。通过对原有法案的增补修订，提升了对 ESG 信息披露的强制性要求（见图 13 - 16）。

加拿大不列颠哥伦比亚省证券委员会（BCSC）于 2015 年 6 月颁布实施了《表格 51 - 102F1：管理层讨论与分析》，该文件倡导公司管理层在最近一个财政年度的运营中考量影响项目价值的相关因素，包括政治或环境问题，对公司治理架构中的管理层提出关注环境议题的要求。

2019 年 8 月，加拿大证券管理局发布《CSA 员工通告 51 - 358：气候变化相关风险报告》，让投资者更加了解公司商业模式的可持续性以及与气候变化有关的机会与风险。该通告加强和扩展了《CSA 员工通告 51 - 333：环境报告指引》中的指导，提供了更多与气候变化信息披露相关的细节。2020 年 1 月和 3 月，加拿大安大略省市政雇员退休系统（OMERS）先后颁布了《OMERS 责任投资政策》和《OMERS 首要计划投资政策和程序声明》，要求 OMERS 制定在投资决策中考量 ESG 因素的政策与程序，明确董事会对退休金责任投资的职责。

13.4.1.2　政策法规特点分析

（1）ESG 政策法规体系日渐完善。

据 2020 年 5 月路福特（Refinitiv）发布的《可持续金融和 ESG 发展报告》显示，自

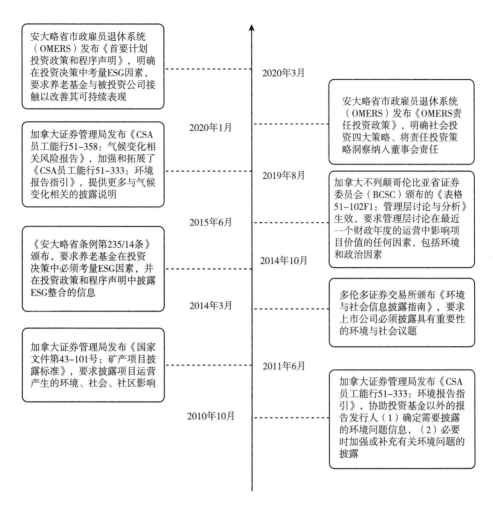

图 13-16　加拿大 ESG 政策法规概览

资料来源：社投盟研究院整理。

2015 年《联合国 2030 年可持续发展议程》和《巴黎协定》确定以来，有关 ESG 整合的资本市场监管政策翻了一番。早在 2015 年全球主要资本市场纷纷开始制（修）订 ESG 相关政策法规之前，2010 年起，加拿大政策制定者就开始有意识地要求市场参与者披露具有实质性的非财务信息，首先对投资基金以外的报告发行人发布了《环境报告指引》。紧接着在 2011 年和 2014 年，陆续推出对矿产项目的社会与环境议题披露细节要求、对在多伦多证交所上市公司发布《环境与社会信息披露指南》。此外，加拿大也在对养老金法案的修订中纳入了对可持续发展因素的考量，推动基金所有者转向长期可持续发展。经过十年的持续完善，加拿大 ESG 政策法规体系日渐完善和成熟。据加拿大汇丰银行 2019 年发布的《加拿大 ESG 融资的成熟市场：发行人与投资者市场洞察》，加拿大发行者使用 ESG 金融工具的比例已高达 85%。另据晨星公司（Morning Star）对加拿大 2020 年第 1 季度可持续投资市场的调查报告显示，截至 2020 年 1 月，加拿大市场已有 105 只可持续投资产品。

（2）从 E 入手逐步提升 ESG 覆盖完整度。

加拿大对于企业非财务信息的披露要求是从环境议题开始的。2010 年 6 月加拿大证券管理局发布《环境报告指引》，要求投资基金以外的报告发行人按照指引要求和定义披露投资中的以下内容：具有实质性的环境信息；与环境事宜相关的风险、趋势与不确定性因素，环境保护要求对财务和运营的影响；股东和委员会对环境风险的管控信息等。2011 年，加拿大 ESG 政策法规开始由对单一环境因素的要求扩大到环境和社会两个因素。证券管理局发布《国家文件 43‐101：矿产项目披露标准》，要求矿产项目披露运营产生的环境问题、与当地社会或社区谈判和协议情况等。2014 年 3 月，多伦多证交所发布《环境与社会信息披露指引》，鼓励上市公司披露环境与社会影响。2014 年 10 月，加拿大安大略省发布《安大略省条例第 235/14 条》。该条例要求养老基金在投资决策中进行 ESG 整合并披露有关信息，覆盖了对环境、社会、公司治理完整三要素的要求，提升了对 ESG 整合和信息披露的强制性。

（3）将 ESG 政策法规融入现有法律体系。

加拿大的 ESG 政策法规体系是通过对现有国家法律法规进行补充、出台新文件的方式逐步构建起来的。面对受到投资市场日益欢迎的 ESG 实践，加拿大没有对披露要求进行大规模修改，而是颁布相应的指导方针，指出现有的持续披露要求如何反映企业的 ESG 和社会责任问题。例如，2010 年出台的《环境报告指引》要求在多伦多证券交易所上市的发行人需要依据《国家文件第 52‐109 号：在发行者年度和中期文件中披露的证明》，建立并维持环境信息披露控制和程序。此外，该指引基于《国家文件第 58‐101 号：公司治理实践披露》中对委员会责任的要求，补充了关于环境风险监督和管理的披露具体内容：应表明董事会监督和管理风险（包括环境风险）的责任；负责监督和管理风险（包括环境风险）的任何董事会和管理级委员会的信息。

2014 年 10 月，加拿大安大略省出台的《安大略省条例第 235/14 条》也是对 1990 年颁布的《养老金法案》中第 909 条规定的补充修订文件。"条例第 235/14 条"补充了对 ESG 披露的规定，要求养老基金必须披露在投资政策和程序中考量 ESG 的细节。加拿大现有相关法律在这次修订过程中逐步融入了对 ESG 议题的要求。例如，安大略省《1990 年养老金福利法案（Pension Benefit Act R. R. O 1990）第 909 条》自 1990 年颁布至今已经历经 108 次修订。根据 2016 年 1 月 1 日生效的修订版中第 78（3）条，养老金计划的投资政策和程序说明（SIPP）中需包括关于环境、社会和治理（ESG）因素是否以及如何纳入投资政策和程序的信息。2020 年年初，加拿大对本国商业界的主要法律文本《加拿大商业公司法》进行了修订，扩大了董事"忠诚"义务的范围，要求公司除了股东利益外，还应考虑环境及利益相关者。

（4）注重养老基金投资中的 ESG 整合与披露。

除爱德华王子岛省外，加拿大各行政辖区都由政府养老金委员会负责养老金计划的立法和监管方案，并规定了养老金计划的最低要求。例如，在安大略省注册的养老金计划需符合养老金福利法（PBA）的要求，并受安大略省金融服务委员会（FSCO）的监管。安大略省市政雇员退休系统（OMERS）是加拿大政府根据 1962 年法规设立的安大略省政府退休金基金。截至 2019 年 12 月，OMERS 管理的资产额达到 1090 亿加元，是加拿大最大的机构投资者之一。OMERS 注重在投资中融入可持续发展理念和 ESG 因素考量以确保资产所有者能获得长期稳定的回报。2020 年 1 月和 3 月，OMERS 先后发布其责任投资政策和程序的声明文件，明确在投资决策中考量 ESG 因素，并通过使用 ESG 整合、参与、合作、调整的方式开展社会责任投资。OMERS 专门成立了可持续投资委员会以更好开展可持续投资，董事会全权负责责任投资的策略洞察，可持续投资委员会定期向董事会报告投资进展。加拿大《养老金计划管理人的审慎投资要求》中的第 22 节要求养老基金管理者以受益人的最佳利益开展投资，审慎的投资需要监控和管理投资风险。因此，在符合受托责任的情况下，养老基金管理者有权在投资决策中纳入 ESG 因素考量。这份文件明确了养老基金 ESG 整合的边界和底线，为基金经理在实际开展投资活动时能够更好地践行可持续发展和 ESG 考量提供了便利条件（见表 13 - 7）。

表 13 - 7　　　　　　安大略省市政雇员退休基金可持续投资治理架构

角色	职位	职责
政策批准者	管理公司（AC）董事会	负责批准政策
政策发起人	首席投资官	负责政策的最终制定、实施和管理
政策管理者	首席法律和公司事务官	负责日常管理政策的设计和运行效果
政策监控者	可持续投资副总裁	负责政策的监督、遵守和报告职能

资料来源：OMERS，社投盟研究院。

（5）在决策和管理的顶层设计中考量 ESG 因素。

加拿大 ESG 政策法规注重在董事会、股东大会和委员会等战略层面中纳入可持续发展责任和 ESG 因素的考量。在政府退休基金的运营中，安大略省市政雇员退休系统的治理由 OMERS 赞助商公司（Sponsor Corporation，SC）和 OMERS 管理公司（Administration Corporation，AC）共同管理。这种双委员会的结构确保了投资决策的合理性和广泛性。OMERS 的可持续投资政策中要求 AC 董事会的投资委员会负责监督 OMERS 可持续投资方式，OMERS 需定期向董事会报告可持续投资的进展和结果。多伦多证券交易所于 2014 年发布的《环境与社会信息披露指引》特别要求上市公司的信息披露需要经过三个层面的监督：CEO/CFO 认证、审计委员会审查、董事会批准。三重认证的最终目的是确保所有披露的重要信息都真实、完整。

小结与展望

加拿大作为北美发达资本市场，其 ESG 政策法规经历了 10 年探索发展，与国家现有法律体系形成紧密关联和有益补充，逐步构建起针对市场主要参与者、以信息披露指引为主要抓手的 ESG 政策法规体系。

在市场实践方面，加拿大安大略省市政雇员退休基金在投资决策中积极纳入对可持续性和 ESG 的考量，在内部治理中形成了相对完善的可持续投资管理机制。与欧美相比，加拿大有关 ESG 信息披露的强制性要求还不是很高，参与政策法规修订的主体相对单一，对市场参与主体约束的范围还相对局限，体系中缺少对资产管理者受托责任和尽职管理的要求。这也部分导致了 ESG 投资和可持续金融在加拿大的发展略逊色于欧美其他地区。根据 PRI 联合加拿大特许金融分析师（Canada CFA）2020 年发布的《加拿大的 ESG 整合》，加拿大受访者认为美国的投资银行在建立 ESG 团队方面的投资超过了加拿大。

2018 年，加拿大政府成立了可持续金融专家小组，研究金融部门如何引导资本推进加拿大的低碳计划。2019 年 6 月，可持续金融专家小组发布的最终报告被政府所接受，该报告向政府、监管机构、企业和投资者提出了一系列切实可行的具体建议，重点在于促进将可持续金融纳入主流市场活动，让可持续金融助力加拿大更好地实现长期目标。相信在未来，加拿大的 ESG 政策法规体系建设还将持续完善，可持续金融体系将更加丰富和充满活力。

13.4.2 新加坡

在 2020 年的全球金融中心排名（GFCI）中，新加坡名列世界第五，介于排名第四的上海和排名第六的香港之间。截至 2020 年 6 月 30 日，新加坡证券交易所拥有 715 家上市公司，总市值为 8167.79 亿美元。作为亚洲地区的金融枢纽之一，新加坡提出了"将本国塑造成亚洲绿色金融中心"的目标。近年来，新加坡绿色及可持续发展金融市场发展迅速，截至 2019 年 6 月 30 日，新加坡绿色债券市场规模已达 45 亿美元。

13.4.2.1 政策法规发展回望

罗马不是一天建成的，"花园城市"新加坡当然也不是。1963 年 6 月 16 日，时任新加坡总理的李光耀在花拉圈栽下了一颗黄牛木开启了新加坡持续 50 余年的城市绿化运动。即便在其经济高速发展阶段，新加坡也始终将环境保护融入发展政策之中。1971 年，尚处工业化发展早期的新加坡就未雨绸缪，颁布了国内第一部有关防范和解决工业污染问题的法律文件：《清洁空气法案》（Clean Air Act）。次年，新加坡政府成立环境部（后更名为环境与水源部），成为继日本后全亚洲第二个设立环境管理部门的政府。20 世纪 80 年代，新加坡已建成了较为完善的环境管理基础设施。

20 世纪 90 年代至今，新加坡政府又出台了多项环境管理制度和环境信息披露制度。这些制度的完善，为今天的新加坡"花园城市"美誉打下了基础。新加坡坐落于太平洋和印度洋的水运要道，拥有亚洲地区最大的转口港。发达的港口经济为新加坡贡献丰厚经济收益

的同时，也为它带来了不可忽视的环境风险。为此，新加坡海事及港务管理局联合交通部于
1991 年首次颁布、在 2001 年修订《防止海洋污染规定》〔Prevention of Pollution of the Sea
(Reporting of Pollution Incidents) Regulations〕，强制要求船长等相关人士报告货物运输中实
际发生以及可能发生的有害物质泄露情况。另外，新加坡由于国土面积小，长期面临水与能
源短缺的问题。为此，新加坡公共事业局在 2006 年启动了"省水标签计划"（WELS）；新
加坡环境局在 2013 年颁布了《节能法案》，要求所有公司报告其能源使用情况、温室气体
排放以及提高能源效率的方案（见图 13－17）。

　　通常人们认为经济高速发展与环境保护之间存在天然的张力，而新加坡则似乎成功化解
了两者之间的矛盾。有研究者指出，新加坡政府采用了"生态实用主义"的理念和做法，
其积极开展环境治理的目的是保持经济的长期持续增长。处于经济转型升级期的新加坡，希
望通过营造一流的生活和工作环境吸引全球各类高端专业人才的到来，为城市国家的高质量
发展提供动力。

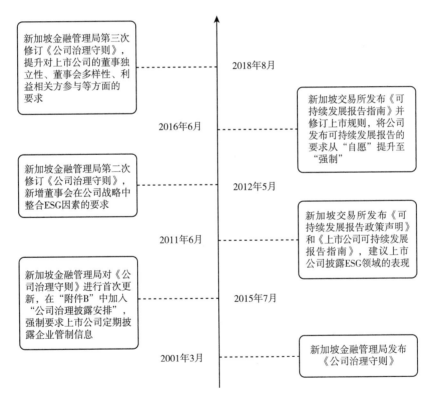

图 13－17　新加坡 ESG 政策法规概览

资料来源：社投盟研究院。

　　除了直接推进环境改善事业外，近年来新加坡政府还积极引导和激励社会资本投入绿色
和可持续发展领域。新加坡金管局于 2017 年 3 月启动了"绿色债券资助计划"（Green Bond
Grant scheme，GBG），对绿债发行者进行外部审查提供经费支持，以期孵化国内绿债市场；

同年，新加坡城市发展集团（CDL）、星展银行（DBS）等新加坡本土企业便各自发行了绿债产品。2019 年 2 月，新加坡金融管理局（MAS，简称"金管局"）将社会债券和可持续债券也纳入了资助范围，并把原"绿色债券资助计划"更名为"可持续发展债券资助计划"，扩展了可持续发展投资的范畴。

有研究者指出，新加坡的公司治理水平在亚洲乃至世界范围均处于领先地位。这一耀眼表现的背后是新加坡数十年以来不懈地在规制经济行为、推动良性商业发展方面的长期制度积累。1967 年，建国不久的新加坡颁布了首部《公司法》。1970 年和 1973 年，新加坡金管局和新加坡证券交易所相继成立。金管局在负责监管国内金融行业的同时，也行使一般意义上中央银行的职责。此后二十多年的经济高速发展成就了新加坡地区性金融中心的地位。1997 年的亚洲金融危机对东南亚经济造成严重打击，新加坡经济也一度陷入了衰退境地。亚洲企业在公司治理方面的缺陷被认为导致危机发生的原因之一。这场金融危机也为亚洲乃至全球的市场监管者和市场参与者敲响了警钟。1998 年，新加坡董事学会（SID）成立，旨在提高企业领导层的治理水平和职业道德。它发布了《良好常规声明》（Statements of Good Practices）等一系列指导文件，以提升国内企业的公司治理水平。此外，新加坡还成立了多家私营行业委员会对现行经济金融体制展开审查，并向政府部门提出多项改革建议，其中就包括提出修订新加坡《公司法》，助推了 2001 年 3 月金管局发布新加坡重要的治理制度文件《公司治理守则》（Code of Corporate Governance，CCG，以下简称《守则》）。《守则》明确了新交所上市公司在企业治理方面需要遵守的一系列基本规章，对随后多年促进 ESG 理念和原则在新加坡的落地起到了核心保障作用。《守则》先后于 2005 年、2012 年和 2018 年经历了三次修订。值得注意的是，在 2012 年 5 月的修订中拓展了董事会行为准则（The Board's Conduct of Affairs）的要求，在第 1.1（f）条中要求董事会"在公司战略的制定中纳入诸如环境、社会等可持续发展议题的考量"。

2017 年 2 月，新加坡金管局领导成立了一家临时性机构"公司治理理事会"，后者针对《守则》中董事独立性、董事会构成、利益相关方参与等方面提出了修改意见。金管局全面接受公司治理理事会提出的建议，2018 年 8 月对《守则》再次作出大幅修订，并在次年成立了常设机构"公司治理咨询委员会"，负责为企业治理规范和相关政策法规的制定和完善提供专业咨询意见和建议。新修订的《守则》包含五大板块（董事会事项、薪酬事项、会计与审计、股东权利与参与、利益相关方关系管理）、十三大项。每项内容都包含两类条目：所有上市公司必须遵守的"原则"（Principles），以及不遵守就解释的"规章"（Provisions）。此外，新加坡金管局还编制了一份内容翔实的《实践指南》，以帮助公司更好地理解《守则》中的条文，更好地提升公司治理的实践。除了对公司的内部管制实践设定了标准外，新交所还在其上市规则的"公司治理披露安排"中强制要求所有上市公司就治理情况作出披露。

除了对上市公司提出可持续发展相关的要求外，新加坡也努力促进投资者在决策中纳入 ESG 考量。由亚洲尽职治理中心领导的新加坡尽职治理原则工作组在 2016 年面向国内投资者发布了《新加坡责任投资者尽职治理原则》（Singapore Stewardship Principles For Responsi-

ble Investors）。这一文件明确了责任投资者应当遵守的七条原则：（1）表明尽职治理立场；
（2）了解投资实情；（3）保持主动知情；（4）处理利益冲突时保持透明；（5）负责任地投票；（6）树立好榜样；（7）共同合作。目前，新加坡已有 57 家大型投资机构对该原则表达了支持。

从新加坡的 ESG 政策法规演进历程看，其透明度建设走在了世界前列。2011 年 6 月，新交所发布《可持续发展报告政策声明》和与之配套的说明文件《上市公司可持续发展报告指南》，建议上市公司就其环境、社会和公司治理表现发布报告。随着越来越多的投资者关注发行人在 ESG 方面的表现，以及将 ESG 信息作为评判公司管理质量的依据之一，新交所提升了对上市公司 ESG 信息披露的要求。2014 年，新交所宣布将逐步把上市公司发布可持续报告从"自愿性"转变为"强制性"，并开始与各类市场行动者商讨修订事宜。

2016 年 6 月，新交所发布了新版《可持续发展报告指南》（Sustainability Reporting Guide，SRG，以下简称《报告指南》），要求所有上市公司在 2017 年 12 月 31 日及之后结束的会计年度中必须发布可持续发展报告。新交所将《报告指南》作为主板和凯利板（Catalist）上市规则的补充收录至"实践准则"的 7.6 和 7F 两项内容中。《报告指南》的发布也意味着新加坡成为暨香港之后亚洲第二个强制要求上市公司披露 ESG 信息的经济体。

新交所还在上市规则的正文中新增了两个相关条目：711A 和 711B。其中，711A 要求所有在新加坡上市的发行人编制发布年度可持续发展报告，并且要以"不遵守就解释"的方式参照 711B 中所载内容描述发行人的可持续发展实践。711B 则指出了上市公司的可持续发展报告中需要包含的五个重要部分（见表 13 – 8）。

表 13 – 8　　　新加坡上市公司可持续发展报告需要披露的主要内容

核心项目	内容概要
重大 ESG 因素	针对公司的实质性 ESG 因素，并且需要描述选择的原因和流程
政策、惯例与绩效	披露公司在可持续发展方面的政策、惯例和绩效
目标	披露公司在可持续发展方面设定的短期和长期目标
可持续发展报告框架	公司选取的可持续发展报告框架，以及选择的原因
董事会声明	董事会就可持续发展问题发布的声明

考虑到上市公司对新政策的理解接受程度和执行能力，新交所采取了分阶段推进的方法。《报告指南》提出，首年发布可持续发展报告的公司只需披露其对实质性 ESG 因素的评估和有关的政策或实践。如果无法对此提供定性或定量的描述，发行人只需说明自己后续如何逐步提升报告的质量。统计数据显示，新交所上市公司对于这一新的披露政策表现出积极态度。2018 年，在 496 家被要求发布可持续发展报告的公司中，有 495 家准时履行了披露义务，表现出极高的配合度和执行力。新加坡国立大学对新交所上市公司的可持续发展报告的研究表明，市值越大的公司其报告质量越上乘。

13.4.2.2 政策法规特点解读

横向比对各国 ESG 政策法规,新加坡的政策法规呈现出一些自有特点,具体如下:

(1)将 ESG 理念融入国家治理、社会治理和公司治理当中。特殊的地理环境和人口资源特点,让新加坡对于环境保护有着先天的"自觉"。新加坡是较早树立环境和生态保护意识,并将其融入国家治理、社会治理、公司治理当中,成功地实现了环境治理与国家经济发展和商业环保实践有机结合的国家。新加坡在环境管理实践中,将环境保护和治理作为"富国之本"的重要条件和打造全球金融中心的重要吸引力之一。这在其较早制定和不断完善的环保法律文件中均得到了较好的鉴证。

(2)从绿色金融入手推进可持续发展金融。新加坡充分发挥其在亚洲的金融中心地位,积极采用金融手段促进可持续发展。新加坡金管局以绿色金融为突破口,通过发布绿色债券认证资助计划、与国际金融公司签订谅解备忘录等方式助推国民经济乃至区域经济的绿色转型。2019 年 2 月,新加坡金管局扩展其资助对象,对社会债券和可持续发展债券的认证费用也予以补贴。2019 年 11 月,新加坡金管局更是宣布启动了一项 20 亿美元的"绿色投资计划",以进一步推进国内可持续发展金融的成熟。

(3)重视 ESG 信息披露,对上市公司和投资机构进行能力孵化。早在 2011 年,新交所便发布了《可持续发展报告政策声明》,鼓励上市公司发布可持续发展报告。积极响应国际社会和资本市场对可持续发展的日益高度关注,并意识到 ESG 信息披露对投资者与发行人的现实益处,新交所在 2016 年将上市公司的 ESG 信息披露要求提升至"不遵守就解释",成为亚洲第二家对 ESG 信息披露提出强制要求的交易所。为了保证可持续发展报告的质量,新交所还分别在 2011 年和 2016 年出台相关政策时,同步发布了内容详尽的指南文件,为发行人编制报告文件提供具体指导。新交所仅在 2017 年一年就举办了共 23 场讲习班,辅导上市公司更好地编制可持续发展报告,增强透明度能力建设。

(4)高度注重公司治理,尤其是董事会责任。在新加坡逐步提高上市公司 ESG 信息披露的过程中,董事会是其重点关注的对象。这一点在历次相关法规修订中均有体现:2012 年修订的《守则》中,要求董事会在公司发展策略中关注可持续发展因素;2016 年修订的《报告指南》也十分强调董事会的责任,提出"董事会对发行人的长期成功负有集体责任,董事会的职责包括制定战略目标,其中应包括对可持续性的适当关注"。另外,新交所在上市规则中也规定了上市公司的可持续发展报告中须包含一份董事会的声明。

(5)政策法规实施中因地制宜体现"柔性"策略。新加坡在 ESG 政策法规制定和实施中,不是简单的"一刀切",而是较为注重沟通和因地制宜,显现出一定的"柔性"策略。在政策的制定的过程中,注重与上市公司等相关方进行意见征询,政策法规的制定配有详细解释的《指南》文件,颁布后又对相关方提供能力提升的培训。在 2016 年 6 月的《报告指南》正式推出前的 5 个月,新交所就对社会公布了一份咨询文件,列明了准备出台的相关政策,收集市场行动者的反馈信息。而在政策内容上,新交所在《报告指南》中采取了一种逐步推进的策略，允许首次发布报告的证券发行人"降低标准"，并在后续财年中逐步提升报告质量。

总体而言，新加坡早期比较重视环境保护方面的法律法规，后续受亚洲金融危机影响，开始加强公司治理的管制，但 ESG 政策法规中对"社会"方面的要求不够重视。从市场来讲，新加坡 ESG 的发展尚处于起步阶段，绿色金融在资本市场中的占比仍相对较小，未来仍有较大发展空间。

13.4.3　日本

作为世界发达资本市场之一，日本在可持续金融和 ESG 投资实践方面也走在亚洲前列。2018 年，日本可持续投资的资产规模超过 2 万亿美元，较 2016 年上涨了 4 倍有余。目前日本已成为继欧洲和美国之后的第三大可持续投资市场。

日本可持续金融如此迅猛的发展离不开政府及监管部门推动可持续发展的决心和作出的实质性引导。日本 2016～2019 年的可持续投资年增长率达到了 1786%。日本近年来频繁修订与 ESG 和可持续发展相关的政策法规也是强有力的证明。与欧盟和英国不同，日本 ESG 相关政策法规的制定起步晚。然而，自日本金融厅 2014 年首次发布《日本尽职管理守则》，日本的 ESG 政策法规修订步入"快车道"，在至今的六年间以平均每年出台或修订一部相关政策法规的速度开始了"超车"。与此同时，市场也主动将可持续发展和 ESG 理念纳入资本活动中，各市场主体积极参与行业建设，为可持续金融在日本的发展和进一步落地建言献策，呈现出政策法规和市场实践双轮驱动的特点。

13.4.3.1　政策法规概览

日本的 ESG 整合实践之旅是从 2014 年开始的。《日本尽职管理守则》和《日本公司治理守则》从尽职管理和公司治理两方面为 ESG 实践打下了坚实基础。随着世界上最大的养老金基金：日本政府养老投资基金（GPIF）和日本养老金基金协会（Pension Fund Association）先后于 2015 年、2016 年签署联合国责任投资原则（UNPRI），日本投资者的可持续投资意识有了大幅度提高。

2014 年，日本金融厅首次颁布《日本尽职管理守则（Japan Stewardship Code）》，主要针对投资于日本上市公司股票的机构投资者和机构投资者委托的代理顾问提出七大原则，要求其积极行使股东权利，与被投资公司开展对话，为被投资公司的可持续增长作出贡献。为了使机构投资者在全面了解被投资公司的前提下更好地履行尽职管理责任，明确要求投资者监测被投资公司的 ESG 风险和业绩。该守则采取的"不遵守就解释"披露要求，使机构投资者在管理质量和信息披露方面均有了显著改善（见图 13 - 18）。

2017 年，日本金融厅对《日本尽职管理守则》进行了修订，扩大了守则指导方针的适用范围，进一步强调了 ESG 要素的重要性，细化了与 ESG 相关的条例规定。该守则重视机构投资者与被投资公司的对话和参与的实质性，而非流于形式化的沟通。《日本尽职管理守则》最新一次修订是在 2020 年 3 月，加重了对机构投资者和上市公司促进可持续增长的责任。新版"守则"重新定义了"尽职管理"，明确要求机构投资者在制定投资策略时考量与中长期投资回报相关的可持续因素及 ESG 因素；重视投资者与被投资公司在 ESG 因素和可持续议题上的对话、强调投资管理策略与提升被投资公司长期价值的一致性；将守则的适用范围从股票扩大到符合资产管理者"尽职管理"职责的所有资产类别。这次修订对可持续金融的理解、资产管理者履行责任的内容、责任管理的层级、适用资产的范围都有了前所未有的提升和扩展（见表 13 – 9）。

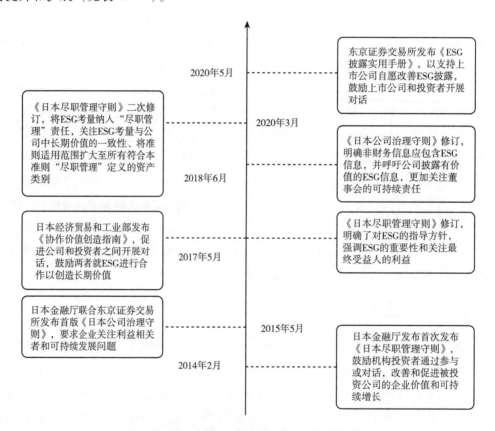

图 13 – 18　日本 ESG 政策法规发展历程

资料来源：社投盟研究院根据相关政策法规资料整理。

表 13 – 9　　　　　　　　　　　　　　尽职管理七项原则

原则一	机构投资者应该对他们如何履行管理职责有明确的政策，并公开披露
原则二	机构投资者应该就他们在履行管理职责时如何处理利益冲突设立明确的政策，并将其公开披露
原则三	机构投资者应该监督被投资的公司，使其能够以公司的可持续发展为导向适当地履行管理责任

续表

原则四	机构投资者应寻求与被投资公司达成共识，并通过与被投资公司进行建设性接触来解决问题
原则五	机构投资者应该对投票和投票活动的披露有明确的政策。投票政策不应只包括一份"机械的"检查清单，它的设计应有助于被投资公司的可持续增长
原则六	机构投资者应定期向客户和受益人报告他们如何履行其管理职责，包括投票责任
原则七	为了对被投资公司的可持续发展做出积极的贡献，机构投资者应深入了解被投资公司及其经营环境、与公司适当接触所需的技能和资源，并在履行管理活动时作出正确判断

资料来源：《日本尽职管理守则》，社投盟研究院。

另一重要政策文件是日本金融厅联合东京证券交易所在 2015 年首次颁布的《日本公司治理守则》。该治理守则面向上市公司，从公司治理角度规定公司应遵循 ESG 原则，要求公司更加关注利益相关者，要就 ESG 问题与相关方进行合作，并采取适当措施解决 ESG 问题。该守则强化了董事会职责，将可持续发展议题和 ESG 要素考量纳入董事会责任范畴，规定董事会应主动处理这些事项并为此积极采取行动。2018 年 6 月，《日本公司治理守则》修订版颁布，鼓励更多公司自愿披露 ESG 信息、明确非财务信息应包括 ESG 要素、更加注重董事会在建立可持续发展的企业文化中的引领作用。

除上述两大重要文件外，日本还颁布了其他法律文件以支持本国 ESG 投资的发展。2017 年 5 月，为鼓励企业和投资者之间通过合作创造价值，日本经济贸易和工业部（METI）出台了《协作价值创造指南（Guidance for Collaborative Value Creation）》，旨在为公司和投资者改善公司治理、履行上述两份守则所要求的责任和管理职责提供基础。该指南要求投资者关注公司 ESG 绩效与投资决策的实质性关系、强调受托者责任中的 ESG 考量、评估与 ESG 及可持续相关的风险因素。对于上市公司，指南强制要求公司在战略中披露对 ESG 因素的考量、向投资者解释在价值创造中整合 ESG 因素的细节、重视与利益相关方的关系。2020 年 5 月 31 日，日本交易所集团（Japan Exchange Group）联合东京证券交易所发布了《ESG 披露实用手册》，填补了日本上市公司在 ESG 披露指引文件上的空白。这也是日本交易所集团自 2017 年年底正式加入可持续证券交易所（SSE）后的重要举措。该手册参照了日本及国际相关标准化文件，如《协作价值创造指南》、气候相关财务信息披露工作组建议（TCFD）、国际综合报告框架（IIRC）、可持续发展会计准则委员会标准（SASB）等，并结合本国实际将上市公司的 ESG 信息披露分为四个步骤：第一，ESG 议题和 ESG 投资；第二，将 ESG 议题与战略相联系；第三，监督和实施；第四，信息披露和参与。

该手册为自愿参照的指南，不具有强制性。

13.4.3.2　政策法规特点分析

（1）政策法规引导和市场实践双轨并行。日本 ESG 政策法规的制定和出台紧随欧洲国家，近年来呈现较快增长势头，对可持续投资起到了积极的引导作用。ESG 在日本市场的发展一方面有政策法规的引导，另一方面有大型机构投资者的积极实践和推进，两者共同助力资本市场转向可持续发展。日本对可持续发展金融和 ESG 的重视在较大程度上源自 2014 年日本经济贸易和工业部（METI）发布的《伊藤报告》，该报告建议日本官方出台 ESG 相关政策以提升资本市场对企业中长期价值的关注。此后，日本官方每年发布或更新相关政策法规，可持续发展的"种子"逐渐萌芽、成长。2015 年，世界上最具有影响力的基金日本政府养老投资基金（GPIF）签署 UNPRI，成为日本可持续投资的引领者。GPIF 要求其所有外部资产管理者在投资决策中整合 ESG 要素，极大提升了日本市场对 ESG 的关注度。日本可持续投资增长迅速恰恰是源于政府和市场"两只手"的推动。

（2）《尽职管理守则》和《公司治理守则》是 ESG 政策法规的两大基石。2014 年和2015 年，社会、环境、公司治理（ESG）三项议题先后出现在《日本尽职管理守则》和《日本公司治理守则》中，分别对资本市场中的两大重要参与者，即机构投资者和上市公司作出规定和约束。两份"守则"要求机构投资者和上市公司思考长期的管理职责和影响长期发展的因素，这意味着环境、社会因素无法被继续忽视，公司治理需要更加科学与规范。尽职管理和公司治理是市场活动合规的基础，通过在这两项实践中纳入对 ESG 和可持续因素的考量，有效提升了市场对可持续发展的关注、促进了投资者和公司之间的对话、从内部和外部促进公司面向长期可持续方向发展。实践表明，日本官方机构在多次修订中逐步提升了 ESG 在上述两份文件中的重要性，为日本市场可持续金融的发展打下了坚实基础。

（3）ESG 政策法规以自愿参与和遵守为主。日本对于 ESG 的政策法规要求强制性较低，上述出台的多项法案均不存在强制约束力，这意味着日本的资本市场参与者不会因为不遵守或不签署这类文件而受到处罚。《尽职管理守则》《公司治理守则》均采用原则性倡议（principle – based），而非强制规范的法则（rule – based），"守则"要求参与者在理解并认同这些原则的基础上开展相关活动。东京证券交易所颁布的《ESG 披露实用指南》也是一份自愿性的倡议报告。

（4）重视董事会的可持续发展责任。《公司治理守则》将 ESG 和可持续发展议题的考量与实践纳入董事会职责、在这次修订中不断提升 ESG 议题在董事会责任中的重要程度，要求董事会充分认识可持续性问题（sustainability issues）在企业风险管控中的重要性，并采取主动行动。2018 年"守则"进一步扩大董事会的可持续发展责任，要求：董事会承诺并确保所披露的非财务信息有价值；董事会和管理层发挥领导作用，建立一种尊重利益相关者、拥有健全商业道德的企业文化。

（5）政府部门和官方组织携手推动 ESG 建设。日本近十年 ESG 政策法规的修订和颁布主体为政府部门和官方组织：日本金融厅（FSA）、日本交易所集团（JPX）、东京证券交易所（TYO）、日本经济贸易和工业部（METI）。发布者的地位决定了其颁布文件的关注度之高、重要性之大、影响之深远，对日本可持续金融的发展起到了方向引领作用。日本金融厅是日本内阁直属机关，负责监督和管理日本金融事务、制定金融政策、维护金融市场的稳定、保障资本市场参与各方的权益。《尽职管理守则》虽然不具有强制性的法律效力，但因该文件由日本金融厅发布，因而对市场参与者产生了较大影响。根据日本金融厅公布的数据，2016 年 12 月《尽职管理守则》的签署机构共计 214 家；截至 2020 年 3 月 13 日，签署机构总数已上升至 280 家（见图 13 – 19）。

日本 ESG 政策修订频繁，但每一次修订都经历了多方协同、融合了多方意见和建议。例如，《尽职管理守则》在修订前就广泛召集了专家委员会进行充分讨论，这也体现出日本 ESG 政策法规兼顾多方意愿的特点。

（6）逐步扩大政策法规适用范围。早期 ESG 政策法规主要针对上市公司和机构投资者作出规定和要求。2014 年《尽职管理守则》仅适用于投资日本上市公司股票的资产管理者，2020 年新修订的"守则"将范围扩大到所有符合该守则对"尽职管理"定义的资产类别。此外，"守则"增加了原则八：机构投资者的服务提供者（如养老金代理顾问和投资顾问）应当适当为机构投资者提供履行监督责任的服务，努力为增强整个投资链的功能作出贡献。

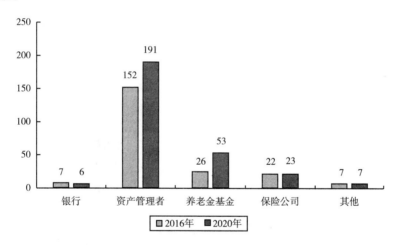

图 13 – 19　2016 年与 2020 年《日本尽职管理守则》签署情况

资料来源：日本金融厅，社投盟研究院。

启示与展望

从日本 ESG 投资市场来看，日本因其强劲的增长势头一跃成为世界第三大可持续投资市场。与 ESG 相关的投资策略多元化，除"原则筛选"之外，其他 ESG 投资方式均呈现出上涨态势。2019 年，日本市场使用"参与和股东提案"（engagement and shareholder proposals）方式进行管理的 ESG 资产规模最大，达 219 万亿日元。这是日本 ESG 政策法规中股东参与企业长期价值创造的市场表现。

从政策法规来看，日本政府高度重视 ESG 的投资，制定了多部法律法规，对市场的培育和发展起到了积极的引领作用，为日本 ESG 投资营造了良好的政策环境。然而，日本

ESG 政策法规展现出强制性要求不高，信息披露方面相较欧盟而言仍有一定差距，对气候变化议题、人权、劳工等议题关注不足的情况。根据全球可持续投资联盟（GSIA）在 2018 年发布的《全球可持续投资报告》，日本可持续投资规模占其全部管理资产的比例由 2016 年的 3.4% 上升到 2018 年的 18.3%。这反映出日本市场正逐步扩大对可持续投资的实践。未来，随着日本可持续金融体系建设的日臻完善，日本市场向可持续发展的步伐会进一步加快。

13.4.4 英国

随着国内外投资与监管机构对 ESG 理念的重视，针对 ESG 的讨论热度不减。作为欧洲发达 ESG 投资市场之一，英国积极响应联合国的可持续发展投资倡议，通过十几年的努力，搭建了相对完善的 ESG 政策法规体系。

13.4.4.1 英国 ESG 政策法规制定历程

随着联合国全球契约组织 2004 年发布报告《在乎者即赢家（Who Cares Wins）》，"环境、社会、公司治理（ESG）"首次以一个完整的概念出现在公众视野，向商界提出可持续发展的核心要素。2006 年，联合国支持的负责任投资原则（Principles of Responsible Investment，PRI）提出 ESG 投资理念，全面促进商界履行社会责任、致力于可持续发展的新时代到来了（见图 13 – 20）。

作为较早响应联合国上述两大可持续倡议的国家，英国早在 2005 年就颁布了两项养老金基金投资条例，从环境、社会、道德的考量中开启了 ESG 发展之旅。近十多年来，英国相继出台了专门针对 ESG 的法律法规，又在多项法案的逐次修订中完善了 ESG 投资的法律框架，扩大了相关法律法规在资本市场中的适用范围和对象，逐步提升了 ESG 在投资决策中的重要性和社会影响。

2010 年可谓是英国 ESG 政策法规演变历史的分水岭。这一年，英国财务报告委员会（Financial Reporting Council）专门针对 ESG 首次发布了《尽职管理守则》（The UK Stewardship Code），要求机构投资者参与被投资公司的 ESG 事项。此后，英国在制定新法令的同时开展对早期颁布法案的修订工作，ESG 法制化发展进入"快车道"。尤其在近几年，政策法规完善的速度明显加快，对资本市场各方的 ESG 要求强制程度明显提升。ESG 成为英国法律体系的重要内容之一。

英国 ESG 的法治化经过了长时间的酝酿与完善。从早期仅在养老金这类关注长线回报的投资类别中考量环境、社会、道德等议题，到近年来专门出台多项针对 ESG 的法规和指引以提升透明度建设，针对不同市场主体的 ESG 法律法规齐头并进，共同推动了英国可持续金融的发展，使其逐步成为欧洲可持续投资的引领者之一（见图 13 – 21）。

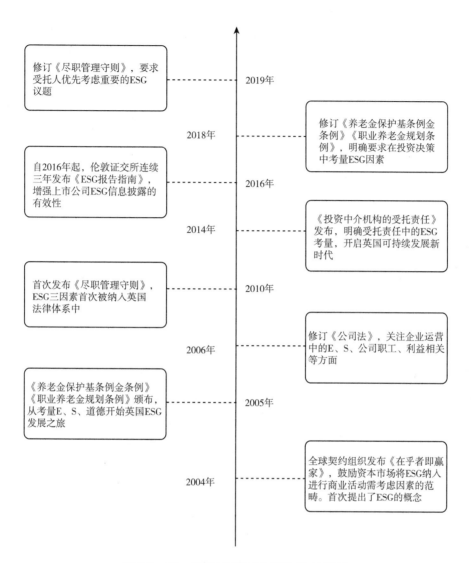

图 13 - 20　英国 ESG 政策法规时间轴

资料来源：社投盟研究院分析整理。

英国 ESG 政策法规的演进是从 2005 年劳动与养老金部（Department for Work and Pensions）在两项养老金保障基金条例中纳入对环境、社会、道德的考量开始的。当时尚未纳入公司治理的要求，对于环境和社会的要求还处在相对初级的阶段。2006 年修订的《公司法》也仅从公司治理角度对董事职责作出规定，要求董事兼顾利益相关方、关注企业运营中的环境和社会影响。

针对资产管理者，ESG 政策法规注重在资本市场参与方的"职责"中融入对长期可持续的考量。除了为客户和受益人创造长期价值外，参与方也应该为经济、环境和社会带来可持续利益。

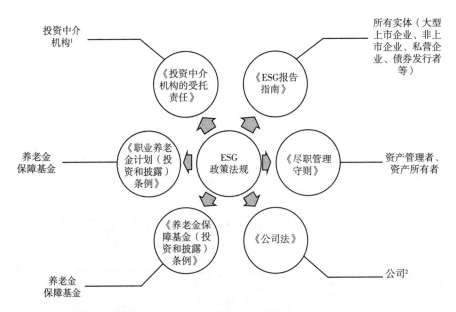

图 13-21 英国 ESG 政策法规一览

注：①按照该政策的定义，投资中介包括投资经理、代理商和托管人；

②"公司"指的是根据本法案（《公司法》）成立并注册的公司。

资料来源：社投盟研究院分析整理。

2014 年出台的《投资中介机构的受托责任》（Fiduciary Duty of Investment Intermediaries）特别关注了对受托者责任中 ESG 整合的说明，明确 ESG 考量应作为受托者责任的一部分，希望以此消除市场长久以来对受托者"不考虑 ESG"的误解。该文件的出台细化了传统受托责任的范畴、明确了受托者责任、加快了将 ESG 纳入受托者责任相关法案修订的速度。2018 年，在上述两项养老金保障基金法案的修订版中，均对在投资中考量和披露 ESG 议题提出了明确要求。

针对资产所有者和资产管理者的尽职管理（stewardship）职责，英国也出台了《尽职管理守则》强制要求在投资决策中整合 ESG，希望以这两个重要角色的力量推动资本市场向长期可持续方向发展。

近年来，英国注重对于资本市场参与方 ESG 信息披露要求的制定，在修订中提升资本市场信息披露透明度，极大地推动了英国 ESG 投资市场的发展。

伦敦证券交易所自 2016 年起连续三年发布《ESG 报告指南》（ESG Reporting Guide），旨在帮助各类经济实体规范 ESG 信息披露，为资本市场提供更多高质量、易量化和公开透明的 ESG 信息。英国劳动与养老金部（Department for Work and Pensions，DWP）在 2018 年对《职业养老金计划（投资与披露）条例》进行修订，将受托者责任延伸至 ESG 范畴，以可持续因素帮助控制养老金长期风险与回报，强制要求受托者在提交的投资原则陈述（Statement of Investment Principles）中披露对 ESG 及气候变化的考量细节，进一步提升养老金投资基金中的信息披露透明度。

13.4.4.2　英国 ESG 政策法规特点

（1）ESG 理念渐入人心。2010 年以前，英国相关政策法规对非财务投资决策因素仅考量了环境、社会和道德表现，沿袭了社会责任投资的思想，涵盖了大部分 ESG 部分议题。此后，英国在相关政策法规修订中实现了 ESG 三要素的全覆盖，相关条例也逐步完善细化。ESG 在非财务因素中的重要性明显提升。

市场数据表明，可持续发展已成为英国国家议程中的重中之重。英国相关政策法规制度的建设和 ESG 在资本市场中的推动已成为国家可持续金融体系的重要组成部分，也切实促进着英国可持续投资和责任投资的发展。2015 年，英国可持续发展主题的社会责任投资（SRI）市场规模已超过 210 亿欧元（见图 13 - 22）。

就欧洲市场而言，英国可持续发展主题的社会责任投资总价值位居前列。2017 年，尽管该数额有所下降，其社会责任投资总额仍排名第四（见图 13 - 23）。

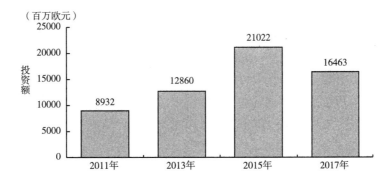

图 13 - 22　近年来英国社会责任投资（SRI）发展趋势

资料来源：Statista、社投盟研究院。

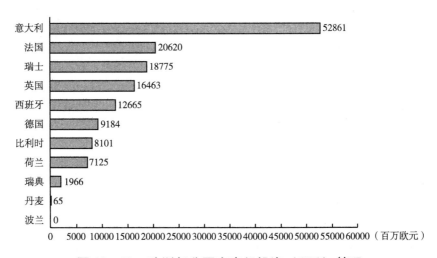

图 13 - 23　欧洲部分国家责任投资（SRI）情况

资料来源：Statista、社投盟研究院。

（2）英国 ESG 政策法规修订步入"快车道"。

2014 年以来，英国 ESG 政策法规的修订频率基本保持在两年一次，大大快于之前四年一次的修订频率，表明了英国政府在法律制度的完善上推进可持续金融发展的重视程度。在这个过程中，英国财务报告委员会（Financial Reporting Council，FRC）、法律委员会（The Law Commission）、伦敦证券交易所（LSEG）等机构在其中起到了关键性的主导作用。

（3）ESG 规约主体范围扩大。2005 年和 2006 年，环境、社会、道德考量的要求主要适用于公司和养老金保护基金。此后，ESG 条例法规适用对象逐步扩大到资本市场各主要参与者，如资产管理者、资产所有者和投资中介机构等。适用于这些对象的几类政策法规也在不断细化对其中具体角色的要求，如《投资中介机构的受托责任》中列明，需要遵守该条例进行 ESG 整合的"投资中介"（Investment Intermediaries）包括投资经理、代理商（Broker）和托管人。

（4）ESG 的规范要求日益丰富和具体化。早期英国政策法规中对投资决策中的非财务因素仅考量了环境、社会、道德等，未对公司治理作出过多强调。2010 年《尽职管理守则》发布后，形成了对完整 ESG 要素的要求。在发展过程中，责任要求逐步明确、清晰和完善，一些规范要求考量了持续性和可量化。

（5）强调董事会责任中的 ESG。《公司法》主要从社会责任角度强调公司董事职责，包括为全体成员的利益着想，同时兼顾利益相关方及公司运作对环境、社会带来的影响，从公司顶层治理和战略层面要求企业领导者将可持续责任纳入自身领导责任。这鼓励了董事和投资人对公司 ESG 事宜的参与，增加了投资者与被投资者就 ESG 议题交流深度，从而帮助公司提升 ESG 表现及相关信息披露。

（6）注重强化多市场主体的信息披露。针对资本市场的主要参与者，英国出台、修订了相关法案以提升信息披露的有效性。《ESG 报告指南》和《公司法》均对企业 ESG 信息披露提出明确要求。前者建议实体企业参照包括 GRI（Global Reporting Initiative）、SASB（Sustainability Accounting Standards Board）、UNGC（UN Global Compact）、SDGs（U. N. Sustainable Development Goals）等相关指引进行 ESG 信息披露。《公司法》（2013）则要求大型公司需要在公司战略报告中增加 ESG 信息的披露。《尽职管理守则》要求资产管理者在标书（tender）中列明对 ESG 要素的考量与整合操作信息。养老金投资基金则被要求在投资原则陈述中披露考量 ESG 的具体细节。这些条例法案对不同主体的 ESG 信批存在不同要求，均旨在为资本市场提供更为有效和公开透明的 ESG 信息。

（7）开启受托责任的新时代。2014 年，联合国责任投资原则（UNPRI）和联合国环境规划署（UNEP）开展了《21 世纪受托者责任》（Fiduciary Duty in the 21st Century）项目，意为"厘清受托者责任是否是 ESG 纳入的法律障碍，从而结束相关争论"。2018 年该项目完成，并明确了"受托者责任与 ESG 因素并不冲突，管理者有责任在投资决策中考虑 ESG 因素。"

为积极响应联合国的倡导，更好地帮助英国国内受托者开展工作，《投资中介机构的受托责任》明确了受托者应将 ESG 因素融入投资决策中的义务与责任。这一政策的出台增强了责任投资的有效性，扩大了受托责任范畴。该政策表明 ESG 与实体的可持续发展有密切关联，因此只要投资者重视受益人利益，就必须对 ESG 进行考量。英国在 2014 年出台的这项法案颠覆了传统受托者责任与 ESG 考量相互冲突的观点，加速了 ESG 助推资本市场的可持续发展，开启了受托责任的新时代。

综合来看，作为欧洲发达资本市场之一，英国积极响应联合国的可持续投资政策，通过十几年的努力，搭建了相对完善的 ESG 政策法规体系，助推了 ESG 在本国市场的发展，逐步优化了市场环境。这其中，政府起到了关键性的引导作用。

英国在 2020 年 1 月 31 日正式脱离欧盟。"脱欧"除了意味着英国脱离世界上最大的区域经济一体化组织成员身份，还意味着其国家法律体系的逐步独立。英国法律从欧盟法律体系的逐步脱离将会减弱欧盟法律对英国的影响，但并不会改变英国推进可持续金融发展的步伐。

13.4.5　澳大利亚

近年来，澳大利亚责任投资市场持续扩大，其中 ESG 整合投资策略脱颖而出。澳大利亚 ESG 投资的快速发展离不开政策制定者和行业协会对 ESG 整合、ESG 报告的明确要求，这直接推动了澳大利亚可持续发展投资市场走向规范化。作为拥有南半球发达资本市场的国家，澳大利亚积极投身于可持续发展金融体系的建设。根据澳大利亚责任投资协会（Responsible Investment Association Australasia，RIAA）发布的《澳大利亚责任投资基准报告》，近年来澳大利亚责任投资市场持续扩大。2018 年，澳大利亚责任投资资产总额同比增长 13%，达到 9800 亿美元（见图 13 - 24）。

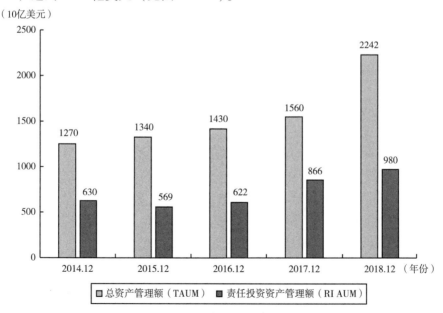

图 13 - 24　澳大利亚 2014 ~ 2018 年资产管理额

资料来源：RIAA，社投盟研究院。

在众多责任投资策略中，ESG 整合（ESG Integration）是澳大利亚投资者使用最多的投资方式。2018 年，澳大利亚使用该策略管理的资产额达到 6811 亿美元，远超使用其他责任投资策略进行管理的资产金额（见图 13 - 25）。

澳大利亚 ESG 投资的发展离不开其相对完善的 ESG 政策法规。2011 年起，澳大利亚一连出台多部政策法规，通过对原有法律体系中环境、社会、道德考量要求的补充与规范，正式开启了本国 ESG 政策法规的推进实践。近十年来，澳大利亚陆续出台了针对不同市场主体的指南文件，细化了对环境、社会、公司治理各项议题的相关要求，明确了参与各方在建设本国可持续金融体系中的责任，多方携手共同助力本国可持续金融体系的建设。

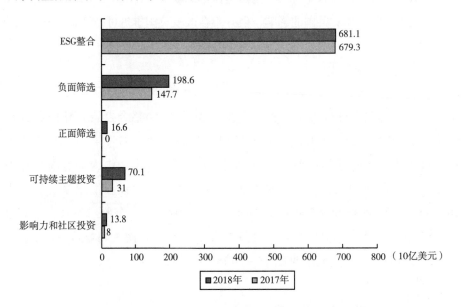

图 13 - 25　澳大利亚责任投资策略管理资产额

资料来源：RIAA，社投盟研究院。

13.4.5.1　政策法规发展回望

早在 2001 年，澳大利亚就在《公司法》第 1013DA 条中提及了环境、社会、道德因素："澳大利亚证券投资委员会（ASIC）制定必须遵守的准则，要求企业在产品披露声明（PDS）中陈述在其选择、保留或实现投资时是否考量了劳工标准、环境、社会或道德因素。"该法案虽未对 ESG 作出完整而明确的约束，但对于市场相关利益主体的 ESG 实践已经有所说明和要求。这也形成了 2011 年两项补充指南的基础。

澳大利亚 ESG 政策法规约束的第一类主体是金融产品发行人、金融服务持证人、授权代表等金融活动参与者。2011 年 10 月和 11 月，澳大利亚证券投资委员会（ASIC）先后发布了《披露：产品披露声明（及其他披露义务）》和《监管指南 65：第 1013DA 条披露指南》。这两项指南作为政策指引型文件，帮助澳大利亚金融活动参与者更好地根据《2001 年公司法》的要求提供产品披露声明（Product Disclosure Statement，PDS），履行第 1013DA 条所约定的义务。"声明"适用于澳大利亚金融服务（AFS）持证人、授权代表和金融产品发行人，并对需按要求披露环境、社会和道德因素考量的对象进行了明确：一般保险产品（General Insurance Product）无须披露投资决策中的环境、社会、道德考量情况。指南主要针对《2001公司法》的第 1013DA 条进行补充说明，指导产品发行人更好地执行条例要求。指南强制要求产品发行人必须在产品披露声明中说明"在选择、保留或实现一项投资时如何考虑劳动标准或环境、社会、道德因素"，并为产品发行人提供了披露方法的指导。指南未对披露具体内容进行规定和要求，而是由披露者自行选择认为具有重要性和实质性的方面（见图 13 - 26）。

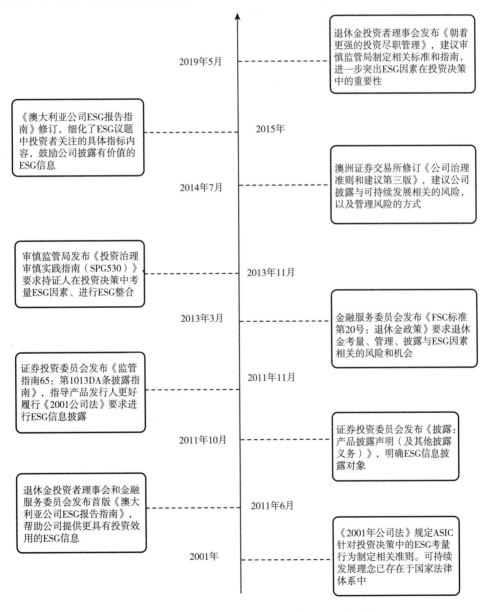

图 13 - 26　澳大利亚 ESG 政策法规时间轴

资料来源：社投盟研究院。

第二类主体是公司方。针对公司治理和信息披露，澳大利亚主要通过《澳大利亚公司 ESG 报告指南》和《公司治理准则和建议》两份文件进行约束和规范。2011 年 6 月颁布的《澳大利亚公司 ESG 报告指南)》为所有公司披露 ESG 信息提供具体指导。与英国、美国、日本不同的是，该指南不是由证券交易所发布，而是由澳大利亚退休金投资者理事会（ACSI）与金融服务委员会（FSC）联合推出。该指南从如何确定披露议题的实质性、ESG 报告可遵循的框架、如何识别 ESG 议题等方面为公司提供信息披露指引。此外，还对环境、社会、公司治理三个方面均提供了可参考的重要报告主题（见图 13 – 27）。

E	气候变化、环境管理系统与合规、使用效率（废物、水、能源）、其他环境问题
S	工作场所健康与安全、人力资本管理、企业行为（例如、贿赂和腐败）、利益相关者管理/经营许可证
G	ESG披露

图 13 – 27　ESG 框架

该指南旨在引导公司报告 ESG 因素、提高 ESG 信息披露质量，帮助资产管理者获得更加准确和具有可比性的 ESG 数据，就相关事宜与被投资者公司沟通，更好进行 ESG 整合。2015 年，指南进行了更新，精简了关注的 ESG 子议题。从投资者需求出发，指南细化了每项子议题下公司应考虑披露的方面，为公司披露 ESG 信息提供了更加明确和具有实质性的方向指引。

针对公司治理，澳大利亚证券交易所（ASX）在 2014 年更新了《公司治理准则和建议（第三版)》，在建议 7.4 中增加了对企业披露和管理可持续发展、环境、社会相关风险的建议。2019 年，《公司治理准则和建议（第四版）》颁布，细化了建议 7.4 的说明，增加对气候变化议题的考量，提升对环境议题的关注，鼓励公司参照气候相关财务信息披露工作组建议（TCFD）披露气候风险。

澳大利亚有关 ESG 的政策法规约束的第三类主体是养老基金。2013 年 3 月，澳大利亚金融服务委员会（FSC）颁布《FSC 标准第 20 号：退休金政策》，要求具有金融服务许可的持牌人（Licensee）对其管理的养老基金制定 ESG 风险管理政策，并自 2014 年 7 月 1 日起强制要求相关持牌人对外披露风险管理细节。同年 11 月，澳大利亚审慎监管局（APRA）发布《投资治理审慎实践指南（SPG530)》，明确要求持牌人在制定投资策略时考虑与 ESG 相关的潜在风险和回报，并将 ESG 因素通过财务量化的方式进行披露。然而，该文件造成了一些负面影响：它混淆了道德投资和 ESG 整合的概念，在实践中具有误导性。2019 年 5 月，澳大利亚退休金投资者理事会（ACSI）颁布《朝着更强的投资尽职管理》，建议审慎监管局（APRA）修订相关标准和指南，进一步突出 ESG 议题在制定投资策略中的重要性、提升市场对可持续发展议题和 ESG 的关注度。该文件也特别要求养老金受托管理委员会获得关于 ESG 的资格和能力。

13.4.5.2　政策法规特点概览

（1）ESG 政策法规起步较早。

与欧盟、美国、日本相比，澳大利亚较早在主流法律文件中包含对可持续因素的考量。2001 年，澳大利亚《公司法》的第 1013DA 条为今后设立可持续相关政策法规提供了基础和依据，2011 年颁布的两份文件正是对其进行的补充说明。这两份文件的出台除了顺应国际市场正掀起的可持续浪潮外，更代表澳大利亚在搭建本国可持续金融体系中迈出了实质性一步。

（2）对现有法律体系形成有机补充。

澳大利亚近十年出台的 ESG 政策法规和现有的法律体系形成补充和辅助，在顺承原有法条规约的基础上加强了相关要求并自成体系。2011 年发布的《产品披露声明》和《监管指南 65：第 1013DA 条披露指南》指导产品发行人如何更好地履行 2001 年《公司法》的规定。《投资治理审慎实践指南》（2013）规定投资策略中的考量应满足《养老金产业监督法案》（SIS）第 52 条关于流动性和多样化的要求。2015 年发布的《澳大利亚公司 ESG 报告指南》补充和加强了现有的当代澳大利亚公司治理政策，鼓励公司在履行《公司治理准则和建议》的"原则 7：与 ESG 风险相关的义务"时，逐步遵守该指南中的风险报告原则。指南通过辅助已有的政策法规帮助公司更好地披露投资者所需的 ESG 信息。澳大利亚原有的相关法律体系侧重规范财务、利益等关系，较少涉及供应链管理。新法律在企业与环境、社会、供应链、利益相关方等方面作出了规范，这些文件为澳大利亚搭建起一个更加稳定和可持续的金融体系。

（3）ESG 政策法规体系日臻完善。

澳大利亚注重从多方面完善本国的 ESG 政策法规。近十年来，澳大利亚出台的 ESG 政策法规适用范围广、条例要求详细具体，突出了商业道德、环境、社会三项 ESG 核心要素。ESG 政策法规约束主体涵盖多个主要资本市场参与者，包括资产管理者、金融产品发行人、公司、退休基金管理者等。澳大利亚也非常重视促进企业全面履行社会责任、从社会责任到可持续金融，将 ESG 融入各类公司的信息披露和企业的管理实践当中。

（4）多主体推进 ESG 政策法规体系构建。

澳大利亚审慎监管局（APRA）、澳大利亚证券交易所（ASX）、金融服务委员会（FSC）是推进澳大利亚可持续金融建设的主要部门，此外，澳大利亚退休金投资者理事会（ACSI）也在背后起了极大推动作用。ACSI 成员包括 38 个澳大利亚和国际资产所有者以及机构投资者，该理事会与政府、监管机构和有关机构合作，参与相关法规和政策文件的修订讨论。ACSI 重视资产管理者在受托责任中考量 ESG 因素，于 2019 年颁布了《朝着更强的投资尽职管理》，建议有关部门加强重视 ESG、修订相关标准和指南。

2017 年年底，澳大利亚可持续金融倡议组织（ASFI）诞生。该组织由高级金融服务机构、学者和民间社团代表组成指导委员会，旨在促进发展以人类福祉、社会公平和环境保护为优先的澳大利亚经济，巩固和提升金融系统的韧性和稳定性。2020 年，ASFI 启动了《可持续金融路线图》研究，促进澳大利亚金融体系的发展契合联合国可持续发展目标（SDGs）。

（5）ESG 政策法规强制性要求高。

澳大利亚的 ESG 条例体现出强制性较高的特点。《监管指南 65：第 1013DA 条披露指南》要求产品发行人必须在产品披露声明中披露环境、社会考量细节。《FSC 标准第 20 号：退休金政策》强制要求相关持牌人向证交所披露有关 ESG 风险管理政策，以加强对持牌人的责任管理。

（6）注重信息披露标准和透明度建设。

良好的信息披露是市场开展可持续投资的基础。澳大利亚政府强调可持续投资要建立在公开、透明、规范、可量化的信息披露基础上。澳大利亚颁布多项法律文件加强信息披露的标准化。针对产品发行人，《监管指南 65：第 1013DA 条披露指南》要求在产品披露声明（PDS）中披露在投资决策中考量劳工标准、环境、社会和道德情况，同时披露上述因素的方式及具体考量细节。对于相关因素的考量程度必须按照实际情况清晰、无误地进行披露。

针对公司方，《公司治理准则和建议》建议公司参照相关国际框架（如 TCFD）披露与 ESG 和气候变化相关的风险。《澳大利亚公司 ESG 报告指南》向公司提供了机构投资者最关切的 ESG 议题，以帮助公司完善 ESG 信息披露。

澳大利亚退休金投资者理事会针对 "S&P/ASX200 指数" 成分股的调查显示，2018 年已有超过四分之三的公司 ESG 报告达到了中等以上水平，超过 50% 的公司达到了 "详细" 和 "领先" 水平（见图 13-28）。

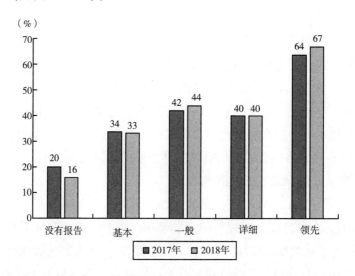

图 13-28　S&P/ASX200 公司 2017~2018 年 ESG 报告情况

来源：ACSI，社投盟研究院。

针对养老基金投资，《FSC 标准第 20 号：退休金政策》要求养老基金披露如何将 ESG

考量纳入投资决策、如何监控投资组合中的 ESG 敞口、如何应对 ESG 风险,以及对外报告具体行动的方式。

总结与展望

澳大利亚 ESG 政策法规呈现出时间早、相关条例较为完善、多方协同推进体系建设等特点。近年来,澳大利亚越来越多的投资经理使用了领先的 ESG 整合投资。澳大利亚市场对于投资经理职责的审核日趋严格:除了要为客户提供有吸引力的长期财务回报外,还要考虑投资选择所产生的社会和环境影响。

澳大利亚 ESG 投资的快速发展离不开政策制定者和行业协会对 ESG 整合、ESG 报告的明确要求,这直接推动了澳大利亚可持续发展投资市场走向规范化,扩大了责任投资的资金池。2019 年 3 月,澳大利亚可持续金融倡议(ASFI)启动,该倡议结合 SDGs 和《巴黎协定》的相关要求提出了一套针对本国发展可持续金融的建议,为全面推动澳大利亚金融体系转型吹响了号角。作为拥有世界发达资本市场的国家,澳大利亚在 ESG 政策法规制定和市场引导方面的经验和实践值得我们学习和借鉴。

第14章 中国 ESG 投资发展报告

14.1 ESG 投资与高质量增长理念

微观层面，ESG 代表环境、社会和公司治理三个基于价值的评估因素，用来评估企业业务和投资活动对环境、社会的影响，以及公司治理是否完善。宏观视角，ESG 反映出"中国经济由高速增长切换为高质量增长"的宏观产业逻辑。的确，在一个经济体终端需求持续释放、高频数据量价齐升的阶段，以往"野蛮生长，做大产能规模"是企业的自然选择，也是最直接的业绩来源；而目前随着我国全面建成小康社会，人口老龄化和中产阶级扩大，总需求增速放缓，公司业绩来源更依赖于终端需求的结构性调整和升级。毫无疑问，ESG 投资将成为我国经济高质量增长的拉动力。首先，在"碳达峰、碳中和"的时代背景下，环境（Environmental）将在很长一段时间持续受到市场关注；其次，我国迈入社会主义新阶段，国家提出"三次分配"，注重公平与效率的平衡，未来政府、企业、个人都应该更加重视社会责任（Social）；最后，最近几年的投资实践表明，公司治理（Governance）本身即可贡献较为显著的超额收益。

14.1.1 基本理念的转变

过去十年，ESG 投资在全球发展得如火如荼，但在国内却始终不温不火。而近期，投资机构、政府部门、金融监管部门对 ESG 的态度都发生了很大的转变。中国的机构投资者比欧洲国家认识 ESG 晚一点，但最近一批公募基金、资管公司对 ESG 的关注度都显著提升。例如，有一家规模较大的私募基金管理公司，管理资产有一半左右来自境外，它们在三年前就开始关注 ESG 投资，并拥有自己的 ESG 团队。应该说，中国 ESG 投资的黄金时代即将到来，中国的机构投资者越来越关注如何通过 ESG 来给投资者带来更好的回报，以及有效地防范投资可能带来的风险。这种基本态度的转变的原因如下：

第一个原因，整个社会，特别是年青一代，更加关注自身以及人类的可持续发展，更加关注生态环境、生物多样性对人类的影响，也期待变革，期待通过自己的努力创造一个新的、更加公平的世界。一个新的概念，"净零循环经济"正在得到认可。这不仅是可持续的，而且是净零碳排放。疫情防控期间很多国家采取了封锁措施，使人们习惯的行为模式发生了改变。过去是上班族，现在可以在家办公；过去是线下开会，现在是线上开会。我们发现有一些不必要的、增加碳排放的措施可以不要或者大量减少，如减少出差导致我们可以少坐飞机、高铁、汽车。同时也可以增加储蓄，特别是对一些发达国家的年青一代来说，减少主要依靠信贷支撑的过度消费。

第二个原因，是人们期待通过绿色发展来寻找新的经济增长点。在传统产业面临巨大冲击时，怎么样促进经济的复苏？这是各国面临的挑战。人们发现，发展绿色经济可以增加的活动规模与传统的发展模式相比有可能更大，而风险却相对较小。这也是牛津大学最新的研究发现：清洁能源基础设施每支出 100 万美元可以创造 7.49 个工作岗位，而化学能源为基础的投资仅创造 2.65 个岗位。

IMF（世界货币基金组织）建议各国实施绿色经济复苏，各国已经逐渐达成了高度共识，并采取行动。例如，英国最近公布了 2020 年《尽责管理准则》，将尽责管理定义为"负责任地配置、管理和监管资本，为客户和受益人创造长期价值，为经济、环境和社会带来可持续利益"，并要求投资者解释他们如何在各个资产类别中履行尽责管理职责。有 20 多个国家和地区也发布了相应规则。例如，欧洲推广的绿色新政，将战略重点放在绿色就业和再就业培训上，以缓解关闭 230 家燃煤电厂对就业带来的影响；加拿大于 2020 年 4 月推行的绿色就业计划，通过修复废弃油气井创造数千个工作岗位；2020 年 1 月，欧洲投资银行宣布到 2021 年停止所有化石燃料融资，并在十年内向清洁能源项目投资 1 万亿欧元；美国有 76% 的上市公司推出了绿色可持续计划；澳大利亚储备银行业提出，由于气候变化会给金融稳定带来风险，从金融监管、金融安全的角度对银行等机构提出了要求。此外，一些国际公司在减少碳排放方面比政府行动更进一步。例如，年初微软在净零排放基础上，宣布将在 2030 年实现碳负排放。习近平主席在第七十五届联合国大会一般性辩论上宣布，中国二氧化碳排放力争于 2030 年前达到峰值，努力争取 2060 年前实现碳中和。

第三个原因，是出于重建国际秩序的考量。最近几年，美国带领下的国际贸易体系特别是第二次世界大战以来一个相对稳定的国际秩序受到了严重冲击。在中美关系急转、美国力求要与中国经济脱钩，甚至希望全球经济与中国经济脱钩的情况下，我们看到多边体系受到了极大的损害。美国到目前为止已退出十余个国际组织，并且对有些仍未退出的组织也发出了威吓。但全球不能没有公认的国际规则、秩序来规范各国行为。因此，这样的大背景下绿色发展最有可能达成共识，而且绿色投资有助于帮助各国在经济复苏过程中减少摩擦，形成一致行动。

全球范围内，可能因为如下因素正在推动 ESG 投资主流化：

①在低利率的环境下，机构投资人降低了回报率要求，更趋向于稳定获利。

②ESG 相关规范和监管措施推动可持续投资加速。

③风险管理的驱动，ESG 可以成为投资中一个重要的排雷工具。

④来自客户的要求与受托责任的驱动。

⑤可持续发展和绿色金融在全球趋于主流化。

⑥低经济增长率也是原因之一。如中国经济增速逐步放缓至 5.5%（2022 年）。

⑦卫生医疗发达且生活品质提高后，人们的寿命也随之增加。为了退休后的生活保障，人们更希望获得长期稳定的收益。

中国 ESG 投资虽起步较晚，但发展迅速；且以"自上而下"的政策、指引导向为主，向投资者和企业传达 ESG 理念。有关部门陆续开展了 ESG 投资相关政策、路径、方法的完善和探索，中国 ESG 投资主流化趋势渐显。ESG 投资在中国具有广阔的发展前景，并步入快速发展进程，近两年来无论在投资数量还是投资规模上都有相当大的进展，在促进中国经济可持续发展方面将起到重要作用。中国作为最大的发展中国家以及全球第二大经济体，不仅在 ESG 投资实践方面，而且在理论研究方面，都正在与全球形成互动。

因此，有必要也很迫切地需要将 ESG 与投融资体制机制改革相结合，拓展 ESG 的中国命题。如今中国社会对于 ESG 并不陌生，但在研究和应用层面仍有较大成长空间。而当下中国所面临的新发展阶段，需要坚持的新发展理念，以及需要开创的新发展格局，包括中国对国际社会宣示的"3060"目标，对内提出的高质量发展目标，都可以通过全面践行与可持续发展、"以人为本""善治"原则、绿色金融、责任投资等相呼应的 ESG 投资理念，寻求达成系统性、兼容性和操作性具备的解决思路、方法及路径。此即为 ESG 的中国命题。以下三个方面或许可供 ESG 相关从业者和研究人员参考：

第一，关注 ESG 国际发展新趋向，结合中国国情，特别是政策法规导向、地方政府和央企国企等主体对于市场偏好、投融资机制和项目实施的重要影响力，在 ESG 的适用领域、主体和相关投融资标准和要求等方面力求达成更为全面的新共识，在顶层设计层面搭好框架，夯实基础，建立和优化 ESG 中国生态系统，而不自限于证券或金融一隅。

第二，从区域经济可持续发展和投融资体制机制改革与创新的角度思考 ESG、强化政策引导，从激励和规制两个方面促发中央部委、地方政府、地方平台公司和其他市场主体的主动作为，为市场树立新的投资信仰。具体而言，中国的 ESG 投资应当在项目层面关注项目管理，在企业层面关注公司治理，在区域可持续发展层面关注政府治理。借鉴特许经营、PPP、绿色金融、气候投融资等政策得失，按地区、行业、项目分类施策，以投资管理为主要抓手，打通政府、企业、项目和市场之间的投融资决策链条，平衡 ESG 投资和非 ESG 投资的相对成本与收益，建立 ESG 投资的溢价回收机制，而不仅仅停留在个体层面的信息披露、公司评级和绿色融资等几个点。

第三，相关主管部门牵头，选择基础条件良好、示范意义突出的区域（县市、开发区或产业园）、企业（不限于上市公司或金融机构）和项目（存量和新增），开展 ESG 投资试点。试点内容可以涵盖 ESG 政策框架、组织保障、机制建设、标准研究、信用评级、风险评估、收益测算等方面，尝试从投资项目的源头（实际发起者和主导者）和落脚点（项目审批、实施和管理）两端切入，找出以 ESG 引导、规范和激励中国责任投资的可行路径，为中国 ESG 顶层设计和政策法规的完善提供支撑。

14.1.2　ESG 投资的作用与发展趋势

说到 ESG，可能有投资者会心里打鼓：ESG 的投资方向，好像并不是那么有"钱景"，似乎存在管理人用投资者资金为"慈善公关买单"的倾向。

其实，ESG 投资的本质是选出真正高质量可持续发展的公司，而非依靠短期的资源消耗作为商业模式的公司。事实上，前者相对后者有着非常显著的超额收益。

如图 14-1 所示，根据中证公司指数的相关研究，ESG 指标体系下高分组的股票组合相对低分组超额收益明显，且波动率表现同样更优（合理的解释是更少的负面事件和个股尾部风险），是风险调整后收益显著的"因子"。

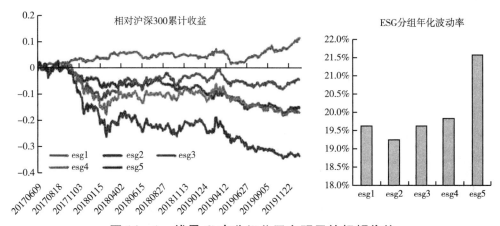

图 14-1　钱景 G 高分组公司有明显的超额收益

长期以来，资本市场倾向于对高业绩增长率的公司给予"估值溢价"，而 ESG 则更强调增长的代价、质量与可持续性。

下面我们来看一个高质量增长的实例，如图 14-2 所示。

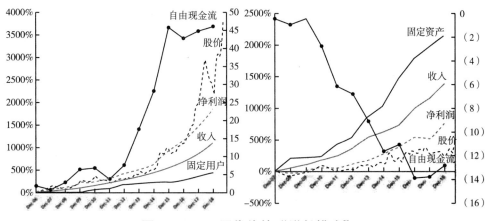

图 14-2　不同代价的"增长模式"

资料来源：易方达基金。

可以看出这是两种风格极致差异的商业模式。右侧的公司代表"低质量增长"的业务：需要依靠大量的固定资产投资，较高的财务杠杆和再融资，表现为较差的自由现金流；左侧则是"高质量增长"的典范：在资本消耗极少的情况下却能获得丰厚且可持续的回报。

而这样高质量发展的理念，与 ESG 投资有相通之处：通过更有效和集约的资源（E）、人力资本的发展与管理（S）、高效的经营和组织形式（G）使用获取竞争优势，从而实现更持续的价值创造。从 ESG 底层逻辑出发，环境、社会和治理（ESG）方面的优势完全可以转化为超额业绩。对投资者而言更重要的是通过实践去区分而真正把握住优秀企业最本质的特征。

宏观上，ESG 投资在促进中国经济可持续发展方面作用重大，主要体现在以下五个方面：

（1）提升企业价值。通过 ESG 投资一定会极大地促进企业的 ESG 实践，这些企业分布在不同行业、产业和领域。但不管在哪个行业，不管企业规模有多大，不管企业属于什么性质，如果能通过 ESG 投资来促进实体经济在 ESG 中的实践，也就是说，在企业发展中更加注重 ESG，就是 ESG 投资的目的。

ESG 投资会把更多的投资资源和资产投向在 ESG 实践方面做得好的企业，从而使可持续发展有更好的微观基础。通过 ESG 投资能够让实体企业更加注重 ESG 实践，更加重视企业可持续发展，更关注企业自身在 ESG 方面的状况，包括与社会的沟通和信息披露等方面。

中国境内有不少企业在开展 ESG 实践过程中产生了很多优秀的案例。企业通过 ESG 实践将引导更多 ESG 投资资源注入和更多资源的参与，这对于提升企业的价值非常重要。

（2）深化资本功能。资本是经济增长、产业和企业发展的核心要素。资本是有价值的，也需要回报。当前要进一步深化资本功能，因为资本本身没有好坏，但资本到底怎么使用，能不能用得更好，能否让资本价值的维度更丰富，就需要进行正确的引导。资本是逐利的，但 ESG 的发展不仅要让资本盈利，而且要让企业在应用资本的过程中更多地关注 E、关注 S、关注 G，这样就使资本功能得到深化。因此，通过 ESG 投资，必将深化资本功能，拓展资本应用空间，引导资本向善，助力经济实现高质量的可持续发展。

（3）丰富资产配置。ESG 投资会使投资和资产管理机构在投资过程中不断完善和丰富资产配置。例如，在实现碳中和的过程中，中国需要巨量投入，包括社会资本的支撑和大量社会资金。那么，在这个过程中，一定会极大地丰富资产配置。由于投资需求巨大，投资机构在支持 ESG 实践过程中将更多地完善和更新资产配置，也就是把更多的资产投入绿色发展方面，更注重 E，除此之外还有 S 和 G。

（4）促进国际经贸与投资合作。这几年，在经济全球化的过程中，全球经济增长和全球经济合作不断遇到一些保护主义、极端主义的限制和制约。但是，可持续发展是全球共识，也是全球经济发展的需要。在面对全球变暖这一影响全人类的大事件中，每一个人都不能置身事外。全球化是大方向，一定要坚持，特别是在推动可持续发展方面，全球更需要在经贸、投资上开展多方面合作。

在这方面，ESG 投资提供了一个非常好的渠道和载体。如果全球在可持续发展方面有更多共识，全球就能通过 ESG 投资形成更多国际合作。举一个例子，如中国企业要"走出去"投资，当地就会关注这家公司的 ESG 战略是什么，有什么样的考虑和计划。反过来，境外的投资资产管理机构到中国来，也会非常关注中国 ESG 投资的发展状况。在当前全球化遭遇挑战的情况下，更需要通过 ESG 投资来促进国际交流与合作，共同促进可持续发展。

（5）有利于完善可持续发展生态。ESG 投资既不是单一的投资行为，也不是单一的投资主体的具体实践。如果 ESG 投资想要实现真正的可持续发展，并且不断走向成熟，不断走向主流，就一定需要一个良好的生态。生态对于 ESG 投资的发展非常重要，反过来，ESG 投资的发展也会促进和带动生态的进一步完善，这对中国的可持续发展也会形成有力支持。

中国的 ESG 投资起步相对全球来说并不是最早。虽然在某些领域我们提出得比较早，但是作为融合投资理念、投资方法及投资评价等为一体的 ESG 投资，全球目前还在不断完善和成熟过程中，从这个意义说上我们起步并不是最早。不过，ESG 投资在中国已经呈现出加快发展态势，主要体现在以下几个方面：

（1）发展速度快。近两年来，ESG 投资在中国加快发展步伐，无论是投资数量还是投资规模都有相当大的进展。此外，产品种类也进一步丰富，投资主体更为多元。在基础设施建设方面，包括信息披露、评价体系、数据支撑和中介服务也有了一定起步。在制度规范方面，监管部门包括自律机构，在自律规范方面也在进一步完善。

（2）发展方式特色化。中国 ESG 投资的发展方式值得关注：其一，实体经济与金融投资的互动。因为 ESG 投资仍然是投资行为，这种投资行为离不开实体经济的 ESG 实践。实体经济的 ESG 实践与金融投资形成互动，有利于 ESG 发展。其二，理论研究与实践的互动。ESG 投资实践引领着理论研究的深入，而 ESG 投资实践的扩大也需要理论及方法支撑。

（3）政府与市场的良好互动。ESG 投资是市场主体的行为，但市场健全完善需要基础设施和政策支持。ESG 投资是全球趋势，也是中国自身发展的需要。中国始终秉持人类命运共同体的理念和责任，中国 ESG 投资的发展是全球 ESG 投资发展的重要组成部分，也是促进全球 ESG 投资发展不可或缺的力量。近年来中国 ESG 投资的发展成就就是与国际 ESG 发展合作互动的体现。

（4）ESG 投资正成为一种重要的投资方式。ESG 投资、责任投资等都反映了可持续发展的理念，代表了一种期望能够实现长期、有价值、可增长的可持续投资方式。在污染防治已经成为国家重要攻坚战，环境、食品、教育、疫苗等领域的风险事件已经成为公司，甚至是整个行业不可忽视的重要风险因素时，综合反映环境、社会责任、公司治理的 ESG 投资方式有利于改善资本市场投资环境，激发经济增长的新动能，推动全社会贡献的长期价值增长。

（5）ESG 将成养老金等被动投资的重要类别。国际经验表明，养老金等专业机构是 ESG 投资中的主要投资者。在机构投资者采用 ESG 投资过程中，政府部门发挥了至关重要的作用。有鉴于此，随着养老金、企业年金、保险资金等机构投资者进入资本市场的步伐加快，同时伴随国内环境信息披露质量逐渐提升，ESG 等非财务信息将在社会发展和机构投资者的投资决策中发挥越来越重要的作用。ESG 有望成为养老金等机构投资者的被动资产中，继市值指数、Smart Beta 之外的第三个重要类别。

（6）ESG 与公司绩效正相关揭示更多维信息。从全球的 ESG 相关研究来看，ESG 与公司绩效显著正相关。尤其在新兴市场，ESG 对公司绩效的影响更加显著。归因分析结果显示，高 ESG 评级公司在市值和价值因子上具有较大的正向暴露，在 Beta、波动率、流动性因子则具有较大的反向暴露。因此，对国内市场，ESG 评级能够提供在财务数据、交易数据之外的更多维度的信息。

（7）未来国内 ESG 投资的重要策略方向。目前，国内 ESG 投资发展还处于初期阶段，ESG 投资策略主要以负面筛选、主题投资、正面筛选为主。中证指数公司始终贯彻并致力于推动绿色可持续发展理念在指数编制和市场产品的应用。

从国内研究来看，ESG 纯因子具有显著的正的风险溢价，具有投资价值。随着 Smart Beta 和因子投资在国内发展日益成熟，将 ESG 因子纳入多因子模型的 ESG 整合策略也将会具有更大的发展空间。综合国际经验和国内实际，负面筛选、主题投资、ESG 整合将是当前和今后一段时期 ESG 投资的重要方向。

在金融市场方面，随着对可持续发展的关注不断提升，投资者越来越多地通过优化的股票指数来实现责任投资理念。这就需要指数供应商开发出越来越多的责任投资方案，以满足投资者的更高要求。例如，英国提供了 50 多种 ESG 指数，富时 ESG 指数系列采用富时罗素 ESG 评级和数据模型的整体评级来调整其成分股的市值权重，彭博与 MSCI 宣布扩充彭博巴克莱 MSCI - ESG 固定收益指数系列并在全球范围推出 9 只 ESG 高收益债券指数。

中国也有若干家机构都推出了 ESG 指数，且正在从股票市场拓展至债券市场。据不完全统计，中国 ESG 主题相关的基金共 32 只，年化收益率都不低于一般基金的平均收益率，大多在 20% 以上。其中，有 4 只基金明确与 ESG 相关，有 6 只与 S 相关，17 只与 E 相关，3 只与 G 相关。可以说，中国 ESG 的市场空间还非常大（见图 14 - 3）。

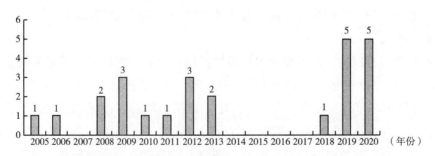

图 14 - 3　我国 ESG 股票指数年度发布数量（截至 2020 年 5 月末）

数据来源：Wind、兴业研究。

ESG 投资在中国正步入快速发展进程，在促进中国可持续发展方面将起到重要作用。ESG 投资既不是单一的投资行为，也不是单一的投资主体的具体实践。ESG 投资若要实现真正的可持续发展，并且不断走向成熟，不断走向主流，就需要有一个良好的生态。因此，要优化 ESG 投资生态体系，推动 ESG 投资高质量发展。

（1）有效扩大 ESG 投资产品供给和投资规模。ESG 再好，但如果 ESG 投资没有达到一定规模，没有足够体量，它的作用就无法得到充分发挥，对中国可持续发展就难以起到重要的支撑或服务作用。

（2）健全信息披露和评价体系等基础设施。ESG 投资在中国的发展出现不平衡，其中的一个薄弱点就是基础设施不健全。例如，信息披露的关键在于信息披露标准的建立。信息披露的标准是全球重点，也是全球难点。对于信息披露标准的建立，全球正在逐步形成统一的标准框架和体系。在这方面，中国需要通过制度开放，把中国的一些标准融合到全球标准中，使信息披露标准既能反映全球趋势和共识，也能反映中国自身的特点。

另一个薄弱点是评价体系。现在市场上虽然已有一些 ESG 投资的评价机构和评价方法，但是在评价统一和整合方面，目前还较为薄弱，仍缺乏更客观、更科学，能作为投资重要依据的评价体系。例如，ESG 投资评价需要将传统财务状况和 ESG 所涉及的非财务状况进行综合分析、度量，包括 ESG 因素如何影响企业的财务状况和业绩、ESG 的价值如何判断等。这些仍是目前学术界和业界非常关注和亟待解决的问题。除此之外，还存在数据运用和数据支撑的问题，以及如何将整个 ESG 价值链建立起来等问题。

（3）推进 ESG 投资的规则、监管及自律等制度建设。制度建设是基础设施的重要内容，在这里单独把制度建设罗列出来，以凸显其重要性。当前，ESG 投资在中国发展的关注点应该是怎样才能促进 ESG 高质量、高标准、更加规范的发展。对此，制度建设还需要进一步健全和完善，包括建立相关规则、完善监管制度、促进企业自律等。

（4）形成政府、企业、投资机构、中介体系、媒体等相关主体促进 ESG 投资发展的合力。ESG 投资是一个系统工程，是一个生态体系。因此，与 ESG 投资有关的主体必然是多元的，这就需要政府、实体企业、投资机构、投资人、行业组织、服务中介以及媒体等这些多元的主体共同形成发展 ESG 投资的合力。

（5）完善社会资金进入 ESG 投资的引导机制和生态体系。政府需要建立一定机制，引导微观主体 ESG 的实践活动，要形成实体经济 ESG 实践对 ESG 金融投资的引导机制，还要注重引导社会资金向 ESG 金融投资领域的集聚。

14.2　国内发展状况与存在问题分析

14.2.1　发展现状

ESG 最早是由联合国环境规划署 1992 年发起成立的金融倡议（UNEPFI）提出的相关概念。2006 年，UNEPFI 和联合国全球契约组织（UNGC）联合发布联合国负责任投资原则

（UNPRI），倡导将 ESG 因素纳入投资决策考量。此后十几年，ESG 理念在联合国、欧盟、世界银行等国际组织、各国政府及相关市场主体的共同努力下得到广泛普及，与之有关的信息披露、企业评级、投资指引等制度安排及实务操作也纷纷落地，并呈现出不断发展和完善的趋势。无论是在欧美发达地区，还是在新兴市场国家，ESG 已然成为主流投资理念及实操策略之一，受到越来越多的关注。在可持续发展和碳中和目标逐渐达成全球共识的今天，与之完美契合的 ESG 更是被人们寄予厚望。

相较于发达国家，我国 ESG 投资起步较晚，初期规模较低，但近年来增长趋势明显。根据中国责任投资论坛，截至 2020 年 10 月，中国 ESG 市场规模约为 13.71 万亿元，比 2019 年统计增长约 22.9%，其中绿色贷款规模占比超过 80%。《中国责任投资年度报告 2019》（以下简称《报告》）显示，欧洲的责任投资发展主要由市场自发驱动。发展中国家也越发关注责任投资，国际金融公司（IFC）发起的可持续银行网络（SBN）成员数量已从 2012 年的 10 个增加到 38 个，中国是其中一员。

中国责任投资早期主要体现在银行信贷业务上，该报告显示，截至 2019 年 11 月，我国可统计绿色信贷余额 9.66 万亿元，泛 ESG 公募债券基金规模 485.94 亿元，绿色债券发行总量 1.02 万亿元，社会债券发行总量 4220.86 亿元，绿色产业基金实际出资规模 91.61 亿元。

2017 年 A 股上市公司对社会企业责任报告披露率达到四分之一，近年披露率较高。截至 2018 年 5 月 30 日，A 股共有 822 家上市公司已披露 2017 年度企业社会责任报告，披露率达到 23.7%，同比增长 4.45%，增速较上年的 8.40% 有所下滑，其中，根据上交所发布的 2017 年社会企业责任报告，2017 年上交所共有 475 家上市公司披露社会责任报告，同比增长 14.2%，其中自愿披露的有 150 家，自愿发布率达到 31.6%。整体来看，近年 A 股企业发布 ESG 报告比重保持在四分之一的较高水平，2017 年发布的报告增速更高于 A 股 2016 年公司数目增长率。

从已发布 ESG 报告公司的行业分布来看，以金融板块披露率最高，钢铁、交运、地产次之。从 2017 年的 ESG 报告披露率来看，银行及非银板块披露率最高分别达到 92%、80%，披露率仅次之的钢铁、交运、地产行业，披露率分别为 41%、40%、37%。而从市值分布来看，则以 100 亿元以上的大中型市值公司披露 2017 年企业社会责任报告为主，截至 2018 年 5 月 31 日，该市值类型公司家数占比达到 59%，接近五分之三。

整体来看，近年 A 股公司披露企业社会责任报告的自主性越来越强，对于披露社会责任报告的意识也越发深入，但从当前的行业及市值分布来看，仍然以金融、钢铁、交运、地产等行业且市值偏中型以上的公司披露率较高。我们认为，本身国企公司占比较高的行业以及市值规模偏大型的公司可能会有更高的倾向进行社会责任报告的披露（见图 14 - 4 和图 14 - 5）。

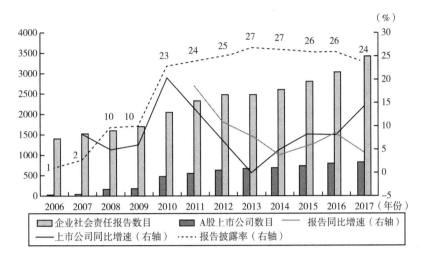

图 14 – 4　A 股企业社会责任报告披露数目及比率（2006～2017 年）

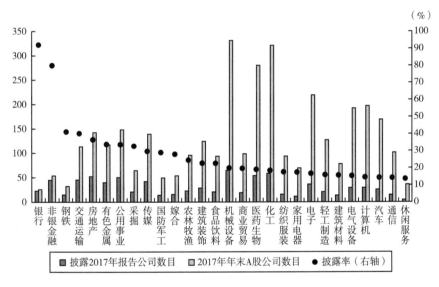

图 14 – 5　A 股段行业企业社会责任报告披露数目及比率（2017 年）

随着市场变得更加开放，企业越来越愿意披露 ESG，更容易吸引国际投资者。2016 年，沪深股市中共有 763 家 A 股上市公司发布可持续发展信息。相较 10 年前少有中国企业知道 ESG 信息的含义，目前的情况有了很大进步。无论是深圳证券交易所修订上市公司的社会责任指引，还是上海证券交易所修订环境信息披露指南，均推动了这一趋势。

此外，2016 年，超过 800 家内地企业在香港证券交易所的 ESG 披露要求下，采用全球报告倡议组织的标准进行了披露。由深圳证券交易所和上海证券交易所推出的 ESG 指数，以及中国证券指数公司（CSI）的相关指数，同样激励了一些企业更好地管理和报告 ESG 绩效。上海证券交易所推出的贴标绿色债券市场，有助于规范要求发行人进行 ESG 报告。在海外同步行情的中国绿色金融指数也越来越多，例如，CSI300 绿色领先股票指数和"中财——国证绿色债券指数系列"通过与绿色金融国际研究院合作，都在卢森堡证券交易所上市。《报告》认为，企业对于 ESG 数据的参与度正不断改善。例如，MSCI 报告指出，在制作 ESG 评级报告时，回测的公司比例逐渐升高。随着市场变得更加开放，国际投资者越来越容易利用这些报告来吸引公司参与。

2016 年 10 月，中央深改小组会议审议通过，国务院批准七部委发布《关于构建绿色金融体系的指导意见》，将绿色金融上升为国家战略。作为绿色金融的有机内容之一，在投资领域推动责任投资原则和 ESG，对我国的绿色金融战略和经济社会可持续发展具有重要意义。

近年上交所及深交所针对上市公司进行社会责任报告的披露制定了相关规定，但总体来看，仍处于鼓励企业进行自主披露的阶段，并未要求上市公司进行强制性披露。

未来随着 A 股公司纳入 MSCI 新兴市场指数比例的提高，国内对于上市公司 ESG 相关信息披露的规定约束将会逐渐提升。为此，我们对近年国内两大证券交易所涉及的企业社会责任信息披露的政策及准则进行了较为细致的梳理（见表 14 - 1）。

表 14 - 1　国内两大证券交易所对上市公司披露社会责任报告的相关规定

机构	时间	政策及准则名称	主要内容
上海证券交易所	2008 - 5 - 14	关于加强上市公司社会责任承担工作暨发布《上海证券交易所上市公司环境信息披露指引》的通知	上市公司应根据所处行业及自身经营特点形成符合公司实际的社会责任战略规划及工作机制，及时披露社会责任履行情况。此外，公司社会责任年度报告应包含公司在社会可持续发展、环境及生态可持续发展、经济可持续发展等方面的工作
深证证券交易所	2018 - 2 - 12	创业板信息披露业务备忘录第 10 号：定期报告披露相关事项（2018 年 2 月修订）	强调纳入"深证 100 指数"的上市公司应该按照深交所《创业板上市公司规范运作指引（2015 年修订）》中相关规定披露社会责任报告
	2018 - 2 - 12	中小企业板信息披露业务备忘录第 2 号：定期报告披露相关事项（2018 年 2 月修订）	强调纳入"深证 100 指数"的上市公司应该按照深交所《创业板上市公司规范运作指引（2015 年修订）》中相关规定披露社会责任报告。公司及子公司属于相关文件中所规定的"重点排污单位"的，应当按照相关规定披露有关环境信息
	2018 - 2 - 12	主板信息披露业务备忘录第 1 号——定期报告披露相关事宜（2018 年 2 月修订）	强调纳入"深证 100 指数"的上市公司应该按照深交所《创业板上市公司规范运作指引（2015 年修订）》中相关规定披露社会责任报告。并收助其他公司披露社会责任报告，杜绝报喜不报忧的情况，并对报告形式提出了指导意见以增加可读性

续表

机构	时间	政策及准则名称	主要内容
深证证券交易所	2016 - 12 - 9	公开发行证券的公司信息披露内容与格式准则第 2 号——年度报告的内容与格式（2016 年修订）	鼓励上市公司主动披露社会责任报告，强调属于环保部门的重点排污单位的公司及子公司应当按相关规定披露环境信息
	2015 - 5 - 25	创业板信息披露业务备忘录第 15 号——信息披露直通车公告类别（2015 修订）	在创业板上市公司信息披露范围中强调了对社会责任报告的披露
	2015 - 4 - 20	主板信息披露业务备忘录第 5 号——信息披露直通车	在主板上市公司信息披露范围中强调了对社会责任报告的披露
	2015 - 2 - 11	深圳证券交易所创业板上市公司规范运作指引（2015 年修订）	公司在追求经济效益时积极承担社会责任，在经营活动中遵守社会规则及商业道德，定期评估公司责任的履行情况。在自愿披露公司社会责任报告同时，上市公司还应当注重环保政策的制定，建立环境保护体系
	2015 - 2 - 11	深圳证券交易所中小企业板上市公司规范运作指引（2015 年修订）	公司在追求经济效益时积极承担社会责任，在经营活动中遵守社会规则及商业道德，定期评估公司责任的履行情况。在自愿披露公司社会责任报告同时，还强调上市公司还应当注重环保政策的制定，建立环境保护体系
	2015 - 2 - 11	深圳证券交易所主板上市公司规范运作指引（2015 年修订）	公司在追求经济效益时积极承担社会责任，在经营活动中遵守社会规则及商业道德，定期评估公司责任的履行情况。在自愿披露公司社会责任报告同时，还强调上市公司应当注重环保政策的制定，建立环境保护体系
	2013 - 11 - 20	证券公司年度报告内容与格式准则（2013 年修订）	鼓励公司主动披露积极履行社会责任的工作情况
	2011 - 12 - 30	中国证券监督管理委员会公告（关于 2011 年年报披露）	强调上市公司应该增强社会责任意识，积极承担社会责任，鼓励上市公司披露社会责任报告
	2009 - 11 - 6	财政部、证监会关于加强证券评估机构后续管理有关问题的通知	强调履行行业及社会责任的重要性

续表

机构	时间	政策及准则名称	主要内容
深证证券交易所	2007 – 12 – 29	关于中央企业履行社会责任的指导意见	强调了履行社会责任的重要意义，指出履行社会责任是落实科学发展观的实际行动、是企业实现可持续发展的必然选择。同时规定并介绍了中央企业履行社会责任的指导思想、总体要求及基本原则、主要内容及主要措施

资料来源：上交所官网，深交所官网、长江证券研究所。

我国正式引入 ESG 概念的时间不长，多见于证券行业对于上市公司的管理要求。除此之外，在企业社会责任、环境信息披露、绿色金融等方面，国内相关部委办局和地方政府都曾出台过若干政策文件，并已有十余年的相关理论研究和实务操作经验。近年来，国内高校、评级公司、指数公司等开始研发覆盖境内上市公司、发债主体的 ESG 评价体系和指数产品，ESG 投资策略逐步纳入指数化投资。继可持续发展理念之后，ESG 正在成为中国开展国际合作的又一通用语言。其主要政策文件如表 14 – 2 所示。

表 14 – 2　　　　　　　　我国与 ESG 投资相关的政策文件

时间	主体	政策
2006 年	深交所	《深圳证券交易所上市公司社会责任指引》
2008 年	上交所	《上海证券交易所上市公司环境信息披露指引》
	上交所	《〈公司履行社会责任的报告〉编制指引》
2013 年	深交所	《深圳证券交易所主板上市公司规范运作指引》
		《深圳证券交易所中小企业板上市公司规范运作指引》
		《深圳证券交易所创业板上市公司规范运作指引》
2014 年	银监会	《中国银监会办公厅关于信托公司风险监管的指导意见》
2015 年	保监会	《中国保监会关于保险业履行社会责任的指导意见》
	环境保护部与国家发改委	《关于加强企业环境信用体系建设的指导意见》
2016 年	人民银行等七部委	《关于构建绿色金融体系的指导意见》
2017 年	人民银行等	《落实〈关于构建绿色金融体系的指导意见〉的分工方案》
	环境保护部、证监会	《关于共同开展上市公司环境信息披露工作的合作协议》
	金融学会绿色金融专业委员会等	《中国对外投资环境风险管理倡议》
2018 年	人民银行等	《关于规范金融机构资产管理业务的指导意见》
	证监会	《上市公司治理准则》修订版发布

续表

时间	主　体	政　策
2018 年	证券基金业协会	《绿色投资指引（试行）》《中国上市公司 ESG 评价体系研究报告》
	保险资产管理业协会	《中国保险资产管理业绿色投资倡议书》
2019 年	国家发改委等	《绿色产业指导目录》
	国家发改委科技部	《关于构建市场导向的绿色技术创新体系的指导意见》
	上交所	《上海证券交易所科创板股票上市规则》
	基金业协会	《基金管理人绿色投资自评估报告》
2020 年	中共中央办公厅、国务院办公厅	《关于构建现代环境治理体系的指导意见》
	国务院办公厅	《关于进一步提高上市公司质量的意见》《新能源产业发展规划（2021－2035 年)》
	证监会	《首发业务若干问题解答（2020 修订)》
	深交所	《深圳证券交易所上市公司信息披露工作考核办法》
	联交所	《环境、社会及管治报告指引》（2019 年新修订版)
2021 年	十三届全国人大四次会议表决通过	《"十四五"规划和 2035 年远景目标纲要》
	国务院	国务院关于加快建立健全绿色低碳循环发展经济体系的指导意见
	人民银行、发展改革委、证监会	绿色债券支持项目目录
	人民银行	银行业金融机构绿色金融评价方案
	上海环境能源交易所	关于全国碳排放权交易相关事项的公告

数据来源：财新数据。

根据中国责任投资论坛 2020 年发布的《中国责任投资年度报告 2020》，与 ESG 直接相关的中国责任投资发展现状及规模如图 14－6 所示。

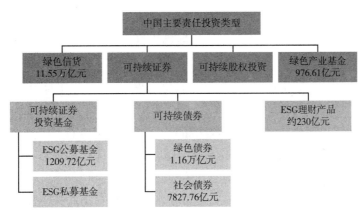

图 14－6　中国主要责任投资类型及投资金额

资料来源：中国责任投资论坛。

依据成熟资本市场的前期经验，ESG 投资以市场和行业自发自治为源头，逐步得到相关政策的鼓励与合理性认可，进而得到监管规则的保驾护航。据联合国责任投资原则组织（简称"UNPRI"）统计，全球 ESG 相关法律数量 2020 年已达到 500 余条，仅 2019 年就增加/修订了 80 余条。尽管仍面临着统一标准缺乏、信息披露不实不全、转化收益测算难、参考价值有限等常见问题，但 ESG 无疑正在发展为社会责任观念统一、分工明确、多元竞争又相互补充的有机生态体系，在经济体系中的主流化趋势越发显著。

ESG 投资在我国也正在趋于主流，由纳税人负担环境治理费用的时代已经过去。随着 A 股纳入 MSCI（明晟）、富时等因子以来，国外投资者对中国企业的 ESG 信息披露要求越来越高，进而倒逼中国企业加速提升 ESG 披露水平和表现。

我国"十一五"规划以来，环境监管部门陆续发布多份政策文件，对上市公司等企业的环境信息披露提出要求，而关于 ESG 监管条例还没有正式提出来。在党的十九大报告提出的三大攻坚战中能窥见端倪。三大攻坚战与 ESG 完全吻合：E（环境）符合污染防治攻坚战，S（社会）对应扶贫攻坚战，G（公司治理）对防控金融风险也是非常重要的因素。

ESG 并非情怀投资，近年来，随着我国 ESG 投资日渐兴起，我国绿色指数及相关产品逐渐开始丰富，且显示了 ESG 投资绩效优于一般投资绩效。目前我国发布的绿色债券指数年化收益率普遍高于同期中债信用债指数，其中 2015 年至 2019 年 11 月末，中财—国证高等级非贴标绿债和绿债指数年化收益率分别达到了 5.42% 和 5.41%，远高于同期中债信用债指数的 -0.58%。2017 年至 2019 年 11 月末，中证交易所绿债指数、上证绿债指数、中财—国证高等级贴标绿债指数和上证绿色公司债指数年化收益率也均超过了 4%，而同期中债信用债指数年化收益率则为负。

目前国内有部分关于环保、公司治理及社会责任相关的指数，从发布机构来看，以中证系、上证系为主，其中与 ESG 直接相关的有中证 ECPI ESG 可持续发展 40 指数和中证财通中国可持续发展 100（ECPI ESG）指数等。

截至 2017 年，上交所已成立 27 只与环境、社会及公司治理相关的绿色指数产品，其中包括数只 ESG 指数。根据上交所发布的 2017 年社会责任报告，截至 2017 年年底，上交所已联合中证指数与其他金融机构累计推出 27 只绿色指数。其中有 18 只环保产业指数，包括上证环保产业指数、中证环保产业 50 指数、中证环境治理指数等；5 只可持续发展指数，包括上证 180 公司治理指数、中证 ECPI ESG 可持续发展 40 指数、中证财通 ESG 100 指数等；1 只碳效率指数，即上证 180 碳效率指数；3 只绿色债券指数，包括上证绿色公司债、上证绿色债以及交易所绿色债。而除绿色指数产品外，与 ESG 相关的 ETF 产品也不断出现。截至 2017 年年底，上交所推出了交银 180 治理 ETF、建信上证社会责任 ETF 和广发中证环保产业 ETF 3 只具有绿色主题的 ETF 产品，总资产规模合计约 8 亿元。

近年与环境、社会及公司治理相关的绿色指数总规模实现迅速增长，而两只 ESG 指数自成立以来更获取明显较高的超额收益。按照上交所推出的 27 只绿色指数（剔除其中 3 只绿色公司债指数）合计总市值规模来看，截至 2018 年 5 月 30 日已达到 139.88 万亿元，较

2014 年 6 月 30 日的 44.12 万亿元实现了迅速增长，增幅达到 219%。当然需要注意的是，部分公司可能重复出现在一些绿色指数中，此外，部分绿色指数为 2015 年以后才新发起设立，因此可能对总市值规模的增长具有一定贡献。但我们仅就 2014 年 6 月 30 日以前成立的 11 只指数市值规模进行统计，截至 2018 年 5 月 30 日也实现了 97% 的增长。此外，从收益率情况来看，两只 ESG 指数（ESG100 指数及 ESG40 指数）自成立以来至今分别较上证综指实现了 26%、11% 的超额收益，自 2016 年初至今也分别实现了 20%、18% 的超额收益，均远高于 27 只绿色指数的平均超额收益情况（见图 14 - 7 ~ 图 14 - 10）。

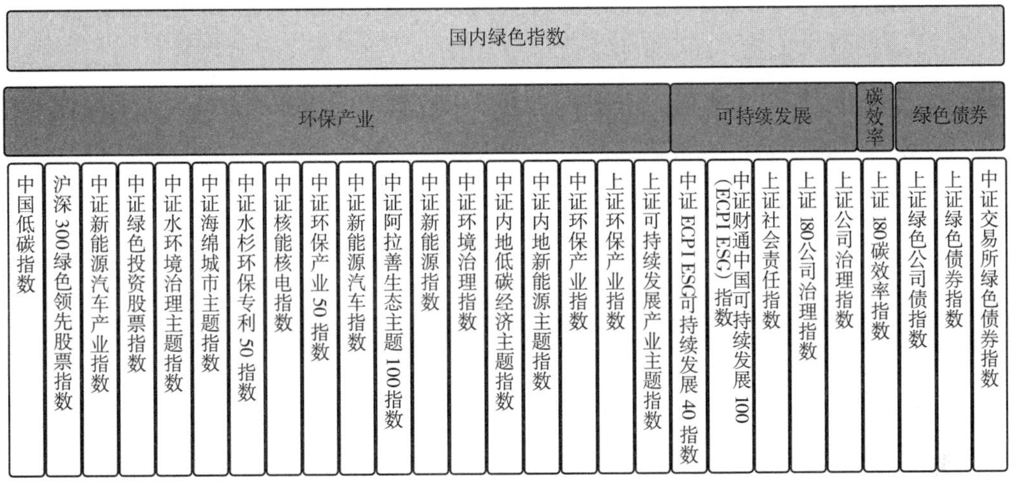

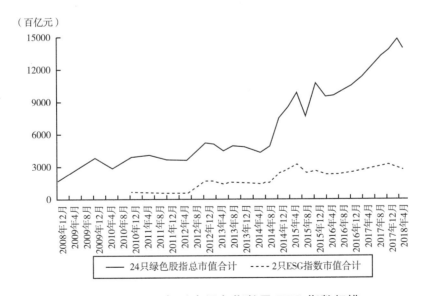

图 14 - 7　上交所 27 只绿色指数（联合中证指数）

图 14 - 8　2008 年以来绿色指数及 ESG 指数规模

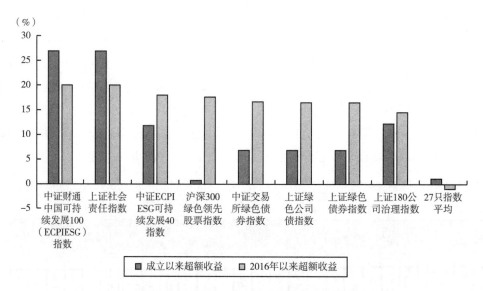

图 14 - 9　中证 ESG40 及 ESG100 指数获取超额收益水平

指数代码	指数名称	发布时间	成分股数量（只）	最新收盘价（点）	近一个月收益率（%）	近半年收益率（%）	近一年收益率（%）	成立至今收益率（%）
h11113.CSI	中国低碳指数	2011-02-16	42	5205.55	1.53	(6.92)	10.35	(8.49)
931037.CSI	沪深 300 绿色领先股票指数	2018-01-04	100	908.97	(0.33)	(8.15)	7.04	(8.96)
000158.SH	上证环保产业指数	2012-09-25	40	1343.79	(1.84)	(14.84)	(11.82)	57.80
000114.SH	上证可持续发展产业主题指数	2011-08-22	40	1064.79	(0.56)	(12.06)	(3.07)	15.16
000048.SH	上证社会责任指数	2009-08-05	100	1369.77	(1.18)	(10.45)	4.87	14.27
000021.SH	上证 180 公司治理指数	2008-09-10	100	927.94	(1.53)	(10.41)	3.11	54.12
000019.SH	上证公司治理指数	2008-01-02	298	1007.03	(1.53)	(10.40)	1.15	(30.74)
950081.CSI	上证 180 碳效率指数	2015-10-08	155	1743.34	0.78	(8.62)	0.44	5.85
930997.CSI	中证新能源汽车产业指数	2017-07-19	108	1515.93	1.94	(10.96)	3.31	(7.30)
930956.CSI	中证绿色投资股票指数	2017-05-26	96	2130.55	0.08	(9.73)	1.40	0.91
930854.CSI	中证水环境治理主题指数	2016-07-20	29	1607.84	(5.39)	(17.43)	(20.64)	(10.43)
930853.CSI	中证海绵城市主题指数	2016-07-20	50	1707.81	(5.42)	(16.16)	(20.09)	(13.51)
930835.CSI	中证水杉环保专利 50 指数	2016-05-18	50	1481.96	(1.37)	(12.60)	(14.76)	(4.38)
930642.CSI	中证核能核电指数	2015-05-19	50	2517.26	(1.82)	(13.85)	(12.64)	(53.06)
930614.CSI	中证环保产业 50 指数	2015-04-07	50	1749.53	(2.92)	(13.77)	0.64	(18.48)
399976.CSI	中证新能源汽车指数	2014-11-28	51	2109.37	2.91	(8.26)	6.65	25.26
399817.CSI	中证阿拉善生态主题 100 指数	2015-10-21	74	1724.24	(4.38)	(18.85)	(20.57)	(24.95)
399808.SZ	中证新能源指数	2015-02-10	80	1601.84	(2.97)	(13.67)	1.13	8.71
399806.SZ	中证环境治理指数	2014-07-21	50	2033.48	(6.08)	(21.11)	(25.93)	17.80
000977.SH	中证内地低碳经济主题指数	2011-01-21	50	1276.45	(2.86)	(12.78)	2.56	9.77
000970.CSI	中证 ECPI ESG 可持续发展 40 指数	2010-09-17	40	1468.57	0.92	(5.48)	6.27	32.04
000941.SH	中证内地新能源主题指数	2009-10-28	50	1544.78	(0.10)	(10.95)	8.25	(9.34)
000846.SH	中证财通中国可持续发展 100(ECPI ESG)指数	2012-10-16	100	1175.62	(1.16)	(7.81)	6.91	71.77
000827.SH	中证环保产业指数	2012-09-25	100	1475.25	(5.18)	(16.59)	45	

资料来源：Wind，长江证券研究所。

图 14 - 10　国内 ESG 相关指数的近年收益情况（截至 2018 年 5 月 30 日）

展望未来，随着 ESG 投资理念和实践的深化，ESG 相关因素被越来越多的投资者纳入投资决策中，ESG 有望成为中国投资领域的一个主流，到那个时候，没有 ESG 信息披露的上市公司，可能由于投资者"用脚投票"而在市场中寸步难行。

14.2.2　发展特点分析

ESG 投资在中国的发展需求巨大，同时也具备良好的基础，前景广阔，但也存在不平衡的发展特点：

（1）需求巨大。ESG 投资是一个全球趋势。近年来，ESG 投资受到越来越多的国家重视，投资规模快速增加、投资产品和工具更加丰富、参与的机构不断扩容，已经成为全球金融投资的重要趋势。ESG 投资的发展态势是全球对经济社会可持续发展共同诉求的具体体现，具有深刻的发展背景。

中国对 ESG 投资也有着巨大的需求，这是由中国目前所处的发展阶段和发展理念所驱动的，也就是"进入新发展阶段、贯彻新发展理念，构建新发展格局"的要求和实现中国经济高质量发展、可持续发展、绿色发展的任务，都需要通过发展 ESG 投资提供支持。实体经济转型发展需要有 ESG 投资支持，ESG 投资扩大也需要更多社会资金集聚，可持续发展是一个长期过程，也需要巨大的长期资金资本投入，这意味着 ESG 投资在中国有巨大需求和广阔发展空间。最近几年，政府和市场主体已为推动 ESG 投资形成更多合力。

（2）基础坚实。首先是有理念基础。在立足新发展阶段、树立新发展理念的指引下，推进可持续发展在中国越来越深入人心，而随着可持续发展理念的深入，理念自然就会转化为具体行动。其次是有理论基础。ESG 投资，也称为可持续投资、社会责任投资、影响力投资，在实践发展过程中有深刻的理论支撑。学术界、理论界正在研究和探讨 ESG 投资背后的理论支撑是什么？例如，可持续发展理论，我们对于可持续发展理论的研究，这几十年特别是最近十年正在不断深入。再如经济外部性理论，大家也越来越重视。外部性理论指的是一个个体的行为，包括企业的经营行为，其实是有外部性的。经济外部性理论，就是通过对单个主体经营行为的外部性研究寻找解决办法，平衡单个主体和社会层面在收益、风险和责任上有更好的匹配。此外，ESG 投资的理论基础还包括社会责任理论、公司治理理论等。中国作为最大的发展中国家以及全球第二大经济体，不仅在 ESG 投资实践方面而且在理论研究方面，都正在与全球形成互动。最后是有实践基础。在中国，如果把多年前社会责任投资作为 ESG 投资的起步阶段，那么我们已经开展相当长的一段时间了。目前，ESG 投资实践在投资主体方面已经越来越多元化，在产品工具方面也在不断丰富，在投资领域方面正在逐步拓展，而中介服务体系、基础设施建设以及政府和自律组织对 ESG 投资的推动亦取得一定成效，所以 ESG 投资在中国已具有一定的实践基础。

（3）发展优势。首先，制度优势。中国要建设中国特色社会主义，要促进公有制和民营经济共同发展，国有企业和民营企业携手并进。这样的制度从长远看为我们经济社会的协调发展、为包括生态建设和公平正义等在内的统筹发展提供了制度保障，也为 ESG 投资的发展提供了制度环境，所以我们是有制度优势的。其次，体制优势。中国一直在倡导发挥好市场在资源配置中的决定性作用和政府的积极作用，在体制、机制上的有效市场和有为政府对于推动 ESG 投资具有关键意义。在如何发挥好体制、机制，促进 ESG 投资的作用方面，中国具有自己的优势。与此同时，中国作为全球第二大经济体，又是最大的发展中国家，还具有经济体量优势和市场优势。所以，中国发展 ESG 投资有需求、有基础、有优势。

（4）最大的特点是不平衡，需要协调发展。

第一个不平衡是 ESG 投资实践与基础支撑的不平衡。这几年 ESG 投资发展的速度在加快，但是发展 ESG 投资必须依靠一套基础设施支撑，包括进一步完善信息披露、健全评价体系等，否则将影响到未来更多的 ESG 投资实践活动。

第二个不平衡主要是体现在数量和质量方面。目前 ESG 投资的数量虽然达到了一定规模，但 ESG 投资的质量并不令人乐观。有的投资管理机构虽然创立了一些 ESG 基金，推出了一些 ESG 产品，但它们并不是完整意义上的 ESG 产品；还有的投资只涉及 ESG 某一个方面内容，ESG 的含量并不高，但也把它算作 ESG 投资。这表明目前 ESG 投资的相关标准还不健全，有的只是名义上叫 ESG 基金，ESG 投资中还有一些水分。

第三个不平衡是 ESG 投资与其所需要的配套服务体系不平衡。ESG 投资的发展需要配套服务体系支持才能形成相关产业链和价值链，如数据处理、评价服务等，这方面不仅需要发展配套服务机构，更需要提升服务水平和能力。

第四个不平衡主要体现在投资机构 ESG 投资推进与投资能力之间不平衡。ESG 投资是新投资方法，需要将财务信息和非财务信息纳入投资收益和风险评估框架中，这就需要在投资战略、投资策略、投资方式等方面与时俱进，才能获得 ESG 投资效果，也才能推进 ESG 投资可持续发展。从实际发展情况看，ESG 投资能力建设还任重道远。

此外，在 ESG 投资领域上，目前我国的 ESG 投资重点主要在促进绿色发展、"双碳"战略方面，即更注重在环境生态方面的投资。但作为一个整体发展概念，ESG 投资应该有一个更协调的发展。

14.2.3 存在的问题分析

ESG 的挑战尽管 ESG 基金的知名度正在上升，但仍存在一些挑战，投资者不应忽视。多年来，合乎道德或者"负责任"的投资是一个利基行业——在该行业中，投资者通常不得不接受较低回报作为秉承信念的代价。这是因为此类基金通常会排除被认为对环境或社会有害的股票，如石油股或武器制造商的股票，从而使基金经理只能购买范围更为有限的股票。此外，管理 ESG 基金的费用通常高于其他活跃基金的费用。另外，与 ESG 有关的披露数据仍是零散而稀疏的。据英国《金融时报》报道，英仕曼的基金经理贾森·米切尔（Jason Mitchell）在寻找 ESG 因子的过程中承认，可能只有 5 ~ 7 年的相关数据可以分析。对于通常研究数十年甚至数百年数据的定量研究人员来说，要将这些相关数据作为算法基础，数据量非常小。此外，看似表明 ESG 股票表现良好的数据可能其实是受到其他主题的推动，如美国股票表现优于欧洲股票，或者是市值——中型股表现优于大型股。米切尔表示："当你开始研究时，大多数 ESG 因子有三分之二或更大比例是其他东西。数据是有问题的。"有些人采用非常规方法来解决这个问题。瑞士 IMD 商学院教授迪迪埃·科森（Didier Cossin）设计了一个程序，该程序可以扫描成千上万家公司的年度备案文件，以便查找表明其治理好坏的词语结构。科森表示，该程序在 2017 年牛市、2018 年的抛售和 2019 年反弹期间均跑赢了标普 500 指数。英仕曼的米切尔认为，该公司发现了与市场无关的 ESG 因子。该公司旗下波士顿部门 Numeric 运营的一些基金最近实施了该因子，使用了一系列输入信息：公司关于有效利用资源的政策、公司受到的罚款、员工多元化，以及股东权益和举报人保护。但是其他人仍然保持警惕。瑞银的珀塞尔举了一个电动汽车制造商的例子。电动汽车更环保，但这家公司使用在刚果民主共和国中以不道德方式开采的钴，那么这只股票到底是不是一只 ESG 股票呢？他说："很难找到那个因子。"

（1）理解 ESG 投资理念还需要一个逐步发展的过程。中国签署责任投资原则的机构仅有 31 家，数量不及美国的十分之一，且根据中国证券基金业协会 2018 年对机构投资者的调研显示，90% 的调查对象基本支持或强烈支持将 ESG 原则作为投资组合策略的基本原则之一，但只有 6% 的机构已经制定责任投资相关政策、战略或制度，可见 ESG 投资的理念和议题在中国必将经历一个逐渐发展过程，才能被投资者理解、接受后并付诸行动。与发达国家相比，我国可持续投资处于起步阶段，ESG 投资任重道远。我国公众特别是机构投资者的可持续投资理念落后。报告对中国责任投资公众态度做了调查，结果显示，个人投资者对责任投资了解有限，有 89% 的调查对象不了解责任投资，其中 44% 未听说过"绿色金融""责任投资""ESG"。在中国 ESG 整合中仍然存在很多障碍。例如，缺乏要求投资者特别是资产所有者将 ESG 因素纳入投资过程的正式监管机制；缺乏对投资者如何将 ESG 因素纳入投资组合中的指导意见；因为缺乏可持续、易于对比、可信赖的报告，使公司难以参与 ESG 信息披露；缺乏符合国际标准的绿色可持续投资产品；缺乏 ESG 价值创造方面投资案例的知识储备等。

（2）信息披露和覆盖范围问题。为什么大家都选上市公司作为研究对象？很大原因是上市公司披露的信息量比较大。尽管如此，仍然有指标的透明度和披露力度不够理想，不能够充分满足 ESG 评价的要求。ESG 信息披露尚需更强的监管支持。信息披露是 ESG 投资的一大痛点。ESG 相关信息披露机制的完善是投资人开展绿色投资、可持续投资的基础，目前我国仍处于以自愿披露为主的阶段，披露信息不完整、数据真实性及可信度也有待提高且缺乏第三方机构的验证，这为国内可持续投资形成了阻碍。如目前 A 股《社会责任报告》披露率在 2019 年为 26%，相比美国、英国、日本等发达国家高达 99% 的披露率还是存在很大的差距。但值得期待的是，近两年来，我国上市公司 ESG 信息披露制度正在逐步完善，如 2018 年 9 月中国证监会发布修订后的《上市公司治理准则》，修订的重点之一就是强化了上市公司在环境保护、社会责任方面的引领作用；2019 年 3 月，上交所发布《上海证券交易所科创板股票上市规则》等 10 份配套规则与指引，要求上市公司应当在年度报告中披露履行社会责任的情况，并视情况编制和披露社会责任报告、可持续发展报告、环境责任报告等文件。2019 年 5 月，港交所发布了有关检讨《环境、社会及管治报告指引》及相关《上市规则》条文的咨询文件，对原《ESG 指引》进一步提出修改建议。

目前，信息披露的重点还是集中在上市公司和发债企业，中债登大概评价了 5000 家发债企业，有的甚至可能比上市公司的披露水平还高一些。

（3）数据质量问题。ESG 数据获取存有一定困难。相较于国际上成熟市场，中国 A 股上市公司披露的 ESG 信息在数量、质量等方面，仍存在较大差距。目前国内接近 4000 家的上市公司中，仅不到 1000 家公司披露 CSR 报告。不同上市公司数据的质量和标准参差不齐。我国缺少可靠的 ESG 信息数据。由于信息披露数据的缺乏，缺乏可对比的历史数据，当前的数据供应商还不能提供有助于进行 ESG 投资决策制定的相关信息，相信随着技术的进步以及企业 ESG 信息披露制度的完善，将有助于国际和国内的数据供应商建立中国本土可靠的 ESG 信息数据库。

（4）资产管理机构和评价标准问题。与境外投资者相比，包括机构投资者、个人投资者在内的中国投资者都还是偏向于追求盈利性。这也是中国 ESG 市场规模仍然较小的主要原因。目前的驱动因素主要是监管要求和国际投资者要求。

目前 ESG 投资在国内仍属于发展初期，近年随着环境问题的显现，相关政策文件的约束强化，上市公司对于社会责任报告及相关 ESG 信息的自主披露积极性有所提升，但目前国内 ESG 指标体系的发展建设仍不成熟，究其原因，与许多公司披露信息的质量无法得到保证，由此也无法进行较好的指标量化有关，因此未来仍需相关的政策约束对此进行进一步强化。

（5）投资者问题。投资者现阶段一般以风险管理为重点，就是注重防范环境、公司治理问题可能给投资带来的风险，如因为环境问题被监管罚款而影响投资回报率。但通过 ESG 识别真正的投资机会的情况相对较少，也就是说，ESG 投资是一种被动的、防守性的，而不是主动的投资行为。

（6）ESG 和投资收益目标的关系尚需进一步达成共识。ESG 相关基金的风格往往偏价值，在成长市场阶段存有波动。比较 ESG 绩效仍较困难。仅依靠自愿性信息披露框架和未涉及经营绩效的企业社会责任信息，不能保证在投资过程中进行有效的 ESG 整合。不过，《报告》也同时指出，类似的市场主导为披露 ESG 信息构建了重要框架，并将对未来可持续发展和绿色金融政策的市场执行度产生重大影响。然而，仅依靠自愿性信息披露框架和未涉及经营绩效的企业社会责任（CSR）信息，并不能保证在投资过程中进行有效的 ESG 整合。局部性覆盖、缺少第三方保证和不同标准等因素都使投资者难以在相同行业、组合和时间序列中比较 ESG 绩效。

（7）设计适合中国资本市场的 ESG 投资风格。例如，固收与权益投资者的思维存在差异，以及红利类因子在不同类型公司中的有效性差异。事实上，如果把 ESG 看作一种因子，其有效性在固定收益领域同样面临挑战。ESG 在固收投资应用中至少存在两个问题：①策略容量。首先大量 ESG 高分组企业本身自由现金流创造能力强，不需要外部融资，因而无公开债务评级；其次高信用评级存在明显的"规模因子偏离"，往往是传统旧经济的代表（过剩产能、城投），与 ESG 交集较少。②回报来源。ESG 在股票投资中选"高质量可持续发展的好公司"获取长期超额收益，逻辑上比较通顺。但信用债投资强调的则是"风险收益性价比"，甚至投资于基本面较差的公司来获得信用风险溢价（博弈本方信评的边界）。事实上，符合 ESG 标准的绿色债券收益往往更低，因此 ESG 投资信用债缺少存在超额收益的依据。

根据国际成熟市场中 ESG 固定收益投资的方法（见图 14 - 11），结合国内实际情况相对可行的思路主要有两个方向。

图 14 - 11　国际上 ESG 在固定收益投资的应用方法

一是结合负面排除原则，但不建议直接限制行业，而是对公司治理结构存在明显瑕疵的企业使用剔除法。其核心在于通过 ESG 体系综合分析企业的管理层诚信水平、信息披露质量，进而判断危机状态下债权人责任的履行（还款意愿、还款能力）。

二是结合 ESG 因子整合，关注并投资于 ESG 各项指标边际改善的公司，从而把握基本面趋势变化带来信用利差收窄的机会。反之可以减持 ESG 评分出现阶段性下行的公司债券。

当然，以上设想能够奏效的前提是债券发行人需要具备和上市公司同等透明度的 ESG 信息披露制度。

14.3　碳中和背景下中国 ESG 投资展望

14.3.1　碳中和对中国 ESG 投资发展的影响

遵循碳中和和可持续发展的原则，不仅深刻影响产业及行业，而且也不一定会降低投资者的潜在回报。虽然实现碳中和是在将传统能源利用的外部性"内部化"的过程，短期可能带来成本上升、中期高度依赖技术上的突破、规则的升级等，但考虑实现碳中和平衡了短期成本和长期潜在回报，且技术革命带来的中长期回报存在高度不确定性，因此不一定会降低投资者的潜在回报。到目前为止的理论研究也支持这一结论，如 Lasse Heje Pedersen，Shaun Fitzgibbons，Lukasz Pomorski（2020，Responsible Investing：The ESG – efficient frontier，Journal of Financial Economics，forthcoming）等。

碳中和将对行业、产业机构和区域经济产生较大的中长期影响。应对气候变化、遵循碳中和的原则，将深刻影响生产和生活、能源、金融、科技、消费及地缘相对优势与格局等（见图 14 – 12）。基于中金公司行业团队的分析，中金公司策略团队判断，在行业、产业中观层面值得关注的趋势可能有：能源变"轻"、金融变"重"、商品"再生"、科技"助力"、区域"重塑"、消费"低碳"等。

能源变"轻"

- 促进节能减排、降低对煤炭、石油等偏"重"能源的使用
- 加大对清洁、可再生的能源的利用，如太阳能、风能、水电等，驱动生产生活的能源方式会变得更"轻"

金融变"重"

- 增加"可持续发展"维度之后，投资、定价、风险衡量等分析与监管变"重"
- 与传统能源相关及碳排放重的行业相关的金融资产价值面临较大不确定性，加大"坏账""违约"等金融风险

商品"再生"

- 基础材料如钢铁、有色、水泥等的生产过程中的碳排放是整个社会碳排放的重要力量
- 向循环经济转型，并显著提高关键材料的利用率和回收率，在钢铁、水泥、肥料和塑料等领域尤为关键

科技"助力"

- 实现"碳中和"的进程本身就是一场技术革命
- 技术进步对全面运用可再生清洁能源起关键作用
- 技术进步是实现节能的重要手段

区域"重塑"

- 碳中和转型成本越早应对，成本越低
- 传统能源收入依赖高的经济体面临中长期挑战大
- 技术越先进、制造业越发达的经济体，碳中和转型有望越占优

消费"低碳"

- 绿色低碳的消费方式是降低经济终端碳排放的关键手段
- 绿色消费已渗透在居民衣、食、用、住、行的各个方面

图 14 – 12 碳中和背景下产业发展趋势

碳中和推进过程中可能受损和收益的行业（见图 14 – 13）。基于中金公司研究部各行业团队在碳中和主题下机遇与挑战的分析，中金策略团队梳理了可能从碳中和及可持续发展中受益和受损的行业和领域。分析基于几个维度。

一是现有碳排放；二是政策的支持力度以及监管压力；三是绿色溢价，即假设每个行业都使用现有的最先进的清洁技术，由此所需要付出的成本；四是社会治理表示社会、环境治理意识，使用企业是否发布社会企业责任报告以及披露数据的完整性作为衡量标准。

在碳中和的时代背景下，叠加因居民资产配置转移带来的资本市场快速发展，将从多方面快速推动 ESG 投资在中国的发展。

首先，碳中和对 ESG 投资发展的影响主要集中在三个方面：一是碳中和加速推动 ESG

监管政策的体系化建设；二是碳中和加速长期资金（社保、养老金、职业年金等）在投资决策过程中纳入 ESG 考量；三是碳中和是目前国家的战略方针，社会各界的深入研究和密集探讨将对我国投资者理解环保、新能源，乃至进一步理解 ESG 投资理念有深远的影响。

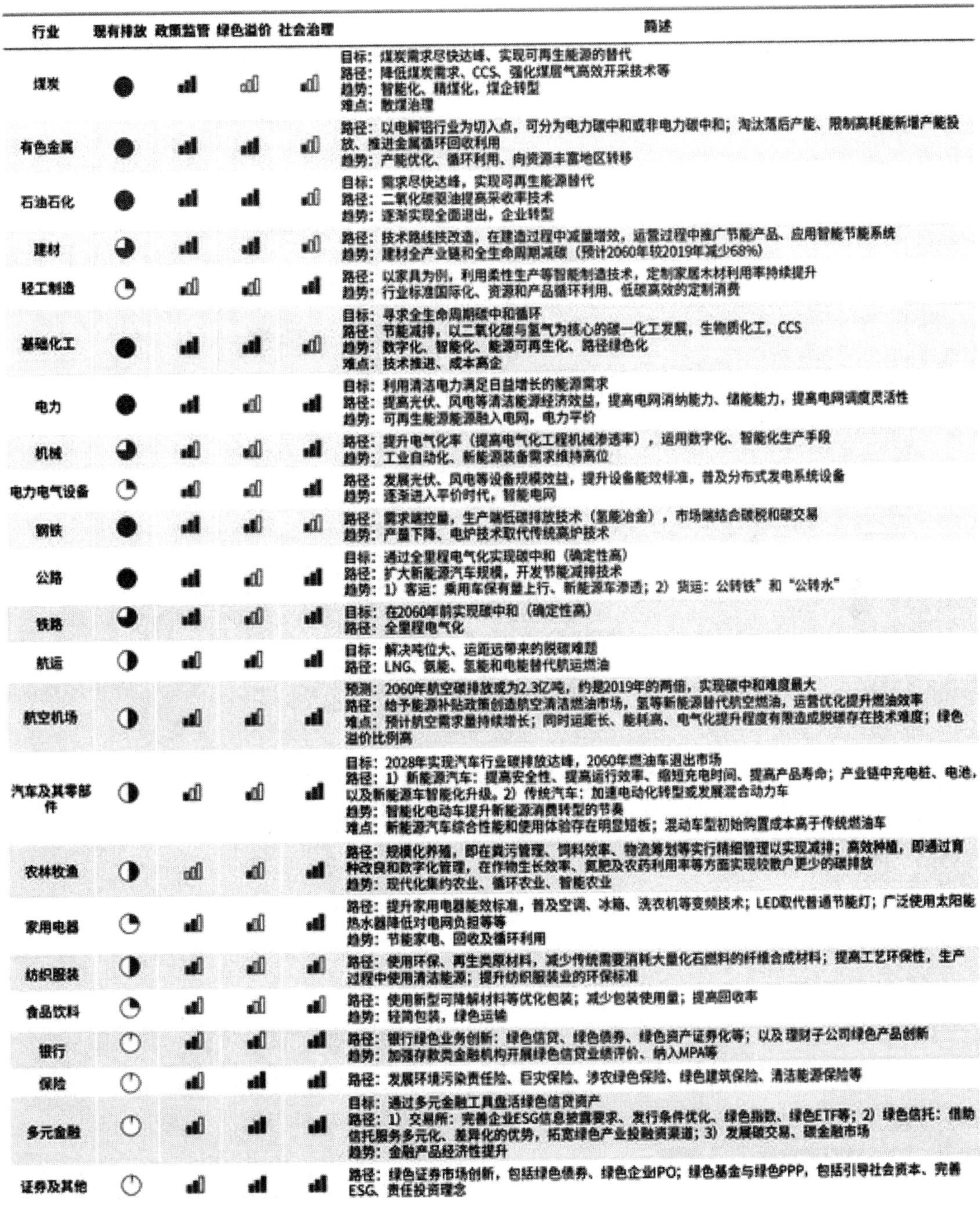

行业	现有排放	政策监管	绿色溢价	社会治理	简述
煤炭					目标：煤炭需求尽快达峰、实现可再生能源的替代 路径：降低煤炭需求、CCS、强化煤层气高效开采技术等 趋势：智能化、精煤化、煤企转型 难点：散煤治理
有色金属					路径：以电解铝行业为切入点，可分为电力碳中和或非电力碳中和；淘汰落后产能、限制高耗能新增产能投放、推进金属循环回收利用 趋势：产能优化、循环利用、向资源丰富地区转移
石油石化					目标：需求尽快达峰，实现可再生能源替代 路径：二氧化碳驱油提高采收率技术 趋势：逐渐实现全面退出、企业转型
建材					路径：技术路线技改造，在建造过程中减量增效，运营过程中推广节能产品、应用智能节能系统 趋势：建材全产业链和全生命周期减碳（预计2060年较2019年减少68%）
轻工制造					路径：以家具为例，利用柔性生产或智能制造技术，定制家居木材利用率持续提升 趋势：行业标准国际化、资源和产品循环利用、低碳高效的定制消费
基础化工					目标：寻求全生命周期碳中和循环 路径：节能减排，以二氧化碳与氢气为核心的碳一化工发展，生物质化工，CCS 趋势：数字化、智能化、能源可再生化、路径绿色化 难点：技术推进、成本高昂
电力					目标：利用清洁电力满足日益增长的能源需求 路径：提高光伏、风电等清洁能源经济效益，提高电网消纳能力、储能能力，提高电网调度灵活性 趋势：可再生能源源源入电网、电力平价
机械					路径：提升电气化率（提高电气化工程机械渗透率），运用数字化、智能化生产手段 趋势：工业自动化、新能源装备需求维持高位
电力电气设备					路径：发展光伏、风电等规模效益，提升设备能效标准，普及分布式发电系统设备 趋势：逐渐进入平价时代、智能电网
钢铁					路径：需求端控量，生产端低碳排放技术（氢能冶金），市场端结合碳税和碳交易 趋势：产量下降、电炉技术取代传统高炉技术
公路					目标：通过全程电气化实现碳中和（确定性高） 路径：扩大新能源汽车规模，开发节能减排技术 趋势：1）客运：乘用车保有量上行、新能源车渗透；2）货运："公转铁"和"公转水"
铁路					目标：在2060年前实现碳中和（确定性高） 路径：全里程电气化
航运					目标：解决吨位大、运运远等带来的脱碳难题 路径：LNG、氨能、氢能和电能替代航运燃油
航空机场					预测：2060年航空碳排放或为2.3亿吨，约是2019年的两倍，实现碳中和难度最大 路径：给予能源补贴改善创造航空清洁燃油市场，氢等新能源替代航空燃油，运营优化提升提油效率 难点：预计航空需求量持续增长；同时运距长、能耗高、电气化提升程度有限造成脱碳存在技术难度；绿色溢价比例高
汽车及其零部件					目标：2028年实现汽车行业碳排放达峰，2060年燃油车退出市场 路径：1）新能源汽车：提高安全性、提高运行效率、缩短充电时间、提高产品寿命；产业链中充电桩、电池，以及新能源车智能化升级。2）传统汽车：加速电动化转型或发展混合动力车 趋势：智能化电动车提升新能源消费转型的节奏 难点：新能源汽车综合性能和使用体验有明显短板；混动车型初始购置成本高于传统燃油车
农林牧渔					路径：规模化养殖，即在粪污管理、饲料效率、物流安排等实行精细管理以实现减排；高效种植，即通过育种改良和数字化在作物生长效率、氮肥及农药利用率等方面实现数量更少的碳排放 趋势：现代化集约农业、循环农业、智能农业
家用电器					路径：提升家用电器能效标准，普及空调、冰箱、洗衣机等变频技术；LED取代普通节能灯；广泛使用太阳能热水器降低对电网负荷等等 趋势：节能家电、回收及循环利用
纺织服装					路径：使用环保、再生类原料，减少传统需要消耗大量化石燃料的纤维合成材料；提高工艺环保性，生产过程中使用清洁能源；提升纺织服装业的环保标准
食品饮料					路径：使用新型可降解材料等优化包装，减少包装使用量；提高回收率 趋势：轻量包装、绿色运输
银行					路径：银行绿色业务创新：绿色信贷、绿色债券、绿色资产证券化等；以及理财子公司绿色产品创新 趋势：加强存款类金融机构开展绿色信贷业绩评价、纳入MPA等
保险					路径：发展环境污染责任险、巨灾保险、涉农绿色保险、绿色建筑保险、清洁能源保险等
多元金融					目标：通过多元金融工具盘活绿色信贷资产 路径：1）交易所：完善企业ESG信息盘披露要求、发行条件优化、绿色指数、绿色ETF等；2）绿色信托：借助信托服务多元化、差异化的优势，拓宽绿色产业投融资渠道；3）发展碳交易、碳金融市场 趋势：金融产品经济性提升
证券及其他					路径：绿色证券市场创新，包括绿色债券、绿色企业IPO；绿色基金与绿色PPP，包括引导社会资本、完善ESG、责任投资理念

图 14-13　"碳中和"下的行业潜在受益与受损分析示意

资料来源：中金公司研究部。

其次，我国资本市场正处于高速发展阶段，其深度和广度均在不断拓展。从海外，尤其是美国市场的经验来看，资本市场的高速发展对 ESG 投资的发展同样十分重要。

最后，碳中和背景下的 ESG 投资契合当前阶段我国资本市场投资者的需求。从近年公募基金的发展来看，管理规模出现爆发式增长的策略和产品具有两个特征：一是具有持续的超额收益；二是标签清晰。从前面的分析中，我们认为 ESG 投资，尤其是受益于碳中和的环保类投资，正好具备上述两个特征（见图 14–14）。

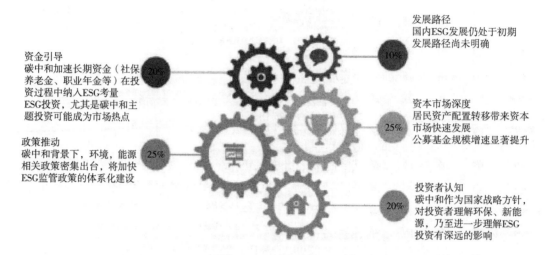

图 14–14　ESG 投资发展中的碳中和与资本市场高速发展的叠加效应

14.3.2　中国 ESG 投资潜在规模测算

参考欧洲、美国、日本的资产管理规模和 ESG 投资规模，对国内 ESG 投资的潜在规模进行测算：中国 ESG 投资规模预计于 2025 年达到 20 万亿～30 万亿元，占资产管理行业总规模的 20%～30%。

（1）2014～2020 年，欧洲、美国、日本市场的资产管理规模年化复合增速分别为 7.88%、5.78%、10.49%，我国同期为 19.89%。假设未来 5 年的复合增速为 12%，则 2025 年中国资产管理行业总规模将达到 104 万亿元。

（2）从 ESG 投资占资产管理总规模的比例来看，欧洲处于成熟阶段，稳定在 40%～50%；美国仍在快速提升，2020 年占比 33%；日本最近 5 年快速增长，2020 年已经达到 24%。我国 ESG 发展才刚起步，假设 5 年后达到目前日本的水平，占比在 20%～30%（见图 14–15～图 14–18）。

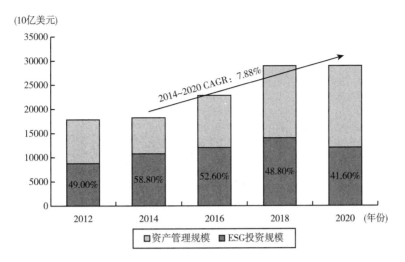

图 14 – 15　欧洲资产管理规模及 ESG 投资规模

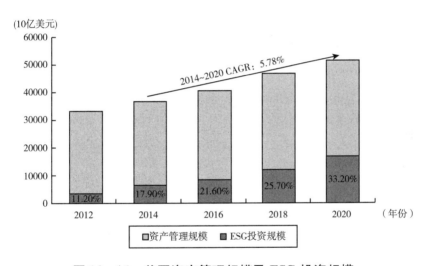

图 14 – 16　美国资产管理规模及 ESG 投资规模

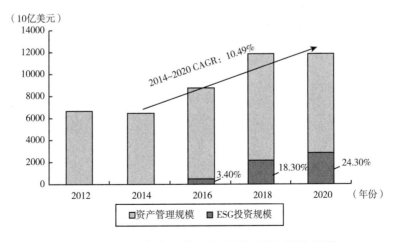

图 14 – 17　日本资产管理规模及 ESG 投资规模

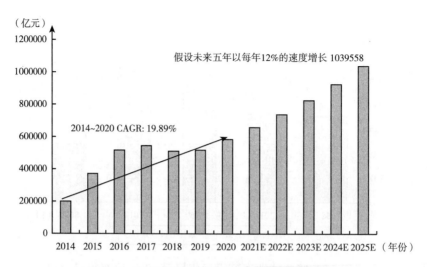

图 14 – 18　我国资产管理规模及规模预测

资料来源：GSIA，中国证券投资基金业协会，中金公司研究部。

借鉴全球 ESG 公募基金的发展速度，预计 2025 年中国 ESG 公募基金规模将达到 7500 亿元左右。测算过程如下：

全球 ESG 公募基金 2016～2021H1 复合增速为 26.27%，我国的 ESG 公募基金发展较晚，规模增长集中于近 2 年，复合增速仅 23.70%。假设以 10 年维度来看，我国 ESG 公募基金增速可以达到全球水平，预计 2025 年我国 ESG 公募基金规模将达到 7533 亿元（见图14 – 19～图 14 – 20）。

图 14 – 19　全球 ESG 公募基金规模

资料来源：Bloomberg、万得资讯，中金公司研究部。

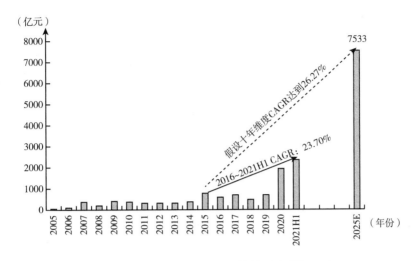

图 14－20　我国 ESG 公募基金规模预测

资料来源：Bloomberg、万得资讯，中金公司研究部。

14.4　公民个体的 ESG 观念

随着 ESG 的普及，在词汇上，有了 ESG 的理念、概念、标准、管理、风控，同时也有一些 ESG 方面专门的论坛，这已经变成了一个很重要的议题。我们将 ESG 概念扩展到个人，就意味着，对个人金融未来的模式，应该如何选择，以便使金融业务模式发挥得更稳健、更加可持续，也有利于整个社会的 ESG。

在新冠肺炎疫情的背景下，大家非常关心疫情之后经济和金融的发展。其中一个议题就是 ESG，ESG 和经济的高质量发展以及金融的可持续发展都有密切的联系。大多数经济学家目前对 ESG 比较了解，同时也有深入的研究，ESG 涉及企业和投融资方面的行为，还有治理方面的理念和考虑。一方面是企业自身的 ESG，也就是企业的经营要有 ESG 的理念，有 ESG 的考核和相关的管理；另一方面，就是金融界在各类融资的活动上特别是对投资的支持和贷款的支持方面，如何体现 ESG。

其中有一个关切：ESG 提出以后与古典经济学怎么衔接？如果说企业是为了追求 ESG 最大化的话，那么与以前典型的企业目标函数、企业行为的描述会不会产生冲突？我们不应把 ESG 当作目标函数，而是把 ESG 作为一种约束条件，也就是企业的经营和销售应该服从 ESG 的约束条件，要达到 ESG 合规，但并不是去追求 ESG 最大化。否则的话，可能确实和商业主体利益的目标安排出现差别，甚至会有一定的冲突。

也就是说，企业的目标函数还应是过去传统上的目标函数，即企业要追求利润，作为目标函数还是不变的；但要 ESG 达标，即受到 ESG 标准的约束。

14. 4. 1　个人 ESG 和个人金融 ESG

在企业行为受 ESG 约束的同时，个人行为实际上也有 ESG 的问题，不管叫不叫 ESG，但都需要考虑个人的 ESG。因为社会经济对个人也有一些要求，同时我们现在有大量的为个体服务的"个人金融服务"，其中个贷是最主要的。也就是说对企业有 ESG，对个人也有 ESG。

对个人而言，从环境（E）的角度来讲，不能乱扔垃圾，要认真执行垃圾分类；公共设施里的草地如果写着不让随便踩，就不能随便去踩；至于住宅，如果条件允许能够安装太阳能光伏屋顶，那么应该去安装，从而充分利用清洁、可再生能源……这些都是对环境的关注。

从社会责任（S）的角度来讲，不应该参与"黄赌毒"；在疫情情况下，该戴口罩的地方就应该戴口罩，该打疫苗就应该打疫苗；有一些涉及社会利益的规则，如应该遵守交通规则不得酒驾、号召大家关注公益等，再如对有钱人而言就算有钱也不应该炫富……这些例子都涉及个人和社会的关系。

从治理（G）的角度来讲，其实个人也是存在治理的。从广义的概念来讲，首先个人的治理应该对个人、家庭、社区、社会做有益的事情，也就是要负责任。从财务治理上来讲，应该以收定支，也就是要量入为出，不要过度负债，不要去追求一夜暴富；涉及投资市场和投资产品的，要对自己有风险管理；对一些有投资者资质管理的，应该考虑自己如何去符合这种管理，而不是绕道而行；个人不应该进行过高的杠杆，不仅风险比较大，也不够负责；对于个人来说，应该对自己的健康养老负责，该参保的参保，该买保险的买保险，这都涉及个人的风险管理问题……这些都关系到个人的治理。

当然现在普遍说的 ESG 是针对企业。如果说到个人的话，是不是要用 ESG 这个名称呢？大家也可以另起它名，但是意思是存在的，也就是企业有 ESG，个人也有 ESG。

对个人的金融服务，特别是个贷，即消费贷款要考虑 ESG。现在消费贷款是大家非常关注的、争议也比较多的一个领域，也是与新兴科技关联比较紧密的一个领域。

从环境（E）的角度来讲，金融界要支持个人（或家庭）消费者使用节能产品、环保产品，鼓励他们绿色出行。还有一个提法叫"绿色城镇化"，"绿色城镇化"是从供给方面讲的，而从消费者角度来讲，也存在着如何选择、如何管理自身需求的问题，以实现低排放、低污染、少垃圾、维护其他物种的生存及生物多样性等要求。符合这些要求的金融服务也可以算作是绿色金融的一个组成部分。

从社会责任（S）的角度来讲，金融机构和各类支付平台不应该为"黄赌毒"去做个人支付服务，而现实是有一些支付平台和个别的金融机构实际上对跨境赌博和毒品交易给了支付方面的便利，当然它们也假装说不知道交易的实质内容。从实际观察上来讲，特别是那些新兴机构，比较急于把交易量做大，把交易笔数做大，同时要获取交易的手续费，追求做大额交易，如果经不起诱惑，就可能在个人金融旗号下为（跨境）赌博、毒品交易做支付服务。

另外，金融机构应该谨慎考虑，不过多地为奢侈型消费进行融资。笔者很多年以前参加过一个会议，听到一种讨论：大牌信用卡在考虑广告时，传统上在足球比赛上做很多广告，但是否应该在高尔夫赛事上投广告，是否应该在 F1 赛事上投广告，那时候就有不同意见，意思是可能不够大众化，它们是奢侈化赛事，同时也要考虑是不是对环境友好。这些都是需要考虑到的社会影响。

做个人金融服务，要遵守反洗钱和反恐融资（规则）。除了一般意义上的反洗钱反恐融资以外，最近有些地方出现了个人出借自己的账户，出借自己的卡号，实际上被洗钱所利用。对这些情况的处理，其实金融机构可以有所作为。一些对社会不利、对个人治理也不利的融资做了以后，紧接着会产生一系列的后续影响。

说到 G，也就是关于个人的治理。先看美国的次贷危机，有两个方面的问题，金融机构通过促销，特别是房地产销售机构和房贷机构，给一些没有收入保障、超过未来收入期望值的个人和家庭放贷去买大房子，同时给予低利率，甚至是零利率；也有一些金融机构为个人高杠杆炒股进行融资。归纳而言，就是个人金融服务应支持个人财务上大体平衡，以收定支，量力而行，量入为出，而不是提供影响个人财务健康性的融资，包括欺诈性融资和使用钓鱼性补贴。当然也有一些个贷融资是看到消费者有"啃老"的潜力，或者家庭里有其他的资产可以变现，但是这类融资所助长的消费，可能不利于个人财务方面的治理。同时，出了问题以后，会导致暴力催债。暴力催债本身是不合法的，但是雇主有可能实际上就是发放个人消费信贷的放贷人。

目前，从 ESG 的观察角度来看，个贷领域里实际上是乱象丛生，前一阶段有大量的 P2P 网站陷入危机，后来基本上都关闭了。其中也不乏有一些是打着金融科技、互联网、大数据、新型金融科技业务的旗号来乱做的。总之，个人金融服务也有 ESG 的问题。

14.4.2　收支平衡、财务纪律与时间区间

社会主义市场经济里的三大主体，也就是企业、个人（或者家庭），再加上政府，都应该基本实现收支平衡，这是市场经济正常运行的基本前提，也是市场经济的规律，也是三大主体自身治理的基本财务纪律。也就是说，总体来讲都应该是以收定支、量入而出，收支上大体平衡，同时要防止预算软约束，盲目乱花钱，盲目加杠杆，防止欺诈并遵守反洗钱反恐融资等规则。

下面说一下财务平衡的时间段，也就是究竟在什么时间段内收支应大体平衡？财务周期确实是多种多样的，也与人类自己制定的日历有关系，有些平衡是日平衡，有些是周平衡，有些是月平衡，有些是季平衡，有些是年度平衡，甚至更长一点。投资的平衡、从投到收的平衡可能周期比较长。另外，还有一些跨期的消费，如住房方面，周期也比较长。

比如说吃饭，要吸取能量，然后好进行活动，那么平衡实际上就只有几个小时，上顿吃了，下一顿几个小时以后你还需要再吃。发薪水主要是按照月为周期，每个月发薪水，按月看经常性消费平衡不平衡。也有一些国家是按周来发薪水的，实际上也是帮助雇员对收支平衡进行治理。从股票市场投资上来说，上市公司按季度进行信息披露。但是最常用的财务周期还是按年；GDP 按年统计，各个不同产业部门业绩、企业的财报、个人交所得税等，都是按年度来考核的。年度是一个大的基准，所以大家也经常说，把一年以内的平衡当作经常项目，年度以上的归结为资本项目。

但是就消费而言，消费效用的有效期可能是连续的，既有每日的平衡，有每年的平衡，也有更长时间的平衡问题。

以住房为例，如果一个住房是 30 年使用期，也就是 360 个月，实际上每个月的消费量大概是它价格的 1/360，消费了第 1 个月以后，还有 359 个月的价值存在。如果用租房或者用分期付款的方式，从真正月消费使用的量和月收入的比例来讲，并不违反收支平衡的原则。

又如车贷，一般考虑使用 3 ~ 5 年；还有某些耐用消费品，可以按照使用期限来进行分期付款。同时物权还要抵押给放贷人，从这个角度来讲，消费和抵押正好相对应了。人们把住房这种不容易藏匿的财产叫"不动产"，车和其他（如说手机、电脑）就是可以动的财产，不过现在很多技术跟踪性越来越强，目前又可以对动产，甚至是金融凭据进行抵押融资。

总之，对跨期的消费做分期付款是一种财务合理的业务，并不违反收支平衡、量入而出这个原则。

另外，还有一个大的跨期项目就是助学贷款，或者是教育贷款。除了青少年的教育贷款以外，职业教育也可以贷款。有关的融资可以看作是一种人力资源投资，未来有回报，同时也有风险。人力资源投资也像其他投资一样，在未来会有收益。作为一种金融产品而言，是完全正当的。但与此同时，投资都要讲成本，如投资建一条路或者其他投资，肯定要有成本控制。教育投资、助学投资也要有成本控制：如该交学费的，就直接划拨了；既然是为了教育，就不能用于奢侈性消费，设有限额，各方面都是有控制的。

目前全球非常重视收入分配效应，前几年法国的皮凯蒂（Thomas Piketty）出版了《二十一世纪资本论》（*Capital in the Twenty - First Century*），中国最近也在讨论收入分配：一次分配、二次分配、三次分配等。要看到，除了国家税收方面所体现的收入再分配政策以外，住房贷款是非常重要的一个有收入再分配功能的金融业务。往往富裕的人可能是全款买房，同时存款比较多。大家往往说 80% 的存款是 20% 的人存的，这些存款可以支持中低收入者贷款买房，更广泛地实现了居者有其屋，这实际上有非常好的收入再分配的作用，很值得研究。同时这个业务风险比较小，因为有抵押品，而且抵押品也做了各种各样的保险。总之，对金融企业来讲，除了对企业的融资要讲 ESG 以外，对个人的融资也应该提倡不能助长个人财务失衡，盲目追求交易量或者是交易收入，也要有 ESG 的考虑。

我们看一下，金融业历史上积累的几种个人金融业务，还是很有价值的。很多传统的业务是探索多年的结果，还是很有用，也有潜力的，当然还应结合科技不断改善。特别是个人金融业务，在个人收支平衡、抵押与风险管理、制定价格与回报这几个方面，需要权衡，要有选择，不能单纯只追求某一个方面。

有哪几种传统个人金融业务呢？一个是住房抵押贷款，一个是车贷，一个是用于分期付款的耐用消费品贷款，再一个是学生贷款（美国叫学生贷款，国内叫助学贷款）。此外还有一种有身份证就可以提供的临时贷款，按身份证可以自动建一个账户。

我们要区分一下，个人消费贷款中也有一小部分实际上是经营性贷款，或者是个体经营性贷款，要用类似于微型企业的规律去判别，而不适用于消费贷的规律。目前由于疫情要求保持社交距离，某些服务业关门歇业，也出现越来越多的所谓自由职业者。从金融业的角度出发，对于小商户的贷款，首先他们自己还要有一定的资本，之后可以有一定的配套贷款，实际上就是首先依靠自己，对自己的个人资本是负有责任的，配套贷款跟着个人资本走，所以风险也不会太高。目前有种说法，似乎只要注册近乎零资本的小微企业，就应贷到款，这是不对的。现在还有一个情况大家很重视，就是如有科技或创意，用较少的个人资本也可以创业。就创业而言，总体来讲，依靠消费贷款或者一些循环性的贷款，其实并不合适。创业该申请风险投资，还是要与创业的融资机构打交道。也就是说，个体经营性贷款与消费性贷款要区别开来，因为他们所面临的问题不一样。

如果上述这几种传统消费贷款都做好了，以后我们还在多大程度上依赖无指向的、透支型的经常性个人消费贷款？从宏观经济分析的角度来讲，如果前面这些项目都做得好的话，那么透支型的个人消费贷款在经济上不一定能起太好的作用，在经济整体发展过程中的重要性也不见得很大。

再说一说信用卡。人们说信用卡过去给持卡人做了很多贷款，新兴的支付公司和新兴的小型金融企业就会说，既然信用卡可以这么做，我们为什么不可以这么做？

首先可以回顾一下信用卡诞生的历史。卡分为信用卡和借记卡，就是 credit card 和 debit card。credit card 起步比较早，发展迅速，后来 debit card 数量也大幅增大，比重大幅上升。信用卡从设计角度看，最开始是为了 pay later，也就是事后付款，事后是多长时间？25 天，25 天如果没有开出支票，或者是用其他方式把所花的钱给付上，就确实给消费者放了贷款，利息（利率 18.5%）是有点惩罚性的。pay now 就是当即付款，pay later 就是事后付款，所以信用卡从设计上其实是为了提供一种支付便利（facility）。当然既然有这样一种业务，就可能会有一些个体经营者将其用作经营性贷款，在多家银行开多张卡，转来转去，或者有一些利用循环额度搞个人经营。不过总体来讲，用于个体经营还是所占的比例较小，同时这么做的成本也比较高。

后来有了 debit card（借记卡），也就是花自己的钱，中间不存在贷款。借记卡后来能发展起来，有很多是技术上的原因，也就是说，在远程通信、数据网络条件不成熟、不够发达的情况下，在线的实时付款，借记进账户，实际上是做不到的。因此早期所能提供的支付便利只好选择事后付款，其信用风险控制实际上是借助于信用卡组织的授权中心。万一有一些损失（也会有一定概率的损失），收费要能覆盖损失。到后来数据网络越来越健全，debit card 才可能流行。

也就是说，不要把信用卡理解是为了消费贷款所创造的产品，其起源是为了支付便利，特别是零售支付便利，因技术限制选择了事后付款和垫付贷款。因此发卡行对此垫付要有一定的风控，也强调消费者要有财务平衡，对事后付款要有自律（当然这个为辅）。因此大银行的内部风控需要更紧，同时也在不断与各种欺诈做斗争。

14.4.3 宏观经济平衡的需要和资源配置

宏观上是否需要鼓励透支型消费也要认真权衡。宏观上，如果要扩大消费在 GDP 支出中的比重，应首先注重那些有存款、存款过多的人群去扩大消费支出，包括通过养老金、医保等改革减少预防性储蓄过量。如果在调控经济上缺乏手段，或者宏观经济分析不够透彻的情况下，有时候也会变相或盲目过度地用信贷去支持个人经常性透支，也就是无指向消费信贷。经济不景气会有各种各样的原因，因此调控者要拉动总需求，拉动总需求的一个办法是加大基础设施投资，另一个办法就是扩大消费。如果是调控经济的手段不多，缺招数，应设法提高宏观调控的分析水平、能力和工具箱运用。如果过度依赖这种无指向、经常性消费的金融支持，可能导致新的宏观失衡并带来风险。同时，从 ESG 的角度来看，也不见得合适，涉及不可持续的问题，还会造成其他一些社会问题。

14.4.4 金融科技、大数据与隐私保护

在"大数据时代"金融科技发展的情况下，特别是大数据的积累，大数据会有很多潜能，会在很多方面发挥用途。

在数据处理方面，因为金融具有普惠性，具有准公共性，所以使用"黑箱"算法，也就是在不能解释模型的具体机制的情况下，这些算法在多大程度上可以使用，是有不同看法的。

如何使用大数据？大数据应该在哪些方面发挥作用？是否可以依赖黑箱算法？其中也包括有一些说是利用人工智能，但其实多数不是人工智能，而只是相关分析，甚至只是一种打分的做法。金融科技的这些新内容，在多大程度上，在什么方式上能够运用在个人信贷方面，需要更加深入的研究和分析。

14.5 中国 ESG 投资生态建设

从前面的论述可以看到，ESG 投资的参与者众多，影响 ESG 发展的因素繁杂，如何借鉴全球主要市场 ESG 投资发展的经验，稳妥有序地推进我国 ESG 投资的生态体系建设？

我国 ESG 投资生态建设可以分为两个层次，包括战略和战术两个方面。

14.5.1　ESG 投资生态建设的战略思考

战略层面的思考，需要聚焦 ESG 监管模式的选择、国际标准与中国特色的有机融合。

（1）ESG 监管模式的选择：强制披露 + 自下而上。

①在信息披露的"强制 – 自愿"维度，采用强制披露更为合适。一是在环境、社会责任方面已经初步形成半强制披露的框架；二是我国政府和监管具有更强的动员和执行能力，更契合强制披露的方式。

②在 E\S\G "整合 – 单因素"维度，建议自下而上，从单因素突破，先环保（E）后社会责任（S），以点带面的方式建设 ESG 监管体系。

首先，ESG 整合监管的模式需要有统一的机构，我国尚不具备；其次，可以顺应碳中和的时代背景和要求，从环保（E）角度着手，探索和建立 ESG 监管政策体系；最后，近期国家层面对公平与效率、第三次分配的重视，很可能在未来几年深刻影响中国社会和资本市场，社会责任（S）的重要性和话题性都将得到大幅提升。

（2）国际标准与中国特色的有机融合：体现中国作为发展中国家"共同但有区别"的责任。

①基础设施建设（披露体系、数据规范等）可以尽量与国际标准一致。

②评级体系框架可借鉴国际成熟标准，但具体指标设定上应体现中国特色，尤其是与经济发展阶段高度相关的环保类（E）指标，与政治、文化、历史等息息相关的社会责任（S）指标。

③投资策略的应用应结合本国情况加以选择和改进，以满足当前阶段国家设定的可持续发展目标。ESG 投资的目的是实现可持续发展，但不同国家和地区，应该根据其发展阶段和现状，设定合理、可实现的可持续发展目标。

14.5.2　ESG 投资生态建设的战术安排

战术层面的安排是指从信息披露机制、资金引导机制给出具体的建议。

（1）ESG 基础设施建设：以信息披露机制为核心充实数据和完善评级。

底层数据和评级体系是 ESG 生态的重要基础设施。基础数据的质量和广度、数据口径的可信度与合理性、评级机构和研究机构的不断发展和壮大，均会从根本上影响整个 ESG 生态体系的效果。具体而言，有以下几个方面：

①基础数据：提升披露数据质量、协调政府公开 ESG 相关信息。

建议交易所尽快出台完整的 ESG 报告披露规则以提升上市公司披露数据的质量。引导上市公司进行 ESG 各方面数据的规范披露，为 ESG 底层数据提供质量保障。指导上市公司披露时对 ESG 报告披露规则中的关键议题、影响显著性等内容进行客观的披露和讨论，避免采用主观的文字叙述。可以参照香港交易所、NASDAQ 的成功经验，颁布独立、完整的 ESG 信息披露规则，并且提供详细的 ESG 披露指南。

建议协调政府相关部门整合、开放 ESG 相关信息。如果能在不危害国家安全、不侵害民众隐私的前提下，政府相关部门将 ESG 相关数据（如环保处罚、裁判文书等）逐步整合且及时公开、定期发布，势必将补充和完善国内 ESG 评级的基础数据。

②数据规范：保证数据可信度与合理性。

为 ESG 指标设定统一的数据规范。所有量化指标的获得，应当遵循"权威统计口径→可审计的国际认可估算方法→方法论透明的估算结果"的顺序进行获取，具体思路为：在编写每一个 ESG 指标的数据技术规范时，应该尽可能地优先尝试从官方权威的口径（例如，国家统计局）提取数据；如果官方口径没有披露，可以参照国际指引中广泛认可的估算方法，但必须做到可以被专业机构审计、被重复验证；如果上述两种方法都无法计算该项指标，则提出供参考的指标测算方法，如果上市公司没有使用指引中的测算方法，而是使用自己的方法进行测算，则必须披露该方法的合理性。

针对 ESG 各关键议题，邀请权威专家编写相关指南。在 ESG 的议题中涉及非常多自然科学的指标计算，如碳足迹、生物多样性、废弃物处理等，为提高指标数据的客观性与科学性，可以邀请相应学科的权威专家确定指标的计算、比较方法，编写对应关键议题的数据披露指南。

③评级体系：发展权威评级机构，充实学术与业界研究。

发展具有权威性的国内 ESG 评级机构。培育兼顾国际准则与中国特色的权威 ESG 评级机构：ESG 指标体系可以考虑与全球认可度较高的 GRI 标准进行对应，以便于国内外投资者遵循成熟的 ESG 投资框架进行决策；同时也需要考虑"扶贫"等具有中国特色的主题，提升 ESG 评级对国内市场的适配性。权威的国内 ESG 评级将有助于资管机构统一评级标准，有助于 ESG 投资的健康发展。

充实学术与业界研究，提高 ESG 评级效率。ESG 投资在我国存在较大的认知缺口和人才缺口。学术层面上可以加强培养 ESG 专业人才，包括培养各个 ESG 子学科的专家、ESG 评级方法的专业研究人员等，为 ESG 发展提供坚实的研究支持。包括咨询机构在内的业界 ESG 研究机构的发展也有助于提升 ESG 评级效率，专业的 ESG 咨询机构能降低上市公司的学习成本，帮助上市公司编写客观有效的 ESG 报告，为 ESG 评级提供可靠的底层数据。

（2）ESG 投资资金引导：以政策性资金作为有效引导，兼顾资管机构的"双重底线"。

①政策性资金：通过社保、养老金等政策性资金的 ESG 投资要求作为有效引导。

资金方面对 ESG 的投资较难从制度方面进行监管要求，政策层面的激励和引导是较为广泛采用的方式。尤其以主权基金和养老金为代表的长期资金与 ESG 的理念契合度较高，从政策层面加以引导就可以起到积极的带动作用。学习日本、英国等国家的 ESG 发展经验，引导长期资金在投资决策中尽快纳入 ESG 原则，将有效地提升 ESG 投资在市场内的占比，提升 ESG 理念传播的速度。

②资管机构：指引资管机构实践"双重底线"原则。

目前全球许多专业的 ESG 投资机构都已经构建了"双重底线"（double bottom line）的核心投资原则。ESG 资产管理人应当强制要求所有的受托人、被投资企业、被投资项目按照 ESG 指标体系的披露规则，定期报送各类 ESG 指标。而作为 ESG 资产管理人，在定期报告中，不仅需要披露资管产品的投资业绩，还通过汇总被投标的的 ESG 指标，披露资管产品产生的综合 ESG 绩效（见图 14－21）。

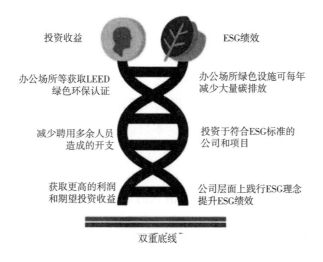

图 14－21　"双重底线"投资原则示意图

第 15 章　未　来　展　望

为何 ESG 成为投资界宠儿？目前主流观点认为，践行 ESG 的投资理念，可以更好地避免或者剔除存在高风险、闪崩抑或是"黑天鹅"风险的公司，让投资者获得更高的回报。摩根士丹利一项调查显示，近 80％的个人投资者希望投资 ESG 基金以获得财务回报和对环境产生积极影响。其中，"千禧一代"投资者占了很大一部分。2020 年 1 月 8 日，MSCI（明晟）推出了 15 只固定收益 ESG 及因子指数，旨在满足投资者紧贴投资目标制定策略的需求。梳理上市公司多次发生的"黑天鹅"事件，21 世纪资本研究院发现，可以在这类 ESG 信号的捕捉上，寻找企业风险线索，同时引导上市公司关注并强化 ESG 理念。一些市场力量忽视 ESG 信号，造成银行、券商、公募基金、信托等金融机构"踩雷"，与国内市场的 ESG 领域信息采集、信息分析与研究、信息的金融化运用等短板不无关系。以往机构"踩雷"后伴随而来的是连续的估值下调引发产品净值波动，而随着 ESG 投资理念的普及和重视，"排雷"的成效将会得到较大提升。

在过去的几年中，整个社会对 ESG 的兴趣似乎越来越普遍。ESG 投资产品的资产数量急剧增加，而随着 Y 世代（1980 年后出生）重要性的增加以及 Z 世代（1996 年后出生）的成长，这一趋势还在继续加速。大约四分之一的全球资产管理（AUM）的投资考虑了 ESG 因素（GSIA，2017），75％的个人投资者试图在投资决策中考虑 ESG 因素。

现代投资的主要难题之一是如何从 ESG 中获得高回报。ESG 投资组合可以具有像传统投资组合一样的财务绩效，这取决于投资组合的风险和收益特征。简单地剥离"罪恶"股票很可能导致投资组合表现不佳，存在重大风险，包括没有足够的回报来支持受益人的收益要求，并带给基金经理职业风险。客观上，虽然 ESG 正在成长，但它仍然只是少数投资者的关注焦点，大部分依旧沿袭着传统投资组合，遵循传统的投资规则。这说明 ESG 投资的理念和方法同时面临机遇和挑战，也迫切需要改进和迭代。

15.1　ESG 投资趋势与民间社会组织

15.1.1　ESG 投资的主要趋势

自 2004 年联合国全球契约组织（UN Global Compact）首次提出 ESG 的概念以来，ESG 原则逐渐受到各国政府和监管部门的重视，ESG 投资也逐渐得到主流资产管理机构的青睐，从欧美走向了全球。在此过程中，相关国际组织、监管机构、资管机构和上市公司等参与方通过信息披露、评价评级、研究咨询、投融资等活动相互推动和促进，逐步形成一个完整的 ESG 投资生态圈，如图 15 − 1 所示。

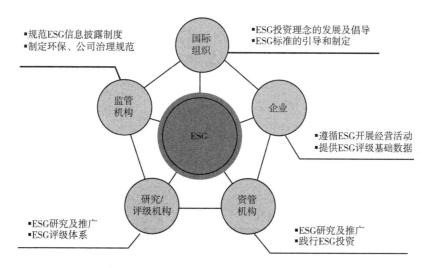

图 15 − 1　ESG 投资的生态圈

在过去的十几年里，ESG（环境、社会和公司治理）投资正成为主流议题。投资者在理解 ESG 数据带来的挑战方面变得更加成熟，欧洲的新规也正在推动投资者认真执行气候敏感型投资，市场对研究 ESG 分析和总投资组合风险的兴趣空前高涨。所有这些都使市场对具有独特技能和经验的 ESG 人才需求不断增长，尤其是高级管理者，进一步在金融企业和机构中推动和落实 ESG。在 2019 年 10 月发布的研究报告 *Into the Mainstream*，道富环球调查了 300 多家全球机构投资者对 ESG 投资的态度，调查结论也进一步佐证了这些看法。

在发达国家，特别是在欧洲，投资者对 ESG 的投资关注度发生了非常大的改变。如果说过去 ESG 只是作为一个财务的选项，作为一个风险防控的考量内容的话，现在对于 ESG 的投资已经开始成为一些机构投资者的核心投资策略。全球来看，近十年，ESG 投资规模增速远超全球资产管理行业的整体增速，越来越多的国家开始探讨实践责任投资和 ESG 投资。据全球可持续投资联盟（GSIA）统计，截至 2018 年年末，受 ESG 监管法规影响的资产管理规模已经高达 32.6 万亿美元。地区方面，2020 年美国市场占比达到 48%，超过一直排名第一的欧洲市场，成为 ESG 投资的最大市场。近年来，日本市场的份额提升较快，2020 年达到 8%，排名第三。与此同步的是，全球 ESG 相关法规数量呈指数增长（见图 15 −2），仅 2018 年提出的新法规和准法规数量就达到了此前六年的总和。

图 15 − 2 中的规定分为针对投资者和针对发行人的规定。显而易见的是，以 ESG 为重点的监管关注方向正越来越多地转向投资产品和投资者的投资过程。在 2018 年提出的 170 多项监管或准监管措施中，80% 的措施针对的是机构投资者，而不是发行人。

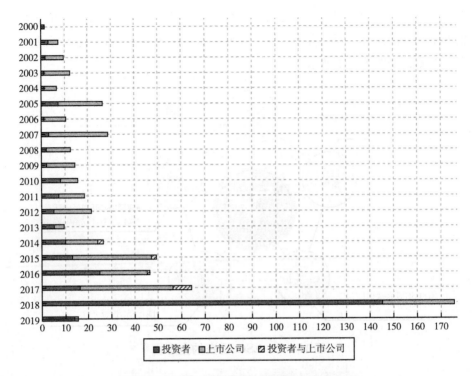

图 15 - 2　ESG 相关法规数量增长示意图

注：收集自 MSCI 和联合国责任投资原则（UNPRI）的 ESG 法规数据库，包括强制性的、自愿性的或者解释性的，截至 2019 年 1 月 15 日。

展望未来，现在正处于 ESG 基础设施建设的关键之年，ESG 市场将由此进一步成熟。以下是未来值得关注的五大 ESG 趋势：

第一，可持续发展会计准则委员会（SASB）标准将成为全球领先的 ESG 信息披露框架。随着 ESG 数据受到审查，投资者开始关注他们所使用的 ESG 数据质量。而解读"质量"的核心在于 ESG 数据应具有重要的财务意义，企业所披露的信息应保持真实一致，同业公司之间的数据具有可比性。

第二，ESG 将被视为受托责任。更强的意识和更易获取的数据使投资者正在转变他们的认知，在投资过程中考虑 ESG 问题是履行受托责任的一部分。

第三，ESG 投资策略将变得更加复杂。而随着 ESG 纳入指数投资组合的构建程度不断提高，ESG 投资将成为主动投资策略中的主流。

第四，投资者将需要拥有自己的排他筛选方法，投资者完全外包其排他筛选方法的参与方式将变得越来越不靠谱。随着对这一领域的监管越发收紧，预期更多的资产管理公司对其排他程序拥有更多的所有权。

第五，ESG 将成为董事会的一个主流议题，从而改善公司的基础架构和 ESG 信息披露。从 2020 年开始，ESG 将成为董事会的首要议程，因为董事们不仅要回应投资者，更要回应外界有关"股东至上"的广泛辩论。为了使董事会能够有效地监督这一系列广泛的议题，企业将需要建立有效管理和披露这些信息所需的内部基础架构。期待公司能够收集新的数据类型，建立新的报告机制，并专注于针对这些财务重大问题的表现。

可持续发展的必要性将深刻地影响信托责任在金融市场中的应用，托起这个行业的希望和梦想。而伴随着新的投资理念革命和投资运动的兴起，ESG 投资将转向另一个新兴的超级大国——"民间社会"。这个庞大的非政府组织为何瞄准资本市场，它们能做出什么贡献，迄今为止在哪些领域开展了有效的运动，以及它们今后可能会走向何方？

15.1.2　民间社会组织与资本市场

中国改革开放四十多年，民间社会领域的变革在相当长的一段时间里并不太为人关注。它的变革似乎更多是在悄然进行的，进入 21 世纪以后，中国民间社会组织迅速发展（尤其是汶川地震和北京奥运），上百万志愿者们的身影提醒人们，中国民间社会组织的发展应引起足够重视。

对于代表民间社会、特别是环境与发展团体和人权组织机构的不断扩大，资本市场不仅被视为改变公司做法的工具性机制，但同时也是系统变革的目标，因为它们目前的结构破坏了长期可持续发展目标。在某些情况下，这些竞选者影响了目标公司的资本成本，损害了其声誉，并动员了大量股东投票反对管理层。在一些极端的情况下，竞选者还鼓励公司经纪人拒绝客户和股票市场，以禁止上市。资本市场竞选活动的快速增长为企业及其投资者带来了新的风险，并没有被忽视。事实上，《金融时报》将"来自国际非政府组织的日益增长的压力列为影响长期退休储蓄的安全和盈利能力的五大社会经济大趋势之一，这些非政府组织拥有前所未有的资源、信誉、获取公司数据和全球通信能力"（Kiernan，2005）。

在世界商业促进可持续发展理事会（WBCSD）首次犹豫地进军投资领域 10 年后，其主席比约恩·斯蒂格森（Björn Stigson）毫无疑问地认为："金融市场是追求可持续发展的关键，因为它们拥有记分卡、分配和定价资本，并提供风险覆盖和价格风险"。然而，斯蒂格森补充说，"如果金融市场不理解和奖励可持续行为，发展更可持续的商业做法的进展将是缓慢的"（斯蒂格森，2003）。所以资本市场可以既是一个制约因素，也是一个促进可持续性提高的因素。

资本市场运动可以追溯到 19 世纪。自 1970 年以来，非政府组织利用资本市场的情况急剧增加。在战术上，民间社会组织采用了两种往往相辅相成的技术：第一，迫使投资者将资本投资于一家公司或部门，而不是另一家公司或部门；第二，利用与股份所有权有关的权利和影响力，直接向公司董事和高级管理层表达关切。虽然早期的干预措施大多是对抗性的，侧重于破坏年度股东大会，但非政府组织已稳步变得更加成熟。近年来，非政府组织采取了一系列不同的干预措施，包括编制投资分析报告，以支持其运动；直接尝试将资本转移到某些投资项目和其他项目；就企业社会责任的具体问题与投资者进行沟通的现行方案；以及在某些情况下，投资者与非政府组织之间的正式合作方案。

更具战略性的是，一些非政府组织还就资本市场的管理规则进行了公共政策宣传，认为其结构制约了可持续发展，主要原因包括：短期主义和"市场失灵"。

资本市场上短期主义者在评估公司的方式上过于短视。由于许多可持续发展问题本质上是长期的，短期主义对非政府组织来说是一个特殊的问题，因为它导致对公司董事发起绩效改进的激励系统的侵蚀。造成这种情况的一个根本原因是，资产管理公司是由其客户（如养老基金）根据短期标准进行评估的。投资界越来越认识到这一问题，英国大学退休金计划认为：

对负责任的投资似乎存在阻力，这与投资决策系统的根深蒂固的特点有关，包括养恤基金及其投资顾问规定的任务；衡量和奖励业绩的制度（侧重于同行比较和优于基准，而不是履行养恤基金的长期负债）；以及服务提供者的能力（如卖方分析师）。由此产生的短期主义的影响是，人们对负责任的投资事项的关注程度低于适当的程度——这些问题的性质太长，不会影响基金经理的日常行为。

民间社会组织也越来越意识到资本"市场失灵"对可持续发展的影响。资本市场的"市场失灵"论据是：政府未能充分将公司的环境和社会成本内部化，从而导致经济发展完全可持续。由于政府未能将这些成本纳入公司资产负债表，资本市场没有将公司的全部社会和环境成本纳入其中。事实上，在这些"市场失灵"得到纠正之前，投资者将公司的全部社会和环境成本纳入其中是不合理的，因为它们不会出现在资产负债表上，因此，在投资时间范围内不会影响公司的盈利能力或每股收益。可持续发展的关键问题是，从长远来看，后代将无法享受如此高的生活水平，因为自然资本的存量将无法弥补地枯竭。

许多接受资本市场活动的公司和投资者或许可以理解对这些干预表示不满。但事实上，民间社会积极参与市场治理是一项健康和必要的活动。例如，西蒙·扎德克（Simon Zadek）认为，民间社会的一个新兴角色是规范企业行为，将这种活动称为"民间监管"——资本市场只是其中一个舞台（Zadek，1998）。更广泛地说，民间社会组织可以做出三项主要贡献：

①提高福利。作为民事监管机构，非政府组织运动可以成为实现提高福利的社会和/或环境目标的有效方法。Davis 等（2006）认为，非政府组织在创造一个更可持续的经济方面具有特殊的作用："在民间社会中，政党、独立的司法机构、自由的新闻、公正的法律和公民机构是民主的核心支柱。民间经济的平行机构可以理解为参与的股东、独立的监督员，可信的标准和民间社会组织参与市场。这显然意味着，民间社会组织是确保金融机构倡导对其投资的公司进行社会责任管理的一个重要和合法的杠杆。

②加强投资分析。非政府组织可以通过加强企业在可能对股价有重大影响的社会、道德和环境问题上的业绩信息流动，改进投资分析。非政府组织可能成为相关投资信息的有用来源的一个实际原因是，它们往往花时间分析和游说公共政策的变化。因此，非政府组织可能是未来公共政策的一个有用指标，对公司评估可能是重要的。如果非政府组织资本市场干预有助于加强投资分析，那么这种干预是合法的，因为它有助于改善投资

决策和市场效率。

③增强市场信任。虽然非政府组织资本市场干预可能有助于改进投资分析，但在某些情况下，它对公司股价不利。尽管竞选活动可能会给公司带来短期的财务负担，但单凭这一点还不足以使竞选活动变得不合法。这是因为公司受益于资本市场的存在，而任何市场的存在，在一定程度上都取决于社会的信任，以维护自身的合法性。正如 David Korten（1995）所说："一个经济体系只有在社会有机制对抗滥用国家或市场权力的情况下才能继续存在。"他更喜欢的制度是民主多元主义，它结合了"市场、政府和民间社会的力量"。民间社会的健康参与不仅是合法的，而且是资本市场长期生存所必需的。

15.1.3　资本市场运动的影响与未来

这种民间社会组织在资本市场运动中的成功创造了一个自我强化的圈子，因为运动者相互宣传资本市场运动的好处。例如，在美国，《地球之友》（*Friends of the Earth*）制作了《利用股东权力对抗公司：面向社会的股东行动主义手册》（Chan Fishel，1999）。在英国，角落之家出版了《竞选者金融市场指南：公司和金融机构的有效游说》（Hildyard and Mansley，2001）。同样，在荷兰，SOMO（跨国公司研究中心）对金融部门的关键问题进行了广泛的审查（Vander Stichele，2004），重点是该部门对可持续发展的影响及其对环境破坏的贡献，旨在为从事这些工作的非政府组织提供参考。

民间社会对金融机构作用的看法也开始在全球范围内形成一致，最明显的是以意大利小镇命名的《科莱维奇奥宣言》（以下简称《宣言》）。这项《宣言》是当代社会和环境活动家希望看到的最重要的集体变革宣言之一，得到了全球 100 多个非政府组织的赞同，其中包括绿色和平组织（Green peace Italy），世界自然基金会（WWF）在意大利和英国的国家办事处，地球之友组织（Friends of the Earth）在巴西、德国的国家办事处，萨尔瓦多、澳大利亚、加拿大、捷克共和国、立陶宛和瑞士，以及美国的塞拉俱乐部。《宣言》对目前的情况进行了广泛的分析，并认为金融机构的适当目标应该是"促进环境保护和社会正义，而不仅仅是实现经济增长和（或）财政回报的最大化"，呼吁金融机构做出六项承诺：

①对可持续性的承诺：充分整合环境、社会和经济因素；

②承诺"无害"：防止有害的环境和社会影响；

③责任承诺：承担全部社会和环境风险；

④问责承诺：使利益相关者有影响力；

⑤对透明度的承诺：强有力的、定期的披露和对请求的回应；

⑥对可持续市场的承诺：积极支持有助于全面成本核算的公共政策。

银行和资产管理公司等金融机构能够而且必须在提高环境和社会可持续能力方面发挥积极作用。该《宣言》呼吁金融服务业采纳六项主要原则，反映民间社会对金融服务部门在促进可持续性方面的作用和责任的期望。

金融机构的作用和责任：金融部门促进和管理资本的作用很重要；而金融，如通信或技术，本质上与可持续性并不矛盾。然而，在当前全球化的背景下，金融机构在引导资金流动、创造金融市场和影响国际政策方面发挥着关键作用，其方式往往是民众无法解释的，而且对环境、人权和社会公平有害。

尽管金融领域最著名的资源配置不当案例与高科技和电信泡沫有关，但金融机构在不负责任地将资金输送给不道德的公司、腐败的政府和恶劣的项目方面发挥了作用。在全球南方，金融机构在发展融资中的作用日益增强，这意味着金融机构对国际金融危机和发展中国家沉重的债务负担负有重大责任。然而，大多数金融机构对其交易可能造成的环境和社会损害不承担责任，尽管它们可能急于为经济发展和从其服务中获得的利益获得信贷。而作为债权人、分析师、顾问或投资者的金融机构中，很少有人能有效地利用自己的权力，有意将资金引入可持续发展的企业，或鼓励客户接受可持续发展。

同样，绝大多数金融机构在创造重视社区和环境的金融市场方面也没有发挥积极作用。由于金融机构专注于股东价值最大化，而作为金融家，它们寻求利润最大化；这一双重作用意味着，金融机构在创造以短期回报为主要价值的金融市场方面发挥了关键作用。这些短暂的时间范围为企业提供了强有力的激励，使其将短期利润置于社会稳定和生态健康等长期可持续性目标之前。

因此，民间社会越来越多地质疑金融机构的责任和义务，并质疑金融机构的社会经营执照。作为全球经济中的主要行动者，金融机构应致力于可持续性，反映企业社会责任运动的最佳做法，同时认识到仅靠自愿措施是不够的，它们必须支持有助于该部门提高可持续性的法规。

非政府组织资本市场运动最近最重要的进展是与机构投资者建立了正式的伙伴关系。例如，世界自然基金会和 Insight Investment 合作，对英国房屋建筑行业在可持续住房方面的表现进行基准测试；动植物国际与 Aviva Investors、F&C、Insight Investment、Pax World 和其他机构投资者合作，对自然价值倡议进行基准测试，旨在对粮食生产进行基准测试，加工和分销部门在生物多样性问题上的表现；合作保险协会（独联体）与 Forum for the Future 合作，确定可持续性薪酬报告中可持续投资的财务效益；透明国际与 F&C 合作，处理贿赂和腐败问题。

也许最清楚的例子是 WWF－Insight 投资的例子，它可以形成对这些合作关系有效性的看法。这是因为它是基于一个已发布的公司实践基准，并且随着时间的推移比较基准强调了在项目期间公司实践发生了哪些变化。第二个基准强调了英国房屋建筑部门在可持续和负责任住房方面的广泛改善。虽然无法确定基准是否推动了所有这些变化，但毫无疑问，基准发挥了重要作用。

这种伙伴关系需要从对手变为伙伴，但要继续利用资本市场作为改变公司做法的工具。一旦成功，非政府组织将获得投资者的影响、企业准入、权力、资源和财政支持。反过来，机构投资者可以更好地获得政策专门知识、研究资源和更好的企业实际业绩信息。

这种伙伴关系的增长有许多原因。其中一个非常基本的原因是，一些基金经理和非政府组织之间进行了专家工作人员的交流，这不可避免地导致他们的工作做法缺乏信誉，并有可能建立伙伴关系，实现共同的目标。客户对负责任投资的兴趣也有所增加，因此这种伙伴关系可以给基金经理带来商业利益。然而，最重要的是，在少数几家主要基金管理公司中，目前由资本市场提供资金的经济发展已变得极不可持续，这一点现在已变得更加突出。他们认识到，要最大限度地实现对客户的长期回报，就需要对企业外部性有更深入的了解，并加大集体努力，促进更可持续的商业做法。这些基金管理人还认识到，与非政府组织建立伙伴关系是对可持续发展问题做出合理反应的一部分。

这些早期伙伴关系的成功表明，应更广泛地采用这一战略。关键将是探索有效的方法，在一系列定期重复出现的可持续性问题和一系列重大的公司责任问题上公布可靠、权威的公司业绩基准。通过突出领导者和落后者，这些基准应当改善公司做法，并有助于在长期内最大限度地向股东提供可持续回报。

除了非政府组织和投资者之间的伙伴关系外，另一个有趣的发展是，一些投资研究提供者——例如，道德投资研究服务（EIRIS）和 Innovest——已经开发了针对机构投资者的商业服务，用以监测非政府组织的竞选活动。这些服务强调了任何被指控的公司违反国际准则和公司行为准则的行为。投资者可以发现这些信息有助于引导他们的公司参与，加深他们对管理质量的理解，以及帮助他们保护自己的品牌。

考虑到这些伙伴关系的增长，这些运动的性质是否会在未来发生根本性的变化？迄今为止，资本市场运动主要以投资者为目标，以此影响企业，而不是试图改变资本市场本身的结构。展望未来，我们可能会看到更多推动结构性改革的尝试，包括呼吁政府减少短期主义，更加关注激励企业和投资者的激励链，更有针对性地试图纠正资本市场推动不可持续增长模式所导致的长期"市场失灵"。

民间社会和投资者可能是不寻常的合作伙伴，但他们都对建立资本市场有共同的兴趣，这有助于实现更可持续的未来。

15.2　主权信用的 ESG 影响

自 18 世纪末工业革命开始以来，人类对环境的影响呈指数级增长。直到最近几十年，经济学和金融才开始认识到物质世界和社会世界以及经济世界之间的关系。经济学家认为是外部性的东西，投资者认为是无形资产和额外的金融因素，最近才开始展现其重要性，因此，在金融决策中环境和社会因素更加一体化。高盛（Goldman Sachs）、德意志银行（Deutsche Bank）、华尔街全球（State Street Global）、兴业银行等主流大型企业最近开始在其一些专业投资产品的财务分析中使用社会和环境因素。他们看到了一个潜力巨大的市场，并正在提供产品。一些人甚至将气候变化作为经济和政治的推动力（约翰拉金，德意志银行，2008）。但这一过程尚未成为常态。

主权基金主要来源外汇储备盈余和自然资源出口盈余。近年来，世界经济持续增长，新兴市场国家经济增势迅猛，在国际油价持续居高不下的时间里，新兴市场国家和产油国积累了大量外贸盈余或石油美元。在过去，无论是产油国还是贸易顺差国，大多以购买美国国债作为主要投资和保值方式。随着美元近年来不断贬值，投资美国国债的收益已不如先前那么有吸引力。针对这种情况，为提高外汇资产的投资收益，这些国家和地区逐步在满足外汇储备必要的流动性和安全性的前提下，将一部分外汇储备剥离出来，单独成立专门的外汇投资机构，把外汇储备转变成投资基金，运用外汇资金在国际市场进行投资，以达到保值、升值的目的。因此，各国主权财富基金的资金来源主要在两个方面：一是来自外汇储备盈余，主要以亚洲地区的新加坡、马来西亚、韩国等为代表；二是来自自然资源出口的外汇盈余，包括石油、天然气、铜和钻石等自然资源的外贸盈余，主要以中东、拉美地区为代表。

由于资金来源于一国的外汇储备，使主权基金必然同一个国家或地区的政府存在密切联系。从世界各国的情况看，主权财富基金的管理主要有由中央银行直接管理和成立专门的独立机构来运作两种方式：有的设立独立于财政部和中央银行的专业投资机构，如新加坡投资公司等；有的由中央银行下设专业机构进行管理，如挪威政府养老基金。虽然各主权财富基金都强调其商业性、专业性和独立性，但从其本质上来讲它们都是由政府拥有、控制与支配的，具有浓厚的政府背景。

随着宏观产业逻辑由"经济高速增长"切换为"经济高质量增长"，构建 ESG 指标体系进行因子选股实现指数增强的投资策略逐渐受到投资者的广泛关注。越来越多的主权财富基金在其投资策略中引入社会责任投资标准。2019 年，标准普尔（S&P Global）发布报告《ESG 因素是美国公共财政评级发生变化的主因》（*When U. S. Public Finance Ratings Change, ESG Factors Are Often The Reason*），披露了其自 2017 年起将 ESG 引入公共投资主体信用评估体系的研究发现。实际上，自 2017 年以来，包括标准普尔、穆迪（Moody's）、惠誉评级（Fitch Ratings）、摩根士丹利（Morgan Stanley）、太平洋投资管理公司（PIMCO）、世界银行等在内的诸多国际机构，均纷纷开始关注公共投资主体的投资环境、ESG 风险与主权信用之间的关联，其方法论的核心是围绕区域或国家主权信用主体识别和评估 ESG 风险，采用一系列指标界定涵盖 ESG 因素的主权信用评级体系。

（1）标普选取的公共财政 ESG 评级因素包括地方政府供水/污水处理、公共电力、交通、高等教育和特许学校、医疗健康、住房等，如图 15-3 所示。

（2）穆迪将 ESG 纳入主权评级方法如图 15-4 和图 15-5 所示。

环境	社会	治理
• 海平面上升；极端天气状况；内涝； • 对韧性造成影响的更长期的气候变化；供水；农业生产； • 针对非营利性企业产品以及供应链断裂的需求，产生必要的生产或服务的投入的需求波动（正面或负面） • 转向更新、更有益于环保的生产或用户基础；环保法规 • 包括碳排放管理在内的法规的影响 • 环境违法行为	• 人口统计变化和人口结构动向影响到对政府服务、非营利性企业产品或基础设施的需要或需求 • 收入水平，收入不平等，人口变化趋势 • 被抚养人口 • 企业所提供服务的可负担性 • 税务结构，纳税能力 • 劳资纠纷风险 • 政治动荡/恐怖主义风险	• 联邦/州的框架 • 管理&政策框架 • 政治混乱/和谐 • 政策、信息、决策和披露的透明度 • 头条风险：自身附加的争议、腐败&不正当交易的影响，例如，负面宣传 • 组织结构 • 风险文化和风险缓释，包括网络安全 • 延缓的维护要求 • 养老金和其他退休后福利的风险

图 15－3　公共财政 ESG 评级因素

资料来源：S&P Global Ratings。

评级因素	评级子因素	环境	社会	治理	示例
经济实力	增长动力	✓	✓		环境条件和自然资源是经济增长的关键决定因素。人口结构变化引起的劳动力减少，也会降低经济增速。
	经济规模				
	国民收入		✓		人均 GDP 是衡量社会发展的常用指标，也是我们用以评估经济实力的指标之一。
制度实力	制度框架和有效性		✓	✓	治理质量大致等同于国家制度实力，并在很大程度上决定着政策有效性。
	政策公信力和有效性	✓		✓	
财政实力	债务负担	✓	✓		环境冲击和社会需求会对财政账户产生压力。
	债务偿付能力		✓		
事件风险敏感度	政治风险	✓	✓	✓	如果管理机构不解决社会需求，社会需求便会增加政治风险。
	政府流动性风险		✓	✓	政府流动性取决于投资者信心，投资者信心又容易受 ESG 冲击影响。
	银行业风险	✓		✓	制度监督不力增加银行业危机风险。
	外部脆弱性风险				环境冲击增加外部脆弱性，在小型开放经济体中尤其如此。

图 15－4　太平洋投资管理公司的 ESG 主权评分体系

环境	社会	治理
• 人均温室气体排放	• 预期寿命	• 政治稳定
• 耶鲁大学环境绩效指数	• 死亡率	• 发言权和责任性
• 化石燃料使用	• 性别平等	• 法治
• 可再生能源	• 基尼系数（对应财富分配）	• 控制腐败
• 单位国内生产总值能耗	• 健康评分	• 政府效率
	• 教育平均年限	• 规制质量
	• 高等教育和培训的平均年限	
	• 劳工市场指数	
	• 腐败指数	

图 15 – 5　PIMCO ESG 主权评分所含变量

（3）世界银行调查投资者关注的 ESG 风险，如图 15 – 6 所示。

ESG 类别	风险因子
环境	• 气候缓解/适应策略 　－自然灾害（物理风险）的风险和预防 　－气候变迁（取决于化石燃料） • 能源效率和安全 • 空气污染 • 碳足迹 • 水污染和管理 • 食品安全 • 自然资源的保护（生物多样性，森林滥伐） • 废物产生和循环利用
社会	• 人口统计（例如，劳动年龄人口） • 社会和收入不平等 • 人权 • 医疗健康 • 教育及成果（例如，入学机会） • 人力资本发展和劳工市场 • 性别平等 • 歧视
治理	• 政府效率和透明度 • 法治和腐败 • 规制质量 • 宏观经济政策的稳定性 • 营商便利 • 贸易开放 • 法定权利的行使 • 和平与稳定 • 司法独立和效率 • 监管框架 • 合同执行程序

图 15 – 6　在投资决策中考虑的 ESG 风险示例

资料来源：2020 World Bank Investor Survey（2020 世界银行投资者调查）。

（4）惠誉评级对税收支持主体的 ESG 评价，如图 15 - 7 所示。

环境	
温室气体排放&空气质量	排放和空气污染对于经济和收入增长的抑制；执行/遵守政府或法规标准
能源管理	能源管理对于经济和政府运行的影响，包括执行/遵守政府或法规标准
水/污水管理	水资源的可获得性对于经济和政府运行的影响，包括执行/遵守政府或法规标准
生物多样性和自然资源管理	自然资源管理对于经济和政府运行的影响
环境影响的风险	极端天气和气候变化对于经济、政府运行和与自然灾害处理相关的政策的影响
社会	
人权	政治稳定和人权保护的政策框架
人类发展、健康和教育	健康和教育对经济资源和政府运行的影响
劳工关系&惯例	劳工谈判和雇员（不）满意度的影响
公共安全和治安	公共安全和治安（包括网络安全）对于营商环境和/或经济表现的影响
人口统计	（劳动力供给、家庭收入、人口和年龄）对于经济强度和稳定性的影响
治理	
政治稳定&权利	政治压力或不稳定性的影响
法治、制度质量、控制腐败	政府效率、控制腐败、制度质量、管理实践及效率；对产权的尊重
国际关系和贸易	贸易协定和对经济、收入增长的影响
债权人权利	服务和偿债意愿；未结或未决诉讼的风险
数据质量和透明度	财务数据的质量和及时性的限制，包括公共债务和或有负债的透明度

图 15 - 7　地方政府和美国各州（税收支持）的特定 ESG 因素

资料来源：Fitch Ratings，2020 ESG INCREDIT Evaluating ESG Risks in Public Finance WHITEPAPER.

（5）Insight Investment 将 ESG 纳入主权风险评估模型，如图 15 - 8 所示。

（6）摩根士丹利搭建主权可持续模型和框架，如图 15 - 9 和图 15 - 10 所示。

（7）不同收入组别国家的 ESG 加权方案，如图 15 - 11 所示。

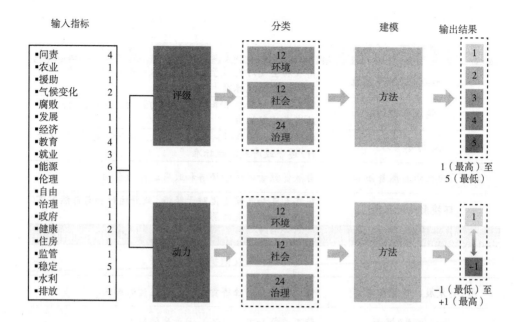

输入指标

- 问责 4
- 农业 1
- 援助 1
- 气候变化 2
- 腐败 1
- 发展 1
- 经济 1
- 教育 4
- 就业 3
- 能源 6
- 伦理 1
- 自由 1
- 治理 1
- 政府 1
- 健康 2
- 住房 1
- 监管 1
- 稳定 5
- 水利 1
- 排放 1

分类

评级 → 12 环境 / 12 社会 / 24 治理

建模

方法

输出结果

1 / 2 / 3 / 4 / 5

1（最高）至 5（最低）

动力 → 12 环境 / 12 社会 / 24 治理

方法

1 ↕ −1

−1（最低）至 +1（最高）

投资结果

模型输出结果是深入分析的基础。初步结论包括：

- 人均GDP较高的国家通常ESG等级较高。这一般受治理和社会因素驱动，而非环境得分。

- ESG状况退化的国家多于ESG状况改善的国家。大部分发达市场的ESG动力得分为负。

- 总体而言，ESG动力与主权信用风险的标准行业指标弱相关，但存在异常值。

图 15 – 8　Insight 国际可持续风险模型概述

资料来源：Insight Investment（UNPRI 编译）。

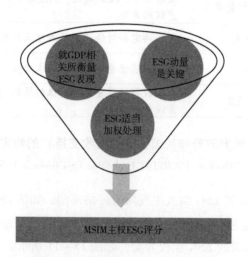

就GDP相关所衡量ESG表现

ESG动量是关键

ESG适当加权处理

MSIM主权ESG评分

图 15 – 9　MSIM 主权可持续模型

资料来源：Morgan Stanley Investment Management.

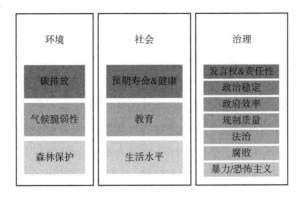

图 15 – 10 MSIM 主权 ESG 框架

资料来源：Morgan Stanley Investment Management.

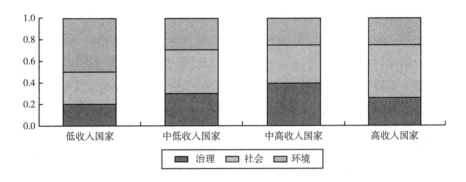

图 15 – 11 各国 ESG 因素加权方案

注：为反映发展风险和需求，ESG 因素的加权方案因收入组别而异。

资料来源：Aegon Asset Management（UNPRI 编译）。

这其中最值得关注的是以上机构均将 ESG 的"G"明确扩展至国家、地区和地方政府治理领域（聚焦法治、效率、稳定、监管、透明度和反腐等因素），而且针对不同行业进行区别和细分（聚焦与项目风险控制相关的因素，如法律和政策框架、财政、税务、营商环境等）。考虑到投资行为与营商环境、行业特性及项目产出之间的紧密关联，特别是处于不同发展阶段的国家和地区在实现可持续发展目标、碳达峰及碳中和诉求方面所需要面对的复杂局面，将 ESG 的视角从相对单一的公司治理层面向外延展，全面梳理和审视包括政府治理、行业规范及项目管理在内的可能对政府或企业投资行为产生重大影响的因素，可以说既与 ESG 理念一脉相承，也是 ESG 投资的应有之义。

主权财富基金因为特殊的资金来源和浓厚的政府背景使其规模极为庞大，因此，扩大 ESG 投资具有必要性。

（1）避免投资策略引起争议。主权财富基金特有的敏感的政府背景和庞大的资金规模，及其投资目标密集于金融或者战略资源领域的特点，易引发被投资国家的严重忧虑。以美国财政部长保尔森为首的西方高官指出，主权财富基金的透明度太低，容易产生内幕交易、权钱交易等违法现象，为金融监管带来不便；在金融、军工、自然资源等敏感行业，外国主权财富基金可能利用投资机会获得重要情报，对被投资国的国家安全造成损害。因此，主权财富基金特别是来自新兴市场国家的主权财富基金不断受到各方面的猜疑、阻力甚至公开的敌意。为了减少市场上的担忧，赢得更好的投资环境，实现主权财富基金的成功运作，主权财富基金采取了各种措施，包括强调按照商业模式运作、以资本回报率最大化为目标、提高投资的透明度等。而近两年部分主权财富基金又在做出投资决定时将社会责任性投资的标准纳入考虑范畴，将一些涉及军工、烟草等敏感行业和涉嫌破坏环境、违反人权等敏感问题的公司排除在投资范围之外，无非也是出于这个目的。

（2）追求稳妥的投资回报和长远利益的考虑。一般而言，主权国家或地区创建主权财富基金的目的包括：一是稳定国家收入，减少意外波动对经济的影响；二是积蓄财富，保障人民福利；三是支持国家发展战略。

无论是出于何种动因，其基本目标都是谋求长远投资，获取较高的投资回报，以保证国家盈余财富购买力的稳定。特别是其中的主权养老基金，由于它是国家的重要战略储备，是国民的养命钱，因此对收益率的要求会更高。而 ESG 投资能够帮助主权财富基金获得较高的长期稳定收益。大多数实证性研究成果说明，ESG 投资不仅能产生良好的社会效益，其投资的绩效也优于传统投资。因此，出于追求长期积极投资回报的目的，主权财富基金在投资决策过程中会主动纳入 ESG 标准。

15.3 ESG 投资的新动向

除了环境和气候变化，投资领域出现了一些值得关注的 ESG 新趋势：ESG 投资规范化、大数据革命、价值观转变、信托责任重新定义、主权财富基金崛起。

15.3.1 气候变化对投资的挑战

气候变化是人类面临的最大挑战。缓解和适应气候变化影响的必要性可能是 21 世纪的决定性问题，必须立即严肃对待（IPCC，2007；Pielke et al.，2008；Stern，2008a，2008b）。尽管气候变化常常被认为是一个环境问题，其实它的影响范围更大。这是一个社会、伦理和道德问题，也是一个没有人可以逃避的全球性问题。投资者的投资年限越长，气候变化风险对投资组合的影响就越大。气候变化是最近发生在全球各地的洪水、火灾、飓风和其他前所未有的自然灾害的罪魁祸首。科学表明，气候变化最明显的特征是暴雨增加，其次是洪水和干旱增加。呈现上行轨迹的气候变化风险，已蔓延至各种资产类别、各行各业和不同地域，并从几个方面给企业带来威胁：给企业带来的有形损害是土地、建筑物和基础设施都遭到高温、干旱和洪水的影响；金融责任（如保险索赔）和执法损害；与利益相关者可能认为和气候变化问题不一致的行为有关。对长期投资者来讲，通过了解和阐发这些风险并肯定它们对价值缔造有何影响，是相当重要的。

MSCI 发布的《2021 年全球机构投资者调查》显示，气候风险是未来对投资取向最具影响力的因素之一。在全球范围内，大型投资者越来越重视获取和监测最新的气候数据。然而，小型机构在将气候数据纳入投资策略方面仍处于早期阶段。在资产规模超过 2000 亿美元的投资者中，约一半表示会定期利用气候数据管理风险；而在资产规模少于 250 亿美元的投资者中，只有 16% 会利用气候数据；资产逾 2000 亿美元的投资者中，定期利用气候数据识别投资机会的投资者比例是 250 亿美元以下资产投资者的四倍。

投资者需要知道与气候相关的监管和政策可能会给他们的投资组合带来什么影响。不过，认识到这点并不意味着只是简单地做空化石燃料能源行业。我们认为，针对气候变化的举措可能会给那些跨行业或跨国家的公司带来广泛影响。例如，碳定价是决策界关注的一个关键领域，其目标是通过对碳排放量进行合理的定价，来确保其完全反映碳排放对未来气候和经济将造成的损害。因此，我们预计包括排放交易体系（ETS）和碳税（见图 15 – 12）在内的这些碳定价计划将被世界各国更广泛地采纳。虽然这些计划目前涵盖面还较小，然而，情况正在迅速改变：中国将在 2021 年拥有全球最大的碳排放交易体系，而目前拥有最大排放交易体系的欧盟则筹备进一步扩张该计划。

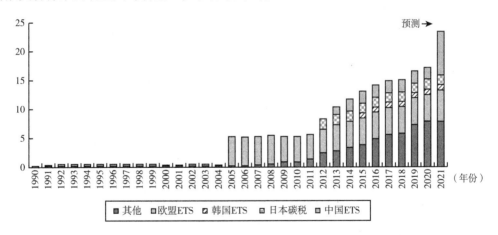

图 15 – 12　碳定价计划（覆盖的温室气体排放量占全球总排放量百分比）

资料来源：世界银行，摩根资产管理。截至 2020 年 9 月的数据。

在这种迅速变化的政策背景下，我们建议投资者了解其投资组合的总体碳排放水平，因为碳定价的上涨可能会降低其资产价值。图 15 – 13 显示了按行业划分的温室气体排放百分比。

在国家层面上，投资者不光要考虑温室气体排放的总体水平，还应更高屋建瓴地考虑一个国家的宏观动向。中国就是一个很好的例子：尽管中国目前是世界上最大的温室气体排放国，但中国政府已经签署了《巴黎气候协议》，最近还承诺将在 2060 年实现碳中和。此外，据《经济学人》报道："中国企业生产了全球 72% 的太阳能组件、69% 的锂离子电池和

45% 的风力涡轮机"。因此，中国显然为关注气候变化的投资者提供了机会。我们认为，随着政策制定者和消费者走向低碳世界，投资者有必要评估其投资组合中的内在风险。虽然对收益率影响的因素有很多，但值得注意的是，自《巴黎气候协议》签署以来，MSCI 全球气候变化指数的表现已经超过 MSCI 全球指数。这一趋势远在 2020 年油价暴跌发生很久之前既已显现。

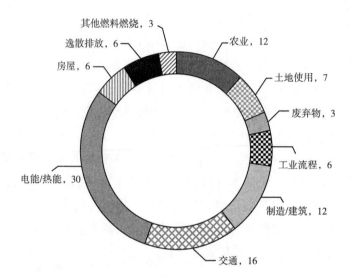

图 15 – 13　按行业划分的全球温室气体排放（2016 年占比）

资料来源：CAIT 气候数据浏览器，世界资源研究所，摩根资产管理。截至 2020 年 9 月的数据。

15.3.2　ESG 投资规范化

在过去，监管者主要针对公司发行人进行审查和制定法规，而现在 ESG 领域的投资者也逐渐面临更多的法规约束。这样的变化帮助投资者更好地厘清传统财务因素和 ESG 因素的差别，并且界定使用范围，当然这些旨在对产品进行分类的监管措施可能一方面促进投资决策，减少"绿色粉饰"；另一方面有可能减少选择的多样性。

（1）ESG 市场的变化。

澳大利亚在 2018 年 12 月通过了"现代反奴隶制法案"要求公司对运营和供应链中的现代奴隶风险采取行动。2016 年，披露工资性别差在英国成为新的监管要求；日本自 2016 年也规定了公司需要披露员工的性别构成、流动率和升职情况。甚至马来西亚和泰国政府也在采取行动，均在 2017 年更新了公司治理准则；在马来西亚的新准则中，公司必须"遵守公司治理准则的规定或提供替代方案"，而不是"遵守或解释"。自 1838 年荷兰政府强制公司在年报中披露有关环境和人力资源的风险以来，公司一直都是监管机构在 ESG 领域的主要目标。事实上一直以来，政策制定者提出的以公司或发行人为重点的监管规定的数量超过了以投资者为重点的监管规定的数量的 1 ~ 2.5 倍。2019 年，并不只是上市公司需要履行与 ESG 相关的披露要求。随着监管机构的关注点从发行人审查拓展到 ESG 投资领域，预计投资者（无论是资产所有者还是资产管理者）都会看到不断涌现的监管要求集中在 ESG 投资领域。

（2）投资者的态度。

历史上，投资者普遍欢迎针对发行人的监管和准监管措施，因为这些监管大多数情况下会改善其投资组合里的公司数据的透明度。事实上，一些机构投资者也主动地寻求监管机构的支持，如 2018 年 10 月由投资者主导，对美国证券交易委员会编纂 ESG 披露相关规则提出请求。安永会计师事务所对 220 位全球机构投资者进行的一项调查显示，70% 的受访者希望监管机构能够缩小发行人披露的内容与投资者对 ESG 数据的期望之间的差距。

（3）监管的调整。

在中国市场，证券监督管理委员会（CSRC）和生态环境部对所有上市公司和债券发行人的强制性环境信息披露要求获得投资者的认可，否则他们可能会对这些发行人的治理监督缺乏信心。总体而言，全球 ESG 相关法规数量呈指数增长，仅 2018 年提出的新法规和准法规数量就达到了此前六年的总和。

显而易见，以 ESG 为重点的监管关注方向正越来越多地转向投资产品和投资者的投资过程。在 2018 年提出的 170 多项监管或准监管措施中，80% 的措施针对的是机构投资者，而不是发行人。数据表明，截至 2018 年年底，受 ESG 监管法规影响的资产管理规模可能已经高达 32.6 万亿美元。

（4）基金管理人面临的问题。

全球投资者是否会像曾经对发行人那样强有力地支持这些措施，可能取决于监管和投资者。

一些旨在澄清投资者（主要是大型资产所有者）和金融机构的角色和职责的措施，可以减少投资过程中对 ESG 处理的二次猜测。这些措施中最具强制性的有英国就业与养老金部（Department for Work and Pensions，DWP）所提出的措施，而就业与养老金部于 2018 年 9 月宣布了更新的法规，以厘清受托人考虑所有重大问题的义务，甄别"这些问题是否属于传统经济问题，如公司业绩、利息或汇率，或者更广泛来说，由 ESG 因素导致的事件，如气候变化。" 2019 年，一系列可持续金融倡议提案中将包含把 ESG 风险作为信托义务一部分的要求，交由欧盟委员会投票。

在加拿大安大略省等司法管辖区，对 ESG 的强制性要求不高，描述性较强。在那里，机构投资者如果考虑 ESG 因素的话，只需披露他们如何解释 ESG 因素。在 ESG 考虑因素更加严格的美国，美国劳工部（DOL）发布指导意见，要求那些由 1974 年"雇员退休收入保障法"（ERISA）管理下的资金，如企业养老基金，所考虑的 ESG 因素必须有经济相关性。

在对 ESG 投资兴趣大幅增长的散户投资市场，欧盟委员会建议投资顾问直接向客户询问他们的可持续发展偏好，"在评估推荐的金融工具和保险产品的范围时考虑到这些因素。"鉴于欧洲证券和市场管理局（ESMA）等监管机构的取向，与个人投资者的接触会变得非常重要。

（5）监管变化可能的方向。

虽然一些机构投资者看好监管层明晰 ESG 要求的努力，因为在他们考虑不同司法管辖区的 ESG 因素时，这些要求可以帮助他们在可以做什么和应该做些什么上做出更好决策，但是对于资产管理人而言，旨在对 ESG 投资产品进行分类的监管措施可能更有争议性。

如果做得好的话，一些举措也可以支持 ESG 投资市场的发展，如欧洲委员会提出的建立可持续金融分类标准，或制定与绿色债券相关的"绿色"标准。设定一些最低标准可以让投资产品间比较变得可行，据此提高透明度，并且限制潜在的"绿色粉饰"，从而建立信任。

如果做得不好，那些区分是否可以被认为是 ESG、绿色或者可持续性的强边界线可能扼杀掉现有选择的多样性，以及快速发展以满足投资者目标的创新。明天可能出现的新的商业模型和技术解决方案可能都要好于今天的绿色标准。相反地，数字隐私或网络安全是当今许多投资者所考虑的风险，但这项风险在五年或十年前很难作为重要的 ESG 评估标准来解释。此外，一些投资者有意通过控制 ESG 表现较差的公司，并与他们密切合作来提高绩效，从而创造价值。

实践中，在创建防止可持续指标滥化的标准和减少那些寻求各种创新方法以实现更加可持续发展机会的集合之间，很难找到平衡点。最大的担忧之一是如何避免"绿色粉饰"，如何避免让那些没有适当的管理层努力或者明确意图的基金反而在 ESG 风险管理方面看上去表现出色。虽然人们一致认为，提供基金层面的信号有助于资金选择和参与 ESG 投资，但是一些像负面筛选（移除公司，有时是出于道德原因）一样基本的标准是否应该包括在强 ESG 范围内引发了很多争论。由于行业专家仍在开发各种 ESG 方法，因而制定标准时的灵活性也非常重要。

15.3.3　大数据革命

在这个数据大爆炸的时代，除公司自主披露的数据外，投资者拥有更多的渠道去获得其他替代数据来帮助分析和构建自己的信号。然而，ESG 的信息池不是一个单一的变量，而是很多的信号集合，只有拥有自己投资理论的投资者才能更好地选择和识别需要的信号。所以在下一个十年，拥有更多的数据将是最简单的部分。困难的部分，也是最重要的部分，是知道如何识别和应用最相关的信号，并实现更好的差异化投资目标。

三十年前，彼得·林奇，一位富达基金经理，在他的书《彼得·林奇的成功投资》中有一段知名的话，"知道你拥有什么……"，可是他说的是下半部分"……以及你拥有它的原因。"却往往被忽视。

"大数据"革命已经帮助投资者回应了林奇声明的上半部分。但是在 2019 年，投资者将他们的注意力从数据的增长转向信号的增长，他们认识到 ESG 数据的价值不仅取决于他们对于拥有什么的了解，而且还基于对为什么拥有某些东西的认知。

ESG 投资一直是新数据源爆炸式增长的主要受益者。回顾 Innovest 于 2008 年推出其更新的"IVA 评级"模型（MSCIESG 评级的前身）以来，背景数据和替代数据一直与公司的自愿披露数据一起用于评估公司的 ESG 风险。替代数据的使用是必要的，因为单一的披露是如此稀少，且这样的披露也只能相对较少地展现公司潜在和新出现的 ESG 风险。以公司产品安全表现为例，汽车、制药和食品行业公司中只有不到 1% 的公司披露了产品安全召回的全面信息，其中 17% ~54% 的公司只针对少数特定事件提供了一些评论。因此，如图 15 - 14 所示，绝大多数产品安全失误都是通过文本挖掘来确定的，来源包括当地监管数据库、非政府组织（NGO）、行业信息和媒体。

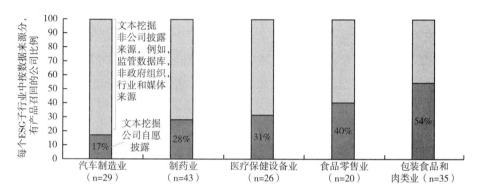

图 15 - 14　识别产品召回的公司除了公司披露外更多的数据来源

注："n" 是指有产品召回的公司。

资料来源：MSCIESG 研究，MSCIACWI，截至 2018 年 12 月 20 日。

"大数据"革命让投资者对公司的自愿信息披露的依赖程度降低，因为其他来源的 ESG 信息以远远超过公司自愿披露的速度在扩展，如图 15 - 15 所示。

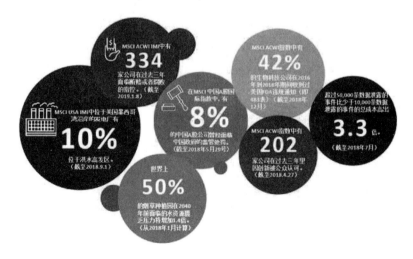

图 15 - 15　除了自愿披露以外，投资者可以了解的 ESG 风险与机遇示意图

资料来源：MSCI ESG 研究。

但是，无论结构化或非结构化数据、替代数据或公司披露的数据，都没有解决林奇先生格言的下半部分："……知道你为什么拥有它。""为什么拥有"这个问题可以帮助投资者理解所有这些数据并提取最相关的信号。

当谈到 ESG 评级时，我们看到了类似的"告诫者"。怀疑论者淡化新兴研究对于 ESG 评级的财务相关性的支持，例如，高 ESG 评级公司倾向于表现出更高的盈利能力，更高的股息收益率和更低的特殊尾部风险（从 2007 年 1 月到 2017 年 5 月）。他们继续要求更大更好的数据，并宣传一种观点，即更好的数据最终将引向一个真正"统一"的 ESG 信号。但是，无论数据有多大，单单靠数据无法告诉缺乏投资理论的投资者如何应用它们。只有当投资者意识到，当他们拥有清晰视野并构建匹配信号的优势后，他们才会成为最成功的投资者。

对于一些投资者而言，核心目标是识别新出现的风险和机遇，并最大化长期投资回报。对其他人而言，他们的目标是识别积极的社会或环境影响，或将投资与他们的道德价值相匹配。并非所有"ESG 评级"或其他标记为"ESG"的排名都旨在实现相同的目标，也并非同样有效地实现其特定目标。不同的方法论会产生不同的信号。

目前，ESG 评级可作为越来越多投资者的参考，这是一门用来衡量公司的长期恢复能力和对于新出现的 ESG 风险和机遇的管理能力的通用语言。对许多投资者而言，它还提供了增值的基础，运用评级信号更好地实现其独特的差异化投资。越来越多的投资者也结合不同的指标，如因子和 ESG 来实现竞争差异化和多元化投资。

从这个意义上说，ESG 的崛起恰逢其他新投资指标的兴起。因子和"smart beta"的概念赋予市场特征，即投资者可以挑选并选择宣扬自己的世界观。部署人工智能的技术解决方案促使在大数据中找到更多可以与现有投资信号一起使用的模式变得越来越容易。

ESG 的主流化只是这一更大变化的一个指标，这个变化可以帮助理解如何更好地从数据增长中提取信号，而该信号可以更好地为投资者回答"为什么"这一问题。当我们关注 ESG 评级的下一个 10 年时，拥有更多数据将是最简单的部分。困难的部分，也是重要的部分，是知道如何识别和应用最相关的信号，并实现更好的差异化投资目标。

15.3.4 价值观变化

ESG 投资是否会成为主流？关键问题是，主流社会是否会变得可持续？这将需要更根本和更困难的变革。金融市场和企业管理者需要摆脱 20 世纪左右世界的那种短期主义，并对他们的财富有一个更长远的看法。所谓"长期"，并不意味着简单地买进并长期持有，而是将环境、社会和公司治理（ESG）因素纳入投资决策与管理中。这不是一个简单的任务，ESG 因素和价格并不是很容易联系起来的。相反，它们试图量化"无形资产"：新技术的推广；能源和资源效率的收益；训练有素的劳动力的优点以及工作和家庭之间的平衡；获得资本的潜在公正性；工作场所的多样性。金融界将自己从自然和社会中解放出来，正如著名的长期价值投资者沃伦·巴菲特（Warren Buffett）所观察到的那样，"在本质上，每一个行为都有其后果，这种现象被称为蝴蝶效应"。但他的投资似乎没有考虑到社会和环境问题的风险和机遇，它们大部分都是外在的和无形的。显然，这些需要规避的风险和内在的价值观反映投资对社会的长远影响。一旦我们很好地了解了可持续性、ESG、价格和价值之间不断发展的关系，真正可持续的金融市场将会出现。

基于价值观的投资的简单而有力的前提是，如果你有价值观，你就应该按照价值观行事。2010 年，挪威财政部宣布，出于道德原因，将 17 家烟草公司排除在政府养老基金之外。

对传统的基于价值的指数的研究一直发现，与大市场相比，回报差异在很大程度上是由不同的风险状况驱动的，通过使用优化技术，这些指数的风险状况可以更符合市场。因此，有了良好的风险管理，基于价值观的投资者应该能够平均预期平均业绩，基于价值的投资没有明显的业绩损失。

实验数据支持这种观点。摩根士丹利资本国际美国 ESG 精选社会指数（前身为富时指数 KLD 精选社会指数）是一个优化的社会投资基准。它的风险特征与使用优化技术的广泛市场指数的风险特征相匹配，同时最大限度地暴露于积极的社会和环境特征。表 15 – 1 显示了该产品从 2004 年 6 月上市到 2010 年第一季度（指数运营商被收购时）的表现，与未经筛选的广泛市场基准相比。

表 15 – 1　　　　　　　　　　风险管理社会指数的表现

社会投资指数	年化收益	收益标准差
富时 KLD 精选社会指数	3. 16%	15. 19%
富时 500 指数	3. 09%	15. 19%

资料来源：KLD Research and Analytics，富时 KLD 社交精选指数概况，2010 年 3 月 31 日。

在这种情况下，社会因素敞口的最大化对风险调整收益没有显著影响。然而，并非所有基于价值观的策略都具有这种特性。即使使用最先进的风险管理工具，与广泛的市场基准相比，也不可能使投资组合完全多样化。2010 年 1 月，美国社会投资论坛（U. S. Social Investment Forum）发布了一份新闻稿，标题是"2009 年经济衰退期间，三分之二的社会责任型共同基金表现优于基准"。被考察的基金主要是价值观驱动的。最突出的负面因素是烟草（不包括或受 95.6% 的资金限制）、国防和武器（91.3%）、酒精（83.8%）和赌博（79.4%）。

除了分析的短期性质外，没有对风险进行调整，也没有试图处理偏差或其他潜在的重要因素。如果一组特定的价值观碰巧转化为一个一贯优越的投资策略，这将是有新闻价值的，但却没有足够的证据证明这一点。但如果价值观是至高无上的，这应该无关紧要。以价值观为基础的战略不必为了实现其目标功能而交出世界一流的业绩。

社会责任或环境、社会和治理（ESG）投资被恰当地描述为一个包含非常广泛的活动的容器概念。这种多样性是成功的产物：在过去十年里，这一领域出现了显著的增长和创新。

但成功带来了新的挑战，要说清楚什么是社会责任投资比过去更难。

制订投资目标时，这就产生了问题。ESG 投资者一致认为，使用传统方法关注金融风险和回报是不够的，但他们并不总是一致认为应该强调哪些额外的因素。

当然，并非所有的 ESG 投资者都是价值驱动型的。2008 年，研究公司 Innovest 试图将其工作与更注重价值的服务区分开来。环境、社会和治理绩效被视为投资风险因素，并被视为管理质量和长期财务绩效的领先指标。与大多数其他对企业 ESG 绩效的现代分析一样，财务回报仍然是次要的考虑因素，这往往是临时的"道德"判断。

许多实践者已经接受了这种模式，抛弃了传统的基于价值观的方法，认为这种方法过于严格或与客户的目标不一致。

在过去的十年里，随着新的研究记录了环境和员工关系良好的公司的强劲回报，ESG – alpha 的论据已经积聚了力量，在理论上解释 ESG 因素对投资绩效的影响方面也取得了相当大的进展。这些发现的出现，传统的定量方法似乎正在失去效力。计算能力每年都在降低，金融工程师的数量也在增加。Vadim Zlotnikov 记录了在广泛使用的量化因素中的效能损失，并提出了一个模型，用于识别与特定量化策略相关的拥挤程度。对 ESG 因素的研究可能会产生比过去更高的相对收益。研究人员现在已经记录了来自高级员工关系（Edmans）和高级可持续性绩效（Derwall 等）的积极回报影响。基于价值观的投资者历来强调负面筛选，因为这是确保他们拥有的投资不与他们的信仰相冲突的最有效方式。

无论是财务绩效激励型还是变革激励型社会投资者，都可以投资于针对特定机会或问题领域的主题或特殊目的投资工具。在这些情况下，特别重要的是要明确哪些动机是优先的。

15.3.5 信托责任：普遍所有制

养老基金、基金会、捐赠基金和宗教机构等是长期投资者，为了履行他们的信托义务，他们有法律责任对信托目的行使合理的谨慎、技巧、谨慎和忠诚。对美国的公共养老基金而言，这被解读为最大限度地为受益人提供投资回报。对基金会和捐赠基金，适用相同的标准，但通常也以利润最大化为框架。然而，这些机构在应用环境、社会和治理（ESG）因素方面不受限制。由联合国环境规划署金融倡议（环境署金融倡议）赞助的国际知名律师事务所 Freshfields Bruckhaus Deringer 于 2005 年提交的报告指出："决策者在做出每一项决策时，都必须（在某种程度上）考虑到环境、社会和政府方面的因素。"但在没有判例的情况下，最大限度地实现财务回报仍然是目标（UNEPFI，2005）。

全球最大的投资者并没有急于接受 ESG 方法，决策委员会在投资有社会和财务目标的新基金时，一般都非常缓慢。关于 ESG 业绩的数据很难比较，基准也不容易获得，因为没有 ESG 投资的标准方法。这种谨慎与纯财务投资形成鲜明对比，后者在短期内"承诺"高回报率。在财务收益驱动的机构投资领域，最大化回报仍然是黄金标准（Hotz，2008），并被认为是履行受托责任的必要标准。

　　研究表明，金融机构高管愿意牺牲经济价值，以实现短期盈利目标。对平稳收益的偏好非常强烈，55%的管理者会避免启动一个非常积极的项目净值，如果这意味着低于当前季度的普遍收益（Graham et al.，2004）。

　　埃克森美孚代表了短期和长期利润产生冲突的典型。按市值计算，全球最大的公司是一家老式的石油和天然气公司，现在将自己定位为"应对全球最严峻的能源问题"。2007 年11 月，董事长兼首席执行官（CEO）雷克斯·蒂勒森（Rex Tillerson）首次公开表示："气候变化对社会和生态系统构成的风险越来越明显，其严重程度足以让个人、企业和政府采取行动"（蒂勒森，2007）。然而，埃克森美孚拒绝回应股东代表决议，要求埃克森美孚采取可再生能源研发和采购政策。考虑到开发替代能源和可再生能源的时间很长，以及"石油峰值"，可再生能源投资将有助于它们在未来几十年的盈利能力。同样，随着温室气体排放量的增加，他们也拒绝了股东提出的降低温室气体排放目标的要求。

　　公司也对其所有者承担信托责任，尽管这不一定只是为了使股东财富最大化。相反，他们只需要执行"股东的合法指令"。因此，管理者可以从事减少股东财富的活动，只要他们"不参与欺诈或自我交易，并做出合理、知情的决定"。但是，尽管判例法支持这一结论，但它们也是由市场驱动，以实现最高利润（Mackey et al.，2007）。一些人认为，在投资分析中不使用 ESG 因素的主要原因是受托责任。John Langbein 和 Richard Posner 的开创性评论认为，筛选投资组合可能会带来不可接受的多样化成本，大型机构有义务仅根据金融风险和回报来制订投资目标。

　　詹姆斯·霍利和安德鲁·威廉姆斯在其 2000 年出版的《信托资本主义的兴起》一书中，提出了采用信托方式纳入 ESG 因素的理由。他们认为，机构投资者不应该求助于某一特定的价值体系或盈利动机，而是必须关注受益人的福祉，并应利用其作为所有者代理人的影响力来促进其福祉。

　　霍利和威廉姆斯认为，信托投资者必须具有更广泛的目标功能，他们对成功的定义不仅必须包括投资组合的财务回报，还必须包括他们投资企业的实际社会和环境影响。与以价值观为基础、追求财务业绩的社会投资者不同，大型机构的选股能力较弱。由于它们的规模，它们无法在不接受流动性成本和市场破坏风险的情况下大幅调整投资组合，因此，霍利认为，"既然他们卖不出去，他们就必须关注社会和环境问题。"

　　这不能想当然。从安然开始到雷曼和 AIG 结束，无疑是现代史上公司治理最糟糕的十年。多个层面的监督都失败了，包括 2002 年通过萨班斯—奥克斯利法案时引入的机制。尽管有专门的监管机构，但用巴菲特的话说，房利美和房地美参与了"历史上最严重的两次会计错误陈述"。《华盛顿邮报》专栏作家迈克·德温（Mike De Wine）表示：

　　联邦住房企业监督办公室在 2006 年进行的一项检查。得出的结论是，房利美将自己描绘成"世界上风险最低的金融机构之一，在风险管理、财务报告、内部控制和公司治理方面是'一流的'"——而这一切都是在做账、抹平收益和违反 30 条普遍接受的会计原则。

　　2005 年，联合国环境规划署（UN）的金融倡议发起了一项重大的法律研究，认为 ESG

投资不与信托责任冲突，而且"在所有司法管辖区内都是明确允许和可以论证的要求"。2010 年，同一个组织在这项工作的基础上发表了一份题为"普遍所有权：为什么环境外部性对机构投资者很重要"的报告。大多数形式的 ESG 投资依赖于投资企业的诚信和适当披露。因此，所有 ESG 投资者都必须深切关注基本治理的改革。

15.3.6　主权财富基金的崛起

主权财富基金（Sovereign Wealth Funds，SWFs），与私人财富相对应，是指一国政府通过特定税收与预算分配、可再生自然资源收入和国际收支盈余等方式积累形成的、由政府控制与支配的、通常以外币形式持有的公共财富。与一般的投资基金相比，主权财富基金在资金来源、经营实体等方面有着显著的区别。

目前，大量企业和一般媒体的注意力都集中在所谓的"主权财富基金"（SWF）上。主权财富基金是由公共或准公共机构在国家一级控制的巨大投资资本。主权财富基金目前控制着约 15 万亿美元的可投资资产，其中很大一部分是由前所未有的油价推动的。其中规模最大的是阿布扎比酋长国在波斯湾控制的基金，该基金拥有近万亿美元的可投资资产，约相当于该酋长国国内生产总值（GDP）的 500%！其他大型基金由挪威、新加坡、科威特、迪拜、沙特阿拉伯、卡塔尔、俄罗斯以及中国持有。

与其他庞大的投资资本不同，主权财富基金的资产通常可以非常迅速、连贯地调动起来，而且不需要经过多次委员会会议、公开讨论和辩论，或令人讨厌的股东活动，决策链短而高效。这种速度和灵活性，加上相关资产的绝对数量和增长率，使主权财富基金在未来十年的 ESG 投资革命中成为潜在的主要战略参与者。

主权财富基金正在为整个国家的长期经济和社会健康进行投资。因此，它们有采取可持续投资战略的所有通常理由。主权基金是扩大 ESG 投资革命的潜在强大促进剂。它们的规模、增长率、决策机制和高知名度都使它们有能力做出巨大的改变。然而，迄今为止，这一潜力的大部分尚未实现。经合组织（OECD）和国际货币基金组织（IMF）等经常将挪威基金组织（Norwegian Fund）视为其他主权财富基金应遵循的透明度和善政的"典范"。但挪威基金在这方面的努力也仅限于传统的、负面筛选的、对社会负责的投资方法。其他主权财富基金中将有一个极好的机会"跨越"它们，占据全球领导地位。现在判断主权基金（以及其他大型投资者）将以多快的速度掌握目前正在进行的全球转型的全部影响和潜力还为时过早。

从对外角度来看，目前我国主权财富基金已积极加入与责任投资相关的国际组织及原则，如联合国"责任投资原则组织"，自觉自愿遵守《圣地亚哥原则》，严格遵守责任投资的理念，从环境、社会、公司治理三个方面充分融入投资决策中。随着国家外汇管理局取消QFII、RQFII 投资额度限制的决定，将会有更多海外 ESG 投资者进入中国金融市场，推动我国 ESG 投资领域的发展。未来我国主权财富基金可加大与国外主权财富基金的合作，以

"一带一路"为出发点，采用 ESG 投资理念开展国际投资，使自身资产组合多元化，同时推动我国 ESG 投资市场发展。

从对内角度来看，主权财富基金应积极参与建立符合我国经济发展现状的 ESG 评分体系。对于机构投资者，尤其是社保基金和主权财富基金等长期资产管理机构，尚未建立有针对性的 ESG 评价体系，再加上 ESG 定量信息的披露是目前我国上市公司社会责任信息披露的"短板"，相应的资产管理机构也无法通过合格的 ESG 信息对上市公司做出全方位的 ESG 投资决策。该体系的建立应立足于我国经济、科技、工业和能源的发展现状，对相关指标的评级标准统一化。

从 ESG 投资项目本身来看，应借鉴发达国家主权财富基金的经验，在选取投资公司、基金经理时均考虑 ESG 指标，并建立相应的责任制度，对相关负责人持续监测。主权财富基金还应担负促进国家经济、科技发展的重任，为新兴科技产业、新能源等公司提供融资，帮助它们快速发展，技术外溢带来的外部性可以帮助改善对应领域公司在环境、社会、公司治理等方面的表现，进而实现可持续发展。

15.4　面临的主要困难与挑战

15.4.1　ESG 投资的认知障碍

很难获得分析师和投资者在工作中利用了哪些确切数据，但我们可以通过近期的几项研究有所了解。2006 年为瑞典战略环境研究基金会（MISTRA）进行的一项研究审查了近 250 份投资研究报告，发现其中 65% 的报告没有任何环境可持续性信息或分析。有两件事使这些调查结果特别令人担忧：第一，所有的报告都是关于石油和天然气或化学品部门的公司，这两个部门被广泛认为对环境有特别重大的影响。第二，这项研究集中在欧洲，那里的可持续发展意识比北美的要早几年。荷兰欧洲企业参与中心（ECCE）在荷兰金融学教授 RobBauer 博士的带领下进行了一项规模更大的研究，得出了类似的结论。

Innovest Strategic Value Advisors 还对北美的分析师和投资组合经理进行了一项类似的研究。约有 100 名来自美国、加拿大和墨西哥的投资专业人士被联系和采访。这项研究探讨了三个主要问题：

- 主流金融界目前在多大程度上将环境可持续性信息纳入存量评估？
- 在一定程度上，他们是如何做到的？
- 如果没有，主要障碍是什么？

调查结果显示，在北美投资者和分析师中，ESG 因素的系统整合实际上可能并不存在。造成这种情况的原因是多方面和复杂的，但迄今为止最根本的障碍显然是认知障碍。因此，改变是建立在改变传统智慧和认知基础上的，主流投资者普遍抵制将 ESG 因素纳入投资过程的根源方面，至少存在六种持续存在的误解：

①解决可持续性因素与风险调整后的财务回报无关，甚至有害。传统的投资"智慧"长期以来认为，企业在 ESG 问题上的表现要么对其财务业绩无关紧要，要么甚至可能会增加成本，而这些成本不会增加财务价值，因此会妨碍企业及其投资者的竞争力和盈利能力。

②将可持续性因素纳入投资策略很可能违反了信托责任。例如，一些传统的 ESG 投资经理，原则上不会投资任何矿业、石油和天然气或林业股票，尽管它们可能具有任何财务优势。

③没有学术上可信的证据支持可持续投资理论，这同时也是投资神话中最核心、最误导的一个。

④与传统的投资分析相比，可持续性和其他"额外财务"分析不可避免地不那么严格。在主流分析师看来，管理质量是决定公司业绩的头号决定因素。

⑤所有 ESG/可持续性研究和投资方法基本相同。诚然，一些 ESG、SRI 分析和投资产品质量低劣、回报率低，但大多数分析和主流提供的许多产品也正是如此。在这两种情况下，投资者都不应该因为最坏的失败而放弃整个类型。

⑥与任何其他单一的投资因素不同，可持续性因素必须一直增加价值；否则，他们显然必须在智力上破产，一文不值，甚至有害。这种观点的逻辑推论是，任何 ESG/可持续发展基金的表现不佳，甚至其中一些基金的表现不佳，都会使整个投资方法失效。

这六个误解是部分投资者持续抵制 ESG 投资的原因，并产生了无数反常的、有时令人吃惊的后果。

15.4.2　双重标准的问题

在过去的 20 年里，对可持续投资持怀疑态度的人不断"盘问"，其中包括各大投资银行的董事长、各大养老基金的首席投资官、基金托管人、基金经理和投资顾问。这些盘问最引人注目的是通常支撑盘问的知识就有鲜明的双重标准。

在对绩效结果的解释中也可以找到这种双重标准。正如上面关于可持续投资的六个经久不衰的误解所指出的，年复一年，大约 80% 的传统活跃的基金经理可以指望他们的投资基准表现不佳，整个积极管理的企业都应该受到质疑和抛弃，然而，尽管可持续投资方面的统计数据优越，但那里的任何表现不佳的情况都被当作可持续投资"行不通"的积极证据。

由此可见，无论是在个人层面，还是在整个投资组织层面，思维惯性在抵制可持续投资方式方面，都表现出了难以想象的效力和持久力。而且，它已经导致了一些后果，这些后果在财务绩效和可持续性方面都是不正当的，而且极为无益的。

15.4.3　需要解决的现实问题

现实中，尽管 ESG 的总投资额可能会增加，但仍有一些问题需要解决。这些问题没有一个是不可克服的，所有问题都可以得到改善。

与 ESG 或社会责任投资相关的术语的定义和用法不明确，可以互换使用，并且常常造成混淆甚至误导。

ESG 涵盖了广泛的、有时相互冲突的问题。投资者应如何评估碳排放相对于种族和性别歧视的重要性？例如，某些归类于 ESG 的基金和投资组合中，高科技公司的权重很高，它们在环境问题上的得分很高，但是这些的科技公司在雇用和提拔女性和少数族裔方面的记录不佳。一种解决方案是让投资者使用金融服务公司的定制工具来构建符合其特定兴趣的 ESG 投资组合。这些定制服务是可以获得的，但是存在与之相关的信息和交易成本。

对于共同基金而言，就 ESG 问题达成共识仍将是一项挑战。治理问题可能比一些最紧迫的环境和社会问题更容易达成一致，值得注意的是，一些实证研究发现，积极的治理分数与财务绩效呈正相关。

许多退休基金资金不充足。人口老龄化将导致更多的退休人员出现，而目前较低的收益率将对投资回报构成压力。在那种环境下，牺牲回报的投资策略会受到质疑。如果目前剥离策略的财务业绩不佳，则可能难以维持。

面向 ESG 的交易所交易基金（ETF）很少有足够的流动性。最活跃的传统 ETF 的日均美元交易量超过 4 亿美元。尽管交易量可能会随着时间的推移而增加，但最大的 ESG 基金的日均交易量中值仅为 200 万美元到 400 万美元。ETF 是低成本的集合投资，但是在流动性不足的情况下进入和退出 ETF 头寸可能会导致不合理的高执行费用或"滑动"。这可能威胁到投资策略的可行性。

数据问题必须解决。尽管 ESG 数据会有所改善，但仍需要时间和精力。有些公司披露了 ESG 数据，有些则没有，而且与公开的数据可能不一致。当前，大多数数据是由公司自行报告的，其一致性和指标常常令人怀疑。供应商的 ESG 评级通常不一致。此外，两种广泛使用的分类系统是全球行业分类基准（GICS）和行业分类基准（ICB）。GICS 是 MSCI 和 S&P 开发的行业分类法，它由 10 个部门，24 个行业组，68 个行业和 154 个子行业组成，所有主要的上市公司都归入其中。ICB 是由道琼斯（DowJones）和富时（FTSE）开发的一种分类法，用于将市场划分为多个部门。它使用一个由 10 个部门组成的系统，分为 20 个超级行业，进一步细分为 41 个行业，然后包含 114 个子行业。这些分类系统通常用于根据其业务范围过滤股票，问题在于它们的分类是一维的，并且仅基于公司的核心业务活动，没有考虑公司可能从事的其他非核心业务，而这些业务可能对投资者的 ESG 利益至关重要。

15.5 关于未来的讨论

无论以何种形式，可持续的 ESG 投资或者责任投资正在成为一种普遍的国际现象，而真正的问题是投资者将如何应对未来 20 年的挑战。现实情况是，在充满变数的监管环境下，气候变化与快速转变的社会环境息息相关，而社会环境会反过来推动投资者需求改变。同时，技术创新会进一步加强这些趋势，使成本和时间压力大增。简单而言，ESG 投资的复杂性是前所未有的。

随着世界各地从业人员的增多，ESG 投资作为一支全球力量发展的机会更大，特别是在世界贸易组织和《联合国气候变化框架公约》等多边会议上，需要听到它的声音。

我们只有一个星球，ESG 的使命肯定是推动投资转向技术、基础设施、文化和企业转型，实现一个星球的生存。这听起来很理想，但实际上是现代资本市场唯一可行的生存策略。

（1）各国政府应制定财政激励措施和长期政策目标，以实现可持续消费和负责任的投资。更为关键的是，各国政府需要就减排目标达成一致，这样市场才能满怀信心地向前发展。

（2）国际金融机构应扩大对包括能源、住房、运输和水在内的已建环境的可持续投资战略。这不仅仅是技术问题：新形式的社会和环境基础设施对于使这些技术有效和易用至关重要，也是一个巨大的投资机会，为全球养老基金提供了低风险、长期、债券投资的潜力。

（3）世界证券交易所依法对必要的环境和社会指标进行公司信息披露。公司在环境、社会和治理（ESG）信息披露方面也取得了长足的进步。然而，信息披露的质量仍然存在很大的差距，许多公司仍然是"搭便车"的。现在有理由出台法规，改进公司账户披露和证券交易所上市要求。

不管怎样，可持续投资革命正在顺利进行。不可否认，这一天还没有全面展开，但这一天即将到来，目前正在重塑全球公司竞争优势基础的结构性可持续性力量和必要性实在是太强大了，无法抗拒。

正如引力和相对论的发现彻底改变了物理学一样，可持续性问题和气候变化也彻底改变了商业和金融机构开展活动和相互作用的方式。

——Paul Watchman, LeBoeuf

大多数大型机构投资者的一个显著特征是，他们对某个错误持谨慎和保守态度。然而，有一种对 ESG 投资的更具洞察力的批评，尽管远比其他批评少，但值得认真回应。反对理由是这样的：ESG 投资理论本质上是一个"信息套利"游戏。也就是说，这种方法的倡导者认为，他们拥有更多传统投资者所缺乏的重要信息，这种信息优势可以转化为更高的回报。但是，当每个人都有同样的可持续性研究，而信息优势消失时，会发生什么呢？

这是一个好问题，也是一个完全公平的问题。诚实的回答是，这与其他任何基于信息的投资策略一样，同样信息的广泛提供确实削弱了它的价值。尽管如此，也至少有三种有效的反驳：

第一，并非每个投资者在使用可持续性或任何其他投资研究时都具有相同的技能水平、投资目标、时间范围和方法。基于这个原因，即使 10 个投资者中有 10 个获得了相同的可持续发展数据和分析数据，但几乎可以肯定的是，有些人会比其他人更有效地利用这些数据和分析。我们只需要考虑传统的投资场景，其中 95% 的参与者可以获得相同的历史业绩数据、证券文件、分析师研究报告和普遍的盈利预测。尽管如此，投资收益仍存在巨大的分散性。

第二，简单的事实是，我们离这样一种情况还有很长很长的路要走，在这种情况下，任何接近大多数投资者的东西都会在他们的信息终端上进行可持续性研究，并虔诚地加以利用。因此，与破坏可持续投资理论的实际有效性和优势所需的完全信息透明度相比，对于大多数投资者来说，仍然存在着大量的信息不透明。气候变化是我们这一代人的可持续性问题，事实上，我们从碳披露项目中得知，价值超过 55 万亿美元的机构投资者表示，他们对此非常担忧。然而，我们也从 Innovest 的研究中了解到，即使在同一行业部门，企业对气候风险的净敞口也可能相差 30 倍或更多。此外，正如我们已经看到的，似乎有一个 "碳 β" 为拥有卓越 "碳管理" 能力的公司的投资者提供溢价。因此，如果这是关于头号可持续性问题的研究可用性和使用水平，那么对于其他可持续性问题，如人力资本管理、人权、水资源可用性、供应链管理和收入差距，我们可以假设得出什么结论？可以肯定地说，长期和新的对可持续投资理论的转换都可以很容易；即使假设目前可持续性研究的传播和利用率是现在的五倍，他们的信息优势至少在十年或更长时间内应该是相当安全的。

第三，现在应该非常清楚 "可持续性" 是一个不断变化的目标，门槛正在不断提高。为了使自己与众不同，公司现在需要在既定的可持续性问题和指标上取得比两年前更好的业绩。几年前的顶级表演如今已经司空见惯，只不过是基本的 "入场价格" 或 "入场券"，甚至可以进入市场并保持竞争力。而且，这甚至不仅仅是提高 "传统" 可持续性问题的标准问题；新的可持续性问题每年都在出现，如果不是更频繁的话。环境、人力资本和人权等 "传统" 可持续性问题可能会沿着类似的轨迹成为共同的知识货币。关键是预测下一个重大的可持续性问题。

从纯粹的财务业绩角度来看，这对投资者提出了一个重要的观点。我们一直认为，除了环境和社会效益外，可持续性投资给投资者提供了一个关键的信息优势。它提供了关于公司管理质量和创新能力的潜在有用见解。因此，可持续性投资将不再有用，或者至少已经失去了其卓越的优势。但这仅仅只是一个假设，可持续性是一个不断变化的目标。新的可持续性问题将出现，如在新兴市场获得负担得起的药品、获得水资源等。这些问题以及其他类似的问题将成为公司卓越管理和反应能力、灵活性和竞争优势的新指标。而有关它们的信息和分析也将成为投资者获取新信息和超越优势的源泉。

最后一点需要说明。上述情景勾勒出完全的可持续性信息透明度，以及普遍的公司在可持续性绩效方面的平等，如果实现的话，至少需要十年的时间。因此，新近被说服的可持续发展投资者没有什么可担心的！

唯一可以想象的反对可持续性投资的剩余论据是进行和/或支付额外研究所需的时间和金钱成本。而这也立不住脚。首先，在 21 世纪，可持续性研究现在应该只是分析师在审视一家公司时所做的彻底工作的一个自动部分；它应该成为工作描述的一个基本部分。其次，获得和使用可持续性研究的好处通常远远超过成本。

但下一代可持续发展的挑战和问题会是什么样子？有一点是肯定的：那些表现出足够的战略眼光、远见和灵活性，能够比竞争对手更好地应对当前可持续性问题的公司，是迄今为止最有希望也能够有效管理下一代企业的候选公司。

ESG 投资是一个复杂而富有挑战性的领域，因此，我们遇到术语、概念、理念和方法方面的挑战并不奇怪，在讨论财务业绩时尤其如此。当然，财务业绩是任何投资的首要目标，如果没有回报前景，为什么还要承担风险？然而，有时对绩效的讨论会掩盖更重要的消息。联合国环境规划署 2005 年的一份报告主要以信托考虑为依据，但也声称"环境、社会和治理的结合（ESG）投资分析中的问题，以便更可靠地预测财务业绩，显然是允许的，而且可以说在所有司法管辖区都是必需的"。

在某些情况下，主要关注财务业绩是强制性的，不可能完全纳入其他动机。但在许多其他情况下，财务和额外的财务动机可以结合成更丰富和更有益的目标函数。这就是 ESG 投资的承诺：通过扩大和明确目标函数，寻求更好地满足投资者和社会需求的方式配置资本。

参 考 文 献

[1] 36 氪创投研究院 . 2021 年度中国股权投资市场 ESG 实践报告 [R]. 2021.

[2] KPMG. 保险业 ESG 重大行业趋势 [R]. 2021.

[3] 财新智库，中国 ESG30 人论坛 . 2020 中国 ESG 发展白皮书 [R]. 2021.

[4] 财新智库 . 2021 中国 ESG 发展白皮书 [R]. 2021.

[5] 曹顺仙 . 中国传统环境政治研究 [D]. 南京林业大学出版社，2013.

[6] 长江策略 . 可持续发展：新兴投资理念在中国——ESG 的兴起 [R]. 2018.

[7] 长江策略 . 可持续发展系列二：海外 ESG 评级体系详解 [R]. 2018.

[8] 长江策略 . 可持续发展系列三：国内 ESG 评级可借鉴之道 [R]. 2018.

[9] 陈植 . [EB/OL]. https：//m. 21jingji. com/article/20211014/f16b028de7e4302a7e17b9 35ac6424f9_zaker. html.

[10] 淡马锡 . 淡马锡年度报告 2021 [R].

[11] 第 1 财经 . 2021 年度 ESG 调研：备战 ESG 信披把握责任投资新风口 [R]. 2021

[12] 读懂 ABS. 绿色金融手册 2021 年版 [R]. 2021.

[13] 华泰证券 . 2019 年 ESG 投资研究系列之二：中国 ESG 投资全景手册 [R]. 2019.

[14] 华泰证券 . 2019 年 ESG 投资研究系列之一：海外 ESG 投资全景手册 [R]. 2019.

[15] 华夏理财和香港中文大学，深圳高等金融研究院 . 2021 中国资管行业 ESG 投资发展研究报告 [R]. 2021.

[16] 黄世忠 . ESG 理念与公司报告重构 [J]. 财会月刊，2021 (17)：3~8.

[17] 黄世忠 . 解码华为的"知本主义"——基于财务分析的视角 [J]. 财会月刊，2020 (9)：3~7.

[18] 降彩石 . 绿色保险服务新发展格局 [J]. 中国金融 2021，2.

[19] 开源证券 . ESG 评级体系：经验借鉴与应用 [J]. 金融市场研究，2020.

[20] 孔令宏 . 儒家义利观新诠——兼谈企业的社会责任 [J]. 中国文化与管理，2021 (2)：50-58，175.

[21] 李文，张苏 . 美国 ESG 政策法规研究 [R]. 2020.

[22] 李志青，符翀 . ESG 理论与实务 [M]. 复旦大学出版社，2021.

[23] 吕家进 . 为绿色低碳转型发展贡献金融力量 [J]. 中国金融，2022，22.

[24] 马丹丹 . 佛教慈善理念与社会工作价值观 [D]. 西北大学出版社，2019.

[25] 马骏 . 面对碳中和带来的机遇与挑战，金融体系如何改革 [R]. 2021.

[26] 马骏 . 碳中和愿景下的绿色金融路线图 [J]. 中国金融 2021，20.

［27］欧笙投资．［EB/OL］．https：//oushengpartners.com.cn/article/finacenews_45.html.

［28］漆艰明．绿色信托大有可为［J］．中国金融2021，20.

［29］邱慈观，张旭华．ESG 评级应该万流归宗吗？［EB/OL］．https：//opinion.caixin.com/2020－08－10/101590889.html，2020.

［30］商道纵横．《A 股上市公司 2020 年度 ESG 信息披露统计研究报告》［R］．2021.

［31］上海华证．2020 年 ESG 理念及海外 ESG 评价方法概述［R］．2020.

［32］上海华证．如何设计符合中国资本市场特点的 ESG 评级体系［R］．2020.

［33］社会价值投资联盟．全球 ESG 政策法规研究－澳大利亚篇［R］．2020.

［34］社会价值投资联盟．全球 ESG 政策法规研究－加拿大篇［R］．2020.

［35］社会价值投资联盟．全球 ESG 政策法规研究－欧盟篇［R］．2020.

［36］社会价值投资联盟．全球 ESG 政策法规研究－日本篇［R］．2020.

［37］社会价值投资联盟．全球 ESG 政策法规研究－香港篇［R］．2020.

［38］社会价值投资联盟．全球 ESG 政策法规研究－新加坡篇［R］．2020.

［39］社会价值投资联盟．一文读懂 ESG 法规丨美国篇之历史沿革［R］．2020.

［40］社会价值投资联盟．一文读懂 ESG 法规丨美国篇之细节解读［R］．2020.

［41］史俊仙．ESG 在商业银行中的拓展性——以商业银行投行业务为例［J］．金融市场研究．2020.

［42］孙怀平，张丹．企业社会责任的三螺旋理论——基于整体观的儒家社会责任思想［J］．中国文化与管理，2021（2）：162－172，179.

［43］王大地，黄洁．ESG 理论与实践［M］．经济管理出版社，2021.

［44］兴业证券．环境信息披露报告［R］．2021.

［45］应松．［EB/OL］．https：//www.thepaper.cn/newsDetail_forward_14409111.

［46］优脉．［EB/OL］．https：//www.sohu.com/a/488798201_260616.

［47］渣打银行．充满挑战的脱碳之路［R］．2021.

［48］张胜轩，陈亚芹．兴业银行绿色金融发展实践［J］．中国金融，2022，1.

［49］张亦春，郑振龙，林海．金融市场学（第四版）［M］．高等教育出版社，2013.

［50］智库百科．［EB/OL］．https：//wiki.mbalib.com/wiki/家族办公室.

［51］中国金融学会绿色金融专业委员会课题组．碳中和愿景下的绿色金融路线图研究［R］．2021.

［52］中国人寿．致力于成为绿色投资的领跑者［J］．中国金融.

［53］中国责任投资论坛．中国责任投资年度报告 2021［R］．2022.

［54］中国证券投资基金业协会．基金管理人绿色投资自评估报告 2020［R］．2021.

［55］中国证券投资基金业协会．新西兰超级年金基金运作与借鉴——全球公共养老金经验研究系列报告之二［R］．2021.

［56］中华工商时报．［EB/OL］．https：//finance.sina.com.cn/jjxw/2022－01－28/doc－

ikyakumy3020294. shtml.

　［57］中信证券. ESG 研究专题——创新优化 ESG 评分体系，升级环境＋社会因素跟踪框架［R］. 2020.

　［58］中证指数. 2020 年全球 ESG 投资发展报告［R］. 2021.

　［59］助力碳达峰、碳中和！中国人寿加码. 绿色金融［J］. 中国金融.

　［60］邹萍. 儒家文化能促进企业社会责任信息披露吗［J］. 经济管理，2020，42（12）：76－93. DOI：10. 19616/j. cnki. bmj. 2020. 12. 005.

　［61］Allie E. Bagnall and Edwin M. Truman. Progress on Sovereign Wealth Fund Transparency and Accountability：An Updated SWF Scoreboard［J］. Peterson Institute for International Economics，2013：13－19.

　［62］Anita Margrethe Halvorssen. How the Norwegian SWF Balances Ethics, ESG Risks, and Returns：Can this Approach Work for Other Institutional Investors［R］. Pension Research Council，2021.

　［63］Ave Maria Mutual Fund. Ave Maria Mutual Fund Report［R］. 2021.

　［64］Brian E. Porter and Todd P. Steen. Investing in stocks：three models of faith integration［J］. Managerial Finance，2006，32（10）：812－821.

　［65］Elliot Hentov. HOW DO SOVEREIGNINVESTORS APPROACHESG INVESTING？［R］. State Street Global Advisors，2017.

　［66］Esther Castro，M. Kabir Hassan. Relative Performance of Religious and Ethical Investment Funds［J］. Journal of Islamic Accounting and Business Research，2020，11（6）：12277－12444.

　［67］Future Fund. Management of Environmental, Social and Governance Issues［R］. 2021.

　［68］Hao Liang. The Global Sustainability Footprint of Sovereign Wealth Funds［J］. The European Corporate Governance Institute，2019.

　［69］International Working Group of Sovereign Wealth Funds. "Santiago Principles \ "［R］. 2008.

　［70］John Hill. Environmental, Social, and Governance（ESG）Investing［M］. Academic Press，London，2020.

　［71］Kathryn L. Dewentera，Xi Han. Firm values and sovereign wealth fund investments［J］. Journal of Financial Economics，2010，98：256－278.

　［72］Katinka Van Cranenburgh. Religious organisations as investors：a Christian perspective on shareholder engagement［J］. Society and Business Review，2014，9（2）：195－213.

　［73］Mark Mobius，Carlos von Hardenberg，Greg Konieczny. Invest for Good：A healthier world and a wealthier you［M］. BloomsburyBusiness，New York，2019.

　［74］Matthew W. Sherwood，Julia Pollard. Responsible Investing An Introduction to Environmental, Social, and Governance Investments ［M］. Routledge, London, 2018.

［75］ Michel Dion. Christian mutual funds, codes of ethics and corporate illegalities ［J］. International Journal of Social Economics, 2009, 36 （9）: 916 – 929.

［76］ New Covenant Funds. New Covenant Funds ANNUAL REPORT ［R］. 2021.

［77］ Prof. Wafica Ghoul. Islamic Mutual Funds: How Do They Compare with Other Religiously – Based and Ethically – Based Mutual Funds ［R］. 2006.

［78］ Sarah E. Stone and Edwin M. Truman. Uneven Progress on Sovereign Wealth Fund Transparency and Accountability ［J］. Peterson Institute for International Economics, 2016.

［79］ Tehmina Khan and Peterson K. Ozili. Do Investment Funds Care About the Environment? Evidence from Faith – based Funds ［J］. New Challenges for Future Sustainability and Wellbeing, Emerald Publishing Limited, 2021: 341 – 362.

［80］ UBS Switzerland AG. Global Family Office Report 2021 ［R］. 2021.

［81］ Wei Yin. Sovereign wealth fund investments and the need to undertake socially responsible investment ［J］. International Review of Law, 2017. 9.

［82］ Xenia Karametaxas. Sovereign Wealth Funds as Socially Responsible Investors ［J］. International Economic Law, 2017.